半导体科学与技术丛书

半导体中的自旋物理学

〔美〕M. I. 迪阿科诺夫　主编
姬　扬　译

科学出版社
北　京

图字：01-2010-2339 号

内 容 简 介

本书介绍了半导体自旋物理学当前研究全貌，共 13 章,每章都是由从事该方向研究多年、长期处于研究前沿的专家撰写.

在概述了半导体物理学和自旋物理学的基本知识之后，本书重点介绍了当前研究的热点和重要成果，在实验技术和实验测量方面的描述更为详尽.

本书可供对半导体自旋物理学感兴趣的研究生和初次涉足这一领域的研究人员使用，对该领域的一线研究人员也极具参考价值.

图书在版编目(CIP)数据

半导体中的自旋物理学/(美)迪阿科诺夫(Dyakonov, M. I.)主编；姬扬译. —北京：科学出版社，2010
(半导体科学与技术丛书)
ISBN 978-7-03-028286-6
I. 半… II. ①迪… ②姬… III. 自旋–半导体物理学 IV. O47

中国版本图书馆 CIP 数据核字(2010)第 133522 号

责任编辑：王飞龙 张 静 唐保军／责任校对：张 琪
责任印制：赵 博／封面设计：王 浩

科学出版社 出版
北京东黄城根北街 16 号
邮政编码：100717
http://www.sciencep.com
北京厚诚则铭印刷科技有限公司印刷
科学出版社发行 各地新华书店经销
*
2010 年 7 月第 一 版 开本：720×1000 1/16
2024 年 9 月第三次印刷 印张：26
字数：496 000

定价：148.00元

(如有印装质量问题，我社负责调换)

《半导体科学与技术丛书》编委会

《半导体科学与技术丛书》出版说明

半导体科学与技术在20世纪科学技术的突破性发展中起着关键的作用，它带动了新材料、新器件、新技术和新的交叉学科的发展创新，并在许多技术领域引起了革命性变革和进步，从而产生了现代的计算机产业、通信产业和IT技术。而目前发展迅速的半导体微/纳电子器件、光电子器件和量子信息又将推动本世纪的技术发展和产业革命。半导体科学技术已成为与国家经济发展、社会进步以及国防安全密切相关的重要的科学技术。

新中国成立以后，在国际上对中国禁运封锁的条件下，我国的科技工作者在老一辈科学家的带领下，自力更生，艰苦奋斗，从无到有，在我国半导体的发展历史上取得了许多“第一个”的成果，为我国半导体科学技术事业的发展，为国防建设和国民经济的发展做出过有重要历史影响的贡献。目前，在改革开放的大好形势下，我国新一代的半导体科技工作者继承老一辈科学家的优良传统，正在为发展我国的半导体事业、加快提高我国科技自主创新能力、推动我们国家在微电子和光电子产业中自主知识产权的发展而顽强拼搏。出版这套《半导体科学与技术丛书》的目的是总结我们自己的工作成果，发展我国的半导体事业，使我国成为世界上半导体科学技术的强国。

出版《半导体科学与技术丛书》是想请从事探索性和应用性研究的半导体工作者总结和介绍国际和中国科学家在半导体前沿领域，包括半导体物理、材料、器件、电路等方面的进展和所开展的工作，总结自己的研究经验，吸引更多的年轻人投入和献身到半导体研究的事业中来，为他们提供一套有用的参考书或教材，使他们尽快地进入这一领域中进行创新性的学习和研究，为发展我国的半导体事业做出自己的贡献。

《半导体科学与技术丛书》将致力于反映半导体学科各个领域的基本内容和最新进展，力求覆盖较广阔的前沿领域，展望该专题的发展前景。丛书中的每一册将尽可能讲清一个专题，而不求面面俱到。在写作风格上，希望作者们能做到以大学高年级学生的水平为出发点，深入浅出，图文并茂，文献丰富，突出物理内容，避免冗长公式推导。我们欢迎广大从事半导体科学技术研究的工作者加入到丛书的编写中来。

愿这套丛书的出版既能为国内半导体领域的学者提供一个机会，将他们的累累硕果奉献给广大读者，又能对半导体科学和技术的教学和研究起到促进和推动作用。

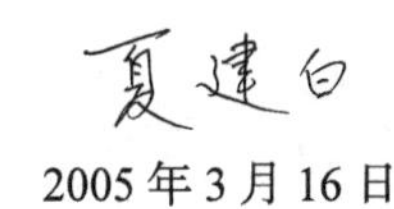

2005年3月16日

中文版前言

我很高兴地了解到, 姬扬博士将该书翻译为中文.

全世界物理学家都了解中国科学研究的迅猛发展, 特别是固体中的自旋物理学.

我衷心地希望, 中国的学生和研究人员会认为这是一本既有趣又有用的书.

It was a great pleasure for me to know that this book will appear in Chinese, thanks to the translation done by Dr. Yang Ji.

The spectacular development in China of science in general, and spin physics in solids in particular, is well known to physicists around the globe.

I sincerely hope that Chinese students and researchers will find the book interesting and useful.

Michel Dyakonov

Montpellier, France Michel Dyakonov

Montpellier, France

前　　言

本书旨在对半导体中与自旋相关的物理现象进行一个并不完全的概述, 重点在于近期的研究工作. 它可以被视为 *Optical Orientation* 一书的更新版, 后者关注的都是体材料半导体中的自旋物理学.

一方面, 在过去的 24 年中, 我们见证了令人激动的二维半导体物理学中非同寻常的进展以及相应的革命性的应用; 另一方面, 在过去的大约 15 年中, 人们对自旋现象, 特别是低维半导体结构中自旋现象的兴趣又强烈地复苏了. 在 20 世纪 70 年代和 80 年代, 全世界在此领域中的研究人员从来没有超过 20 人, 然而, 2008 年已经达到了几百人, 已经发表了几千篇论文. 这种爆炸式的发展在很大程度上是被某种希望所刺激起来的, 即半导体中的电子或原子核的自旋可能有助于实现用量子计算来进行大数分解的梦想, 从而最终发展出一种基于自旋的电子学, 即 "自旋电子学". 究竟是否能够实现这种愿望, 仍然有待于观察. 然而, 无论如何, 这些想法已经产生了许多非常有趣而又激动人心的研究工作, 这本身就是一件好事情.

半导体中的自旋物理学是一个丰富多彩而又激动人心的研究领域, 有着许多引人入胜的光学效应和输运效应. 我们相信, 本书概述了其中非常具有代表性的一部分内容. 我们已经尽力使本书对研究生和刚刚涉足这一领域的研究人员有所帮助.

Montpellier, Michel Dyakonov

2008 年 5 月

目　录

第 1 章　半导体和自旋物理的基础知识

M. I. Dyakonov

本章内容主要是面向初次涉足本领域的读者. 1.1 节简要回顾当前研究的历史根源; 1.2 节描述各种自旋相互作用; 1.3 节为初学者概要地介绍半导体物理学; 1.4 节简要地综述半导体中的自旋现象; 最后, 1.5 节介绍以后各章讨论的主题.

1.1　历 史 背 景

在 1923~1924 年, Wood 迈出了通往当前研究工作的第一步, 那时候连自旋的概念都还没有. Wood 和 Ellett 在一篇引人入胜的文章中[1] 曾描述到, 起初, 他们观测到 (被偏振光共振激发的) 水银蒸气的荧光具有很高的偏振度, 但是, 在后来的实验中, 偏振度显著地变小了. “我们注意到实验装置的方向与前期工作时有所不同, 将桌子连同其上的所有东西都转过 90° 之后, 也就是将观测方向置为东西方向, 我们立刻得到了大得多的偏振度.” 这样, Wood 和 Ellett 就发现了 Hanle 效应, 也就是说, 横向磁场 (在他们的实验中就是地磁场) 降低了荧光的偏振度. Hanle 对此效应进行了仔细的研究, 并作出了物理解释[2].

直到 1949 年, 在 Brossel 和 Kastler[3] 开始深入研究原子的光学泵浦之前, 这件事都没有得到多少关注; 在 20 世纪五六十年代, 巴黎的 Kastler 学派对此问题进行了深入的研究 (参见 Kastler 的诺贝尔奖获奖演说[4]). 今天的 “自旋电子学” 研究的基本物理概念和实验技术都来自于这些经典文章. 用光学激发产生原子角动量的非平衡分布, 通过直流场或交流场来操纵这一分布, 并通过研究荧光的偏振度来探测结果. 原子角动量衰减的弛豫时间可以非常长; 在涉及原子核自旋导致的超精细分裂时, 更是如此.

这些研究已经派生出很多重要的应用, 比如说旋磁计和超灵敏的磁强计, 而从这些研究上获得的知识更为珍贵. 对于未来的发展 (比如说激光物理学) 来说, 深刻认识各种原子过程以及光与物质的相互作用是非常重要的.

在 1968 年, Lampel[5] 第一个完成了半导体中电子的光学自旋取向实验, 这是原子物理学中的光学泵浦概念的直接应用. 最大的不同在于, 此时被自旋极化的是导带中的自由电子 (或空穴) , 而非束缚在原子中的电子, 这一差异有着非常重要的结果. 在这一开创性的工作之后, 圣彼得堡 (列宁格勒) 的约飞研究所 (Ioffe Institute in

St. Petersburg (Leningrad)) 和巴黎的高等技术学院 (Ecole Polytechnique in Paris) 的几个研究小组, 在 20 世纪 70 年代和 80 年代初期, 开展了广泛的实验和理论研究工作. 当时, 物理学界的其他人对此研究几乎漠不关心.

1.2　自旋相互作用

本节列举了半导体材料中可能遇到的几种自旋相互作用.

电子具有自旋 $s = 1/2$ 和磁矩 $\mu = e\hbar/2mc$, 这导致了许多后果, 其中一些非常重要, 它们决定了世界的结构, 而另一些则比较微妙, 但也更加有趣. 下面按照重要性递减的次序列出这些结果.

1.2.1　泡利原理

因为电子是费米子, 自旋 $s = 1/2$, 所以在每个量子态上最多只能有一个电子. 这一原理, 和库仑定律以及薛定谔方程共同决定了原子的结构以及凝聚态物质的化学性质和物理性质 (包括生物学). 想象一下, 如果泡利原理不存在的话, 世界将会怎样? 那个世界将不会存在任何生命! 也许只有完全电离的高温等离子体的性质才不会有什么变化. 注意, 泡利不相容原理与任何相互作用都没有关系: 如果我们能够消除电子间的库仑斥力 (但保持原子核对它们的吸引力不变的话), 原子物理学将不会有什么重大的变化, 只需要对元素周期表进行一些修改就可以了.

电子自旋的其他表现来源于电的 (库仑定律) 或磁的 (与电子磁矩 μ_B 有关) 相互作用.

1.2.2　交换相互作用

交换相互作用实际上是电子间库仑静电相互作用的结果, 它依赖于自旋的原因在于, 一对电子在交换坐标和自旋之后, 它们的波函数必须是反对称的. 如果电子自旋是平行的, 那么波函数的坐标部分就必须是反对称的, $\psi_{\uparrow\uparrow}(\boldsymbol{r}_2, \boldsymbol{r}_1) = -\psi_{\uparrow\uparrow}(\boldsymbol{r}_1, \boldsymbol{r}_2)$, 也就意味着两个电子彼此靠近的概率小; 如果电子自旋是反平行的, 那么波函数的坐标部分就是对称的, 两个电子彼此靠近的概率就大一些. 因此, 自旋相互平行的电子在空间上就离得远一些, 它们的排斥也就小一些, 从而静电相互作用能也要小一些.

在半导体中, 交换相互作用导致了铁磁性. 除了在铁磁半导体中 (如 CdMnTe) 和半导体–铁磁体界面上, 这通常并不重要.

1.2.3　自旋–轨道相互作用

如果观测者以速度 $\boldsymbol{v}$ 在外电场 $\boldsymbol{E}$ 中运动, 他将看到一个磁场 $\boldsymbol{B} = (1/c)\,\boldsymbol{E} \times \boldsymbol{v}$, 其中 c 为光速. 这个磁场作用到电子磁矩上, 这就是自旋–轨道相互作用的物理原

因[①]. 自旋–轨道相互作用在重原子 (原子序数 Z 很大) 中的作用更强, 原因在于, 外层的电子有一定的概率接近原子核, 并因此感受到中心未被屏蔽的核电荷 $+Ze$ 所产生的强电场. 由于自旋–轨道相互作用, 任何电场都对运动电子的自旋有作用.

矢量 $\boldsymbol{B}$ 同时垂直于 $\boldsymbol{E}$ 和 $\boldsymbol{v}$, 如果 $\boldsymbol{B}$ 垂直于原子的运动平面, 它就会和轨道角动量 $\boldsymbol{L}$ 平行. 电子磁矩在这个磁场中的能量为 $\pm\mu_{\mathrm{B}}B$, 它依赖于电子自旋 (这也就决定了它的磁矩) 相对于 $\boldsymbol{B}$(或 $\boldsymbol{L}$) 的取向[②].

因此, 自旋–轨道相互作用可以写为 $A(\boldsymbol{L}\cdot\boldsymbol{S})$, 其中常数 A 依赖于原子中的电子态. 这一相互作用导致了原子能级的劈裂 (精细结构), 原子越重, 作用越强[③].

在半导体中, 自旋–轨道相互作用不仅依赖于电子的速度 (或者它的准动量), 也依赖于 Bloch 函数的结构, 后者决定了原子尺度上的运动. 与孤立原子类似, 自旋–轨道相互作用决定了电子 g 因子的大小. 更多细节参见文献 [7].

对于本书的主题来说, 自旋–轨道相互作用是非常重要的, 因为它成就了光学自旋取向和检测 (光波的电场并不直接作用于电子的自旋). 在绝大多数情况下, 它决定了电子的自旋弛豫过程. 最后, 它使得输运现象和自旋现象相互依赖.

1.2.4 与原子核自旋的超精细相互作用

与原子核自旋的超精细相互作用是电子自旋与原子核自旋之间的磁相互作用, 当半导体晶格中的原子核具有非零自旋 (如 GaAs) 的时候, 它就会很重要. 如果将原子核自旋极化以后, 这种相互作用等价于在电子自旋上施加了一个等效的原子核磁场. 在 GaAs 中, 100% 核极化产生的等效场可以高达几个特斯拉.

由于原子核磁矩非常小 (只有电子磁矩大小的 1/2000), 在 100T 磁场下 (这在实验室里是做不到的) 和 1K 温度下, 原子核的极化率也只有约 1%. 但是, 利用非平衡电子的超精细相互作用, 可以通过动态核极化来实现更大的原子核极化.

在实验中可以轻松地实现几个百分点的原子核极化, 最近观测到了高达 50% 的原子核极化 (见第 11 章).

与自旋–轨道相互作用类似, 超精细相互作用可以表达为 $A(\boldsymbol{I}\cdot\boldsymbol{S})$(费米接触相

---

① 经常有人说起, 自旋–轨道相互作用起源于相对论和量子力学. 通过保留相对论狄拉克方程中的 $1/c^2$ 阶的项, 可以推导出自旋–轨道相互作用来, 在此意义上这种说法是正确的. 但是, 上述公式 $\boldsymbol{B}=(1/c)\,\boldsymbol{E}\times\boldsymbol{v}$ 并不是相对论性的: 你并不需要相对论就可以认识到, 当你相对于一个静止电荷运动的时候, 将会看到一个电流, 也就是一个磁场. 只要电子带有磁矩, 就会有自旋–轨道相互作用. 但这不是真正的量子力学: 带有磁矩的经典物体也会感受到同样的相互作用. 量子力学的唯一表现就在于电子磁矩的大小以及电子的自旋 $s=1/2$.

② 实际上, 电子在原子核的电场中加速运动, 因此, 其运动坐标系不是惯性系, 如果恰当地考虑到这一点的话, 这种简单方法给出的相互作用能应该减小一半 (“Thomas 的一半”[6]). 1926 年, Thomas 的发现解决了精细结构分裂的测量值与先前计算值之间的因子 2 的差别.

③ 有趣的是, 广义相对论预言了行星运动的自旋–轨道效应 (其量级为 $(v/c)^2$). 地球的 “自旋” 会使它绕着其轨道角动量缓慢地进动.

互作用), 其中 $\boldsymbol{I}$ 为原子核自旋, $\boldsymbol{S}$ 为电子自旋, 而超精细常数 A 正比于原子核处电子波函数的平方值 $|\psi(0)|^2$.

与自旋–轨道相互作用一样, 超精细相互作用随着原子序数 Z 的增大而增强, 原因也是一样的. 外壳层中的 s 电子在原子中心也就是原子核所处位置上概率不为零, 越接近中心, 内层电子对原子核的屏蔽越弱. 因此, s 电子的波函数在原子核附近有很大的增加. 例如, 在 In 原子中, $|\psi(0)|^2$ 的数值是氢原子相应值的 6000 倍.

对于 p 态以及所有 $l \neq 0$ 的态来说, 费米相互作用不起作用, 因为 $\psi(0) = 0$, 电子和原子核通过弱得多的偶极–偶极相互作用来耦合.

1.2.5　磁相互作用

磁相互作用是一对电子的磁矩之间直接的偶极–偶极相互作用. 对于位于晶格相邻位置上的两个电子来说, 这一能量大约为 1K. 通常来说, 这一相互作用太弱了, 在半导体中并不重要.

1.3　半导体物理学基础

半导体是禁带宽度比较小、杂质束缚着浅能级电子的绝缘体. 半导体的一个主要特征是, 它对于杂质极其敏感: 杂质密度只有宿主原子数的百万分之一, 但这就可以决定电导及其与温度依赖的关系.

1.3.1　晶体中的电子能谱

晶体中电子的势能具有空间周期性. 它导致的最重要结果就是, 能谱包含有允许能带和禁戒能带, 并且可以用准动量 $\boldsymbol{p}$ (或者是准波矢 $\boldsymbol{k} = \boldsymbol{p}/\hbar$) 来描述电子. 允许能带中的能量是 $\boldsymbol{k}$ 的周期函数, 因此可以只考虑 $\boldsymbol{k}$ 空间的某一区域, 即第一布里渊区. 允许能带中态的数目是晶体中元胞数目的两倍 (这个两倍来源于自旋). 因此, 对于所有的允许能带, 其能谱取决于能量对准动量的依赖关系 $E(\boldsymbol{p})$.

在绝对零度下, 在绝缘体和纯净半导体里面, 一些最低允许能带被电子完全占据 (泡利原理), 而更高的能带则是空的. 绝大多数情况下, 只有最高的被占据能带 (价带) 和第一个空带 (导带) 有用处. 导带和价带被一个宽度为 E_{g} 的禁带带隙分开. 在半导体中, E_{g} 的大小在 0~3eV. 对于 Si 来说, $E_{\mathrm{g}} \approx 1.1\mathrm{eV}$; 对于 GaAs 来说, $E_{\mathrm{g}} \approx 1.5\mathrm{eV}$.

1.3.2　电子和空穴的有效质量

半导体的一个重要性质就是, 自由载流子 (导带中的电子或者价带中的空穴) 总是比原子数目少得多. 载流子既可以是热激发产生的 (此时空穴数目等于电子数目), 也可以是通过掺杂产生的. 无论哪种方法, 载流子的数目都不会超过 10^{20}cm^{-3} (通常要远小于这个数值), 而在给定能带中的状态数目为 10^{22}cm^{-3} 的量级, 这也是金属中电子浓度的典型值. 这意味着, 电子只占据了导带中能量最低的很小一部分 (空穴只占据了价带的很小一部分). 因此, 在处理半导体问题时, 我们仅对导带能谱 $E(\boldsymbol{p})$ 极小值 (或者价带能谱极大值) 附近的性质感兴趣. 如果这些极值位于布里渊区中心 (在 GaAs 和许多其他材料中都是如此), 那么对于小 $\boldsymbol{p}$ 值来说, 函数 $E(\boldsymbol{p})$ 应该是抛物线形的.

对于导带

$$E_{\mathrm{c}}=\frac{p^2}{2m_{\mathrm{c}}}$$

对于价带

$$E_{\mathrm{v}}=-\frac{p^2}{2m_{\mathrm{v}}}$$

其中 m_{c} 和 m_{v} 分别为电子和空穴的有效质量. 这些有效质量和自由电子质量 m_0 有显著的差别. 例如, 在 GaAs 中, $m_{\mathrm{c}}=0.067m_0$. 一般来说, $E(\boldsymbol{p})$ 的极值并不一定位于布里渊区的中心, 有效质量也可以是各向异性的, 也就是说, 沿晶体不同方向可以取不同的值.

1.3.3 有效质量近似

最初引入有效质量只是为了方便描述 $E(\boldsymbol{p})$ 在其极值附近的曲率依赖关系. 然而, 这一概念有着更为深刻的含义. 在很多情况下, 我们对电子 (或空穴) 在外场下的行为感兴趣, 如电场和磁场, 或者晶体的形变等.

可以证明, 如果这些外场的变化比晶格周期势场慢得多, 而且载流子的能量比禁带宽度 E_{g} 小得多时, 我们就可以忽略周期势场的存在, 而将电子 (或空穴) 视为在外场中运动的自由粒子. 唯一的差别在于, 载流子具有有效质量而非自由电子质量. 这样, 就可以用传统的牛顿定律来描述导带电子在电场 $\boldsymbol{E}$ 和磁场 $\boldsymbol{B}$ 中的经典运动: $m_{\mathrm{c}}\dfrac{\mathrm{d}^2\boldsymbol{r}}{\mathrm{d}t^2}=-e\boldsymbol{E}-(e/c)\,\boldsymbol{v}\times\boldsymbol{B}$. 更为特别的是, 有效质量决定了电子在磁场中旋转的回旋频率, 这就提供了一个非常有用的方法来用实验确定有效质量 (回旋共振).

如果需要用量子力学来处理, 就可以采用薛定谔方程来处理具有有效质量的电子在外场中的运动, 而不用考虑晶格周期势.

显然, 有效质量近似极大地简化了对许多半导体物理现象的理解.

1.3.4 杂质的作用

在 Ge (锗) 晶体里, 每个原子通过 4 个四面体键和最近邻原子相连 (锗是元素周期表中的Ⅳ族元素, 有 4 个电子可以用来成键). 用一个 As 原子 (元素表中的 V

族元素) 来替代一个宿主原子, As 原子的 4 个价电子会参与成键, 而剩下的一个电子就会进入晶体的导带. 这样, As 就是 Ge 的施主. 额外的电子可以跑开, 离施主很远, 这样一来, 施主就会带上正电荷. 另外, 电子也可以束缚在带正电的施主上, 形成一个类氢原子.

如果束缚能远小于禁带宽度 E_g, 而且有效玻尔半径 a_B^* 比晶格常数要大得多, 就可以用 1.3.3 节中描述的有效质量近似来进行研究. 也就是说, 我们可以用电子有效质量 m_c 来代替氢原子理论公式中的自由电子质量 m_0. 另外, 还有一个简单的修正, 需要考虑材料的静态介电常数 ε. 在真空中, 两个符号相反的电荷之间的库仑势能为 $-e^2/r$, 而在极化介质中, 它应该是 $-e^2/(\varepsilon r)$. 氢原子的电离能和玻尔半径分别为 $E_0 = m_0e^4/(2\hbar) = 13.6\text{eV}$, $a_B = \hbar^2/\left(m_0e^2\right) \sim 10^{-8}\text{cm}$. 为了得到半导体中施主原子束缚的电子的相应数值, 我们需要作如下代换:

$$m_0 \to m_c, \quad e^2 \to \frac{e^2}{\varepsilon}$$

例如, 假设 $m_c = 0.1m_0$, $\varepsilon = 10$, 对于半导体来说, 这些是典型的数值. 这样, 与氢原子相比, 施主束缚的电子的电离能要小上千倍 ($E_0^* \sim 10\text{meV}$), 而有效玻尔半径要大上百倍 ($a_B^* \sim 10\text{nm}$). 这就证实了有效质量近似的有效性. 有趣的是, 在电子轨道之内有着大约 10^5 个宿主原子. 这个电子根本就看不到这些原子, 后者的作用只是将自由电子质量变成了 m_c. 因为电离能 E_0^* 很小, 在一般温度下, 施主很容易电离.

反过来, 如果我们用像 Ga 这样的Ⅲ族元素杂质原子来代替 Ge 原子, 因为 Ga 只有 3 个价电子, 它需要第 4 个电子来与 Ge 原子形成四面体键. 这样, 受主 Ga 就成为一个负电荷中心, 同时在价带中会出现一个带正电的空穴. 空穴具有同样的性质：它可以自由运动, 也可以与一个负电受主形成类氢原子态. 这时, 要用空穴的有效质量 m_v 来确定电离能和有效玻尔半径. 因为在大多数情况下都有 $m_v > m_c$, 所以受主的半径一般要比施主的小, 而受主的电离温度也要高一些. 如果有效质量是各向异性的, 这一简单的图像将会变得复杂一些.

半导体总是被有意或无意地掺杂, 主要的杂质类型决定了掺杂是 n 型还是 p 型.

1.3.5　激子

半导体中的激子是电子和空穴形成的束缚态. 它也是一个类氢原子系统, 性质与施主原子束缚的电子类似. 主要的差别在于激子可以作为一个整体在晶体中运动. 另一种差别在于激子实际上不能存在于平衡条件下. 通常, 它们由光激发产生. 激子具有一定的寿命, 然后就会复合, 束缚的电子–空穴对就会消失. 它们可以表现为低于带隙 E_g 的一根吸收谱线.

1.3.6 价带的结构, 轻空穴和重空穴

可以认为, 晶体中的允许能带来自于分立的原子能级, 当孤立原子互相靠近时, 分立的原子能级发生分裂, 从而形成了能带. 然而, 原子能级通常是简并的, 也就是说, 几个不同的态可以具有相同的能量. 这种简并性对于晶体的能带结构有非常重要的影响.

1. 忽略自旋–轨道相互作用

首先考虑立方结构的半导体, 并暂不考虑自旋效应. $\boldsymbol{p}=0$ 的导带态是 s 型的 $(l=0)$, 而相应的价带态是 p 型的 $(l=1)$, 并且是 3 重简并的 $(m_l=0,\pm1)$. 其中, l 是原子轨道角动量, 而 m_l 是轨道角动量在某任意轴上的投影. 现在的问题是, 在用有效质量来描述价带结构的时候要考虑这种三重简并性. 可以通过考虑对称性来实现这一点: 我们有一个矢量 $\boldsymbol{p}$, 还有一个赝矢量即角动量 $\boldsymbol{L}$ (它是一个对应于 $l=1$ 的 3×3 的矩阵 $\boldsymbol{L}_x$, $\boldsymbol{L}_y$ 和 $\boldsymbol{L}_z$, $\boldsymbol{L}_z$ 是本征值为 1、0、-1 的对角矩阵), 我们要构建一个标量哈密顿量, 它具有 $\boldsymbol{p}$ 的二次型的形式.

如果我们要求旋转不变性, 那么唯一的可能就是卢廷格哈密顿量[8]:

$$\boldsymbol{H}=Ap^2\boldsymbol{I}+B\left(\boldsymbol{p}\cdot\boldsymbol{L}\right)^2 \tag{1.1}$$

其中 A 和 B 为任意常数, 而 $\boldsymbol{I}$ 为 3×3 单位矩阵.

这样, 哈密顿量 $\boldsymbol{H}$ 也是一个 3×3 的矩阵, 将此矩阵对角化就可以得到价带的能谱. 注意到可以任意地选择 x 轴, y 轴, z 轴, 就能够极大地简化这一过程. 我们可以选择 z 轴的方向与矢量 $\boldsymbol{p}$ 的方向一致 (这很自然, 因为最终结果不依赖于坐标轴的选择). 这样一来, $(\boldsymbol{p}\cdot\boldsymbol{L})^2=p^2\boldsymbol{L}_z^2$, 因此, $\boldsymbol{H}$ 就变成对角矩阵了, 具有如下本征值:

当 $L_z=\pm1$ 时

$$E_h\left(p\right)=\left(A+B\right)p^2$$

当 $L_z=0$ 时

$$E_l\left(p\right)=Ap^2$$

因此, 价带能谱就具有两个抛物线分支: $E_h\left(p\right)$ 和 $E_l\left(p\right)$, 而前者具有二重简并性. 通过关系式 $A+B=1/(2m_h)$ 和 $A=1/(2m_l)$, 可以引入两种有效质量 m_h 和 m_l, 这样, 就可以说, 在价带中存在两种类型的空穴: 轻空穴和重空穴 (通常情况下, $B<0$ 但 $A+B>0$). 这些空穴的差别在于, 重空穴的轨道角动量在 $\boldsymbol{p}$ 的方向的投影等于 ±1, 而轻空穴的投影为 0.

2. 自旋–轨道相互作用的影响

如果考虑自旋, 但不计及自旋–轨道相互作用, 就会使导带和价带中状态的数目加倍. 然而, 自旋–轨道相互作用从实质上改变了价带的能谱.

我们从形成能带的原子态出发. 自旋轨道相互作用导致一个正比于 $(\boldsymbol{L}\cdot\boldsymbol{S})$ 的额外能量 (见 1.2.3 节). 因此, $\boldsymbol{L}$ 和 $\boldsymbol{S}$ 不再单独保持不变, 但是, 整个角动量 $\boldsymbol{J}=\boldsymbol{L}+\boldsymbol{S}$ 仍保持守恒.

$\boldsymbol{J}^2$ 的本征值为 $j(j+1)$, 其中 $|l-s|\leqslant j\leqslant l+s$. 因此, $l=0$ 的态 (它们构成了导带) 不受影响 $(j=s=1/2)$, 而 $l=1$ 的态 (它们构成了价带) 分裂为两支: $j=3/2$ 和 $j=1/2$. 在原子物理学中, 这种分裂导致谱线的精细结构.

在 $\boldsymbol{p}=0$ 处的能带状态与相应的原子状态完全类似. 因此, 在 $\boldsymbol{p}=0$ 处一定是四重简并态 $(j=3/2, J_z=+3/2,+1/2,-1/2,-3/2)$, 它与双重简并态 $(j=1/2, J_z=+1/2,-1/2)$ 之间的能量差为 Δ (自旋–轨道劈裂). 导带仍然是双重简并的. 对于轻原子构成的材料来说, Δ 的数值很小, 而对于重原子构成的材料 (见 1.2.3 节), 相对于禁带宽度 E_{g} 来说 Δ 的数值很大. 在 GaAs 中, $\Delta\approx 0.3\mathrm{eV}$.

在 $\boldsymbol{p}\neq 0$ 而能量 $E(p)\ll\Delta$ 的情况下, 我们用类似于上一小节中的方法来构建卢廷格哈密顿量. 唯一的差别在于, 对应于 $j=3/2$ 的 4×4 的矩阵 $\boldsymbol{J}_x$、$\boldsymbol{J}_y$ 和 $\boldsymbol{J}_z$ 替换了对应于 $l=1$ 的 3×3 的矩阵 $\boldsymbol{L}_x$、$\boldsymbol{L}_y$ 和 $\boldsymbol{L}_z$:

$$\boldsymbol{H}=Ap^2\boldsymbol{I}+B(\boldsymbol{p}\cdot\boldsymbol{J})^2 \tag{1.2}$$

其中 $\boldsymbol{I}$ 为 4×4 单位矩阵, 对角化的矩阵 $\boldsymbol{J}_z$ 具有本征值 3/2、1/2、−1/2 和 −3/2.

如上进行计算, 在能量远小于 Δ 时可以得到重空穴和轻空穴的能谱:

当 $J_z=\pm 3/2$ 时, 重空穴带, $E_h(p)=\left(A+\dfrac{9B}{4}\right)p^2=\dfrac{p^2}{2m_h}$

当 $J_z=\pm 1/2$ 时, 轻空穴带, $E_l(p)=\left(A+\dfrac{B}{4}\right)p^2=\dfrac{p^2}{2m_l}$

两个能带都是双重简并的. 重空穴的轨道角动量在 $\boldsymbol{p}$ 的方向的投影等于 ±3/2, 而轻空穴的投影为 ±1/2. 在一般情况下, $B<0$ 但 $A+9B/4>0$, 因此所有的质量都具有正值. 在文献 [9] 中详细叙述了在能量尺标 $\Delta\sim E(p)\ll E_{\mathrm{g}}$ 下的三个能带 (轻空穴、重空穴和自旋劈裂能带 split-off), 并包括了非抛物线形效应.

3. 无带隙半导体

有趣的是, $A+\dfrac{9}{4}B$ 和 $A+\dfrac{B}{4}$ 的符号可以是相反的, 这就是无带隙半导体, 如 HgTe. 在这些材料中, 轻空穴具有负质量, 因此, 这个能带就变成了导带. 导带和价带 (此时只包括重空穴) 在 $\boldsymbol{p}=0$ 处简并, 因此不存在能隙.

4. 等能面的弯曲

还需要注意的是, 式 (1.2) 中的卢廷格哈密顿量采用了球形近似, 它在任意旋转下保持不变. 立方晶体的对称性通常要低一些. 因此, 真正的卢廷格哈密顿量应该具有如下更为一般的形式：

$$\boldsymbol{H}=Ap^2\boldsymbol{I}+B\left(\boldsymbol{p}\cdot\boldsymbol{J}\right)^2+C\left(\boldsymbol{J}_x^2p_x^2+\boldsymbol{J}_y^2p_y^2+\boldsymbol{J}_z^2p_z^2\right) \tag{1.3}$$

其中, x 轴、y 轴、z 轴不再是任意选择的, 而是与晶轴重合. 最后一项使得轻空穴和重空穴的等能面变得各向异性, 因此能量分支 $E_h(p)$ 和 $E_l(p)$ 将不再具有如前所述的简单抛物线形 (式 (1.1) 也应该加上一个类似的项).

5. 轻空穴和重空穴的奇异行为

在价带中, 轻空穴和重空穴的自旋与其动量紧密地联系在一起, 它产生了许多有趣的结果. 如果存在外场的话, 轻空穴和重空穴一般会发生混合. 界面反射就是一个简单的例子.

考虑一个重空穴与一个理想的平面势垒发生碰撞的情况. 如果是垂直碰撞, 那么并没有什么有趣的结果, 只是具有手征性 +3/2(角动量 $\boldsymbol{J}$ 平行于 $\boldsymbol{p}$) 的初始态在反射后具有相反的手征性. 初始动量 $\boldsymbol{p}$ 在反射后改变了符号, 而内在角动量保持不变, 注意到这一点, 就可以对此进行解释了.

然而, 对于任意角度的入射来说, 同理可知, 反射后的重空穴的角动量 $\boldsymbol{J}$ 和动量 $\boldsymbol{p}$ 之间也有一定的夹角. 但是, 并不存在这样的自由状态! 这意味着, 入射的重空穴必然部分地变成了轻空穴 (在单轴晶体光学中, 有着类似的现象：反射过程中, 寻常光和非寻常光可以相互转换).

可以考虑用卢廷格哈密顿量描述的粒子来解量子力学课本中的练习题 (势阱、隧道效应、氢原子问题以及磁场中的运动等). 这些习题揭示了半导体中轻空穴和重空穴的复杂物理学现象.

1.3.7 GaAs 的能带结构

1.3.6 节的考虑导致了图 1.1 所示的能带结构. 位于布里渊区中心的是简单的各向同性的导带, 对于自旋来说, 它是双重简并的 (此时忽略自旋劈裂, 见 1.4.2 节). 价带包括各向异性的轻空穴子带和重空穴子带 (见 1.3.6 节), 以及各向同性的 SO 劈裂子带, 它们都是双重简并的.

1.3.8 光生载流子以及荧光

当半导体吸收一个能量 $\hbar\omega > E_{\mathrm{g}}$ 的光子时 (带间吸收), 就会在导带中产生一个电子, 同时在价带中产生一个空穴. 在此过程中, 准动量是守恒的, 然而, 与电子的热动量相比, 光子的动量 $\hbar k = 2\pi\hbar/\lambda$ (其中 λ 为光子波长) 非常小, 通常可以忽略不计.

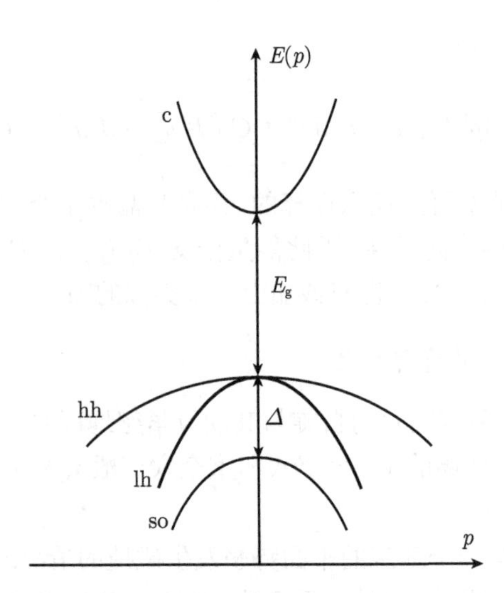

图 1.1 GaAs 在布里渊区中心 $p=0$ 附近的能带结构. c 为导带, hh 为重空穴能带, lh 为轻空穴能带, so 为劈裂能带

在此近似下, 光学跃迁是垂直的: 为此我们只需在图 1.1 上垂直地画上一个长度为 $\hbar\omega$ 的箭头, 一端位于价带, 另一端位于导带. 箭头的两端就给出了生成的电子和空穴的初始能量. 电子可以和重空穴一道产生, 也可以和轻空穴一道产生, 如果 $\hbar\omega > E_{\mathrm{g}} + \Delta$, 电子–空穴对还可能包含劈裂能带的空穴. 注意, 对于给定的光子能量来说, 这三种过程产生的初始电子能量是不同的.

经过一段时间 τ 后, 光生载流子就会复合, 这既可以是辐射复合 (也就是说, 同时伴随着光子的产生, 导致了荧光的出现), 也可以是非辐射复合. 在诸如 GaAs 这样的直接带隙半导体中, 以辐射复合为主, 寿命大约为 1ns.

应该认识到, 这个时间要比载流子的热化时间长得多. 热化是指, 在相应能带中, 载流子通过发射或吸收声子来达到电子或空穴的平衡玻尔兹曼分布 (或者费米分布, 这依赖于温度和密度). 电子和空穴之间的热平衡通过复合来实现, 其时间尺度是 τ.

因为复合时间 τ 要比能量弛豫时间长得多, 荧光主要由热化的载流子产生, 光子的能量接近于能隙 E_{g}, 与激发光的光子能量无关①.

需要指出的是, 半导体通常总是被有意或者无意地掺杂了的. 在 p 型半导体中, 在普通的激发强度下, 光生空穴的数目要小于平衡态空穴的数目, 因此光生电子就会和这些平衡态中的空穴发生复合, 而不是和光生空穴复合.

① 在热化损失能量之前, 一小部分被激发的电子就可以发射光子. 研究这种所谓的热电子荧光的光谱性质和偏振性质, 可以揭示出有趣而不寻常的物理机制, 见文献 [10] 和 [11].

1.3.9 光学跃迁中的角动量守恒

对于我们的研究主题来说, 本节是非常重要的. 与能量守恒和动量守恒一样, 角动量守恒也是一项物理学基本法则. 同粒子一样, 电磁波也存在角动量. 左 (右) 圆偏振光的光子角动量在其传播方向上的投影 (手征性) 等于 $+1$(或 -1, 单位为 $\hbar$). 线性偏振光是这两个态的叠加.

当圆偏振光子被吸收的时候, 根据半导体能带结构所决定的选择定则, 它的角动量就会分配给光生的电子和空穴. 因为价带结构的复杂性, 这种分配依赖于光生电子–空穴对的动量大小 ($\boldsymbol{p}$ 和 $-\boldsymbol{p}$). 然而, 可以证明, 如果我们将各个 $\boldsymbol{p}$ 方向加以平均, 结果就与发生在 $j=3/2, m_j=-3/2,-1/2,+1/2,+3/2$ 的原子态 (对应于轻空穴能带和重空穴能带) 和 $j=1/2, m_j=-1/2,+1/2$ 的原子态之间的光学跃迁的结果一样. 参见 1.4.1 节.

图 1.2 给出了这些态之间吸收右圆偏振光的可能跃迁, 还给出了导带与劈裂能带之间的可能跃迁, 以及各种跃迁发生的相对概率. 注意, 如果对所有跃迁求和, 那么导带中两种自旋态的占据数就是相同的: 当光子能量大于 $E_{\mathrm{g}}+\Delta$ 时, 就是如此. 这就证明了自旋–轨道相互作用对光学自旋泵浦的影响. 自旋极化对光子能量的依赖关系的细节可以参见文献 [9] 和文献 [14].

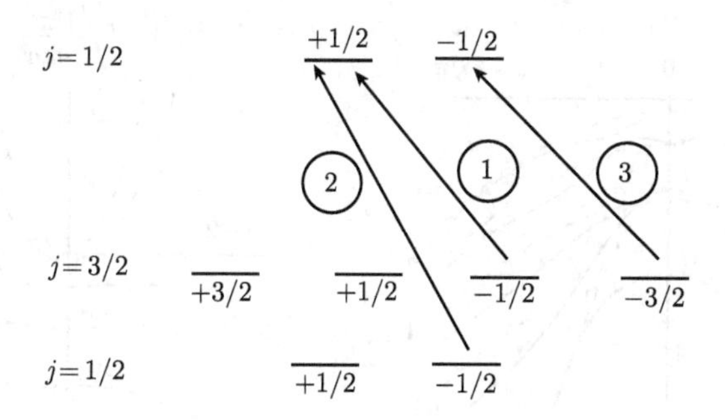

图 1.2 吸收一个右圆偏振光子时, 从 $j=3/2$ 和 $j=1/2$ 的能级 (对应于轻空穴能带和重空穴能带) 到 $j=1/2$ 的能级 (导带) 的光学跃迁. 这三种跃迁的概率比为 3:2:1

1.3.10 低维半导体结构

在过去的 20 年里, 半导体物理学的发展主要是研究人工制备的低维半导体结构, 包括二维 (量子阱)、一维 (量子线) 和零维 (量子点). 生长宽能带半导体材料 (如 AlGaAs 固溶体) 包夹的薄半导体层状结构 (如 GaAs), 就可以得到一个电子的势阱 (对空穴也是如此), 其典型宽度为 2~20nm.

这样一来, 量子力学课程中的第一个问题 —— 一维方势阱中的粒子, 自 1926 年以来被一代又一代的学生作为最简单的练习题, 终于同现实世界有了联系!

1. 量子阱中电子和空穴的能谱

根据教科书, 垂直于薄层的方向 (生长方向) z 的运动是量子化的, 而 xy 平面内的运动并不受限制. 因此, 量子阱中的电子能谱由二维子带组成：$E_n(\boldsymbol{p}) = E_n^0 + \boldsymbol{p}^2/(2m)$, 其中 E_n^0 为 z 方向一维运动的能级, $\boldsymbol{p}$ 为 xy 平面内的二维 (准) 动量, 而 m 为电子有效质量.

在绝大多数情况下, 量子阱中的电子密度只够占据最低的子带. 这些电子的运动就是纯粹二维的. 一个重要结果是, 在与二维平面垂直的磁场里, 能谱变为分立：它由朗道能级组成. 平行于二维平面的磁场不会影响电子的轨道运动, 但是会影响电子的自旋.

对于量子阱中的空穴来说, 问题并非如此简单. 当 $\boldsymbol{p} = 0$ 时, 轻空穴和重空穴有两套分别独立的能级结构, 对于无限深量子阱, 可以由教科书上的公式 $E_n^0 = (\pi n\hbar)^2/(2ma^2)$ 给出, 其中 m 为相应的有效质量, a 为势阱宽度, 而 $n = 1, 2, 3, \cdots$. 然而, 当 $\boldsymbol{p} \neq 0$ 时, 能谱取决于轻空穴和重空穴在势垒上发射过程中的相互转化, 参见 1.3.6 节.

图 1.3 给出了文献 [12] 在球形近似下①(见 (1.2) 式) 计算出来的空穴的能谱, 以及一个无限深量子阱中无能隙半导体中的载流子能谱.

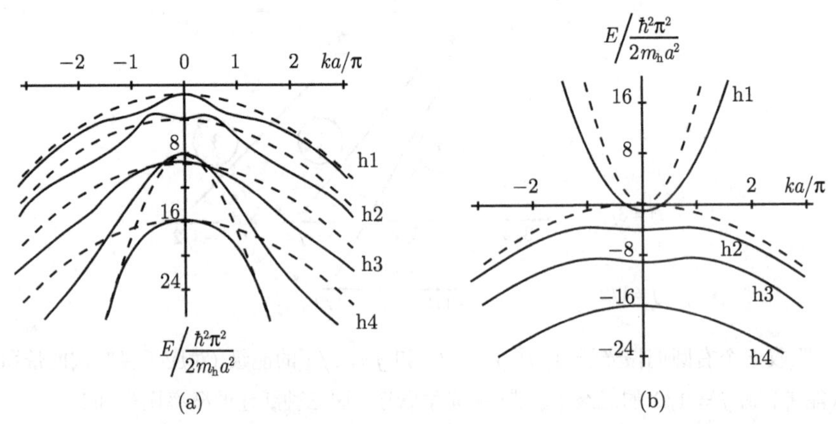

图 1.3　在球形近似下[12], 无限深方形量子阱中空穴的能谱 (a) 和无能隙半导体中的载流子的能谱. (b) 虚线给出了不计及两种载流子之间的相互作用时的能谱

无能隙半导体的情况特别有趣. 在量子阱中, 由于垂直方向上的量子化, 显然会出现一个能隙. 你可能会简单地认为, 能隙是 $E_{\mathrm{e1}}^0 - E_{\mathrm{h1}}^0 = (1/2)(\pi\hbar/a)^2/(1/m_{\mathrm{e}} - 1/m_{\mathrm{h}})$, 也就是说, 它主要取决于质量小的电子. 实际上, 这是不对的. 因为 $\boldsymbol{p} = 0$ 处的第一个空穴能级的 h1 子带变成了电子型的 (图 1.3). 因此能隙

① 更准确地说, 应该使用 (1.3) 式的哈密顿量, 它考虑了等能面的弯曲效应. 实际上, 能谱依赖于生长方向以及 xy 平面中矢量 $\boldsymbol{p}$ 相对于晶轴的取向. 然而, 能谱的一般性质是相同的.

$\approx m_{\rm e}/m_{\rm h} \sim 1/10$, 比刚才预期的数值要小得多.

当 $pa/\hbar \gg 1$ 时, 第一个电子型子带对应于靠近量子阱边界的表面态 (surface state). 在体材料无能隙半导体的表面附近, 也应该存在这样的态[13].

实际上, 甚至不需要三明治结构就可以获得二维电子. 两种不同材料的界面再加上电子施主的电场, 就可以得到同样的效果. 只是在这种情况下, 得到的不再是方形量子阱而是三角形量子阱, 而且其形状依赖于电子密度.

可以用异质结设计来实现在体材料中不可能达到的目标：电子与提供电子的施主在空间上分离开来. 突变掺杂技术可以生长迁移率高达 10^7V/(cm^2·s) 量级的样品, 这在以前是不敢想象的.

2. 量子点

量子点是零维结构, 是一种大的人造原子. 在特定生长条件下, 会自发地出现自组织量子点. 通常, 它们的结构类似于一个扁平蛋糕, 高度大约 2nm, 底部的直径大约有 30nm. 它们嵌在不同的材料中, 因此在界面处有很高的势垒.

通常, 样品会包含很多参数各不相同的量子点, 然而使用特殊技术使我们可以处理单独的量子点. 一个量子点可以包含好几个电子或空穴.

1.4 半导体中的自旋物理学：概览

与半导体中自旋现象有关的实验和理论的基本概念都产生于 30 多年以前. 最近, 这些概念中的一部分又被重新发现了. 体材料中非平衡自旋物理学的综述可参见文献 [14], 以及 Optical Orientation 一书中的其他章节.

1.4.1 光学自旋取向与探测

目前, 在半导体中产生非平衡自旋取向的最有效方法是圆偏振光的带间吸收.

由图 1.2 可以看出, 当 $E_{\rm g} < \hbar\omega < E_{\rm g} + \varDelta$ 时, 在激发方向上, 吸收产生的平均电子自旋为 $(-1/2)(3/4) + (+1/2)(1/4) = -1/4$, 平均空穴自旋为 $+5/4$, 它们的和为 $+1$, 等于被吸收的圆偏振光子的角动量. 因此, 在 p 型半导体中, 光生电子的自旋极化度将是 -50%, 负号表示自旋取向与入射光子的角动量相反.

如果电子立刻就与其 "搭档" 空穴复合, 就会发射出 100% 的圆偏振光子. 然而, 在 p 型半导体中, 电子将主要与材料中的多子空穴复合, 而后者并不是极化的. 这样一来, 同样的选择定律表明, 荧光的圆偏振度应该是 $P_0 = 25\%$, 这里假设空穴没有极化, 而电子没有发生自旋弛豫, 也就是说, $\tau_{\rm s} \gg \tau$. 一般来说, 圆偏振光激发的荧光的圆偏振度要小于 P_0, 即

$$P = \frac{P_0}{1 + \tau/\tau_{\rm s}} \tag{1.4}$$

在光学自旋取向实验中, 用 $\hbar\omega > E_{\mathrm{g}}$ 的圆偏振光来激发半导体 (通常为 p 型). 分析荧光的圆偏振度就可以实现电子极化度的直接测量. 实际上, 圆偏振度就等于电子的平均自旋. 这样就可以用简单的实验方法来研究各种自旋相互作用. 只要自旋弛豫时间 τ_{s} 与复合时间 τ 相比不算太短, 就可以测量电子的自旋极化度, 即使是在室温下, 这一条件通常也能满足.

1.4.2 自旋弛豫

所有自旋现象的中心问题是自旋弛豫, 也就是初始的非平衡自旋极化的消失. 通常可以将自旋弛豫理解为磁场随时间发生涨落的结果. 在大多数情况下, 并不存在真正的磁场, 而是由自旋–轨道耦合 (有时是交换相互作用) 导致的 “有效” 磁场, 见 1.2 节.

1. *一般性的考虑*

可以用两个参数来描述随机起伏的磁场：振幅大小 (或者更准确一些, 方均根值) 和关联时间 τ_{c} (在此时间内可以将磁场大致视为不变). 采用方均根值而非振幅来描述随机磁场中的自旋进动频率 ω 更为方便一些.

这样一来, 自旋弛豫过程的物理图像如下：自旋围绕有效磁场的 (随机) 方向进动, 其典型频率为 ω, 典型时间长度为 τ_{c}. 在 τ_{c} 时间之后, 磁场的大小和方向发生了随机变化, 自旋开始绕着磁场的新方向进动. 这样进行若干次之后, 初始时刻的自旋方向就完全被遗忘了.

这一过程发生的具体方式依赖于无量纲参数 $\omega\tau_{\mathrm{c}}$, 它是自旋在关联时间内进动的典型角度. 需要考虑以下两种极限情况.

1) $\omega\tau_{\mathrm{c}} \ll 1$ (最常见的情况)

进动角度很小, 因此自旋矢量做着小角度的弥散. 在时间 t 以内, 随机步伐的数目为 t/τ_{c}, 而每一步进动角度的平方值为 $(\omega\tau_{\mathrm{c}})^2$. 这些步伐之间是没有关联的, 因此时间 t 之后的进动角度的平方值为 $(\omega\tau_{\mathrm{c}})^2\,(t/\tau_{\mathrm{c}})$. 可以将自旋弛豫时间定义为这一角度达到 1 的量级所需要的时间, 因此

$$\frac{1}{\tau_{\mathrm{s}}} \sim \omega^2\tau_{\mathrm{c}} \tag{1.5}$$

这实际上是一个经典公式 (并不出现普朗克常量), 虽然也可以用量子力学来推导它. 注意, 在此情况下, $\tau_{\mathrm{s}} \gg \tau_{\mathrm{c}}$.

2) $\omega\tau_{\mathrm{c}} \gg 1$

这意味着, 在关联时间内, 自旋可以绕着磁场的方向旋转许多圈. 在 $1/\omega$ 量级的时间里, 在垂直于随机磁场的方向上, 自旋的投影被 (平均来说) 完全破坏了, 但是, 它在磁场方向上的投影仍然保持不变. 在此阶段, 自旋在其初始方向上的投影

减小为 1/3. 假设随机磁场与自旋初始方向的角度为 θ, 经过多次旋转之后自旋在初始方向上的投影将减小为 $(\cos\theta)^2$. 在三维情况下, 对随机磁场的所有方向进行平均之后得到 1/3.

经过时间 τ_c 之后, 磁场改变了方向, 初始的自旋极化最终将会消失. 这样一来, 在 $\omega\tau_c \gg 1$ 的情况下, 自旋极化的时间衰减过程将不是指数式的, 这一过程有两个不同的阶段：第一个阶段的时间为 $1/\omega$, 而第二个阶段的时间为 τ_c, 总体的结果是 $\tau_s \sim \tau_c$.

这些考虑具有普遍性, 适用于任何自旋弛豫机制. 对于给定的机制来说, 我们只需要理解相关参数 ω 和 τ_c 的数值就可以了.

2. 自旋弛豫机制

随机磁场导致的自旋弛豫有如下几种可能的物理机制.

1) Elliott-Yafet 机制[15,16]

通过自旋–轨道耦合相互作用, 晶格振动的电场或者是荷电杂质的电场都可以转变为等效磁场. 因此, 动量弛豫应该会导致自旋弛豫.

对于声子来说, 关联时间的量级是典型的热声子频率的倒数. 通常, 声子的自旋弛豫非常弱, 低温下更是如此.

对于杂质散射来说, 随机磁场的方向和大小依赖于每次碰撞的几何特征 (碰撞参数). 并不能用一个单独的关联时间来描述这个随机磁场, 因为它只出现于碰撞的短暂时间内, 而在碰撞之间则为零. 在每次碰撞时, 电子的自旋转过一个小角度 ϕ, 这些碰撞是不相关的. 因此, 在时间 t 内, 自旋旋转角的平方值为 $\langle\phi^2\rangle(t/\tau_p)$, 其中, τ_p 为两次碰撞之间的时间, 而 $\langle\phi^2\rangle$ 为将 ϕ^2 对所有散射情况进行平均后得到的结果.

因此, $1/\tau_s \sim \langle\phi^2\rangle/\tau_p$. 显然, 这一弛豫速率正比于杂质浓度.

2) Dyakonov-Perel 机制[9,17]

Dyakonov-Perel 机制来源于具有非中心对称性的半导体材料中导带的自旋–轨道劈裂. 这些材料包括 GaAs, 但不包括 Si 和 Ge (它们是中心对称的, 具有反演对称性). 对于体材料半导体来说, Dresselhaus[18] 首先指出了这种劈裂. 电子哈密顿量中添加的自旋有关项为

$$\hbar\boldsymbol{\Omega}(\boldsymbol{p})\cdot\boldsymbol{S} \tag{1.6}$$

可以将此视为自旋在有效磁场中的能量. $\boldsymbol{\Omega}(\boldsymbol{p})$ 依赖于电子动量相对于晶轴 (xyz) 的取向,

$$\Omega_x = p_x\left(p_y^2 - p_z^2\right), \quad \Omega_y = p_y\left(p_z^2 - p_x^2\right), \quad \Omega_z = p_z\left(p_x^2 - p_y^2\right) \tag{1.7}$$

对于给定的 $\boldsymbol{p}$ 来说, $\boldsymbol{\Omega}(\boldsymbol{p})$ 是这一磁场下的进动频率, 它正比于 $p^3 \sim E^{3/2}$. 因为 $\boldsymbol{p}$ 的方向随电子碰撞而改变, 所以有效磁场的方向随时间改变. 这样一来, 关联时间 $\tau_{\rm c}$ 与动量弛豫时间 $\tau_{\rm p}$ 的量级相同, 如果 $\Omega\tau_{\rm p}$ 的值很小 (通常如此), 就可以得到

$$\frac{1}{\tau_{\rm s}} \sim \Omega^2\tau_{\rm p} \tag{1.8}$$

与 Elliott-Yafet 机制不同的是, 此时自旋的转动发生在两次碰撞之间, 而非在碰撞过程中. 相应的, 弛豫速率随着杂质浓度下降 (也就是说当 $\tau_{\rm p}$ 增大时) 而增加. 通常, 在 $A^{\rm III}B^{\rm V}$ 和 $A^{\rm II}B^{\rm VI}$ 体材料半导体 (如 GaAs) 和二维结构 (其中 $\boldsymbol{\Omega}(\boldsymbol{p}) \sim \boldsymbol{p}$, 见本节 4.) 中, 这种机制占主导地位.

3) Bir-Aronov-Pikus 机制[19]

这一机制作用于 p 型半导体中的非平衡电子的自旋, 它来源于电子与空穴之间的交换相互作用 (换句话说就是, 导带中的一个电子与价带中的所有电子之间的交换相互作用), 这种自旋弛豫速率正比于空穴的数目, 在重掺杂的 p 型半导体中, 它可能会占主导地位.

4) 原子核自旋的超精细相互作用导致的弛豫过程

电子自旋与晶格中的原子核自旋 (见 1.4.5 节) 相互作用. 原子核通常处于无序态, 因此, 它们提供了一个作用在电子自旋之上的等效随机磁场. 相应的弛豫速率非常小, 但是对于局域化的电子来说, 当其他与电子运动有关的弛豫机制不起作用的时候, 这种机制就可能起到主要作用.

5) 价带中空穴的自旋弛豫

这种弛豫是因为价带劈裂为轻空穴子带和重空穴子带. 此时, 对于给定的 $\boldsymbol{p}$ 来说, $\hbar\Omega(\boldsymbol{p})$ 等于轻重空穴的能量差, 关联时间还是 $\tau_{\rm p}$. 然而, 与导带中电子的情况不同的是, 此处乃是相反的极限情况: $\Omega(\boldsymbol{p})\tau_{\rm p} \gg 1$. 因此, 自旋弛豫时间的量级为 $\tau_{\rm p}$, 非常短. 可以说空穴的 "自旋" $\boldsymbol{J}$ 严格地固定在它的动量 $\boldsymbol{p}$ 上, 因此, 动量弛豫就自动导致了自旋弛豫.

因此, 在通常情况下, 完全不可能保持体材料空穴的非平衡自旋. 然而, Hilton 和 Tang[20] 在未掺杂的体材料 GaAs 中观测到了轻空穴和重空穴的自旋弛豫 (在飞秒尺度上). 文献 [21] 给出了价带中空穴自旋弛豫的一般理论, 包括手征性以及 $\boldsymbol{J}$ 和 $\boldsymbol{p}$ 之间的其他关联.

3. 磁场对自旋弛豫过程的影响

当存在外磁场 $\boldsymbol{B}$ 的时候, 自旋以频率 $\Omega = g\mu B/\hbar$ 进动, 应当区分沿着磁场方向的自旋分量的弛豫和垂直于磁场方向的自旋分量的弛豫 (也称为退相位). 在磁共振的相关文献中, 通常将它们分别称为纵向弛豫时间 T_1 和横向弛豫时间 T_2.

为了便于理解, 通常选择以自旋进动频率 $\boldsymbol{\Omega}$ 围绕磁场 $\boldsymbol{B}$ 旋转的坐标系. 当不存在随机磁场的时候, 自旋矢量在转动坐标系中保持不变. 弛豫来源于旋转坐标系中的随机磁场, 显然, 这些磁场也以同样的频率 $\boldsymbol{\Omega}$ 围绕磁场 $\boldsymbol{B}$ 旋转.

因此, 指向 $\boldsymbol{B}$ 的随机磁场与静止坐标系中相同, 并以相同的方式使得自旋的垂直分量发生弛豫, 其特征时间为 $T_2 \sim \tau_{\mathrm{s}}$. 然而, 负责 $\boldsymbol{B}$ 方向自旋分量弛豫过程的随机磁场垂直分量确实在旋转. 这一旋转的重要性取决于参数 $\Omega\tau_{\mathrm{c}}$, 即关联时间内随机磁场的旋转角.

如果 $\Omega\tau_{\mathrm{c}} \ll 1$, 那么旋转并不重要, 因为无论如何, 经过时间 τ_{c} 之后, 随机磁场也要改变它的方向. 然而, 对于 $\Omega\tau_{\mathrm{c}} \gg 1$, 在关联时间内磁场的旋转会被有效地平均掉, 从而减小了纵向弛豫速率.

简单的计算指出

$$\left(\frac{1}{T_1}\right) = \frac{1}{\tau_{\mathrm{s}}}\frac{1}{1+(\Omega\tau_{\mathrm{c}})^2} = \frac{\omega^2\tau_{\mathrm{c}}}{1+(\Omega\tau_{\mathrm{c}})^2} \tag{1.9}$$

有趣的是, 随着磁场的增强, 纵向弛豫时间由正比于 τ_{c} 变为正比于 $1/\tau_{\mathrm{c}}$.

同样也可以利用量子力学来推导出经典公式 (1.9). 从量子力学的角度来看, 纵向弛豫来源于投影在 $\boldsymbol{B}$ 方向的自旋发生了翻转, 它需要的能量为 $g\mu B$. 因为随机磁场的能谱的宽度为 $\hbar/\tau_{\mathrm{c}}$, 所以, 当 $g\mu B \gg \hbar/\tau_{\mathrm{c}}$ 时 (等效于 $\Omega\tau_{\mathrm{c}} \gg 1$), 这一过程不再有效了.

Ivchenko 等[22] 计算了磁场对 Dyakonov-Perel 自旋弛豫过程的影响. 当 $\tau_{\mathrm{c}} = \tau_{\mathrm{p}}$ 时, 结论与式 (1.9) 相同, 只是用大一些的电子回旋频率 ω_{c} 来替代自旋进动频率 Ω. 原因在于, 此时, 矢量 $\boldsymbol{\Omega}(\boldsymbol{p})$ 的旋转主要归结为电子动量 $\boldsymbol{p}$ 在磁场中的旋转.

4. 二维电子和空穴的自旋弛豫

通常 Dyakonov-Perel 机制占主导地位. 然而, 有效磁场的动量依赖关系或者说矢量 $\boldsymbol{\Omega}(\boldsymbol{p})$, 是非常不同的.

首先, 因为垂直于二维平面的动量投影是量子化的, 而且通常大于动量在平面内的投影, 所以, 此时, 式 (1.6) 所定义的自旋劈裂频率线性地依赖于平面动量[23].

对于生长方向为 (001) 这种最简单的情况, 我们必须用 p_z 和 p_z^2 在最低子带上的量子力学平均值来代替它们在式 (1.7) 中的值, 它们分别等于 0 和 $\langle p_z^2\rangle$, 对于宽度为 a 的方形深势阱来说, $\langle p_z^2\rangle = (\pi\hbar/a)^2$. 这样就可以得出

$$\Omega_x = -p_x\langle p_z^2\rangle, \quad \Omega_y = p_y\langle p_z^2\rangle, \quad \Omega_z = 0 \tag{1.10}$$

可以看出, 有效磁场线性地依赖于 $\boldsymbol{p}$, 而且位于二维平面之内. 因此, 自旋弛豫是各

向异性的：垂直于平面的自旋分量的弛豫速率是自旋平面分量弛豫速率的两倍①.

因此, 二维电子的自旋弛豫通常是各向异性的, 而且依赖于生长方向[23]. 当生长方向为 (110) 时, 情况就很有趣. 如果将此方向选定为 z 轴, 同时选择 x 轴和 y 轴分别指向平面内的 $(1\bar{1}0)$ 和 (001) 方向, 那么用上述方法就可以得到

$$\Omega_x = 0, \quad \Omega_y = 0, \quad \Omega_z \sim p_x \tag{1.11}$$

随机磁场总是垂直于二维平面! 它的大小和符号仅仅依赖于电子动量在 $(1\bar{1}0)$ 方向的投影. 这意味着自旋在平面上的两个分量的弛豫时间是相等的, 而自旋的垂直分量根本就不会发生弛豫②.

其次, 如果量子阱是非对称的, 比如说异质结中的三角阱, 那么, 除了来源于式 (1.7) 和式 (1.6) 中的 Dresselhaus 项之外, 还存在另一种等效磁场. 这就是 Bychkov-Rashba 劈裂[25,26], 它具有式 (1.6) 的形式, 其中

$$\boldsymbol{\Omega}(\boldsymbol{p}) \sim \boldsymbol{E}^{\mathrm{R}} \times \boldsymbol{p} \tag{1.12}$$

而 $\boldsymbol{E}^{\mathrm{R}}$ 就是所谓的 "Rashba 场", 它是一个指向生长方向的、取决于量子阱非对称性的内建场③. 此时, $\boldsymbol{\Omega}$ 也位于二维平面之内并垂直于 $\boldsymbol{p}$.

虽然 $\boldsymbol{\Omega}(\boldsymbol{p}) \sim \boldsymbol{E}^{\mathrm{R}} \times \boldsymbol{p}$ 的依赖关系与 (001) 生长方向的情况有所不同, 但是, 弛豫过程很相似. 然而, 如果两种相互作用同时存在而且大小相同, 那么这两者之间的相互影响[28] 就会在 xy 平面内产生一种特别的自旋弛豫的各向异性.

量子阱中空穴的自旋结构也与体材料中完全不同. Winkler 的书[29] 给出了二维系统中自旋–轨道相互作用的更多细节.

1.4.3 Hanle 效应

横向磁场导致的荧光偏振度的下降 (Wood 和 Elliott 首先发现, 这在 1.1 节中描述过了) 被有效地运用于半导体中自旋取向的实验之中.

Hanle 效应产生的原因在于, 电子自旋绕着磁场方向进动. 在连续激发的情况下, 进动使得电子自旋在观测方向上的平均投影变小, 而后者决定了圆偏振光的偏振度. 因此, 偏振度作为横向磁场的函数而减小. 在稳态条件下, 测量这个偏振度就能够得到自旋弛豫时间和复合时间.

Hanle 效应的原因是电子自旋以拉莫尔频率 $\boldsymbol{\Omega}$ 在磁场 $\boldsymbol{B}$ 中进动. 下面这个简单的运动方程描述了平均自旋矢量 $\boldsymbol{S}$ 的进动、自旋泵浦、自旋弛豫以及复合的关系：

① 原因在于, 随机磁场的 x 分量和 y 分量都绕着自旋在 z 方向的投影旋转, 而 x 分量的自旋投影只受到 y 分量的影响, 因为随机磁场的 z 分量为零.

② 实际上, 自旋的垂直分量也会因为 $\boldsymbol{p}$ 的立方项 (在推导式 (1.10) 和式 (1.11) 时被忽略了) 而缓慢地衰减. 在实验中观测到, (110) 量子阱中自旋弛豫速率减小了约 20 倍[24].

③ Vasko 导出了二维电子哈密顿量中相应的项[27]. 文献 [26] 引用了这一结果.

$$\frac{\mathrm{d}\boldsymbol{S}}{\mathrm{d}t}=\boldsymbol{\Omega}\times\boldsymbol{S}-\frac{\boldsymbol{S}}{\tau_{\mathrm{s}}}-\frac{\boldsymbol{S}-\boldsymbol{S}_0}{\tau} \tag{1.13}$$

其中, 右边的第一项描述了磁场中的自旋进动 ($\Omega=g\mu B/\hbar$), 第二项描述了自旋弛豫, 第三项描述的是光学激发产生的自旋 ($\boldsymbol{S}_0/\tau$) 及其复合 ($-\boldsymbol{S}/\tau$). 矢量 $\boldsymbol{S}_0$ 沿着激发光束的方向, 它的绝对大小等于光生电子的初始平均自旋.

在稳态 ($\mathrm{d}\boldsymbol{S}/\mathrm{d}t=0$) 且没有磁场的情况下, 可以得到

$$\boldsymbol{S}_z(0)=\frac{\boldsymbol{S}_0}{1+\tau/\tau_{\mathrm{s}}} \tag{1.14}$$

其中, $\boldsymbol{S}_z(0)$ 为自旋在 $\boldsymbol{S}_0$ 方向 (z 轴) 的投影. 因为 $\boldsymbol{S}_z(0)$ 等于荧光的偏振度 (见 1.4.1 节), 这一公式等价于式 (1.4) 对 P 的描述. 当存在横向磁场的时候, 有

$$\boldsymbol{S}_z(B)=\frac{\boldsymbol{S}_z(0)}{1+(\Omega\tau^*)^2},\quad \text{其中}\ \frac{1}{\tau^*}=\frac{1}{\tau}+\frac{1}{\tau_{\mathrm{s}}} \tag{1.15}$$

有效时间 τ^* 决定了退偏振曲线的宽度. 因此, 自旋投影 $\boldsymbol{S}_z$ (同时也就是荧光的圆偏振度) 作为横向磁场的函数而减小. 将零场测量值 $P=\boldsymbol{S}_z(0)$ 与 Hanle 效应的磁场依赖关系结合起来, 就可以得到两个重要的参数：稳态条件下的电子寿命 τ 和电子弛豫时间 τ_{s}.

如果用一个短脉冲来产生自旋极化的电子, 时间分辨测量就可以给出围绕磁场方向的逐渐衰减的自旋进动[30], 对于给定的初始值, 它将按照式 (1.13) 演化, 给人以非常深刻的印象.

1.4.4 自旋流和电流的相互转化

由于自旋–轨道相互作用, 电荷与自旋的运动是相互关联的：电流可以产生一个横向的自旋流, 反之亦然[31,32]. 近年来, 这一主题引起了许多人的兴趣, 引发了大量的实验和理论研究, 参见第 8 章.

有一种被称为自旋霍尔效应 (spin Hall effect) 的新现象 (文献 [31], [32] 预言过它), 它表现为导体的边界处由电流诱导产生的自旋堆积. 自旋垂直于电流的方向, 而且在相对的边界上带有相反的符号①. 堆积发生在自旋扩散长度 $L_{\mathrm{s}}=\sqrt{D\tau}$ 的尺度上, 其中 D 为扩散系数. L_{s} 的典型值为 1μm 的量级.

反过来, 一个自旋流 (如自旋密度的非均匀性) 可以产生一个电流. 更准确地说, 存在一个正比于 $\nabla\times\boldsymbol{S}$ 的电流 (inverse spin Hall effect, 逆自旋霍尔效应). 这一效应由 Bakun 等首次发现[33].

在螺旋晶体中, 一个各向同性的均匀的非平衡自旋密度可以诱导出一个电流, Ivchenko 和 Pikus[34] 以及 Belinicher[35] 对此作出了理论预言. 文献 [36] 报道了对此效应的实验观测. 反过来, 电流也会产生一个均匀的自旋极化.

① 这使人想起, 在通常的霍尔效应中, 相反符号的电荷由于洛伦兹力的作用而堆积在相对的边界上.

因此, 一般来说, 电流可以在边界处诱导出堆积的自旋, 或者产生一个均匀的自旋极化, 也可以让两者同时发生. 它们的逆效应也存在.

唯象地说, 所有这些效应 (包括广为人知的反常霍尔 (Hull) 效应[37]) 都可以根据一般性原理、由纯粹的对称性考虑推导出来: 任何不被对称性或者守恒定律禁戒的事情都可以发生. 在一个具有反演对称性的各向同性的介质中, 唯一的构件就是反对称单位张量 ε_{ijk}. 如果对称性更低的话, 理论还可以使用其他一些张量. 微观理论可以给出这些现象的物理机制以及观测量的数值. 第 8 章和第 9 章给出了更多的细节.

1.4.5　电子与原子核系统之间的相互作用

可以很容易地将非平衡自旋极化电子的极化度传递给晶格中的原子核, 从而创建出一个有效磁场. 这个磁场反过来又会影响到电子的自旋 (但不会影响到它们的轨道运动). 例如, 它可以通过 Hanle 效应显著地影响电子的极化度[38]. 因此, 自旋极化的电子和极化的晶格原子核就形成了一个强耦合系统, 可以表现出强烈的非线性现象, 例如, 通过检测荧光的圆偏振度, 就可以看到自持的缓慢振荡与迟滞效应[14,39]. Ekimov 和 Safarov[40] 首次在半导体中用光学方法来检测核磁共振.

三种基本的相互作用在这些现象中起着主导作用.

1. *电子自旋与原子核自旋之间的超精细相互作用*

电子自旋与原子核自旋之间的超精细相互作用的形式是 $A(\boldsymbol{I}\cdot\boldsymbol{S})$, 其中 $\boldsymbol{I}$ 为原子核自旋, 而 $\boldsymbol{S}$ 为电子自旋. 如果电子处于平衡态, 这种相互作用就为原子核自旋弛豫提供了物理机制; 如果电子自旋系统处于非平衡状态, 那么它会导致原子核自旋的动态极化. 与典型的电子时间尺度相比, 这些过程都非常缓慢. 另外, 如果原子核是极化的, 这种相互作用就等价于存在一个有效的原子核磁场. 在 GaAs 中, 100%极化的原子核产生的磁场约为 6T. 在实验中很容易实现几个百分点的原子核极化.

一般性的式 (1.5) 给出了电子相互作用引起原子核自旋极化所需要的时间, 其中, 可以将 ω 理解为超精细相互作用引起的原子核自旋在电子有效磁场中的进动频率, 关联时间 $\tau_{\rm c}$ 依赖于电子的状态. 对于自由运动的电子来说, 这一时间非常短, $\tau_{\rm c}\sim\hbar/E$, 其中 E 为电子能量. Bloembergen 首先指出[43], 局域化的电子 (比如说, 束缚于施主或者是受限于量子点中) 对于原子核的极化 (或者退极化) 更为有效. 此时, 它的 $\tau_{\rm c}$ 通常要比自由运动电子长得多. $\tau_{\rm c}$ 取决于最短的过程, 比如说复合、跳跃到其他的施主位置上、热电离或者自旋弛豫.

2. *原子核自旋之间的偶极–偶极相互作用*

可以用局域磁场 $\boldsymbol{B}_{\rm L}$ 来描述这种相互作用, 它是由邻近的原子核在给定原子核位置处产生的[①], 其大小约为几个高斯. 局域场中原子核的进动周期为 $T_2 \sim 10^{-4}$s, 这就给出了原子核自旋系统的内禀时间尺度. 在此时间内, 可以建立起系统的热平衡, 原子核自旋温度 Θ_N 可以显著地不同于晶格的温度 T, 比如说, 前者可以达到 10^{-6}K.

因为表征原子核自旋系统与外界 (电子或者晶格) 相互作用的特征时间要比 T_2 长得多, 可以认为原子核自旋系统总是处于其内在的热平衡态, 其温度取决于原子核自旋与电子或晶格之间的能量交换. 因此, 原子核的极化总是取决于热动力学公式 $P \sim \mu_N B/(k\Theta_N)$, 其中 μ_N 为原子核磁矩. Redfield 提出了原子核自旋温度这个最重要的概念[41], 也见于文献 [42].

偶极–偶极相互作用也导致了原子核自旋的扩散[43], 这一过程使得空间中的原子核自旋趋于均匀. 可以估算出原子核自旋的扩散系数为 $D_N \sim a_0^2/T_2 \sim 10^{-12}\text{cm}^2/\text{s}$, 其中 a_0 为相邻原子核之间的距离. 这样一来, 每秒钟原子核极化可以扩散大约 10nm 的距离, 而扩散一微米的距离大约需要几个小时.

3. 电子自旋与原子核自旋之间的塞曼相互作用

在外磁场中, 原子核磁矩的能量约比电子的相应能量小 2000 倍. 然而, 当外磁场强于局域内磁场 ($B_L \sim 3$G[②]) 的时候, 它就变得重要起来. 因此, 原子核自旋系统在弱磁场 (小于 B_L) 中的行为和它在强磁场中的行为显著不同. 在零磁场下, 原子核自旋不可能是极化的 (塞曼能量为零, 而 Θ_N 是有限值, 参考上文中的热动力学公式).

此外, 随着外磁场的增强, 根据式 (1.9) 可知, 极化时间也会变长, 其中 Ω 为电子自旋进动频率. 从量子力学的观点来看, 这种增长的原因在于, 电子的塞曼能量与原子核的塞曼能量严重地不相匹配. 因此, 电子–原子核的翻转过程就会违反能量守恒定律. 然而, 由于能量的不确定性 $\Delta E \sim \hbar/\tau_c$, 这种过程还是可以发生的.

这些相互作用在不同实验条件下的相互影响产生了丰富多彩的实验现象, 参见第 11 章.

1.5 本书内容概览

限于篇幅, 本章只能概述一下当前研究的主要方向.

① 1.2 节中已经指出, 通常可以忽略电子间的磁偶极–偶极相互作用. 因为原子核自旋之间的类似相互作用要弱上约一百万倍, 这种相互作用还会有什么重要性呢? 答案在于, 原子核自旋系统的时间尺度 (几秒钟甚至更长) 要比电子自旋系统的典型时间 (几纳秒或更短) 长得多.

② 1G=10^{-4}T.

1. 时间分辨光学技术

Santa Babara 的 Awschalom 小组[45] 和 Southamptom 的 Harley 小组[46] 发明了基于法拉第或者克尔偏振旋转 (Faraday or Kerr polarization rotation) 的时间分辨光学技术. 这些技术开创了实验自旋物理学的新时代. 它们能够在亚皮秒尺度上观测自旋动力学以及研究半导体中各种自旋过程. 本书中多个主题的实验结果是由这些光学技术获得的.

2. 量子阱和量子点中的自旋动力学

第 2 章讨论了量子阱中载流子的自旋动力学. 第 3 章和第 4 章分别讨论了量子阱和量子点中的激子自旋动力学以及中性激子与荷电激子的精细结构. 载流子交换作用和限制作用产生了许多有趣而又微妙的效应, 现在已经完全弄清楚了. 这些章节说明了如何精确地得到许多重要的参数. 例如, 自旋劈裂和弛豫时间.

3. 自旋噪声谱

第 5 章一般性地介绍了实验中的时间分辨技术. 它也给出了自旋物理学中一种很新的研究方法, 将其他领域中的噪声谱技术用于半导体中的自旋系统. 与其他方法不同, 这种技术无需外界激励就可以研究自旋动力学.

4. 量子点中的自旋相干动力学

第 6 章讨论了这一主题. 它包含了非常有趣而又惊人的新结果, 在周期性激光脉冲的激发下, 一个量子点系综中出现了自旋相干性的 "模式锁定", 特别是由原子核的超精细相互作用引起的自旋进动 "聚焦".

5. 硅中受限电子的自旋性质

因为硅不发光、自旋–轨道相互作用弱、几乎没有什么核自旋, 所以, 在近年来, 硅材料中的自旋相关研究非常少. 第 7 章给出了硅基量子阱和量子点中的自旋物理学的有趣新结果, 主要研究方法是电子自旋共振, 它具有非常小的线宽.

6. 自旋流和电流的耦合

第 8 章介绍了自旋–轨道相互作用导致的自旋流与电流的耦合, 以及刚刚发现并引起广泛关注的自旋霍尔效应. 第 9 章讨论了一个与此相关的主题, 描述了二维结构中的自旋相关的光电流, 或者圆偏振光电压. 许多有趣的实验揭示了微妙的物理机制.

7. 自旋注入

Aronov[47] 最早提出, 可以从铁磁体向普通金属中注入自旋, Silsbee[48] 最早提出, 可以用铁磁体来检测自旋. Johnson 和 Silsbee[49] 首次在实验上观测到这些现象[49]. 最近的许多工作研究了使用铁磁体/半导体异质结来进行自旋注入. 第 10 章对此以及相关现象进行了描述, 它们有很广阔的应用前景.

8. 光学和电子输运中的原子核自旋效应

第 11 章讨论了量子阱和量子点中超精细相互作用构成的电子–原子核自旋系统. 原子核自旋极化产生了非常显著的光学效应, 包括非同寻常的磁共振和回滞行为.

第 12 章描述了低温二维系统中磁输运表现出来的惊人的原子核自旋行为, 这是由 Dobers 等[50] 首先发现的. 观测到了量子霍尔效应区中磁电阻的显著变化, 并证明了它是由原子核自旋的动态极化产生的. 这些研究加深了对脆弱的量子霍尔态的认识, 后者只能存在于强磁场下的高迁移率样品中. 一些实验结果仍然有待于理解.

9. 稀磁性半导体中的自旋动力学

掺锰 (Mn) 的Ⅲ-Ⅴ族和Ⅱ-Ⅵ族系统的体材料和二维材料都引起了广泛的兴趣. 由于 Mn 交换相互作用产生的巨塞曼分裂、铁磁性和半导体性质的结合、制作铁磁体/半导体异质结, 这些都是许多研究工作的中心内容. 第 13 章综述了其中的基本物理学及其磁学和光学性质.

参 考 文 献

[1] R.W. Wood, A. Ellett, Phys. Rev. **24**, 243 (1924)

[2] W. Hanle, Z. Phys. **30**, 93 (1924)

[3] J. Brossel, A. Kastler, C. R. Hebd. Acad. Sci. **229**, 1213 (1949)

[4] A. Kastler, Science **158**, 214 (1967)

[5] G. Lampel, Phys. Rev. Lett. **20**, 491 (1968)

[6] L.H. Thomas, Nature **117**, 514 (1926)

[7] P.Y. Yu, M. Cardona, *Fundamental of Semiconductors*, 3rd edn. (Springer, Berlin, 2001)

[8] J.M. Luttinger, Phys. Rev. **102**, 1030 (1956)

[9] M.I. Dyakonov, V.I. Perel, Z. Eksp. Teor. Fiz. **60**, 1954 (1971); Sov. Phys. JETP **33**, 1053 (1971)

[10] V.D. Dymnikov, M.I. Dyakonov, V.I. Perel, Z. Eksp. Teor. Fiz. **71**, 2373 (1976); Sov. Phys. JETP **44**, 1252 (1976)

[11] D.N. Mirlin, in *Optical Orientation*, ed. by F. Meier, B.P. Zakharchenya (North-Holland, Amsterdam, 1984), p. 133

[12] M.I. Dyakonov, A.V. Khaetskii, Z. Eksp. Teor. Fiz. **82**, 1584 (1982); Sov. Phys. JETP **55**, 917 (1982)

[13] M.I. Dyakonov, A.V. Khaetskii, Pis'ma Z. Eksp. Teor. Fiz. **33**, 110 (1981); Sov. Phys. JETP Lett. **33**, 115 (1981)

[14] M.I. Dyakonov, V.I. Perel, in *Optical Orientation*, ed. by F. Meier, B.P. Zakharchenya (North-Holland, Amsterdam, 1984), p. 15

[15] R.J. Elliott, Phys. Rev. **96**, 266 (1954)

[16] Y. Yafet, in *Solid State Physics*, vol. 14, ed. by F. Seits, D. Turnbull (Academic, New York, 1963), p. 1

[17] M.I. Dyakonov, V.I. Perel, Fiz. Tverd. Tela **13**, 3581 (1971); Sov. Phys. Solid State **13**, 3023 (1972)

[18] G. Dresselhaus, Phys. Rev. **100**, 580 (1955)

[19] G.I. Bir, A.G. Aronov, G.E. Pikus, Z. Eksp. Teor. Fiz. **69**, 1382 (1975); Sov. Phys. JETP **42**, 705 (1976)

[20] D.J. Hilton, C.L. Tang, Phys. Rev. Lett. **89**, 146601 (2002)

[21] M.I. Dyakonov, A.V. Khaetskii, Z. Eksp. Teor. Fiz. **86**, 1843 (1984); Sov. Phys. JETP **59**, 1072 (1984)

[22] E.L. Ivchenko, Fiz. Tverd. Tela **15**, 1566 (1973); Sov. Phys. Solid State **15**, 1048 (1973)

[23] M.I. Dyakonov, V.Yu. Kachorovskii, Fiz. Techn. Poluprov. **20**, 178 (1986); Sov. Phys. Semicond. **20**, 110 (1986)

[24] Y. Ohno, R. Terauchi, T. Adachi, F. Matsukura, H. Ohno, Phys. Rev. Lett. **83**, 4196 (1999)

[25] Y.A. Bychkov, E.I. Rashba, J. Phys. C **17**, 6039 (1984)

[26] Y.A. Bychkov, E.I. Rashba, Z. Eksp. Teor. Fiz. Pis'ma, **39**, 66 (1984); Sov. Phys. JETP Lett. **39**, 78 (1984)

[27] F.T. Vasko, Z. Eksp. Teor. Fiz. Pis'ma, **30**, 574 (1979); Sov. Phys. JETP Lett. **30**, 541 (1979)

[28] N.S. Averkiev, L.E. Golub, Phys. Rev. B **60**, 15582 (1999)

[29] R. Winkler, *Spin–Orbit Coupling Effects in Two-dimensional Electron and Hole Systems* (Springer, Berlin, 2003)

[30] J.A. Gupta, X. Peng, A.P. Alivisatos, D.D. Awschalom, Phys. Rev. B **59**, 10421 (1999)

[31] M.I. Dyakonov, V.I. Perel, Pis'ma Z. Eksp. Teor. Fiz. **13**, 657 (1971); Sov. Phys. JETP Lett. **13**, 467 (1971)

[32] M.I. Dyakonov, V.I. Perel, Phys. Lett. A **35**, 459 (1971)

[33] A.A. Bakun, B.P. Zakharchenya, A.A. Rogachev, M.N. Tkachuk, V.G. Fleisher, Pis'ma Z. Eksp. Teor. Fiz. **40**, 464 (1984); Sov. Phys. JETP Lett. **40**, 1293 (1984)

[34] E.L. Ivchenko, G.E. Pikus, Pis'ma Z. Eksp. Teor. Fiz. **27**, 640 (1978); Sov. Phys. JETP Lett. **27**, 604 (1978)

[35] V.I. Belinicher, Phys. Lett. A **66**, 213 (1978)

[36] V.M. Asnin, A.A. Bakun, A.M. Danishevskii, E.L. Ivchenko, G.E. Pikus, A.A. Rogachev, Solid State Commun. **30**, 565 (1979)

[37] R. Karplus, J.M. Luttinger, Phys. Rev. **95**, 1154 (1954)

[38] M.I. Dyakonov, V.I. Perel, V.I. Berkovits, V.I. Safarov, Z. Eksp. Teor. Fiz. **67**, 1912 (1974); Sov. Phys. JETP **40**, 950 (1975)

[39] V.G. Fleisher, I.A. Merkulov, in *Optical Orientation*, ed. by F. Meier, B.P. Zakharchenya (North-Holland, Amsterdam, 1984), p. 173

[40] A.I. Ekimov, V.I. Safarov, Pis'ma Z. Eksp. Teor. Fiz. **15**, 453 (1972); Sov. Phys. JETP Lett. **15**, 179 (1972)

[41] A.G. Redfield, Phys. Rev. **98**, 1787 (1955)

[42] A. Abragam, *The Principles of Nuclear Magnetism* (Oxford University Press, Oxford, 1983)

[43] N. Bloembergen, Physica **20**, 1130 (1954)

[44] N. Bloembergen, Physica **25**, 386 (1949)

[45] J.J. Baumberg, D.D. Awschalom, N. Samarth, J. Appl. Phys. **75**, 6199 (1994)

[46] N.I. Zheludev, M.A. Brummell, A. Malinowski, S.V. Popov, R.T. Harley, Solid State Commun. **89**, 823 (1994)

[47] A.G. Aronov, Pis'ma Z. Eksp. Teor. Fiz. **24**, 37 (1976); Sov. Phys. JETP Lett. **24**, 32 (1976)

[48] R.H. Silsbee, Bull. Mag. Res. **2**, 284 (1980)

[49] M. Johnson, R.H. Silsbee, Phys. Rev. Lett. **55**, 1790 (1985)

[50] M. Dobers, K. von Klitzing, J. Schneider, G. Weinmann, K. Ploog, Phys. Rev. Lett. **61**, 1650 (1988)

第2章　量子阱中自由载流子的自旋动力学

R. T. Harley

2.1　导　　论

本章集中描述闪锌矿结构半导体量子阱中自由载流子的自旋动力学. 第 7 章将讨论硅中电子的自旋性质. 本章的基本问题是: 自旋极化的载流子是如何回到平衡态中的? 我们将不会考虑自旋非均匀性引起的效应, 也就是说, 我们将不讨论自旋的扩散或传输, 第 8~10 章将讨论这些内容.

本章讨论的量子阱的最主要的特点在于, 它们是直接带隙半导体, 因此, 可以光激发和光探测来直接地揭示自旋现象. 在 2.2 节中, 我们将从实验的角度来讨论光学测量及其应用. 随后的几节将描述电子和空穴的自旋动力学实验, 并与理论机制进行比较. 接着再讨论量子阱中自旋现象的设计和控制. 最后将展望本领域研究工作的未来.

作为凝聚态物理学研究的一个小领域, 这一领域自有其引人入胜之处, 除此之外, 它的一个重要特点在于, 它总是不停地给它的狂热爱好者们带来新的惊喜. 也许最明显的就是, 在通常占主导地位的 Dyakonov-Perel 自旋弛豫机制中, 电子动量的强散射意味着自旋的慢弛豫; 当然还有其他的惊奇之处.

2.2　自旋动力学的光学测量

Optical Orientation 一书中描述了许多关于半导体中自旋动力学的实验, 它们几乎都是基于连续光激发下的光致荧光谱的测量. 这些技术现在仍然有效, 但并非仅仅因为它们相对简单一些. 更近一些的实验使用了基于锁模激光的时间分辨技术, 第 5 章对此进行了比较详细的描述.

在连续光方法中, 用圆偏振光来激发样品, 由于光学选择定则 (见第 1 章), 产生了自旋取向沿着激发光方向的自旋极化的电子和空穴. 沿着入射光轴的反方向来测量光致荧光谱. 在激发和自旋演化 (或弛豫) 之间建立起了一个动态的平衡, 荧光的圆偏振度直接反映了光生载流子的自旋极化度. 如果假设自旋弛豫时间 τ_{s} 和复合时间 τ_{r} 为指数型, 那么, 荧光的偏振度就取决于 $\tau_{\mathrm{s}}/\tau_{\mathrm{r}}$ 的比值. 因此, 如果能够独立地测量出复合时间, 那么就可以得到自旋弛豫时间. 2.6 节讨论了用该方法进行测量的一个例子.

Hanle 效应就使用了这种方法[1]. 垂直于激发光束施加一个磁场, 它与自旋的初始取向成直角, 使得自旋以拉莫尔频率在垂直于磁场的平面内进动. 这就在自旋的激发、复合、弛豫与进动之间产生了一个新的动态平衡. 此时测量的偏振度依赖于三个时间：τ_{s}、τ_{r} 和拉莫尔进动周期. 进动减小了沿激发方向的平均自旋分量, 因此就减小了荧光的偏振度. 在这个简单情况下, 从理论上来说, 偏振度是磁场的洛伦兹函数. 这样的曲线可以给出两个实验参数：宽度和高度. 因此有必要知道 3 个时间中的一个以确定另外两个. 例如, Hanle 效应, 再加上独立确定的 τ_{r}, 就给出了量子阱中电子朗德 g 因子的第一个实验测量结果[2]. 2.4 节和 2.5.2 节讨论了其他的一些例子.

利用时间分辨技术, 在脉冲激发下测量瞬态荧光的强度和偏振度, 就可以直接给出光生载流子的自旋演化过程. 时间分辨的泵浦–探测方法是, 先用脉冲光进行激发, 然后用一束微弱的、时间延迟的探测脉冲来测量泵浦光诱导产生的透射率的变化 (这就是时间分辨法拉第效应) 或者反射率的变化 (克尔效应)[3]. 这些测量在下述意义上是非直接性的：信号取决于光学常数所受到的一些非线性调制. 幸运的是, 在量子阱中的所有非线性机制里, 最重要的是 “相空间填充”：由于泡利原理, 导带或者价带中光生载流子占据的状态将不再能够对光学跃迁起作用, 所以, 这个技术就对光生的载流子非常敏感[4,5]. 在一些实验中, 进行两次独立的测量, 一次使用与泵浦光圆偏振性一致的探测光, 另一次使用具有相反偏振特性的探测光. 一种更灵敏的技术使用线偏振的探测光, 此时, 偏振面的旋转就给出了泵浦诱导出来的载流子的差别.

解释这些实验所得到的信号是非常微妙的, 在文献中通常是一带而过. 带间激发可以产生激子或者是自由运动的电子和空穴, 它们的贡献依赖于许多因素, 如温度、激发能量以及样品性质 (本征的、n 型的或者 p 型的) 等. 在 2.5.1 节中, 我们讨论本征量子阱中激子和自由载流子之间的相互影响.

图 2.1 给出一个例子来揭示这种微妙性：此时研究的是一个简并的 n 型量子阱[6]. 图中给出了吸收谱 (PLE) 和发射谱 (PL), 插图给出了能带结构示意图, 箭头标出了荧光峰的位置, 以及 PLE 谱开始的位置, 二者之间的差异 (斯托克斯位移) 取决于费米海的深度 E_{F}. 利用低强度的、在 PLE 起始处的 (如图 2.1 中箭头)、圆偏振光激发的泵浦–探测测量, 可以给出光生电子和空穴的相空间填充效应. 费米能级附近的电子的自旋演化将占据主导地位, 因为空穴将很快地热弛豫到布里渊区中心, 位于填充了的电子费米海的 “大伞” 之下, 腾空了起初被占据的价带态. 时间分辨或者连续光荧光谱测量, 涉及 PLE 起始处 (及以上) 的极化激发并探测了荧光谱最大值附近的荧光. 荧光谱的偏振度以非常复杂的方式依赖于复合发生时光生

空穴的极化度以及费米海的净极化度[1,7~9].

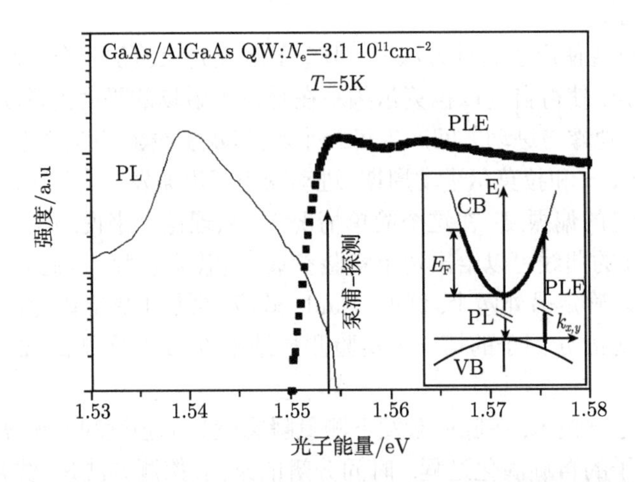

图 2.1　一个简并的 n 型量子阱的荧光谱和荧光激发谱; 插图: 导带和价带结构, 箭头标出了光学跃迁的位置. “泵浦–探测” 箭头标出了测量时间分辨法拉第 (或克尔) 效应时所使用的典型光子能量 (a.u. 指任意单位)

2.3　自由电子的自旋弛豫机制

在非磁性闪锌矿结构半导体的自由导带电子自旋弛豫过程中, 有三种物理机制在起作用[1]. 通常, 其中的两种贡献比较小, 因此并没有被广泛地研究: 一种是自旋–轨道耦合导致的、伴随电子散射的自旋翻转, 被称为 Elliott-Yafet (EY) 机制[10,11]; 另一种是电子与非极化的多子空穴之间的交换相互作用导致的自旋翻转, 被称为 Bir-Aronov-Pikus(BAP) 机制[12]. 在这两种机制中, 自旋弛豫速率都正比于电子的散射率. 第三种机制是最重要的, 它就是 Dyakonov-Perel(DP) 机制[13]. 在体材料中, 有明确证据表明 Bir-Aronov-Pikus 机制和 Elliott-Yafet 机制起作用 (在 2.4 节中将讨论这一问题), 但是在量子阱中, 没有什么证据可以表明 Dyakonov-Perel 机制以外的其他机制发挥了什么作用.

如第 1 章所述, 在 Dyakonov-Perel 机制中, 自旋再取向的原因在于导带电子的自旋–轨道劈裂. 在电子两次碰撞之间的自由运动过程中, 它使得电子自旋以一种依赖于动量的有效拉莫尔频率 Ω_p 进行进动, 这一频率对应于导带电子的自旋劈裂. 电子的动量散射导致了进动的随机化, 在强散射极限下, 自旋以一系列的随机小旋转来重新取向. 沿着某一个特定的轴方向 i, 自旋弛豫速率为

$$\frac{1}{\tau_{\mathrm{s},i}} = \left\langle \Omega_{\perp}^2 \right\rangle \tau_p^* \tag{2.1}$$

其中, $\langle \Omega_{\perp}^2 \rangle$ 为垂直于 i 轴的平面内的进动矢量的方均值, 而 τ_{p}^* 为单个电子的动量弛豫时间[13,14]. 这一公式包含了 Dyakonov-Perel 机制中与直觉相悖的 "运动致慢" 性质, 此时, 自旋弛豫速率反比于电子散射速率.

式 (2.1) 中出现的两个因子让实验结果的解释变得复杂了. 可以从理论上计算出自旋劈裂; 其动量依赖关系在很大程度上取决于对称性的考虑, 其大小也可以通过诸如 $\boldsymbol{k} \cdot \boldsymbol{p}$ 的方法计算出来[15]. 另外, 一般来说, 散射时间依赖于具体的样品, 它部分取决于材料的质量. 能够很好地确定散射时间的实验太少了, 现在还根本不可能给出严格的结论.

由速率 $1/\tau_p^*$ 表征的散射使得单个电子的动量变得随机化, 它是两个速率之和:

$$\frac{1}{\tau_{\mathrm{p}}^*} = \frac{1}{\tau_{\mathrm{p}}} + \frac{1}{\tau_{\mathrm{ee}}} \tag{2.2}$$

其中, $1/\tau_{\mathrm{ee}}$ 起源于电子–电子之间的散射, 而 $1/\tau_{\mathrm{p}}$ 则是由于其他的过程. 例如, 缺陷或声子导致的散射. 后面的这些过程在电子和晶格之间交换能量, 因此, 它们决定了电子系综的迁移率. 电子–电子散射在 n 型半导体中比较重要, 它使得电子系综内的动量发生重新分布, 但是, 它并不直接影响迁移率.

多年以来, 文献中都认为 $1/\tau_p^*$ 与 $1/\tau_p$ 完全一样[14], 因此, 可以在实验上用迁移率来确定; 没有谁注意到电子–电子散射的潜在重要性. 因此, 当最近的二维电子气中的理论工作和实验研究强调了电子–电子散射的重要性的时候, 大家都很吃惊. 在 2.5.4 节中对此进行了讨论.

矢量 $\boldsymbol{\Omega}_p$ 是自旋–轨道耦合和反演对称性缺失共同作用的结果. 在体材料中, 只有一项对 $\boldsymbol{\Omega}_p$ 有贡献, 也就是 Dresselhaus 项, 它也被称作体反演对称性的缺失 (文献中称之为 BIA), 它的起因在于, 闪锌矿结构中不存在反演对称性. 量子阱中自旋动力学更为丰富多彩, 其原因在于, 存在两种其他类型的贡献, 而且可以调节它们的相对强弱. 一种额外的贡献是 Rashba 项, 也被称为结构反演对称性的缺失 (structure inversion asymmetry, SIA), 它来源于量子阱势场的反演不对称性, 包括内建的或外加的电场; 另一种是自然产生的界面不对称性 (natural interface asymmetry, NIA), 它来自于和界面处化学键有关的非对称性①.

如第 1 章所述, 对 $\boldsymbol{\Omega}_p$ 的各种贡献对动量分量的依赖关系是不同的. 在体材料中, 只存在体材料反演不对称性, 即

$$\boldsymbol{\Omega}^{\mathrm{BIA}} = \frac{\gamma}{\hbar^3} \left\{ p_x \left(p_y^2 - p_z^2 \right), p_y \left(p_z^2 - p_x^2 \right), p_z \left(p_x^2 - p_y^2 \right) \right\} \tag{2.3}$$

其中, γ 为 Dresselhaus 系数, x, y, z 为立方晶轴. 这样一来, $|\boldsymbol{\Omega}|^2 \sim |\boldsymbol{p}|^6$, 另外, 由于

① Flatté 等在文献 [14] 中很好地综述了 Ω_p 的各种不同来源.

电子的动能 $\sim p^2$, 所以, 在温度 T 下对式 (2.1) 求平均, 就可以得到

$$\frac{1}{\tau_{\mathrm{s}}} \sim (k_{\mathrm{B}}T)^3 \tau_p^* \tag{2.4}$$

此时, 假设电子是非简并的, 其中, k_{B} 为玻尔兹曼常量, 对于简并电子气来说

$$\frac{1}{\tau_{\mathrm{s}}} \sim (E_{\mathrm{F}})^3 \tau_p^* \tag{2.5}$$

在量子阱中, 沿着生长方向的动量分量是量子化的, 动量的 z 分量可以用它们的期望值 $\langle p_z \rangle = 0$ 和 $\langle p_z^2 \rangle$ 来代替. 后者正比于电子的受限能量 $E_{1\mathrm{e}}$. 假设 $\langle p_z^2 \rangle$ 远大于 $\langle p_x^2 \rangle$ 和 $\langle p_y^2 \rangle$, 就可以通过式 (2.3) 得到主要贡献 (见第 1 章). 然后, 如果我们变换到实验室坐标轴 [20], 即生长轴为 z 轴, 量子阱平面内的主轴为 x 轴和 y 轴, 那么主要贡献为

$$\boldsymbol{\Omega}^{\mathrm{BIA}} = \frac{\gamma}{\hbar^3} \langle p_z^2 \rangle \{-p_x, p_y, 0\}, \quad \text{生长方向为 [001]} \tag{2.6}$$

$$\boldsymbol{\Omega}^{\mathrm{BIA}} = \frac{\gamma}{2\hbar^3} \langle p_z^2 \rangle \{-p_x, p_y, p_z\}, \quad \text{生长方向为 [110]} \tag{2.7}$$

$$\boldsymbol{\Omega}^{\mathrm{BIA}} = \frac{\gamma}{\sqrt{3}\hbar^3} \langle p_z^2 \rangle \{p_y, -p_x, 0\}, \quad \text{生长方向为 [111]} \tag{2.8}$$

注意, 对于 [001] 和 [111] 生长方向来说, $\boldsymbol{\Omega}_p$ 都位于量子阱平面内, 因此, 体材料的反演不对称性使得沿着生长方向的自旋发生 Dyakonov-Perel 弛豫. 对于 [110] 生长方向的量子阱来说, $\boldsymbol{\Omega}_p$ 沿着 z 方向, 因此, 自旋在生长方向上不存在 Dyakonov-Perel 弛豫. 我们将在 2.5 节中再次讨论这一性质.

因为 $\langle p_z^2 \rangle$ 正比于电子的受限能量 $E_{1\mathrm{e}}$, 当 $E_{1\mathrm{e}} > k_{\mathrm{B}}T$ 时, 对于非简并电子, 可以得到

$$\frac{1}{\tau_{\mathrm{s}}} \sim (k_{\mathrm{B}}T) E_{1\mathrm{e}}^2 \tau_p^* \tag{2.9}$$

对于简并的费米海, 假设 $E_{1\mathrm{e}} \gg E_{\mathrm{F}}$, 可以得到

$$\frac{1}{\tau_{\mathrm{s}}} \sim E_{\mathrm{F}} E_{1\mathrm{e}}^2 \tau_p^* \tag{2.10}$$

在温度比较高的情况下, 在宽量子阱中能满足如下条件 $E_{1\mathrm{e}} \leqslant k_{\mathrm{B}}T$, 这意味着, 电子在平面内的热运动能近似等于或者大于电子的受限能量, 换句话说, $\langle p_x^2 \rangle$ 和 $\langle p_y^2 \rangle$ 的大小与 $\langle p_z^2 \rangle$ 差不多. 根据式 (2.3) 可以看出, 式 (2.9) 应该变为下式:

$$\frac{1}{\tau_{\mathrm{s}}} \sim \left((k_{\mathrm{B}}T) E_{1\mathrm{e}}^2 + (k_{\mathrm{B}}T)^3 \right) \tau_p^* \tag{2.11}$$

在 2.5.1 节中描述的测量证实了这一点.

结构反演不对称性来自于量子阱势场的反演不对称性. 通常, 它来自于外加的电场或者非对称掺杂引起的内建电场; 在对称量子阱中, 它就不存在了. 自旋劈裂是 Rashba 效应的一个例子, $\boldsymbol{\Omega} = \beta \boldsymbol{F} \times \boldsymbol{p}$, 其中, $\boldsymbol{F}$ 为电场, β 为 Rahba 系数. 如果电场指向 z 方向, 那么对于所有的生长方向来说, 都有

$$\boldsymbol{\Omega}^{\mathrm{BIA}} = \frac{\beta F}{\hbar} \{p_y, -p_x, 0\} \tag{2.12}$$

势场的不对称性也可能来源于量子阱材料 (或者势垒材料) 中合金组分的非对称变化. 当同时存在时, 体材料反演不对称性和结构反演不对称性可以相互干扰, 产生有趣的效应, 在 2.5.2 节和 2.7 节中将对此进行描述. 但是, 如果结构反演不对称性占主导地位, 那么对于非简并电子来说, 相应的自旋弛豫速率是

$$\frac{1}{\tau_{\mathrm{s}}} \sim (k_{\mathrm{B}} T)\, \tau_p^* \tag{2.13}$$

对于简并电子来说, 则有

$$\frac{1}{\tau_{\mathrm{s}}} \sim (E_{\mathrm{F}})\, \tau_p^* \tag{2.14}$$

在 2.5.3 节中, 将更为仔细地讨论自然产生的界面不对称性分量. 在一些特定的晶向上 (著名的 [110]), 或者在量子阱或垒材料有着共同的阳离子或阴离子的情况下, 它的值为零.

需要着重指出的是, 这里给出的 $\boldsymbol{\Omega}_p$ 表达式只是微扰展开的主项. Lau 等[21] 对多种异质结结构进行了非微扰计算, 其结果表明, 在高温下, 简单的微扰理论是不够的. 在 2.5.1 节中将给出一个例子.

2.4 体材料半导体中的自旋弛豫

虽然本章主要讨论量子阱, 但是, 仍有必要简述一下近年来在体材料中的电子自旋动力学的研究工作, 因为正是在体材料中观测到了 Dyakonov-Perel 机制与 Elliott-Yafet 机制以及 Bir-Aronov-Pikus 机制之间的相互影响. Optical Orientation 一书[1] 综述了早期的结果.

Dyakonov-Perel 机制与 Elliott-Yafet 机制都依赖于自旋–轨道耦合. 通常来说, Elliott-Yafet 机制不仅在本质上弱于 Dyakonov-Perel 机制, 而且, 因为它给出的自旋弛豫速率 $1/\tau_{\mathrm{s}}$ 正比于电子散射速率 $1/\tau_p^*$, 当散射很小的时候 (如在高质量样品中), 它就变得不再重要了. 另外, 在弱动量散射情况下, 进动引起的自旋再取向 (如 Dyakonov-Perel 机制) 变得更为有效.

在特定条件下, Elliott-Yafet 机制可以很重要, 比如说, 在窄带隙的体材料中, 自旋–轨道相互作用很强: Murzyn 等[22] 发现, 在 InAs 体材料中, 300K 下测量得到

的自旋弛豫时间在本征材料中是 20ps, 在弱简并 n 型材料中是 1600ps, 而在 InSb 材料中, 相应的值是 16ps 和 600ps. 这一惊人增长的原因在于, Dyakonov-Perel 自旋弛豫机制占据了主导地位, 从本征材料到 n 型材料中, 自旋弛豫时间的增长对应于电子动量散射速率的增长. 这一增加被认为来自于电子–电子散射. 而且, 在 n 型样品中, Dyakonov-Perel 机制被完全抑制, 弛豫速率实际上受制于 Elliott-Yafet 机制.

自旋弛豫的 Bir-Aronov-Pikus 机制要求非常大的空穴密度. 它的主要研究工作集中在 p 型体材料中; 图 2.2 给出了 GaAs 和 InSb 材料中的计算结果, 比较了 Bir-Aronov-Pikus 机制与 Dyakonov-Perel 机制的相对重要性[1]. 它的基本结论是, 在低温和高空穴密度下, Bir-Aronov-Pikus 机制的作用最强. 空穴可以来自于掺杂或者是光学激发.

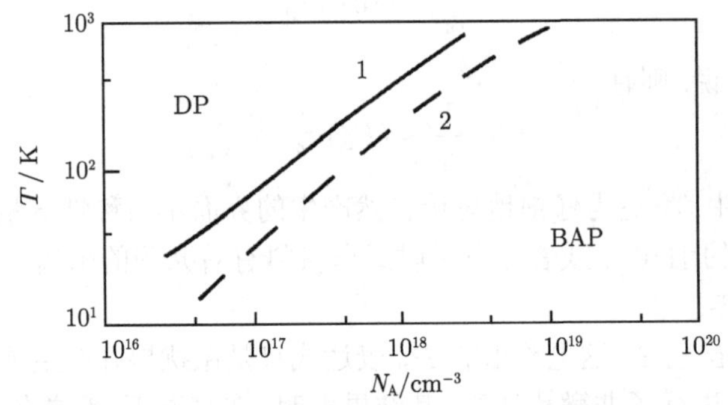

图 2.2　计算得到的温度与受主 (空穴) 密度的边界, 此时, 在体材料 GaAs(标号 1) 和 InSb(标号 2) 中, Dyakonov-Perel 机制与 Bir-Aronov-Pikus 机制导致的自旋弛豫速率相等

在 300K 温度下的 n 型 InSb 中, Murdin 等[23] 最近观测到的重要结果证明了 Bir-Aronov-Pikus 机制与 Dyakonov-Perel 机制之间的竞争. 如果 Bir-Aronov-Pikus 机制占主导地位的话, 空穴对电子的散射会增大自旋散射速率; 如果 Dyakonov-Perel 机制占主导地位, 空穴对电子的散射将会减小自旋散射速率. 用带间激发的方法 (同时产生光生的电子和空穴), 他们测量得到的自旋弛豫速率为 $1/\tau_s = 26\text{ns}^{-1}$; 而在同一样品中, 用带内激发技术 (不产生空穴) 测得的自旋弛豫速率为 $1/\tau_s = 71\text{ns}^{-1}$. 因为空穴的存在减小了自旋弛豫速率, 所以, 可以推断出, Dyakonov-Perel 机制要强于 Bir-Aronov-Pikus 机制.

近年来, 在体材料电子自旋弛豫测量中的一个重要发现是, 在低温下, 在与金属–绝缘体相变相对应的密度处, n 型材料的自旋弛豫时间出现了峰值[24]. 图 2.3 给出了 Dzhioev 等在 GaAs 中得到的结果[9], 在 GaN 中也得到了类似的结果[25]. 在非常低的温度下, 电子是局域化的, 其自旋弛豫取决于许多过程, 如随机起伏的超精细场, 对此我们不予考虑. 在金属–绝缘体相变处, 自旋弛豫时间达到 ~ 200ns, 然

后以 $\sim N_{\mathrm{D}}^{-1.7}$ 的形式迅速下降. 这正是 Dyakonov-Perel 机制所期待的结果. 在峰值处, 弛豫时间达到了 Elliott-Yafet 机制的预期. 随着温度的升高, 自旋弛豫时间按照 Dyakonov-Perel 机制的方式[24] 变短.

如图 2.3 所示, 自旋弛豫时间非常长, 这就使得人们能够完美地研究 GaAs 体材料中电子自旋的传输和操纵, 特别是 Crooker 等[26] 使用光学技术的工作.

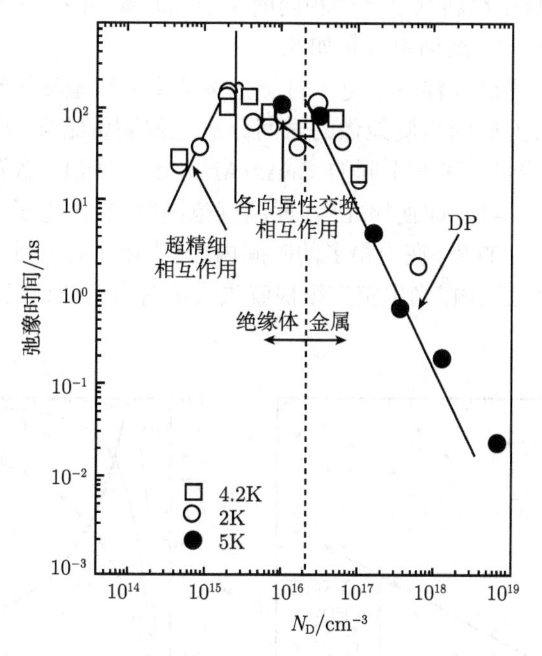

图 2.3 低温下体材料 GaAs 中的电子自旋弛豫时间在密度低于金属绝缘体相变的地方, 电子是局域化的. 在密度高一些的地方, Dyakonov-Perel 自旋弛豫机制占据主导地位[9,24]

2.5 [001] 取向量子阱中的电子自旋弛豫

用于生长量子阱的衬底的标准晶向是 [001], 许多自旋电子学的研究工作都使用这种晶向. 然而, Dyakonov 和 Kachorovskii[27] 首先从理论上认识到, 对于自旋研究来说, 其他一些晶向非常有趣, 如 [110] 和 [111]. 在过去的 10 年间, 实验开始赶上理论, 正在研究利用晶体学来设计量子阱的自旋性质. 在 2.7 节中描述了这方面的一些进展. 在本节中, 我们描述 [001] 晶向量子阱里的研究工作

2.5.1 对称的 [001] 取向的量子阱

我们先考虑对称的 [001] 取向的量子阱中的自旋动力学. 这意味着, 结构中唯一

的不对称性是体材料的反演不对称性, 而进动矢量位于量子阱平面内 (见式 (2.6)), 给出的是沿着生长方向的自旋弛豫. 首先, 这就要求具有结构的反演对称性, 也就是说, 没有内建电场或者外加电场 (或者对层状结构的其他奇宇称的外部扰动); 而且, 它还要求, 量子阱和势垒中合金组分的空间变化也要具有反演对称性. 其次, 也不能存在自然界面的反演不对称性; 在 2.5.3 节中, 我们将更仔细地讨论这一要求, 但是, 当量子阱和势垒材料共享一个相同的原子的时候, 不存在自然界面不对称性. 例如, 在 GaAs/AlGaAs 结构中就是如此.

图 2.4(a) 给出了这种样品中电子自旋弛豫速率的典型测量结果[28], 它给出的是样品中沿着生长方向的自旋弛豫的时间分辨克尔测量结果, 样品包含一组单独的、对称的、非掺杂的、阱宽不同的 GaAs/AlGaAs 量子阱. 激发能量对应于重空穴激子的共振生成, 但是, 即使如此, 在此温度范围内, 自由电子主导了测量的自旋演化过程, 原因有二：首先, 在短得多的时间内, 光生激子就分解为自由的电子和空穴; 其次, 在此温度范围内, 光生空穴很快就失去了对自旋的记忆, 其时间为 1ps, 甚至更短一些.

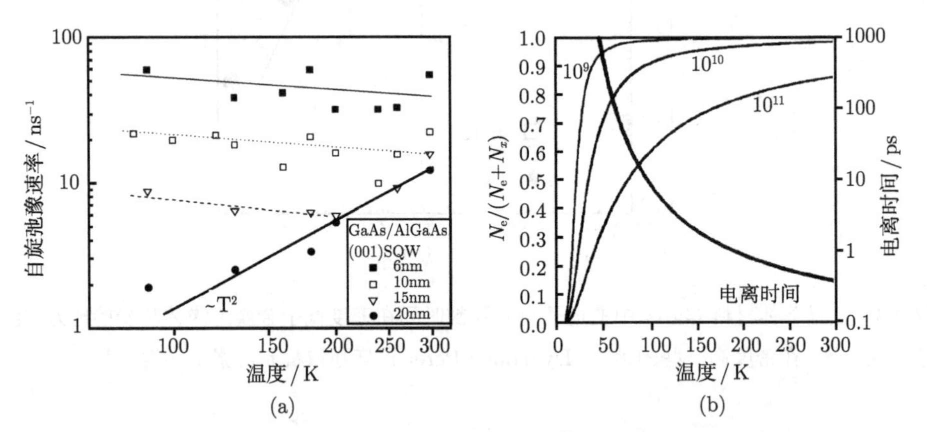

图 2.4　(a) 在同一个衬底上接连生长的不同宽度的非掺杂 GaAs/AlGaAs 量子阱中, 电子自旋弛豫速率随温度的变化关系. 实线是为了引导视线; (b) 计算得到的 GaAs 量子阱中激子的电离时间, 以及热力学平衡下的电子密度 (N_e) 和电子与激子密度之和 ($N_e + N_x$) 的比值, 激发密度为 10^9cm^{-2}、10^{10}cm^{-2} 和 10^{11}cm^{-2}[28]

我们将在 2.6 节中验证第二个断言. 为了验证第一个断言, 图 2.4(b) 给出了计算得到的激子与自由载流子之间的热平衡的温度依赖关系, 以及激子电离时间的温度依赖关系. 这两个计算结果的有趣之处在于, 对于典型的实验激发密度, 10^9cm^{-2}, 在温度高于 20K 的时候, 热动力学平衡倾向于自由载流子, 但是, 在此温度范围内, 由声子相互作用控制的激子的热离解时间为纳秒的尺度, 只有在温度 80K 左右, 它才减小到 10ps 以下. 在到达此温度之前, 仍然是激子效应决定了自旋的演化过程,因为, 在自旋演化的时间尺度内, 并没有建立起热平衡. 当温度高于 80K 的时候, 自由电子决定了所观测到的自旋动力学.

自旋弛豫时间的温度依赖关系 (图 2.4(a)) 及其在 300K 温度下对电子束缚能的依赖关系 (图 2.5) 表明, Dyakonov-Perel 机制占据了主导地位. 对于窄量子阱来说, $k_{\mathrm{B}}T < E_{1\mathrm{e}}$, 我们期待 $1/\tau_{\mathrm{s}} \sim E_{1\mathrm{e}}^2 (k_{\mathrm{B}}T)\, \tau_p^*$ (参见式 (2.9)), 而对于宽量子阱和高温的情况, $k_{\mathrm{B}}T > E_{1\mathrm{e}}$, 我们预期 $\dfrac{1}{\tau_{\mathrm{s}}} \sim \left[k_{\mathrm{B}}TE_{1\mathrm{e}}^2 + (k_{\mathrm{B}}T)^3\right] \tau_p^*$ (参见式 (2.11)).

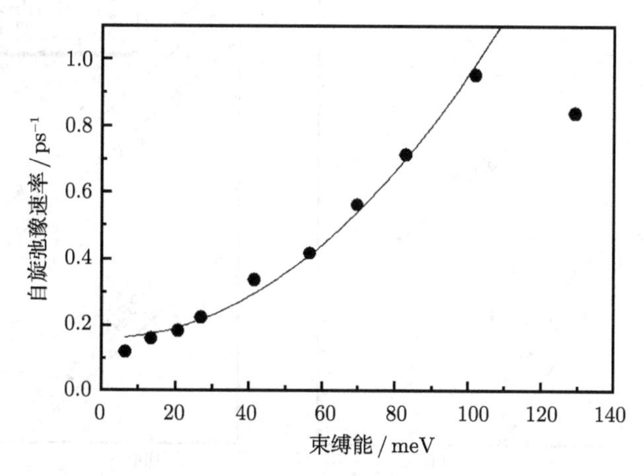

图 2.5 在同一个衬底上接连生长的不同宽度的非掺杂 GaAs/AlGaAs 量子阱中, 当温度为 300K 的时候, 电子自旋弛豫速率对束缚能的依赖关系[28]

图 2.4(a) 表明, 对于窄量子阱, 实验测得的自旋弛豫速率基本上不依赖于温度. 这与式 (2.9) 是一致的, 只要 τ_p^* 以 T^{-1} 的关系变化. 实际上, 在态密度为常数的二维系统中, 声子散射占据主导地位的非简并电子气的变化关系就应该如此[29]. 对于更宽一些的量子阱来说, 在更高一些的温度下, 变化关系近似地变为 T^2, 这与 τ_p^* 具有相同的行为时的式 (2.11) 一致. 因为所有的量子阱是在同一块样品上接连生长出来的, 所以, 在这一研究中并没有给出 τ_p^*, 但是, 温度依赖关系和幅度很有可能是不变的. 在室温下 (图 2.5), 自旋弛豫速率近似为 ($E_{1\mathrm{e}}^2$+ 常数) 的依赖关系, 这也与式 (2.11) 一致. 在束缚能最大的地方, 自旋弛豫速率下降得也最快. 这很可能是电子的界面散射很强而引起的结果.

虽然上述的温度依赖关系和束缚能依赖关系都支持 Dyakonov-Perel 机制, 但是, 测量得到的自旋弛豫速率的大小并不符合基于式 (2.9) 的主要项分析所得到的预言. Terauchi 等[30] 的工作揭示了这一点, 在 300K 温度下的 GaAs/AlGaAs 量子阱中, 他们研究了电子自旋弛豫时间随着迁移率和束缚能的变化关系. 研究结果如图 2.6 所示. 这些样品具有比较低的迁移率和电子密度, 因此电子–电子间散射比较弱, 这就使得 $\tau_p^* = \tau_p$ (参见式 (2.2)). 计算得到的自旋弛豫时间只是实验结果的 1/10, 而且迁移率依赖关系和束缚能依赖关系也与预言不符. 采用 Dyakonov-Perel 机制的一个更为精细的形式, Lau 等[21] (参见文献 [14]) 解释了这一差别; 他们采用非微扰方法计算了 $\langle \Omega^2 \rangle$, 去除了幅度的量级上的差别, 重新得到了实验观测到的对束缚能的依赖关系 (图 2.6(a)). 利用样品中不同散射机制的角度依赖关系的差异, 他们还能够解释图 2.6(b) 中偏离于严格的 μ^{-1} 关系的行为[14].

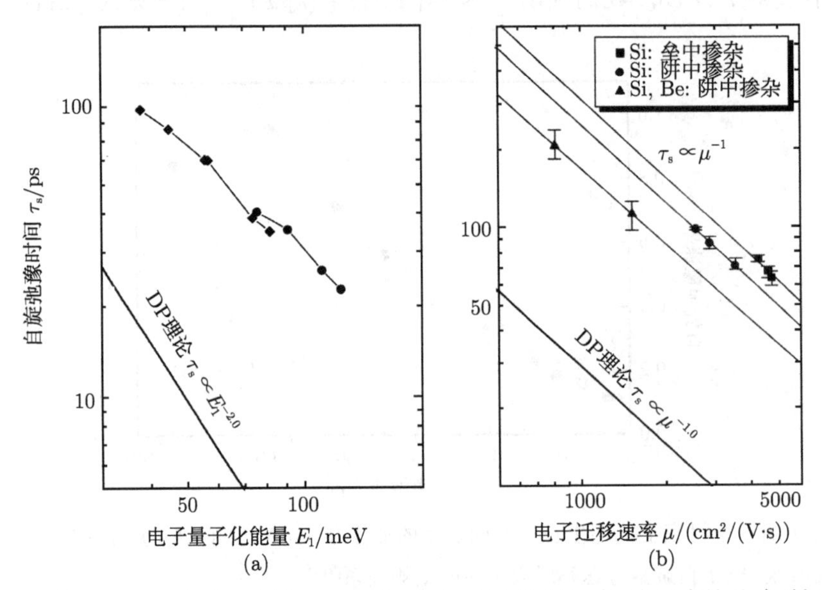

图 2.6　温度为 300K 时, 在不同的 GaAs/AlGaAs 量子阱样品中, 电子自旋弛豫时间对束缚能的依赖关系 (a), 对迁移率的依赖关系 (b). Dyakonov-Perel 理论的计算乃是基于式 (2.9) 给出的简单的、首项近似的微扰计算[30]

2.5.2　[001] 取向量子阱中的结构反演不对称性

在 [001] 取向的衬底上生长的量子阱中, $\boldsymbol{\Omega}_p$ 的体反演不对称性分量的取向位于量子阱平面内, 而且其强度在最低阶近似下是各向同性的 (见式 (2.6)). 这不仅产生了自旋沿着生长方向的 Dyakonov-Perel 弛豫, 而且产生了平面内电子自旋的各向同性的自旋弛豫①. 如果存在结构反演不对称性的分量, 那么它的取向也位于面内, 但具有不同于体反演不对称性分量的动量依赖关系 (见式 (2.6) 和式 (2.12)); 它使得进动矢量具有各向异性. 图 2.7(a) 用一个径向图给出了式 (2.6) 和式 (2.12) 相加后的结果, 箭头标明了进动矢量的方向. 曲线的各向异性表明, 量子阱势能的不对称性消除了量子阱的四重旋转/反射对称性 (S_4), 由点群 D_{2d} 降至 C_{2v}.

① 如果在式 (2.6) 中保留 p_x^2 和 p_y^2, 那么 $\boldsymbol{\Omega}^{\mathrm{BIA}}$ 变为平面内各向异性, 具有四重对称性.

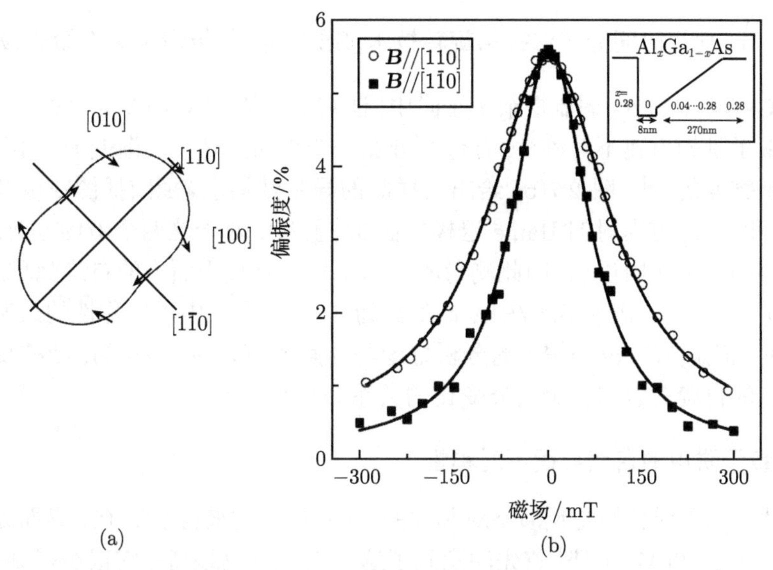

图 2.7 (a) 在同时具有体反演不对称性和结构不对称性的 [001] 取向量子阱中, 导带自旋劈裂的径向示意图. 两个轴为 p_x 和 p_y, 而曲线代表一个给定的面内动量的自旋劈裂. 箭头给出了进动矢量的方向. 当 $\frac{\gamma}{\hbar^2}\langle p_z^2\rangle=-\beta F$ 的时候 (见式 (2.6) 和式 (2.12)), 沿着 [1$\bar{1}$0] 方向的动量对应的劈裂消失, 对于所有的 p_x 和 p_y, 进动矢量都指向那个轴的方向. (b) 如右上插图所示的一个非对称生长的 GaAs/AlGaAs 量子阱中, 温度为 80K 时测量得到的 Hanle 退极化曲线. 曲线的不同宽度表明, 沿着 [110] 和 [1$\bar{1}$0] 方向的自旋弛豫时间是不同的[34]

Jusserand 等[31] 首先用拉曼散射的方法直接测量量子阱中导带自旋劈裂的各向异性, 后来, 在输运测量中也观测到了这种各向异性 (见第 9 章). Averkiev 和 Golub[32] 指出, 因为 $\boldsymbol{\Omega}_p$ 沿着 [110] 和 [1$\bar{1}$0] 方向的分量是不同的 (见图 2.7(a) 中的箭头), 这种各向异性也就意味着自旋弛豫速率在这两个方向上有差异. 此外, 如果设置电场使得 $\frac{\gamma}{\hbar^2}\langle p_z^2\rangle=-\beta F$, 那么, $\boldsymbol{\Omega}_p$ 沿着 [110] 方向的分量对于所有的 p_x 和 p_y 都为零, 因此, 沿着 [1$\bar{1}$0] 方向的自旋弛豫速率就为零.

为了测量平面内的自旋弛豫速率, 需要产生一个平面内的自旋极化. 这可以用垂直于平面的圆偏振光激发来实现, 磁场位于平面内. 自旋先是沿着生长方向, 接着绕面内方向进动, 因此, 在其演化的 50% 时间内, 它会感受到面内的自旋弛豫.

现有两种方案来实现二者的抵消. 第一种方案使用简并的 n 型调制掺杂的量子阱[32]. 掺杂的不对称性产生了一个内建电场, 它决定了结构反演不对称性 (SIA) 项 (βF), 而量子阱的宽度和掺杂密度决定了体反演不对称性 (BIA) 的贡献

$\left(\frac{\gamma}{\hbar^2}\langle p_z^2\rangle\right)$. 使用时间分辨法拉第旋转技术, Stich 等[33] 报道了这方面的最新进展. 在一个 GaAs/AlGaAs 调制掺杂量子阱中, 证实了比值 SIA/BIA 为 0.65. 第二种方案利用量子阱的内建不对称性, 合金组分在一个界面处是空间渐变的, 而在另一个界面处是突变的[34]. 图 2.7(b) 给出了样品的导带结构示意图 (插图), 以及磁场指向 [110] 和 [1$\bar{1}$0] 方向时的 Hanle 退极化曲线 (主图). 对于这两个磁场方向, 自旋在相互垂直的两个面内进动, 因此测量的是两个相互垂直平面内的自旋弛豫速率. 两者有着明显的差异, 表明 SIA/BIA 比值约为 4 (这个实验中不对称性的来源在于渐变的界面, 但是 Winkler[15,35] 的分析好像与此解释有矛盾, 他认为, 结构反演不对称性引起的自旋劈裂与合金组分变化的关系非常小)[34].

2.5.3 量子阱中的自然界面不对称性

自然界面不对称性是反演不对称性的一种形式, 它来自于量子阱界面处化学键的结构. Krebs 和 Voisin[36] 首先注意到了这一点, 但自那之后, 它很少得到关注, 主要是因为像 GaAs/AlGaAs 这样的主要实验材料体系没有显示这一效应. 与结构反演不对称性一样, 自然界面不对称性的效果在于, 它将量子阱的对称性缩减至 C_{2v}, 并使得进动矢量变得各向异性, 如图 2.7(a) 所示. 这里我们简要介绍基本概念, 并描述一些近期实验, 它们特别清楚地证实了自然界面不对称性.

图 2.8 给出了不同的闪锌矿结构量子阱的原子结构示意图. 在图 2.8(a)~(c) 中, 我们沿着量子阱的 [110] 轴方向看, 在图中, 量子阱由底向上生长在一个 [001] 取向的衬底上. 在图 2.8(b) 和 (c) 中, 阱和垒用不同的原子画出; 垒材料为黑色原子和带白点的黑色原子, 阱材料为带黑点的白色原子和白色原子. 在图 2.8(b) 中, 下面的势垒终结于一层黑色原子, 而阱材料终结于一层黑点原子, 界面由虚线标出. 图 2.8(c) 中的生长是一样的, 只是下面的势垒材料终结于一层白点原子, 界面还是用虚线标出的. 在这两个例子中都可以看到, 界面结构消除了 S_4 的对称性, 因此自然界面不对称性是重要的. 在图 2.8(a) 中, 垒材料也是黑色原子和白点原子, 但是此时的阱材料为黑色原子和白色原子, 这样, 结构就有着共同的原子 (黑色). 在这种情况下, 每一个界面都包含一层黑色 (也就是说, 共同的) 原子, 结构仍然保持了 S_4 对称性, 没有自然界面不对称性. 图 2.8(d) 给出了沿着 [110] 方向生长的量子阱的情况, 视线沿着 [1$\bar{1}$0] 方向. 在这种情况下, 界面同时包含阴离子和阳离子, 此时虽然没有共同原子, 但是仍然可以预期, 不存在自然界面不对称性.

当然了, 实际中的层间界面不可能生长得像图 2.8 那样完美无缺, 总是存在着一定程度的无序, 从而削弱了自然界面不对称性的效果. 这样一来, 就很难可靠地计算这一效应的大小. 此外, 因为它是界面效应, 而体反演不对称性是一个体材料效应, 所以, 只有在窄量子阱中, 自然界面不对称性才最为显著. 图 2.9 给出了一个实验, 在 115K 温度下, 用时间分辨圆偏振透射测量得到的结果在两个分别生长在 [001] 和 [110] 取向的衬底上的 InAs/GaSb 超晶格样品中非常清晰地验证了自然界面不对称性[37]. 在这些测量中, 用圆偏振泵浦脉冲来激发样品, 然后, 测量一束圆偏振与泵浦光相同或相反的探测脉冲的透射. 这两个信号的差别 (插图) 就反映了样品中自旋极化的衰减. [001] 衬底上生长的样品的自旋弛豫时间为 700fs; 这个时间非常短, 只能够用样品中的自然界面不对称性来理解. 在 [110] 样品中, 不存在自然界面不对称性, 自旋弛豫时间为 18ps, 增大了 25 倍, 这也支持了上面的解释. 实际上, 对于一个具有完美界面的 [110] 样品来说, 可以预期自旋弛豫时间会增大至 600ps, 实验中观测到的结果小得多, 这是由于界面粗糙不平、具有单原子层尺度的涨落[37].

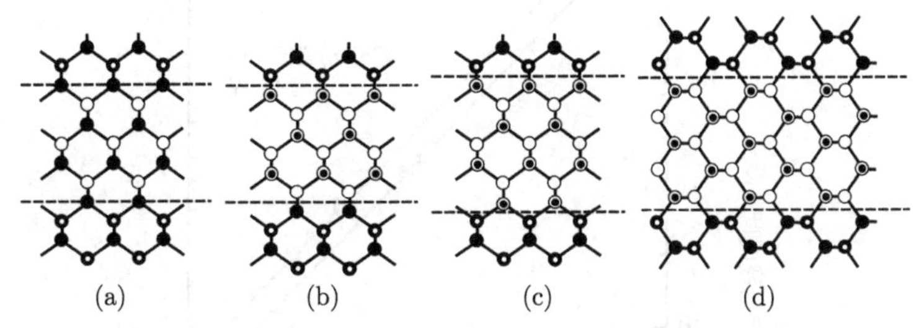

图 2.8 在 [001] 衬底 (a)~(c) 和 [011] 衬底 (d) 上生长的量子阱中, 自然界面不对称性的起源 (a) 相同原子的系统, (b)~(d) 不同原子的系统. (a) 和 (d) 没有自然界面不对称性, 因为上面和下面的界面是等价的[37]

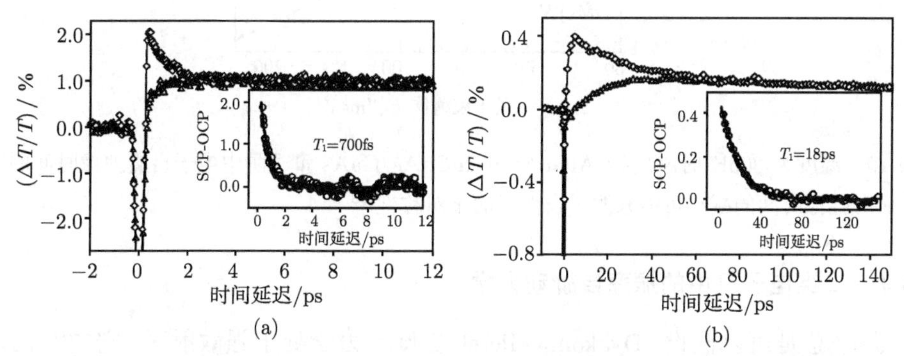

图 2.9 温度为 115K 时, (a) [001] 和 (b) [110] 取向衬底上生长的 InAs/GaSb 超晶格上的时间分辨法拉第信号. 插图给出了探测光与泵浦光的圆偏振相同和相反时测量的差异 (SCPOCP), 并指出了电子自旋极化的衰减. [110] 衬底的自旋弛豫时间增大了 25 倍, 原因在于那个生长方向上没有自然界面不对称性

Krebs 和 Voisin 的文章[36] 考虑了 [001] 衬底生长的 InGaAs/InP 量子阱. 虽然阱中和势垒都包含 In 原子, 但是, "平均的" 原子 (InGa) 不同于 (In), 所以, 自然界面

不对称性应该对导带自旋劈裂有贡献. 在 300K 温度下的非掺杂的 GaAs/AlGaAs 和 (InGa)As/InP 量子阱中, 自旋弛豫时间随着电子束缚能 E_{1e} 的变化关系如图 2.10 所示[38]. GaAs/AlGaAs 量子阱的变化关系是 $E_{1e}^{-2.2}$, 非常接近于 Dyakonov-Perel 机制的预期 (2.9). (InGa)As/InP 量子阱的自旋弛豫时间至少要小一个因子 10, 它对束缚能的依赖比较弱. 考虑到两种材料体系在有效质量和能隙上的差异, 如果没有自然界面不对称性, 在给定的束缚能量处, (InGa)As/InP 的自旋弛豫时间应该比 GaAs/AlGaAs 小上一个因子 ~ 2.5, 而它们对束缚能的依赖关系应该相同[38]. 所以, 有可能是 (InGa)As/InP 中的自然界面不对称性引起了额外的缩减[14], 但还不能确认.

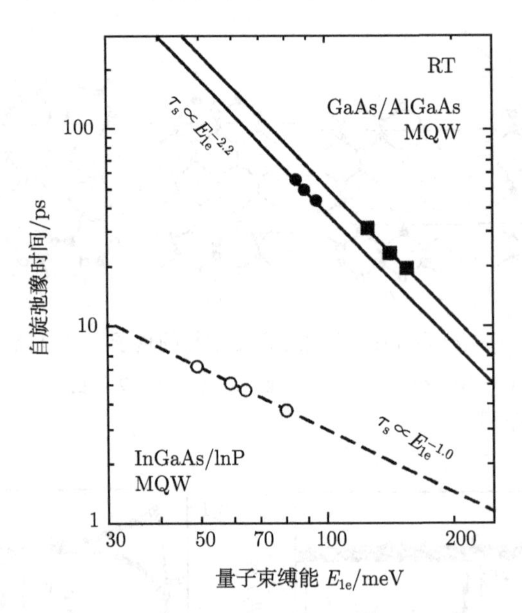

图 2.10 温度为 300K 时, GaAs/AlGaAs 和 InGaAs/GaAs 量子阱中电子自旋弛豫时间的比较. 后者弛豫时间的减小可能来源于自然界面不对称性[38]

2.5.4 二维电子气中的振荡自旋动力学

几乎总是可以假设, Dyakonov–Perel 自旋动力学处于强散射区, 它的特征是 $\Omega_\perp \tau_p^* \ll 1$, 此时, 在接连的动量散射事件之间, 电子自旋发生了角度很小的进动, 从而导致指数衰减型的自旋演化. 在低温下的二维电子气中并非如此, 这样就可以进行弱散射区的研究, 以及观察弱散射区到强散射区之间的转变[6,19,39].

在简并电子气中, 泡利原理禁止电子–电子间散射, 在绝对零度下, 电子–电子散射对 $1/\tau_p^*$ 的贡献 $1/\tau_{ee}$ 等于零. 另外, 利用调制掺杂, 也就是在空间上将二维电子气和施主杂质原子分开, 可以使得系综动量散射的贡献 $1/\tau_p^*$ 变得很小. 例如, 在

一个宽度为 10nm 的 GaAs/AlGaAs 量子阱中, 迁移率可以达到 $\sim 10^6\text{cm}^2/(\text{V}\cdot\text{s})$, 对应于 $\tau_p = 38\text{ps}$. 如果这个二维电子气具有典型的密度 $N_s \sim 3\times 10^{11}\text{cm}^{-2}$, 就可以用式 (2.6) 估计出费米动量处的导带自旋劈裂值的大小约为 $0.2\hbar\text{rad/ps}$, 这就给出 $|\boldsymbol{\Omega}|\tau_p \sim 7.6$, 正好处于弱散射区.

这样我们就可以预期, 在非常低的温度下, 平均来说, 在被散射之前, 自旋能够进动好几圈, 因此, 这样的二维电子气会表现出振荡性的自旋演化, 衰减时间为 $\sim \tau_p$ (见 1.4.2 节). 当温度升高的时候, 因为电子–声子散射和电子–电子散射增强了, 所以, $1/\tau_p^*$ 也会增大, 自旋演化会变为指数型的, 而衰减常数按照式 (2.1) 增大. 在一个宽度为 10.2nm 的量子阱中, 二维电子气的时间分辨克尔测量的实验数据如图 2.11(a) 所示, 其迁移率为 $\sim 0.34\times 10^6\text{cm}^2/(\text{V}\cdot\text{s})$[6]. 在这些测量中, 光生电子的密度非常小, 大约只有二维电子气密度的 1%. 温度为 5K 时 (插图), 自旋的演化是衰减的振荡, 而在更高的温度下, 它变为指数型, 衰减时间增大. 二维电子气的简并温度 ~129K, 可以估计出, $\langle\Omega^2\rangle$ 的数值在此温度范围内略微有些增大. 这样一来, 低温下的振荡行为和自旋弛豫时间随着温度的增加就是 Dyakonov-Perel 机制

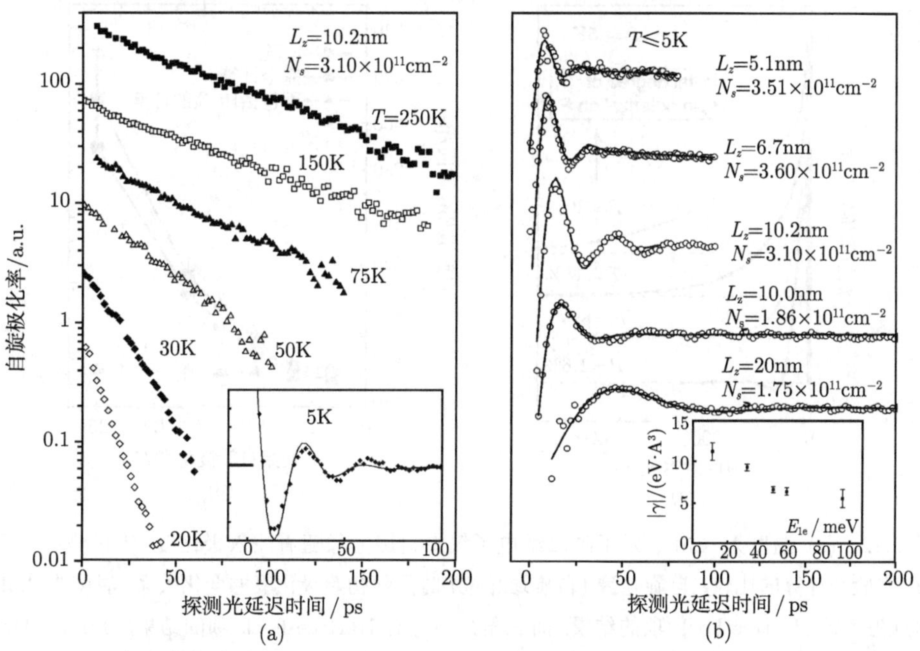

图 2.11 (a) 在名义宽度为 10.2nm 的 GaAs/AlGaAs 量子阱二维电子气中, 在费米能量处注入的一小部分自旋极化电子在一定温度范围内的自旋弛豫. 插图给出了 5K 温度下在弱散射区中观测到的振荡的自旋演化[6]. (b) 具有不同的阱宽 (L_z) 和电子密度 (N_s) 的五个样品在弱散射区的自旋演化. 由上至下, 由迁移率得到的 τ_p 数值为 13ps、13ps、13ps、10ps 和 27ps. 插图: Dresselhaus 系数 γ (2.6) 随着电子束缚能 E_{1e} 的变化关系[39]

的“运动变慢”的铁证. 计算表明[6], 电子–电子散射导致了自旋弛豫时间的迅速增大, 并在费米温度附近达到最大值. 图 2.11(b) 给出了弱散射区内一些不同的量子阱宽度下的自旋演化的振荡. 随着阱宽的减小, 振荡频率增加, 这对应于量子束缚能 E_{1e} 的增大. 分析数据可以给出的式 (2.6) Dresselhaus 系数 γ, 随束缚能的变化关系 (见图 2.11 插图).

在上述实验中, 光生载流子的密度远小于二维电子气的密度, 初始自旋极化度 $\sim 1\%$. 当二维电子气的初始极化与其密度相仿的时候, 会出现显著的多体效应[40,41]. 图 2.12(a) 给出了 Stich 等[40,41] 在 4.5K 下得到的时间分辨法拉第信号的实验结果, 样品是一个阱宽为 20nm 的二维电子气, 其密度为 $2.1\times10^{11}\text{cm}^{-2}$, 而电子迁移率为 $1.6\times10^6\text{cm}^2/(\text{V}\cdot\text{s})$. 当初始极化度增加到 30%的时候, 不仅振荡被完全抑制, 而且自旋衰减时间有了显著的增加. 当考虑 (和不考虑) Hartree-Fock 修正对库伦相互作用的贡献时, 计算得到的自旋弛豫时间如图 2.12(b) 所示. Hartree-Fock 项表现为一个沿着 z 轴的有效磁场, 强烈地改变了与 z 轴垂直的体反演不对称性场所驱动的自旋进动.

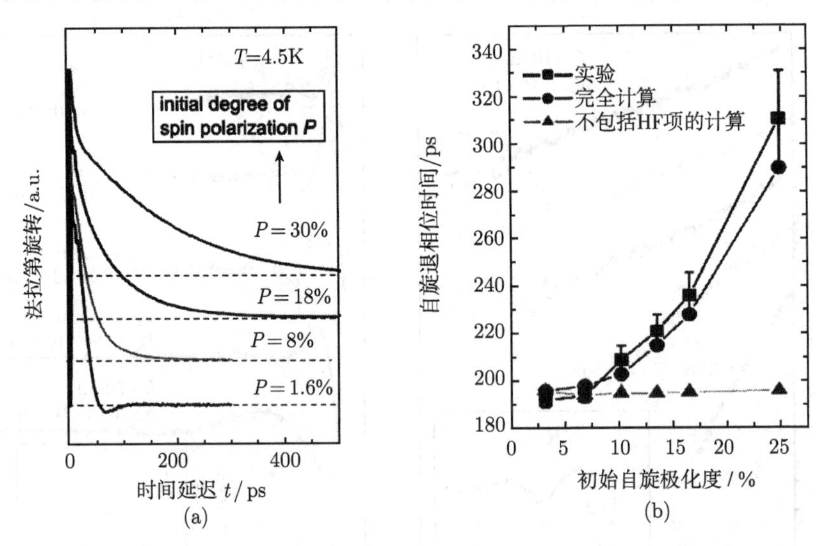

图 2.12 (a) 温度为 4.5K, 量子阱二维电子气中自旋弛豫随着注入极化度 P 的变化关系; (b) 实验和计算的比较: 自旋弛豫 (自旋退相位) 时间随初始极化度的变化关系, 温度为 4.5K. 圆点为考虑 Hartree-Fock 项的结果, 而三角为不考虑 Hartree-Fock 项的结果. Hartree-Fock (HF) 项的作用在于, 它是一个有效内建磁场, 稳定了自旋的极化[40,41]

2.6 体材料和量子阱中自由空穴的自旋动力学

如 1.4 节所述, 因为轻空穴和重空穴价带的混合, 体材料中空穴的自旋动力学弛豫要比电子快得多. 在 1978 年, Titkov 等[1,42] 在 GaAs 中用实验证实了这一点; 当温度为 1.5K 的时候, 在弱 n 型材料中 (10^{15}cm^{-3}), Hanle 测量得的结果为 4ps. 他们还发现, 沿着 [100] 方向施加单轴应力, 自旋弛豫时间增大 ~100ps. 后一效应的原因在于, 应力引起了劈裂, 从而使得布里渊区中心 (动量为零) 处的重空穴带和轻空穴带脱离耦合. 早期的量子阱实验研究还认为[43], 空穴的自旋弛豫很快. 但是, 人们惊奇地发现, 在低温下, 在圆偏振光激发下, n 型 GaAs/AlGaAs 量子阱的荧光圆偏振度可以达到 ~ 100%[7,8,43]. 在此测量中, 光生空穴决定了圆偏振度, 这就意味着空穴自旋弛豫时间特别长. 另外, 时间分辨荧光测量给出了明显矛盾的数值, 在 GaAs/AlGaAs 量子阱中, 重空穴的自旋弛豫时间为 4K 时的 ~ 1ns[44] 和 10K 时的 ~ 4ps[45]. 最终, 在 1990 年, Uenoyama、Sham[46] 和 Ferreira、Bastard[47] 从理论上指出, 量子阱中的重空穴的自旋弛豫时间应该强烈地依赖于动量. 量子阱的势场劈裂了轻空穴带和重空穴带, 使得它们在布里渊区中心不再耦合. 因此, 在布里渊区中心, 自旋弛豫时间可以非常长, 它仅仅受限于那些类似于导带电子的过程, 而在有限动量处, 因为轻重空穴带的混合, 它会非常迅速地下降. 在低温下, 空穴的热占据非常靠近布里渊区中心, 因此, 自旋弛豫时间很长. 随着温度的升高, 平均的自旋弛豫时间就会减小, 因为空穴被热激发到更大的动量处. 这一情况类似于单轴应力下的体材料的情况. 但是, 引人注目的是, 在 Titkov 的工作发表了 10 余年之后, 才出现了这个关于量子阱的理论图像.

图 2.13(a) 是一个连续光偏振测量的例子, 在一个 5.75nm 宽的 GaAs/AlGaAs 量子阱中, 自旋弛豫时间随电子密度的变化关系如图所示. 利用另一个独立的荧光衰减时间的测量, 从偏振度推算出来自旋弛豫时间[7,8]. 改变衬底和结构顶部的电极之间的偏压, 可以调节电子密度. 在密度非常低的时候, 电子和空穴形成激子, 其自旋弛豫时间小于 100ps. 当密度高于 5×10^{10}cm^{-2} 的时候, 激子的束缚被屏蔽掉了, 弛豫时间显著增大. 当密度 ~ 10^{11}cm^{-2} 时, 自旋弛豫时间的温度依赖关系如图 2.13(b) 所示. 可以认为这是因为, 重空穴自旋弛豫时间如同预期的那样表现出了强烈的温度依赖关系.

在一个 4.8nm 宽 GaAs/AlGaAs 量子阱中, Baylac 等用时间分辨荧光研究空穴自旋弛豫时间的结果证实了强烈的温度依赖关系, 如图 2.14(a) 所示[48]. 图 2.14(b) 给出了 15nm 宽 GaAs/AlGaAs 量子阱的数据, 它们是利用带内红外激发得到的, 因此没有光激发产生的电子[49].

在这些实验中, 空穴的自旋弛豫机制的细节仍然不清楚. 在比较窄的量子阱中, 在 4.2K 温度下, 连续光和时间分辨光荧光测量给出自旋弛豫时间为 500~800ps. 在宽得多的量子阱中, 带内测量给出的自旋弛豫时间要小一个数量级, 在 20~30ps, 温度为 4.2K. 为了区分进动的、Dyakonov-Perel 类型的弛豫机制与自旋翻转的散射机制的相对重要性, 需要在空穴散射时间已知的样品上进行测量. 也有必要研究空穴的局域化可能对结果造成的影响. 但是, 尚没有这样的系统性的实验研究.

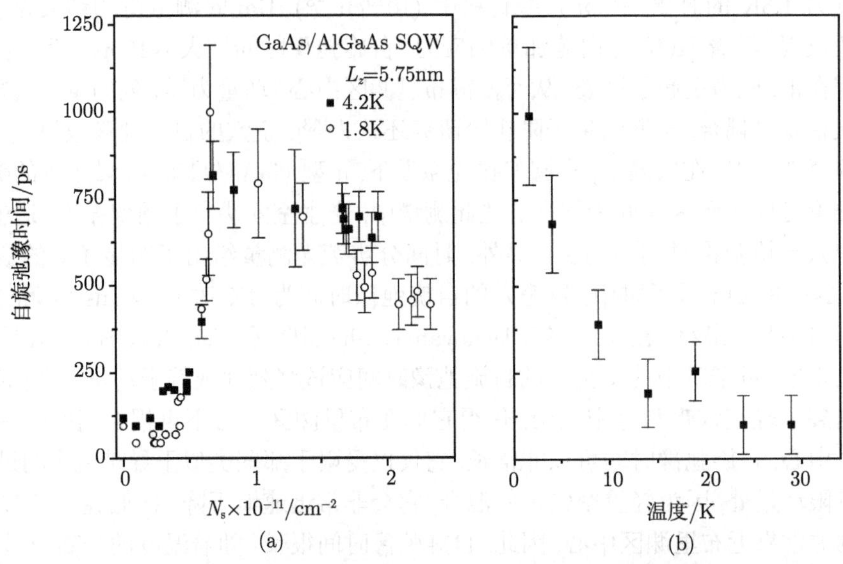

图 2.13 (a) 用偏振连续光激发 GaAs/AlGaAs 量子阱, 通过测量荧光谱的偏振得到自旋弛豫时间随电子密度的变化关系; (b) 密度 $\sim 10^{11}\text{cm}^{-2}$ 时的温度依赖关系[7,8]

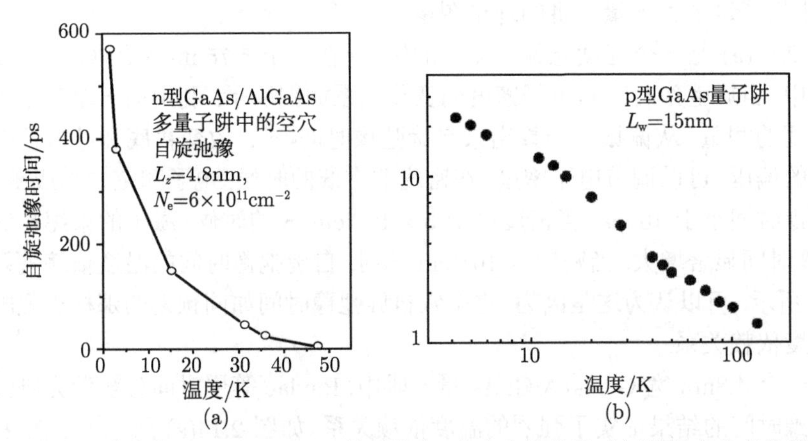

图 2.14 在不同阱宽的 GaAs/AlGaAs 量子阱中, 空穴自旋弛豫时间随温度的变化关系
(a) 在阱宽为 4.8nm 的 n 型样品中, 带间时间分辨荧光谱测量得到的数据[48]; (b) 在阱宽为 15nm 的 p 型量子阱中, 近红外激发的数据[49]

2.7 量子阱中自旋动力学的设计和控制

式 (2.6)~ 式 (2.8) 和式 (2.12) 蕴含了操纵量子阱中 Dyakonov-Perel 自旋动力

学的许多种可能性. Averkiev 和 Golub[32] 考虑了 [100] 取向的量子阱中 $\boldsymbol{\Omega}_p$ 的体反演不对称性和结构反演不对称性之间可能的相互影响, 如 2.5.2 节所述. 最近, Cartoixà 等[20] 指出, 在 [111] 取向的量子阱中, 体反演不对称性和结构反演不对称性, 即式 (2.8) 和式 (2.12), 具有相同的动量依赖关系, 但是可以独立地改变它们的系数. 一种可能性是设计结构使得 $(2/\sqrt{3})\dfrac{\gamma\left\langle p_z^2\right\rangle}{\hbar^2}=-\beta F$. 此时, $\boldsymbol{\Omega}_p$ 的所有分量都消失了, 因此对于所有的自旋取向来说, Dyakonov–Perel 自旋弛豫速率 "消失了". 原则上说, 可以通过改变量子阱的宽度来改变电子的束缚, 从而调节 $\left\langle p_z^2\right\rangle$. 可以通过本身的不对称性或外加电场来改变 βF. 实际上, 式 (2.6)~ 式 (2.8) 和式 (2.12) 只给出了以 p 分量微扰展开的最低阶的项, 所以, Dyakonov-Perel 机制只是被部分地抵消. 目前还没有 [111] 取向量子阱中自旋动力学的实验研究结果.

Dyakonov 和 Kachorovskii[27] 首先指出, 在 [110] 取向的量子阱中, 所有电子动量的体反演不对称性矢量都指向生长方向, 因此, 在那个方向的自旋弛豫为零. Ohno 等[50] 第一个给出了 [110] 取向量子阱中电子自旋动力学的实验工作. 他们证明, 在一个 7.5nm 宽的非掺杂 GaAs/AlGaAs 量子阱中, 在 300K 温度下, 自旋弛豫时间由 [100] 方向的 ~ 70ps 增大到 [110] 方向的 ~ 2.1ns, 数据如图 2.15 所示. 这是对理论预言的完美验证. 尽管已经对阱宽、温度和电子迁移率的依赖关系进行了系统的测量, 但是, 仍然不能确定是何种机制限制了 [110] 取向下的自旋弛豫时间.

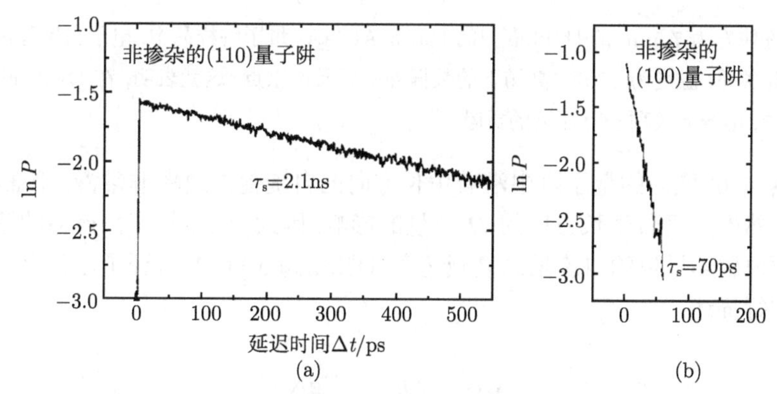

图 2.15 在 300K 温度下, (a) [110] 取向和 (b) [100] 取向的 GaAs/AaGlAs 量子阱样品的电子自旋弛豫信号, [110] 量子阱中沿着生长方向的自旋的自旋弛豫时间得到显著的增强[50] 版权: 美国物理学会 (1999)

Lau 和 Flatté[51] 指出, 沿着 [110] 量子阱的生长方向施加外电场, 可以产生 $\boldsymbol{\Omega}_p$ 的一个面内的结构反演不对称性的分量 (2.12), 因此, 可以使得 Dyakonov-Perel 机制重新作用于自旋的 z 分量. 在一个阱宽为 7.5nm 的非掺杂 [110] 取向的 GaAs/

AlGaAs 量子阱中, 在 170K 时, 外加电场对自旋弛豫速率的影响如图 2.16 所示[52]. 量子阱构成了 pin 结构中的绝缘区, 而电场为内建电场和外加反向偏置电压所产生的电场之和. 数据在几个方面都很有趣. 首先, 当电场足够高的时候, 变化精确地依赖于电场强度的二次方, 这正是 Dyakonov-Perel 弛豫机制 (2.1) 的预期结果, 此时 $\langle \Omega^2 \rangle$ 来自于结构反演不对称性 (2.12). 其次, 将变化曲线外推, 它可以通过零点, 这似乎排除了 Dyakonov-Perel 自旋弛豫中与电场无关的因素对自旋劈裂的贡献. 这与 Karimov 等[52] 的建议矛盾, 他们认为, 在零场下, [110] 取向量子阱的自旋弛豫来自于界面的粗糙不平. 所以, 仍然不能确定零电场下自旋弛豫的物理机制.

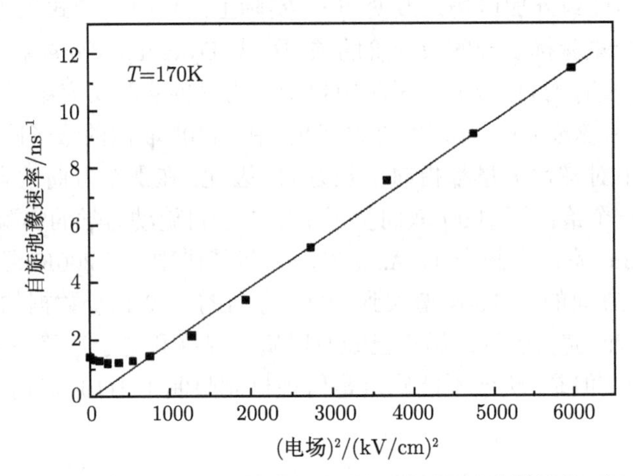

图 2.16　在阱宽为 7.5nm 的 [110] 取向的 GaAs/AlGaAs 量子阱样品中, 电子自旋弛豫速率随电场的变化关系. 温度为 170K. 高场下的数据外推后通过原点, 这就表明, 在 Dyakonov-Perel 弛豫过程中, 电场无关项没有显著的贡献[52]

虽然 [110] 取向的量子阱中沿着生长方向的自旋弛豫速率非常慢, 平面内方向的自旋仍然受到沿着生长方向的 Ω 分量的影响, 因此, 应该具有快得多的速率. 通过测量面内磁场导致的自旋拍的衰减速率, Döhrmann 等[53] 验证了这一点, 第 5 章将对此进行描述.

2.8　结　　论

通过从大量文献中选择出来的一些数据, 在本章中, 我们总结了量子阱中自由载流子的自旋动力学. 重点在于实验, 它们揭示了自旋动力学的物理机制、检验了我们对它们的理解. 在量子阱中, 这意味着研究 Dyakonov-Perel 机制, 因为, 到目前为止的绝大多数实验中, 它都是主导机制.

什么是未来研究中激动人心的重要领域?

我们讨论的大部分工作是 GaAs/AlGaAs 材料, 因为它是制备得最好的材料体系, 而且它的带隙位于光学研究非常方便的波长范围内. 当然也希望研究其他的材料体系. 例如, 窄禁带半导体材料, 它们的自旋轨道相互作用要大得多, 适于研究不同于 Dyakonov-Perel 机制的其他机制. 关于量子阱中的空穴的自旋动力学的知识还很少, 反映在本章的内容上, 相应的章节也相对地短一些. 有必要在表征得很好的样品上系统地测量空穴的自旋动力学. 另一个重要领域是设计和控制量子阱中载流子的自旋动力学, 如 2.5 节所述. 我们讨论了沿着不同晶向生长量子阱和施加电场的可能性. 进行测量来检验关于 [111] 方向生长的预言将非常有趣, 研究外加电场和其他微扰 (如合金无序) 的相互影响也会非常有趣. 设计和制备出非对称的 [111] 取向的量子阱样品, 使得其中自旋弛豫的 Dyakonov-Perel 机制在所有的自旋取向上都被抵消掉, 这可能吗? 其他的可能性还包括将结构的维度缩减到一维[54,55]. 最后, 自旋扩散和自旋传输正在吸引越来越多的关注. 自旋光栅技术是一种非常强大的光学方法, 它可以探测空间变化的自旋量的动力学. 自 1996 年首次出现以来[56], 它还一直没有什么影响, 但现在已经开始投入使用, 并给出了非常有趣的结果[57].

致谢

感谢所有允许我使用已发表文章中的图片的人士.

参 考 文 献

[1] F. Meier, B.P. Zakharchenya (eds.), *Optical Orientation Modern Problems in Condensed Matter Science* (North-Holland, Amsterdam, 1984)

[2] M.J. Snelling, G.P. Flinn, A.S. Plaut, R.T. Harley, A.C. Tropper, R. Eccleston, C.C. Phillips, Phys. Rev. B **44**, 11345 (1991)

[3] D.D. Awschalom, N. Samarth, Optical manipulation, transport and storage of spin coherence in semiconductors, in *Semiconductor Spintronics and Quantum Computation*, ed. by D.D. Awschalom et al. (Springer, Berlin, 2002), Chap. 5

[4] M.J. Snelling, P. Perozzo, D.C. Hutchings, I. Galbraith, A.Miller, Phys. Rev. B **49**, 17160 (1994)

[5] S. Schmitt-Rink, D.S. Chemla, D.A. Miller, B Phys. Rev. B **32**, 6601 (1985)

[6] W.J.H. Leyland, G.H. John, R.T. Harley, M.M. Glazov, E.L. Ivchenko, D.A. Ritchie, I. Farrer, A.J. Shields, M. Henini, Phys. Rev. B **75**, 165309 (2007)

[7] M.J. Snelling, Optical orientation in quantum wells, PhD Thesis, Southampton (1991)

[8] M.J. Snelling, A.S. Plaut, G.P. Flinn, R.T. Harley, A.C. Tropper, T.M. Kerr, J. Lumin. **45**, 208 (1990)

[9] R.I. Dzhioev, K.V. Kavokin, V.L. Korenev, M.V. Lazarev, B.Ya. Meltser,M.N. Stepanova, B.P. Zakharchenya, D. Gammon1, D.S. Katzer, Phys. Rev. B. **66**, 245204 (2002)

[10] R.J. Elliott, Phys. Rev. **96**, 266 (1954)

[11] Y. Yafet, in *Solid State Physics*, vol. 14, ed. by F. Seitz, D. Turnbull, (Academic, New York, 1963), p. 2

[12] G.L. Bir, A.G. Aronov, G.E. Pikus, Sov. Phys. JETP **42**, 705 (1976)

[13] M.I. D'yakonov, V.I. Perel', Sov. Phys. JETP **33**, 1053 (1971)

[14] M.E. Flatté, J.M. Byers, W.H. Lau, Spin dynamics in semiconductors, in *Semiconductor Spintronics and Quantum Computation*, ed. by D.D. Awschalom et al. (Springer, Berlin, 2002), Chap. 4

[15] R. Winkler, *Spin Orbit Coupling Effects in Two-dimensional Electron and Hole Systems*. Springer Tracts in Modern Physics, vol. 191 (2003)

[16] M.W. Wu, C.Z. Ning, Eur. Phys J. B **18**, 373 (2000)

[17] M.M. Glazov, E.L. Ivchenko, JETP Lett. **75**, 403 (2002)

[18] M.M. Glazov, E.L. Ivchenko, JETP **99**, 1279 (2004)

[19] M.A. Brand, A. Malinowski, O.Z. Karimov, P.A. Marsden, R.T. Harley, A.J. Shields, D. Sanvitto, D.A. Ritchie, M.Y. Simmons, Phys. Rev. Lett. **89**, 236601 (2002)

[20] X. Cartoixà, D.Z.-Y. Ting, Y.-C. Chang, Phys. Rev. B **71**, 045313 (2005)

[21] W.H. Lau, J.T. Olesberg, M.E. Flatté, Phys. Rev. B **64**, 161301 (2001) (R)

[22] P. Murzyn, C.R. Pidgeon, P.J. Phillips, M. Merrick, K.L. Litvinenko, J. Allam, B.N. Murdin, T. Ashley, J.H. Jefferson, A. Miller, L.F. Cohen, Appl. Phys. Lett. **83**, 5220 (2003)

[23] B.N. Murdin, K. Litvinenko, D.G. Clarke, C.R. Pidgeon, P. Murzyn, P.J. Phillips, D. Carder, G. Berden, B. Redlich, A.F.G. van der Meer, S. Clowes, J.J. Harris, L.F. Cohen, T. Ashley, L. Buckle, Phys. Rev. Lett. **96**, 096603 (2006)

[24] J.M. Kikkawa, D.D. Awschalom, Phys. Rev. Lett. **80**, 4313 (1998)

[25] B. Beschoten, E. Johnston-Halperin, D.K. Young, M. Poggio, J.E. Grimaldi, S. Keller, S.P. DenBaars, U.K. Mishra, E.L. Hu, D.D. Awschalom, Phys. Rev. B **63**, R121202 (2001)

[26] S.A. Crooker, D.L. Smith, Phys. Rev. Lett. **94**, 236601 (2005)

[27] M.I. D'yakonov, V.Yu. Kachorovskii, Sov. Phys. Semicond. **20**, 110 (1986)

[28] A. Malinowski, R.S. Britton, T. Grevatt, R.T. Harley, D.A. Ritchie, M.Y. Simmons, Phys. Rev. B **62**, 13034 (2000)

[29] J.M. Ziman, *Electrons and Phonons* (Oxford University Press, London, 1972), Chap. 10

[30] R. Terauchi, Y. Ohno, T. Adachi, A. Sato, F. Matsukura, A. Tackeuchi, H. Ohno, Jpn. J. Appl. Phys. **38**, 2549 (1999)

[31] B. Jusserand, D. Richards, G. Allan, C. Priester, B. Etienne, Phys. Rev. B **51**, 707 (1995)

[32] N.S. Averkiev, L.E. Golub, Phys. Rev. **60**, 15582 (1999)

[33] D. Stich, J.H. Jiang, T. Korn, R. Schulz, W. Wegscheider, M.W. Wu, C. Schüller, Phys. Rev. B **76**, 073309 (2007)

[34] N.S. Averkiev, L.E. Golub, A.S. Gurevich, V.P. Evtikhiev, V.P. Kochereshko, A.V. Platonov, A.S. Shkolnik, Yu.P. Efimov, Phys. Rev. B **74**, 033305 (2006)

[35] R. Winkler, Physica E **22**, 450 (2004)

[36] O. Krebs, P. Voisin, Phys. Rev. Lett. **77**, 1829 (1996)

[37] K.C. Hall, K. Gründo˘gdu, E. Altunkaya,W.H. Lau, M.E. Flatté, T.F. Boggess, J.J. Zinck, W.B. Barvosa-Carter, S.L. Skeith, Phys. Rev. B **68**, 115311 (2003)

[38] A. Tackeuchi, O. Wada, Y. Nishikawa, Appl. Phys. Lett. **70**, 1131 (1997)

[39] W.J.H. Leyland, R.T. Harley, M. Henini, D. Taylor, A.J. Shields, I. Farrer, D.A. Ritchie, cond-mat/0707.4180 (2007)

[40] D. Stich, J. Zhou, T. Korn, R. Schulz, D. Schuh, W. Wegscheider, M.W. Wu, C. Schüller, Phys. Rev. Lett. **98**, 176401 (2007)

[41] D. Stich, J. Zhou, T. Korn, R. Schulz, D. Schuh, W. Wegscheider, M.W. Wu, C. Schüller, cond-mat/0707.4111v (2007)

[42] A.N. Titkov, V.I. Safarov, G. Lampel, in *Proc. ICPS 14*, Edinburgh (1978), p. 1031; see also Ref. [1]

[43] A.E. Ruckenstein, S. Schmitt-Rink, R.C. Miller, Phys. Rev. Lett. **56**, 504 (1986)

[44] Ph. Rhoussignol, R. Ferreira, C. Delalande, G. Bastard, A. Vinattieri, J. Martinez-Pastor, L. Carraresi, M. Colocci, J.F. Palmier, B. Etienne, Surf. Sci. **305**, 263 (1994)

[45] T. Damen, L. Vinã, J.E. Cunningham, J. Shah, L.J. Sham, Phys. Rev. Lett. **67**, 3432 (1991)

[46] T. Uenoyama, L.J. Sham, Phys. Rev. Lett. **64**, 3070 (1990)

[47] R. Ferreira, G. Bastard, Phys. Rev. B **43**, 9687 (1991)

[48] B. Baylac, T. Amand, X. Marie, B. Dareys, M. Brousseau, G. Bacquet, V. Thierry-Meg, Solid State Commun. **93**, 57 (1995)

[49] J. Kainz, P. Schneider, S.D. Ganichev, U. Rössler, W. Wegscheider, D. Weiss, W. Prettl, V.V. Bel'kov, L.E. Golub, D. Schuh, Physica E **22**, 418 (2004)

[50] Y. Ohno, R. Terauchi, T. Adachi, F. Matsukura, H. Ohno, Phys. Rev. Lett. **83**, 4196 (1999)

[51] W.H. Lau, M.E. Flatté, J. Appl. Phys. **91**, 8682 (2002)

[52] O.Z. Karimov, G.H. John, R.T. Harley,W.H. Lau,M.E. Flatté,M. Henini, R. Airey, Phys. Rev. Lett. **91**, 246601 (2003)

[53] S. Döhrmann, D. Hägele, J. Rudolph, M. Bichler, D. Schuh, M. Oestreich, Phys. Rev. Lett. **93**, 147405 (2004)

[54] A.A. Kiselev, K.W. Kim, Phys. Rev. B **61**, 13115 (2000)

[55] A.W. Holleitner, V. Sih, R.C. Myers, A.C. Gossard, D.D. Awschalom, Phys. Rev. Lett. **97**, 036805 (2006)

[56] A.R. Cameron, P. Riblet, A. Miller, Phys. Rev. Lett. **76**, 4793 (1996)

[57] C.P. Weber, J. Orenstein, B.A. Bernevig, S.-C. Zhang, J. Stephens, D.D. Awschalom, Phys. Rev. Lett. **98**, 076604 (2007)

第3章　半导体量子阱中的激子自旋动力学

T. Amand 和 X. Marie

3.1　二维激子的精细结构

在纳米结构中, 激子的精细结构决定了它们的自旋性质. 在分析激子的自旋动力学之前, 我们先简要地描述量子阱中激子的自旋态. 本章主要关注 GaAs 和 InGaAs 量子阱, 它们是模型系统. 从文献 [1]、[2] 中的综述, 读者可以得到更多的细节. 与体材料一样, III-VI和III-V量子阱中的激子态对应于价带空穴和导带电子形成的束缚态. 后面将会看到, 激子态是能量非常小的双粒子态, 离纳米结构的带隙非常近, 也就是说, 它们在空间上的延展要比晶格大得多, 因此, 可以用包络波函数来近似描述这些态. 在文献 [3] 中, 可以找到关于体材料中激子精细结构的描述.

与体材料相同, 在量子阱结构中, 由于库仑吸引作用, 一个导带电子和一个价带空穴可以结合成激子. 然而, 载流子在一个方向上受到了限制, 这会强烈地改变激子态. 我们已经看到, 这种限制使得单电子态和单空穴态量子化为子能带 (参见第 2 章), 并引起了重空穴态和轻空穴态的分离. 激子可以用包络波函数方法来描述, 接着, 对没有电子–空穴交换相互作用的电子–空穴的束缚态进行微扰计算, 就可以获得激子的精细结构. 但是, 在二维结构中, 这种方法将变得更为复杂[4]. 完全的电子–空穴波函数通常可以近似为

$$\Psi_{\alpha}(\boldsymbol{r}_{\mathrm{e}},\boldsymbol{r}_{\mathrm{h}})=\chi_{c,v_{\mathrm{e}}}(z_{\mathrm{e}})\,\chi_{j,v_{\mathrm{h}}}(z_{\mathrm{h}})\,\frac{\mathrm{e}^{\mathrm{i}\boldsymbol{K}_{\perp}\cdot\boldsymbol{R}_{\perp}}}{\sqrt{A}}\,\phi_{jnl}(\boldsymbol{r}_{\perp})\,u_{\mathrm{s}}(\boldsymbol{r}_{\mathrm{e}})\,u_{m_{\mathrm{h}}}(\boldsymbol{r}_{\mathrm{h}}) \tag{3.1}$$

其中, α 为表征激子量子态的全部量子指标, 可以显式地表达为 $|\alpha\rangle=|s,m_{\mathrm{h}};v_{\mathrm{e}},v_{\mathrm{h}},\boldsymbol{K}_{\perp},j,n,l\rangle$. 此处, $\chi_{c,v_{\mathrm{e}}}(z)$ 和 $\chi_{j,v_{\mathrm{h}}}(z)$ 描述电子、重空穴 ($j=\mathrm{h}$) 或轻空穴 ($j=\mathrm{l}$) 在生长方向 z 轴上的单粒子包络波函数, $\boldsymbol{R}_{\perp}$ 和 $\boldsymbol{K}_{\perp}$ 分别为激子的质心和波矢, A 为量子阱的量子化面积, 而 $\phi_{jnl}(\boldsymbol{r}_{\perp})$ 表征电子–空穴在量子阱平面内的相对运动. 这实际上就是用来描述量子阱激子中电子–空穴交换相互作用的基函数. 通过计算直接积分和交换积分, 可以确定电子–空穴的交换相互作用:

$$D_{\beta,\alpha}=\int\limits_{结构}\Psi_{\beta}^{*}(\boldsymbol{r}_{\mathrm{e}},\boldsymbol{r}_{\mathrm{h}})\,\frac{e^{2}}{\varepsilon_{b}\,|\boldsymbol{r}_{\mathrm{e}}-\boldsymbol{r}_{\mathrm{h}}|}\,\Psi_{\alpha}(\boldsymbol{r}_{\mathrm{e}},\boldsymbol{r}_{\mathrm{h}})\,\mathrm{d}\boldsymbol{r}_{\mathrm{e}}\mathrm{d}\boldsymbol{r}_{\mathrm{h}} \tag{3.2a}$$

$$-E_{\beta,\alpha} = -\int\limits_{\text{结构}} \varPsi_\beta^*\left(\boldsymbol{r}_\text{e},\boldsymbol{r}_\text{h}\right)\frac{e^2}{\varepsilon_b\left|\boldsymbol{r}_\text{e}-\boldsymbol{r}_\text{h}\right|}\varPsi_\alpha\left(\boldsymbol{r}_\text{h},\boldsymbol{r}_\text{e}\right)\mathrm{d}\boldsymbol{r}_\text{e}\mathrm{d}\boldsymbol{r}_\text{h} \tag{3.2b}$$

在计算积分 (3.2) 的时候, 出现了两种贡献：一种是短程贡献, 对应于电子和空穴位于结构中同一个维格纳元胞之中的情况; 另一种是长程贡献, 对应于它们不在同一个元胞时的情况①. 文献 [5] 计算了这些积分. 在窄量子阱中, 它们远小于重空穴/轻空穴劈裂 $\varDelta_{hl}$、不同的单粒子子带间距 $v_{\text{e(h)}}$ 以及 1s/2s 激子态的能量差. 因此, 将一阶微扰理论应用于具有给定的子带对的简并激子态, 就可以计算出式 (3.2) 表达的微扰所带来的修正.

3.1.1　短程电子–空穴交换相互作用

重空穴激子 (XH) 基态的短程微扰矩阵为

$$H^{(\text{SR})} = D^{(\text{SR})} - E^{(\text{SR})} \tag{3.3}$$

在二维系统中, 由于重空穴激子和轻空穴激子 (分别记为 XH 和 XL) 之间存在能量差 $\varDelta_\text{hl}$, 可以将 $H^{(\text{SR})}$ 限制于 XH 的子空间. XH 的基函数是根据它们在量子化轴 z (结构生长轴) 上的投影来标定的. 根据 $|M\rangle = |s_\text{e}+j_\text{h}\rangle$ ($s_\text{e}=\pm 1/2$, $j_\text{h}=\pm 3/2$), 有 $B_\text{XH}=\{|+2\rangle,|+1\rangle,|-1\rangle,|-2\rangle\}$. $H^{(\text{SR})}$ 正比于 $\left|\phi_{\text{hh},1\text{s}}(r=0)\right|^2 I_\text{hh}$, 其中

$$I_\text{hh} = \int_{-\infty}^{+\infty}\left|\chi_{\text{c},1}(z)\right|^2\left|\chi_{\text{h},1}(z)\right|^2\mathrm{d}z$$

它是电子和空穴出现在量子阱中同一位置处的概率. 短程交换相互作用将 XH 激子劈裂为 $J=1$ 的具有光学活性的激子态和不具有光学活性的 $J=2$ 激子态. 利用三维情况下的劈裂, 可以方便地计算式 (3.3). 这样, 短程的二维劈裂就可以表示为如下形式：

$$\varDelta_0 = \frac{3}{4}\varDelta_0^\text{3D}\frac{\left|\phi_{\text{h},1\text{s}}(0)\right|^2}{\left|\phi_{\text{h},1\text{s}}^\text{3D}(0)\right|^2}I_\text{hh} \tag{3.4}$$

其中, $\phi_{1\text{s}}^\text{3D}$ 和 $\phi_{1\text{s}}$ 分别为三维激子和二维激子的类氢原子 1s 波函数. 短程交换相互作用修正项 $\varDelta_0$ 与激子波矢 $\boldsymbol{K}_\perp$ 无关. 在无穷深量子阱中, 交叠积分为 $I_\text{hh}=3/2L_\text{W}$, L_W 为量子阱的宽度, 令 a_B^3D 为通常的三维激子的玻尔半径, E_B 和 E_B^3D 分别为二维和三维半导体中的激子束缚能, 可以得到 $\varDelta_0\approx(9/16)\,\varDelta_0^\text{3D}\left(E_\text{B}/E_\text{B}^\text{3D}\right)^2 a_\text{B}^\text{3D}/L_\text{W}$, 它表明, 当量子阱宽度减小的时候, 由于激子束缚能增大, 二维的短程交换相互作用先是增加的[4]. 这符合实验中观测到的趋势 (见图 3.15).

---

① 在后者的贡献中, 只需要考虑交换相互作用积分, 因为在二维力学激子 (也就是说, 没有交换相互作用) 的运动方程中已经考虑了长程库仑相互作用.

3.1.2 电子–空穴的长程交换相互作用

可以将激子视为在半导体中传播的极化波. 对于给定的激子本征态 $|\alpha\rangle$, 与之相联系的极化场 $\boldsymbol{P}(r,t)$ 沿着偶极矩 $e\boldsymbol{r}_{\alpha,\phi}=\langle\alpha|\,e\boldsymbol{r}\,|\phi\rangle$ 的方向. 波矢 $\boldsymbol{K}_\perp$ 平行于 $\boldsymbol{r}_{\sigma,\phi}$ 的激子态被称为纵向激子, 而波矢 $\boldsymbol{K}_\perp$ 垂直于 $\boldsymbol{r}_{\sigma,\phi}$ 的激子态被称为横向激子, 这两者在能量上有着微小的差别, 被称作纵向–横向劈裂. 在三维半导体材料中, 这一能量劈裂 $\varDelta_{\mathrm{LT}}^{\mathrm{3D}}$ 与激子的波矢无关. 在 GaAs 体材料中, $\varDelta_{\mathrm{LT}}^{\mathrm{3D}}\approx 0.1\mathrm{meV}$[7].

在量子阱结构中, 相应的计算可以在文献 [5] 中找到. 对于能量最低的重空穴激子有

$$\varDelta_{\mathrm{LT}}(\boldsymbol{K}_\perp)=\frac{3}{8}\varDelta_{\mathrm{LT}}^{\mathrm{3D}}\frac{|\phi_{\mathrm{h,1s}}(0)|^2}{\left|\phi_{\mathrm{1s}}^{\mathrm{3D}}(0)\right|^2}\boldsymbol{K}_\perp I_0(\boldsymbol{K}_\perp) \tag{3.5}$$

其中 I_0 为一个形状因子, 当 $\boldsymbol{K}_\perp\ll\pi/L_{\mathrm{W}}$ 时, 它的形式很简单, $I_0\approx|\langle\chi_{\mathrm{e},1}|\chi_{\mathrm{h},1}\rangle|^2$, 对应于电子和空穴的单粒子波函数的交叠 (在无限高势垒模型中, $I_0=1$). 最后, 得到了如下近似: $\varDelta_{\mathrm{LT}}(\boldsymbol{K}_\perp)\approx(3/16)\,\varDelta_{\mathrm{LT}}^{\mathrm{3D}}|\langle\chi_{\mathrm{e},1}/\chi_{\mathrm{h}.1}\rangle|^2\left(E_{\mathrm{B}}/E_{\mathrm{B}}^{\mathrm{3D}}\right)^2 a_{\mathrm{B}}^{\mathrm{3D}}K_\perp$. 与三维情况不同的是, 二维的纵向–横向劈裂在 $\boldsymbol{K}_\perp=0$ 为零, 并随着 $\boldsymbol{K}_\perp$ 线性地增加. 如果 $a_{\mathrm{B}}^{\mathrm{3D}}\boldsymbol{K}_\perp\approx 0.1$, 那么, 可以估计出, 具有二维特性的 GaAs/AlGaAs 量子阱的 $\varDelta_{\mathrm{LT}}\approx 40\mu\mathrm{eV}$. 与短程交换相互作用 $\varDelta_0$ 类似, 当限制增强的时候, 也就是说, 当量子阱宽度减小的时候, 长程劈裂 $\varDelta_{\mathrm{LT}}$ 增大. 在 3.3.4 节中, 我们将会看到, 在 I 型量子阱中, 长程交换相互作用是激子的一个重要的自旋弛豫机制的来源.

3.2 量子阱中激子自旋的光学取向

在 20 世纪 80 年代末期, 稳定的超快激光光源的发展, 使得在时间域中直接观测半导体载流子的自旋动力学成为可能[8,9]. 基于泵浦–探测技术的时间分辨偏振吸收谱或者时间分辨偏振荧光光谱被广泛地应用于测量半导体量子阱中激子的自旋弛豫过程[10~12]. 这些时间分辨技术补充了广泛应用的基于连续光荧光谱或 Hanle 类型实验的测量技术[3,13]. 用圆偏振 (σ^+) 脉冲激光激发之后, 测量激子荧光的圆偏振动力学就可以得到: ① 类 δ 光脉冲泵浦后激子的自旋极化, 并将其与光学选择定则[4] 和能带结构给出的理论值进行比较 (见第 1 章); ② 激子自旋的弛豫时间, 由此可以推断出占据主导地位的自旋弛豫机制.

在一个阱宽为 8nm 的 GaAs/AlGaAs 多量子阱中, 共振地激发重空穴激子 XH 后, I^+ 和 I^- 随时间的演化过程如图 3.1 所示 (I^+ 和 I^- 分别对应于用右 (σ^+) 或左 (σ^-) 圆偏振皮秒激光激发所得到的荧光的右圆偏振 (σ^+) 分量). 因为只激发了重空穴激子①, 激子荧光的初始偏振度 $P_{\mathrm{L}}(t=0)$ 非常大: $P_{\mathrm{L}}(0)\approx 70\%$(这里

① 此时, 激光脉冲的谱宽度远远小于轻–重空穴的劈裂.

使用条纹相机来探测, 它的时间精度大约是 10ps). 在图 3.1 中, 圆偏振的衰减时间常数约为 50ps. 因为可能有几个不同的自旋弛豫机制同时在起作用, 这个衰减时间和激子的自旋弛豫之间的联系并不是很直接[14,15]. 在 3.3 节中将详细讨论这一点.

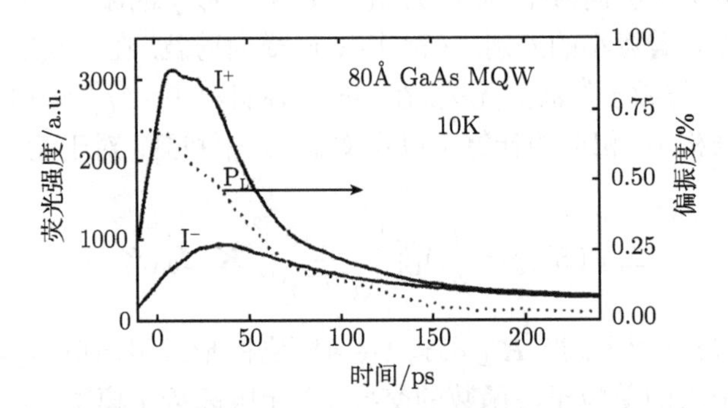

图 3.1 在激子能量处用皮秒脉冲激发后, 激子荧光的强度 I^+ 和 I^- 以及偏振度 $P_L = (I^+ - I^-)/(I^+ + I^-)$ 随时间的变化关系. $I^+(I^-)$ 对应于 $\sigma^+(\sigma^-)$ 激发下的 σ^+ 发光[10]

图 3.2 给出了激子荧光的初始偏振度 $P_L(0)$ 随着皮秒激光激发能量的变化关系, 样品是一个压应变的 InGaAs/GaAs 多量子阱 (L_W = 7nm)[14]. 当入射光子的能量大于量子阱的带隙而又小于轻空穴激子跃迁 (涉及 E_1 和 LH_1 子带) 能量的时候, 初始偏振度 $P_L(0)$ 高达 95%(此处使用的是时间分辨荧光上转换技术, 时间分辨精度约为 1ps). 这个非常大的 $P_L(0)$ 值证明, 在几百个飞秒时间尺度内的初始载流子的热化过程中, 载流子的退极化非常小 (至少对于非共振激发的导

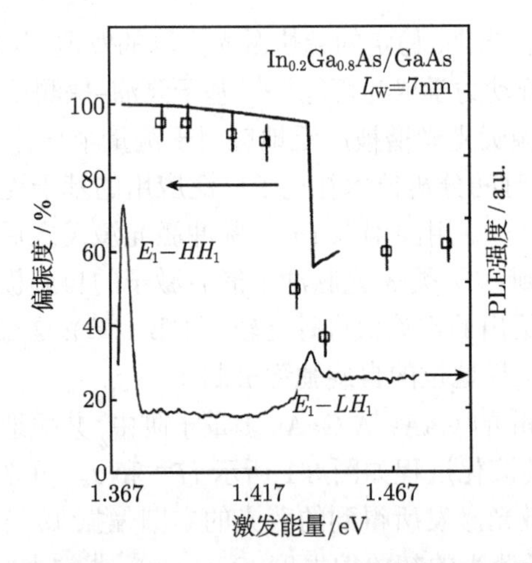

图 3.2 稳态连续激发下的荧光激发谱 PLE. 同时给出了重空穴激子荧光动力学实验的初始偏振度 $P_L(t=0)$ 随激光激发能量的变化关系: 方块符号为实验数据, 而实线为计算值[14]

带电子来说是这样的). 使用包络波函数方法和 Luttinger 有效哈密顿量, 可以计算出价带到导带跃迁的初始偏振度, 如图 3.2 (实线) 所示[16]. 价带的混合使得 $P_L(0)$ 随着激发能量而变化.

在 (E_1-LH_1) 激发能量附近, 实验结果和理论计算之间存在差别, 原因在于后者没有考虑束缚的轻空穴激子态 (XL) 所引起的吸收的增加[17,18]. 实际上, 轻空穴 XL 的振子强度要大于具有相同能量的、没有被束缚的 E_1-HH_1 电子–空穴对的振子强度[4]. 在严格共振激发的轻空穴激子光荧光谱中, 重空穴激子荧光的偏振度实际上可以是负值 (与激发激光的圆偏振相反), 见图 3.3 中的曲线 (3), 样品是一个 $L_W=4\text{nm}$ 的 GaAs/AlGaAs 多量子阱结构[17,19].

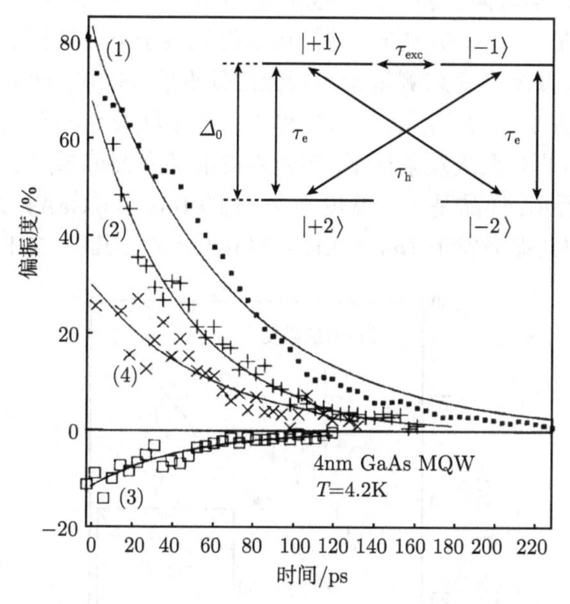

图 3.3 在 σ^+ 皮秒激光脉冲之后, 重空穴激子 XH 荧光的圆偏振动力学四种激发能量: (1) $h\nu=\text{XH}+10\text{meV}$; (2) $h\nu=\text{XH}+22\text{meV}$; (3) $h\nu=\text{XH}+32\text{meV}$, 与轻空穴激子 XL 能量共振; (4) $h\nu=\text{XH}+74\text{meV}$[19]. 插图: 激子自旋弛豫不同过程的示意图; τ_{exc}、τ_e 和 τ_h 分别表示激子、电子和空穴自旋的弛豫时间 (见上文)

3.3 量子阱中的激子自旋动力学

半导体量子阱中激子荧光偏振度的研究已经表明, 两种主要的激子自旋弛豫机制同时存在: 一种是直接的弛豫过程, 电子–空穴交换相互作用引起电子和空穴自旋的同时翻转[5]; 另一种是单粒子 (电子或空穴) 自旋接连翻转引起的非直接弛豫过程, 见图 3.3 中的插图. 在非直接弛豫过程中, 激子自旋弛豫速率取决于比较慢的那个单粒子的自旋翻转速率, 通常是电子[20]. 这些机制的相对效率依赖于激发条件, 它可以是共振的 (偏振激发的光子能量等于激子能量), 也可以是非共振的 (激发能量通常大于量子阱的带隙 $E_1 - HH_1$). 在后一种情况下, 激子的形成过程会影响激子的自旋动力学[21].

3.3.1 量子阱中的激子形成

在半导体材料中, 通常考虑两种激子形成过程：直接形成热激子, 同时发射一个 LO 声子, 此时电子和空穴是成对产生的; 形成双分子激子①, 在库仑力的作用下, 电子和空穴随机地结合成激子.

在时间分辨光学取向实验中, 对 GaAs/AlGaAs 或 InGaAs/GaAs 量子阱的激子荧光初始偏振度 $P_{\rm L}(t=0)$ 进行分析, 可以得到激子形成过程的重要信息[21]. 要点在于, 用椭圆偏振激光束来测量初始荧光的偏振度 $P_{\rm L}(0)$, 椭圆偏振度的定义为 $P_{\rm E} = (\Sigma^+ - \Sigma^-)/(\Sigma^+ + \Sigma^-)$, 其中 Σ^+ 和 Σ^- 表示激发光的右圆和左圆偏振分量的强度. 在共振和非共振激发条件下, 实验测得的荧光圆偏振度 $P_{\rm L}(0)$ 随 $P_{\rm E}$ 的变化关系如图 3.4 所示, 样品是一个宽度为 7nm 的 InGaAs/GaAs 多量子阱. 一个重要的特征是, 在非共振激发下 ($h\nu = {\rm XH} + 34{\rm meV} < {\rm XL}$, 其中, XH 是重空穴激子能

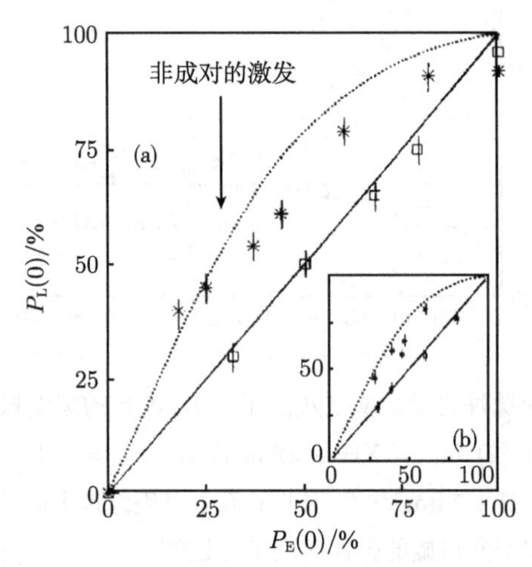

图 3.4 (a) 在宽度为 $L_{\rm W} = 7{\rm nm}$ 的 $\rm In_{0.2}Ga_{0.8}As/GaAs$ 多量子阱中, 激子荧光的初始圆偏振度 $P_{\rm L}(t=0)$ 随皮秒脉冲激光偏振度 $P_{\rm E}$ 的变化关系：方块为实验数据, 实线为计算值. 符号代表测量得到的数据：方块为准共振激发, $h\nu = {\rm XH} + 4{\rm meV}$; 星号为非共振激发, $h\nu = {\rm XH} + 34{\rm meV}$. 连线分别为计算得到的成对的和非成对的 (双分子的) 形成过程的 $P_{\rm L}(0)$ 数值. (b) 对 $\rm GaAs/Al_{0.3}Ga_{0.7}As$ 量子阱 ($L_{\rm W} = 4{\rm nm}$) 的类似分析; 方块为共振激发, $h\nu = {\rm XH}$; 星号为非共振激发, $h\nu = {\rm XH} + 15{\rm meV}$.[21]

---

① bimolecular 双分子, 指两个原子形成的分子.

量, 而 XL 是轻空穴激子能量), 初始的荧光偏振度要高于激发光的偏振度. 作为比较, 在能量低于量子阱带隙的共振激发条件下 ($h\nu \approx$ XH), 其行为完全不同：在实验精度范围之内, 初始的荧光偏振度总是等于激发光的偏振度, 与 P_{E} 的数值无关[21].

在共振激发条件下, 激子是由成对的电子–空穴形成的, 它们保持了初始的自旋取向, 因此, 初始的荧光偏振度

$$P_{\mathrm{L}}(0) = P_{\mathrm{E}} \tag{3.6}$$

这与图 3.4 中的实验结果相符. 在非共振激发条件下, 能量高于量子阱的带隙, 偏振的激发光脉冲产生总自旋为 $M = +1$ 和 $M = -1$ 的电子–空穴对. 二者所占的比例分别为 $(1 + P_{\mathrm{E}})/2$ 和 $(1 - P_{\mathrm{E}})/2$. 如果激子是由自旋没有弛豫的非成对的电子和空穴通过双分子形成过程产生的, 那么初始的激子有光学活性态 $|\pm1\rangle$ 和非光学活性态 $|\pm2\rangle$, 它们的数量分别为 $N_{\pm1} \propto (1 \pm P_{\mathrm{E}})^2/4$ 和 $N_{\pm2} \propto \left(1 - P_{\mathrm{E}}^2\right)/4$. 此时的电子和空穴的角动量没有关联, 所以在此处忽略了相干效应. 这样一来, 初始偏振度就等于

$$P_{\mathrm{L}}(0) = \frac{2P_{\mathrm{E}}}{1 + P_{\mathrm{E}}^2} \geqslant P_{\mathrm{E}} \tag{3.7}$$

当 $0 < P_{\mathrm{E}} < 1$ 时, $P_{\mathrm{L}}(0)$ 的这个表达式总是严格地大于激发光的偏振度. 这是因为, 电子态 $|-1/2\rangle$ 的占据数总是大于 $|+1/2\rangle$ 上的占据数, 而且, 它与 $|+3/2\rangle$ 空穴的结合形成激子的概率要大于它与 $|-3/2\rangle$ 空穴的结合概率. 式 (3.7) 与初始产生的电子–空穴对的密度以及双分子形成系数的数值都没有任何关系[22~25]. 根据式 (3.6) 和式 (3.7), 图 3.4 给出了荧光的初始圆偏振度 $P_{\mathrm{L}}(0)$ 随着激发光的椭圆偏振度 P_{E} 的变化关系; 实线和点状线分别表示成对的和非成对的激子形成过程. 将实验得到的偏振度与计算结果进行比较, 可以看出, 在非共振激发下, 大部分激子是通过双分子过程形成的.

3.3.2 激子中空穴的自旋弛豫

在体材料中, 空穴的自旋弛豫时间非常短 (< 1ps, 这也是动量弛豫的特征时间)[3,26], 与此不同的是, 在量子阱中, 重空穴子带和轻空穴子带在 $k = 0$ 处的简并被解除了, 这就减小了价带混合, 从而增大了空穴的自旋弛豫时间 (见第 2 章)[27~31]. 这样一来, 激子自旋动力学就会受到空穴单粒子自旋弛豫时间的强烈影响, 而后者的时间尺度与两种光学活性态的 $|+1\rangle$ 和 $|-1\rangle$ 激子态的直接激子自旋弛豫时间相同 (见 3.3.4 节)[5]. 然而, 激子中空穴的自旋弛豫时间通常要短于量子阱中自由空穴的自旋弛豫时间. 激子中空穴态的波矢通常约为 $(a_{\mathrm{B}})^{-1}$ (a_{B} 是基态二维激子的玻尔半径[4], 表现为很明显的价带混合). 有两种实验技术可以直接测量二维激子中的空穴自旋弛豫时间 (τ_{h})[21,32].

1. 通过检测总荧光强度动力学来测量空穴的自旋弛豫时间

这种技术利用了非共振激发条件下激子的双分子形成过程. 如 3.3.1 节所述, 激子的双分子形成过程在非光学活性态 $|\pm2\rangle$ 中产生了一定数目的激子, 其比例为 $\left(1-P_{\mathrm{E}}^{2}\right)/2$.

我们考虑两种不同的激发条件：首先, 100% 的 σ^{+} 圆偏振光激发; 其次, σ^{x} 线偏振光激发. 在每种情况下, 记录荧光总强度 $I_{\sigma^{+}}$ 和 $I_{\sigma^{x}}$. 用相同的激发能量 (高于量子阱带隙) 和相同的激发强度来进行这两种测量. 图 3.5 给出了比值 $R(t)=I_{\sigma^{+}}(t)/I_{\sigma^{x}}(t)$, 样品就是图 3.4 中的量子阱结构. 在线偏振激发的情况下 ($P_{\mathrm{E}}=0$), 在开始的时候, 激子在 4 个态上的分布是相等的, 因此, 只有一半的激子是光学活性的, 而且这种分布是不会随着时间改变的, 因为它对应于电子激发的热平衡分布. 当激发光为 100% 圆偏振的时候 ($P_{\mathrm{E}}=1$), 在 $t=0$ 时刻, 只有在 $|+1\rangle$ 态中有占据, 所有的激子是光学活性的, 所以, $R(0)=2$. 然后, 由于电子和空穴的单粒子自旋弛豫过程, 系统会倾向于使光学活性和非光学活性的激子的数目相等, 因此, 可以期待 $R(t)$ 会迅速减小到 1. 电子和空穴之间的交换相互作用主导了激子自旋翻转过程 (见 3.3.4 节), 将 $|+1\rangle$ 激子变为 $|-1\rangle$ 激子, 反之亦然. $R(t)$ 的时间演化为 $R(t)=1+\mathrm{e}^{-t(1/\tau_{\mathrm{h}}+1/\tau_{\mathrm{e}})}$, 此时, 激子自旋翻转过程不起作用. 作为单粒子, 激子中电子的自旋弛

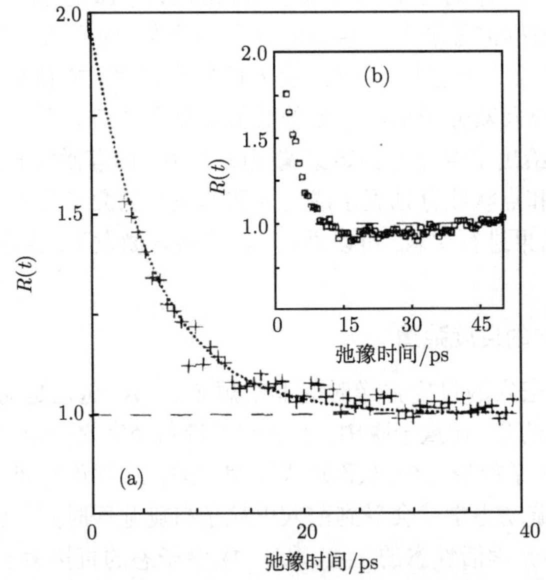

图 3.5　(a) 在宽度为 $L_{\mathrm{W}}=7\mathrm{nm}$ 的 $\mathrm{In_{0.2}Ga_{0.8}As/GaAs}$ 多量子阱中, 比值 $R(t)=I_{\sigma^{+}}(t)/I_{\sigma^{x}}(t)$ 的时间演化, 其中 $I_{\sigma^{+}}(t)$ 和 $I_{\sigma^{x}}(t)$ 为 σ^{+} 圆偏振和 σ^{x} 线偏振激发脉冲后的荧光总强度. 实线是根据 $R(t)=1+\mathrm{e}^{-t/\tau_{\mathrm{h}}}$ 对 $R(t)$ 的指数拟合, 其中 $\tau_{\mathrm{h}}=5.5\mathrm{ps}$; (b) 在 $\mathrm{GaAs/Al_{0.3}Ga_{0.7}As}$ 量子阱 ($L_{\mathrm{W}}=4\mathrm{nm}$) 中进行的同样测量[31] 得到 $\tau_{\mathrm{h}}=25\mathrm{ps}$. 实验温度为 1.7K

豫时间要大于激子中空穴的自旋弛豫时间 (可以从后文 3.3.3 节中看出来), 图 3.5 中 $R(t)$ 的演化直接反映了空穴的自旋弛豫时间. 拟合实验曲线可以得到, 在 InGaAs/GaAs 和 GaAs/AlGaAs 量子阱结构中, 空穴的自旋弛豫时间分别为 $\tau_{\mathrm{h}} = 5.5\mathrm{ps}$ 和 $\tau_{\mathrm{h}} = 2.5\mathrm{ps}$.

这一方法的优点在于, 它直接测量了激子中的 τ_{h}, 不需要确定激子的自旋弛豫时间. 此外, 它还不需要为激子的能量弛豫过程和有效辐射复合过程建立模型, 因为就 I_{σ^+} 和 I_{σ^x} 的测量而言, 二者是相同的. 在共振激发条件下 (对生成激子), $R(t)$ 等于 1, 不依赖于时间, 这与预期相同[21].

利用这一技术, Baylac 等[31] 研究了空穴的自旋弛豫时间对能量的依赖关系. 他们发现, 当激发能量接近于 InGaAs/GaAs 量子阱的带隙 E_{g} 的时候, 空穴的自旋弛豫时间为 $\tau_{\mathrm{h}} \approx 15\mathrm{ps}$, 当 $h\nu > E_{\mathrm{g}} + 8\mathrm{meV}$ 时, 下降到 $\tau_{\mathrm{h}} \approx 6\mathrm{ps}$, 这是因为价带的混合以及激发光能量的增加使得电子–空穴温度升高了.

2. 用双光子激发过程测量空穴自旋的弛豫

在 GaAs 量子阱中, 另一种实验可以直接测量空穴的单粒子自旋弛豫引起的激子由 $J=2$ 到 $J=1$ 的转变速率[32]. 实验大致如下：首先, 利用光学参量振荡器产生红外激光, 通过双光子激发来产生 $J=2$ 的激子; 其次, 激子产生后, 再利用条纹相机来探测 $J=1$ 激子的单光子复合荧光 (在可见光或近红外区域). 可以用共振激发产生 $J=2$ 的激子并 (在其转变到 $J=1$ 态之后) 立即观测, 不存在来自于激光的背散射 (因为条纹相机不会响应红外的激发光).

这个实验基于如下事实, 即 $J=2$ 态的单光子发射是禁戒的, 而 $J=1$ 的双光子吸收也是禁戒的 (根据偶极选择定则), 但是 $J=2$ 的双光子吸收却是允许的.

在图 3.6 中, 下方曲线给出了 XH ($J=1$) 激子在 730nm 处的荧光随时间的变化关系, 实验是用光学参数振荡器的圆偏振光来激发 2K 温度下的 3nm 量子阱, 也就是说, 对 1s 重空穴进行双光子的共振激发. 在双光子激发之后, 荧光强度的上升时间主要由空穴的自旋弛豫时间 τ_{h} 决定 (它要短于单粒子的电子自旋弛豫时间[20], 见 3.3.3 节). 在共振激发 XH 激子条件下, 利用 $J=1$ 和 $J=2$ 激子态的速率方程, Snoke 等认为, 在窄的 ($L_{\mathrm{W}} = 3\mathrm{nm}$) GaAs 量子阱中, 空穴的自旋翻转过程的时间尺度约为 60ps[32].

3.3.3 激子中电子的自旋弛豫

Silva 和 Rocca[20] 考虑了自旋轨道相互作用引起的导带劈裂, 计算了激子中电子的自旋弛豫过程. 他们认为可以用一个有效磁场来表示光学活性和非光学活性激子态 (即 $|+1\rangle$ 和 $|+2\rangle$, 见图 3.3 中的插图) 之间的非对角矩阵元. 有效磁场有两部分的贡献, 第一个贡献来自于自旋–轨道相互作用 (见第 2 章), 因为激子的弹性

散射, 它随机地变化并导致了电子的自旋弛豫. 第二项贡献来自于光学活性态和非光学活性态之间的电子–空穴短程交换作用的劈裂 Δ_0 (见式 (3.4)). 像静态外磁场那样, 它通过能量不匹配来减小电子的自旋弛豫速率. 估计得到的束缚电子自旋翻转速率与实验数据拟合得到的数值符合得很好 (见 3.3.4 节)[14,15].

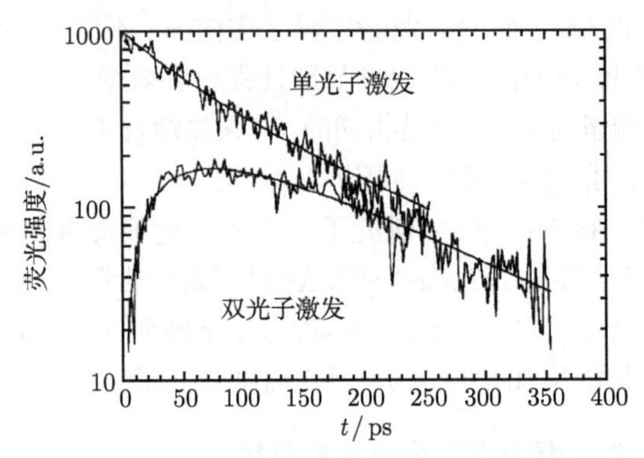

图 3.6 下方曲线: 在宽度为 $L_W = 3$nm 的 GaAs/AlGaAs 量子阱中, 用 100fs 圆偏振激光脉冲 (1471nm) 产生 $J = 2$ 的自旋态之后, 重空穴激子 $J = 1$ 的荧光强度动力学. 上方曲线: 用 730nm 激光脉冲在同一个量子阱中产生 $J = 1$ 的自旋态之后, 重空穴激子 $J = 1$ 的荧光强度动力学 (两条曲线的相对强度是任意的)[32]

自旋弛豫速率 $W_e = 1/2\tau_e$ 为[20]

$$W_e = \frac{4\alpha_{so}^2 K^2}{\hbar} \frac{\tau^*}{1 + (\Delta_0 \tau^*/\hbar)^2} \tag{3.8}$$

其中, τ^* 为激子的动量弹性散射时间, Δ_0 为光学活性态和非光学活性态之间的交换作用的劈裂, K 为激子的波矢, 而 α_{so} 为一个常数, 它依赖于导带中自旋–轨道相互作用.

这意味着, 当 $(\Delta_0\tau^*/h) > 1$ 时, 激子中电子的自旋动力学过程会表现出运动变窄的弛豫过程, 它类似于 Dyakonov-Perel 机制的自由电子自旋弛豫过程[33,34]. 在 GaAs/AlGaAs 量子阱中, 对于不同的弹性动量散射时间 τ^*, 图 3.7 给出了激子中电子自旋弛豫时间 τ_e 随量子阱宽度的变化关系. 自旋弛豫时间随着量子阱宽度的增加而增大, 这是因为激子中电子所感受到的导带中平均自旋–轨道劈裂减小了.

除了在窄量子阱极限下, 我们观察到运动变窄行为的激子中电子自旋弛豫时间大致反比于动量散射时间. 在高质量的 GaAs/Al_xGa_{1-x}As 多量子阱 ($x = 0.3$, $L_W = 15$nm) 中, 通过详细地拟合激子自旋动力学的实验研究结果, 得到激子中电子自旋弛豫速率的范围 [14,15] 为 $3 \times 10^8 s^{-1} < W_e < 3 \times 10^9 s^{-1}$, 与图 3.7 中给出的计算值符合.

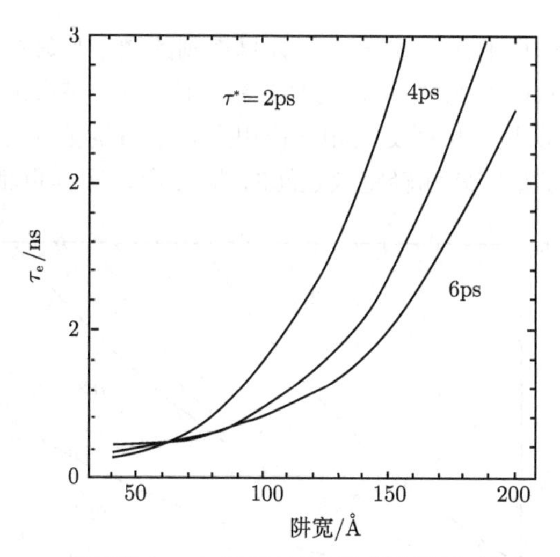

图 3.7 在 GaAs/AlGaAs 量子阱中, 对于不同的动量弹性散射时间 τ^*, 激子中电子自旋弛豫时间 τ_e 随阱宽的变化关系[20]

3.3.4 激子自旋弛豫机制

1. 电子–空穴交换作用导致的自旋弛豫: Maille, Silva 和 Sham 机制

量子阱中激子自旋退极化的主要机制是电子和空穴之间的库仑交换相互作用. Maille, Silva 和 Sham[5] 建立了这一机制的理论. 可以认为这一过程来自于量子阱界面的涨落有效磁场, 它起源于电子–空穴的交换相互作用 (参考 3.1.1 节和 3.1.2 节). 这个磁场的大小和方向依赖于激子质心的动量, 对于 $K=0$ 态, 它等于零 (参见式 (3.5)). 激子质心动量的散射所导致的涨落引起了激子的自旋弛豫, 与其他的运动变窄的自旋翻转过程一样, 典型的自旋弛豫时间依赖于动量散射时间的倒数. 在这一过程中, 长程的电子–空穴交换相互作用的贡献占据了主导地位, 其特征强度为 $\Delta_{\rm LT}(K)=\hbar\Omega_{\rm LT}(K)$. 在运动变窄区 ($\Omega_{\rm LT}(K)\tau^*\ll 1$), 激子自旋弛豫时间 ($\tau_{\rm exc}$, 通常标记为 $T_{\rm s1}$) 的倒数等于

$$\frac{1}{T_{\rm s1}}\approx\left\langle\Omega_{\rm LT}^2\right\rangle\tau^* \tag{3.9}$$

其中, 进动角频率的平方 $\Omega_{\rm LT}^2(K)$ 为对所有的激子取平均, $T_{\rm s1}$ 被称为纵向自旋弛豫时间, 它对应于 $|+1\rangle$ 和 $|-1\rangle$ 激子态之间的弛豫 (也就是激子荧光的退圆偏振时间).

Maille, Silva 和 Sham[5] 还计算了横向自旋弛豫时间 $T_{\rm s2}$, 它对应于 $|+1\rangle$ 和 $|-1\rangle$ 态之间的相干性的弛豫时间. 在运动变窄区, 当激子密度低的时候, $T_{\rm s2}\approx 2T_{\rm s1}$. 横向激子弛豫时间可以用光学准直实验中激子线偏振的消失时间来测量 (见 3.4.2 节)[35].

在不同的激子动量弛豫时间 τ^* 下, 计算得到的激子自旋弛豫时间 T_{s1} 随着量子阱宽度的变化关系如图 3.8 所示. 与体材料相比, 量子阱束缚效应增强了交换相互作用, 如 3.1.2 节所述. 长程交换相互作用主导了自旋弛豫过程. 因为低维系统中形成的子带减弱了重空穴和轻空穴之间的耦合, 所以短程贡献不那么重要[5].

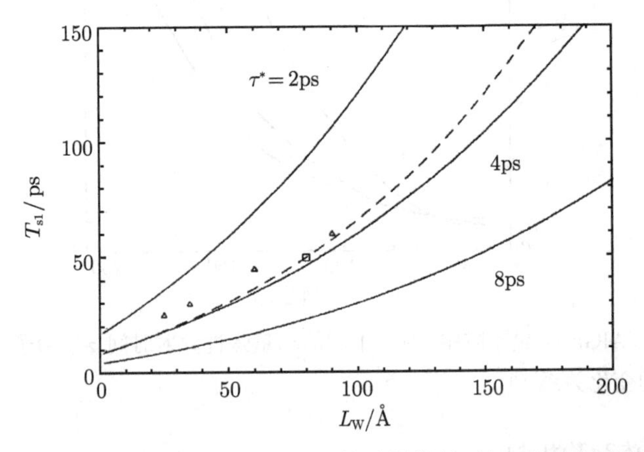

图 3.8 在 GaAs/AlGaAs 量子阱中, 对于不同的动量散射时间, 计算得到的激子自旋弛豫时间 ($\tau_{s1}\equiv T_{exc}$)[5]. 实验点来自于文献 [29] (三角) 和文献 [10] (方块)

2. 测量 Maille, Silva 和 Sham 自旋弛豫时间

为了测量激子自旋弛豫时间 τ_{exc} (或 T_{s1}), 对实验数据进行拟合时, 需要考虑激子中电子和空穴的单粒子自旋弛豫时间 (τ_e 和 τ_h) 以及直接激子自旋弛豫时间 (τ_{exc}), 见图 3.3 中的插图. 如果在非共振激发条件下进行实验, 模型还必须考虑双激子形成过程 (见 3.3.1 节).

一旦在不同的激子自旋态上产生了初始占据之后, 平衡方程就描述了占据数 $n_M(t)\,(M=\pm1,\pm2)$ 的时间演化过程, 文献 [5], [14], [15] 将其表示为电子、空穴和激子自旋跃迁速率 $W_e=1/2\tau_e$, $W_h=1/2\tau_h$ 和 $W_{exc}=1/2\tau_{exc}$ 的函数 (考虑了复合时间 τ_r).

计算得到的荧光偏振度为 $P_{cal}(t)=(N_1-N_{-1})/(N_1+N_{-1})$. 图 3.9 将激子荧光偏振的实验结果与计算结果进行了比较. 图 3.9(a) 和图 3.9(b) 中的实线对应于激子荧光圆偏振动力学实验曲线的最小方差拟合, 使用的是 $L_W=7$nm 的 InGaAs/GaAs 量子阱结构的速率方程. 激子自旋弛豫时间 (两种激发条件下分别为 $\tau_{exc}=58$ps 和 79ps) 和一个较短的时间 τ_h (分别为 17ps 和 7ps) 很好地描述了自旋退极化动力学. 拟合还给出一个更长的时间 (τ_e), 大于 1ns. 事实上, 拟合对这个时间参数并不敏感. 不可能只用 τ_e 和 τ_h 来拟合数据, 必须用一个激子自旋弛豫时间 τ_{exc} 来获得好的拟合结果. 不能单独地用激子自旋弛豫时间来解释偏振的消

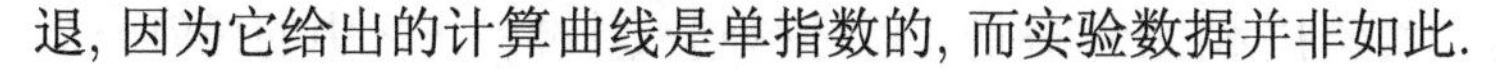
退, 因为它给出的计算曲线是单指数的, 而实验数据并非如此.

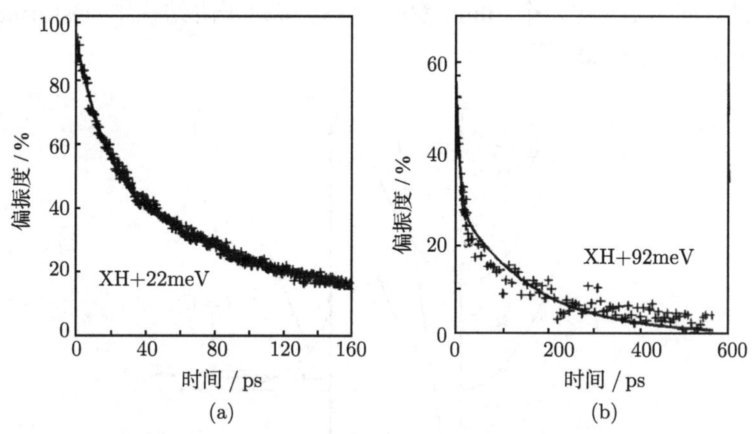

图 3.9 量子阱结构中在两个激发能量下测量得到的荧光圆偏振度的时间演化: (a) $\hbar\omega = \text{XH}+22\text{meV}$; (b) $\hbar\omega = \text{XH} + 92\text{meV}$, 也就是说, 它大于轻空穴激子的能量. 实线为速率方程模型的拟合结果 (见正文)[14]

与预期不同的是, 并不能够直接地建立模型来描述严格共振激发条件下测量荧光光谱得到的激子自旋退极化动力学[10,15]. 测量得到的共振荧光的时间动力学取决于初始的激子非热平衡分布的弛豫、热化和复合动力学. 图 3.10(a) 给出了两个粒子 (或者说激子) 的有关能级示意图[10]. 只有在激子的均匀线宽内才能发生光子的吸收. 高质量的多量子阱样品的激子均匀线宽通常小于热能量 $k_{\text{B}}T$ (即使是在 10K). 当光激发的冷激子变热的时候, 它们的分布要宽于初始分布, 所以, 随着时间的增加, 分布在激子均匀线宽内的激子数就更少了. 因为波矢守恒的关系, 只有位于激子均匀线宽内的激子才能与光耦合, 虽然激子的总数目并没有减少, 但是荧光强度减弱了[15,36]. 因此, 除了前面描述过的自旋弛豫机制之外, 还必须考虑这种过程. Vinattieri 及合作者全面地研究了皮秒尺度上的 GaAs/AlGaAs 量子阱中共振激发的激子动力学[15]. 利用系统性的多参数拟合, 他们提取出不同的弛豫速率, 如图 3.10(b) 所示. 他们发现, 在 15nm 的 GaAs/AlGaAs 量子阱结构中, $W_{\text{X}} = 1.5 \times 10^{10}\text{s}^{-1}$, $W_{\text{h}} = 0.7 \times 10^{10}\text{s}^{-1}$, 以及 $3 \times 10^{8}\text{s}^{-1} < W_{\text{e}} < 3 \times 10^{9}\text{s}^{-1}$.

非简并的、波长和自旋分辨的差分透射实验能够确定激子中不同的自旋弛豫时间[37,38]. 在这些泵浦–探测实验中, 皮秒 σ^+ 泵浦脉冲与由 +3/2 重空穴 (hh) 和 −1/2 电子形成的 $|+1\rangle$ 量子阱激子共振, 非简并的探测脉冲测量轻空穴 (lh) 跃迁的吸收. 这束 σ^- 偏振探测光束的透射改变量随着时间的变化关系对角动量为 +3/2 的 (hh) 态上的占据数并不敏感, 但是它对 −1/2 的电子数很敏感. 同样的, σ^- 探测光在重空穴激子处的透射变化量只对 +1/2 电子和 −3/2 空穴的数目敏感. 这两个能带起初并没有被泵浦光激发, 因此, 这些态上的占据数来自于电子或空穴的自

旋翻转过程. 使用这种实验技术, 能够确切无疑地得到三种准粒子之中的任何一个的自旋弛豫时间常数. 在一个 10nm 宽的 GaAs 多量子阱结构中, Ostatnicky 等测得 $\tau_e = 250$ps 和 $\tau_h = 30$ps[37].

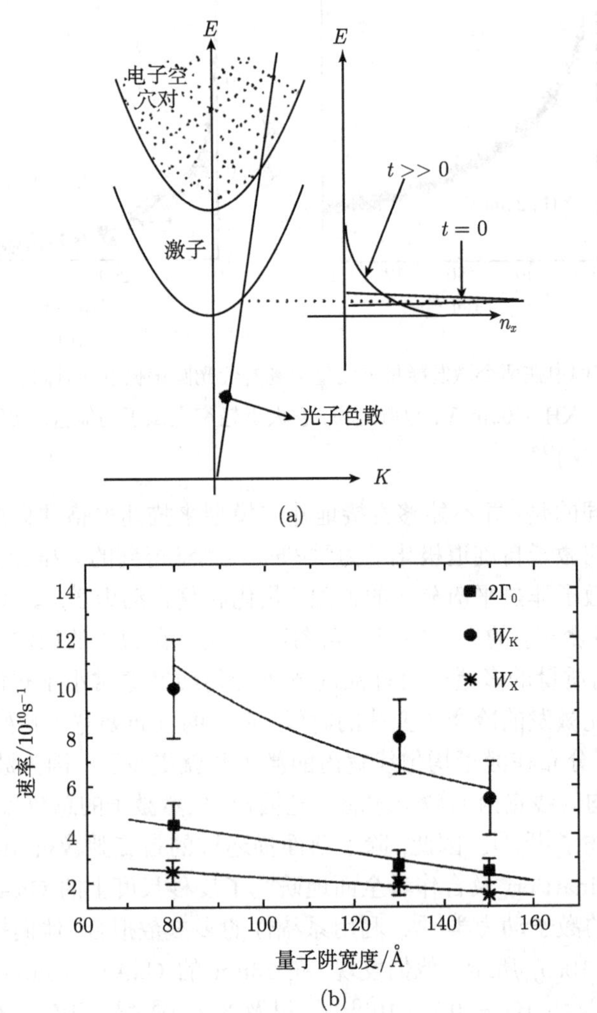

图 3.10 (a) 双粒子图像的能带示意图, 它给出了初始产生的激子分布和热平衡后的激子分布[10]; (b) $K_{/\!/} = 0$ 处激子的辐射复合速率 ($2\Gamma_0$), 激子的声子有效散射速率 (W_K) 和激子自旋弛豫时间 ($W_X = 1/2\tau_{exc}$). 对 $T = 12$K 下测量的 GaAs/AlGaAs 量子阱中激子偏振荧光动力学数据进行拟合, 可以得到这些速率[15]

在文献 [39] 中, 测量并比较了 p 型调制掺杂的 CdTe/CdMgZnTe 量子阱里中性激子 (X) 和带正电的激子 (X^+, 由空穴单态和一个电子组成) 的自旋动力学. 与 GaAs 量子阱相比, Ⅱ-Ⅵ量子阱中的带电激子 (X^+) 的结合能更大[40~42], 这样就有可能研究在共振激发中性激子 X 之后 X 的荧光动力学 (以下用 X(X) 标注)、共振激发 X 之后的 X^+ 荧光动力学 (标注为 $X^+(X)$) 以及共振激发 X^+ 之后 X^+ 的荧光动力学 (标注为 $X^+(X^+)$). 图 3.11 给出了这三种情况下荧光圆偏振度对应的衰减过程.

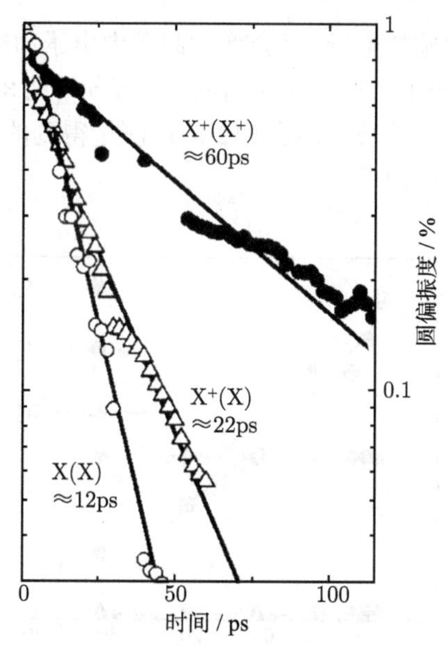

图 3.11 调制掺杂 CdTe/CdMgZnTe 量子阱 (宽度为 $L_W = 7.7$nm) 的圆偏振荧光谱的偏振动力学, 温度为 $T = 10$K. 中性激子 X 的荧光谱是在共振激发 X 之后测量的, 记为 X(X), X^+ 的荧光动力学是在共振激发 X 之后测量的, 记为 $X^+(X)$, 在共振激发 X^+ 之后测量的 X^+ 的荧光动力学记为 X^+ (X^+)[39]

中性激子的偏振 [X(X) 谱] 的衰减时间常数为 12ps, 仅是类似尺寸的III-V量子阱的 1/4, 这是因为这里的交换相互作用更强 (见 3.1 节)[15]. 中性激子 X 是共振激发的, 动能为零, 因此这个衰减时间实际上主要反映了激子的自旋翻转时间 τ_{exc}, 也就是说, 电子–空穴交换相互作用同时翻转了中性激子中的电子和空穴的自旋[5].

X^+ (X^+) 圆偏振的衰减时间明显地长一些 (≈ 60ps). 因为 X^+ 包含两个自旋相反的重空穴 (也就是说, $m_{\text{h}} = +3/2$ 和 $m_{\text{h}} = -3/2$), 在这种荷电激子复合体中, 电子–空穴交换相互作用彼此抵消了, 所以荷电激子的偏振仅仅反映了自旋–轨道相互作用引起的电子自旋弛豫时间 τ_{e}.

通过 X 态生成的 X^+[X^+ (X) 谱] 的偏振衰减时间位于上述二者之间, 其平均时间常数为 ≈ 22ps. 这种介于两者中间的行为是因为中性激子 X 连续地产生 X^+, 在短时间 $t < \tau_{\text{exc}}$ 内产生的 X^+ 来自于高极化度的 X, 它们可以长时间 (τ_{e}) 地保

持它们的极化, 而非极化的 X^+ 则是在更长一些的时间延迟后由已经丧失了自旋取向的激子形成的. X^+ (X) 表现出很强的初始偏振度, 这一事实表明, 通过 X 来产生 X^+ 并不影响自旋取向.

3. 激子自旋弛豫时间对电场的依赖关系

沿着量子阱生长方向施加电场, 将会增大激子中电子和空穴的距离. 电子和空穴波函数交叠的减小, 减弱了交换相互作用的长程部分 (见 3.1.2 节). 因此, 激子自旋弛豫速率随着电场的增大而减小 (图 3.12(a)). 测量得到的 $W_X = 1/2\tau_{exc}$ 与计算结果符合得很好 (图 3.12(b))[5,15].

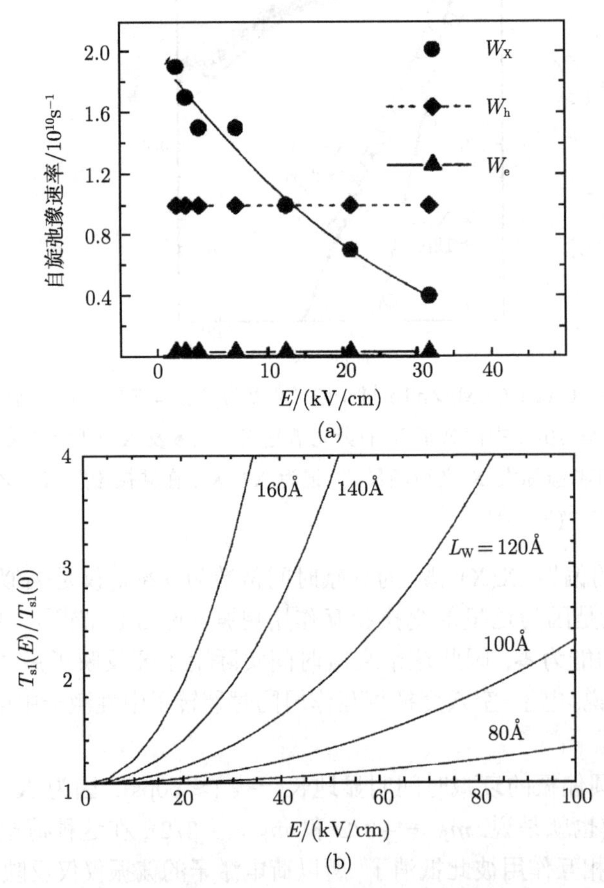

图 3.12　(a) 在宽度为 15nm 的 GaAs/AlGaAs 量子阱中, 测量得到的不同的自旋弛豫速率 W_X, W_h 和 W_e 对外加电场的依赖关系, $T = 20K$[15]; (b) 在不同阱宽下, 计算得到的激子自旋弛豫时间对电场的依赖关系[5]

3.4 量子阱中的激子交换能和 g 因子

因为电子和空穴波函数在量子阱生长方向上受到限制, 与体材料中的数值相比, 激子交换能和 g 因子有很大的变化. 在不同量子阱结构中, 连续光和时间分辨光谱技术都被用来测量这些参数[44,46~48].

3.4.1 用连续光磁荧光谱来测量激子的交换能和 g 因子

1. 激子的交换能

GaAs 量子阱中这种短程相互作用的数值, 最早是从光致荧光谱的圆偏振度随磁场的变化关系中推断出来的[49]. 下面的结果给出了激子能级交叉的证据, 分析它们可以得到短程激子交换能, 对于一个 GaAs/AlGaAs 窄量子阱 ($L_W \leqslant 5$nm) 来说, $\varDelta_0 \approx 150\mu$eV.

Blackwood 等使用的实验技术的精妙之处在于, 在非共振线偏振连续激光 (CW) 的激发下, 测量荧光圆偏振度随外加磁场 B_z(沿着生长方向) 的变化关系. 图 3.13 给出了不同阱宽的三个量子阱结构的圆偏振度 P 随着磁场 B_z 的变化关系[49]. $|P|$ 随着外加磁场有着一个单调的增加, 其符号依赖于磁场的方向, 上面还叠加了一个峰, 它随着量子阱宽度而改变.

这个峰来自于磁场诱导的激子能级交叉 (图 3.14). 因为是非共振激发 (在量子阱的连续态中产生了电子–空穴对), 激子的双分子形成过程将会以相同的概率占据重空穴激子的 4 个自旋态 ($|M\rangle = |+2\rangle, |+1\rangle, |-1\rangle, |-2\rangle$), 在连续光激发下, 这些态的相对占据数取决于复合过程和能级间声子辅助弛豫之间的平衡. 这样一来, 两个光学定则允许的能级上的占据数将趋于玻耳兹曼热平衡分布, 其热化程度依赖于能级间的弛豫速率. 如果这些速率的变化很光滑, 光学定则允许的能级上的占据数将随着外磁场稳定地增加. 然而, 当两个能级的能量相等的时候, 它们之间的跃迁速率会迅速增大, 因为此时不需要声子的参与就可以发生跃迁. 这样, 光学定则允许的能级上的占据数就会有差别, 所以, 得到的荧光圆偏振度也有差别.

由图 3.14 可见, 能级通常在两个磁场处发生交叉. 计算这些能级交叉的位置, 就可以估计出零场交换能 $\varDelta_0$. 根据文献 [1], 可以将描述 1s 激子与纵向磁场 B_z 之间相互作用的有效哈密顿量写为

$$\begin{aligned}H_{ex} &= H_{\mathrm{hh}}^{(\mathrm{SR})} + H_{B_{/\!/}} \\ &= 2\varDelta_0 S_{\mathrm{e}z} S_{\mathrm{h}z} + \varDelta_1 \left(S_{\mathrm{e}x} S_{\mathrm{h}y} + S_{\mathrm{e}y} S_{\mathrm{h}x}\right) + \varDelta_2 \left(S_{\mathrm{e}x} S_{\mathrm{h}x} + S_{\mathrm{e}y} S_{\mathrm{h}y}\right) \\ &\quad + \mu_{\mathrm{B}} B_z \left(g_{\mathrm{e}_{/\!/}} S_{\mathrm{e}z} + g_{\mathrm{h}_{/\!/}} S_{\mathrm{h}z}\right) \end{aligned} \tag{3.10}$$

其中, S_{e} 为电子自旋算符, 而 S_{h} 为代表两个重空穴态 $|\pm 3/2\rangle \equiv |\mp 1/2\rangle_{\mathrm{h}}$ 的有效自

旋算符. 参数 $g_{e_{/\!/}}$ 和 $g_{h_{/\!/}}$ 为电子和重空穴的有效 g 因子, 而 $\varDelta_i\,(i=0,1,2)$ 表示短程的电子–空穴交换相互作用, 它们都是量子阱宽度的函数[50,52] (见 3.1.1 节). 注意, 对于 C_{2v} 及更高的对称性, 表达式 (3.10) 都有效.

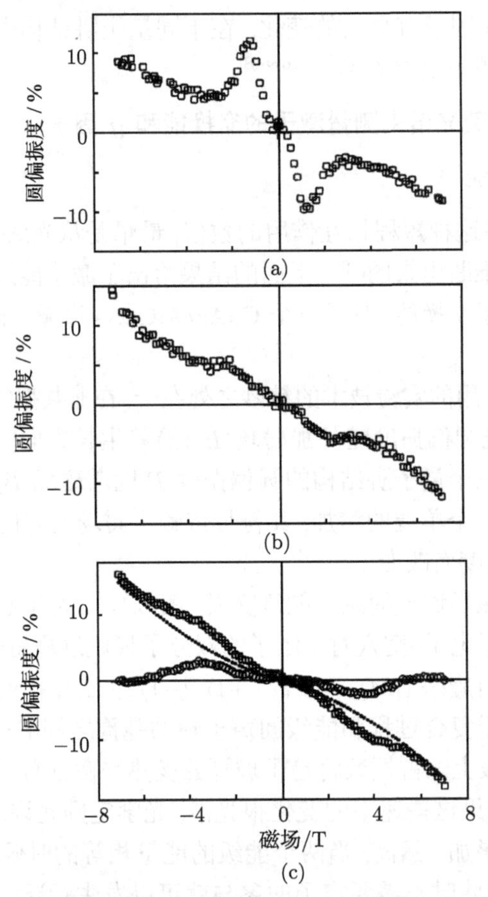

图 3.13　GaAs/AlGaAs 多量子阱样品的圆偏振连续光激发荧光谱, 阱宽分别为 (a) 2.5nm; (b) 5.6 nm; (c) 7.3 nm[49]

当磁场平行于 z 轴时, 四个重空穴激子态的能量是

$$\delta E_{\pm 1}=\frac{\varDelta_0}{2}\mp\frac{1}{2}\sqrt{\mu_{\rm B}^2 B_z^2\left(g_{h_{/\!/}}+g_{e_{/\!/}}\right)^2+\varDelta_1^2} \tag{3.11a}$$

$$\delta E_{\pm 2}=-\frac{\varDelta_0}{2}\mp\frac{1}{2}\sqrt{\mu_{\rm B}^2 B_z^2\left(g_{h_{/\!/}}-g_{e_{/\!/}}\right)^2+\varDelta_2^2} \tag{3.11b}$$

图 3.14 给出了理想的 D_{2d} 对称性且 $\varDelta_1\ll\varDelta_0$ 时的能级[49]. 交换能 ($\varDelta_0$) 的 z 分量使得光学活性态和非光学活性态之间产生了一个零场劈裂, 而 $\varDelta_1$ 和 $\varDelta_2$ 分量导致了额外的小的零场劈裂. D_{2d} 沿着生长方向 (z 轴) 有四重旋转–反射轴, 这使

得 $\Delta_1 = 0$, 因此 E_{+1} 和 E_{-1} 在零场下是简并的. 如果这个对称性破缺了, 那么就会出现一个零场劈裂 Δ_1 (见 3.5 节中关于Ⅱ类量子阱或第 4 章关于量子点的讨论).

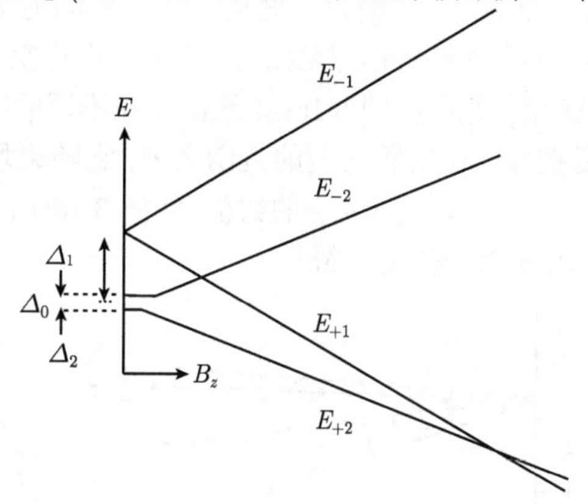

图 3.14 激子能级对纵向磁场 B_z 的依赖关系, $E_{\pm1}$ 和 $E_{\pm2}$ 分别对应于光学活性的 ±1 激子态和不具有光学活性的 ±2 激子态[49]

激子能级交叉处的两个磁场为

$$B_z^{(\mathrm{h})} \approx \frac{\Delta_0}{g_{\mathrm{h}/\!/}\mu_{\mathrm{B}}}, \quad B_z^{(\mathrm{e})} \approx \frac{\Delta_0}{g_{\mathrm{e}/\!/}\mu_{\mathrm{B}}} \tag{3.12}$$

电子和空穴 g 因子的测量表明[50,51], $|g_{\mathrm{e}/\!/}| > |g_{\mathrm{e}\perp}|$. 这样, 图 3.13 中观测到的峰就与 $B_z^{(\mathrm{h})}$ 有关 ($B_z^{(\mathrm{e})}$ 超出了测量范围). 因此, 图 3.13 中 $B_z^{(\mathrm{h})}$ 的测量就给出了图 3.15 中的激子交换能 Δ_0. 随着量子阱宽度的减小以及势垒的增高, 交换能迅速增大. 正如 3.1.1 节所预期的那样, 这些值与计算结果符合得很好, 电子–空穴重叠增强使得交换相互能要大于体材料数值 ($\approx (10 \pm 5)\mu\mathrm{eV}$)[49].

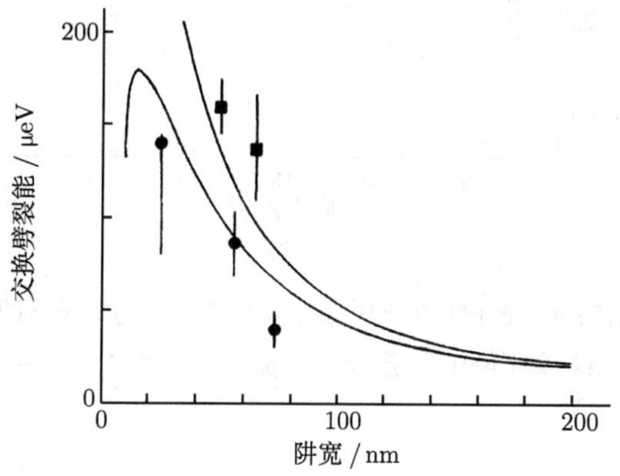

图 3.15 在 GaAs/AlGaAs(圆点) 和 GaAs/AlAs (方块) 量子阱中, 激子交换能 Δ_0 随阱宽的变化关系, 实线为计算值[49]

2. 激子的 g 因子

在中等强度的纵向磁场下 (这是为了避免上面提到的能级交叉), 根据连续光致荧光谱的塞曼劈裂, 可以确定 GaAs/AlGaAs 量子阱中重空穴激子的有效朗德 g 因子随量子阱宽度的变化关系[50]. 图 3.16(a) 给出了在不同阱宽样品中测量得到的直到 $B_z = 2\text{T}$ 的塞曼劈裂. 在实验误差的范围之内, 它随磁场的变化关系是线性的, 斜率给出了 $g_{\text{exc}_{/\!/}}(J=1) = g_{\text{e}_{/\!/}} + g_{\text{e}\perp}$ 的数值, 如图 3.16(b) 所示, 在 L_{W} 从 7nm 到 10nm 变化的过程中, g 因子改变了符号.

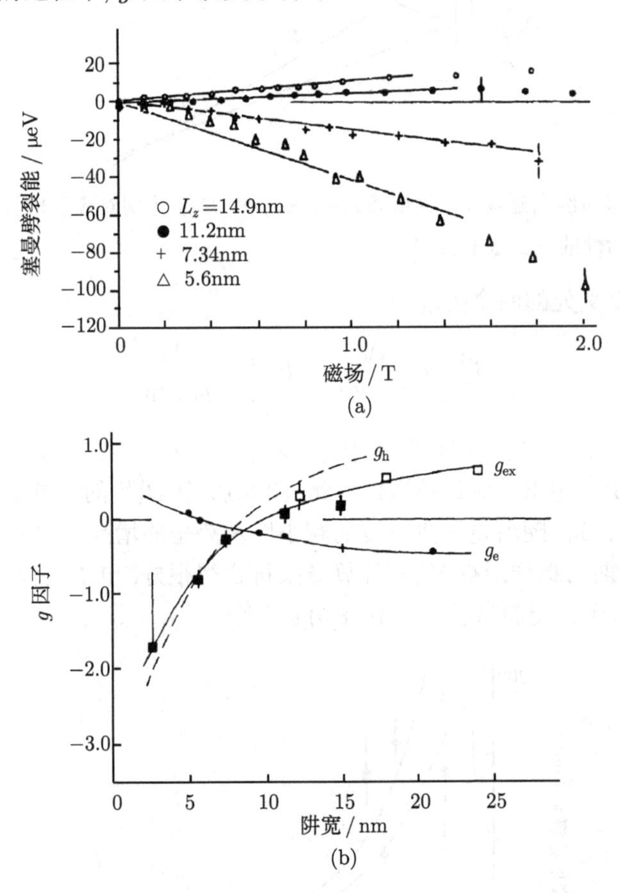

图 3.16 (a) GaAs/AlGaAs 量子阱中 XH 激子荧光谱线在弱磁场下的塞曼劈裂, 温度 $T = 1.8\text{K}$. (b) GaAs/AlGaAs 量子阱中电子 ($g_{\text{e}} \equiv g_{\text{e}_{/\!/}}$)、重空穴 ($g_{\text{h}} \equiv g_{\text{h}_{/\!/}}$) 和激子 [$g_{\text{exc}} \equiv g_{\text{exc}_{/\!/}}(J=1)$] 的 g 因子[50]

3.4.2 激子的自旋拍

由于超快激光和灵敏探测器的发展, 已经有可能在时间域中测量激子态与外磁场的相互作用[45~47,53,54]. 这样一来, 就可以非常精确地测量激子的 g 因子和激子交换能, 其原理如下：用一束光学短脉冲来激发能量非常接近的两个跃迁的时候 (谱线的宽度大于跃迁之间的劈裂), 它在媒质中诱导出来的两个极化就会以略微不同的频率振荡. 它们的相互影响表现为总极化的调制, 即所谓的量子拍[55]. 只要量子拍的周期小于其衰减时间, 就可以用比光谱更高的精度来确定能量劈裂.

1. 纵向磁场中的激子自旋拍

已经有不同的实验技术研究纵向磁场 (沿着量子阱生长方向, 法拉第构型) 中的自旋动力学, 包括时间分辨的泵浦–探测透射谱 [53]、时间分辨法拉第旋转[45,54,56] 和时间分辨荧光谱[46]. 在纵向磁场中, 具有光学活性的激子态是 $|+1\rangle$ 和 $|-1\rangle$ 态, 它们之间的能量劈裂为塞曼能 $\hbar\Omega_{/\!/} = g_{\text{exc}}\mu_{\text{B}}B_z$, 其中 $g_{\text{exc}} = g_{\text{e}/\!/} + g_{\text{e}/\!/}$. 与激子能量共振的线偏振激发光脉冲能够产生 $|+1\rangle$ 和 $|-1\rangle$ 的相干叠加态, 这样就可以在时域中观测量子拍. 在一个宽度为 2.75nm 的 GaAs/AlGaAs 多量子阱结构中, 不同纵向磁场下的 XH 激子瞬态双折射效应如图 3.17 所示[45]. 线偏振的泵浦脉冲与激子吸收共振, 而探测光的线偏振方向与泵浦光的偏振成 45° 的倾角. 在这个时间分辨克尔旋转实验中, 图 3.17 中泵浦诱导的瞬态双折射效应对应于被样品反射的探测光的被诱导出来的椭偏度.

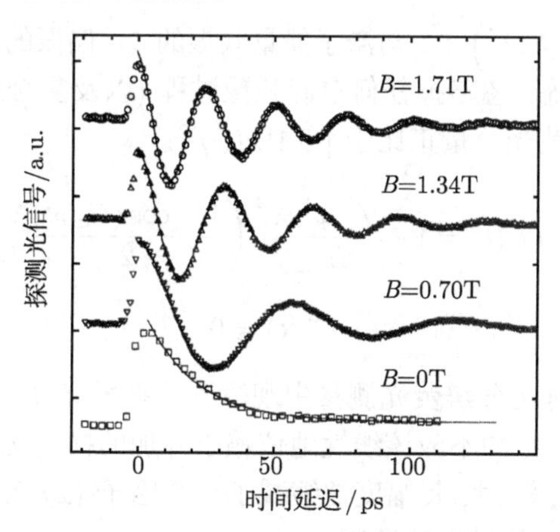

图 3.17 在 2.75nm 的 GaAs/AlGaAs 量子阱中, 在不同纵向磁场下, 在 XH 激子的瞬态双折射中观测到的量子拍, $T = 1.8\text{K}$[45]

在零场下有一个指数衰减, 它对应于激子线偏振的相干衰减, 弛豫时间 $T_{\text{s}2}^*$ 为 $1/T_{\text{s}2}^* = 1/T_{\text{s}2} + 1/\tau_{\text{rad}}$, 其中, $T_{\text{s}2}$ 为 3.3.4 节中给出的激子横向自旋弛豫时间, 而 τ_{rad} 为辐射寿命[5]. 随着磁场的增大, 图 3.17 中的量子拍对应于塞曼劈裂的能级 $(M = \pm 1)$ 之间的相干振荡, 其频率为 $\Omega_{/\!/} = g_{\text{exc}}\mu_{\text{B}}B_z/\hbar$. 对图 3.17 中的数据进行拟合, 可以给出塞曼劈裂, 从而得到多量子阱 (宽度为 $L_{\text{W}} = 2.75\text{nm}$) 中激子的 g

因子, $|g_{\text{exc}}| = 1.52 \pm 0.01$. 与图 3.16(b) 所示的光谱域中的测量相比, 这种测量要精确得多 [50].

2. 横向磁场下的自旋量子拍

重空穴激子在横向磁场 (位于量子阱平面内, $\boldsymbol{B}//x$) 中的自旋哈密顿量可以近似为[47]

$$H = \hbar\omega S_x - \frac{2\Delta_0}{3} J_z S_z \tag{3.13}$$

其中 $\hbar\omega = g_{\text{e},x}\mu_{\text{B}}B_x$, 而 Δ_0 为亮态 $|\pm1\rangle$ 和暗态 $|\pm2\rangle$ 之间的零场激子交换劈裂能 ($|+2\rangle$ 和 $|-2\rangle$ 态之间的劈裂要小得多, 与 Δ_1 一道被忽略了)[1,49]. 此时我们假设 $j_{\text{h},z} = \pm3/2$, 重空穴的 g 因子等于零 (n 型掺杂 GaAs 量子阱中的量子拍实验给出 $g_{\text{h},x} \approx 0.04$[57], 因此 $g_{\text{h},x} \ll g_{\text{e},x} \equiv g_{\text{e},y}$).

在横向磁场中, 激子准稳态 $|\psi_+\rangle$ 是光学活性态和非光学活性态 $E_\pm$ 的线性组合, 两个态之间的能量差为 $\hbar\Omega_{\text{exc}}$ [46,48,59]

$$|\psi_+\rangle \approx \hbar\omega\,|1\rangle + (\hbar\Omega_{\text{exc}} - \Delta_0)\,|2\rangle \tag{3.14}$$

$$|\psi_-\rangle \approx -(\hbar\Omega_{\text{exc}} - \Delta_0)\,|1\rangle + \hbar\omega\,|2\rangle \tag{3.15}$$

其中 $\hbar\Omega_{\text{exc}} = \left(\Delta_0^2 + (\hbar\omega)^2\right)^{1/2}$. 与激子能量共振的 σ^+ 偏振的脉冲激发将产生 $|\psi_+\rangle$ 和 $|\psi_-\rangle$ 的相干叠加态. 忽略掉任何自旋弛豫过程 (以及复合过程), 右圆偏振 (I^+) 和左圆偏振 (I^-) 的荧光分量正比于 $|\langle\pm1|\psi(t)\rangle|^2$：

$$I^+(t) = 1 - \left(\frac{\omega}{\Omega_{\text{exc}}}\right)^2 \left(\frac{1 - \cos(\Omega_{\text{exc}}t)}{2}\right) \tag{3.16}$$

$$I^-(t) = 0 \tag{3.17}$$

所以, 我们预期, 在时间分辨荧光测量中观察到偏振发光 $I^+(t)$ 的振荡, 其频率应当是 Ω_{exc}, 也就是说, 脉冲不应该线性地依赖于外加的横向磁场. 以频率 Ω_{exc} 调制的相同偏振的荧光强度 I^+, 其幅度被缩减了一个因子 $(\omega/\Omega_{\text{exc}})^2$, 在这种简单化的方法中, 相反偏振的分量没有被调制.

在窄的多量子阱样品中, 的确观察到这种类激子的自旋量子拍. 用 σ^+ 偏振的皮秒激光来激发宽度为 $L_{\text{W}} = 3\text{nm}$ 的多量子阱 GaAs/AlGaAs 样品, 偏振相同 (I^+) 和偏振相反 (I^-) 的分量的荧光强度如图 3.18(b) 所示. 只有在强磁场下, 才能观测到量子拍. 它们表现为：I^+ 分量有一个微弱的强度调制, 而 I^- 分量却没有[18,60]. 如果激发能量高于量子阱的带隙 ($E_1 - HH_1$), 那么所有的多量子阱样品在 I^+ 和 I^- 上都表现出量子拍, 其振荡频率正比于磁场, 见图 3.18(a)[61,62].

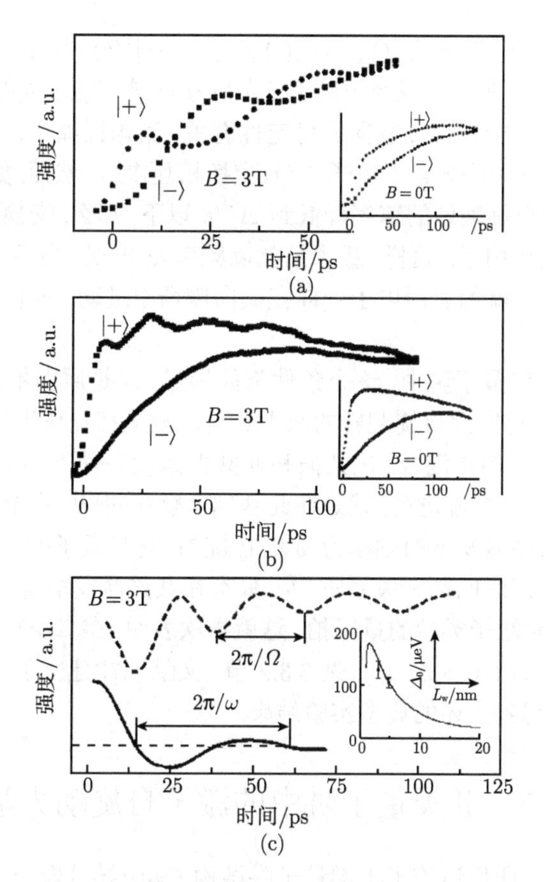

图 3.18 $L_W = 3$nm 的 GaAs 多量子阱在 σ^+ 激发后的荧光强度, $T = 1.7$K. (a) 非共振激发 ($E_1 - HH_1 < h\nu <$ XL, 其中 XL 为轻空穴激子能量), 磁场 B =3T (插图中 $B = 0$). (b) 激发能量与 XH 共振, 磁场 $B = 3$T (插图中 $B = 0$). (c) 荧光强度分量 I^+ 在共振激发下的振荡 (虚线), 偏振光荧光谱在非共振激发下 $E_1 - HH_1 < h\nu <$ XL 的振荡 (实线), 磁场均为 $B = 3$T. 为了清晰起见, 在 I^+ 分量中减去了单调变化的部分. 插图: 激子交换能 δ_0 随阱宽的变化关系: 实验结果 (带有误差棒的点) 以及理论 (实线)[46,49]

I^+ 和 I^- 上的振荡有一个 π 相位差. 这些振荡被指认为自由电子的拉莫尔进动, 其频率为 ω, 这样就精确测量了图 3.18(a) 中的 $g_{e,x} = 0.50 \pm 0.01$. 在图 3.18(c) 中可以清楚地看到, 当激光是共振激发的时候, 拍的周期与非共振情况有着显著不同. 这被指认为激子量子拍, 可以用它来测量激子的交换能 $\varDelta_0 = \hbar\left(\varOmega_{\rm exc}^2 - \omega^2\right)^{1/2}$; 在 $L_W = 3$nm 和 $L_W = 4.8$nm 的 GaAs/AlGaAs 多量子阱结构中, 分别得到 $\varDelta_0 = (130 \pm 15)\mu$eV 和 $\varDelta_0 = (105 \pm 10)\mu$eV[46].

现在就出现了一个问题: 在横向磁场中进行的大多数的实验中, 虽然记录的信号对应的是激子跃迁, 但是, 观察到的却是电子的量子拍 (频率为 $\omega = g_{e,\perp}\mu_B B/\hbar$),

而不是激子的量子拍 (频率为 $\Omega_{\text{exc}} = [(\Delta_0/\hbar)^2 + \omega^2]^{1/2}$), 这是为什么? Dyakonov 等[47] 解释了这个谜. 在电子或激子频率 (分别为 ω 或 Ω_{exc}) 处的激子荧光上观测到的量子拍与激子中空穴自旋取向的稳定性有关. 其论证如下：在激子中, 电子自旋和空穴自旋之间的关联来自于电子–空穴交换相互作用. 然而, 如果这种关联不足以使得单粒子空穴自旋翻转的速率降低到 $\Delta_0/\hbar$ 以下, 那么, 交换相互作用劈裂 Δ_0 在量子拍里就不起作用了. 这样, 量子拍就以频率 ω 出现. 最后, 只要 $\tau_{\text{h}} \ll \hbar/\Delta_0$, 束缚到激子里的电子就像自由电子一样在横向磁场中进动, 其中, τ_{h} 为单粒子空穴自旋翻转时间.

在宽量子阱和窄量子阱中, 这个条件都能满足, 但是原因不同. 在宽量子阱中 (类似于体材料), 这种空穴自旋翻转的原因是自旋轨道相互作用以及很小的交换相互作用引起的价带中的态混合. 在共振和非共振激发条件下, Heberle 等报道的在 25nm 量子阱中的电子自旋进动, 就是在此基础上解释的[61]. 在窄量子阱中, 空穴自旋翻转产生了非共振激发下的频率为 ω 的自旋拍, 它与激子的形成–分解过程以及被激发系统的长冷却时间都有关系[22,23]. 只有在共振激发窄量子阱 ($L_{\text{W}} < 10\text{nm}$) 的时候, 才能观测到激子类型的量子拍. 这就再次表明, 在二维冷激子中, 空穴的自旋取向是相当稳定的 ($\tau_{\text{h}} > \hbar/\Delta_0$), 见 3.3.2 节. 文献 [47] 建立了一种基于密度矩阵方法的模型, 能够得到上述的典型实验结果.

3.5 II类量子阱中的激子自旋动力学

在前面几节中, 我们讨论了 I 类量子阱结构 (其中导带电子和价带空穴被限制在同一种材料中, 位于空间中的同一个区域里) 中激子的自旋性质. 在 GaAs/AlGaAs 量子阱中, 依赖于阱宽和铝的百分比, 有两种可能的最低能量跃迁. 当铝含量低的时候, 量子阱中的导带限制态具有最低的能量 (I 类量子阱). 当铝含量大而阱宽窄的时候, 量子阱中最低的导带限制态的能量要高于势垒中最低的 X 限制态[63]. 因为空穴仍然限制在 GaAs 量子阱中, 因此复合就发生在量子阱中的空穴和势垒中的电子之间 (II 类量子阱). 这就是激子荧光寿命长达几个微秒的原因[9].

人们用稳态和时间分辨的光学取向实验广泛地研究过这些II类量子阱系统中的自旋动力学[1,52,58,59,64]. 因为电子和空穴波函数之间的重叠很小, 电子和空穴之间的交换相互作用引起的自旋弛豫机制起不到 I 类量子阱中那样显著的作用 (见 3.1.2 节和 3.3.4 节). 然而在量子阱界面处, 载流子波函数的强局域化将会有以下特点：① 显著地改变激子的精细结构; ② 相比于 I 类量子阱, 具有非常长的电子自旋弛豫时间 (等于几十纳秒)[65]. 已经证明, 这种系统的对称性由 D_{2d} 缩减至 C_{2v}, 而且具有光学活性的两个激子本征态是线偏振的, 它们的能量差为几个微电子伏, 沿着 $X' \equiv [1,1,0]$ 和 $Y' \equiv [1,-1,0]$ 晶向[52,58,64]. II类 GaAs 超晶格中的这种对称性降低, 开始被认为来自于随机的局部形变, 因为在 As 平面的界面的每一侧具有不同性质的化学键 (Al-As) 或 (Ga-As), 它们混合了重空穴态和轻空穴态[58]. 后来证明, 这种劈裂来自于本征的效应, 它被称为各向异性的交换劈裂, 界面的低对称性 (C_{2v}) 导致了界面处重空穴态和轻空穴态的混合.

因为 X' 和 Y' 激子子能级的劈裂 (远小于 $k_{\mathrm{B}}T$) 远小于激光的谱宽, 在 $t=0$ 时, 一束沿着 $[1,0,0]$ 轴偏振 (与激子的本征态取向成 45°) 的短脉冲相干地激发了这两个子能级[64]. 因此, 在垂直于或平行于激发光偏振的方向上测量的时间分辨荧光谱信号振荡地衰减, 其周期 T' 反比于两个子能级之间的劈裂 $\varDelta_1(T'=\hbar/\varDelta_1$, 见 3.1.1 节). 在一个 2.2/1.5nm 的Ⅱ类 GaAs/AlAs 超晶格中, 荧光线偏振随时间的变化关系如图 3.19 所示[58]. 周期 T' 约为 640ps, 对应的能量劈裂约为 6.3μeV. 横向磁场会导致复杂的振荡, 具有几种频率, 因为除了外磁场引起的 $|+1\rangle$ 和 $|+2\rangle$ 与 $|-1\rangle$ 和 $|-2\rangle$ 激子态之间的耦合之外, 各向异性的交换作用还耦合了 $|+1\rangle$ 态和 $|-1\rangle$ 态[59].

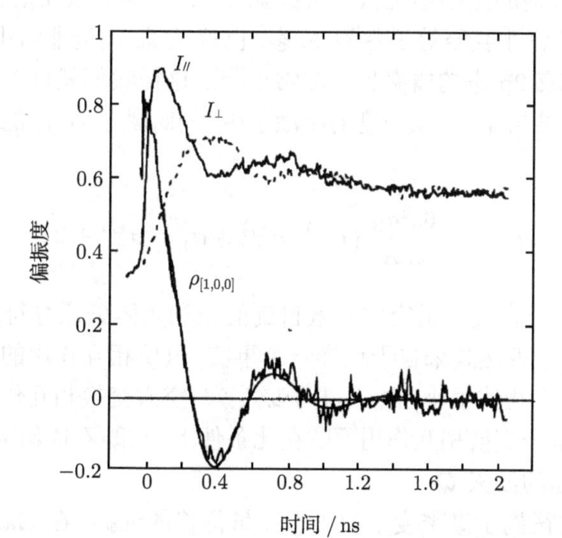

图 3.19 Ⅱ类 GaAs/AlAs 2.2/1.15nm 超晶格, $T=4.2$K. 光荧光谱的线偏振度 $\rho_{[1,0,0]}$ 随时间的变化关系. 皮秒激光脉冲的线偏振沿着 $[1,0,0]$ 轴方向. 强度 $I_{/\!/}$ 和 $I_{\perp}$ 分别为测量得到的偏振平行和垂直于激发方向的强度[58]

3.6 高密度激子系统中的自旋动力学

当激子密度与临界密度 $n_{\mathrm{c}}=\left(32\pi a_{\mathrm{B}}^2\right)^{-1}$ 相比不可忽视的时候, 激子之间的相互作用会显著地改变我们迄今为止所使用的单激子图像①. 上面提到的临界密度

① 注意, 二维玻尔半径只是三维玻尔半径的 1/4.

n_c 对应于激子束缚能为零的密度, 其原因在于相空间填充和库仑相互作用的屏蔽. 如果激子的面密度 n_{ex} 接近于 $n_c(n_{ex} \leqslant n_c)$, 那么, 必须用一个复杂的自能项来修正激子能量 E_K, 其实部对应于能量的变化, 而虚部对应于相互之间的库仑相互作用引起的单激子态的展宽[66]. 文献 [72], [76] 用实验验证了二维结构中这两个互补的关系, 也就是用椭偏极化激子的占据数表明在高激子密度情况下, 激子的能量变化依赖于自旋, 激子–激子碰撞也依赖于自旋.

在椭偏光激发的情况下, 激子被产生在椭圆偏振态:

$$|E_\theta\rangle = \sin(\theta + \pi/4)\,|{+1}\rangle + \cos(\theta + \pi/4)\,|{-1}\rangle \tag{3.18}$$

线性激子为 $|X\rangle = |E_0\rangle$ 和 $\mathrm{i}\,|Y\rangle = |E_{\pi/2}\rangle$. 分别由 σ^+ 光或 σ^- 光激发的激子 $|{+1}\rangle = |E_{\pi/4}\rangle$ 和 $|{-1}\rangle = |E_{-\pi/4}\rangle$ 被称为圆激子. $|E_\theta\rangle$ 的圆偏振度就是 $P_c(\theta) = \sin(2\theta)$, 而线偏振度为 $P_{lin}(\theta) = \cos(2\theta)$.

这里我们感兴趣的是描述在低温下共振 (或准共振) 激发重空穴激子的情况. 它可以产生波矢非常小甚至等于零的 1s 态, 也就是说, 动能非常小, 散射到接近于量子阱带隙的 2s 或 2p 态的概率也就非常小[74]. 这样我们就可以只讨论重空穴激子的子空间. 最终结果是, 在低密度的冷激子中, 一对激子 (i,j) 的相互作用哈密顿量可以近似为[4]

$$H_{exch}^{ij} \approx \frac{6e^2 a_B}{\varepsilon_0 A}\left(\boldsymbol{\sigma}_e^{(i)} \cdot \boldsymbol{\sigma}_e^{(j)} + \boldsymbol{\sigma}_h^{(i)} \cdot \boldsymbol{\sigma}_h^{(j)} + 2\right) \tag{3.19}$$

其中 $\boldsymbol{\sigma}_{e(h)}^{(i)}$ 代表电子自旋和重空穴有效自旋的泡利矩阵矢量算符, 而 A 为量子阱的量子化面积. 这个表达式来自于这样一个事实, 只要相互作用的激子的初始波矢 $\boldsymbol{K}$ 和 $\boldsymbol{K}'$ 与 $(a_B)^{-1}$ 相比很小, 电子–电子或空穴–空穴交换相互作用就要强于直接库仑相互作用和激子交换相互作用[77]. 在此条件下, 它既不依赖于 $\boldsymbol{K}$ 和 $\boldsymbol{K}'$, 也不依赖于碰撞中传递的波矢 $\boldsymbol{Q}$.

Hulin 等首次得到了高密度下激子态能量位移的证据, 在 GaAs/AlGaAs 多量子阱结构中进行的线偏振泵浦光激发的飞秒泵浦–探测测量里, 他们观测到激子吸收线的瞬时蓝移[67,68]. 后者被证明与激子的约化维度有关, 在厚度为 5nm 的 GaAs 量子阱中, 它非常明显, 但是在更宽一些的量子阱中, 它很快就消失了. 作者们用二维系统中长程多体相互作用的大幅度减弱来解释这一效应, 符合 Schmitt-Rink 等的理论[69].

在三维系统中, 即使在高密度的情况下, 激子的绝对能量也保持不变[70]. 这种能量不变性被归因为两种多体相互作用, 它们作用相反、彼此几乎完全抵消：一种是粒子间的吸引作用, 对于 $T \approx 0$ 的束缚电子–空穴对, 它类似于范德瓦耳斯力, 另一种排斥力来自于泡利不相容原理, 它作用在构成激子的费米子 (电子和空穴) 上.

Schmitt-Rink 等认为, 在二维系统中, 长程吸引分量被显著地减弱, 所以短程排斥部分就不平衡了.

在时间分辨偏振荧光实验中, 利用圆偏振激发证明了这种蓝移依赖于自旋, 而且在高密度的圆偏振激子气体中, 与激发光偏振相同的谱线和偏振相反的谱线之间存在着劈裂, 前者是蓝移, 而后者是红移[19,30,71]. 在共振激发下, 一个高质量 GaAs/AlGaAs 多量子阱结构的实验结果如图 3.20 所示, 样品的 Stokes 位移小于 0.1meV, 当温度 $T \approx 1.7\text{K}$ 时, 圆偏振荧光谱线的宽度为 $\Gamma \approx 0.9\text{meV}$. 双色时间分辨上转换光致荧光谱被用来进行这种实验验证. 激发的激光脉冲宽度为 $\delta t \approx 1.5\text{ps}$, 所以只激发了 1s 态的重空穴激子[72]. 在用 σ^+ 圆偏振光共振激发 XH 激子 ($P_{\text{E}} \approx 1$, $h\nu_{\text{E}} = \text{XH}$) 后, 高偏振度的发光 ($P_{\text{L}} \approx 0.9$) 表明, 在偏振相同的发光谱线 I^+ 和偏振相反的发光谱线 I^- 之间, 存在着能量劈裂.

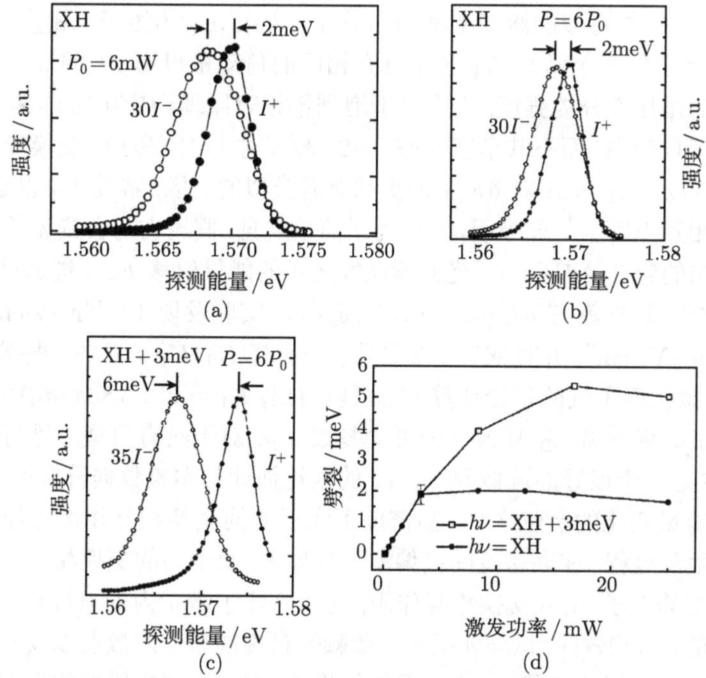

图 3.20 在圆偏振激发下 ($P_{\text{E}} \approx 1$), 与激发光偏振相同 (I^+) 和偏振相反 (I^-) 的激子荧光谱分量, 时间延迟为 $t = 4\text{ps}$. (a) 激发能量设置为 $h\nu_{\text{E}} = \text{XH}$, 平均激发功率 P 为 $P_0 = 6\text{mW}$; (b) $h\nu = \text{XH}$, $P = 6P_0$; (c) $h\nu = \text{XH} + 3\text{meV}$, $P = 6P_0$; (d) 荧光分量 I^+ 和 I^- 之间的劈裂能随 P 的变化关系: (圆点) $h\nu = XH$, (方块) $h\nu = \text{XH} + 3\text{meV}$[72]

此外, I^+ 发光谱线有着强烈的蓝移, 而 I^- 有微弱的红移. 增大激发光功率, 能量位置先是线性地变化. 在 $P_{\text{sat}} \approx 3\text{mW}$ 时出现饱和, 此时, I^+ 谱线的能量大于 XH

能量与激光线宽 ($\delta E \approx 2\text{meV}$) 之和. 这样, 吸收就减弱了, 因为激光能量和重正化的 XH 激子能量不匹配了. 这种情况所对应的激子密度估计为 $n_{\text{sat}} \approx 2\times10^{10}\text{cm}^{-2}$. 劈裂值是 $\delta E_{+1} \approx 1.9\text{meV}$. 当 $P > P_{\text{sat}}$ 的时候, 激子密度会出现自调节效应. 当激子能量增大到 $\text{XH} + 3\text{meV}$, 饱和效应出现在更高的激发功率上. 蓝移就是 1s 激子束缚能 (估计为 $E_{\text{B}} \approx 8\text{meV}$) 的相当大的一部分. 饱和的激子密度低于临界密度, 估计为 $3 \times 10^{11}\text{cm}^{-2}$.

根据文献 [71], 在线性密度区 ($n_{\text{ex}} \ll n_{\text{c}}$ 且 $n_{\text{ex}} \ll n_{\text{sat}}$), 可以唯象地描述冷激子气体的谱线位置:

$$\delta E_{\pm1} = K_1 n_{\pm1} + \frac{1}{2} K_1 \left(n_{+2} + n_{-2}\right) - K_2 n_{\text{ex}} \tag{3.20a}$$

$$\Delta E = E_{+1} - E_{-1} = K_1 \left(n_{+1} + n_{-1}\right) \tag{3.20b}$$

其中, n_M 为 $|M\rangle$ 态对应的激子密度 ($n_M = N_M/A$), n_{ex} 为激子总密度, 而 K_1 和 K_2 为正的常数. 第一个常数 K_1 表示具有相同的角动量投影 M 的 $J = 1$ 激子间的相互作用的排斥部分的强度, 它来自于泡利不相容原理. 因为 $|\pm1\rangle$ 激子与 $|-2\rangle$ 激子共享电子自旋态, 而不共享空穴态, $|-2\rangle$ 激子对 $|+1\rangle$ 激子的交换能量位移的贡献就是 $(K_1/2)\, n_{-2}$. n_{+2} 对 δE_{+1} 的贡献有着类似的原因. 常数 K_2 也是正的, 它表示激子间相互作用中的弱吸引部分, 为了简单起见, 假设它与自旋无关[69,73].

根据初始的劈裂 ΔE 和 σ^+ 光共振激发之后的能量位移 E_{-1}, 能够确定 K_1 和 K_2 的实验数值, 这样就有 $n_M(0) = n_{\text{ex}}(0)\, \delta_{M,+1}$. 实验发现 $10^{-10}\text{meV}\cdot\text{cm}^2 \leqslant K_1 \leqslant 1.6 \times 10^{-10}\text{me} \cdot \text{V} \cdot \text{cm}^2$, 并且依赖于量子阱, 一般有 $K_2/K_1 \approx 0.15$. 根据 Schmitt-Rink 等对非激化激子气的理论计算[69], 可以得出, $K_1 \approx 2 \times 3.86\pi \left(a_{\text{B}}\right)^2 E_{\text{B}} \approx 4 \times 6.06 e^2/(2\varepsilon_0 a_{\text{B}})$. 现在将 a_{B} 视为一个可变参数 a_{eff}, 对于具有典型二维特性的窄量子阱来说, 这是一个很好的近似[74]①, K_1 的理论估计与实验数据符合得很好.

除了对能量变化的贡献之外, 高密度下激子间的交换相互作用还导致了特殊的激子自旋弛豫过程. 在高密度的椭偏激子气体中, 激子间的交换相互作用要大于单个激子内部的电子–空穴交换相互作用, 这就破坏了激子内的自旋相干性. 文献 [73], [76] 研究了这些效应. 这样就揭示了依赖于自旋的激子间散射以及交换作用辅助的暗态和亮态之间的转移. 一个重要的结果是, 在一个严格椭偏的高密度激子系统中, 激子的圆偏振度和线偏振度都衰减得很快, 然而对于一个严格圆偏振的激子系统, 只要它低于临界密度, 圆偏振度的衰减就不依赖于激子的密度.

我们把半导体微腔中自旋动力学的研究进展作为这一节的小结. 在半导体微腔中, 激子和微腔中电磁场发生强烈的耦合, 产生的准粒子被称为二维激子极化激元, 它类似于 Hopfield 三维极化激元[78]. 由于激子极化激元存在光子分量, 因此激

① 二维情形和三维情形之间的正确的插值关系为 $E_{\text{B}} a_{\text{eff}} = \text{e}^2/(2\varepsilon_0)$.

子极化激元具有比裸激子更为显著的玻色子特点. 在文献 [79]~[84] 中, 可以找到二维激子极化激元的自旋动力学的特殊性质, 它们依赖于交换相互作用引起的与自旋有关的散射. 例如, 依赖于自旋的蓝移或从 $|X\rangle$ 到 $|Y\rangle$ 线偏振态的参数转化. 最近, 在这样的微腔中, 观测到了光学的自旋霍尔效应[85].

参考文献

[1] E.L. Ivchenko, G.E. Pikus, *Superlattices and Other Heterostructures.* Springer Series in Solid States Sciences, vol. 110 (Springer, Berlin, 1997)

[2] L.C. Andreani, Optical transitions, excitons, and polaritons in bulk and low-dimensional semiconductor structures, in *Confined Electrons and Photons*, ed. by E. Burstein, C. Weisbuch (Plenum Press, New York, 1995)

[3] F. Meier, B.P. Zakharchenya (eds.), *Optical Orientation* (North-Holland, Amsterdam, 1984)

[4] T. Amand, X. Marie, cond-mat/0711.2030

[5] M.Z. Maille, E.A. de Andrada e Silva, L.J. Sham, Phys. Rev. B **47**, 15776 (1993)

[6] G.F. Koster, J.O. Dimmock, R.G. Wheeler, H. Statz, *Properties of the Thirty-two Point Groups* (MIT, Cambridge, 1963)

[7] C. Weisbuch, R.G. Ulbrich, Resonant light scattering mediated by excitonic polaritons, in *Semiconductors*, ed. by M. Cardona, G. Güntherrodt. Light Scattering in Solids, vol. III (Springer, Berlin, 1982)

[8] H.S. Chao, K.S. Wong, R.R. Alfano, H. Unlu, H. Morkoc, *Ultrafast Laser Probe Phenomena in Bulk and Microstructure. II.* SPIE, vol. 942 (1988), p. 215

[9] W.A.J.A. van der Poel, A.L.G.J. Severens, H.W. van Kesteren, C.T. Foxon, Superlattices Microstruct. **5**, 115 (1989)

[10] T.C. Damen, K. Leo, J. Shah, J.E. Cunningham, Appl. Phys. Lett. **58**, 1902 (1991)

[11] M.R. Freeman, D.D. Awschalom, J.M. Hong, Appl. Phys. Lett. **57**, 704 (1990)

[12] A. Tackeuchi, S. Muto, T. Inata, T. Fuji, Appl. Phys. Lett. **56**, 2213 (1990)

[13] K. Zerrouati, F. Fabre, G. Bacquet, J. Bandet, J. Frandon, G. Lampel, D. Paget, Phys. Rev. B **37**, 1334 (1988)

[14] B. Dareys, T. Amand, X. Marie, B. Baylac, J. Barrau, M. Brousseau, I. Razdobreev, D.J. Dunstan, J. Phys. IV, C5 **3**, 351 (1993)

[15] A. Vinattieri, J. Shah, T.C. Damen, D.S. Kim, L.N. Pfeiffer, M.Z. Maialle, L.J. Sham, Phys. Rev. B **50**, 10868 (1994)

[16] J. Barrau, G. Bacquet, F. Hassen, N. Lauret, T. Amand, M. Brousseau, Superlattices Microstruct. **14**, 27 (1993)

[17] S. Pfalz, R.Winkler, T. Nowitzki, D. Reuter, A.D.Wieck, D. Hägele, M. Oestreich, Phys. Rev. B **71**, 165305 (2005)

[18] M. Oestreich, D. Hägele, J. Hubner, W.W. Rühle, Phys. Stat. Sol. (a) **178**, 1 (2000)
[19] B. Dareys, X. Marie, T. Amand, J. Barrau, Y. Shekun, I. Razdobreev, R. Planel, Superlattices Microstruct. **13**, 353 (1993)
[20] E.A. de Andrada e Silva, G.C. La Rocca, Phys. Rev. B **56**, 9259 (1997)
[21] T. Amand, B. Dareys, B. Baylac, X. Marie, J. Barrau, M. Brousseau, D.J. Dunstan, R. Planel, Phys. Rev. B **50**, 11624 (1994)
[22] J. Szczytko, L. Kappei, J. Berney, F. Morier-Genoud, M.T. Portella-Oberli, B. Deveaud, Phys. Rev. Lett. **93**, 137401 (2004)
[23] D. Robart, X. Marie, B. Baylac, T. Amand, M. Brousseau, G. Baquet, G. Debart, R. Planel, J.M. Gérard, Solid State Commun. **95**, 287 (1995)
[24] K. Siantidis, V.M. Axt, T. Kuhn, Phys. Rev. B **65**, 35303 (2001)
[25] C. Piermarocchi, F. Tasone, V. Savona, A. Quattropani, P. Schwendimann, Phys. Rev. B **55**, 1333 (1997)
[26] P. Le Jeune, X. Marie, T. Amand, E. Vanelle, J. Barrau, M. Brousseau, R. Planel, *Proceedings of ICPS 24* (World Scientific, Singapore, 1998)
[27] G. Bastard, R. Ferreira, Surf. Sci. **267**, 335 (1992)
[28] T. Uenoyama, L.J. Sham, Phys. Rev. B **42**, 7114 (1990)
[29] Ph. Roussignol, R. Ferreira, C. Delalande, G. Bastard, A. Vinattieri, J. Martinez-Pastor, L. Carraresi, M. Colocci, J.F. Palmier, B. Etienne, Surf. Sci. **305**, 263 (1995)
[30] T.C. Damen, L. Vina, J.E. Cunningham, J. Shah, L.J. Sham, Phys. Rev. Lett. **67**, 3432 (1991)
[31] B. Baylac, X. Marie, T. Amand, M. Brousseau, J. Barrau, Y. Shekun, Surf. Sci. **326**, 161 (1995)
[32] D.W. Snoke, W.W. Rühle, K. Köhler, K. Ploog, Phys. Rev. B **55**, 13789 (1997)
[33] M.I. Dyakonov, V.I. Perel, Sov. Phys. Solid State **13**, 3023 (1972)
[34] M.I. Dyakonov, V.Yu. Kachorovskii, Sov. Phys. Semicond. **20**, 110 (1986)
[35] X. Marie, P. Le Jeune, T. Amand, M. Brousseau, J. Barrau, M. Paillard, Phys. Rev. Lett. **78**, 3222 (1997)
[36] B. Deveaud, F. Clérot, N. Roy, K. Satzke, B. Sermage, D.S. Katzer, Phys. Rev. Lett. **67**, 2355 (1991)
[37] T. Ostatnicky, O. Crégut, M. Gallart, P. Gilliot, B. Hönerlage, J.-P. Likformann, Phys. Rev. B **75**, 165311 (2007)
[38] H. Rahimpour Soleimani, S. Cronenberger, M. Gallard, P. Gilliot, J. Cibert, O. Crégut, B. Hönerlage, J.P. Likforman, Appl. Phys. Lett. **87**, 192104 (2005)
[39] E. Vanelle, M. Paillard, X.Marie, T. Amand, P. Gilliot, D. Brinkmann, R. Levy, J. Cibert, S. Tatarenko, Phys. Rev. B **62**, 2696 (2000)
[40] K. Kheng, R.T. Cox, Y. Merle d'Aubigné, F. Bassani, K. Saminadayar, S. Tatarenko, Phys. Rev. Lett. **71**, 1752 (1993)

[41] Z. Chen, R. Bratschitsch, S.G. Carter, S.T. Cundiff, D.R. Yakovlev, G. Karczewski, T. Wojtowicz, J. Kossut, Phys. Rev. B **75**, 115320 (2007)

[42] R.I. Dzhioev, V.L. Korenev, M.V. Lazarev, V.F. Sapega, D. Gammon, A.S. Bracker, Phys. Rev. B **75**, 33317 (2007)

[43] E. Tsitsishvili, R. von Baltz, H. Kalt, Phys. Rev. B **71**, 155320 (2005)

[44] R.T. Harley, M.J. Snelling, Phys. Rev. B **53**, 9561 (1996)

[45] R.E. Worsley, N.J. Traynor, T. Grevatt, R.T. Harley, Phys. Rev. Lett. **76**, 3224 (1996)

[46] T. Amand, X. Marie, P. Le Jeune, M. Brousseau, D. Robart, J. Barrau, R. Planel, Phys. Rev. Lett. **78**, 1355 (1997)

[47] M. Dyakonov, X. Marie, T. Amand, P. Le Jeune, D. Robart, M. Brousseau, J. Barrau, Phys. Rev. B **56**, 10412 (1997)

[48] J. Puls, F. Henneberger, Phys. Stat. Sol. (a) **164**, 499 (1997)

[49] E. Blackwood, M.J. Snelling, R.T. Harley, S.R. Andrews, C.T.B. Foxon, Phys. Rev. B **50**, 14246 (1994)

[50] M.J. Snelling, E. Blackwood, C.J. McDonagh, R.T. Harley, Phys. Rev. B **45**, 3922 (1992)

[51] M.J. Snelling, G.P. Flinn, A.S. Plaut, R.T. Harley, A.C. Tropper, R. Eccleston, C.C. Phillips, Phys. Rev. B **44**, 11345 (1991)

[52] H.W. van Kesteren, E.C. Cosman, W.A.J.A. van der Poel, C.T. Foxon, Phys. Rev. B **41**, 5283 (1990)

[53] S. Bar-Ad, I. Bar-Joseph, Phys. Rev. Lett. **66**, 2491 (1991)

[54] D.D. Awschalom, D. Loss, N. Samarth, *Semiconductor Spintronics and Quantum Computation, NanoScience and Technology* (Springer, Berlin, 2002)

[55] S. Haroche, in *Topics in Applied Physics*, vol. 13, ed. by K. Shimoda (Springer, Berlin, 1976), p. 253

[56] J. Baumberg, S.A. Crooker, D.D. Awschalom, N. Samarth, H. Luo, J.K. Furdyna, Phys. Rev. Lett. **72**, 712 (1994)

[57] X. Marie, T. Amand, P. Le Jeune, M. Paillard, P. Renucci, L.E. Golub, V.M. Dymnikov, E.L. Ivchenko, Phys. Rev. B **60**, 5811 (1999)

[58] C. Gourdon, P. Lavallard, Phys. Rev. B **46**, 4644 (1992)

[59] I.V. Mashkov, C. Gourdon, P. Lavallard, D.Y. Roditchev, Phys. Rev. B **55**, 13761 (1997)

[60] Ya. Gerlovin, Yu.K. Dolgikh, S.A. Eliseev, V.V. Ovsyankin, Yu.P. Efimov, V.V. Petrov, I.V. Ignatiev, I.E. Kozin, Y. Masumoto, Phys. Rev. B **65**, 35317 (2001)

[61] A.P. Heberle, W.W. Rühle, K. Ploog, Phys. Rev. Lett. **72**, 3887 (1994)

[62] R.M. Hannak, M. Oestreich, A.P. Heberle,W.W. Rühle, K. Köhler, Solid State Commun. **93**, 313 (1995)

[63] P. Dawson, B.A. Wilson, C.W. Tu, R.C. Miller, Appl. Phys. Lett. **48**, 541 (1986)

[64] W.A.J.A. van der Poel, A.L.G.J. Severens, Opt. Commun. **76**, 116 (1990)

[65] E.A. de Andrada e Silva, G.C. La Rocca, Physica E **2**, 839 (1998)

[66] G.D. Mahan, *Many Particle Physics* (Plenum, New York, 1981)

[67] N. Peyghambarian, H.M. Gibbs, J.L. Jewell, A. Antonetti, A. Migus, D. Hulin, A. Mysyrowicz, Phys. Rev. Lett. **53**, 2433 (1984)

[68] D. Hulin, A. Mysyrowicz, A. Antonetti, A. Migus, W.T. Masselink, H. Morkoc, H.M. Gibbs, N. Peyghambarian, Phys. Rev. B **33**, 4389 (1986)

[69] S. Schmitt-Rink, D.S. Chemla, D.A.B. Miller, Phys. Rev. B **32**, 6601 (1985)

[70] H. Haug, S. Schmitt-Rink, Prog. Quantum Electron. **9**, 3 (1984)

[71] T. Amand, X. Marie, B. Baylac, B. Dareys, J. Barrau, M. Brousseau, R. Planel, D.J. Dunstan, Phys. Lett. A **193**, 105 (1994)

[72] P. Le Jeune, X. Marie, T. Amand, F. Romstad, F. Perez, J. Barrau, M. Brousseau, Phys. Rev. B **58**, 4853 (1998)

[73] J. Fernandez-Rossier, C. Tejedor, L. Muoz, L. Via, Phys. Rev. B **54**, 11582 (1996)

[74] G. Bastard, *Wave Mechanics Applied to Semiconductor Heterostructures.* Les Éditions de Physique, Paris (1989)

[75] C. Ciuti, P. Swendimann, B. Deveaud, A. Quattropani, Phys. Rev. B **62**, R4825 (2000)

[76] T. Amand, D. Robart, X. Marie, M. Brousseau, P. Le Jeune, J. Barrau, Phys. Rev. B **55**, 9880 (1997)

[77] C. Ciuti, V. Savona, C. Piermarocchi, A. Quattropani, P. Swendimann, Phys. Rev. B **58**, 7926 (1998)

[78] J.J. Hopfield, Phys. Rev. **112**, 1555 (1955)

[79] X. Marie, P. Renucci, S. Dubourg, T. Amand, P. Le Jeune, J. Barrau, J. Bloch, R. Planel, Phys. Rev. B **59**, R2494 (1999). Rapid. Com

[80] I. Shelykh, G. Malpuech, K.V. Kavokin, A.V. Kavokin, P. Bigenwald, Phys. Rev. B **70**, 115301 (2004)

[81] A. Kavokin, P.G. Lagoudakis, G. Malpuech, J.J. Baumberg, Phys. Rev. B **67**, 195321 (2003)

[82] P. Renucci, T. Amand, X. Marie, P. Senellart, J. Bloch, B. Sermage, K.V. Kavokin, Phys. Rev. B **72**, 075317 (2005)

[83] D.N. Krizhanovskii, D. Sanvitto, I.A. Shelykh, M.M. Glazov, G. Malpuech, D.D. Solnyshkov, A. Kavokin, S. Ceccarelli, M.S. Skolnick, J.S. Roberts, Phys. Rev. B **73**, 073303 (2006)

[84] D.D. Solnyshkov, I.A. Shelykh, M.M. Glazov, G. Malpuech, T. Amand, P. Renucci, X. Marie, A.V. Kavokin, *Physique et Technique des Semiconductors*, vol. 41 (Springer, Berlin, 2007), p. 1099

[85] C. Leyder, M. Romanelli, J.Ph. Karr, E. Giacobino, T.C.H. Liew, M.M. Glazov, A.V. Kavokin, G. Malpuech, A. Bramati, Nat. Phys. Lett. **3**, 628 (2007)

第4章　半导体量子点中的激子自旋动力学

X. Marie, B. Urbaszek, O. Krebs, T. Amand

4.1　导　　论

半导体量子点是纳米尺寸的物体, 它通常包含几千个半导体化合物的原子, 其中的载流子在 3 个空间方向上都受到限制. 我们可以用许多方法来制备半导体量子点, 包括胶体化学[1,2]、分子束外延和金属有机化学气相沉积等. 可以在窄量子阱的界面台阶处形成量子点[3,4], 也可以利用分子束外延的 Stransky-Krastanov 生长模式自组织地生成量子点. 宿主材料 (势垒材料) 与量子点材料晶格参数之间的差异所引起的应力驱动了这一过程, 对于 GaAs 中的 InAs 量子点来说, 晶格常数的差异为 7%. 这种体系被很好地研究过, 其中的量子点的直径通常为 20nm, 高度为 5nm, 生长在一层薄薄的量子阱 (被称为浸润层) 上面, 见图 4.1(a) 中由透射电子显微镜拍摄的图像[5]. 用于光谱研究的量子点上面又覆盖了一层势垒材料. Stransky-Krastanov 生长模式被用于生长多种Ⅲ-Ⅴ和Ⅱ-Ⅵ化合物[6~8]. 制备 GaAs 或 InAs 量子点的另一种有趣方法是分子液滴外延法, 它没有使用应力[9]. 在非常低的温度下, 用静电势的方法制备的量子点表现出非常有趣的效应[10,11].

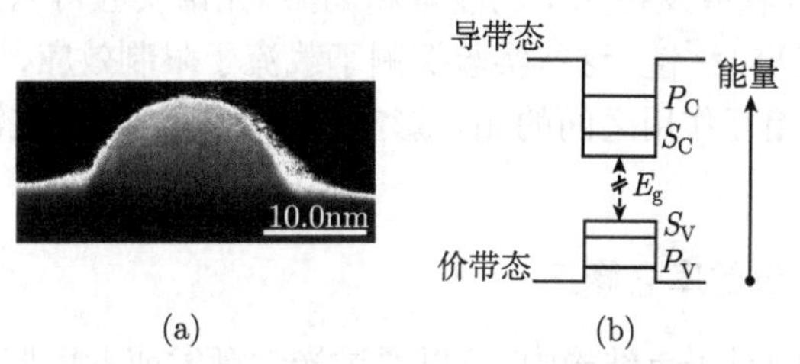

图 4.1　(a) 一个位于 GaAs 中的 InAs 量子点的电子显微镜照片[5]; (b) 量子点中最低分立能级的示意图, 其中能量间隔 E_g 由带隙能量和半导体量子点材料的应力决定

因为量子点的价带和导带的分立性质, 它们通常被称为人造原子. 光学跃迁所涉及的电子能级的分立性质是许多引人入胜的实验的起源, 它们利用量子点来作为单个光子、不可区分的光子和纠缠光子的光源[12~14]. 长光学相干时间[15] 使得相干操纵实验成为可能[7,16]. 在本章中, 我们描述具有直接带隙的量子点中的载流子自旋动力学. 平移运动的缺失使得载流子自旋寿命要长于体材料 (3D) 和量子阱结构

(2D), 因为基于自旋–轨道耦合的自旋弛豫机制被强烈地抑制了 (参见第 1 章). 然而, 强烈的量子限制效应增强了两种自旋相互作用, 也就是载流子之间的库仑交换相互作用和电子与原子核自旋之间的超精细相互作用[17]. 后者本身就是一个非常引人入胜的问题. 例如, 可以导致原子核动态极化[18,19]、电子自旋退相位[10,11,20,21]以及原子和自旋构型的双稳性[22,23]. 本章将会提到超精细相互作用, 但是, 更详细的讨论请参考第 11 章. 在以下几节中, 我们将集中讨论库仑交换相互作用, 它控制了含有一个电子–空穴对的量子点 (中性量子点) 中的自旋现象, 对带有荷电激子 (即一个电子–空穴对和一个电子或空穴) 的量子点中的自旋动力学也非常重要.

量子点样品中的晶体生长方向是 z 轴, 在这个方向上的量子限制效应是最强的. 在光谱研究中, 通常选择 z 轴作为光的传播方向. 在中性量子点中, 光学活性的激子的总角动量在 z 轴上的投影为 $|J_z = +1\rangle$ 或 $|J_z = -1\rangle$, 4.2 节将对此进行详细的讨论. 具有光学活性的激子态通常不受自旋翻转机制的影响, 但是, 由于各向异性的交换相互作用, 它们在零外场下就已经表现出了自旋拍的行为 (见 4.3 节). 4.4 节研究了外磁场对中性激子自旋动力学的影响. 4.5 节讨论了没有外磁场时的荷电激子的自旋动力学, 重点是诸如交换相互作用引起的负极化、栅极控制的空穴自旋弛豫等有趣效应. 4.6 节研究了磁场平行或垂直于 z 轴时的电子自旋相干性和荷电激子的极化.

4.2 量子点中的电子–空穴复合体

可以用电容–电压测量、电子自旋共振和多种光谱实验技术来分析量子点的电子结构. 通过分析吸收或发射光子的能量和偏振, 光谱实验可以详细地分析具有光学活性的本征态及其对称性. 这些实验探测了载流子限制效应、直接和交换库仑相互作用以及超精细相互作用之间的相互影响. 4.3 节概述了决定激子精细结构的不同效应的数量级.

4.2.1 对单粒子图像的库仑修正

在电荷可调节的量子点结构中, 可以通过光学激发或者可控隧穿来产生价带空穴和导带电子[6,24]. 通过假设一个抛物线型的限制势垒, 就可以比较好地确定单粒子的能量. 对于自组织量子点以及界面涨落量子点来说, 垂直方向的束缚能几乎要比水平方向的束缚能大一个数量级. 电子和空穴的量子化能量都要大于库仑能, 因此, 可以将库仑能当作单粒子能谱的微扰[24,25]. 在零磁场下, 最低的导带 (价带) 能级 $S_{\mathrm{C}}(S_{\mathrm{V}})$ 是双重简并的, 而相邻的 $P_{\mathrm{C}}(P_{\mathrm{V}})$ 能级是四重简并的, 见图 4.1(b) 给出的能级示意图. 简单起见, 被束缚势限制在一个量子点中的彼此之间有着库仑相互作用的电子–空穴对被称为激子.

4.2.2 中性激子的精细结构

在早期的单量子点测量中, 观测到的电子–空穴交换相互作用引起的精细结构劈裂为几十个微电子伏[3]. 虽然这个能量很小, 但是, 为了确定电子–空穴复合体的本征态, 以及光学或电学激发时发射或吸收的光子的偏振方向和振幅, 有必要全面地理解激子的精细结构. 交换作用能的一般形式正比于下列积分:

$$E_{\mathrm{eh}}^{\mathrm{X}} \propto \iint \frac{\psi_{\mathrm{eh}}^{*}(\boldsymbol{r}_1,\boldsymbol{r}_2)\,\psi_{\mathrm{eh}}(\boldsymbol{r}_2,\boldsymbol{r}_1)}{|\boldsymbol{r}_1-\boldsymbol{r}_2|}\mathrm{d}\boldsymbol{r}_1\mathrm{d}\boldsymbol{r}_2 \tag{4.1}$$

其中, $\psi_{\mathrm{eh}}(\boldsymbol{r}_{\mathrm{e}},\boldsymbol{r}_{\mathrm{h}})$ 为激子波函数, 而 $\boldsymbol{r}_{\mathrm{e}}$ 和 $\boldsymbol{r}_{\mathrm{h}}$ 分别为电子和空穴的坐标矢量. 交换相互作用和缩减的量子点对称性 (通常为 C_{2v}) 之间的相互作用强烈地影响了电子–空穴复合体的精细结构. 在 C_{2v} 对称性下, 总角动量沿着 z 轴的投影并不是一个好量子数. 然而, 在零阶近似下, 导带 (价带) 单粒子态仍然可以用 $S_{\mathrm{C}}(S_{\mathrm{V}})$ 和 $P_{\mathrm{C}}(P_{\mathrm{V}})$ 的二维类原子轨道来描述. 考虑自旋–轨道相互作用, 使用与 (001) 方向生长的 I 类量子阱 (相关的对称性是 D_{2d}) 一样的基函数是方便的, 见第 3 章. 这样一来, 最低的导带态是类 s 态的, 具有两个自旋态 $s_{\mathrm{e},z}=\pm 1/2$. 在布里渊区中心处, 最高的价带劈裂为角动量投影为 $j_{\mathrm{h},z}=\pm 3/2$ 的重空穴带和 $j_{\mathrm{h},z}=\pm 1/2$ 的轻空穴带. 为了简化讨论, 我们集中讨论诸如自组织量子点这样的带有内在应力的量子点. 在这一系统中, 轻空穴态在价带中的能量位置比重空穴低得多. 因此, 能量最低的光学跃迁发生于重空穴和导带电子之间. 下面只考虑这些重空穴激子.

重空穴激子态可以用基函数集合 $|J_z\rangle=|j_{\mathrm{h},z},s_{\mathrm{e},z}\rangle$ 来描述, 也就是说,

$$|J_z=+1\rangle=|3/2,-1/2\rangle,\quad |J_z=-1\rangle=|-3/2,1/2\rangle$$

$$|J_z=+2\rangle=|3/2,1/2\rangle,\quad |J_z=-2\rangle=|-3/2,-1/2\rangle$$

$|\pm 1\rangle$ 态可以通过发射或吸收一个光子来实现, 因此被称为辐射态 (光学活性态), 而 $|\pm 2\rangle$ 态是非辐射态. 此时, 用一个赝自旋 1/2 来描述存在自旋–轨道相互作用的重空穴态是方便的, $|\pm 1/2\rangle_h$ 态对应于 $|\mp 3/2\rangle$ 态[26,27]. 这样一来, 在 C_{2v} 对称性下, 就可以将重空穴激子的交换哈密顿量写成如下的一般形式[28]:

$$H_{\mathrm{e,h}}^{\mathrm{ex}}=2\delta_0 j_z s_z+\delta_1(j_x s_x-j_y s_y)+\delta_2(j_x s_x+j_y s_y) \tag{4.2}$$

其中, $\{s_\alpha\}$ 和 $\{j_\alpha\}(\alpha=x,y,z)$ 为电子自旋和重空穴赝自旋算符的泡利矩阵表示, δ_0、δ_1 和 δ_2 为唯象的参数, 分别对应于辐射双重态和非辐射双重态的中心位置之间的距离, 以及辐射和非辐射双重态内的能级间距. 劈裂 δ_0 和 δ_2 来源于电子和空穴之间的短程库仑交换相互作用, 通常满足 $\delta_2 \ll \delta_0$[26]. 交换相互作用的各向异性部分将辐射激子双重态 $|\pm 1\rangle$ 劈裂为两个本征态, 标记为 $|X\rangle=(|+1\rangle+|-1\rangle)/\sqrt{2}$

和 $|Y\rangle = (|+1\rangle - |-1\rangle)/\mathrm{i}\sqrt{2}$, 线偏振分别沿着 [110] 和 $[1\bar{1}0]$ 晶向[29,30]. 同时包含着短程和长程贡献的相应的能量劈裂 δ_1 与 δ_0 相仿[31]. 在单个的界面涨落量子点[3,4] 和自组织量子点[29,32,33] 的光致荧光谱中, 已经清楚地确认了两个相应的线偏振谱线.

各向异性的交换劈裂 δ_1 来自于量子点的伸长和 (或) 界面的光学各向异性[3,27], 变化范围从 InAs 量子点中的几个微电子伏 (见图 4.2(a) 和图 4.2(c)) 到 CdSe 量子点中的几百个微电子伏[34]. 图 4.2(a) 和图 4.2(b) 非常好地验证了 Kramers 定理: 中性激子 X^0 表现出一个劈裂的双态, 而荷电激子 X^-(两个处于自旋单态的电子和一个空穴) 只有一根谱线[33]. 这个定理说的是, 在低对称性系统中, 在没有外加磁场的时候, 具有整数值总自旋的粒子复合体 (X^0 的情况) 可以发生劈裂①, 然而, 不管量子点的对称性如何, 半整数值自旋的复合体都不会劈裂[26,28,35].

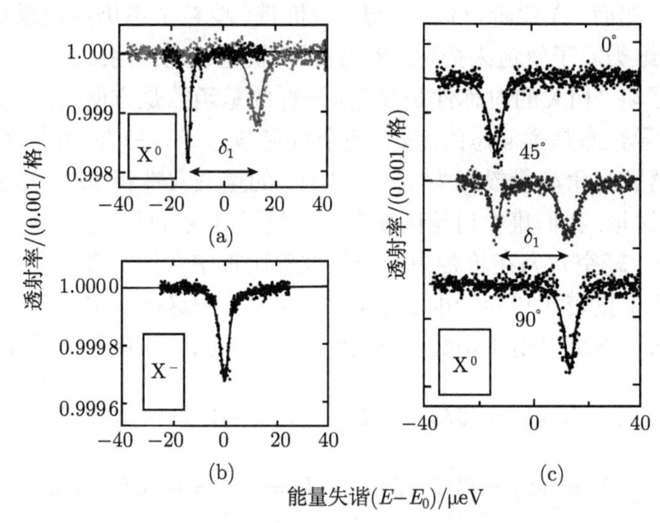

图 4.2　用超窄线宽激光测量得到的一个位于电荷可调结构中的 InAs 单量子点的微分透射谱[33]. (a) 用相互垂直的线偏振测量中性激子得到的结果, 劈裂对应于各项异性的交换能 δ_1; (b) 单荷电激子; (c) 透射率随激发激光与 [110] 方向夹角的变化关系

4.3　无外加磁场时中性量子点中的激子自旋动力学

量子点中的载流子自旋弛豫过程要比体材料或量子阱结构中的慢, 在纤芯矿结构的纳米晶体中的光学泵浦实验是最早证明了这一论点的实验之一[37,38]. 这些研

① 通过调整生长方法或者在垂直于生长方向施加电场或磁场[36], 可以将中性激子的精细结构劈裂 δ_1 调节到接近于零, 也就是说, 小于光学跃迁的均匀展宽. 对于应用量子点来作为纠缠光子对的光源来说, 这是非常重要的一个属性[14].

究揭示了量子点的大小以及表面态对载流子的束缚对自旋极化时间 τ_s 的重要性. Gotoh 等[39] 的早期实验表明, InGaAs 量子盘中的激子自旋弛豫时间大约是 900ps, 这几乎是辐射复合寿命的两倍. 这些早期的实验结果大多是在非共振激发条件下获得的 (也就是说, 在势垒材料中用光产生载流子). 此时观察到的基态自旋动力学反映了自旋在势垒体材料中、在量子点激发态中以及最后在量子点基态中的弛豫过程, 包括了能量弛豫过程本身引起的自旋翻转散射. 因此, 希望用严格共振的激发基态来研究本征的量子点自旋动力学.

4.3.1 共振激发下的激子自旋动力学

图 4.3(a) 给出了 GaAs 中的自组织 InAs 量子点的时间分辨荧光光谱. 探测荧光的偏振平行 (I^X) 或垂直 (I^Y) 于线偏振的 σ^X 激发光. 后者以 12.5ns 的周期发射皮秒脉冲[40]. 探测能量与激发能量严格相等, 所以只有那些基态激子能量与激光能量相等的量子点才对荧光信号有贡献. 同时也画出了相应的线偏振 $P_{\text{lin}} = (I^X - I^Y)/(I^X + I^Y)$ 随时间的变化关系. 这个实验是用低功率的激发光做的 (光激发载流子的平均密度小于每个量子点中一个电子–空穴对). 荧光强度的衰减时间为 $\tau_{\text{rad}} \approx 800$ps. 在脉冲激发之后, 量子点的发光表现出很强的线偏振 ($P_{\text{lin}} \approx 0.75$), 它在激子发射时间内 (超过 ≈ 2.5ns) 保持不变. 这一行为与体材料或 I 类量子阱结构中的激子线偏振动力学有着非常大的不同, 后者的线偏振的衰减时间为几十个皮秒[41]. 实验观测到, 激子的线偏振不随时间而衰减, 这证明了, 在激子寿命的时间尺度上, 电子和空穴都不会发生自旋弛豫. 它还表明, 在整个激子寿命内, 激子的自旋本征态是保持不变的. 由此可以推断, 激子的自旋弛豫时间要长于 20ns, 也就是说, 至少是辐射寿命的 25 倍. 在大的、单独的 GaAs 界面涨落量子点中, 用瞬态差分透射谱实验测量到的线偏振衰减时间要小得多, 其数量级为 100ps[42]. 原因在于, 在这种结构中, 载流子的束缚要弱得多, 价带态中与自旋–轨道相互作用有关的自旋弛豫机制并没有被完全抑制.

现在考察温度升高时激子自旋的鲁棒性. 在严格共振线偏振激发的情况下, 量子点基态发射的线偏振随着温度的变化关系如图 4.3(b) 所示. 直到 30K, 衰减时间大于 20ns. 在 80K, 线偏振衰减时间下降到 20ps, 激发能量为 $E_a \approx 30$meV. 可以用 Tsitsishvili 等提出的 LO 声子和载流子之间的准弹性相互作用来解释线偏振对温度的这种依赖关系[43]. 通过 S_C 和 $P_V^{x(y)}$ 所构成的激子的虚激发态来发生散射, 它通过准共振地发射和吸收 LO 声子而与 $|X\rangle$ 和 $|Y\rangle$ 激子态耦合在一起. 这一过程在基态的 $|X\rangle$ 和 $|Y\rangle$ 子能级之间引起了激子跃迁, 决定了线偏振的时间演化. 跃迁速率正比于 $N_{\text{LO}}(1 + N_{\text{LO}}) \approx \exp(-\hbar\omega_{\text{LO}}/k_B T)$, 其中 $\hbar\omega_{\text{LO}} = 32$meV 为 InAs 中 LO 声子能量, 而 N_{LO} 为其占据因子. 计算得到的衰减时间 $\tau_s \approx 3.5$ns(40K) 和 $\tau_s \approx 44$ps(80K) 与实验结果吻合得很好.

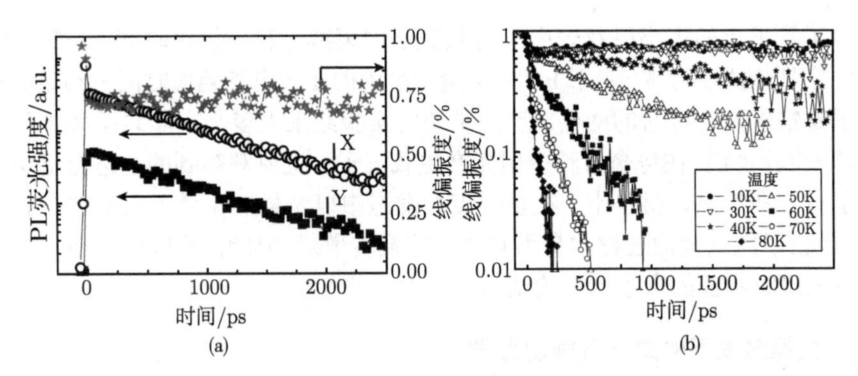

图 4.3　自组织 InAs 量子点的时间分辨荧光谱[40]. (a) 偏振与线偏振激发激光 (σ^X) 平行 I^X (空心圆点) 和垂直 I^Y (实心方块) 时的荧光强度 ($T=10$K); 同时给出了相应的线偏振 $P_{\rm lin}$ (星状点) 随时间的演化. 激光激发和探测的能量被设置为 1.137eV(共振激发); (b) 中性激子的线偏振动力学对温度的依赖关系

4.3.2　激子自旋的量子拍: 各向异性的交换相互作用的影响

沿着 [100] 或 [010] 方向 (与 [110] 和 [1$\bar{1}$0] 方向成 45° 夹角) 的线偏振激发光可以产生 $P_{\rm lin}$ 的量子拍, 其角频率对应于各向异性的交换相互作用所产生的劈裂 δ_1(见第 3 章中关于Ⅱ类量子阱的讨论). 在单个 CdSe 量子点中进行的实验中, Flissikowski 等清楚地观察到了这一现象, 如图 4.4(a) 所示, 激子的自旋相干时间 T_2 要长于其辐射寿命[34].

类似地, 圆偏振 (σ^+) 激发应当产生角频率为 $\delta_1/\hbar$ 的圆偏振 $P_{\rm c}$ 量子拍[44~46]. 因为脉冲激发光的线宽要大于各向异性交换相互作用的劈裂 δ_1, σ^+ 激发会产生两个线偏振本征态 $|X\rangle$ 和 $|Y\rangle$ 的相干叠加. 这就导致了圆偏振的振荡 (双色性), 其周期对应于 $|X\rangle$ 和 $|Y\rangle$ 之间的能量劈裂. 这种振荡的一个例子, 一个 InAs 量子点系综里的共振瞬态双色性测量, 如图 4.4(b) 所示[44]. 其振荡周期为 130ps, 对应的平均劈裂能量为 $\delta_1=30\mu$eV, 而非均匀的衰减时间为 $T_2^*=30$ps. 振荡的这种快速衰变来自于量子点之间的 δ_1 的涨落. 在不同的Ⅲ-Ⅴ样品中报道了类似的 δ_1 的值[29,45,47].

为了弄清楚各向异性交换相互作用所引起的劈裂的物理起源, 对不同尺寸和不同生长条件下的 InAs 量子点进行了比较. 通常, 从束缚能大的量子点 (发光能量低) 到束缚能小的量子点 (发光能量高), 劈裂 δ_1 减小. 几个研究小组都报道了这种趋势[47~50], 而且, 一般来说, 生长之后经退火处理的样品具有比较小的 δ_1 值. 究竟是由于 Ga 或 As 扩散到了量子点里, 还是由于量子点形状或尺寸的变化, 这很难确定, 因为这些参数都会影响束缚势以及测量得到的发光能量. 观测到的精细结构是所研究的量子点的对称性的特征. 赝势计算[51] 预言, 即使在圆柱形或正方形基底的量子点中, 也存在各向异性的交换相互作用导致的劈裂①. 这意味着, 在退火样品中发现 δ_1 很小、接近于零, 这一事实表明, 对精细结构劈裂的不同贡献都相互抵消了, 而不是说, 精细结构的所有贡献都可以忽略不计.

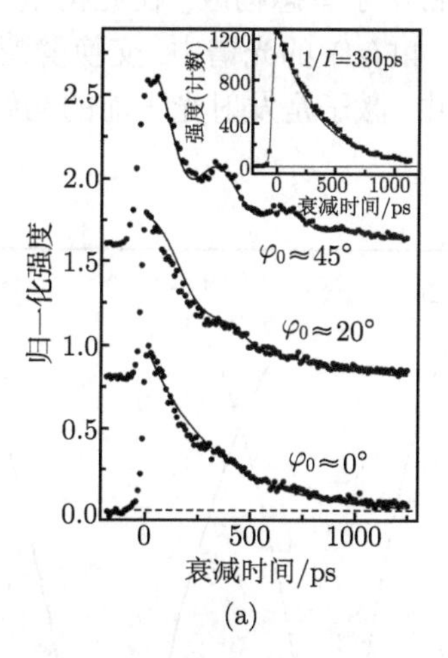

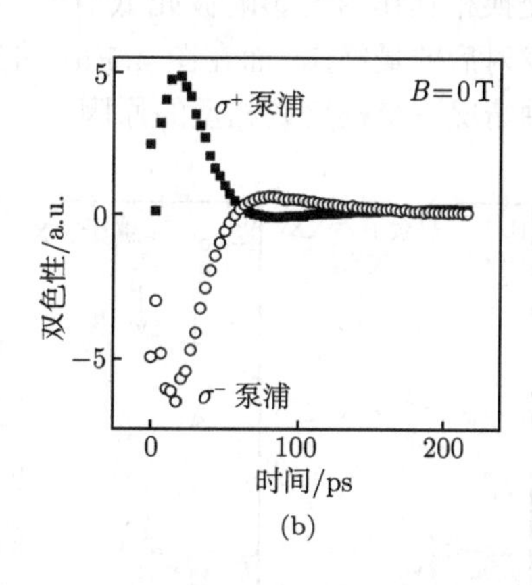

图 4.4 (a) 一个 CdSe/ZnSe 单量子点的瞬态荧光, 激发光位于与一个 LO 声子共振的位置, 具有三种偏振构型. 点状线: 实验结果; 实验细节和数据拟合程序见文献 [34]; (b) 泵浦–探测测量得到的一个自组织 InAs/GaAs 量子点系综的共振瞬态双色谱, 泵浦偏振为 σ^- (空心圆点) 和 σ^+ (实心方块)[44]

4.4 有外磁场时中性量子点中的激子自旋动力学

在没有外磁场的时候, 单量子点光谱和时间分辨实验中的量子拍测量得到的能量劈裂揭示了沿着 [110] 和 $[1\bar{1}0]$ 晶向的两个线偏振本征态 $|X\rangle$ 和 $|Y\rangle$. 共振荧光实验中测量得到的线偏振度 P_{lin} 接近于 100%, 而圆偏振度 P_{c} 接近于零.

下面将讨论连续光实验和时间分辨实验揭示的激子精细结构, 此时磁场平行于生长方向 (法拉第构型) 或垂直于生长方向, 即位于量子阱平面内 (Voigt 构型). 特别是, 当塞曼能量远大于各向异性交换相互作用导致的劈裂 δ_1 的时候, 具有光学活性的本征态是圆偏振的.

4.4.1 单量子点光谱中塞曼效应与各向异性相互作用导致的劈裂之间的竞争

1. 法拉第构型

在诸如 CdMgTe 中的 CdTe 量子点这样的Ⅱ-Ⅵ界面涨落量子点中, 观测到了

① 当沿着 z 方向的对称性破缺的时候, 量子点的对称性缩减为 C_{2v}.

强交换相互作用的影响[4]. 图 4.5 给出了一个单量子点在不同磁场下的微区光致荧光谱. 当没有磁场的时候, 在中性激子中观测到各向异性交换相互作用导致的劈裂, 如图 4.5(a) 所示, 它与图 4.5(a′) 中双激子的峰是相反的. 双激子是 4 个粒子构成的复合体, 它由基态价带空穴的单态和基态导带电子单态构成. 在此构型中, 各向异性的交换相互作用的影响彼此抵消了. 在图 4.5(a′) 的光谱中, 交换劈裂的激子是光子发射后的最终态, 而在图 4.5(a) 的光谱中, 激子是发射光子前的初始态. 这就是两种情况下交换劈裂相反的原因.

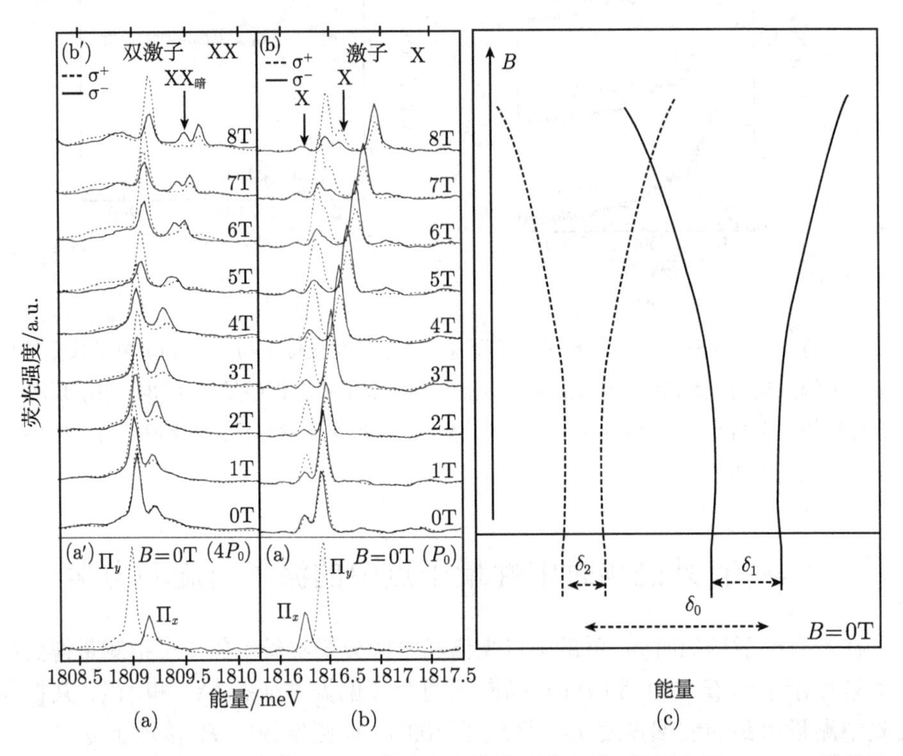

图 4.5　位于 CdMgTe 中的一个 CdTe 单量子点的微区荧光谱, 根据文献 [4]. (a) 零磁场下, 具有缩减对称性的单个量子点中的一个激子的偏振荧光谱, 激光的激发功率 P_0 约为 $1\mathrm{W/cm^2}$; (b) 不同磁场下的圆偏振荧光谱 (σ^- 和 σ^+ 分别对应实线和点状线), 由下至上, 磁场逐渐增大. 箭头标出的是光学禁戒的态 (暗激子) . (a′) 和 (b′) 给出了激光功率为 $4P_0$ 时产生双激子态的复合; (c) 示意亮态与暗态的交叉

图 4.5(b) 和 (b′) 中的磁场依赖关系表明了两个重要的效应: ① 由于塞曼效应, 劈裂随着磁场而增加; ② 探测到的光子的偏振由线偏振变为圆偏振, 如文献 [29], [40], [52], [53] 报道. 两个亮激子态之间的能量差别 ΔE 依赖于纵向的电子和空穴 g 因子、各向异性的交换相互作用导致的劈裂以及外加的磁场 B:

$$\Delta E = \sqrt{\delta_1^2 + \Delta_Z^2} \tag{4.3}$$

其中 $\Delta_Z = (g_{e,z} + g_{h,z})\,\mu_B B$, 而 $\mu_B = 57.9\mu eV/T$ 是玻尔磁子. 以一个 InAs 量子点为例, $\delta_1 \approx 50\mu eV$, $g_{e,z} = -0.8$, $g_{h,z} = -2.2$[29], 在 $B = 0.3T$ 的外磁场下, $\Delta_Z \approx \delta_1$. 当 $B \gg 0.3T$ 的时候, 可以忽略式 (4.3) 中的 δ_1.

图 4.5(c) 示意地给出了亮态和暗态之间可能发生的交叉. 在这一磁场范围内, 实验观测到了反交叉. 当量子点的对称性完全破缺的时候, 不再能够区分亮态和暗态, 因为 $|\pm1\rangle$ 态和 $|\pm2\rangle$ 态是耦合在一起的[29]. 在强外磁场下, 就是由于这种耦合才出现了图 4.5(b) 和 (b′) 中的额外跃迁, 它表明, 所研究的量子点的对称性特别低.

2. Voigt 构型

面内施加的磁场破坏了系统剩下的旋转对称性, 它导致了亮态和暗态的混合, 从而可以在光谱中观测到暗态. 典型的, 在面内强磁场的作用下, 可以观测到 4 个混合的跃迁[29], 而在零磁场下可以观测到两个谱线, 它们的分裂来自于各向异性的电子–空穴交换相互作用.

4.4.2 外磁场下激子自旋的量子拍

1. 法拉第构型

如上所述, 可以用沿着样品生长方向的磁场来控制激子的自旋本征态. 观测自旋量子拍的一个必要而非充分的条件是载流子具有长自旋寿命, 如 4.3 节所述. 可以将各向异性的交换相互作用视为一个有效磁场, 它在量子点平面内作用于亮激子态 $|\pm 1\rangle$ 上, 后者可以被认为是赝自旋 1/2[27]. 当沿着 z 轴施加外磁场的时候, 载流子感受到的总磁场是外加磁场与有效磁场之和 ($\Delta E = \hbar|\Omega|$), 如图 4.6(b) 所示. 载流子自旋绕着总磁场 $\boldsymbol{\Omega}$ 旋转, 使得自旋极化在 z 轴上的投影出现周期性的振荡.

类比于 $B = 0$、$t < 300ps$ 时观测到的量子拍 (图 4.4(a)), 可以预期, 在磁场中能够观测到振荡周期为 $T = h/\Delta E$ 的量子拍. 图 4.6(c) 给出了由 InAs 量子点系综在不同磁场下的量子拍周期得到的 ΔE 值以及根据式 (4.3) 拟合的结果. 在图 4.6(a) 中可以看到, 与线偏振激发光偏振相同和偏振垂直的荧光强度出现振荡, 这是因为准共振激发产生了 $|+1\rangle$ 态和 $|-1\rangle$ 态的相干叠加. 注意, 图 4.6(a) 中振荡的衰减并不是由于本征的退相干过程, 而是由于量子点系综的非均匀性. 与 CdSe 量子点[34] 类似, 本征的激子自旋相干时间 T_2 具有辐射寿命的量级 (几百个皮秒).

2. Voigt 构型

Yugova 及其同事研究了量子拍随着光传播方向 (z 方向) 与 InP/InGaP 量子点上外加磁场之间夹角的变化关系[8]. 他们的工作表明, 磁场的垂直分量混合了的亮态和暗态, 从而产生了量子拍, 这与量子阱中得到的结果类似 (见第 3 章). 在系综测量中, 探测的不仅仅是中性的量子点, 还包括非故意掺杂的量子点, 此时还可以看到电子或空穴在垂直磁场下的拉莫尔进动所导致的量子拍, 它们出现在不同的频率[54~57], 下面几节将对此进行详细讨论.

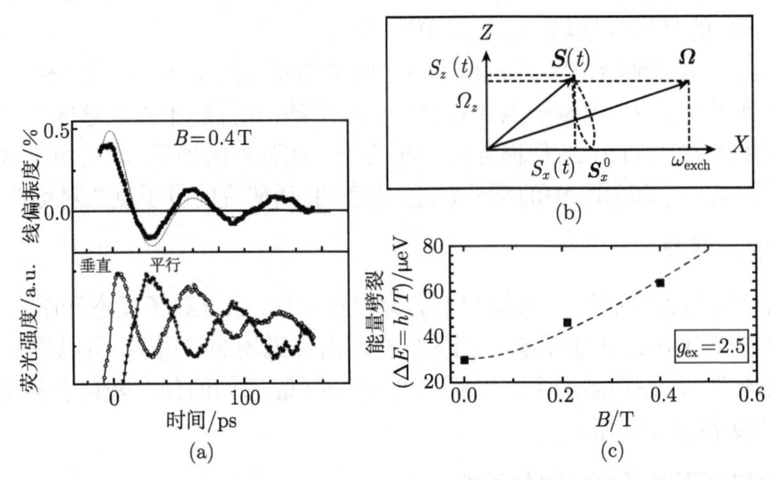

图 4.6　InAs/GaAs 量子点系综[44]. (a) 底部: 时间分辨荧光信号, 与线偏振的激发激光平行 (星状点) 或垂直 (空心圆点). 顶部: 提取出来线偏振的拍周期为 $\tau = 65$ps; (b) 赝自旋的表达, 其中 $\hbar\omega_{\rm exec} = \delta_1$ 和 $\hbar\Omega_z = g\mu_{\rm B}B_z$; (c) 在外加的 z 方向磁场中激子能级劈裂的变化, 用式 (4.3) 拟合

4.5　荷电激子复合体: 无磁场时的激子自旋动力学

带单电荷的激子 X^- 或 X^+ 是 3 个粒子的复合体 (所以被称为 “trions”): 在荷电激子 X^- 中, 两个电子占据了导带的基态形成自旋单态的构型, 而一个空穴占据了价带的基态. 类似地, 荷电激子 X^+ 由一对自旋单态的空穴和一个导带电子构成.

在荷电激子的基态里, 交换相互作用为零, 因此, 荷电激子为研究单粒子 (电子或空穴) 的自旋物理学提供了非常有趣的可能性. 例如, 一个荷电激子 X^+ 的自旋缩减为单个电子的自旋 (成对的空穴都成了旁观者), 这就使得这一复合体特别适合于研究三维受限系统中电子–原子核间的超精细相互作用 (见第 11 章). 与激子类似, 它们通常由光激发产生, 在几百个皮秒的时间尺度上辐射复合. 然而, 在荷电激子的情况下, 可以克服这一时间限制. 实际上, 因为它们通常是在带单个电荷的量子点中形成的, 为光激发和复合提供了独特的方法, 可以在更长的时间尺度上研究和操纵量子点束缚的单个载流子的自旋态.

4.5.1 荷电激子的形成：掺杂结构和电荷可调结构

第 1 章综述了利用 n 型或 p 型杂质来掺杂半导体材料以便控制激子的电荷态. 对于电离杂质所释放的自由载流子来说, 量子点就像一个陷阱, 它可以捕获一个或几个残余电荷. 在某些情况下, 材料的剩余掺杂就足以获得带有单个电荷的量子点[58], 但是一般都需要在量子点层之下几个纳米的地方生长一层高掺杂层 (delta doping layer), 控制其密度来达到希望的平均电荷[56,59]. 通过控制量子点能级相对于重掺杂 (n 型或 p 型) 区域中费米能级的位置, 可以显著地改善这种调制掺杂技术. 通过在顶栅和掺杂区域 (位于量子点层下方 20nm 处) 之间施加电压, 可以实现这一目标[60,61]. 在这样一个电荷可以调节的样品结构中, 量子点通过隧穿势垒与一个自由电子库耦合起来, 如图 4.7(c) 所示, 这样就能够以单个电子的精度来控制多余的电荷. 在微区光荧光谱中, 这一效应表现为复合能从中性激子到荷电激子的突然变化 (图 4.7(a))①.

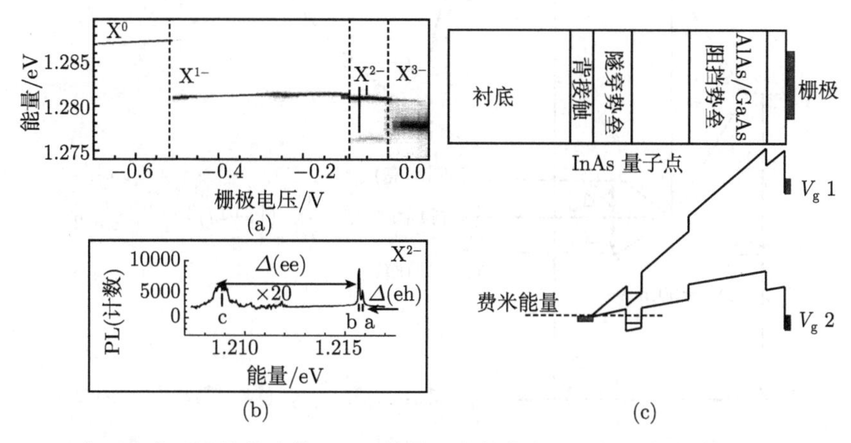

图 4.7 (a) 位于电荷可调结构中的 InAs 单量子点的荧光跃迁能量的灰度图随外加偏压的变化关系, 根据文献 [31], [60]. 黑色对应于强荧光信号 (几千个计数), 它们是中性激子 X^0, 荷电激子 X^{1-} (荷电激子, 1 个空穴和 2 个电子), X^{2-}(1 个空穴和 3 个电子) 和 X^{3-}(1 个空穴和 4 个电子). (b) InAs 单量子点 (不同于 (a)) 的 X^{2-} 荧光谱. 电子–空穴的库仑交换相互作用决定了峰 a 和 b 之间的距离 Δ(eh), 而电子–电子库仑交换相互作用决定了 Δ(ee)[31]. (c) 在两个不同的栅极电压 V_g 下, 一个 n 型电荷可调结构导带的示意图[60]

4.5.2 X^+ 和 X^- 激子的精细结构和偏振

正如高分辨率的透射光谱所证实的那样[33](图 4.2(b)), 荷电激子的基态是完全简并的, 这与中性激子不同. 这样一来, 在零磁场下量子拍被抑制[58], 可以用圆偏振

① 量子点中受限载流子的直接库仑相互作用产生了这个移动, 它会改变电子–空穴对的束缚能.

光来实现荷电激子的光学取向, 这就为深刻认识量子点中单个载流子的自旋弛豫提供了直接帮助. 在 CdSe 和 InAs 量子点中测量得到的 X^- 荷电激子的空穴自旋寿命 τ_S 约为 20ns(与体材料或量子阱相比, 这要长得多)[61,62]. 虽然 Kramers 简并对荷电激子仍然成立, 当激子是被非共振激光激发产生的时候, 每一对粒子中的交换相互作用仍然对自旋动力学有重要影响. 实际上, 带有一个类 P 态载流子 (X^- 中的电子或 X^+ 中的空穴) 的热荷电激子 ($X^{\pm *}$) 形成了一个具有非零精细结构的中间态, 最终弛豫到荷电激子基态, 如图 4.8 所示. 该精细结构主要取决于全同载流子 (也就是说 X^{-*} 中的 S_C 和 P_C 电子) 之间的交换相互作用, $\Delta_{ee} \approx 5$meV, 而总的电子–空穴交换能 Δ_{eh}(对 S_C 和 P_C 电子都是如此) 只是比较弱的微扰 (几百个微电子伏), 它劈裂了三重态的构型 ①.

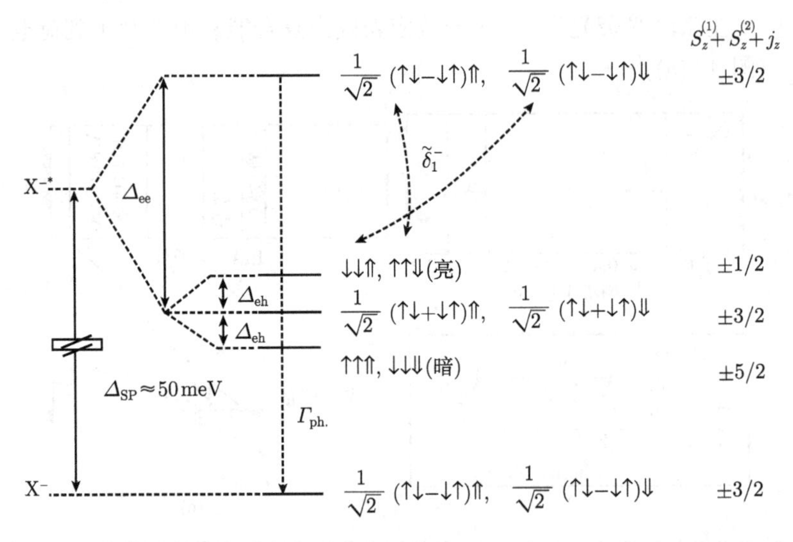

图 4.8 一个热的带负电的激子 X^{-*}(也就是说, 该激子中有一个电子位于量子点的 P_C 轨道上) 的精细结构. 只给出了自旋自由度, 其中单箭头代表电子, 而双箭头代表空穴的赝自旋 j_z. 热的负电激子单态通过声子媒介过程 (Γ_{ph}) 在几个皮秒内弛豫下来, 而三重态需要依赖于自旋的相互作用, 后者来自于各向异性的电子–空穴交换相互作用 δ_1, 但它只存在于 "亮" 态中

单重态和三重态之间的一个重要差别与它们向激子基态弛豫的过程有关. 电子的三重态需要依赖于自旋的相互作用来弛豫到单重态构型, 热的单重态因为它与声子的相互作用而弛豫得快得多 (只有几个皮秒) ②. 但是, 只有在忽略量子点的面内各向异性的时候, 图 4.8 右侧所示的荷电激子的总自旋的投影才是一个好的量子

① 可以在荷电双激子 $XX^{\pm}$ 或双荷电激子 $X^{2\pm}$ 的微区荧光谱中观测到这种精细结构 (如图 4.7(b))[31,58], 预计在 X^+ 中有类似的精细结构[35].

② 寿命的差别体现在 X^{2-} 跃迁的线宽上, 如图 4.7(b) 所示[31,60].

数, 各向异性的电子–空穴交换相互作用使得 ±1/2 三重态和 ∓3/2 单重态之间存在耦合 $\tilde{\delta}_1^-$, 如图 4.8 中的虚线箭头所示. 实验和理论计算表明, 对于 P_C 能级来说, 这种耦合特别强[64~66], 因此, 在分析热荷电激子的弛豫过程的时候, 必须考虑到这一点.

4.5.3 带负电的激子复合体 X^{n-} 的自旋动力学

量子点中的荷电激子的光学取向服从非常特别的机制, 本节将对此进行详细讨论[59,63,67]. 如图 4.9 所示, 不同 n 型掺杂浓度的 InGaAs/GaAs 自组织量子点样品的荧光圆偏振度是负的, 也就是说, 虽然激发和辐射复合的光学定则都只涉及重空穴态, 荧光的圆偏振与激发光相反. 此外, 时间分辨测量表明, 在辐射复合的时间尺度上 (约 1ns), 这种负圆偏振度有着非同寻常的增大.

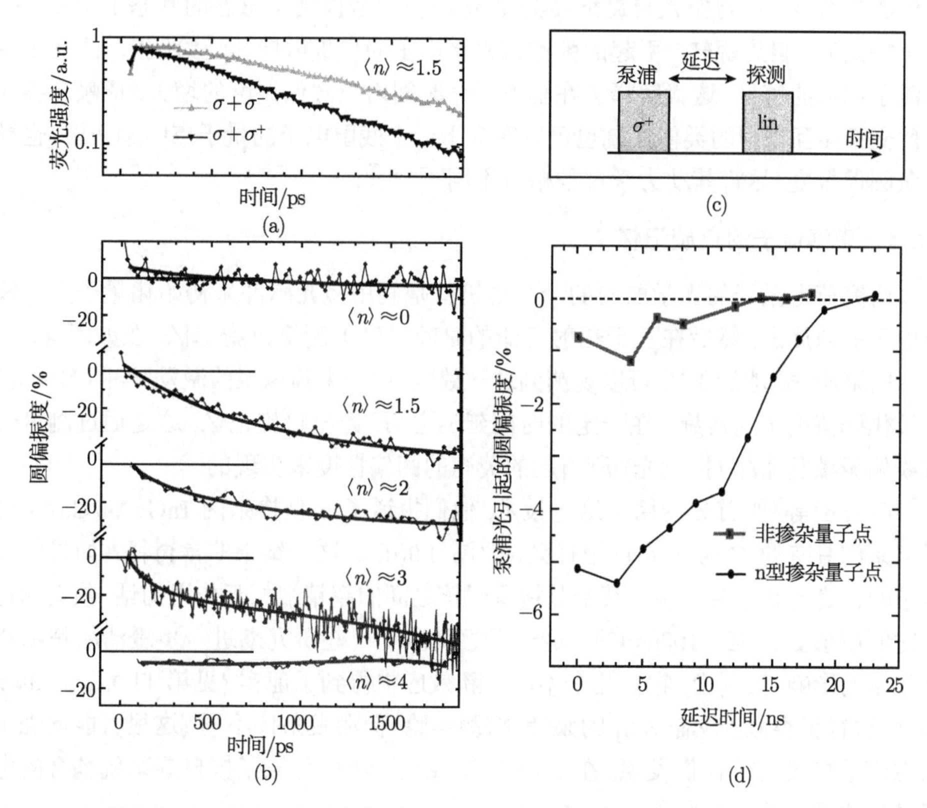

图 4.9 在低温和零磁场下, 在非共振激发的 n 型掺杂的 InGaAs/GaAs 量子点中, 光学取向的时间分辨研究[59,67]. (a) 在平均电荷数 $\langle n\rangle \approx 1.5$ 的样品中, 偏振分辨的荧光强度信号; (b) 掺杂浓度逐步增大的不同样品中的荧光偏振动力学; (c) 用于测量残余电子的自旋寿命的泵浦–探测激发序列的示意图; (d) 圆偏振光激发之后的探测荧光的圆偏振的演化

为了理解这一效应, 我们考虑带有一个残余电子的量子点的情况 ($\langle n\rangle = 1$). 当量子点捕获了一个来自于势垒中的光生自旋极化电子 (其自旋为 $\downarrow$) 的时候, 后者会与残留电子发生强烈的交换相互作用. 当两个自旋平行的时候, 会形成三重态的 $\downarrow\downarrow$ 对, 当两个自旋反平行的时候, 会形成一个沿着 z 轴投影为零的自旋构型 (单重态或三重态), 亦即 $(\uparrow\downarrow \pm \downarrow\uparrow)/\sqrt{2}$. 另外, 因为空穴的自旋取向在其产生的能量连续谱中弛豫了, 被捕获的空穴是非极化的 (见第 3 章) ①. 这样一来, 有四种类型的热的荷电激子态被占据, 其中, 只有荷电激子 $\downarrow\downarrow\Uparrow$ 和 $\downarrow\downarrow\Downarrow$ 还包含着初始自旋取向的信息. 前者能够光学复合, 而后者不能. 类比于中性激子 (见 4.2.2 节), 可以将它们分别称为 “亮的” 和 “暗的” 荷电激子. 在开始的时候, 亮的荷电激子可以复合并发出一个正偏振的光子 (也就是说与激发光的偏振相同), 但是, 在几十个皮秒内, 各向异性的耦合 $\tilde{\delta}_1^-$ 就将空穴自旋翻转为 $\Downarrow$ 从而使它弛豫到单重态的基态上 (图 4.8). 这个特别的 “自旋翻转” 引起的弛豫过程将电子的自旋取向传递给空穴, 改变了荷电激子偏振的符号. 这就解释了在辐射寿命时间内负圆偏振度的增大. 依赖于各向异性交换相互作用的类似机制也可以在多于一个残留电子的量子点中起作用, 也导致负圆偏振度, 尽管其动力学过程略有不同[67,68]②.

4.5.4 束缚电子的自旋记忆

研究荷电激子的光学取向的一个动机就是利用激光脉冲来初始化量子点中残留电子的自旋态, 然后在长于辐射寿命的时间尺度上测量自旋记忆. 在如图 4.9(c) 所示的泵浦–探测实验中, 可以观测到这一效应. 用一束圆偏振的激发脉冲 (泵浦光) 来极化残留电子的自旋. 在一定的时间延迟之后, 读出自旋记忆, 这是通过测量一束线偏振激发脉冲 (探测光) 所引起的荧光的圆偏振度来实现的.

Cortez 等[59] 首先使用了这一技术, 他们报道了 n 型掺杂的 InGaAs/GaAs 量子点系综具有约 15ns 的自旋记忆效应 (图 4.9(d)). 这一结果非常奇怪：如果假设电子的自旋弛豫主要受制于其余晶格原子核之间的超精细相互作用的话, 预期的记忆时间应该更长 (约 100μs)[20]. 这一观察刺激了一些研究来进一步澄清超精细相互作用的影响, 实际上, 它在几个不同的新效应中得到了证实 (见第 11 章). Oulton 等[72] 进行了类似于文献 [59] 的泵浦–探测实验, 但激发条件不同 (这很可能增强了动态原子核极化). 他们发现, 在 n 型 InAs 量子点中, 与原子核自旋系统耦合的电子具有非常长的自旋寿命 (约 0.1s).

---

① 在准共振激发下, 光生空穴的自旋是守恒的, 可以通过选择跃迁来给出强的 (大于 90%) 正光学极化[61,69]. 然而, 在单个荷电量子点的荧光激发谱中, 可以清楚地观测到偏振的翻转[63].

② 在荷电 GaAs/Ga_xAl1-_xAs 量子点中也观察到了非共振激发的负 (右) 圆偏振, 但是, 它很可能是由一种基于 “暗荷电激子” 积累的机制引起的[70,71].

4.6 带电荷的激子复合体：外磁场中的自旋动力学

带有一个残留空穴的量子点中可以形成 X^+ 荷电激子. 当激光激发能量被调节为浸润层中重空穴到电子的跃迁能量的时候, 光学激发的载流子就会被量子点捕获并 (能量) 弛豫到量子点的基态上去. 在捕获过程和能量弛豫过程中, 空穴失去其初始的自旋取向的概率是非常大的[59]. 这就形成了 S_V 价带态中的空穴自旋单重态, 也就是说, 两个空穴的总自旋为零. 已经证明, 浸润层中产生的电子可以保持其初始的自旋取向到达 S_C 态, 并与空穴自旋单重态形成 X^+ 荷电激子. 平均电子自旋与 X^+ 发光的圆偏振度 P_c 有着简单的关系: $\left\langle \overrightarrow{S}_z^{e} \right\rangle = -P_c/2$. 因此, 在典型值为 1ns 的辐射寿命的时间尺度内, 荧光偏振度是电子自旋取向的非常灵敏的探针.

在荷电激子 X^+ 复合之后, 一个具有特定自旋的空穴留在量子点中. 这个残留空穴的自旋取向能够保持多长时间, 仍然是一个尚未解决的问题, 也许可以用泵浦–探测类型的测量来进行研究 (见 4.5.4 节). 初步结果表明, 在零磁场下, 空穴自旋寿命 $\tau_s > 20$ns[73], 而在沿着 z 轴施加的 1.5T 外磁场下, $\tau_s = (270 \pm 180)\mu$s[74]. 原则上说, 因为超精细相互作用的影响没有那么大了, 所以, 具有强束缚势的空穴自旋弛豫时间应该长于相同条件下测量得到的电子的自旋弛豫时间. 第 6 章详细讨论了 X^- 荷电激子在辐射复合后留下的电子的自旋相干性[56].

4.6.1 纵向磁场中带正电激子的电子自旋极化

在荷电激子 X^+ 的辐射复合时间的尺度内, 因为电子–空穴的库仑交换相互作用为零, 所以电子与原子核自旋之间的超精细相互作用决定了实验中观测到的 X^+ 荷电激子的偏振动力学. 下面考虑原子核自旋取向对电子自旋的影响. 电子自旋对原子核自旋极化的反作用可以导致原子核自旋的动态极化[18,19,23,69], 第 11 章对此进行了详细的讨论. 但是, 因为建立原子核自旋极化的时间为秒的量级, 而在下面讨论的实验中, 激发光的偏振以 $f = 50$kHz 的频率在 σ^+ 和 σ^- 之间交替变化, 所以, 可以忽略原子核的自旋极化 (图 4.10)[18,75].

当外加磁场为零的时候, 单个 InAs 量子点的荧光测量表明, X^+ 发光的圆偏振度只有 32%, 如图 4.10(a) 所示. 施加一个只有 150mT 的比较小的磁场, 可以将这个偏振度加倍, 如图 4.10(b) 所示[76]. 这种行为对于非磁性半导体来说是非同寻常的. 应该注意的是, 在这些实验中, 热激发能远大于塞曼劈裂, $k_B T \gg g\mu_B B$. 下文将要论证, 初始的低偏振度是电子自旋和原子核自旋相互作用的结果, 沿着 z 轴施加磁场可以抑制这种相互作用[21].

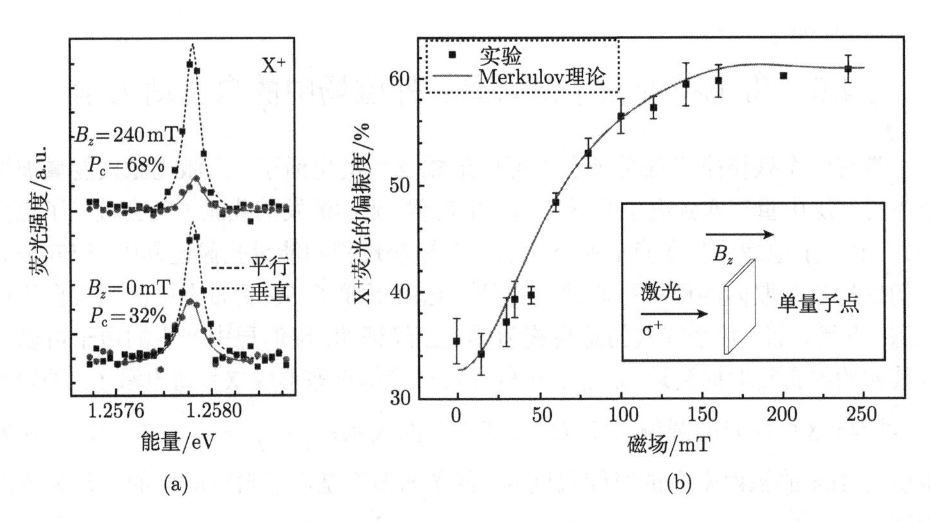

图 4.10　50kHz 光弹性调制器提供了激发光的偏振. (a) InAs 单量子点中 X^+ 跃迁的偏振分辨荧光谱: 无磁场 (下方), 有磁场 (上方), 根据文献 [76]; (b) X^+ 谱线的圆偏振随磁场的变化关系 (方块). 采用文献 [20] 中的模型进行拟合 (灰线). 插图: 实验配置

理论研究预言, 低温下量子点中电子自旋弛豫的主要机制是原子核自旋的超精细相互作用[20,77,78]. 量子点中的电子自旋与许多原子核自旋发生相互作用, 后者的数目为 $N_L \approx 10^3 \sim 10^5$. 在涨落不发生变化的模型中, 对相互作用的原子核自旋求和给出了一个有效磁场 $B_{\rm N}$, 电子自旋绕着它相干地进动[20,77]. 然而, 在不同的量子点中, $B_{\rm N}$ 的大小和方向是随机变化的, 所以量子点系综的平均电子自旋 $S_z^{\rm e}(t)$ 衰减得非常快 (~100ps), 如实验所示[21] ①. 为了简单起见, 这里将这种影响量子点系综的自旋退相位机制称为自旋弛豫. 单量子点测量也验证了这种自旋弛豫机制, 因为一个给定的量子点的原子核磁场 $B_{\rm N}$ 的取向以 100μs 的时间尺度随机地变化. 这比辐射寿命 (~1ns) 要长得多, 但是与测量单量子点的典型积分时间 (几秒钟) 相比, 它要短得多. 因此, 依然存在对不同的原子核磁场取向的求平均所导致的电子自旋退相位.

沿着 z 轴施加一个小磁场, 可以揭示出涨落的超精细场 $B_{\rm N}$ 在 X^+ 荷电激子的辐射寿命内对电子自旋的影响 (图 4.10). 在经典图像中, 电子自旋绕着总磁场 $B + B_{\rm N}$ 进动. 施加一个远大于 $B_{\rm N}$ 的方均根值 (在 InAs 量子点中, ~ 30mT) 的磁场可以使得进动矢量几乎平行于 z 轴. 此时, 如果没有其他的自旋弛豫机制, 电子自旋将沿着 z 轴保持其初始的自旋取向. 将 Merkulov 等的模型[20] 应用于荷电激子 X^+ 的情况[76], 可以对沿着 $B_{\rm N}$ 面内分量的进动的逐渐抑制进行拟合 (图 4.10(b)).

① 自旋极化的衰减振幅是有限的, 因为 $B_{\rm N}$ 与大约 1/3 的量子点中的自旋方向是几乎共线的. 细节见第 11 章.

这就证明，超精细相互作用是III-V量子点中电子自旋弛豫的主要原因①. 电子顺磁共振谱表明，在自由的 (free standing)ZnO 量子点中，电子在室温下的自旋动力学也主要受制于原子核自旋的超精细相互作用[81]. 在用电学方法由磁性势垒向量子点中注入自旋极化的载流子，从而发射偏振光的二极管中，也考虑了载流子和原子核自旋之间的相互作用[82].

4.6.2 垂直磁场中带正电的激子的电子自旋相干性

在平行于 x 轴的横向磁场 B 中，荷电激子 X^+ 的本征态是 $|X^+,\uparrow\rangle_x$ 和 $|X^+,\downarrow\rangle_x$ (实验配置见图 4.11(a)) ②. 因为空穴自旋单重态在外磁场中没有劈裂，在荷电激子 X^+ 的辐射寿命的时间之内，导带电子的自旋劈裂 $g_{e,\perp}\mu_B B$ 决定了塞曼劈裂.

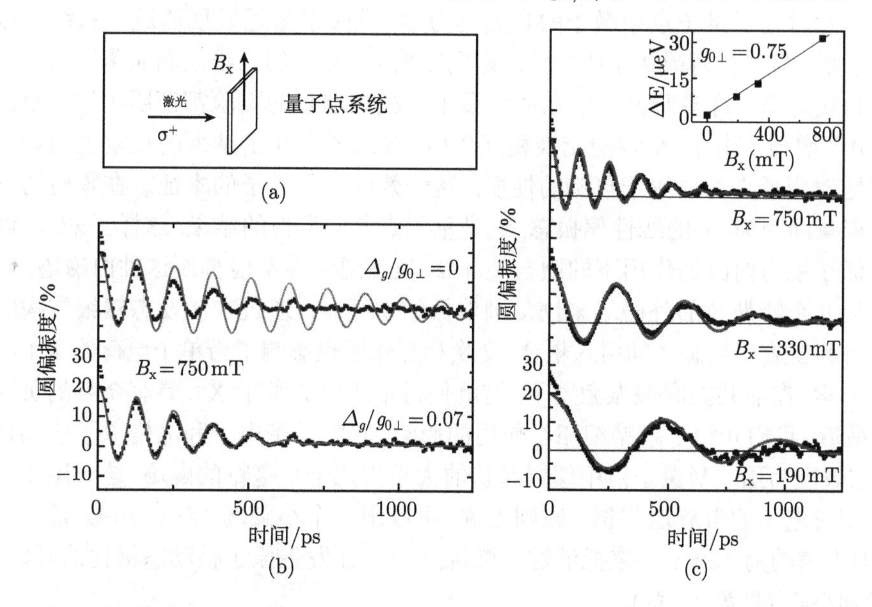

图 4.11 (a) 实验配置; (b) 用圆偏振荧光测量得到的 p 型 InAs 量子点系综里 X^+ 激子的电子自旋量子拍. 考虑或不考虑横向电子 g 因子的涨落来进行数据拟合，根据文献 [55]; (c) 测量与 (b) 相同，但磁场不同，用文献 [55] 中的完整模型来进行拟合

σ^+ 偏振的激发脉冲所产生 $|X^+,\downarrow\rangle_z$ 态是 $|X^+,\uparrow\rangle_x$ 和 $|X^+,\downarrow\rangle_x$ 的线性叠加. 系统以量子拍的形式在这些态之间随时间演化，在辐射寿命的时间内，检测圆偏振度的时间演化就可以证明这一点 (图 4.11) ③. 振荡的衰减给出了系统的有效相干时

① 在几个特斯拉的磁场中，在电荷可调节的自组织 InAs 量子点中[79] 和静电限制的量子点中[80]，观察到残留电子具有毫秒级的自旋弛豫时间.

② 在这种构型中，因为电子平均自旋总是垂直于磁场，原子核动态极化没有什么作用[18].

③ 根据拍频对磁场强度的依赖关系，可以得到电子的垂直 g 因子. 用这种方法得到的 $g_{e,\perp}=0.75$ 与单量子点光谱测量得到的数值相符[29].

间. 这里, 由于量子点系综平均导致的自旋退相位效应已经与本征的退相干原因区分开来了. Merkulov 等的模型只包括了来自于超精细效应的自旋退相干, 不能够给出振荡的快速衰减. 观测到的 400ps 的退相位时间的主要贡献来自于电子横向 g 因子的非均匀性 (~7%). 显然, 对于单个量子点来说, 这一退相干机制消失了, 在这种情况下, 超精细相互作用仍然是低温下退相干的主要原因. 由图 4.11 可以得到, 这种贡献的退相位时间为 1ns, 应该可以在单个量子点的时间分辨实验中观测到.

4.7 结论

本章讨论了量子点中激子的自旋动力学, 回顾了最近发现的这一系统中最重要的性质. 与体材料或量子阱相比, 量子点载流子受到的三维限制显著地增大了激子的自旋寿命. 许多研究光学取向或激子二极矩准直的实验都证明了这一点. 然而, 由于增强了电子–空穴的交换相互作用, 载流子在几个纳米的尺度上的量子化显著地改变了它们依赖于自旋的性质. 这一效应使得激子的本征态在零磁场下劈裂为能量间距为 δ_1 的线性偏振态, 这是量子点各向异性的结果. 这样一来, 可以将中性激子视为内磁场作用下的赝自旋 1/2, 虽然通常并不能抑制这种内磁场, 但是可以用几个特斯拉的外磁场来恢复圆偏振的本征态. 通过在激发态精细结构的自旋单态和自旋三重态之间引入耦合, 交换相互作用也影响了带单个电荷的激子的自旋动力学. 在非共振圆偏振激发下, 这就使得带负电的激子 X^- 具有奇异的负圆偏振. 最后, 我们介绍了超精细相互作用的影响, 它将导带电子和晶格原子核耦合起来. 它表现为Ⅲ - Ⅴ量子点中缓慢起伏的大小为几十个毫特的磁场, 这一磁场引起了非配对电子的自旋退相位. 原则上说, 可以用一个小磁场 (对于 InAs 量子点来说, 典型值约为 150mT) 来抵消这一微扰, 但是, 在发生原子核动态极化的时候, 需要特别小心 (见第 11 章).

致谢

我们感谢 J. M. Gérard、V. Ustinov 和 A. Lemaître 为我们生长样品. 感谢 M. Paillard、M. Sénès、P. F. Braun、L. Lombez、D. Lagarde、S. Laurent、B. Eble、P. Renucci、H. Carrère、P. Voisin、K. V. Kavokin 和 V. K. Kalevich 对此工作的贡献. 我们感谢 A. Högele、F. Henneberger 和 L. Besombes 提供的原始图片.

参 考 文 献

[1] V. I. Klimov, A. A. Mikhailovsky, S. Xu, A. Malko, J. A. Hollingsworth, C. A. Leatherdale, H. -J. Eisler, M. G. Bawendi, Science **290**, 314 (2000)

[2] N. P. Stern, M. Poggio, M. H. Bartl, E. L. Hu, G. D. Stucky, D. D. Awschalom, Phys. Rev. B **72**, 161303(R) (2005)

[3] D. Gammon, E. S. Snow, B. V. Shanabrook, D. S. Katzer, D. Park, Phys. Rev. Lett. **76**, 3005 (1996)

[4] L. Besombes, K. Kheng, D. Martrou, Phys. Rev. Lett. **85**, 425 (2000)

[5] J. P. McCaffrey, M. D. Robertson, S. Fafard, Z. R. Wasilewski, E. M. Griswold, L. D. Madsen, J. Appl. Phys. **88**, 2272 (2000)

[6] J. -Y. Marzin, J. -M. Gerard, A. Izraël, D. Barrier, G. Bastard, Phys. Rev. Lett. **73**, 716 (1994)

[7] T. Flissikowski, A. Betke, I. Akimov, F. Henneberger, Phys. Rev. Lett. **92**, 227401 (2004)

[8] I. A. Yugova, I. Ya. Gerlovin, V. G. Davydov, I. V. Ignatiev, I. E. Kozin, H. W. Ren, M. Sugisaki, S. Sugou, Y. Masumoto, Phys. Rev. B **66**, 235312 (2002)

[9] N. Koguchi, S. Takahashi, T. Chikyow, J. Cryst. Growth **111**, 688 (1991)

[10] J. R. Petta, A. C. Johnson, J. M. Taylor, E. A. Laird, A. Yacoby, M. D. Lukin, C. M. Marcus, M. P. Hanson, A. C. Gossard, Science **309**, 2180 (2005)

[11] F. H. L. Koppens, C. Buizert, K. J. Tielrooij, I. T. Vink, K. C. Nowack, T. Meunier, L. P. Kouwenhoven, L. M. K. Vandersypen, Nature **442**, 766 (2006)

[12] E. Moreau, I. Robert, L. Manin, V. Thierry-Mieg, J. M. Gerard, I. Abram, Phys. Rev. Lett. **87**, 183601 (2001)

[13] C. Santori, D. Fattal, J. Vucovic, G. S. Solomon, Y. Yamamoto, Nature **419**, 594 (2002)

[14] R. M. Stevenson, R. J. Young, P. Atkinson, K. Cooper, D. A. Ritchie, A. J. Shields, Nature **439**, 179 (2006)

[15] P. Borri, W. Langbein, S. Schneider, U. Woggon, R. L. Sellin, D. Ouyang, D. Bimberg, Phys. Rev. Lett. **87**, 157401 (2001)

[16] X. Li, Y. Wu, D. Steel, D. Gammon, T. H. Stievater, D. S. Katzer, D. Park, C. Piermarocchi, L. J. Sham, Science **301**, 809 (2003)

[17] B. Eble, O. Krebs, A. Lemaître, K. Kowalik, A. Kudelski, P. Voisin, B. Urbaszek, X. Marie, T. Amand, Phys. Rev. B **74**, 081306(R) (2006)

[18] F. Meier, B. Zakharchenya, *Optical Orientation, Modern Problem in Condensed Matter Sciences*, vol. 8 (North-Holland, Amsterdam, 1984)

[19] D. Gammon, A. L. Efros, T. A. Kennedy, M. Rosen, D. S. Katzer, D. Park, S. W. Brown, V. L. Korenev, I. A. Merkulov, Phys. Rev. Lett. **86**, 5176 (2001)

[20] I. A. Merkulov, Al. L. Efros, M. Rosen, Phys. Rev. B **65**, 205309 (2002)

[21] P. -F. Braun, X. Marie, L. Lombez, B. Urbaszek, T. Amand, P. Renucci, V. K. Kalevich, K. V. Kavokin, O. Krebs, P. Voisin, Y. Masumoto, Phys. Rev. Lett. **94**, 116601 (2005)

[22] V. K. Kalevich, V. L. Korenev, JETP Lett. **56**, 253 (1992)

[23] P. -F. Braun, B. Urbaszek, T. Amand, X. Marie, O. Krebs, B. Eble, A. Lemaître, P. Voisin, Phys. Rev. B **74**, 245603 (2006)

[24] R. J. Warburton, B. T. Miller, C. S. Dürr, C. Bödefeld, K. Karrai, J. P. Kotthaus, G. Medeiros-Ribeiros, P. M. Petroff, S. Huant, Phys. Rev. B **58**, 16221 (1998)

[25] M. Grundmann, O. Stier, D. Bimberg, Phys. Rev. B **52**, 11969 (1995)

[26] E. L. Ivchenko, *Springer Series in Solid-State Science*, vol. 110 (Springer, Berlin, 1997)

[27] R. I. Dzhioev, B. P. Zakharchenya, E. L. Ivchenko, V. L. Korenev, Y. G. Kusraev, N. N. Ledentsov, V. M. Ustinov, A. E. Zhukov, A. F. Tsatsulnikov, Phys. Solid State **40**, 790 (1998)

[28] I. E. Kozin, V. G. Davydov, I. V. Ignatiev, A. V. Kavokin, K. V. Kavokin, G. Malpuech, H. -W. Ren, M. Sugisaki, S. Sugou, Y. Masumoto, Phys. Rev. B **65**, 241312 (2002)

[29] M. Bayer, G. Ortner, O. Stern, A. Kuther, A. A. Gorbunov, A. Forchel, P. Hawrylak, S. Fafard, K. Hinzer, T. L. Reinecke, S. N. Walck, J. P. Reithmaier, F. Klopf, F. Schafer, Phys. Rev. B **65**, 195315 (2002), and references therein

[30] E. L. Ivchenko, A. Y. Kaminski, I. L. Aleiner, JETP **77**, 609 (1993)

[31] B. Urbaszek, R. J. Warburton, K. Karrai, B. D. Gerardot, P. M. Petroff, J. M. Garcia, Phys. Rev. Lett. **90**, 247403 (2003)

[32] V. D. Kulakovskii, G. Bacher, R. Weigand, T. Kummell, A. Forchel, E. Borovitskaya, K. Leonardi, D. Hommel, Phys. Rev. Lett. **82**, 1780 (1999)

[33] A. Högele, S. Seidl, M. Kroner, K. Karrai, R. J. Warburton, B. D. Gerardot, P. M. Petroff, Phys. Rev. Lett. **93**, 217401 (2004)

[34] T. Flissikowski, A. Hundt, M. Lowisch, M. Rabe, F. Henneberger, Phys. Rev. Lett. **86**, 3172 (2001)

[35] K. V. Kavokin, Phys. Stat. Sol. (a) **195**, 592 (2003)

[36] B. D. Gerardot, S. Seidl, P. A. Dalgarno, R. J. Warburton, D. Granados, J. M. Garcia, K. Kowalik, O. Krebs, K. Karrai, A. Badolato, P. M. Petroff, Appl. Phys. Lett. **90**, 041101 (2007)

[37] M. Chamaro, C. Gourdon, P. Lavallard, J. Lumin. **70**, 222 (1996)

[38] J. A. Gupta, D. D. Awschalom, X. Peng, A. P. Alivisatos, Phys. Rev. B **59**, 10421(R) (1999)

[39] H. Gotoh, H. Ando, H. Kamada, A. Chavez-Pirson, J. Temmyo, Appl. Phys. Lett. **72**, 1341 (1998)

[40] M. Paillard, X. Marie, P. Renucci, T. Amand, A. Jbeli, J. M. Gérard, Phys. Rev. Lett. **86**, 1634 (2001)

[41] X. Marie, P. LeJeune, T. Amand, M. Brousseau, J. Barrau, M. Paillard, R. Planel, Phys. Rev. Lett. **79**, 3222 (1997)

[42] T. H. Stievater, X. Li, T. Cubel, D. G. Steel, D. Gammon, D. S. Katzer, D. Park, Appl. Phys. Lett. **81**, 4251 (2002)

[43] E. Tsitsishvili, R. V. Baltz, H. Kalt, Phys. Rev. B **66**, 161405 (2002)

[44] M. Senes, B. Urbaszek, X. Marie, T. Amand, J. Tribollet, F. Bernardot, C. Testelin, M. Chamarro, J. -M. Gérard, Phys. Rev. B **71**, 115334 (2005)

[45] A. S. Lenihan, M. V. Gurudev Dutt, D. G. Steel, S. Ghosh, P. K. Bhattacharya, Phys. Rev. Lett. **88**, 223601 (2002)

[46] F. Bernardot, E. Aubry, J. Tribollet, C. Testelin, M. Chamarro, L. Lombez, P. -F. Braun, X. Marie, T. Amand, J. -M. Gérard, Phys. Rev. B **73**, 085301 (2006)

[47] W. Langbein, P. Borri, U. Woggon, V. Stavarache, D. Reuter, A. D. Wieck, Phys. Rev. B **69**, R161301 (2004)

[48] A. Greilich, M. Schwab, T. Berstermann, T. Auer, R. Oulton, D. R. Yakovlev, M. Bayer, V. Stavarache, D. Reuter, A. Wieck, Phys. Rev. B **73**, 045323 (2006)

[49] C. Testelin, E. Aubry, M. Chaouache, M. Maaref, F. Bernardot, M. Chamarro, J. -M. Gérard, Phys. Stat. Sol. (c) **3**, 3900 (2006)

[50] C. Testelin, E. Aubry, M. Chaouache, M. Maaref, F. Bernardot, M. Chamarro, J. -M. Gérard, Phys. Stat. Sol. (c) **4**, 1385 (2007)

[51] G. Bester, S. Nair, A. Zunger, Phys. Rev. B **67**, 161306(R) (2003)

[52] R. I. Dzhioev, B. P. Zakharchenya, E. L. Ivchenko, V. L. Korenev, Y. G. Kusraev, N. N. Ledentsov, V. M. Ustinov, A. E. Zhukov, A. F. Tsatsulnikov, JETP **65**, 804 (1997)

[53] K. Kowalik, PhD thesis, Université Pierre et Marie Curie (Paris 6), http://tel.archivesouvertes.fr

[54] K. Nishibayashi, T. Okuno, Y. Masumoto, H. -W. Ren, Phys. Rev. B **68**, 035333 (2003)

[55] L. Lombez, P. -F. Braun, X. Marie, P. Renucci, B. Urbaszek, T. Amand, O. Krebs, P. Voisin, Phys. Rev. B **75**, 195314 (2007)

[56] A. Greilich, D. R. Yakovlev, A. Shabaev, Al. L. Efros, I. A. Yugova, R. Oulton, V. Stavarache, D. Reuter, A. Wieck, M. Bayer, Science **313**, 341 (2006)

[57] I. A. Yugova, A. Greilich, E. A. Zhukov, D. R. Yakovlev, M. Bayer, D. Reuter, A. D. Wieck, Phys. Rev. B **75**, 195325 (2007)

[58] I. A. Akimov, A. Hundt, T. Flissikowski, F. Henneberger, Appl. Phys. Lett. **81**, 4730 (2002)

[59] S. Cortez, O. Krebs, S. Laurent, M. Senes, X. Marie, P. Voisin, R. Ferreira, G. Bastard, J. -M. Gérard, T. Amand, Phys. Rev. Lett. **89**, 207 (2002)

[60] R.J. Warburton, C. Schaflein, D. Haft, F. Bickel, A. Lorke, K. Karrai, J. M. Garcia, W. Schoenfeld, P. M. Petroff, Nature **405**, 926 (2000)

[61] S. Laurent, B. Eble, O. Krebs, A. Lemaître, B. Urbaszek, X. Marie, T. Amand, P. Voisin, Phys. Rev. Lett. **94**, 147401 (2005)

[62] T. Flissikowski, I. A. Akimov, A. Hundt, F. Henneberger, Phys. Rev. B **68**, 161309(R) (2003)

[63] M. E. Ware, E. A. Stinaff, D. Gammon, M. F. Doty, A. S. Bracker, D. Gershoni, V. L. Korenev, S. C. Badescu, Y. Lyanda-Geller, T. L. Reinecke, Phys. Rev. Lett. **95**, 177403 (2005)

[64] I. A. Akimov, K. V. Kavokin, A. Hundt, F. Henneberger, Phys. Rev. B **71**, 75326 (2005)

[65] M. M. Glazov, E. L. Ivchenko, R. V. Baltz, E. G. Tsitsishvili, cond-mat/0501635 (2005)

[66] M. Ediger, G. Bester, B. D. Gerardot, A. Badolato, P. M. Petroff, K. Karrai, A. Zunger, R. J. Warburton, Phys. Rev. Lett. **98**, 036808 (2007)

[67] S. Laurent, M. Senes, O. Krebs, V. K. Kalevich, B. Urbaszek, X. Marie, T. Amand, P. Voisin, Phys. Rev. B **73**, 235302 (2006)

[68] V. K. Kalevich, I. A. Merkulov, A. Y. Shiryaev, K. V. Kavokin, M. Ikezawa, T. Okuno, P. N. Brunkov, A. E. Zhukov, V. M. Ustinov, Y. Masumoto, Phys. Rev. B **72**, 045325 (2005)

[69] C. W. Lai, P. Maletinsky, A. Badolato, A. Imamoglu, Phys. Rev. Lett. **96**, 167403 (2006)

[70] R. I. Dzhioev, B. P. Zakharchenya, V. L. Korenev, P. E. Pak, D. A. Vinokurov, O. V. Kovalenkov, I. S. Tarasov, Phys. Solid State **40**, 1745 (1998)

[71] A. S. Bracker, E. A. Stinaff, D. Gammon, M. E. Ware, J. G. Tischler, A. Shabaev, Al. L. Efros, D. Park, D. Gershoni, V. L. Korenev, I. A. Merkulov, Phys. Rev. Lett. **94**, 047402 (2005)

[72] R. Oulton, A. Greilich, S. Yu. Verbin, R. V. Cherbunin, T. Auer, D. R. Yakovlev, M. Bayer, I. A. Merkulov, V. Stavarache, D. Reuter, A. D. Wieck, Phys. Rev. Lett. **98**, 107401 (2007)

[73] P. -F. Braun, L. Lombez, X. Marie, B. Urbaszek, M. Senes, T. Amand, V. Kalevich, K. Kavokin, O. Krebs, P. Voisin, V. Ustinov, Phys. Stat. Sol. (b) **242**, 1233 (2005)

[74] D. Heiss, S. Schaeck, H. Huebl, M. Bichler, G. Abstreiter, J. J. Finley, D. V. Bulaev, D. Loss, arXiv:0705.1466

[75] D. Gammon, S. W. Brown, E. S. Snow, T. A. Kennedy, D. S. Katzer, D. Park, Science **277**, 85 (1997)

[76] O. Krebs, B. Eble, A. Lemaître, B. Urbaszek, K. Kowalik, A. Kudelski, X. Marie X, T. Amand, P. Voisin, Phys. Stat. Sol. (a) **204**, 202 (2007)

[77] A. V. Khaetskii, D. Loss, L. Glazman, Phys. Rev. Lett. **88**, 186802 (2002)

[78] Y. G. Semenov, K. W. Kim, Phys. Rev. B **67**, 73301 (2003)

[79] M. Kroutvar, Y. Ducommun, D. Heiss, M. Bichler, D. Schuh, G. Abstreiter, J. J. Finley, Nature **432**, 81 (2004)

[80] J. M. Elzerman, R. Hanson, L. H. W. van Beveren, B. Witkamp, L. M. K. Vandersypen, L. P. Kouwenhoven, Nature **430**, 431 (2004)

[81] W. K. Liu, K. M. Whitaker, A. L. Smith, K. R. Kittilstved, B. H. Robinson, D. R. Gamelin, Phys. Rev. Lett. **98**, 186804 (2007)

[82] L. Lombez, P. Renucci, P. F. Braun, H. Carrère, X. Marie, T. Amand, B. Urbaszek, J. L. Gauffier, P. Gallo, T. Camps, A. Arnoult, C. Fontaine, C. Deranlot, R. Mattana, H. Jaffrès, J. -M. George, P. H. Binh, Appl. Phys. Lett. **90**, 081111 (2007)

第5章 时间自旋分辨动力学和自旋噪声谱

H. Hübner, M. Oestereich

本章概述了研究、利用和控制半导体中自旋的主要光谱实验技术. 通过从当前的半导体自旋物理学研究中选择出来的例子, 我们既描述了不同技术的应用范围, 也讨论了它们的优点和缺陷.

5.1 导 论

早在 1969 年[1], 时间积分的光学 Hanle 实验就已经发现了半导体中有趣的自旋物理学. 时间分辨的 Hanle 实验以及时间分辨法拉第旋转谱是它的成功继承者, 可以直接测量载流子在外磁场中或者在有效内磁场中的进动频率. 今天, 绝大多数的时间分辨光学实验使用皮秒或者飞秒尺度的激光脉冲将半导体价带中的电子激发到导带中去. 在大多数Ⅲ-Ⅴ族和Ⅱ-Ⅵ族半导体中, 用圆偏振光激发可以使得激发到导带中的电子和留在价带中的空穴获得适当的自旋取向. 电子和空穴获得适当的自旋取向的原因是依赖于样品结构、半导体材料, 以及激发方向的光学选择定则. 在多数情况下, 因为很强的自旋–轨道相互作用和轻重空穴自旋态的混合, 空穴自旋弛豫到热平衡状态所需要的时间与动量弛豫时间的尺度相当. 在一般温度下, 体材料 GaAs 中自由空穴的自旋弛豫时间小于 100fs[2], 因此, 在许多实验中可以忽略空穴的自旋极化. 电子自旋弛豫通常要慢得多, 所以, 绝大多数的时间分辨光学实验只能观测电子的自旋动力学.

用偏振的激光脉冲来激发样品可以初始化自旋取向并定义了时间零点. 接下来, 时间分辨实验测量自旋取向的时间演化过程. 动力学可能被内部磁场所主导, 这可能是研究本身的重点, 也可能被外部磁场主导, 它可以进一步给出基本参数, 如电子的 g 因子[3]. 在时间分辨荧光光谱实验中, 探测被激发样品所发出的荧光的偏振度可以得到自旋的极化度. 在时间分辨法拉第旋转实验中, 测量探测激光脉冲的线性偏振面的旋转可以得到自旋的极化度. 通常, 一束激光脉冲激发的不是单独的一个电子, 而是电子的一个系综, 实验研究的是这个电子系综的平均自旋极化的动力学. 平均自旋极化度的定义是 $P_{\mathrm{s}}=(n_{+}-n_{-})/(n_{+}+n_{-})$, 其中 n_{+} 和 n_{-} 分别为自旋为 $+1/2$ 和 $-1/2$ 的电子的数目. 自旋弛豫时间, τ_{s} 描述了初始自旋极化到热平衡分布的指数衰减过程. 虽然, 自旋弛豫过程通常还依赖于一些随时间变化的参数. 例如, 载流子浓度和载流子温度. 因此, 单个的指数衰减并不能精确地描述自旋弛豫过程.

时间积分的 Hanle 实验、时间分辨的 Hanle 实验和时间分辨法拉第旋转谱都利用光激发来产生特定的自旋取向. 一种新型的法拉第旋转实验绕过了这种对被研究系统的扰动, 利用的是处于热力学平衡状态下系统中电子自旋的涨落. 这种技术首先在 2000 年铷蒸气的量子光学研究中[4] 出现, 很快又被成功地应用于半导体中[5]. 这一技术被称为自旋噪声谱, 它基于激光在非吸收区 (也就是说, 激光的能量低于半导体的带隙) 的法拉第旋转, 不需要一个预先的激发. 令人吃惊的是, 这一技术非常灵敏, 对于研究半导体中不同类型的自旋测量有许多优点.

5.2 节综述了时间分辨和偏振分辨的荧光光谱技术, 给出了有代表性的荧光结果：(110)GaAs 量子阱中一种新的自旋弛豫机制, GaAs 量子点中电子和空穴的相干自旋动力学. 然后, 5.3 节描述了时间分辨法拉第旋转谱技术, 并以电子自旋放大作为一个实例来加以介绍. 最后, 5.4 节介绍了一种非扰动性的自旋探测技术 —— 自旋噪声谱, 并给出了体材料 GaAs 中自旋动力学的结果.

5.2 时间分辨和偏振分辨的光致荧光谱

光激发的半导体不处于热平衡态, 光激发产生的导带中的电子和价带中的空穴复合, 使系统的自由能恢复到最小值. 复合过程的光学选择定则与吸收过程的选择定则完全相同, 因此, 圆偏振度 P_σ 就衡量了自旋极化度. 像 GaAs 这样的体材料半导体, 如果电子的自旋极化度为 100%, 而空穴没有极化, 那么荧光的最大圆偏振度为 $P_\sigma = 50\%$(见图 1.2). 这是因为, Γ 点处的重空穴和轻空穴的能量是简并的, 而此处是激发最容易发生的地方 (对于直接带隙半导体来说, $p = 0$). 此外, 重空穴跃迁概率是轻空穴的三倍, 这就导致了 $P_\sigma = (3-1)/(3+1) = 0.5 = 50\%$. 但是, 因为在绝大多数体材料半导体中光生电子的最大自旋极化度仅为 50% ①, 所以, 在光致荧光实验中, 最大 $P_\sigma = 0.5 \times 0.5 = 0.25 = 25\%$. 在低维半导体中, 轻重空穴的简并不再存在, 对于 100% 的电子自旋极化度来说, 可以达到接近 100% 的圆偏振极化度 ②. 知道了光学选择定则, 时间分辨和偏振分辨的光致荧光谱就成为研究半导体中自旋动力学的一个有力工具.

5.2.1 实验技术

图 5.1(a) 给出了时间分辨和偏振分辨的光致荧光测量的典型装置示意图. 一个 10W 二极管泵浦的连续波固态激光器泵浦一台皮秒或飞秒的掺钛蓝宝石

① 在一些晶体对称性中, 如六方纤芯矿结构, 价带顶的简并消除了, 这样就增大了极化度.

② 请注意, 1.3.9 节中图 1.2 所画的选择定则是非常简化的, 需要采用包括激子效应的 $\boldsymbol{k}\cdot\boldsymbol{p}$ 理论的更为严格的理论处理才能得到更为实际的预言 (见文献 [6]).

(Ti: Sapphire) 激光器, 重复频率为 80MHz, 最大平均输出功率为 2W. 激光首先通过一个线偏振元件来提高激光的线偏振度. 接着, 将激光的线偏振转化为圆偏振, 这可以采用一个 Babinet 或 Berek 补偿器、液晶相位延迟器、光弹调制器或电光调制器来作为 $\lambda/4$ 波片. 设置这些相位延迟器使得到达样品的光为圆偏振态, 也就是说, 必须补偿由一系列光学镜子 —— 特别是介质膜镜子或镀膜镜子会产生很强的双折射效应 —— 导致的偏振状态的改变 ①. 通过相位延迟器之后的圆偏振的激光脉冲被聚焦到样品上, 该样品位于可变温的磁光低温容器中, 采用 Voigt 构型, 即磁场垂直于激发方向. 在相反的方向上收集样品产生的光致荧光, 通过一个 $\lambda/4$ 相位延迟器, 然后再经过一个线偏振器来选择一个圆偏振分量. 能量分辨是通过一个单色仪来实现的, 而时间分辨是通过一个光电倍增管或者是条纹相机系统. 条纹相机系统远胜于光电倍增管, 因为它拥有一个空间映照的光电阴极, 能够同时得到一组二维的数据. 这组数据可以包含如下信息：光致荧光对时间、光频率、偏振度或样品上荧光位置的依赖关系. 图 5.1(b) 给出了时间分辨光荧光谱的一个例子, 用 2ps 的圆偏振激光脉冲激发 25nm GaAs/(AlGaAs) 量子阱后的荧光谱的一个圆偏振分量的时间动力学. 垂直于激发方向的磁场 B 使得光生的电子自旋围绕磁场进行拉莫尔进动, 进动频率为 $\Omega_{\mathrm{L}} = g\mu_{\mathrm{B}}B/\hbar$, 其中 g 为电子 g 因子, μ_{B} 为玻尔磁子. 从偏振分辨的光荧光谱的强度调制 (拍) 上可以直接看出电子自旋的进动. 拍的周期正比于磁场强度, 正如拉莫尔频率的公式所预期的那样. 高精度的测量揭示出对于这一线性依赖关系的偏离, 因为 g 因子依赖于导带中电子的能量, 从而也就依赖于外加磁场 B (更多细节请看文献 [7]). 光荧光谱的强度调制 (拍) 在 $t = 0$ 时刻以一个最小值开始, 因为激发和探测的圆偏振是相反的. 在起始阶段的 400ps 中光荧光的总体增加不依赖于自旋动力学, 它是由于初始的热电子和空穴逐渐冷却至晶格温度. 后期光荧光的总体减弱是因为复合降低了载流子的浓度. 一般来说, 可以用如下公式来近似描述归一化的平均光荧光谱强度的调制：

$$I(t) = I_0 \left(1 - \mathrm{e}^{-t/\tau_{\mathrm{c}}}\right) \mathrm{e}^{-t/\tau_{\mathrm{r}}} M(t)$$

其中

$$M(t) = 1 \pm a_{\mathrm{M}} \mathrm{e}^{-t/\tau_{\mathrm{s}}} \cos\left(\Omega_{\mathrm{L}} t\right)$$

其中, τ_{c}、τ_{r}、τ_{s} 分别为冷却时间、复合时间和横向自旋弛豫时间. 调制深度 $\pm a_{\mathrm{M}}$ 的符号表明探测的是相同还是相反的圆偏振, 而 Ω_{L} 是调制拉莫尔频率. 与自旋无关的时间分辨荧光测量中反映的载流子动力学效应似乎模糊了对 $M(t)$ 数据的解释, 但是, 顺序地测量或者同时测量光荧光谱的右圆偏振 (σ^-) 或者左圆偏振 (σ^+)

① 液晶相位延迟器的优点是可以用一个最大为 10Hz 的可变频率来电学地控制. 光弹调制器的优点在于具有一个固定的、约 50kHz 的较高频率, 而电光调制器的频率可以高达 MHz, 但是需要高速精确的高压源. 相位调制器的最佳选择依赖于光致荧光的探测系统.

分量, 就可以直接提取出时间分辨的光偏振度 $P_\sigma = (\sigma^- - \sigma^+)/(\sigma^- + \sigma^+)$, 也就是说, 明确地提取出自旋极化 $P_s = a_M \times e^{-t/\tau_s}\cos(\Omega_L t)$. 图 5.2 给出了相应的数据, 其中两个彼此正交的圆偏振被同时测量, 这就可以没有歧义地精确提取出极化度、自旋拍的频率以及自旋弛豫时间.

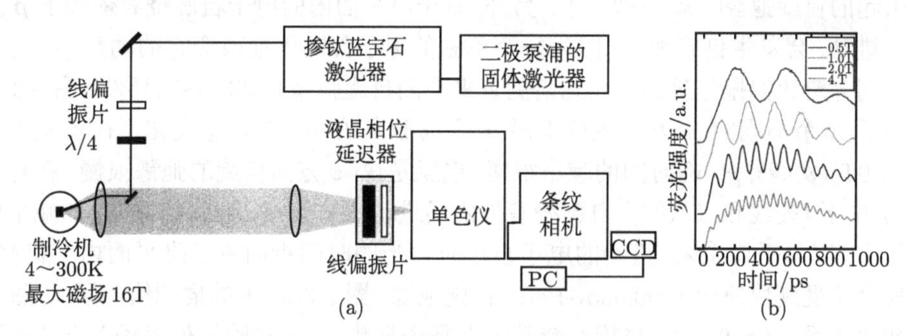

图 5.1 (a) 时间分辨荧光光谱的典型装置示意图; (b) 用圆偏振激光脉冲激发样品后得到的时间分辨荧光谱的一个圆偏振分量. 振荡幅度随时间的衰减来自于自旋弛豫. 振荡的深度给出了自旋极化度, 在 4T 处的拍频调制的减小是因为在这个特定实验中的时间精度比较差

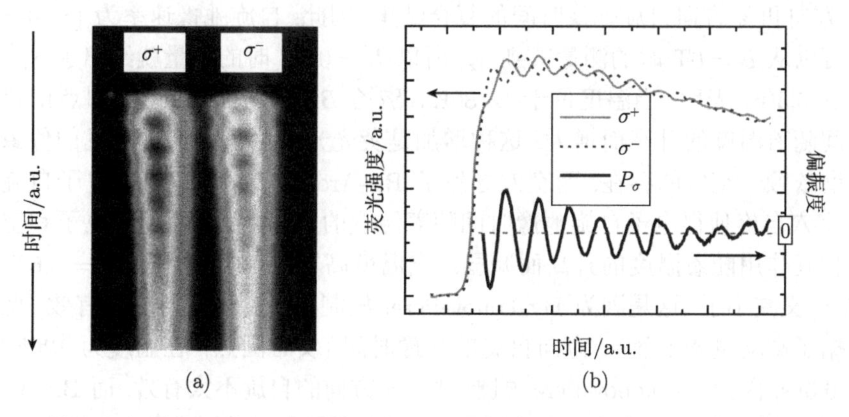

图 5.2 用条纹相机系统测量得到的圆偏振分辨的荧光光谱. (a) 低温下 GaAs 量子阱样品的光致荧光谱的原始数据. 横坐标为能量. 在此特定实验中, 两束偏振相互垂直的光同时经过单色仪, Wallaston 棱镜使得它们在水平方向上偏移了一个固定距离; (b) 光强和偏振度随时间的依赖关系

5.2.2 实验例证 I：(110) 量子阱中的自旋弛豫

第一个实例是厚度为 20nm 的 n 型掺杂 (110) 量子阱随温度变化的荧光光谱测量结果. 这个实验表明, 电子自旋弛豫时间具有很强的各向异性, 揭示了一种由于子带间散射而产生的新的自旋弛豫机制[8]. 同时, 这个实验很好地证明了用荧

光光谱测量来研究电子自旋动力学的一个主要缺点：空穴的存在和影响是不可避免的.

在 1.4.2 节中已经看到, 依赖于动量 $\boldsymbol{p}$ 的随机磁场 (它引起了自旋弛豫) 在 (110) 量子阱中总是指向生长方向. 因此, 对于 z 方向的电子自旋来说, Dyakonov-Perel 机制引起的自旋弛豫[9] 就被抑制了. 另外, 量子阱平面内的电子自旋绕着依赖于 $\boldsymbol{p}$ 的磁场进动, 会发生自旋弛豫, 因为每个单独的电子都随机地改变它的动量 $\boldsymbol{p}$. 可以用时间分辨和偏振分辨的荧光光谱测量来观测自旋弛豫时间的各向异性：图 5.3(a) 给出了 3 个不同的 y 方向磁场下沿 z 方向激发的 P_σ 的瞬态变化. 在零磁场下 ($B = 0\text{T}$)(实线), P_σ 随时间的减小很慢, 也就是说, z 方向自旋的弛豫很慢. 在有限磁场 B 下 (虚线和点状线), 自旋绕着外磁场进动 , P_σ 包络 (振荡的幅度) 的减小要快得多, 因为平均说来, 进动的电子自旋有一半的时间指向量子阱平面内, 那时它们就会感受到快速的 Dyakonov-Perel 自旋弛豫. 图 5.3(a) 中的插图给出了 τ_s 随 B 的变化关系. $B > 0\text{T}$ 时, 自旋寿命基本上是个常数, 也就排除了外磁场对自旋弛豫的直接影响, 也就是说, τ_s 强烈地依赖于自旋的取向, 而对外磁场的大小并不敏感. 接着, 我们研究 $B = 0\text{T}$ 和 $B = 0.6\text{T}$ 时 τ_s 的温度依赖关系. $B = 0\text{T}$ 时得到的数据给出了 z 方向的 τ_s, 因此, z 方向的自旋弛豫速率 $\gamma_z = 1/\tau_\text{s}$. $B = 0.6\text{T}$ 时的测量给出 x 方向和 z 方向自旋弛豫时间的复合结果, 因此, 自旋弛豫速率为 $(\gamma_x + \gamma_z)/2$. 因为可以从 $B = 0\text{T}$ 时的测量得到 γ_z, 所以 $B = 0.6\text{T}$ 时的测量就给出了 γ_x①.

图 5.3(b) 表明, 当温度位于 2~80K、磁场 $B = 0.6\text{T}$ 时 (空心圆点), 自旋弛豫时间随着温度的升高而增大. 这种增加是荧光光谱测量中一种常见的假象：荧光光谱依赖于空穴的存在, 而空穴导致了 Bir-Aronov-Pikus 机制的电子自旋弛豫 [13]. 空穴自旋使得电子自旋弛豫时间随着温度的升高而减小, 因为电子和空穴的交换相互作用随着温度的升高而减弱. 当温度高于 80K 的时候, $B = 0.6\text{T}$ 情况下的 τ_s 又减小了, 这是因为 Dyakonov-Perel 机制在高温下变得更为有效 (此时电子占据了高动量态). 而 z 方向自旋的弛豫时间 (实心圆点) 在温度为 120K 时增大至 6.5ns, 因为 Dyakonov-Perel 机制对于 z 方向的自旋不太有效, 而 Bir-Aronov-Pikus 机制在高温下变得更小了. 然而, 当温度高于 120K 的时候, τ_s 又减小了, 这非常奇怪, 因为此时 Dyakonov-Perel 机制被抑制了, 高温下空穴的影响比较弱, 而 Elliott-Yafet 机制 (与原子核自旋的超精细相互作用) 又太弱了, 不足以解释这种减

① 因为量子阱中的光学选择定则, 不能够采用在 x 方向上激发和探测光荧光的方法来直接测量 γ_x. 量子阱中重空穴的带间矩阵元为 $u_{\text{hh}1} = -1/\sqrt{2}\,|X + \text{i}Y \uparrow\rangle$ 和 $u_{\text{hh}2} = -1/\sqrt{2}\,|X - \text{i}Y \downarrow\rangle$, 也就是说, 重空穴跃迁有着非零的 z 分量, 量子阱在 x 方向上发射线偏振荧光, 这与电子或空穴的自旋极化无关. 注意, 在一些文章中 (比如说文献 [10], [11]) 忽略了这一事实. 轻空穴的带间矩阵元为 $u_{\text{lh}1} = -1/\sqrt{6}\,|X + \text{i}Y \uparrow\rangle + \sqrt{2/3}\,|Z \uparrow\rangle$ 和 $u_{\text{lh}2} = -1/\sqrt{6}\,|X + \text{i}Y \downarrow\rangle + \sqrt{2/3}\,|Z \downarrow\rangle$, 也就是说, 轻空穴跃迁有着非零的 z 分量, 自旋极化和圆偏振是相互联系的. 这种联系见于轻空穴的共振激发[12]、具有强的轻、重空穴混合的非常宽的量子阱, 以及轻空穴能量高于重空穴能量的具有特别应变的量子阱中.

小. 这个谜的解释在于一种新的自旋弛豫机制, 它依赖于子带间的散射, 这就是所谓的子带间自旋弛豫机制. 可以用以下方式来理解这一机制：如果没有自旋–轨道耦合, 那么子带间的散射 (如第一子带 (1) 和第二子带 (2) 之间的散射) 将是自旋守恒的. 如果存在自旋–轨道相互作用, 它在导致 Dyakonov-Perel 自旋退相位的同时, 使得 $\left|\psi^{(1)}_{p_i,\uparrow}\right\rangle \leftrightarrow \left|\psi^{(2)}_{p_j,\downarrow}\right\rangle$ 这样形式的跃迁成为可能, 散射速率取决于子带的劈裂和自旋–轨道相互作用的强度, 即 Dresselhaus 自旋劈裂[8]. 这个例子表明, 即使有空穴存在, 时间分辨的荧光光谱实验也能揭示自旋物理学.

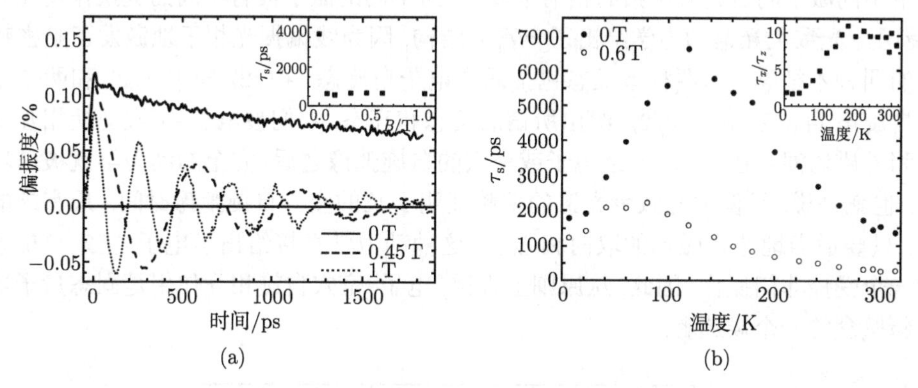

图 5.3 (a) 磁场为 0T(实线), 0.45T(虚线) 和 1T(点状线), 温度为 200K 下测量得到的时间分辨荧光谱的偏振度 P_0. 插图：测量得到的 τ_s 随磁场的依赖关系; (b) 磁场 $B=0\mathrm{T}$(实心圆点) 和 $B=0.6\mathrm{T}$(空心圆点) 时自旋寿命 τ_s 的时间依赖关系. 插图：自旋弛豫时间的各向异性 τ_x/τ_z 的温度依赖关系 (来自于文献 [8])

5.2.3 实验例证 II：半导体中耦合的电子和空穴自旋的相干动力学

第二个光致荧光实验证明电子和空穴的相互作用也可以产生有趣的自旋物理学[14]. 空穴的自旋弛豫并非总是很快. 例如, 量子阱和量子点中重空穴态和轻空穴态之间的大能量劈裂可以导致非常长的自由空穴弛豫时间[15~18]. 另外, 局域空穴也可以表现出很长的自旋弛豫时间. 下面, 我们将给出一个自旋弛豫过程很慢的例子, 一个未掺杂的 3 nm 宽 GaAs/AlGaAs 量子阱的光致荧光实验结果. 表面起伏导致这个窄量子阱中出现强局域态 (它们被称为自然的量子点). 低温下用皮秒激光脉冲共振地激发这些自然量子点, 激发产生的电子和空穴形成激子, 在束缚最强的方向上 (也就是说生长方向) 有很大的电子–空穴交换作用能. 在任意磁场 $\boldsymbol{B}=(B_x,B_y,B_z)$ 下, 激子中电子和空穴的自旋动力学由下述哈密顿量来描述：

$$H=\frac{1}{2}\sum_{i,j=x,y,z}\left\{\mu_\mathrm{B}B_j\left(g^{(\mathrm{e})}_{ij}\hat{\sigma}^{(\mathrm{e})}_i+g^{(\mathrm{h})}_{ij}\hat{\sigma}^{(\mathrm{h})}_i\right)-c_{ij}\hat{\sigma}^{(\mathrm{h})}_i\hat{\sigma}^{(\mathrm{e})}_j\right\} \tag{5.1}$$

其中, $g_{ij}^{(\mathrm{e})}$ 和 $g_{ij}^{(\mathrm{h})}$ 为 g 因子张量; $\hat{\sigma}_j^{(\mathrm{e})}$ 和 $\hat{\sigma}_i^{t(\mathrm{h})}$ 分别为电子和空穴的泡利自旋算符; c_{ij} 为电子空穴交换作用张量; μ_{B} 为玻尔磁矩; z 为生长方向和量子化方向. 在这个哈密顿量中忽略了轻空穴, 因为在窄量子阱中轻重空穴的能量劈裂很大. 可以用标准方法和含时间的薛定谔方程轻松地解出相应的激子自旋态的时间演变 $\psi(\sigma_i^{\mathrm{e,h}}, t)$.

图 5.4 给出了线偏振光激发量子点后荧光谱的一个线偏振分量的复杂动力学结果. 实验观测到的调制深度比较弱, 这是因为测量装置的时间分辨精度的限制. 在初始 50ps 时间内观测到的快速振荡的衰减并不是来自于退相干过程, 而是由于来自于不同激子的自旋量子拍的相消干涉, 因为不同的激子具有不同的交换作用能和 g 因子. 光致荧光谱动力学给出了丰富的结构, 因为线偏振光相干地激发了哈密顿量的四种本征态. 这四种本征态包括两个电子自旋态 $|+1/2\rangle$ 和 $|-1/2\rangle$ 和两个空穴自旋态 $|+3/2\rangle$ 和 $|-3/2\rangle$, 给出所谓的暗态和亮态, 它们被电子–空穴交换相互作用和外磁场混合在一起. 一旦电子或空穴的自旋弛豫之后, 完全的动力学就被破坏了, 也就是说, 线偏振光致荧光谱的拍频证明了长的空穴自旋弛豫时间. 最有趣的是, 只要适当地选择磁场的取向和强度, 这种动力学直接给出了电子–空穴自旋态的一个受控非门操作. 因此, 从原则上来说, 电子–空穴自旋相互作用是固态量子器件新概念的一个候选者.

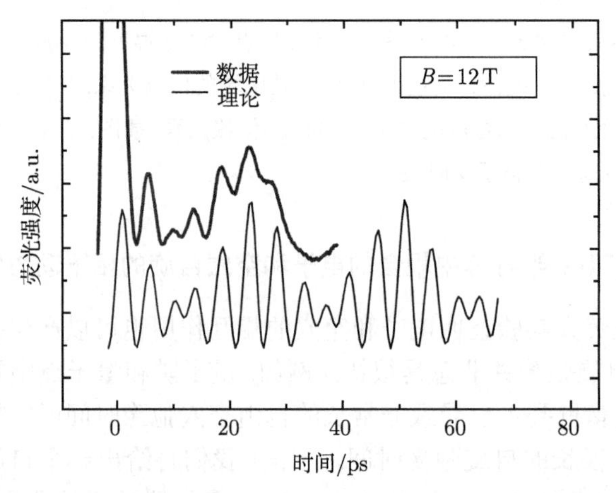

图 5.4　测量得到的 (粗线) 和计算得到的 (细线) 荧光强度随时间的变化关系, 激发和探测都采用线偏振, 磁场与生长方向 (同时也是激发和探测的方向) 成 45°. 来自于文献 [14]

5.2.4　光致荧光和自旋–光电器件

上述两个例子已经说明了用光致荧光实验研究半导体中自旋动力学的优点和不足. 除了许多其他实验之外, 偏振分辨的光致荧光可能是自旋–光电器件研究领域中最为成功的方法. 荧光测量验证了高电场下的自旋传输 [19], 自旋的有效电学注入[20,21], 电泵浦的自旋光发射二极管的偏振发光[22~24], 通过调制自旋取向来实现垂直腔面发射激光器受激辐射的 GHz 调制[25], 通过注入自旋极化的电子来降低这种激光器的阈值电流[26~28], 以及其他许多自旋器件的结果, 也就是说, 光致荧光和自旋–光电器件彼此紧密相连, 读者可以阅读参考文献来获得更多的信息.

5.3 时间分辨法拉第/克尔旋转

时间分辨法拉第或克尔旋转是两种卓有成效的泵浦探测技术, 可以用来研究掺杂半导体中的自旋动力学. 例如, 假设在 n 型掺杂的 GaAs 导带中的电子处于热平衡状态, 没有自旋极化, 也就是说, 我们忽略任何随机的自旋极化, 尽管它们在自旋噪声谱中具有主导性的作用 (见 5.4 节), 但在这个实验中无足轻重. 类似于光致荧光实验, 一束圆偏振的激光短脉冲将自旋极化的电子由价带激发到导带, 从而部分地极化了电子系综. 与掺杂浓度相比, 小激发强度下的极化度是很弱的, 但是高激发强度下极化度可以很大. 之后, 激发产生的空穴与掺杂电子和光生电子构成的电子系综发生复合并使其得到部分的极化. 用另一束线偏振的、相对于泵浦脉冲有一个时间延迟的激光脉冲来检测这个部分极化的电子系综的极化度. 这第二束激光被称为探测脉冲. 探测脉冲可以透过样品 (法拉第构型), 也可以被样品反射 (克尔构型)[30,31]. 对于垂直入射的探测脉冲来说, 它的线偏振的旋转角度正比于样品中的载流子自旋取向. 这个旋转也是光学选择定则的结果：自旋极化的电子使得对于费米能附近的光学跃迁来说, 一种圆偏振分量要比另一种强一些. 如果一种圆偏振分量要比另一种强些, 那么自旋极化的电子就会阻碍该圆偏振分量在费米能附近的光学跃迁. 吸收上的差别 $\Delta\alpha$ 通过 Kramers-Kronig 关系导致了 σ^+ 和 σ^- 偏振光的折射率之间的差别 Δn(图 5.5). 线偏振光是 σ^+ 和 σ^- 偏振光的相干合成. 折射率 n_{σ^+} 和 n_{σ^-} 之间的差别使得两个分量之间产生了一个相移, 造成了线偏振方向的转动. 因此, 时间分辨的探测脉冲线偏振面的旋转的幅度就直接反映了电子自旋极化的极化度及其动力学①.

与 5.2.1 节所述的时间分辨光致荧光技术相比, 法拉第旋转技术的一个优点在于它的时间分辨精度更高, 在法拉第旋转实验中, 时间精度主要受制于泵浦和探测脉冲的宽度. 法拉第旋转技术的另一个优点在于, 光生空穴对 n 型掺杂系统中的电

---

① 除了旋转之外, 轻微的吸收还会导致一个圆偏振分量幅度的减小. 这就导致了椭偏振的有效旋转 (an effective rotated elliptical polarization). 与相移相比, 椭偏度通常很小, 特别是在非磁性半导体中, 也就是说, 此处描述的偏振光桥的构型对这种所谓的圆偏振二色性并不敏感[32].

子自旋弛豫的影响比较小[①]. 这是因为, 在时间分辨光致荧光测量通常需要高得多的电子自旋极化度才能获得可靠的信号. 此外, 法拉第旋转信号不依赖于测量时间内是否存在空穴, 也就是说, 在时间延迟很长而泵浦脉冲光注入的空穴早已复合之后, 电子系综的极化依然能够保持.

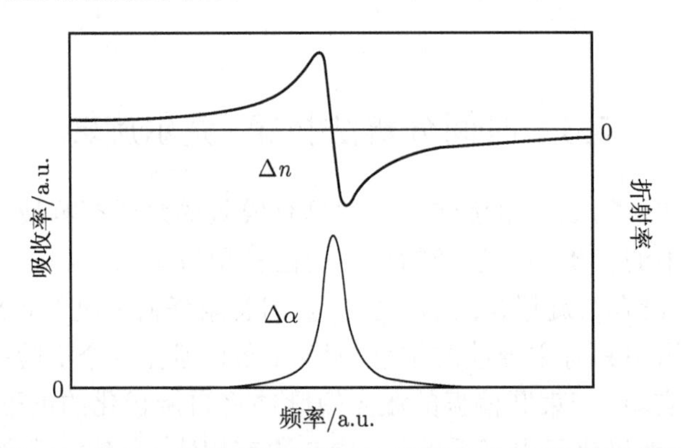

图 5.5 吸收的改变 $\Delta\alpha$ 总是与折射率的变化 Δn 联系在一起 (此处给出了一个由洛伦兹吸收, 描述的均匀展宽的单个跃迁). 在略低于 $\Delta\alpha$ 最大值的地方, 折射率的变化为零. 对于光学频率来说, 在 $\Delta\alpha$ 最大值处 Δn 等于零是一个很好的近似

5.3.1 实验装置

图 5.6 给出了法拉第旋转实验的典型装置示意图. 掺钛蓝宝石激光器产生的线偏振皮秒 (或飞秒) 激光脉冲经过一个分束器分为一个强泵浦脉冲和一个弱得多的探测脉冲 (如, 强度比为 10 : 1). 用一个机械延迟线调节泵浦脉冲和探测脉冲之间的时间延迟来扫描时间动力学[②]. 接着, 用光斩波器以两个不同的千赫兹频率来分别调制泵浦和探测光束的光强. 泵浦光束是圆偏振光, 聚焦在磁光低温容器中的样品上. 探测光聚焦在样品的同一点上[③], 透过样品后再穿过一个 Wollaston 棱镜 (对线偏振光敏感的分光器), 然后聚焦在平衡接收器的两个光电二极管上. 在样品前方 (或后方) 放置一个半波片来旋转探测光束的偏振面来平衡两个光电二极管上

① 在 n 型掺杂系统中, 原子核自旋的影响可能引起另一种效应, 因为局域化的电子与原子核有着强烈的相互作用 (这是因为电子的 s 态波函数, 也就是说, 在其中心处具有一个非零的概率分布). 原子核自旋效应发生在非常不同的时间尺度上：从微观样品尺度的飞秒量级到介观尺度的微秒或毫秒量级, 再到宏观 (扩散) 尺度上的几个小时的量级. 而且, 它们基本上在所有的涉及圆偏振光或者磁场的光学激发下都存在：极化的电子自旋可以通过与原子核自旋的翻转过程发生弛豫从而极化了原子核自旋系统. 如果存在外磁场时, 即使对于线偏振光的激发也会如此, 因为磁场会诱导出热平衡态下的宏观电子自旋极化. 此时, 光激发的非极化的电子会与原子核自旋发生自旋翻转, 从而达到宏观的自旋极化的热平衡条件 (见第 11 章).

② 机械延迟线延迟的是泵浦光脉冲而非探测光脉冲, 因为探测光方向的很小的非故意的变化通常也会改变平衡接收器中光电二极管上的强度.

③ 探测光束通常聚焦到比泵浦光束更小的半径内, 这样就可以在一个泵浦光激发密度接近于不变的区域内探测.

的光强. 电子系综的自旋极化引起探测光的线偏振方向的微小变化, 使得一个光电二极管上的光强增大而另一个光电二极管上的光强减小. 利用平衡探测器 ①可以测量这个光强差并将其送入一个锁定了泵浦和探测频率之差的锁相放大器, 也就是说, 锁相信号直接反映了法拉第信号, 或者正比于电子自旋极化. 图 5.6(b) 给出了一个典型的法拉第旋转信号.

大多数法拉第旋转实验都是频率简并的测量, 即泵浦光和探测光具有相同的光学频率. 应当记住, 这种频率上的简并可能会引起一些假象, 特别是在近共振激发样品的时候. 图 5.5 表明, 当 $\Delta\alpha$ 达到最大值的时候, Δn 为零. 一束共振的探测短脉冲具有有限的能量展宽, 在中心频率处 (Δn 会改变符号) 对称地积分. 因为 Δn 是反对称的, 这就会使得平均信号消失, 也就是说, 尽管电子是自旋极化的, 法拉第旋转信号仍然为零; 对于非共振激发, 光激发产生的电子会随时间弛豫到较低的能量, 因此 $\Delta\alpha$ 和 Δn 也会相应改变, 法拉第信号会仅仅因为载流子冷却而改变. 可以用非简并法拉第旋转来解决这个问题, 测量旋转信号对探测光频率的依赖关系 ②.

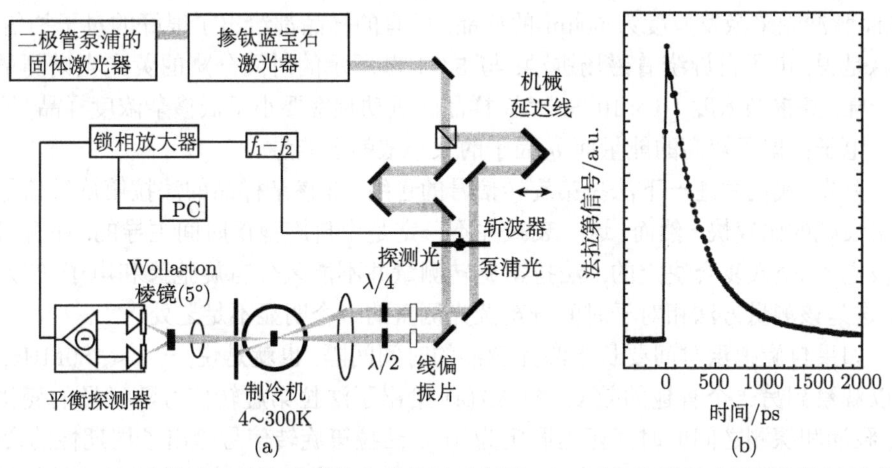

图 5.6 (a) 时间分辨法拉第旋转谱的实验装置示意图. (b) 平衡探测器上的差分信号的典型时间变化曲线, 也就是泵浦诱导的磁化的随时间演化的动力学过程. 此时, 样品为 10nm 的 n 型掺杂的 GaAs/(Al,Ga)As 多量子阱, 温度为 10K. 泵浦光和探测光的强度分别为 2mW 和 80μW

① 使用平衡接收器有如下几种原因. 首先, 平衡探测器的信号与激光的强度起伏几乎无关, 其次, 你可能试图不使用沃拉斯通棱镜和平衡探测器, 而只是通过测量探测光经过样品反射后再通过一个偏振片后发生的强度变化, 也就是说, 偏振面的旋转使得透过检偏器后的光强发生变化. 这通常并不可行, 因为绝大多数情况下法拉第旋转角 ϕ 都非常小, 难以检测. 穿过偏振片的透射光强度 $I_{\mathrm{T}} = I_0 \cos^2 \phi$, 其中 I_0 为入射光强度; ϕ 为光偏振面与偏振片的光轴之间的夹角. 泰勒展开直接给出透射光强度不是正比于 ϕ, 而是正比于 ϕ^2, 也就是说, 在小 ϕ 的情况下, 透射光强非常小, 可以忽略不计. 对于所述的沃拉斯通棱镜来说, 光的偏振面和晶体的光轴的夹角为 45°, 泰勒展开与 ϕ 成线性关系, 也就是说, 平衡光信号直接正比于法拉第旋转角.

② 例如, 非简并的法拉第旋转可以揭示与自旋有关的多体效应[33].

5.3.2 实验例证：自旋放大

自旋放大实验给出了 n 型掺杂的 GaAs 在低温下的自旋弛豫的实验结果. 实验用具有非常长的自旋弛豫时间的 n 型掺杂的 GaAs 来很好地显示了法拉第旋转谱的力量.

体材料 GaAs 在低温下的自旋弛豫强烈地依赖于掺杂的浓度. 在低掺杂浓度下, 电子局域在施主杂质原子附近, 电子自旋和原子核自旋的相互作用很大, 电子的自旋弛豫很快. 在高掺杂浓度下, 由于泡利不相容原理, 电子占据了大动量的状态, 由于 Dyakonov-Perel 机制, 自旋弛豫非常快. 在中等掺杂浓度下, 接近 Mott 绝缘体相变的时候, 电子自旋弛豫时间变长. 实际上, 当掺杂浓度为 $1\times10^{16}\mathrm{cm}^{-3}$ 左右的时候, 自旋弛豫时间要远远长于标准的蓝宝石激光器的重复周期 12.5ns, 可以像 Kikkawa 等[34] 那样观测到共振自旋放大. 下面将讨论这一实验.

图 5.7 中左侧图给出了不同掺杂浓度的 GaAs 体材料样品的法拉第旋转测量的结果, 温度为 5K, 磁场为 4T, 采用 Voigt 构型. 用 80MHz 的蓝宝石激光器的 100fs 脉冲光来激发厚度为 50μm 的样品. 所有的样品都给出了很好的量子拍信号, 也就是说, 电子自旋绕着磁场进动, 与 5.2.1 节所示的时间分辨的荧光光谱测量结果一样. 高掺杂浓度 ($1\times10^{18}\mathrm{cm}^{-3}$) 样品的进动频率要小于低掺杂浓度样品, 这是因为电子占据了较高的能量而 g 因子的大小依赖于能量.

首先, 我们关注一下法拉第旋转信号的包络. 非掺杂样品的法拉第旋转信号的包络衰减的比较快. 然而, 这一衰减并不一定是由自旋弛豫时间主导的, 而有可能是被电子–空穴复合决定的. 法拉第旋转测量并不能区分自旋弛豫和电子–空穴复合, 这是该测量方法相对于时间分辨荧光测量的一个明显不足之处 ①.

如果自旋弛豫时间要长于激光脉冲的时间间隔, 也就是说, $\tau_{\mathrm{s}}^{-1}\ll 80\mathrm{MHz}$, 就可以观察到另一个有趣的效应. 图 5.7(a) 给出了法拉第旋转信号随磁场的变化关系, 泵浦和探测之间的时间延迟固定为 1ns. 法拉第旋转信号给出了周期性的变化, 因为拉莫尔频率随着磁场而改变. 因此, 当 $n\times T_p=1\mathrm{ns}$ 的时候, 法拉第旋转信号具有最大值, 而当 $(n+1/2)\times T_p=1\mathrm{ns}$ 的时候, 法拉第信号具有最小值, 其中, n 为一个整数, 而 $T_p=2\pi\hbar/(g^*\mu_{\mathrm{B}}B)$ 为电子的进动周期. 相对比较快的自旋弛豫 ($\leqslant 1\mathrm{ns}$) 也可以出现这种行为. 然而, 图 5.7(b) 在小磁场下给出了另一个周期. 图 5.7(a) 中从 $B=1\sim2.5\mathrm{T}$ 这个区间的信号的功率谱表明, 快速振荡的频率对应于激光的脉冲重复频率 (见图 5.7(c)). 这个快速的振荡信号为长自旋弛豫时间的样品所独有, 它是由于自旋进动和脉冲重复周期相等所引起的自旋极化增强, 也就是说, 注入时

① 法拉第旋转中的一个类似问题来自于空穴. 当空穴浓度很低的时候, 空穴的寿命可以很长, 从而通过 Bir-Aronov-Pikus 机制影响电子的自旋弛豫过程. 这些很长的空穴寿命并不能够直接由法拉第旋转测量得到, 有时候会被低估. 通常测量它与泵浦光强的依赖关系并外推至零泵浦光强来研究空穴的影响. 与法拉第旋转不同, 克尔旋转也测量样品的总反射率, 它可以反映出载流子的浓度.

刻的自旋极化电子与上一个脉冲产生的进动的自旋系综具有相同的自旋取向. 这种"恰到好处的冲击"逐渐积累起来, 导致远大于通常情况的自旋极化. 峰的宽度反比于横向自旋弛豫时间, 可以得到长于 100ns 的 T_2^*(见 5.4 节). 图 5.7(d) 更清楚地给出了不同磁场下对应于不同共振条件的 "共振自旋放大". 在时间分辨荧光光谱测量中, 应用脉冲激光源应该可以得到基本相同的特征.

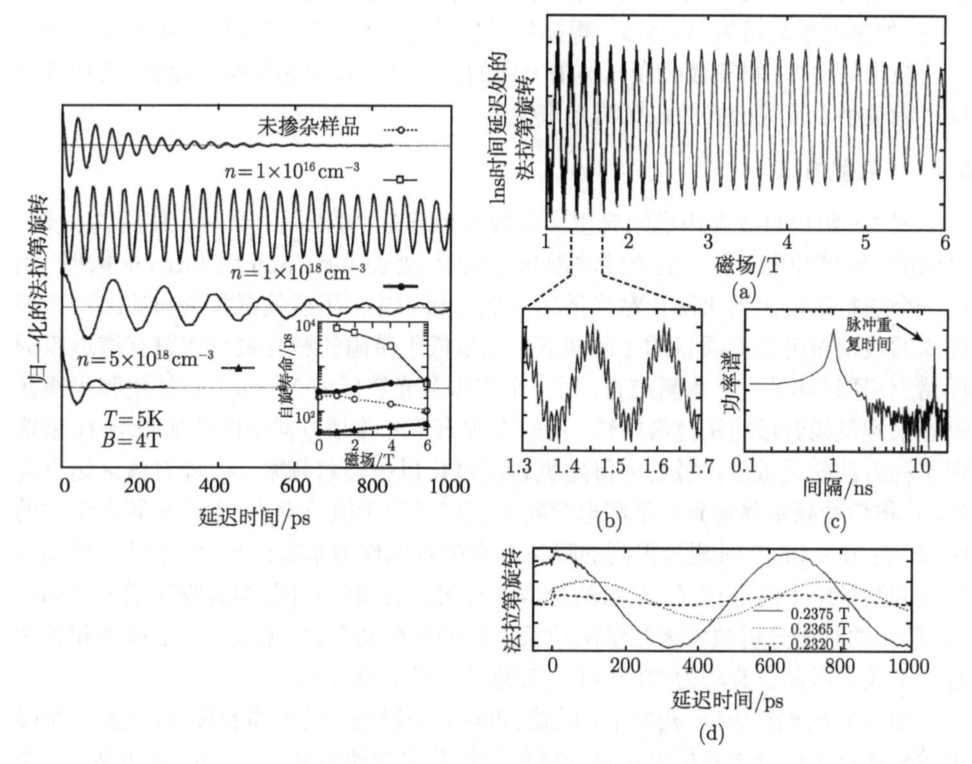

图 5.7 左图: 非掺杂 GaAs 和掺杂 GaAs 的时间分辨法拉第旋转信号. 右图: (a) $n = 10^{16}\text{cm}^{-3}$ 样品在 $\Delta t = 1\text{ns}$ 时得到的时间分辨法拉第旋转信号. (c) 在 $B = 1\text{T}$ 到 $B = 2.5\text{T}$ 区间内的 (a) 数据的功率谱. (d) 表现出共振和非共振行为的时间分辨法拉第旋转信号. 来自于文献 [34]

5.4 自旋噪声谱

时间分辨法拉第/克尔旋转和光致荧光谱测量谱都是非常有力的工具, 可以直接探测超短时间尺度上的动力学, 但是它们存在两个内在缺陷. 首先, 与所有的光学带间激发相联系的光生空穴会由于 Bir-Aronov-Pikus 机制引起电子自旋弛豫. 其次, 当晶格温度低的时候, 即使共振激发载流子也会在掺杂样品中引起载流子系统

的热化 ①. 在自旋噪声谱测量中, 这两点不足都不存在.

一般来说, 噪声谱是一种可以揭示热平衡状态下系统属性的完美方法, 无须给系统以不必要的激发. 电子噪声测量给出的是与电子输运机制有关的物理过程信息, 而光学自旋噪声谱给出的是本征的自旋动力学和 g^* 因子信息. 简单起见, 先假设在一个弱 n 掺杂的体材料 GaAs 样品中, 局域在施主杂质附近的电子彼此无关, 不存在相互作用. 这些无相互作用电子的自旋以泊松分布的形式达到热平衡, 也就是说, 如果电子数目为 N, 那么, 根据统计物理学, 在任意时刻, 处于热平衡的平均自旋极化是 $\sqrt{N}$. 自旋极化在光传播方向的投影就可以引起法拉第旋转, 而后者可以用能量小于带隙的线偏振探测光来检测.

5.4.1 实验方法

图 5.8 给出自旋噪声谱的典型实验装置示意图. 激光是一个易于使用的、波长可调的、温度和电流稳定的连续波激光二极管, 处于 Littmann 或 Littrow 构型. 利用一个法拉第隔离器来防止激光散射回到二极管中. 用线偏器和空间滤波器来保证高的线偏振度和高质量的空间模式. 能量低于带隙的激光聚焦在镀有增透膜的样品上, 透过样品后再重新准直, 用一个偏振分光镜或者 Wollaston 棱镜和平衡接收器来测量线偏振的法拉第旋转. 用一个垂直于光传播方向小的外加磁场 B 来增强这种方法的灵敏度: 磁场使得随机自旋极化以拉莫尔频率 $\Omega_{\rm L}$ 绕着该磁场方向进动, 将信号频率移动到光学和电学噪声仅仅受限于散粒噪声, 因而与频率无关的区域. 在 $B = 0\text{mT}$ 时测量得到的瞬态响应就可以作为本底信号 ②. 此外, 磁场能够帮助测量电子的 g 因子. 与时间分辨法拉第旋转实验不同, 自旋噪声谱利用如图 5.8 所示的频谱分析技术来测量法拉第旋转的射频功率谱. 幅度、中心频率和带宽包含了关于样品自旋动力学的信息 (实验细节见文献 [35]).

图 5.9 给出在 Voigt 构型中、低温、30mT 外磁场下的典型自旋噪声谱. 自旋噪声信号的最大值位于随机电子自旋极化的拉莫尔进动频率 $\Omega_{\rm L} = g\mu_{\rm B}B/\hbar$ 处. 一个单独的洛伦兹线型可以很好地拟合自旋噪声谱, 这清楚地表明只有一个自旋弛豫时间 ③. 由洛伦兹线型的半高宽 $w_{\rm f}$ 可以直接得出自旋弛豫时间 $\tau_{\rm s} = (\pi w_{\rm f})^{-1}$. 对于泊松分布, 线型之下的面积 A 正比于贡献自旋噪声信号的电子自旋的总数. 对于有

① 考虑一个 n 型掺杂的 GaAs 体材料样品: 激发冷电子意味着在费米能量处激发电子, 因此电子具有有限的准动量 p. 由于动量守恒, 激发的空穴具有相同的动量, 因此具有有限的额外能量. 光激发的空穴弛豫到 $p = 0$, 这就会由于强烈的库仑相互作用而加热电子.

② 不用开启和关闭磁场的方法来获得信号和背景谱, 也可以将一个液晶相位延迟器置于样品之后来传递或抑制法拉第旋转信号. 如果液晶相位延迟器设置为 $\lambda/4$ 的相位延迟, 线偏振的探测光的旋转就被相等地投影到平衡接收器的两个光电二极管上, 也就是说, 获得的背景谱只包含电学噪声和光子的散粒噪声. 如果将相位延迟设置为 $\lambda/2$, 那么它基本上就失效了, 可以像通常一样测量法拉第旋转信号. 必须注意光轴与其他偏振器件的相对取向.

③ 单指数衰减的傅里叶变换给出频域中的洛伦兹线型.

相互作用的电子, A 可以由于泡利阻塞而减弱, 或者因为正的 (铁磁性的) 自旋–自旋关联而增强, 也就是说, 自旋噪声谱是研究多体作用中通常非常微弱的自旋–自旋相互作用的完美方法.

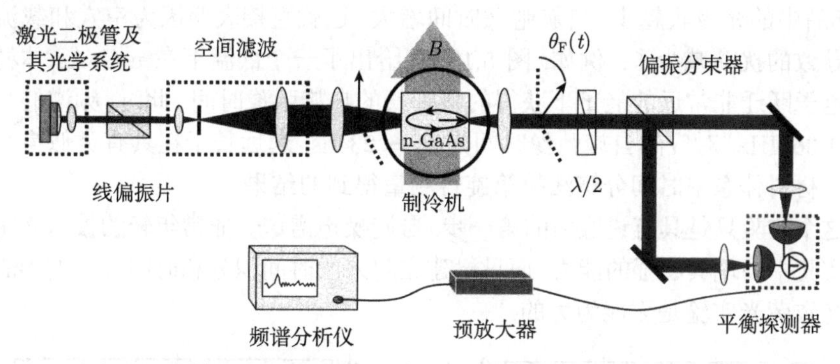

图 5.8 半导体自旋噪声谱的实验装置示意图. 频谱分析仪可以用计算机来读取, 为了更好地平均, 也可以用一个带有高速时域模数采样的高速电脑来替换. 然后用快速傅里叶程序 (FFT) 来计算功率谱 (来自于文献 [35])

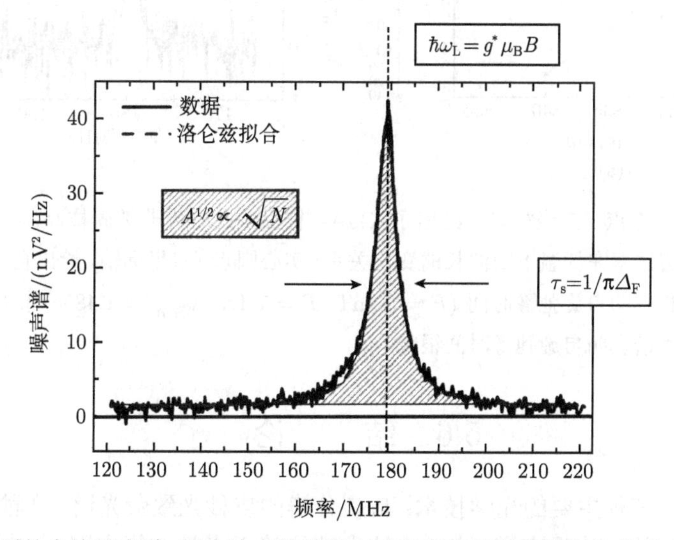

图 5.9 典型的自旋噪声谱. 图中给出的是噪声功率密度随频率的变化关系. 利用正文中描述的洛伦兹曲线拟合可以从中得到信息

5.5 n-GaAs 中的自旋噪声测量

与光子的散粒噪声这种白噪声以及放大器的电学噪声相比, 自旋噪声信号通常非常微弱. 然而, 通过两个不同磁场下测量得到的噪声谱的相减, 可以容易地提取出自旋噪声, 因为只有自旋噪声是依赖于磁场的. 因此, 自旋噪声谱的灵敏度非常高, 计算表明, 单个自旋的测量应该是相对比较容易的 ①. 图 5.10(a) 给出了自旋弛豫时间以及衡量样品中光吸收程度的透射率随探测光波长的依赖关系. 透射率越高, 样品中的光吸收越少, 自旋弛豫时间增大. 这就直接表明因为空穴和载流子的加热导致的扰动减少了. 例如, 图 5.10(b) 给出了一个低温下在 n-GaAs 体材料中距离电子跃迁非常远的能量下获得的特别长的自旋弛豫时间. 此时, 频谱的半高宽只有 1.36MHz, 对应的自旋弛豫时间为 $\tau_s = 234$ns, 远远长于在具有类似掺杂浓度的同一材料体系中时间分辨法拉第旋转测量得到的结果.

这个实验只是具有说服力的第一步, 自旋噪声谱这一非常年轻的技术必将在未来的实验中展现其超强的能力, 而早已建立起来的时间积分和时间分辨的 Hanle 实验和光致荧光实验是无能为力的.

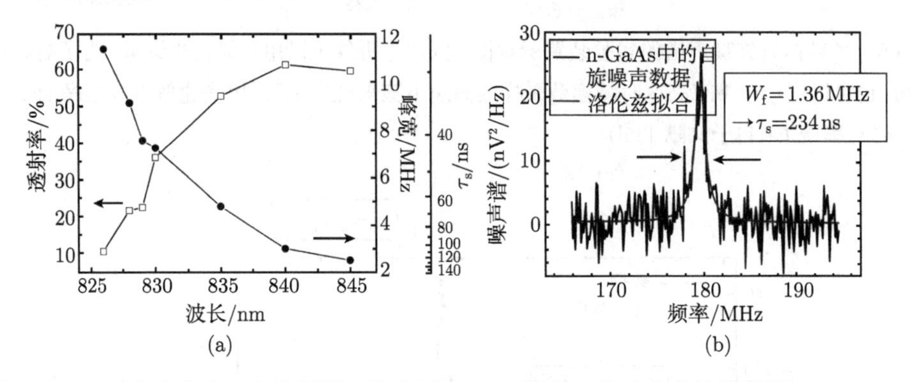

图 5.10 (a) 空心方点 (左坐标轴) 给出了 GaAs 样品 (此时为非镀膜样品, $n_d = 1.8 \times 10^{16}\text{cm}^{-3}$) 的总透过率在低温下随波长的变化关系. 实心圆点 (右坐标轴) 给出自旋噪声谱的对应峰宽度以及相应的自旋弛豫时间 ($B = 30$mT, $T = 1.4$K, $\lambda_{激光} = 1.485$eV). (b) n-GaAs 中得到的自旋噪声谱表明自旋弛豫时间很长

5.6 结　　论

本章讲述了三种主要的光学技术: 自旋分辨的皮秒光致荧光谱、飞秒法拉第旋转谱和频率分辨的自旋噪声谱. 这三种技术都依赖于光学选择定则, 与电学测量相比, 它们都非常容易使用, 而且可以从不同的出发点揭示直接带隙半导体中的自旋动力学: 利用自旋选择的光学激发, 时间和偏振分辨的光致荧光谱给出与电子和空穴动力学有关的最直接的结果; 与光致荧光谱测量相比, 泵浦–探测法拉第旋转技术可以给出更高的时间精度, 而且在光生空穴已经复合之后仍然可以探测. 自旋噪

① 自旋噪声谱的灵敏度从物理上受限于光子的散粒噪声. 而电学噪声和激光噪声, 即使在图 5.8 那样的简单装置中, 也只扮演次要的角色. 因为光子散粒噪声是白噪声, 平均积分的测试技巧推动这一技术前进.

声谱是最新出现的技术, 它揭示了未受扰动的自旋体系的本征性质. 本章用实验数据来贯穿描述光学技术, 包括 (110) 量子阱中的奇异自旋弛豫过程、电子空穴的自旋相互作用、自旋放大和非常长的自旋弛豫. 上面只是给出若干例子, 与半导体自旋动力学领域中激动人心的巨大发展相比, 这仅仅是冰山一角而已.

参 考 文 献

[1] R. R. Parsons, Phys. Rev. Lett. **23**, 1152 (1969)

[2] D. J. Hilton, C.L. Tang, Phys. Rev. Lett. **89**, 146601 (2002)

[3] M. Oestreich, W. W. Rühle, Phys. Rev. Lett. **74**, 2315 (1995)

[4] S. A. Crooker, D. G. Rickel, A. V. Balatsky, D. L. Smith, Nature **431**, 49 (2004)

[5] M. Oestreich, M. Römer, R. Haug, D. Hägele, Phys. Rev. Lett. **95**, 216603 (2005)

[6] S. Pfalz, R.Winkler, T. Nowitzki, D. Reuter, A. D. Wieck, D. Hägele, M. Oestreich, Phys. Rev. B **71**, 165305 (2005)

[7] M. Oestreich, S. Hallstein, W. Rühle, J. Sel. Top. Quantum Electron. **2**, 747 (1996)

[8] S. Döhrmann, D. Hägele, J. Rudolph, M. Bichler, D. Schuh, M. Oestreich, Phys. Rev. Lett. **93**, 147405 (2004)

[9] M. I. Dyakonov, V. I. Perel, Sov. Phys. Solid State **13**, 3023 (1971)

[10] Y. Ohno, D. K. Young, B. Beschoten, F. Matsukura, H. Ohno, D. D. Awschalom, Nature **402**, 790 (1999)

[11] M. Oestreich, Nature **402**, 735 (1999)

[12] M. Oestreich, D. Hägele, H. C. Schneider, A. Knorr, A. Hansch, S. Hallstein, K. H. Schmidt, K. Köhler, W.W. Rühle, Solid State Commun. **108**, 753 (1998)

[13] G. L. Bir, A. G. Aronov, G. E. Pikus, Sov. Phys. JETP **42**, 705 (1976)

[14] D. Hägele, J. Hübner, W. W. Rühle, M. Oestreich, Solid State Commun. **120**, 73 (2001)

[15] S. D. Ganichev, S. N. Danilov, V. V. Bel'kov, E. L. Ivchenko, M. Bichler, W. Wegscheider, D. Weiss, W. Prettl, Phys. Rev. Lett. **88**, 057401 (2002)

[16] P. Schneider, J. Kainz, S. D. Ganichev, S. N. Danilov, U. Rössler, W. Wegscheider, D. Weiss,W. Prettl, V. V. Bel'kov, M. M. Glazov, L. E. Golub, D. Schuh, J. Appl. Phys. **96**, 420 (2004)

[17] M. Syperek, D. R. Yakovlev, A. Greilich, M. Bayer, J. Misiewicz, D. Reuter, A. Wieck, AIP Conf. Proc. **893**, 1303 (2007)

[18] X. Marie, T. Amand, P. Le Jeune, M. Paillard, P. Renucci, L. E. Golub, V. D. Dymnikov, E. L. Ivchenko, Phys. Rev. B **60**, 5811 (1999)

[19] D. Hägele, M. Oestreich, W. W. Rühle, N. Nestle, K. Eberl, Appl. Phys. Lett. **73**, 1580 (1998)

[20] M. Oestreich, J. Hübner, D. Hägele, P. J. Klar, W. Heimbrodt, W. W. Rühle, D.E. Ashenford, B. Lunn, Appl. Phys. Lett. **74**, 1251 (1999)

[21] B. T. Jonker, G. Kioseoglou, A. T. Hanbicki, C. H. Li, P. E. Thompson, Nat. Phys. **3**, 542 (2007)

[22] R. Fiederling, M. Keim, G. Reuscher, W. Ossau, G. Schmidt, A.Waag, L. W. Molenkamp, Nature **89**, 787 (1999)

[23] H. J. Zhu, M. Ramsteiner, H. Kostial, M.Wassermeier, H. P. Schönherr, K. H. Ploog, Phys. Rev. Lett. **87**, 016601 (2001)

[24] M. Holub, P. Bhattacharya, J. Phys. D: Appl. Phys. **40**, R179 (2007)

[25] S. Hallstein, J. D. Berger, M. Hilpert, H. C. Schneider, W. W. Rühle, F. Jahnke, S. W. Koch, H. M. Gibbs, G. Khitrova, M. Oestreich, Phys. Rev. B **56**, R7076 (1997)

[26] J. Rudolph, D. Hägele, H. M. Gibbs, G. Khitrova, M. Oestreich, Appl. Phys. Lett. **82**, 4516 (2003)

[27] J. Rudolph, S. Döhrmann, D. Hägele, M. Oestreich, W. Stolz, Appl. Phys. Lett. **87**, 241117 (2005)

[28] M. Oestreich, J. Rudolph, R. Winkler, D. Hägele, Supperlattices Microstruct. **37**, 306 (2005)

[29] J. J. Baumberg, S. A. Crooker, D. D. Awschalom, N. Samarth, H. Luo, J.K. Furdyna, Phys. Rev. B **50**, 7689 (1994)

[30] R. T. Harley, O. Z. Karimov, M. Henini, J. Phys. D: Appl. Phys. **36**, 2198 (2003)

[31] N. I. Zheludev, M. A. Brummell, R. T. Harley, A. Malinowski, S. V. Popov, D. E. Ashenford, B. Lunn, Solid State Commun. **89**, 823 (1994)

[32] A. K. Zvezdin, V. A. Kotov, *Modern Magnetooptics and Magnetooptical Materials* (IoP Publishing, Bristol, 1997)

[33] P. Nemec, Y. Kerachian, H. M. van Driel, A. L. Smirl, Phys. Rev. B **72**, 245202 (2005)

[34] J. M. Kikkawa, D. D. Awschalom, Phys. Rev. Lett. **80**, 4313 (1998)

[35] M. Römer, J. Hübner, M. Oestreich, Rev. Sci. Instrum. **78**, 103903 (2007)

第6章　载流子的相干自旋动力学

D. R. Yakovlev, M. Bayer

6.1　导　　论

本章讨论半导体纳米结构中载流子的相干自旋动力学. 为了检测这种动力学过程, 通常用偏振脉冲激光来激发产生特定取向的自旋, 然后探测它们在外磁场下的相干进动. 进动频率取决于自旋能级之间的劈裂. 通过磁场可以调节由超精细相互作用或自旋 - 轨道相互作用而导致的零磁场下的劈裂. 散射破坏了自旋相干性, 改变了进动的相位, 因此, 通过测量相位可以深刻地认识自旋动力学过程. 超短偏振光脉冲不仅可以用于光学方法产生自旋取向, 还可以用于检测自旋的相干性. 除了这些基本的研究之外, 近来, 控制和操纵自旋相干性越来越引人注目. 在此方向上已经开展了一些工作, 未来将会有更大进展.

本章中的实验研究重点是带有残余电子或空穴的量子阱和量子点结构. 研究的是载流子自旋系综, 它们的自旋进动频率的差异使得任务变得非常复杂, 对于量子点来说, 情况更是如此. 然而, 在实验中, 我们发明了一种重要的工具来克服这一困难. 可以用周期性的激光脉冲序列来同步自旋系综, 从而锁定几种自旋进动模式. 在微秒的时间尺度上, 这种激发方案仅选择了一部分量子点, 即那些满足相位同步条件的量子点. 然而, 在更长的时间尺度上, 从几秒钟到几分钟, 量子点中的原子核自旋发生了重新排布, 最终, 所有的量子点都为相干信号作出贡献.

6.1.1　自旋相干性和自旋退相位时间

当存在外磁场 $\boldsymbol{B}$ 的时候, 自旋态是塞曼劈裂的. 如果自旋的取向与磁场垂直, 那么自旋就会以拉莫尔频率 $\Omega = g\mu_{\mathrm{B}}B/\hbar$ 进动. 其中 g 为载流子沿着磁场方向的 g 因子, μ_{B} 为玻尔磁子. 分别用两个弛豫时间 T_1 和 T_2 来描述自旋 (相对于磁场 $\boldsymbol{B}$) 的纵向分量和横向分量的弛豫过程[1]. 例如, 在 T_1 时间内, 载流子从能量较高的塞曼态弛豫到能量较低的塞曼态. 这一过程需要能量耗散, 通常可以通过发射声子或者载流子动能的交换来实现. 在 T_2 时间内, 横向自旋分量进动的相位相干性消失, 所以, 它被称为自旋相干时间. 相位弛豫并不需要消耗能量, 因此, 任何散射都可以导致自旋的退相干. 量子力学将拉莫尔进动描述为被磁场劈裂的两个自旋态的相干叠加态随着时间的演化过程. 这些态上的占据数以 $2\pi/\Omega$ 的周期变化, 通常称之为自旋拍.

一个系综的载流子的进动频率会有一定范围的展宽, 其宏观自旋相干性消失所需要的时间要远远小于单个载流子的自旋相干时间 T_2. 这是因为, 具有不同进动频率的自旋之间的相移随着时间变化得很快, 而单个自旋的相位相干性仍然可以得到保持. 在自旋退相位时间 T_2^* 内, 系综的相干性消失了. 我们可以用下述方式引入非均匀自旋弛豫时间 T_2^{inh}:

$$\frac{1}{T_2^*}=\frac{1}{T_2}+\frac{1}{T_2^{\text{inh}}} \tag{6.1}$$

在强磁场下, 进动频率的色散来自于载流子 g 因子的变化. 这就导致了 T_2^{inh} 的 $1/B$ 依赖关系. 在零磁场下, 每个电子围绕着原子核涨落场进动, 它的变化限制了 T_2^{inh}.

显然, T_2^* 不可能大于 T_2, 实际上, 在半导体中, 它们的差别可以达到几个数量级. 通常实验中测量的是 T_2^*, 测量单个自旋的 T_2 是一项充满挑战性的任务, 需要非常复杂的技术, 理论上来说, T_2 可以长达 T_1 的两倍. 一种技术是久经考验的自旋回声技术[2], 另一种技术乃是基于电子自旋相干性的锁模技术, 这将在 6.3.3 节中描述.

电子态的自旋相干性已经在不同维度的半导体结构 (包括类体材料的薄膜、量子阱和量子点[3,4]) 中得到了研究. 电子的自旋相干时间的变化范围很大, 从几个皮秒到几个微秒. 在液氦温度下, 在体材料 GaAs 中测量的 T_2^* 时间达到了 300ns[5]. 对于量子阱来说, 目前报道的最长的自旋退相位时间是 GaAs/(Al,Ga)As 中的 10ns[6] 和 CdTe/(Cd,Mg)Te 中的 30ns[7,8]. 这些结构中具有密度非常低的二维电子气 (2DEG). 对于 (In,Ga)As/GaAs 量子点, 在 $B=6\text{T}$ 时测量得到了 $T_2=3\mu\text{s}$ 和 $T_2^*=0.4\text{ns}$[9,10].

6.1.2 用光学方法产生自旋相干的载流子

利用脉宽仅为 100fs 的超短脉冲激光, 可以用时间分辨光谱来研究载流子自旋相干性. 第 5 章描述了相应的测量技术.

在共振光激发下, 量子阱的相干自旋动力学有三种不同的实验情况, 如图 6.1 所示. 它们的差别在于阱中二维电子气的密度 n_{e}. 在非掺杂样品中 (图 6.1(a), $n_{\text{e}}=0$), 光产生了自旋取向的激子. 在这种情况下, 根据实验细节的不同, 可以测量激子或者激子中的电子的相干自旋动力学 (见第 3 章). 然而, 只能在激子寿命的时间范围内测量这类动力学, 典型的时间尺度为 30ps 到 1ns. 对于高密度的二维电子气 (图 6.1(c), $n_{\text{e}}a_{\text{B}}^2>1$, 其中 a_{B} 为激子的玻尔半径), 由于态填充效应和屏蔽效应, 不能够形成激子. 光生的空穴很快就失去了它的自旋和能量, 并与费米海中的一个电子复合. 然而, 在费米能级处, 光生的自旋取向的电子却有着无限长的寿命, 这样就可以研究它的长寿命的自旋相干性. 因此, 圆偏振的光子能够改变二维电子气的自旋极化, 变化量为 $S = \pm 1/2$.

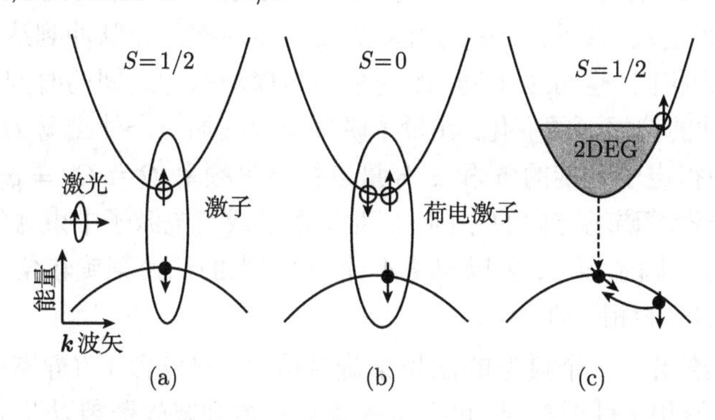

图 6.1　圆偏振光产生载流子自旋相干性的示意图. 三种情况的差别在于量子阱中二维电子气的浓度: (a) 空量子阱, 只有光生载流子, 它们结合成为激子; (b) 低密度二维电子气, 光生的激子和一个背景电子形成以单态为基态的荷电激子, 荷电激子与二维电子气的相互作用可以忽略不计; (c) 高浓度二维电子气, 其费米能量大于激子束缚能, 诸如激子和荷电激子的束缚复合体都被抑制了

在低密度的二维电子气中 (图 6.1(b), $n_{\rm e}a_{\rm B}^2 \ll 1$), 电子自旋相干性的产生机制并非显而易见. 能量最低的光学跃迁对应于一个带负电的激子 (荷电激子), 它由两个电子和一个空穴组成[11]. 基态是具有相反自旋取向的一对电子的单态荷电激子. 在共振激发的时候, 这个态并不能直接贡献自旋极化, 因为空穴的退相干很快, 而两个电子的总自旋为 $S = 0$.

然而, 在共振激发的情况下, 在量子阱 [7,12] 和量子点 [9] 中, 实验都观测到了电子自旋相干性的产生. 有两种等效的方法可以解释这种产生机制. 第一种认为, 当系统受到外磁场的作用时, 圆偏振光脉冲激发了电子和荷电激子的相干叠加态[9,12,13]. 第二种方法认为, 在生成荷电激子的时候要牵涉二维电子: 在圆偏振激发下, 从二维电子气中激发出具有特定自旋取向的电子, 从而产生了相反符号的自旋[7,16]. 本章将会给出更多的细节.

6.1.3　实验技术

本章中描述的实验结果都是用时间分辨的泵浦–探测法拉第旋转或克尔旋转技术测量得到的, 如第 5 章和文献 [14], [15] 所述. 为了得到足够好的谱线分辨率, 所有实验都采用脉宽为 1.5ps 的激光脉冲, 它对应的谱线宽度为 1.5meV. 而 100fs 的脉冲激光的谱线宽度为 20meV, 它可能会导致激发态的激发. 实验中, 由锁模钛蓝宝石激光振荡器产生激光脉冲, 脉冲的重复频率为 75.6MHz, 也就是说, 脉冲之间的时间间隔为 13.2ns. 图 6.2(a) 给出了一个法拉第旋转实验的示意图.

下面简单总结一下这个实验的要点. 利用一束圆偏振的强泵浦光脉冲沿着样

品生长方向 (z 轴) 激发量子阱二维电子气样品, 就会引起共振的带间跃迁, 产生自旋取向的电子和空穴. 接着, 一束弱得多的线偏振的探测光脉冲到达样品, 它的频率可以与泵浦光相同, 也可以不同. 改变泵浦与探测脉冲之间的时间延迟, 研究透射的探测光脉冲的偏振面的变化. 在量子阱平面内施加一个外磁场 $\boldsymbol{B}$, 如沿着 x 轴的方向, 这就使得电子自旋的 y 和 z 分量以拉莫尔频率 $\Omega \equiv \Omega_x = g_e\mu_B B/\hbar$ 进动, 其中, g_e 为电子沿着磁场方向的 g 因子. 对于激子或荷电激子中束缚的二维重空穴来说, 平面内的 g 因子很小, 可以忽略不计. 探测光的法拉第旋转角直接给出了泵浦光诱导出来的自旋相干性.

图 6.2(b) 给出了一个典型的法拉第旋转信号. 它包含了 (静态的) 自旋劈裂和 (动态的) 自旋相干性的信息. 可以从振荡周期得到塞曼劈裂以及 g 因子的数值 $T_L = 2\pi/\Omega = \hbar/g\mu_B B$. 信号幅度的指数衰减给出了自旋退相位时间 T_2^*. 实验中观测到的信号可能会更为复杂. 例如, 存在两种类型的载流子或者同一类型的局域载流子和自由载流子, 它们具有不同的 g 因子和退相位时间, 它们都有可能对信号有贡献.

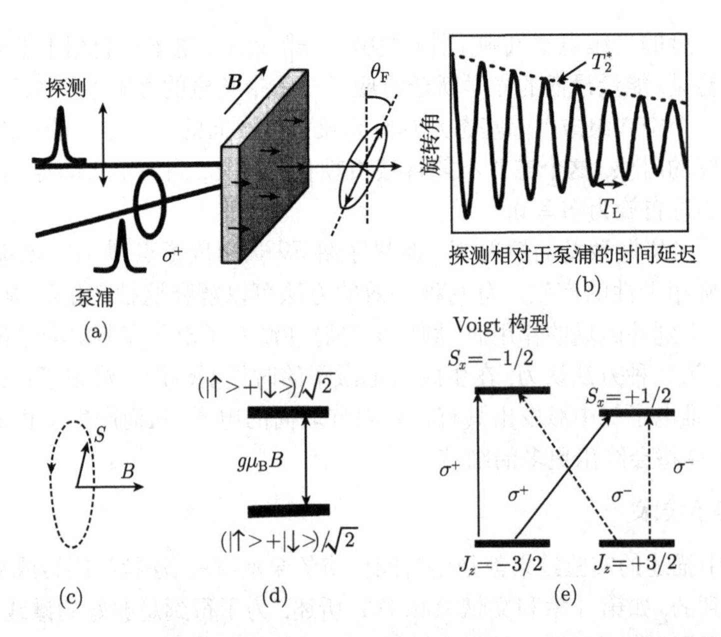

图 6.2 (a) 泵浦–探测型的法拉第旋转的实验构型. 泵浦光为圆偏振, 而探测光为线偏振; (b) 电子自旋进动产生的法拉第旋转信号的示意图; (c) 用经典方法来描述电子自旋绕磁场方向做拉莫尔进动; (d) 磁场劈裂的两个电子塞曼态. 自旋进动的量子力学描述就是基于这两个态的相干激发; (e) 在沿着 x 轴方向的磁场中 (Voigt 构型), 量子阱重空穴激子跃迁的能级示意图

可以在两种情况下使用法拉第/克尔旋转技术. 简并的情况下, 泵浦光和探测光具有相同的光子能量, 下文将称之为单色实验. 在非简并的双色实验中, 可以独立地调节泵浦光和探测光的能量. 这可以用两个同步的钛蓝宝石激光器[16] 来实现, 也可以对 100fs 的激光脉冲进行谱线选择来得到泵浦光和探测光[17].

如图 6.2(e) 所示, 在处于外磁场中的量子阱内, 可以激发两个电子自旋态的相干叠加态. 光学跃迁涉及价带顶端的重空穴和导带底部的电子. 在施加磁场的 x 方向, 重空穴态的自旋投影为零, 因此它不发生劈裂. 然而, 电子的自旋态是劈裂的. 例如, σ^+ 偏振的光将 $J_z = -3/2$ 的空穴态与 $S_x = -1/2$ 和 $+1/2$ 的电子态耦合在一起. 为了产生这些态的相干叠加, 激光的谱线宽度必须大于塞曼劈裂.

在本章中, 我们讲述了半导体纳米结构中载流子自旋的相干光学操控的现状. 6.2 节考察了 CdTe 基和 GaAs 基量子阱中的电子和空穴的自旋相干性. 我们集中讨论自由载流子密度低的情况, 此时, 位于带边附近的光谱由中性激子和荷电激子决定. 6.3 节描述了带有一个单独电子的 (In,Ga)As/GaAs 量子点的实验结果.

6.2 量子阱中的自旋相干性

在理想量子阱中, 在结构生长方向 (z 方向) 上, 载流子被强烈地束缚, 但是, 在量子阱平面内, 它们可以自由运动. 这就改变了自旋弛豫的过程, 第 1 章对此进行了讨论. 在量子阱平面内, 载流子的局域机制主要来自于阱宽的涨落, 它们是在分子束外延生长时在异质界面处形成的单原子层的台阶. 在低温下, 当结构中载流子密度比较低的时候, 如果费米能量低于局域势, 那么载流子就会局域化. 因此, 许多要求载流子运动的自旋弛豫机制就不再有效了. 在此区间, 可以预期, 载流子具有长相干时间, 下文的实验数据也验证了这一点. 对于电子和空穴都是如此.

在具有闪锌矿晶体结构的半导体量子阱中, 如 GaAs 或 CdTe, 能隙由各向同性的导带底和强烈各向异性的重空穴价带顶所决定. 在结构生长方向上, 重空穴的自旋投影为 $J_z = \pm 3/2$, 而在平面内, 它的分量为零 $J_{x,y} = 0$. 因此, 以 Voigt 构型施加的垂直磁场并不能引起空穴自旋的进动, 它只能作用于电子. 注意, 这一论断乃是基于对称性考虑, 在真实的量子阱中, 它并不一定严格成立, 因为轻、重空穴态的混合, 重空穴自旋可以具有一定的面内分量.

量子阱对载流子的限制增强了电子–空穴间的库仑相互作用, 导致了激子 (X) 束缚能的增加. 束缚效应也使得带电激子复合体 (荷电激子) 变得稳定, 荷电激子是由两个电子和一个空穴 (带负电的激子, T^-) 或者两个空穴和一个电子 (带正电的激子, T^+) 构成的. 在 GaAs、CdTe 和 ZnSe 基的量子阱中, 都观测到了这两种荷电激子[18~20]. 它们在载流子密度低的结构中形成, 可以忽略残存载流子之间的相互作用. 在吸收谱和发射谱中, 荷电激子的谱线出现在激子共振线之下. 它与激子谱线的偏移就是荷电激子的束缚能, 大约是激子束缚能的 10%. 荷电激子的基态具有自旋单态的结构, 也就是说, T^- 中的两个电子具有反平行的自旋构型. 因此, 共振光产生荷电激子的概率依赖于残留电子的自旋取向. 对于量子阱和量子点中电子自旋相干性的光学产生、控制和操纵, 这一点是非常重要的.

在本章中, 我们用两个量子阱样品的结果来说明载流子自旋相干现象. 它们都是用分子束外延方法生长的. 第 1 个样品是 $CdTe/Cd_{0.78}Mg_{0.22}Te$ 结构, 具有 5 个 20nm 宽的 CdTe 量子阱, 每个量子阱中包含低密度的二维电子气, $n_e = 1.1 \times 10^{10}cm^{-2}$[16]. 第 2 个样品包含有二维空穴气, $n_h = 1.51 \times 10^{11}cm^{-2}$, 它被限制在一个 15nm 宽的 GaAs 单量子阱中, 势垒材料为 $Al_{0.34}Ga_{0.66}As$[21]. 两个样品都是在 GaAs 衬底上生长的, 对于激子和荷电激子的共振能量来说衬底都是不透明的. 法拉第旋转技术需要探测光束穿过样品, 因此, 在这里就不能使用. 这里使用的是克尔旋转技术, 分析的是探测光的反射光束.

6.2.1　电子自旋相干性

n 型掺杂的结构最适于研究电子的自旋相干性, 因为电子与空穴的辐射复合不会限制残留电子的寿命. 另外, 当时间长于激子寿命的时候, 这种结构中残留电子不会受到空穴的影响.

1. CdTe/CdMgTe 量子阱的光谱

温度为 $T = 1.9K$ 时, n 型 $CdTe/Cd_{0.78}Mg_{0.22}Te$ 量子阱的光致荧光光谱如图 6.3(a) 所示. 光谱给出了激子和荷电激子的谱线, 它们之间的间距为 2meV, 这是荷电激子的结合能. 激子的结合能为 12meV. 激子谱线的半高宽大约是 0.5meV, 主要来自于量子阱阱宽涨落引起的激子局域化.

图 6.3(b) 给出同一个量子阱的反射光谱. 按照文献 [22] 中描述的程序, 我们发现激子的振子强度要比荷电激子的振子强度大 10 倍. 在比较激子能量和荷电激子能量处探测的克尔旋转信号的强度时, 需要考虑这一事实. 探测响应和光生载流子的数目都正比于振子强度.

需要知道共振激发下的激子和荷电激子的复合时间, 才能解释观测所得的自旋动力学. 在线偏振激发下, 我们使用条纹相机进行了相应的测量. 共振泵浦激子的结果和共振泵浦荷电激子的结果非常相似. 图 6.3(c) 给出了典型的荷电激子的复合动力学结果. 对于在荷电激子能量处的共振激发 (曲线 2, 能量的偏离 $\Delta E = 0$), 在 30ps 的时间尺度内, 荧光强度衰减了大约 80%, 其余的部分在 100ps 的时间内消失了. 当激发能量比荷电激子共振高出 0.8meV 的时候, 仍有衰减时间分别为 30ps 和 100ps 的两个指数衰减过程, 但它们发生了再分配, 衰减常数较大的过程占的比重大了. 这是典型的量子阱发光谱[23,24]. 较短的衰减时间 30ps 可以被归结为辐射区中产生的激子和荷电激子的辐射复合, 它们的波矢与光子的波矢相同. 对于散射到辐射区之外的激子来说, 它们需要较长的时间, 大约 100ps, 通过发射声学声子回到辐射区. 在这种情况下, 激子的荧光寿命就延长至 100ps.

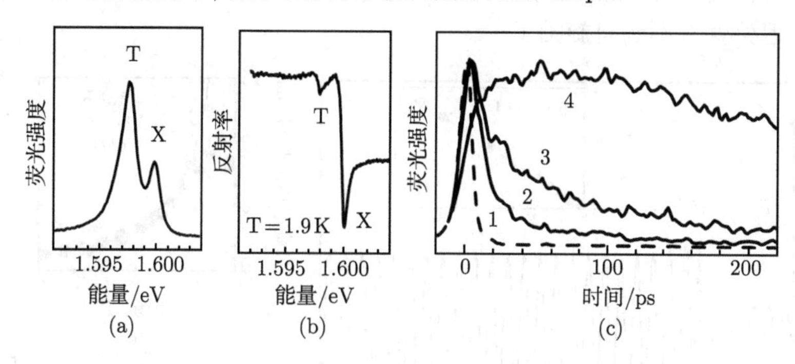

图 6.3 (a) 在非共振连续波激发下, 20nm 宽的 CdTe/(Cd,Mg)Te 量子阱的荧光光谱, 激发光子能量为 2.33eV. 激子 (X) 和荷电激子 (T) 共振之间的差别为荷电激子的束缚能 2meV; (b) 同一样品的反射谱; (c) 条纹相机测量的荧光谱随时间变化关系, 宽度为 1.5ps 的激发光脉冲, 光子能量与荷电激子相同 (曲线 2), 能量向高偏移 0.8meV(曲线 3) 和 27meV(曲线 4). 激光脉冲如虚线所示[16]

荷电激子的复合并不限制于辐射区, 因为其他的电子可以得到动量守恒定律所需要的动量. 因此可以期望, 即使在非共振光激发情况下, 荷电激子发光的快速衰减过程大约为 30ps. 然而, 在大多数情况下, 在这些实验条件下光产生的激子进一步形成了荷电激子, 因为激子的振子强度比较大, 所以激子主导了吸收. 因此, 荷电激子荧光的衰减并不取决于荷电激子的复合, 而是取决于荷电激子的形成, 它由荷电激子的形成时间和激子寿命决定. 当能量偏差比较小的时候 (曲线 3), 快速的 30ps 过程与较长的 100ps 过程同时存在. 当激发能量被调节到带间吸收的时候 (曲线 4, $\Delta E = 27\text{meV}$), 因为自由载流子需要额外的时间来束缚成为激子, 发光的衰减延长至 250ps.

2. 长寿命的电子自旋相干性

在这一部分中, 我们研究电子自旋相干性, 目标是确认获得最长的弛豫时间所需的实验条件, 搜集自旋退相位机制的信息.

共振激发荷电激子态的时候, 典型的克尔信号的时间演化过程如图 6.4(a) 所示. 需要注意以下几个特点: ① 自旋拍的振荡频率随着磁场而线性地增加 (图 6.4(b)), 这种变化关系的斜率给出了电子 g 因子的数值, $|g_e| = 1.64$. 在具有相似阱宽的 CdTe 基量子阱中, g 因子是负值[25]. ② 当磁场为 $B = 0.25\text{T}$ 的时候, 直到 4ns, 自旋拍的衰减还非常微弱, 并且在负延迟时间处也可以清楚地看到自旋拍. 这说明,

在泵浦脉冲间距的 13.2ns 时间内, 自旋相干性并没有完全消失. 因为激子和荷电激子的寿命小于 100ps, 所以, 可以将长寿命的自旋拍归结为残余电子的相干自旋动力学. ③ 随着磁场的增加, 退相位过程加速, 因此, 在 0.65T 以及更强的磁场下, 在负时间延迟处就看不到自旋拍了.

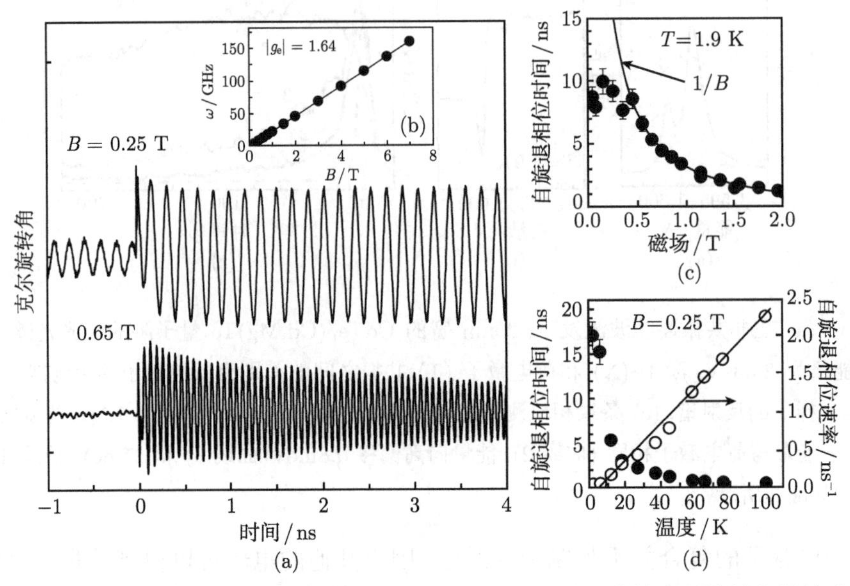

图 6.4　(a) 在共振激发下, 20nm 宽的 CdTe/(Cd,Mg)Te 量子阱的克尔旋转信号的动力学, $T = 1.5$K. 插图 (b) 给出了频率随磁场的依赖关系. (c) 自旋退相位时间随磁场的变化关系. 实线是 $1/B$ 插值结果. (d) 自旋退相位时间 τ_2^* 和退相位速率 $1/\tau_2^*$ 随温度的变化关系. 实线是线性插值[7,24]

自旋退相位时间 T_2^* 的磁场依赖关系如图 6.4(c) 所示. 随着磁场强度的增加, 退相位也增加. 在 0.5~7T 的磁场范围内, T_2^* 服从 $1/B$ 的依赖关系 (实线), 并在较弱的磁场下达到饱和. 这个实验中研究的是电子自旋的系综, 电子 g 因子的展宽 Δg_e 导致的非均匀退相位可以表示为

$$T_2^{\text{inh}}(\Delta g_e) = \frac{\hbar}{\Delta g_e \mu_B B} \tag{6.2}$$

用 $1/B$ 来拟合实验数据, 可以得出 $\Delta g_e = 0.001$, 这仅仅是 g_e 平均值的 0.6%. 饱和值 10ns 给出了 T_2 的下限, 见式 (6.1).

退相位时间 T_2^* 以及退相位速率 $1/T_2^*$ 的温度依赖关系如图 6.4(d) 所示. 在 $1.9 \sim 7$K 的范围内, 退相位速率基本不变, 然后, 直到 100K, 它都是线性地增长. 由激子谱线的宽度可以推算出, 电子局域化势阱的特征深度大约为 0.5meV, 这对应的激发温度为 6K. 在更高的温度下, 观测到了 $T_2^* \propto 1/T$ 的依赖关系. 这种行为是

Dyakonov-Perel 自旋弛豫机制的特点. 这一机制的理论给出电子自旋弛豫速率的表达式如下[26,27]:

$$\frac{1}{\tau_{\mathrm{s}}}=\alpha_{\mathrm{c}}^{2}\tau_{p}(T)\frac{E_{1\mathrm{e}}^{2}k_{\mathrm{B}}T}{\hbar^{2}E_{\mathrm{g}}} \tag{6.3}$$

其中, τ_p 为动量弛豫时间, α_{c} 为与导带自旋劈裂有关的参数, E_{g} 为带隙能量, $E_{1\mathrm{e}}$ 为电子束缚能. 在 $E_{1\mathrm{e}}\gg k_{\mathrm{B}}T$ 时, 式 (6.3) 有效, 它考虑的是 (100) 取向的量子阱中沿着生长方向的自旋分量的弛豫过程. 根据实验测量得到的线性温度依赖关系, 我们认为, 在 $T<100\mathrm{K}$ 的时候, 所研究样品中的 τ_p 是不变的, 这听上去有些道理. CdTe 基量子阱的电子迁移率并不高 (通常不高于几万 $\mathrm{V\cdot cm^2/s}$), τ_p 非常短, 大约为皮秒的量级. 因此, 在 $7\sim100\mathrm{K}$ 的温度范围内, Dyakonov-Perel 自旋弛豫机制决定了电子的自旋相干性.

自旋共振放大技术非常适合于研究长寿命的自旋拍, 此时, 信号在负时间延迟处仍具有相当大的幅度, 并与正时间延迟处的信号发生干涉[28](见第 5 章). 即使零磁场下的 T_2^* 时间也可以测量. 在这种方法中, 外磁场由小的负值扫到小的正值, 探测脉冲被置于一个小的负时间延迟处. 图 6.5 中的数据的时间延迟为 $\Delta t=-100\mathrm{ps}$. 根据峰宽可以直接得到 T_2^*. 当 $T=1.9\mathrm{K}$ 时, 退相位时间 $T_2^*=30\mathrm{ns}$. 为了实现这样长的时间, 泵浦光强度要减弱到尽可能小的 $0.05\mathrm{W/cm^2}$, 此时信号仍然清晰可辨. 增加温度会使得这些峰变宽, 它表示退相位时间变短了. 在固定温度不变时, 增大泵浦光强度, 也可以观察到类似的行为 (图 6.5(c)). 这一效应是由于阱宽涨落所局域的电子被加热而变得自由了. 自由电子具有更多的弛豫通道, 因此它们的自旋相干性也就消失得更快了.

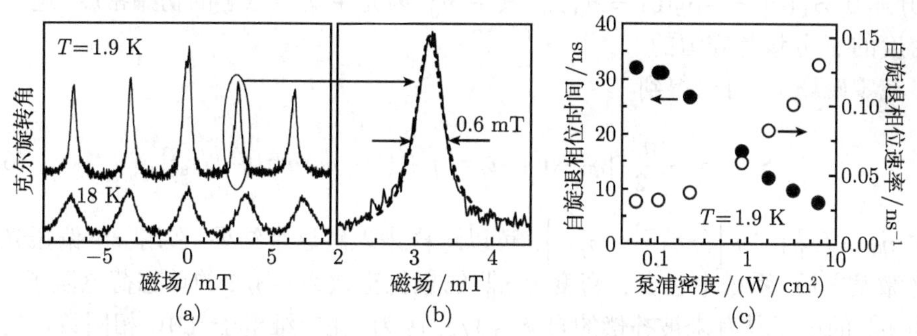

图 6.5 (a), (b) 在弱激发强度下 ($0.05\mathrm{W/cm^2}$), 20nm 宽的 CdTe/(Cd, Mg)Te 量子阱的自旋共振放大信号; (c) 自旋退相位时间 T_2^* 和退相位速率 $1/T_2^*$ 随激发功率的变化关系[7]

3. 生成机制: 模型的考虑

现在讨论低电子密度的量子阱中载流子自旋相干性的产生问题 (图 6.1(b)). 在这一过程中, 荷电激子扮演了重要的角色. 首先, 我们讨论 Ivchenko 和 Glazov[16]

发展的模型的要点, 然后再给出支持这一模型的实验数据.

1) 荷电激子的共振激发

我们从荷电激子的共振激发开始分析. 根据选择定则, 吸收一个圆偏振的光子, 可以产生一对具有确定的自旋投影的电子–空穴对：(e, −1/2; hh, +3/2) 和 (e, +1/2; hh, −3/2), 分别对应右圆偏振 (σ^+) 和左圆偏振 (σ^-) 光子.

在弱磁场和中等强度的磁场中, 带负电激子的基态具有电子单态构型：电子自旋的取向是反平行的. 因此, 对于共振激发来收, 只有自旋取向与光生电子相反的残留电子才对荷电激子的形成有贡献. 这样一来, 在 σ^+ 泵浦下, 自旋 z 分量 $S_z = +1/2$ 的电子就减少了, 而在在 σ^- 泵浦下, 减少的自旋 z 分量 $S_z = -1/2$ 的电子. 因此, 剩余的残留电子就变得自旋极化了. 在量子阱平面内施加外磁场, 可以使得残余电子的自旋极化发生进动, 因此出现了克尔信号的振荡.

共振脉冲激发荷电激子以后, 可以用速率方程来描述电子和荷电激子的自旋动力学[16]：

$$\frac{\mathrm{d}S_z}{\mathrm{d}t} = S_y\Omega - \frac{\mathrm{d}S_z}{\tau_{\mathrm{S}}} + \frac{S_{\mathrm{T}}}{\tau_0^{\mathrm{T}}}, \quad \frac{\mathrm{d}S_y}{\mathrm{d}t} = -S_z\Omega - \frac{\mathrm{d}S_y}{\tau_{\mathrm{S}}}, \frac{\mathrm{d}S_{\mathrm{T}}}{\mathrm{d}t} = -\frac{S_{\mathrm{T}}}{\tau^{\mathrm{T}}} \tag{6.4}$$

其中, $S_{\mathrm{T}} = (T_+ - T_-)/2$ 为荷电激子的有效自旋密度, $T_\pm$ 为重空穴自旋为 $\pm 3/2$ 的带负电荷的激子的密度, S_y 和 S_z 为电子气自旋密度的相应分量, τ^{T} 为荷电激子自旋的寿命, 它包括荷电激子的寿命 τ_0^{T} 和自旋弛豫时间 $\tau_{\mathrm{s}}^{\mathrm{T}}$, 也就是说, $\tau^{\mathrm{T}} = \tau_0^{\mathrm{T}}\tau_{\mathrm{s}}^{\mathrm{T}}/\left(\tau_0^{\mathrm{T}} + \tau_{\mathrm{s}}^{\mathrm{T}}\right)$, τ_{s} 为电子自旋弛豫时间. 可以确认, 这一时间是系综的横向自旋弛豫时间 T_2^*. 对于垂直入射的 σ^+ 偏振的泵浦脉冲, 速率方程的初始条件为 $S_y(0) = 0$, $S_{\mathrm{T}}(0) = -S_z(0) = n_0^{\mathrm{T}}/2$, 其中 n_0^{T} 为光生荷电激子的初始密度. 电子自旋密度的 x 分量是守恒的.

在零磁场下, 可以得到

$$S_z(t) = -\frac{n_0^{\mathrm{T}}}{2}\left[\eta_0 \exp\left(-t/\tau^{\mathrm{T}}\right) + (1-\eta_0)\exp\left(-t/\tau_{\mathrm{s}}\right)\right] \tag{6.5}$$

其中 $\eta_0 = \left(\tau_0^{\mathrm{T}}\right)^{-1}/\left[\left(\tau^{\mathrm{T}}\right)^{-1} - \tau_{\mathrm{s}}^{-1}\right]$. 可以这样来理解这个结果. 在用 σ^- 偏振光进行光激发之后, 系统中包含有密度为 n_0^{T} 的极化空穴为 −3/2 的单态荷电激子、密度为 n_0^{T} 的电子具有未被补偿的自旋 +1/2, 因为, 在二维电子气中, 相同数目的自旋为 −1/2 的电子被用于形成荷电激子, 如图 6.6(b) 所示. 当不存在自旋弛豫的时候, 荷电激子通过发射 σ^- 光子来衰变, 留下一个自旋为 −1/2 的电子. 因此, 这些“荷电激子”的电子就补偿了初始的自旋极化, 在荷电激子衰变的过程中变为零. 然而, 电子或荷电激子的自旋弛豫导致了不平衡的出现. 换句话说, 非束缚电子的自旋并不能完全抵消“荷电激子”电子的自旋, 因此, 就会诱导出自旋极化来. 在面内磁场中, 即使自旋弛豫不存在, 也会出现这种不平衡. 实际上, 荷电激子束缚的重空穴和单态电子对并不受磁场的影响, 而是残余电子的自旋在进动 (图 6.6(c)). 通过发射 σ^- 光子, 荷电激子复合了, 留下一个自旋为 $-1/2$ 的电子. 即使在荷电激子已经消亡之后, 电子的自旋极化也不是零, 它以频率 Ω 振荡.

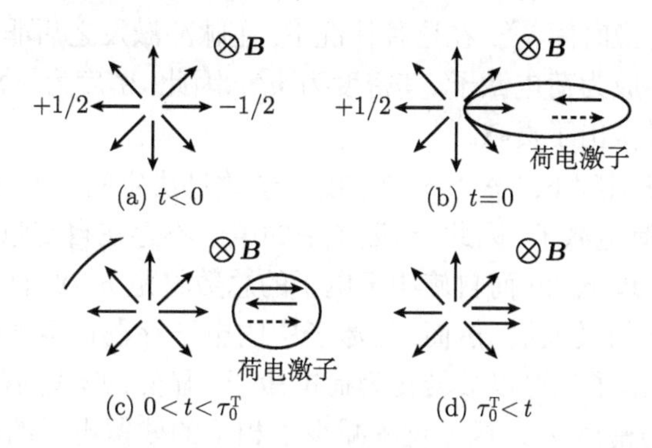

图 6.6 在外磁场下, 利用共振光激发荷电激子来产生电子自旋相干性的示意图. (a) 二维电子气的初始状态, 在垂直于磁场的平面内, 它的自旋极化为零. 自旋绕着 $\boldsymbol{B}$ 进动. (b) 一个 σ^- 偏振光子产生一个 (电子, +1/2; 重空穴, −3/2) 电子–空穴对, 它捕获一个固有的 −1/2 电子形成了荷电激子. 在二维电子气中, 未被补偿的 +1/2 电子自旋使得二维电子气变得自旋极化了. (c) 在荷电激子的生存时间 τ_0^{T} 内, 二维电子气的极化围绕着磁场进动. 因为两个电子的构型是自旋单态而空穴的平面内 g 因子为零, 所以荷电激子态并不在磁场中进动. (d) 在荷电激子复合之后, −1/2 电子又对二维电子气的极化有贡献了 (这里我们忽略了荷电激子中的空穴的自旋弛豫). 图中给出了带有自旋极化的二维电子气的终态[16]

对于共振激发来说, 初始的光生荷电激子的数目 n_0^{T} 不可能超过 $n_{\mathrm{e}}/2$. 所以, 在激发强度低的时候, n_0^{T} 随着泵浦强度而线性地增长, 并在 $n_{\mathrm{e}}/2$ 处饱和. 在最简单的模型中, 有

$$n_0^{\mathrm{T}}=\frac{n_{\mathrm{e}}}{2}G\tau_0^{\mathrm{T}}/\left(1+G\tau_0^{\mathrm{T}}\right) \tag{6.6}$$

其中, 生成速率 G 正比于泵浦功率. 所以, 荷电激子吸收的饱和使得初始电子自旋极化也具有饱和行为. 实验证实了这一结论.

2) 低密度二维电子气中激子的共振激发

如果将泵浦光子的能量调节到激子跃迁的位置, 在低温下, 只要能够找到具有适当的自旋取向的残留电子, 光生的激子就会倾向于结合为荷电激子. 当激发强度低到可以满足条件 $n_0^{\mathrm{X}}\ll n_{\mathrm{e}}/2$(此处的 n_0^{X} 是光生激子的数目) 的时候, 在所有激子都消失之后, 可以由式 (6.7) 来估计电子气的总自旋:

$$|S|=\frac{\tau^{\mathrm{X}}}{2\tau_{\mathrm{b}}}n_0^{\mathrm{X}} \tag{6.7}$$

其中, τ^{X} 为激子自旋的总寿命, 包括辐射衰减时间、激子结合为荷电激子的时间 $\tau_{b} \sim (\gamma n_{e})^{-1}$, 以及自旋弛豫时间 $(\tau^{X})^{-1} = (\tau_{0}^{X})^{-1} + \tau_{b}^{-1} + (\tau_{s}^{X})^{-1}$. 为了简化分析, 我们假设, 激子结合为荷电激子的时间 $\tau_{b} \sim (\gamma n_{e})^{-1}$ 小于激子的辐射寿命 τ_{0}^{X} 和激子中电子的自旋弛豫时间 τ_{s}^{X}. 在这种情况下, 在脉冲激发之后非常短的时间里, 所有的激子就都束缚成为荷电激子, 其密度为 n_{0}^{X}. 因此, 密度为 n_{0}^{X} 的残余电子的自旋为克尔旋转信号做出了贡献.

在更高的激发强度下, $n_{0}^{X} \geqslant n_{e}/2$, 由电子数目决定的一部分自旋极化的激子 $n_{e}/2$, 立刻形成了荷电激子. 因此, 当激子中的电子不存在自旋弛豫过程的时候, 荷电激子密度不会超过 $n_{e}/2$, 而自旋相干电子的总数将是 $n_{e}/2$. 注意, 这是共振激发荷电激子所能实现的最大值. 然而, 当激子中的电子存在自旋弛豫过程的时候, 剩余的 $n_{0}^{X} - (n_{e}/2)$ 激子也可以被转化为荷电激子. 显然, 形成的荷电激子的数目不会大于残留电子的密度 n_{e}. 这一过程减少了相干的残留电子的数目, 当激发强度很大的时候, 它减少至零. 原因是所有的残留电子都被束缚到荷电激子上了. 荷电激子通过辐射复合释放出电子的过程在时间上是弥散分布的, 因此不能提供自旋同步.

3) 探测方面的事宜

现在讲讲探测. 我们发现, 选择激子共振的位置探测, 可以导致探测脉冲的克尔旋转信号随时间振荡. 这种调制来自于光诱导的共振频率 $\omega_{0,\pm}$ 及非共振衰减速率 $\Gamma_{\pm}$ 的差别即 $\omega_{0,+} - \omega_{0,-}$ 和 $\Gamma_{+} - \Gamma_{-}$, 这两种差别出现的原因是激子中的电子和残余电子之间的交换相互作用：第一种差别是因为自旋极化电子气中电子能量的 Hartree-Fock 重整化, 而第二种差别是因为电子–激子散射依赖于自旋[22]. 因此, 总电子自旋的旋转调制了激子共振频率和非辐射展宽, 从而引起克尔旋转角的振荡. 注意, 面内磁场也会引起激子中的电子的自旋进动, 总的克尔信号是二维电子气和激子信号的叠加.

探测光调到荷电激子共振处的情况在定性上是一样的. 克尔旋转信号包含二维电子气和激子中的电子的自旋进动信号. 然而, 可以预期, 在荷电激子处的探测激子自旋动力学将不像激子共振处探测那样灵敏.

4. 双色泵浦–探测实验

双色克尔旋转技术可以独立地调节泵浦光和探测光的能量. 因此, 可以保持激发或者探测的条件不变, 从而简化了弛豫过程的确认.

在三种不同泵浦光能量下, 激子和荷电激子的克尔旋转信号如图 6.7 所示. (a) 与荷电激子共振; (b) 与激子共振; (c) 不共振, 比激子能量高 72meV. 所有信号的共同特点是, 它们都出现了与残留电子的相干自旋进动有关的长寿命自旋拍. 所有的泵浦能量都有效地激发了这种自旋相干性, 通过探测荷电激子或激子的共振来检测.

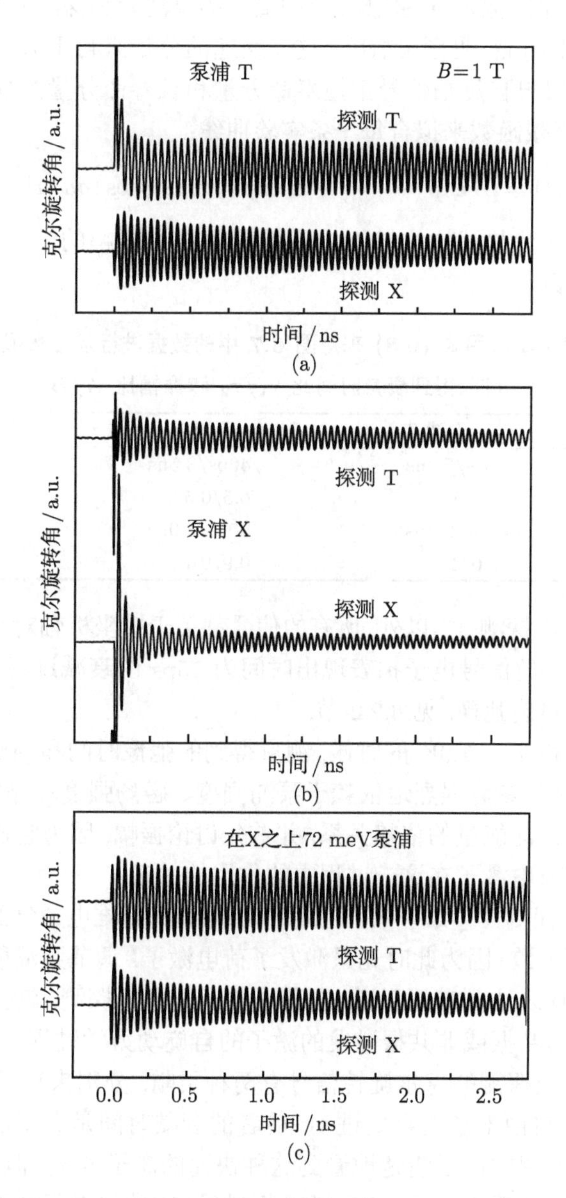

图 6.7 采用不同的激发能量, 利用双色技术测量得到的 CdTe/(Cd, Mg)Te 量子阱的克尔旋转信号, 测量温度为 $T = 1.9\text{K}$: (a) 与 1.5982eV 处的荷电激子共振; (b) 与 1.6005eV 处的激子共振; (c) 1.6718eV, 不共振, 比激子共振能量高出 72meV. 泵浦强度 56W/cm^2, 探测强度 8W/cm^2[16]

图 6.7 中的一些信号包含了短寿命的贡献, 它们出现在泵浦光脉冲之后, 衰减

时间为 50~70ps. 在 “泵浦 X–探测 X”(即简并的泵浦光和探测光与激子共振) 的时候, 这一部分特别明显, 见图 6.7(b). 这一快速的分量来自于激子对克尔旋转信号的贡献. 为了提取出自旋拍信号中短寿命分量和长寿命分量的衰减时间和相对幅度, 采用双指数衰减函数来拟合每一条实验曲线:

$$y(t) = [A \exp(-t/\tau_1) + B \exp(-t/\tau_2)] \cos(g\mu_B Bt/\hbar) \tag{6.8}$$

其中, A 和 B 分别为描述快分量 (τ_1) 和慢分量 (τ_2) 振幅的常数. 表 6.1 汇集了这些拟合给出的参数.

表 6.1 用式 (6.8) 来对图 6.7 中的数据进行双指数拟合, 可以得到衰减时间比 τ_1/τ_2 和振幅比 A/B

	泵浦 T	泵浦 X	非共振
探测 T	–/5.7ns	40ps/3.5ns	56ps/3.6ns
	0/1	0.5/0.5	0.2/0.8
探测 X	–/2.6ns	50ps/2.0ns	70ps/2.8ns
	0/1	0.9/0.1	0.5/0.5

除了 “泵浦 T–探测 T” 以外, 所有的信号都关于横坐标轴对称. 在初始阶段里, “泵浦 T–探测 T” 的信号电子拍表现出时间为 75ps 的衰减过程, 这可以归结为荷电激子中空穴的自旋弛豫, 见 6.2.2 节.

在 $B = 1\text{T}$ 和 $T = 1.9\text{K}$ 的时候, 测量得到的弛豫时间和相对幅度如表 6.1 所示. 一般来说, 这些参数强烈地依赖于泵浦强度、磁场强度和晶格温度. 这里我们主要关注于它对泵浦能量的依赖关系, 并首先讨论振幅, 因为它们是理解电子自旋相干性的产生和荷电激子在这一过程中的作用的关键.

在 “泵浦 T–探测 T” 实验中, 只观察到长寿命的二维电子气的信号 (图 6.7(a)). 这与模型的预期一致, 因为此时光只激发了荷电激子. 调节泵浦能量使之与激子共振, 进一步调节使之达到带间跃迁, 在荷电激子能量处探测, 就会观测到快速衰减分量. 它被归结为共振或非共振激发的激子的自旋动力学过程.

在激子能量处探测的克尔旋转信号有两种贡献, 分别来自于: ① 激子中电子的相干进动; ② 自由电子的自旋进动. 前者的衰减时间是激子的复合时间. 在图 6.7(b) 和图 6.7(c) 中, 可以清楚地看到这种快速的激子分量, 但是, 当泵浦与荷电激子共振的时候, 就看不到了. 对于非共振激发, 它的相对强度不会大于 50%. 此时, 电子和空穴是由能量比激子共振高 72meV 的光激发产生的, 因此, 它们很可能被散射、彼此无关地弛豫到各自能带的底部, 然后, 它们再束缚在一起形成激子和荷电激子. 快分量和长寿命信号的相对强度反映了形成激子和荷电激子的概率. 我们预期, 当二维电子气密度比光生载流子的密度大上至少一个数量级的时候, 就更容易形成荷电激子.

在共振地泵浦激子能量处探测的时候, 观测到了非常不同的相对振幅的比值, 快衰减分量占 90%, 而长寿命过程占 10%(图 6.7(b)). 在泵浦光与激子共振的时候, 至少有两个因素使得产生的激子比荷电激子更多. 首先, 光激发产生的激子的动能非常小, 因此, 它们就保持在辐照区内并在形成荷电激子之前就很快地复合了 (30 ~ 50ps 时间内)[23]. 其次, 一部分激子是局域的, 因此它们不能移动, 也就不能到达量子阱中残余电子局域的地方. 因此, 由激子形成荷电激子的过程就被抑制了. 另外, 激子和二维电子气对克尔信号的贡献之比也依赖于探测能量, 在激子共振处的探测对于激子中电子的自旋进动更为敏感.

图 6.7 中的双色实验结果与我们的模型复合得很好: ① 以电子拉莫尔频率振荡的信号来自于残留电子或激子中的电子的相干进动; ② 对于低密度二维电子气来说, 通过共振光激发或者激子俘获残留电子来形成荷电激子, 可以非常有效地产生自旋相干性.

克尔旋转幅度对泵浦功率的依赖关系如下:

在激子和荷电激子能量处, 二维电子气的克尔旋转幅度随泵浦强度的变化关系如图 6.8 所示. 在时间延迟为 0.5ns 处测量信号, 此时, 快速衰减分量的贡献非常小. 在低激发强度下, 两种依赖关系都是线性的. 当激发强度比较大的时候, 幅度表现出强烈的非线性行为: 对于 “泵浦 T–探测 T” 测量来说, 信号饱和了, 而对于 “泵浦 X–探测 X” 测量来说, 它随着激发强度的增大而减小. 这两种结果都和模型计算相符[16]. 虚线对应于荷电激子的激发, 而实线对应于激子泵浦. 虚线的唯一拟合参数是饱和值, 实线的唯一拟合参数是比值 $\tau_S^X/\tau_0^X = 10$, 它是激子中电子的自旋弛豫时间与激子的辐射复合寿命之比.

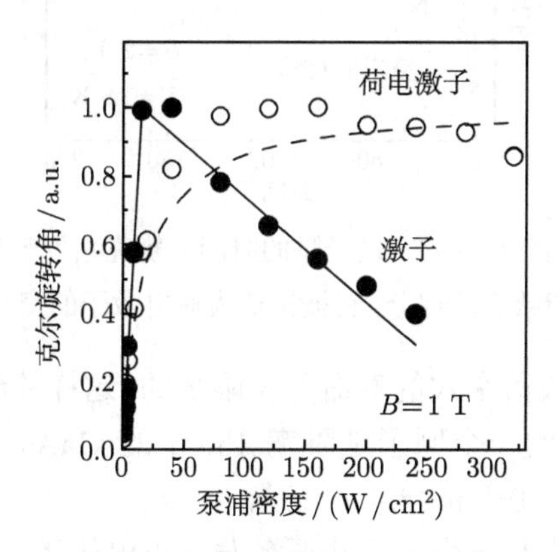

图 6.8 CdTe/(Cd,Mg)Te 量子阱中二维电子气的克尔旋转信号的归一化后的长寿命幅度, 测量时的时间延迟为 0.5ns, 共振激发激子 (实心圆点) 和荷电激子 (空心圆点). 实线和虚线给出了模型计算的结果[16]

6.2.2 空穴自旋相干性

也可以用泵浦–探测克尔旋转技术来研究空穴的自旋相干性, 但是, 它的实验观测更加富有挑战性. 首先, 在量子阱平面内, 重空穴的自旋分量为零, 它不能够绕着平面内磁场进动. 将磁场倾斜使之偏离量子阱平面, 就可以观察到空穴的自旋拍, 但是它的周期很长 (与磁场在平面外的很小的分量呈正比). 通常, 在空穴自旋退相位时间内, 只能观察到几个振荡周期[21,29]. 其次, 价带中的自旋 - 轨道耦合要比导带中的强很多, 因此自由空穴的自旋弛豫会很快. 报道的自旋弛豫时间为 4ps[30] ~1ns[29,31], 它强烈地依赖于掺杂能级、掺杂浓度和激发能量. 对于局域化的空穴, 大部分自旋弛豫机制被抑制了, 包括同原子核自旋的超精细相互作用引起的自旋弛豫机制, 而这对于电子来说是内在的[32]. 因此, 可以预期, 空穴具有很长的自旋相干时间.

在 n 型量子阱中, 复合过程限制了光生空穴的寿命. 在非共振激发 GaAs/(Al, Ga)As 量子阱的情况下, 空穴可以持续上几百个皮秒[29], 但是在共振激发荷电激子的情况下, 它就超不过几十个皮秒. 对于泵浦 - 探测克尔旋转实验, 后一种情况是典型的, 可以将荷电激子中空穴的自旋动力学视为电子振荡中心的一种非对称的偏移. 图 6.9 中 n 型 $CdTe/Cd_{0.78}Mg_{0.22}Te$ 量子阱的行为就是一个例子. 这种偏离的衰减时间尺度大约是 20ps(虚线), 它被归结为空穴自旋的退相位和荷电激子的复合. 区分这两者的贡献并得到自旋退相位时间并不容易.

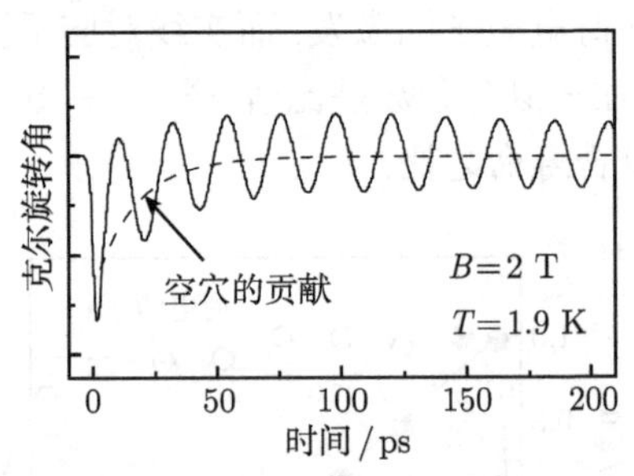

图 6.9 n 型掺杂的 CdTe/(Cd,Mg)Te 量子阱的时间分辨克尔旋转信号. 实线为实验数据. 虚线给出了电子自旋拍动的指数衰减部分, 它被指认为荷电激子的空穴自旋[24]

在 p 型量子阱中, 残留空穴的寿命是无限长的, 这样的结构有利于研究空穴的自旋相干性. 这里考虑的一个例子是阱宽 15nm 的 $GaAs/Al_{0.34}Ga_{0.66}As$ 量子阱, 空穴密度为 $n_{\rm h} = 1.51 \times 10^{11}{\rm cm}^{-2}$.

图 6.10(a) 中上方的曲线给出了共振激发带正电的激子的克尔旋转信号. 它包含两个相干信号. 利用拟合将其分解可以得到图 (a) 所示的两部分贡献. 一个具有较快的进动频率, 对应于 $|g_{\rm e}| = 0.285$, 这是 GaAs 基量子阱中电子的典型值. 只能在泵浦光到达之后约为 200ps 的时间范围内观测到它, 衰减时间为 50ps, 与共振激

发的 T^+ 荷电激子的寿命一致. 另一个贡献具有比较小的进动频率, 它被认为是空穴的自旋拍. 在 7T 磁场中, 它的衰减时间大约是 100ps. 在 500ps 的时间延迟范围内, 都可以观测到空穴的自旋拍. 在这么长的时间上观测到的克尔旋转信号完全来自于空穴的相干进动.

因为空穴在平面内的 g 因子非常小, 所以在实验上很难观测到空穴的自旋量子拍. 为了增强可见性, 将磁场稍微偏离出量子阱平面, 倾斜角为 $\theta = 4°$, 这样就可以通过混合 g 因子在平面内的分量 ($g_{\mathrm{h},\perp}$)和平行于生长方向的分量 ($g_{\mathrm{h},/\!/}$, 它通常会大许多) 来增大 g 因子: $g_{\mathrm{h}}(\theta) = \left(g^2_{\mathrm{h},/\!/}\sin^2\theta + g^2_{\mathrm{h},\perp}\cos^2\theta\right)^{1/2}$. 在所研究的结构中, $|g_{\mathrm{h},\perp}| = 0.012 \pm 0.005$ 和 $|g_{\mathrm{h},/\!/}| = 0.60 \pm 0.01$[21].

不同磁场下空穴对克尔信号的贡献如图 6.10(b) 所示. 插图中给出了空穴自旋退相位时间 T_2^* 随磁场的变化关系. 在 $B = 1\mathrm{T}$ 时, 空穴的自旋相干时间很长, $T_2^* = 650\mathrm{ps}$. 将磁场增大至 10T, 它就缩短至 70ps. 用 $1/B$ 的形式可以很好地描述磁场依赖关系, 由此我们可以推断出, 退相位时间的缩短是来自于空穴 g 因子的非均匀性, $\Delta g_{\mathrm{h}} = 0.007$. 升高晶格温度至 $5 \sim 10\mathrm{K}$, 空穴的自旋退相位时间显著缩短[21]. 主要原因是空穴的非局域化, 它激发了自旋–轨道相互作用导致的自旋弛豫过程.

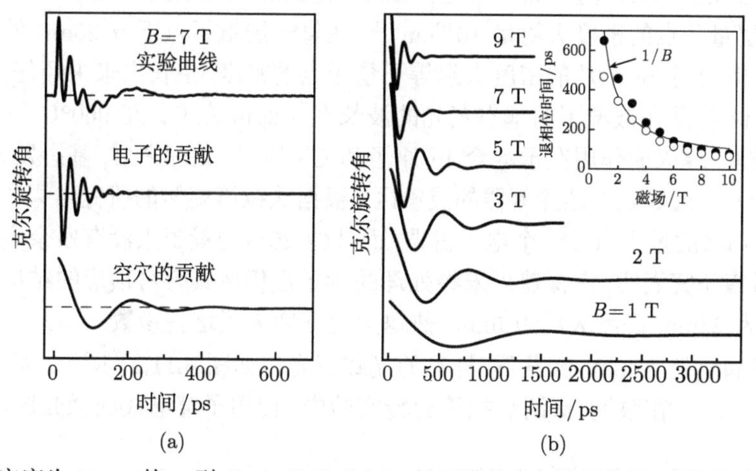

图 6.10 宽度为 15nm 的 p 型 GaAs/(Al,Ga)As 量子阱的克尔旋转信号. 磁场偏出量子阱平面, 倾斜角度为 $\theta = 4°$. 激光能量为 1.5365eV, 与 T^+ 共振. 泵浦和探测的功率分别为 5mW 和 1mW. (a) 顶部为测量信号. 底部分别给出了电子和空穴分量的贡献; (b) 不同磁场下克尔信号中拟合得到的空穴分量的贡献. 插图给出空穴自旋退相位时间 T_2^* 随磁场的变化关系. 实线是用 $1/B$ 对数据进行拟合. 实心圆点数据的泵浦和探测功率分别为 $1\mathrm{W/cm^2}$ 和 $5\mathrm{W/cm^2}$, 而空心圆点的泵浦和探测功率分别为 $5\mathrm{W/cm^2}$ 和 $1\mathrm{W/cm^2}$. 温度为 $T = 1.6\mathrm{K}$[21]

6.3 带有单个电荷的量子点中的自旋相干性

因为半导体量子点对载流子的三维限制效应, 引起了广泛的关注. 对于受限的电子来说, 大多数与自旋–轨道相互作用有关的自旋弛豫机制都不那么奏效了. 对于一个带有单个电荷的量子点来说, 它只包含一个电子, 因此, 载流子–载流子相互作用也不存在. 然而, 局域化效应加强了电子和原子核自旋的超精细相互作用 (见第 11 章).

为了避免量子点系综的非均匀性所导致的光谱的显著展宽, 发展了单量子点光谱的技术. 这些技术也被用于研究中性与荷电量子点的能量和自旋结构以及复合与自旋弛豫动力学[33], 见第 4 章. 然而, 这些技术要求生长低密度的量子点系综, 或者需要在生长样品之后进行后期处理. 例如, 制作不透明的掩模或者腐蚀出台面来选择一个或少数几个量子点. 单个量子点发出的光学信号也非常弱, 需要长达几分钟甚至几个小时的信号累积时间. 本节中我们给出一些例子, 利用时间分辨技术来研究 (In,Ga)As/GaAs 量子点系综. 我们可以得到关于激子和残留电子的相干自旋动力学的详细信息.

(In, Ga)As/GaAs 量子点样品包含 20 层量子点, 每层被 60nm 的 GaAs 势垒隔开[9]. 每层量子点的密度大约是 10^{10}cm^{-2}. 在每一层量子点下方 20nm 处, 有一个 n 型的 δ 掺杂层, Si 杂质的密度大致等于量子点的密度. 生长出来未经任何处理的 InAs/GaAs 样品在低温下的基态荧光的波长在 1.2μm 左右. 在 960°C 下进行 30s 的退火处理, 退火的作用在于混合 In 原子和 Ga 原子, 处理之后, 基态发光峰移动到了 0.89μm, 正好处于硅探测器的灵敏区. 根据法拉第旋转的研究结果[9], 我们估计, 大约 75%的量子点被一个电子占据, 而其他 25%的量子点没有残余电荷. 透射电子显微镜研究表明, 在覆盖后未经处理的量子点仍然具有穹顶形的结构, 半径比较大, 约为 25nm, 高度大约为 5nm. 热退火处理增大了这些参数.

在浸润层处 1.46eV 激发下, 样品的光致荧光谱如图 6.11(a) 所示. 发光带的半高宽为 15meV. 在泵浦–探测法拉第旋转实验中, 使用了窄谱线的激光脉冲和共振激发.

6.3.1 用法拉第旋转来探测激子和电子的自旋拍频

可以用磁场 (塞曼劈裂) 来改变电子–空穴交换相互作用引起的量子点中激子态的能量劈裂 (即所谓的精细结构). 劈裂的大小为 $0.01 \sim 1\text{meV}$(见第 4 章), 通常可以用荧光谱或吸收谱的频谱域的高分辨率光谱来研究[35]. 为了达到所要求的谱分辨率, 必须分离出单个的量子点. 另一种方法是时域中的谱测量.

可以用量子拍光谱来测量两个能级之间的结构劈裂. 用一束激光相干地激发

着两个能级, 可以形成叠加态. 激发产生叠加态的概率会随着时间振荡, 其周期对应于能级的劈裂. 这一技术也适合于系综的测量, 但是必须注意, 得到的是许许多多量子点的平均结果. 文献 [34] 详细研究了 (In,Ga)As/GaAs 量子点中激子的精细结构. 这里我们只是概述一下这些结果, 了解一下用于研究自旋相干性的量子点中载流子的 g 因子和激子的精细结构的信息.

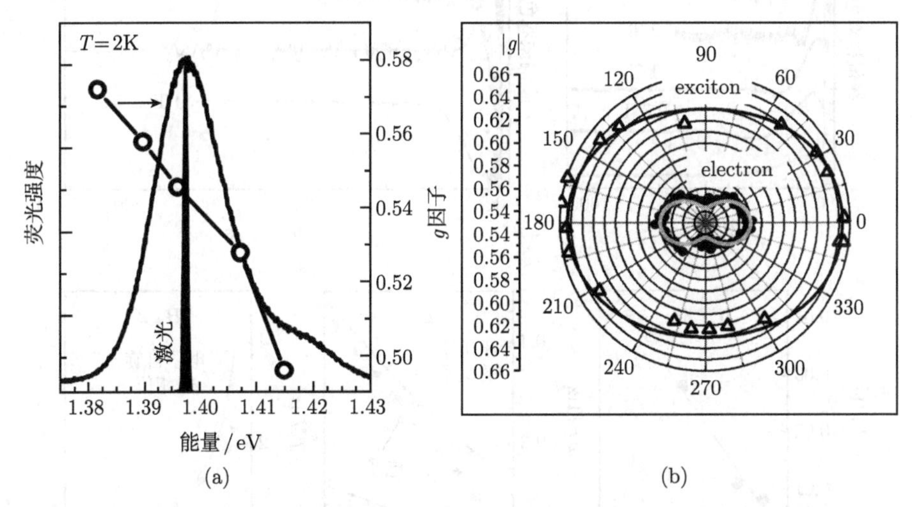

图 6.11 (a)(In,Ga)As/GaAs 量子点样品的光致荧光谱. 填充了的谱线给出的是时间分辨法拉第旋转实验中激发激光的光谱, 在非均匀展宽的发光带中, 它连续可调. 符号给出了在此发光带中电子沿 $[1\bar{1}0]$ 方向的平面内的 g 因子; (b) 用圆偏振二色谱实验测量电子 (圆圈) 和空穴 (三角)g 因子在平面内的角度依赖关系. 线条为根据公式 (6.10) 对数据进行的拟合. $B = 5\mathrm{T}$. 零度角对应于磁场沿着 x 轴方向, 它是用 [110] 晶向定义的[34]

为了研究 (In,Ga)As/GaAs 量子点, 对文献 [36], [37] 中的时间分辨泵浦–探测法拉第旋转技术进行了两种修改. 第一种技术是光学诱导的线偏振双色谱, 它使用线偏振的泵浦光, 对量子点中的激子进行光学准直. 第二种技术使用强的圆偏振泵浦脉冲, 通过载流子自旋的光学取向来诱导圆偏振双色性. 在这两种情况下, 通过测量一个线偏振探测脉冲的偏振面的旋转角, 可以分析泵浦脉冲诱导的光学各向异性. 圆偏振双色性来自于电子或空穴自旋的取向, 因此可以持续到两种载流子都消失的时候为止. 在线偏振双色谱中, 产生的是 +1 激子和 −1 激子的相干叠加态. 任何自旋弛豫过程都会破坏这一叠加, 它的寿命受限于最快的过程.

在纵向磁场下 ($\boldsymbol{B}//z$), 线偏振双色性的信号如图 6.12(a) 所示. 零磁场下强烈衰减的信号来自于亮激子态的劈裂 $\delta_1 = (4 \pm 4)\mu\mathrm{eV}$, 劈裂的原因是各向异性的交换相互作用. 根据图 6.12(b) 中的强磁场下的进动频率, 可以得到激子的 g 因子 $|g_{\mathrm{X}_{/\!/}}| = |g_{\mathrm{h}_{/\!/}} - g_{\mathrm{e}_{/\!/}}| = 0.16 \pm 0.11$. 倾斜磁场中的实验可以测量电子和空穴的纵向 g

因子：$|g_{e_{/\!/}}| = 0.61$ 和 $|g_{e_{/\!/}}| = 0.45$.

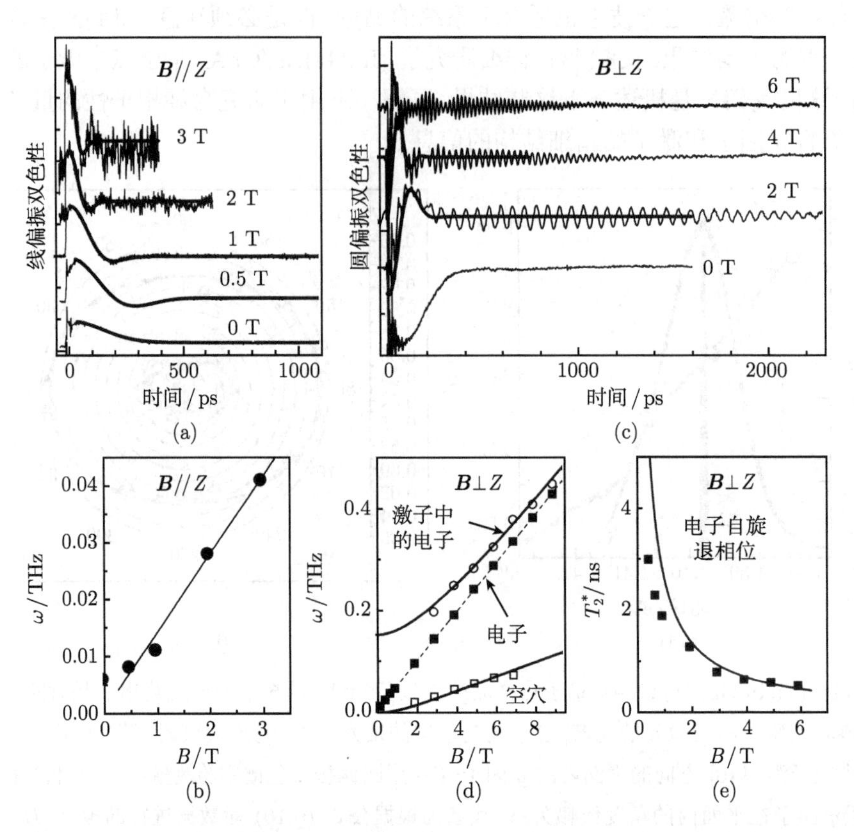

图 6.12　(a) 纵向磁场中 (法拉第构型) 的线偏振二色谱信号. 实线是用指数衰减的调和函数来拟合数据; (b) 拟合得到的进动频率随磁场的变化关系. 实线是对 $\boldsymbol{B}$ 的线性拟合; (c) 垂直磁场下 (Voigt 构型) 的圆偏振二色谱信号. 2T 和 4T 的实线是用指数衰减的调和函数来拟合数据的初始部分; (d) 自旋拍的频率随磁场的变化关系, 实心点是长时间的振荡, 而空心圆圈和空心方块是初始部分的振荡. 虚线是对 B 的线性拟合; (e) 长时间振荡的自旋退相位时间 T_2^* 随磁场的变化关系. 实线是 $1/B$ 拟合; 温度 $T = 2\text{K}$[34]

图 6.12(c) 给出了横向磁场中圆偏振双色性的信号. 可以清楚地看到两个不同频率的量子拍, 它们调制了短时间延迟的信号. 在 300ps 之后 (这接近于激子的寿命), 调制消失了, 量子拍的振幅单调衰减. 衰减时间强烈地依赖于磁场, 从 1T 时的 3ns 变到 6T 时的 0.5ns.

圆偏振二色谱的长寿命信号来自于荷电单量子点中残余电子的自旋进动[9]. 它的频率是 $\omega_e = g_{e\perp}\mu_B B/\hbar$, 其中, $g_{e\perp}$ 是电子在量子阱平面内的 g 因子. 我们发现 $|g_{e\perp}| = 0.54$(图 6.12(d) 中的虚线). 长寿命量子拍的退相位时间表现出 $1/B$ 的变化

关系 (图 6.12(e)), 由此利用式 (6.1) 和式 (6.2), 可以得出 $|\Delta g_{e\perp}| = 0.005$.

对最初 0.5ns 中的圆偏振双色信号进行傅里叶分析, 可以得到 3 个不同的频率. 其中一个与长时间延迟处的电子频率一致. 另外两个 (图 6.12(d) 中的空心符号) 与激子的精细结构有关. 用文献 [34] 中给出的非近似形式来拟合实验数据 (实线), 可以得到, 亮激子和暗激子之间的各向同性交换相互作用引起的劈裂为 $\delta_0 = (0.10 \pm 0.01)$meV, 空穴的 g 因子为 $|g_{e\perp}| = 0.15$.

1. 电子 g 因子的能量依赖关系

通过在发光带中调节激发能量, 可以测量量子点系综中的电子 g 因子的能量依赖关系. 图 6.11(a) 表明, 从低能量的一边到高能量的一边, g 因子从 0.57 降低到了 0.49. 如果限制的主要效应是增加能带带隙 E_g 的话, 那么就可以理解这种变化. 根据 $k \cdot p$ 计算得到 g_e, 它与自由电子 g 因子 $g_0 = 2$ 的差别为[38,39]

$$g_e = g_0 - \frac{4m_0P^2}{3\hbar^2}\frac{\Delta}{E_g\left(E_g + \Delta\right)} \tag{6.9}$$

其中, m_0 为自由电子的质量, P 为描述价带和导带耦合的矩阵元, Δ 为价带的自旋–轨道劈裂. 只有假设 g 因子的符号是负号, 才能解释其幅度随着发光能量增加而减小动态原子核极化的测量结果, 从而支持这个论证[34], 这与文献 [40] 中的描述类似. 这样也就可以确定激子和空穴 g 因子的符号.

2. 量子点平面中电子 g 因子的各向异性

通过改变量子点平面内磁场的方向, 可以确定电子 g 因子在面内的各向异性. 在任意一个方向上, 用它和 x 轴的夹角 α 来表征这个方向, 电子 g 因子为

$$|g_{e\perp}(\alpha)| = \sqrt{g_{e,x}^2, \cos^2\alpha + g_{e,y}^2 \sin^2\alpha} \tag{6.10}$$

其中, $g_{e,x}$ 和 $g_{e,y}$ 分别为沿着 x 轴和 y 轴, 即 [110] 和 [1$\bar{1}$0] 晶向的 g 因子. 测量了圆偏振二色性的信号随着角度的变化关系, 电子 (圆点) 和激子 (三角) 的 g 因子的角度依赖关系如图 6.11(b) 所示. 用式 (6.10) 来拟合, 可以得到, $|g_{e,x}| = 0.57$ 和 $|g_{e,y}| = 0.54$. 平面内各向异性的起源尚不清楚. 可以用压电效应改变能带结构来解释它.

6.3.2 电子自旋相干性的产生

现在讨论用共振激发荷电激子的方法来在带电的单量子点中产生电子自旋相干性. 这个问题类似于带有低密度载流子气体的量子阱中的情况 (见 6.2.1 节). 与讨论量子阱时使用的经典方法不同, 这里我们给出这一问题的量子力学描述. 详细的考虑可以参见文献 [9], [10], [13].

图 6.12(c) 中的实验结果很好地说明, 可以用光学方法产生荷电单量子点中残余电子的自旋相干性. 生成效率对激发强度的依赖关系加深了对其物理机制的理解. 在不同激发强度下, 法拉第旋转信号如图 6.13(a) 所示. 相应的振幅随着激光脉冲面积 Θ 的变化关系如图 6.13(b) 所示, 其中, 无量纲量 Θ 的定义为 $\Theta = 2\int[\boldsymbol{d}\cdot\boldsymbol{E}(t)]\mathrm{d}t/\hbar$, $\boldsymbol{d}$ 是价带到导带跃迁的偶极矩阵元, $\boldsymbol{E}(t)$ 是激光脉冲的电场振幅. 对于脉宽固定的激光脉冲来说, Θ 正比于激发功率的平方根.

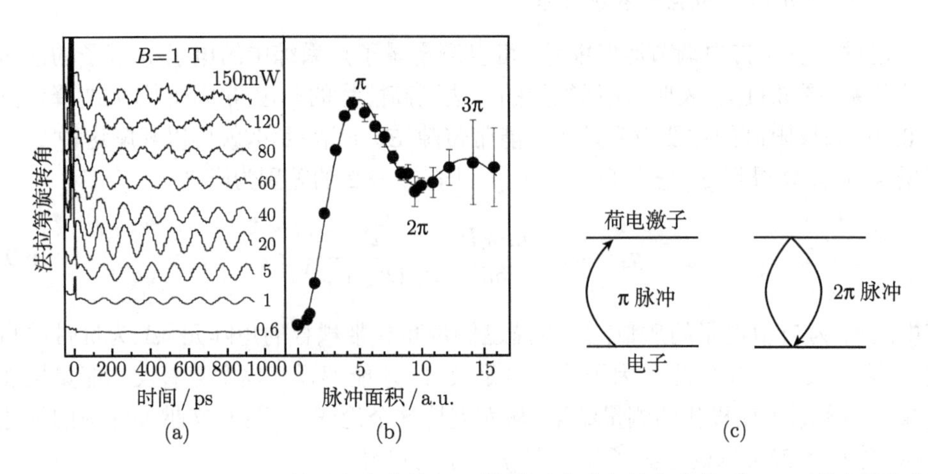

图 6.13 (In, Ga)As/GaAs 量子点中自旋相干性随泵浦功率的变化关系. (a) 不同泵浦功率下的法拉第旋转信号; (b) 法拉第旋转幅度和激光脉冲面积的关系. 实线起的是引导视线的作用[9]. (c) 示意图给出 π 脉冲和 2π 脉冲的生成过程

随着脉冲面积的增加, 法拉第旋转的振幅表现出非单调的行为. 首先, 它到达最大值, 接着减小到大约 60% 的位置, 然后又给出一个有着很大衰减的振荡. 这种行为类似于布洛赫矢量的拉比振荡, 布洛赫矢量的 z 分量描述了电子–空穴的占据数[41,42]. 激光脉冲相干地驱动了这一占据过程, 产生了依赖于脉冲面积 Θ 的相干振荡. 在这种情况下, 基态是空量子点, 激发态是具有一个光生电子–空穴对的量子点.

在荷电的单量子点中, 基态是带有一个电子的量子点, 激发态是带有一个荷电激子的量子点, 也就是说, 量子点中包含两个电子和一个空穴 (见图 6.13(c)). $\Theta = \pi$ 的激光脉冲将系统由基态驱动到激发态, 它对应于最大的产生效率. 进一步增大激光的功率并不会增加自旋极化的产生, 因为 $\Theta > \pi$ 的激光脉冲开始将系统赶回基态. 当 $\Theta = 2\pi$ 时, 系统回到了基态, 产生不了任何自旋极化. 这样一来, 法拉第旋转的振幅就在 π 脉冲时达到最大值, 而在 2π 脉冲时达到最小值. 振荡的衰减很可能是因为量子点性质 (比如说偶极矩 $\boldsymbol{d}$) 的系综非均匀性[43].

根据这些观察, 就可以理解自旋相干性的起源了. 我们先讨论中性的量子点. σ^- 偏振的共振光脉冲产生了真空和激子的叠加态:

$$\cos\left(\frac{\Theta}{2}\right)|0\rangle - \mathrm{i}\sin\left(\frac{\Theta}{2}\right)|\uparrow\Downarrow\rangle \tag{6.11}$$

其中, $|0\rangle$ 描述没有被激发的半导体, 箭头 $\Uparrow$ 和 $\Downarrow$ 分别描述空穴的自旋取向 $J_z = \pm 3/2$. σ^+ 偏振激发的电子和空穴的自旋方向是相反的. 激子在磁场中进动一段时间, 这一时间必然短于激子的寿命. 在一个系综里, 直到电子或空穴的自旋散射破坏了激子相干性之前, 都可以看到这种进动. 激子振幅的平方 $\sin^2(\Theta/2)$ 决定了它对系综的法拉第旋转信号的贡献大小.

接着, 我们讨论荷电的单量子点, 可以在荷电单量子点中共振地激发荷电激子. 我们假设, 没有激发的量子点的状态是具有任意自旋取向的电子:

$$\alpha\,|\uparrow\rangle + \beta\,|\downarrow\rangle \tag{6.12}$$

其中 $|\alpha|^2 + |\beta|^2 = 1$. 一束 σ^- 偏振的激光脉冲会产生一个自旋构型为 $|\uparrow\Downarrow\rangle$ 的激子. 然而, 泡利原理决定, 光激发的电子必须具有与残留电子相反的自旋, 这样才能形成荷电激子的单态 $|\uparrow\downarrow\Downarrow\rangle$. 因此, 这一脉冲只激发初始电子态的第二项即 $\beta|\downarrow\rangle$, 从而产生了一个电子和一个荷电激子的相干叠加态:

$$\alpha|\uparrow\rangle + \beta\cos\left(\frac{\Theta}{2}\right)|\downarrow\rangle - \mathrm{i}\beta\sin\left(\frac{\Theta}{2}\right)|\downarrow\uparrow\Downarrow\rangle \tag{6.13}$$

它由两个自旋单态的电子和一个处于 $|\Downarrow\rangle$ 态的空穴组成. 我们假设, 在激发过程中, 没有发生退相干, 也就是说, 脉冲宽度要远小于辐射衰减时间和载流子自旋弛豫时间. 可以看到, 电子–空穴数随着脉冲面积 Θ 振荡. 当 $\Theta = \pi$ 的时候, 激发最为有效, 它给出了如下的叠加态:

$$\alpha|\uparrow\rangle - \mathrm{i}\beta|\downarrow\uparrow\Downarrow\rangle \tag{6.14}$$

经过一段时间, 电子–空穴对就会弛豫, 在量子点中留下一个残留电子. 这一过程的时间尺度是荷电激子的辐射寿命. 在零磁场下, 当荷电激子中不存在空穴自旋弛豫的时候, 系统会返回到式 (6.12) 所描述的初始态, 因此, 不会产生自旋相干性. 然而, 在荷电激子复合之前, 如果发生了空穴自旋弛豫的话, 就会产生自旋相干性.

在一个 Voigt 构型的外磁场中, 空穴弛豫不再是产生自旋相干性的重要因素. 原因在于, 式 (6.14) 中的电子部分即 $\alpha|\uparrow\rangle$ 将会绕着磁场进动, 而荷电激子的自旋单态不会进动. 因此, 在复合之后, 荷电激子就不再能够抵消所有诱导出来的自旋极化了.

在脉冲共振激发的条件下, 电子和荷电激子的自旋动力学模型[9] 可以给出下面的公式, 它描述了荷电激子符合后的长寿命电子自旋极化的振幅:

$$S_z(t) = \mathrm{Re}\left\{\left(S_z(0) + \frac{0.5J_z(0)/\tau_0^{\mathrm{T}}}{\gamma_{\mathrm{T}} + \mathrm{i}(\omega_{\mathrm{e}} + \Omega_{\mathrm{h}})} + \frac{0.5J_z(0)/\tau_0^{\mathrm{T}}}{\gamma_{\mathrm{T}} + \mathrm{i}(\omega_{\mathrm{e}} - \Omega_{\mathrm{h}})}\right)\exp(\mathrm{i}\omega_{\mathrm{e}}t)\right\} \tag{6.15}$$

其中, $S_z(0)$ 和 $J_z(0)$ 为脉冲产生的电子和荷电激子的自旋极化, $\omega_{\mathrm{e}} = \Omega_{\mathrm{e}} + \Omega_{\mathrm{N},x}$ 为电子在外磁场和有效原子核磁场的共同作用下的进动频率. $\gamma_{\mathrm{T}} = 1/\tau_0^{\mathrm{T}} + 1/\tau_{\mathrm{s}}^{\mathrm{T}}$ 为荷电激子的总的退相干速率, 它包括荷电激子的辐射复合时间 τ_0^{T} 和荷电激子中空穴的自旋弛豫时间 $\tau_{\mathrm{s}}^{\mathrm{T}}$ 这两部分的贡献. 如果辐射跃迁很快, $\tau_0^{\mathrm{T}} \ll \tau_{\mathrm{s}}^{\mathrm{T}}$, $\Omega_{\mathrm{e,h}}^{-1}$, 那么, 平均来说, 因为 $S_z(0) = -J_z(0)$, 荷电激子的弛豫就使得诱导出来的自旋极化 $S_z(t)$ 等于零, 这对应于零磁场的情况. 反之, 如果自旋进动非常快, $\Omega_{\mathrm{e,h}} \gg (\tau_0^{\mathrm{T}})^{-1}$, 那么, 荷电激子分解后, 电子的自旋极化仍然被保留了下来[13,44], 这就是所研究的 (In, Ga)As/GaAs 量子点的情况.

6.3.3 量子点系综中自旋相干性的模式锁定

系综的退相位并没有破坏单个自旋的相干性, 只是因为不同自旋之间的相位差的累积而掩盖了单个自旋的相干性. 通过复杂的自旋回波技术, 可以得到 T_2 时间[2], 但是通常都很麻烦. 因此, 非常希望得到一种不太麻烦而且可靠的测量方法. 这样的方法还可能有利于处理量子信息, 包括相干自旋态的初始化、操纵和读出.

为了讨论这一点, 我们再来看一下图 6.14(a) 中的法拉第旋转取向, 特别是负衰减的曲线. 如前所述, 在正延迟时间处, 可以看到长寿命的电子自旋量子拍. 奇怪的是, 在负延迟时间处, 也可以看到与电子进动频率完全一样的强自旋拍. 当靠近零延迟 $t = 0$ 时, 这些拍的幅度接近于零. 注意, 当退相位时间大于泵浦脉冲的时间间隔 ($T_2^* \geqslant T_{\mathrm{R}}$) 时, 已经报道过在负时间延迟处的自旋拍, 见图 6.4(a) 和文献 [3]. 这显然不是此时的情况, 因为在 $B = 6\mathrm{T}$ 时, 法拉第信号在 1.5ns 之后完全消失了, 所以退相位时间要比脉冲的重复周期小很多. 负延迟时间处信号的频率和上升时间与正延迟的地方一模一样, 这说明负延迟处的信号来自于电子自旋进动.

在更长的时间间隔上扫描延迟所得到的信号如图 6.14(b) 所示, 它包括 3 个泵浦脉冲, 相继脉冲之间的时间间隔为 13.2ns. 在每个脉冲到达的时候, 产生了自旋相干性, 经过几个纳秒之后, 就退相位了. 在下一个泵浦脉冲到达之前, 电子的相干信号又出现了. 只有当每个单独的量子点中的电子自旋相干性保持的时间远大于 T_{R} 的时候, 即 $T_2 \gg T_{\mathrm{R}}$, 才有可能出现负延迟处的电子自旋进动.

1. 单个电子的自旋相干时间

无论负时间延迟处的自旋相干信号的起源是什么, 这一方法开辟了测量自旋相干时间 T_2 的新途径: 增加泵浦脉冲的间隔时间直到它与 T_2 相仿, 负时间延迟处信号的幅度应该减小. 图 6.15 给出了对应的数据：在下一个泵浦脉冲到达之前不久的固定的负时间延迟处, 测量法拉第旋转振幅的信号随着 T_R 的变化关系. T_R 从 13.2ns 增加到 990ns, 可以看到, 振幅减小了, 这证明 T_R 变得与 T_2 相仿. 模型计算的结果表明, 通过这条曲线, 可以确定出单量子点的自旋相干时间为 $T_2=(3.0\pm0.3)\mu s$, 与 $B=6T$ 时独立测量的系综退相位时间 $T_2^*=0.4ns$ 相比, 它要大 4 个数量级.

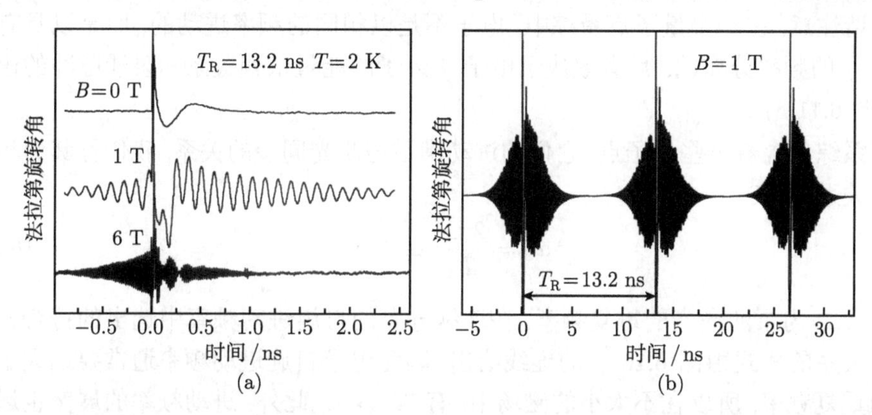

图 6.14 (a) 在不同磁场下, 单个荷电 (In, Ga)As/GaAs 量子点的泵浦–探测法拉第旋转信号. 泵浦功率密度为 $60W/cm^2$, 探测功率密度为 $20W/cm^2$[10]; (b) 在一个更长的延迟时间范围内的法拉第旋转信号, 在此时间内, 有 3 个泵浦光脉冲

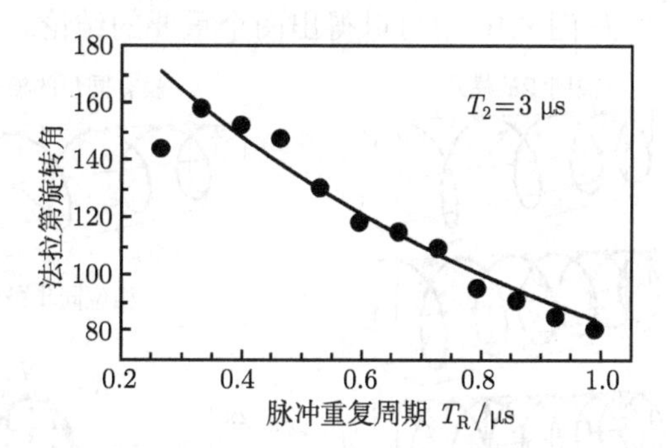

图 6.15 在负时间延迟处, 法拉第旋转幅度随泵浦脉冲时间间隔的依赖关系, 测量磁场为 $B=6T$, 温度为 $T=6K$. 实线为单参数 $T_2=3\mu s$ 拟合的结果[10]

2. 自旋同步的物理机制

通过系综测量可以给出单个量子点的相干时间, 为了理解这一惊人的事实, 我们考虑用周期性的圆偏振 π 脉冲序列来激发单个量子点. 脉冲序列的最重要的影响是电子自旋进动的同步. 我们定义自旋同步度为 $P(\omega_e)=2|S_z(\omega_e)|$, 其中, 在脉冲到达的时刻, 测量电子自旋矢量 $S_z(\omega_e)$ 的 z 分量. 如果脉冲周期 T_R 等于

电子自旋进动周期 $2\pi/\omega_e$ 的整数 N 倍, 那么 π 脉冲的作用就会使得几乎所有的电子自旋都准直到光传播的 z 方向上[13]. 一般来说, π 脉冲的同步度为 $P_\pi = \exp(-T_R/T_2)/[2-\exp(-T_R/T_2)]$. 在我们考虑的情况下, 它几乎达到了最大值 $P_\pi = 1$, 对应着 100% 的同步, 对于诸如 75.6MHz 这样的高重复度的激发来说, $T_R \ll T_2$, 因此, $\exp(-T_R/T_2) \approx 1$.

请注意, 在一个量子点系综中, 电子不是以相同的频率进动的, 而是以具有宽度为 γ 的频率分布的. 后者取决于电子 g 因子的能量依赖关系和泵浦脉冲的谱宽度 (图 6.11(a)).

系综包含着一些量子点, 它们的进动满足与激光同步的关系, 我们称其为相位同步关系 (PSC):

$$\omega_e = \frac{2\pi N}{T_R} \equiv N\omega_R \tag{6.16}$$

其中, ω_R 为泵浦激光的重复频率. 在连续分布的自旋进动频率中选出的符合相位同步关系的模式由图 6.16 中的虚线给出. 因为电子自旋进动频率通常要远大于激光的重复频率, 所以在不太小的磁场中, 有 $N \gg 1$. 此外, 进动频率的展宽也远大于激光的重复频率, 所以, 在光学激发的量子点系综里, 有许多不同的子集满足不同 N 值的条件 (6.16). 图 6.16 中示意地给出了这一点. 在左侧给出了 3 个满足相位同步条件 (6.16) 的进动模式, $N = 4, 6, 8$. 图的右侧给出了一个频率不满足相位同步条件的自旋进动. 从图 6.16 中可以得出两个重要的结论.

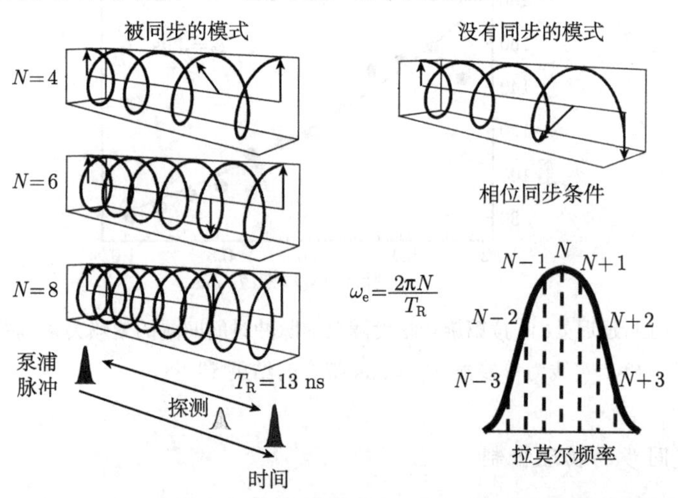

图 6.16　在周期性脉冲序列作用下, 电子自旋相干性的相位同步条件的示意图. 左边给出了满足相位同步条件 (6.16) 的模式. 右边给出了一个不满足相位同步条件的量子点. 箭头标出了量子点中残留电子的自旋取向. 右下图: 粗实线给出了量子点系综里电子 g 因子的色散导致的电子进动频率的分布情况, 虚线给出了这个分布里满足相位同步条件的模式

首先, 满足相位同步条件的量子点的自旋同步会逐步积累起来, 直到达到最大值, 参见 6.3.3 节关于单个量子点同步的讨论. 原因在于, 在泵浦脉冲到达的时刻, 上一个脉冲产生的自旋相干正好与这个脉冲诱导产生的自旋具有相同的取向. 换句话说, 序列中的所有脉冲的贡献是相等的. 与此相反, 对于不满足相位同步条件的量子点 (图 6.16 的右图), 它们的自旋同步度总是远离于饱和值. 这实际上意味着, 满足相位同步条件的量子点的法拉第旋转信号远大于不满足相位同步条件的量子点.

其次, 在满足相位同步条件的量子点 (左图) 里, 在泵浦脉冲到达的时刻, 用箭头标出的电子自旋具有相同的相位, 但是, 它们在脉冲之间的取向是不同的. 因此, 在每个泵浦脉冲之后不久, 满足不同的相位同步条件的量子点的信号就退相位了. 然而, 在下一个脉冲到来之前, 它们又重新出现了, 这就产生了图 6.14(b) 中的典型信号. 更准确地说, 在泵浦脉冲之间, 满足相位同步条件的量子点的自旋以频率 $N\omega_{\mathrm{R}}$ 进动, 所有的子集都具有相同的初始相位. 在脉冲到达之后的 t 时刻, 它们对自旋极化的贡献为 $-0.5\cos(N\omega_{\mathrm{R}}t)$. 对所有满足相位同步条件的子集的振荡项求和, 在泵浦脉冲到达时刻附近, 它们贡献的法拉第旋转信号是相长干涉的. 因为退相位的关系, 其余的量子点对 $t \gg T_2^*$ 时刻的平均电子自旋极化 $\mathrm{S}_z(t)$ 没有贡献. 因此, 同步的自旋在退相位电子的背景中运动, 而后者在自旋相干时间内单独地进动. 可以用 $\Delta N \sim \gamma/\omega_{\mathrm{R}}$ 来估计满足相位同步条件的量子点的数目. 它随着磁场和 T_{R} 线性地增长.

π 脉冲激发并不是用脉冲序列来同步电子自旋相位的重要条件. 任意强度的任意共振脉冲序列都会产生量子点中荷电激子和电子的相干叠加, 从而产生残留电子自旋的长寿命相干性, 因为激子分量的辐射衰减不会影响到这种相干性. 每一个 σ^+ 偏振光脉冲改变了电子自旋沿着光传播方向的投影 $\Delta S_z = -(1-2|S_z(t-t_n)|)W/2$, 其中 $t_n = nT_{\mathrm{R}}$ 是第 n 个脉冲到达的时间, $W = \sin^2(\Theta/2)$[9,12]. 因此, 这样的一个脉冲序列将使得电子自旋都指向光传播的相反方向, 它还会增加电子自旋同步度 P. 施加 $\Theta = \pi$ 的光脉冲 (对应于 $W = 1$), 在十几个脉冲之后, 可以达到 99% 的电子自旋同步度. 然而, 如果电子自旋相干时间足够长 ($T_2 \gg T_{\mathrm{R}}$), 即使 $\Theta \ll 1(W \approx \Theta^2/4)$, 一个长脉冲序列也可以产生非常高的自旋同步度.

对于 $\Theta = 0.4\pi$ 和 π 的脉冲序列所同步的自旋极化分布来说, 它们对泵浦强度 (泵浦面积) 的依赖关系如图 6.17 所示. 实线是电子自旋进动模式的密度, 它是自旋极化分布的包络. 脉冲序列使得分布具有准分立结构 (虚线), 这是最重要的特征, 它可以让我们测量系综内单个量子点的长自旋相干时间. 连续密度的自旋进动模式引起了快速退相位, 其时间尺度反比于频率分布的总宽度: $T_2^* = \hbar/\gamma$. 然而, 进动模式密度之间的间隙引起了负时间延迟处的相长干涉. 周期性脉冲序列导致的电子自旋进动的锁模产生了这些间隙.

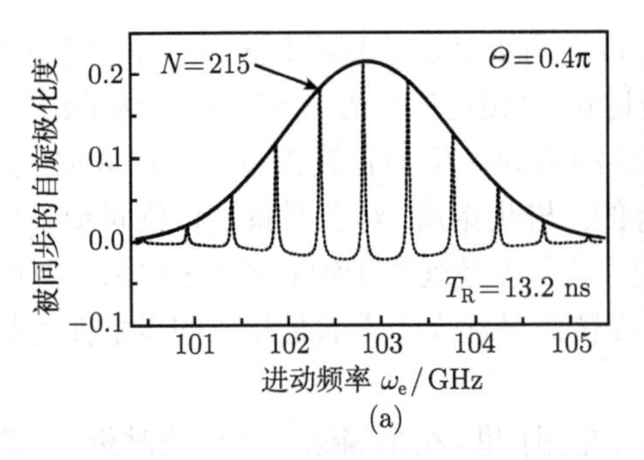

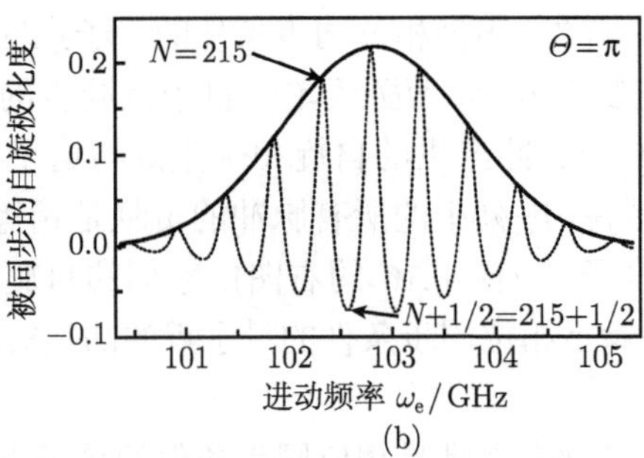

图 6.17　计算得到的一列圆偏振脉冲产生的相位同步的电子自旋进动的谱线, 脉冲面积分别为 $\Theta = 0.4\pi$ 和 $\Theta = \pi$, 脉冲间隔为 $T_{\rm R} = 13.2$ns. (a) 当泵浦强度比较弱的时候, 在满足相位同步条件 $\omega_{\rm e} = 2\pi N/T_{\rm R}$ 周围很窄的频率范围内, 光脉冲序列与电子自旋进动达到同步; (b) π 脉冲展宽了同步的进动频率的范围. 此外, 处于相位同步条件之间的极化相反的电子自旋也得到了显著的同步增强. 计算时采用 $B = 2$T, $|g_{\rm e}| = 0.57$, $\Delta g_{\rm e} = 0.005$ 和 $T_2 = 3\mu$s[10]

3. 系综自旋进动的控制

本部分将讨论如何利用周期性激光激发来控制荷电单量子点系综中的自旋相干性. 为了实现这一目的, 采用两个泵浦脉冲. 调节这些脉冲之间的延迟以及它们的偏振, 可以控制自旋相干信号的形状和相位. 已经证明, 锁模的自旋相干性基本上不随晶格温度和磁场强度而变化.

1) 双脉冲激发方案

将脉冲序列中的每一个泵浦脉冲分为两束具有固定时间延迟 $T_{\rm D} < T_{\rm R}$ 的脉冲. 图 6.18(a) 给出了 $T_{\rm D} = 1.84$ns 时的结果. 两束泵浦光具有相同的圆偏振和强度. 只用一束泵浦光激发量子点时 (上面的两条曲线), 法拉第旋转信号是一模一样的, 只是在时间上偏移了 $T_{\rm D}$. 用两束脉冲序列来激发时, 信号发生了显著的变化 (下面的曲线): 在泵浦 1 到达的时候, 观察到与以前单泵浦实验相同的法拉第旋转响应; 在泵浦 2 附近也观测到定性上相同的结果, 但是振幅要大许多. 这就说明, 第二束激光脉冲可以放大同步的量子点系综的相干响应.

更引人注目的是, 在第一束脉冲到达以前和第二束脉冲到达以后, 存在类似于回声的响应. 它们的形状是对称的, 具有相同的衰减和上升时间 T_2^*. 它们之间的时间间隔是 $T_{\rm D}$ 的整数倍. 注意, 突然出现的法拉第旋转并没有类似于单泵浦情况下在正时间延迟处的额外的调制. 原因在于, 电中性量子点中产生的激子已经复合了, 不会再对这些信号作贡献了.

显然, 重复的激光脉冲同步了量子点子系综中的电子自旋, 这些同步了的自旋又被另一个频率计时, 其频率取决于激光脉冲的分隔时间 $T_{\rm D}$. 这种计时导致了法拉第旋转响应的多次爆发. 下面我们将进一步分析它. 现在我们演示这两束泵浦脉冲是怎样改变自旋进动模式谱形的. 将图 6.18(c) 中的单泵浦的谱形与图 6.18(d) 和图 6.18(e) 中双泵浦的谱形进行比较, 就可以清楚地看到这些变化. 法拉第旋转信号的模型计算结果再现了实验观察到的爆发信号, 如图 6.18(b) 所示.

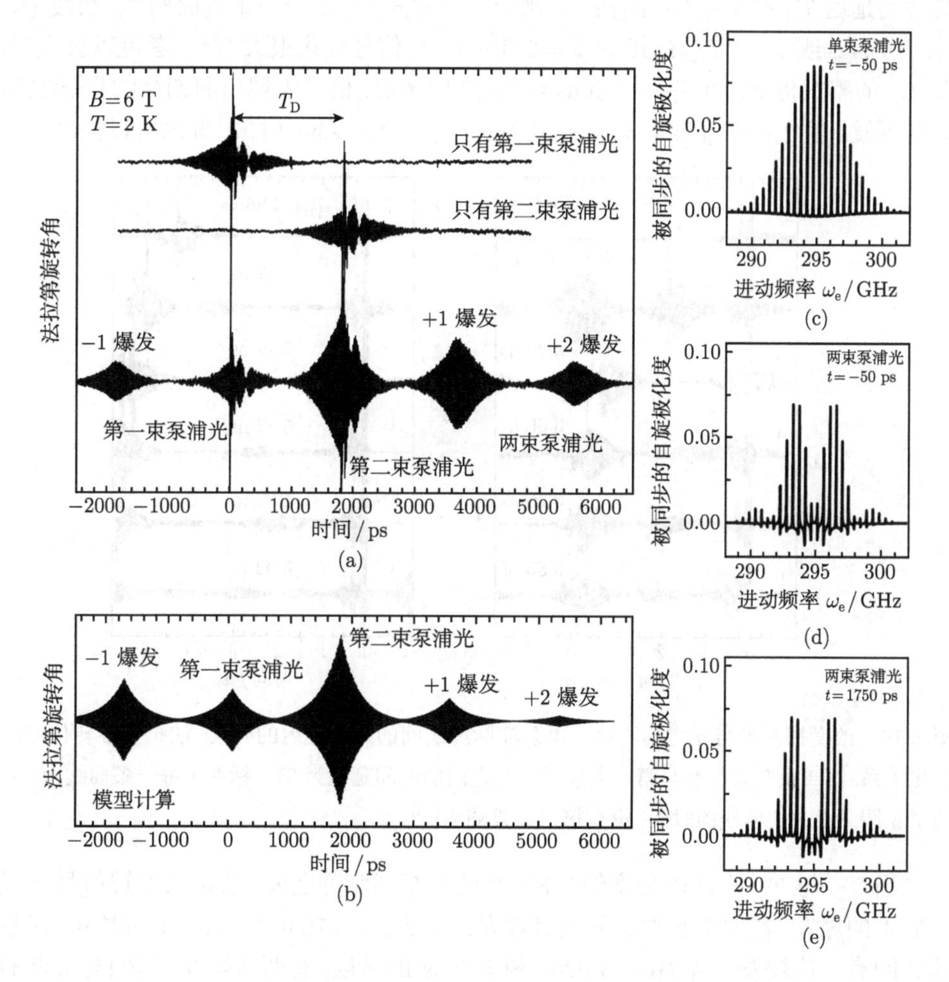

图 6.18 用两列泵浦脉冲序列来控制 (In, Ga)As/GaAs 量子点中的电子自旋同步, 脉冲间隔均为 $T_R = 13.2$ns, 两列脉冲之间的延时为 $T_D = 1.84$ns. (a) 单独采用第一组或第二组泵浦得到的法拉第旋转实验信号 (上面的两条曲线), 以及两组脉冲共同作用的结果 (下面的曲线). 两组泵浦具有相同的脉冲间隔, 偏振都是 σ^+ 圆偏振; (b) 双泵浦脉冲实验法拉第旋转信号的模型仿真, 参数为 $\Theta = \pi$ 和 $\gamma = 3.2$GHz; (c)、(d)、(e) 给出单、双泵浦脉冲作用下相位同步条件的变化, 模型参数为 $\Theta = 0.4\pi$, $\gamma = 3.2$GHz, $|g_e| = 0.57$ 和 $\Delta g_e = 0.005$ 和 $T_2 = 3\mu$s[10]. (c) 图是单泵浦情况, 在脉冲到来之前进行测量, 见图 (a) 上部分的曲线. 图 (d) 和 (e) 是双泵浦情况, 如图 (a) 下部分的曲线所示, 分别在泵浦 1 和泵浦 2 之前进行测量[10]

2) 改变泵浦脉冲之间的延迟来改变信号的形状

用重复周期为 $T_{\mathrm{R}}=13.2\mathrm{ns}$ 的两束脉冲序列激发的时候, 位于两个泵浦脉冲之间的法拉第旋转信号如图 6.19 所示. 这两束脉冲的强度和偏振相同. 这些脉冲之间的时间延迟 T_{D} 在 $T_{\mathrm{R}}/7\sim T_{\mathrm{R}}/2$. 依赖于延迟时间 T_{D} 是否与重复周期 T_{R} 公度 (即 $T_{\mathrm{D}}=T_{\mathrm{R}}/i$, 或 $T_{\mathrm{D}}\neq T_{\mathrm{R}}/i$, 其中, $i=2,3,4,\cdots$), 信号变化很大. 当二者可以公度时, 在 T_{D} 的整数倍处, 如 $T_{\mathrm{D}}=1.86\mathrm{ns}\approx T_{\mathrm{R}}/7$ 的情况, 信号表现出周期性的量子振荡的强爆发. 当 $T_{\mathrm{D}}=T_{\mathrm{R}}/4\approx 3.26\mathrm{ns}$ 和 $T_{\mathrm{D}}=T_{\mathrm{R}}/3\approx 4.26\mathrm{ns}$ 时, 二者也可以公度.

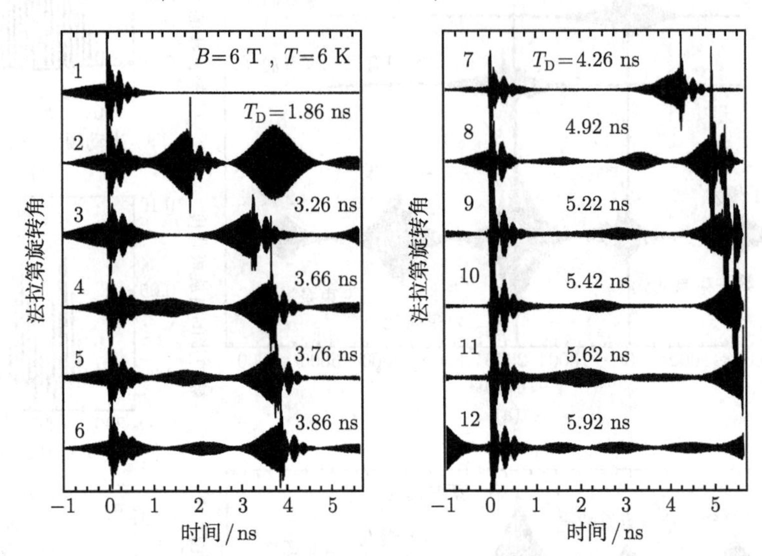

图 6.19　改变探测光与零时刻的第一束泵浦脉冲之间的时间延迟的时候, 法拉第旋转信号的变化关系. 第二束泵浦脉冲与第一束泵浦脉冲之间的时间延迟为 T_{D}, 标在了每一条曲线上. 在测量左图最上方的曲线的时候, 没有第二束泵浦光[45]

当 T_{D} 与 T_{R} 不可以公度的时候, 在两个泵浦脉冲之间, 法拉第旋转信号出现自旋拍的爆发, 在两个脉冲之外也有爆发. 当 $T_{\mathrm{D}}=3.76\mathrm{ns}$ 和 $5.22\mathrm{ns}$ 的时候, 在泵浦之间有一次爆发. 当 $T_{\mathrm{D}}=4.92\mathrm{ns}$ 和 $5.62\mathrm{ns}$ 的时候, 有两次爆发, 它们与最近的泵浦脉冲的间距相等, 彼此之间的距离也相等. 当 $T_{\mathrm{D}}=5.92\mathrm{ns}$ 的时候, 有三次等间距的爆发.

对于 T_{D} 和 T_{R} 之间存在公度和不存在公度这两种情况, 虽然它们的法拉第旋转信号的时间依赖关系看起来非常不一样, 但是它们都来自于同步的自旋进动模式的相长干涉[45]. 对于双泵浦脉冲序列来说, 相位同步条件涉及激光激发方案中的时间间隔 T_{D} 和 $T_{\mathrm{R}}-T_{\mathrm{D}}$,

$$\omega_{\mathrm{e}}=\frac{2\pi NK}{T_{\mathrm{D}}}=\frac{2\pi NL}{(T_{\mathrm{R}}-T_{\mathrm{D}})} \tag{6.17}$$

其中 K 和 L 为整数. 这个条件限制了 T_{D} 的取值, 为达到同步需要

$$T_{\mathrm{D}}=\left[\frac{K}{(K+L)}\right]T_{\mathrm{R}} \tag{6.18}$$

当 $T_{\mathrm{D}}<T_{\mathrm{R}}/2$ 时, $K<L$. 这个相位同步条件解释了图 6.19. 中信号爆发的所有位置. 当可以公度的时候, $K=1$, 所以, $T_{\mathrm{D}}=T_{\mathrm{R}}/(1+L)$. 此时会出现相长干涉, 其周期为 T_{D}, 如 $T_{\mathrm{D}}=1.86\mathrm{ns}(L=6)$ 的情况所示.

在没有公度的时候, 可以调节脉冲之间爆发的数目和出现的延迟位置. 当 $K=2$ 的时候, 只有一个爆发, 因为那时的相长干涉的周期必须是 $T_{\mathrm{D}}/2$. 在实验中, 当 $T_{\mathrm{D}}=3.76\mathrm{ns}(L=5)$ 和 $5.22\mathrm{ns}(L=3)$ 的时候, 的确观测到了一个爆发, 如图 6.19 所示. 当 $T_{\mathrm{D}}=4.92\mathrm{ns}$ 和 $5.62\mathrm{ns}$ 的时候, 观测到两个爆发, 分别对应于 $K=3$ 和 $L=5$ 和 4 的情况. 最后, 当 $T_{\mathrm{D}}=5.92\mathrm{ns}$ 的时候, 法拉第旋转信号在泵浦之间给出 3 次爆发, 这对应于 $K=4$ 和 $L=5$. 这样一来, 理论与实验符合得非常好, 高度表明了泵浦方案的高度灵活性.

3) 用偏振控制信号的相位

为了进一步理解双泵浦脉冲序列对电子自旋相干性的控制, 我们将相同的圆偏振改为相反的圆偏振. 将 T_{D} 固定为 $T_{\mathrm{R}}/6\approx 2.2\mathrm{ns}$ 的时候, 出现了类似的法拉第旋转信号, 如图 6.20 所示. 除了与泵浦脉冲直接相关的两次爆发之外, 还可以看到额外的一个 +1 爆发. 插图给出了不同爆发处的放大图. 对于泵浦 1 和 +1 的爆发来说, 圆偏振相同构型和相反构型的自旋拍之间的相位差为 π . 另外, 对于泵浦 2, −1 和 +2 爆发来说 (后两个信号没有给出), 相位差为零. 在相反圆偏振构型中, 法拉第旋转幅度的符号 κ 经历了一个 T_{D} 周期性的变化, 而在相同圆偏振构型中, 这一符号保持不变, 见图 6.20(b). 这就证明, 用光学的方法将量子点系综中的电子自旋进动的相位翻转了 π.

这个模型很好地描述了观测到的相位符号的翻转[45]. 更详细的分析表明, 自旋同步的模式以 $T_{\mathrm{R}}/6$ 的周期出现相长干涉, 并以 $2T_{\mathrm{R}}/6$ 的周期改变符号. 圆偏振相同和相反构型中法拉第旋转幅度的相对符号与图 6.20(b) 中的数据相符, $\kappa=\mathrm{sign}\{\cos[\pi t/(T_{\mathrm{R}}/6)]\}$.

4) 增加温度和改变磁场时的稳定性

在 $1\sim 10\mathrm{T}$ 的范围内改变磁场的时候, 电子自旋贡献的相长干涉导致的法拉第旋转的爆发非常稳定. 虽然爆发的表现形式随着磁场强度而变化 (在强磁场下 T_2^* 减小导致了爆发被压缩), 爆发出现的延迟位置并没有改变. 而且, 在这一范围内, 爆发的幅度也没有太大的变化.

此外, 当温度从 2K 到 25K 变化的时候, 无论在正延迟处还是负延迟处, 法拉第旋转信号基本保持不变[45]. 在改变磁场和温度时表现出来的这种稳定性是锁模

生成机制的结果, 它并不受制于特定量子点的性质, 如量子点的能谱或自旋进动频率. 周期性的泵浦激光序列总是会选择适当的满足相位同步条件的量子点的集合, 即使在实验条件发生了很大变化的时候依然如此.

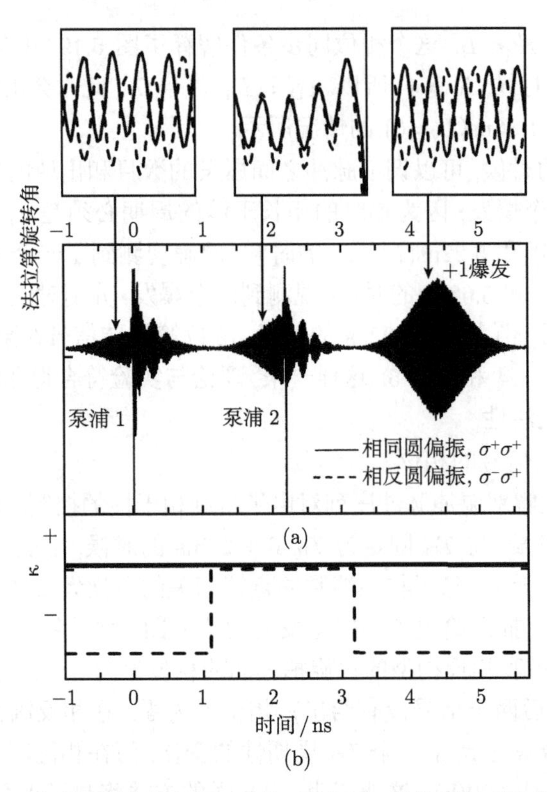

图 6.20　(a) 当两束泵浦光的圆偏振相同 (实线) 与相反 (虚线) 的时候, 测量得到的法拉第旋转信号, $T_{\mathrm{D}} = 2.2\mathrm{ns}$, $B = 6\mathrm{T}$, $T = 6\mathrm{K}$. 两种情况中的信号幅度非常相似, 在给出的时间尺度上很难区分. 因此, 用三张放大图来给出两条法拉第旋转曲线的相对符号 κ, 图 (b) 给出了 κ 随时间的变化关系[45]

5) 量子点系综的要求

量子点系综具有非均匀展宽的进动频率, 它们的锁模机制提出了一个问题：量子点应该具有什么样的性质才能被用于量子相干器件？一般来说, 自旋态均匀展宽的量子点最适于量子信息处理. 然而, 从目前的技术水平来看, 制备这样的系综还是遥遥无期的, 总是会有尺寸的不均匀性. 在这样的条件下, 电子 g 因子的分布有利于实现锁模, 因为许多的量子点子集合满足相位同步条件, 从而导致很强的谱响应. 而且, 在改变影响量子点的激光方案 (如波长、脉冲宽度和重复频率) 从而改变相位同步条件的时候, 它还具有一定的灵活性. 当条件改变的时候, 系统做出相应的响应, 其他一些量子点的子集开始同步, 这样单量子点的相干性又再现了. 然而, 如果电子 g 因子太宽的话, 系综的退相位会非常快, 这样就很难在脉冲到达之前和之后同时观测到法拉第旋转信号. 此时, 只有在非常短的时间范围里, 才能应用相位同步条件.

6.3.4 原子核诱导的自旋相干性的频率汇集

本节描述电子自旋和原子核自旋的超精细相互作用引起的一个效应. 第 11 章将对超精细相互作用进行深入的讨论. 量子点的空间限制作用使得电子自旋免于受到大多数弛豫机制的影响 (见第 1 章). 然而, 限制作用加强了电子自旋与晶格原子核之间的超精细相互作用, 从而导致自旋的退相干和退相位[32,46]. 可以通过极化原子核自旋来克服这一问题[47], 但是这需要很大的极化度, 接近于 100%, 现在还不能实现.

然而, 我们将要证明, 超精细相互作用不仅无害, 而且还可以成为非常精密的工具. 可以将量子点系综中电子自旋进动的连续谱修改为几个分立的模式. 因为原子核记忆时间非常长, 在原子核自旋系统中, 这一数字化谱的信息可以保存上几十分钟[3,48~50].

在一个量子点系综中, 电子自旋的快速退相位不仅来自于电子 g 因子的变化, 而且还来自于原子核场的涨落, 它们都产生了不同的自旋进动频率. 利用前面描述过的锁模, 可以克服 g 因子变化引起的退相位[10], 它能够将系综中一些特定的电子自旋模式的进动与周期性脉冲激发光的时钟同步起来. 仍然会有很大一部分相位信息消失的自旋, 它们的进动频率不满足相位同步条件. 然而, 原子核自旋极化可以调节每个量子点中的电子自旋进动频率, 使得整个系综锁定到很少的几个频率上来.

实验样品包含有 (In,Ga)As/GaAs 自组织量子点系综, 与 6.3.3 中样品相同. 同样也采用了双泵浦脉冲的法拉第旋转技术. 单泵浦和双泵浦方案测量的信号如图 6.21(a) 所示. 奇怪的是, 双泵浦脉冲方案得到的信号构型的记忆时间超过了几分钟. 也许会预期, 如果挡住第二束激发光脉冲的话, 只需要几微秒就会将周期性爆发的图案破坏掉, 因为这些量子点中的电子自旋相干时间 T_2 就是这个时间尺度[10]. 在扫描泵浦–探测的时间延迟的时候, 只有第一个泵浦脉冲附近的信号会保留下来. 在用双泵浦脉冲序列照射样品 $\sim 20\text{min}$ 之后, 测量得到了中间的曲线. 在这个测量结束之后, 立即挡住第二束泵浦光, 只用一束泵浦光序列的测量开始了 (下面的曲线). 与预期相反, 信号定性地表现出了双泵浦方案的所有特征. 在原来第二个泵浦光出现的时间延迟处, 出现了很强的信号 ("零号爆发"). 还出现了更多的信号, 标记为 "1 号爆发" 和 "2 号爆发". 因此, 在几分钟之后, 这个系统仍然记得, 它曾经被双泵浦激光照射过!

在挡住第二束泵浦光之后, 还在不同时刻测量了 “0 号爆发” 附近的一小段时间延迟内的法拉第旋转信号 (图 6.21(b)). 在关掉泵浦 2 后, 在固定的时间延迟 1.857ns 处 (对应于信号的最大值), 测量衰减动力学随着时间的变化关系 (图 6.21(c) 中的曲线). 在 40min 之后, 还可以看到很强的信号. 可以用一个依赖于时间 t 的双指数函数来描述观测到的时间演化过程, $a_1\exp(-t/\tau_1)+a_2\exp(-t/\tau_2)$, 其中, 记忆时间

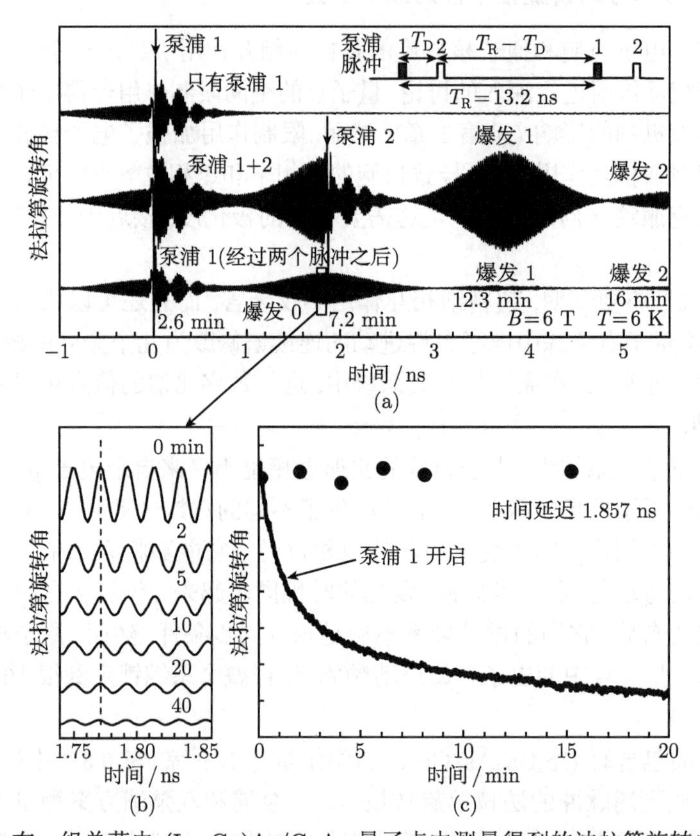

图 6.21　(a) 在一组单荷电 (In, Ga)As/GaAs 量子点中测量得到的法拉第旋转曲线. 示意图给出了光激发方案的细节. 最上面的曲线只用了一列单泵浦脉冲. 中间的曲线用两个泵浦脉冲来激发, 其相对延迟为 $T_D=1.86$ns. 整个时间范围内的测量需要大约 20min. 最下方的曲线也采用一列泵浦脉冲来测量 (将泵浦 2 关闭), 测量完中间的曲线后, 立即测量这条曲线. 不同时刻测量得到的曲线有所不同. 泵浦和探测的功率密度分别为 50W/cm^2 和 10W/cm^2; (b) 关闭第二束泵浦光后, 在 “零爆发” 附近的短时间延迟范围内, 在不同时刻测量得到的法拉第旋转信号. 泵浦 1 和探测光束一直开着; (c) 在关掉泵浦 2 后, 时间延迟为 1.857ns 处的法拉第旋转幅度的弛豫运动学. 在测量这一信号之前, 系统处于双泵浦激发情况下长达 20min. 测量时, 在 $t=0$ 时刻遮挡住泵浦 2. 在完全黑暗的情况下 (泵浦和探测都被挡住了), 不同时刻下的信号由圆点表示. $B=6$T, 温度 $T=6$K[51]

τ_1 为 1min, τ_2 为 10.4min. 然而, 这个衰减过程强烈地依赖于光照的条件. 当系统处于黑暗之中的时候 (两个泵浦光和一个探测光都被挡住), 在长达一个小时的时间内, 没有发生任何弛豫. 图 6.21(c) 中的圆圈表明了这一点, 它给出的是经过一段黑暗时期 t 之后打开泵浦 1 和探测光测量得到的法拉第旋转的幅度. 注意, 这一效应的上升时间也有一个缓慢的大约 1min 的分量.

这里观测到的激发方案的长期记忆一定是储存在量子点的原子核里, 因为已经报道过在强磁场下长达几个小时甚至几天的长期记忆[48,49]. 在泵浦脉冲序列的照射下, 一个特定的量子点中的原子核一定已经被电子的超精细相互作用准直到磁场的方向上来了. 反过来, 这一准直又改变了电子的自旋进动频率, $\omega_e = \Omega_e + \Omega_{N,x}$, 其中原子核的贡献 $\Omega_{N,x}$ 正比于原子核极化. 法拉第旋转信号的缓慢上升和下降过程表明, 周期性的光脉冲序列激发了原子核, 使得更多的量子点中的电子自旋进动频率满足了一个特定激发方案下的相位同步条件. 但是, 原子核自旋极化在磁场方向上的投影让电子自旋满足相位同步条件的原因究竟是什么?

费米接触型的超精细相互作用引起的电子–原子核自旋翻转过程改变了原子核自旋极化[52], 然而, 在强磁场下, 这些过程被抑制了, 因为电子和原子核的塞曼劈裂能要差上 3 个数量级. 自旋翻转跃迁需要声子的帮助来补偿这一差异, 由于声子 "瓶颈" 效应, 这一跃迁的概率很小[53,54]. 这就解释了原子核自旋极化在黑暗之中的长寿命 (图 6.21(c)).

因此, 共振激发单态的荷电激子就成为原子核自旋极化动力学中最为有效的机制. 激发过程很快就 "关掉" 了残留电子作用在原子核上的超精细场, 而荷电激子的辐射衰减接着又 "打开" 了这个场. 因此, 在开关过程中发生自旋翻转就无须能量守恒.

这一机制导致的原子核自旋翻转速率正比于电子的光学激发的速率 $\Gamma_1(\omega_e)$. 根据选择定则, 用 σ^+ 偏振光将电子激发到荷电激子的概率正比于 $1/2 + S_z(\omega_e)$, 其中, $S_z(\omega_e)$ 为电子自旋极化在泵浦光到达的时刻沿着光传播方向上的分量. 因此, 激发速率 $\Gamma_1(\omega_e) \sim [1/2 + S_z(\omega_e)]/T_R$. 对于满足相位同步条件的电子, $S_z(\omega_e) \approx -1/2$, 由于泡利阻塞的缘故, 激发概率非常小[10]. 因为自旋相干时间 T_2 很长, 这些电子的激发速率被降低了两个数量级, 成为 $1/T_2$, 而其他电子为 $1/T_R + 1/T_2$(在此实验中, $T_2/T_R \approx 200$)[51].

由于因子 $\Gamma_1(\omega_e)$, 原子核弛豫速率强烈地周期性地依赖于 ω_e, 特定的激发方案的相位同步条件决定了周期: 单泵浦序列是 $2\pi/T_R$, 而双泵浦序列是 $2\pi/T_D$(图 6.22(a)). 由于原子核自旋翻转速率的这种巨大差异, 每一个量子点中的 $\Omega_{N,x}$ 倾向于取得可以满足电子自旋的相位同步条件的数值. 在不满足相位同步条件的量子点中, 因为光激发导致的原子核自旋翻转过程是秒的量级, 所以原子核对 ω_e 的贡献随机地变化. 对 ω_e 有贡献的典型范围 $\Delta\Omega_{N,x}$ 受制于原子核自旋极化的统计涨落.

在所研究的 (In, Ga)As 量子点中, $\Delta\Omega_{\mathrm{N},x}$ 在吉赫兹的范围[51], 与相位同步模式之间的间隔 $2\pi/T_{\mathrm{R}} \sim 0.48\mathrm{GHz}$ 相仿. 所以, 有些时候, 原子核的贡献就可以将一个电子赶入相位同步的模式里, 然后, 电子的进动频率就会在几分钟的尺度内保持不变. 这样一来, 每个量子点中的频率就汇集起来, 电子自旋满足相位同步条件的量子点越来越多.

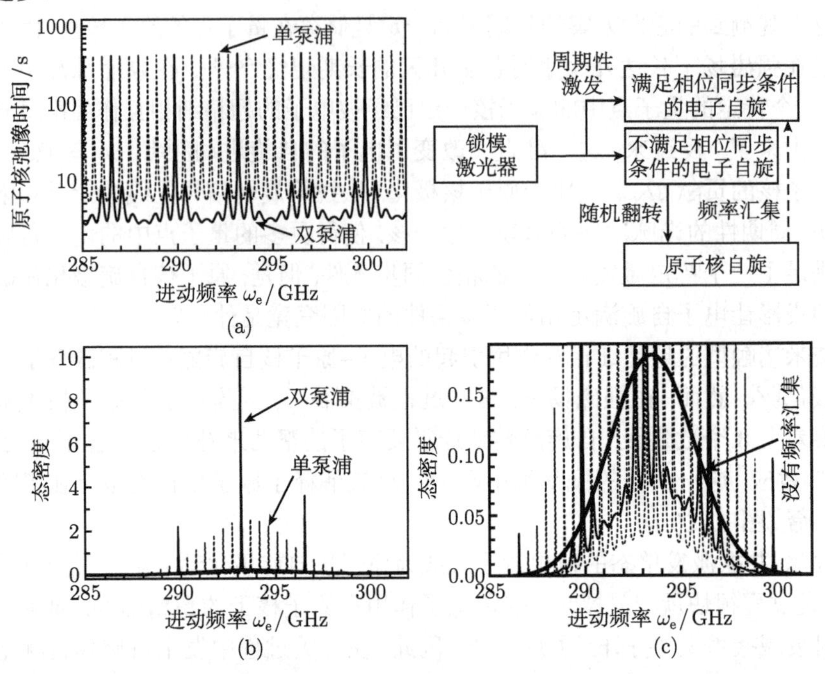

图 6.22　用于解释原子核诱导的电子自旋进动模式的频率汇集的示意图. 圆偏振的锁模激光周期性地共振激发, 它可以和频率满足相位共振条件的电子自旋进动同步. 同时, 通过光学激发的电子–原子核自旋翻转过程, 这种激发使得不满足相位共振条件的量子点中的原子核弛豫时间变短. 原子核自旋的随机涨落修正了电子自旋进动频率, 当此频率达到相位共振条件时, 它就冻结下来. (a) 在单个泵浦脉冲 (虚线) 和双泵浦脉冲 (实线) 激发下, 计算给出的原子核的平均自旋弛豫时间与电子自旋进动频率的关系; (b) 在一个单荷电量子点系综里, 在单泵浦 (虚线) 和双泵浦激发方案 (实线) 中, 计算得到的原子核修正后的电子自旋进动模式密度. 粗黑线给出没有修正的电子自旋模式密度, 它来自于量子点系综的电子 g 因子的色散和原子核极化的涨落; 图 (c) 是图 (b) 的放大, 可以看得更清楚. 计算参数为 $B = 6\mathrm{T}$, $|g_{\mathrm{e}}| = 0.5555$, $\Delta g_{\mathrm{e}} = 0.0037$, $\gamma = 1\mathrm{GHz}$, $T_{\mathrm{R}} = 13.2\mathrm{ns}$, $T_{\mathrm{R}}/T_{\mathrm{D}} = 7$ 和 $T_2 = 3\mu\mathrm{s}$[51]

频率汇集改变了量子点系综中自旋进动模式的密度 (图 6.22(b) 及其放大图 (c)). 如果没有频率汇集的话, 电子自旋进动模式密度为高斯型, 宽度为

$$\Delta\omega_{\mathrm{e}} = \left[(\Delta\Omega_{\mathrm{N},x})^2 + (\mu_{\mathrm{B}}\Delta g_{\mathrm{e}}B/\hbar)^2\right]^{1/2}$$

其中, Δg_e 为 g 因子的变化宽度. 频率汇集将开始时的连续密度变成了梳状分布. 最后, 整个系综都参与了锁定在几个进动频率上的相干进动. 这就表明, 通过设计激发方案 (由脉冲的序列、宽度和速率决定), 可以将量子点系综中电子自旋进动频率汇集到一个单独的模式上来. 此时, 系综的自旋相干性将的退相位时间可以等于单个电子的相干时间 T_2.

图 6.21(a) 中的法拉第旋转信号直接验证了电子在相位同步模式中的汇集, 在泵浦脉冲到达的前后, 它的幅度大小相仿. 计算表明, 如果没有频率汇集, 在负时间延迟处的幅度 A_{neg} 不会大于正时间延迟处的信号幅度 A_{pos} 的 30%(图 6.23(a)). 在实验中, 强泵浦脉冲光照射了所有的量子点, 它们的总贡献使得法拉第旋转信号在脉冲到达之后要远大于脉冲到达之前的信号, 因为后者只有锁模的电子有贡献.

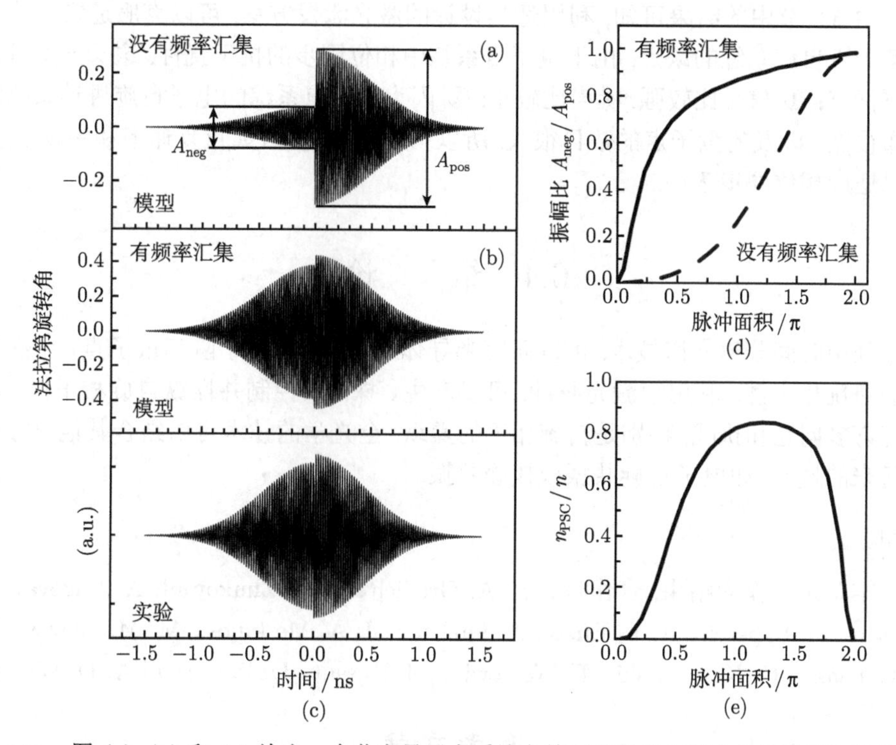

图 6.23 图 (a), (b) 和 (c) 给出一个荷电量子点系综在单泵浦激发方案中的法拉第旋转信号, 脉冲面积为 $\Theta = \pi$, 磁场为 $B = 6\text{T}$. (a) 当原子核没有改变电子自旋进动模式密度的时候, 计算得到的法拉第旋转信号; (b) 当原子核改变了电子自旋进动模式密度的时候, 计算得到的法拉第旋转信号; (c) 减去中性激子的贡献之后, 得到的法拉第旋转信号的实验曲线; (d) 计算得到的信号幅度的比值 A_{neg}/A_{pos} 随泵浦脉冲面积的变化关系, 实线考虑了 (虚线没有考虑) 原子核重排的影响; (e) 在锁模进动涉及的量子点系综中, 电子的相对数目 n_{psc}/n 随泵浦脉冲面积的变化关系. 计算参数见图 6.22[51]

然而, 原子核场的调整将负时间延迟处的信号增大到正时间延迟处信号的 90% 以上 (图 6.23(b)). 实验观测到了很大的 $A_{\mathrm{neg}}/A_{\mathrm{pos}}$ 值 (图 6.23(c)), 这就证明, 在我们的实验中, 在光激发的量子点系综中, 几乎所有电子都卷入了自旋相干进动. 计算得到的 $A_{\mathrm{neg}}/A_{\mathrm{pos}}$ 比值对泵浦强度的依赖关系表明, 即使在很弱的激发强度下, 原子核频率汇集将自旋相干进动中涉及的电子数与电子总数的比值 n_{psc}/n 增大至接近为 1(图 6.23(e, d)).

因此, 在周期性脉冲激光的激发下, 荷电单量子点中的原子核自旋使得系综中几乎全部的电子都参与进自旋相干进动. 激发的激光起到了节拍器的作用, 在退相位自由子空间中建立了一个强壮的宏观量子比特. 这就为在单电子相干时间 T_2 内使用荷电量子点系综开辟了新途径.

由 6.3 节中的结果可知, 利用适当设计的激光激发方案, 可以克服通常所认为的量子点自旋系综的缺点. 由于量子点系综中相位同步的抗干扰性, 这一方案具有如下优点: ① 信号比较强, 噪声比较小; ② 因为量子点系综的电子自旋进动频率的分布很宽、涉及的量子点的数目很大, 所以, 改变外部参数如重复速率和磁场强度, 可以适应相位同步条件.

6.4　结　　论

利用时间分辨光谱技术, 可以研究半导体纳米结构 (量子阱和量子点) 中载流子的自旋相干性. 利用短激光脉冲, 可以产生、探测、控制并操纵自旋相干性. 仍然有许多问题和挑战, 特别是自旋相干的操纵. 全光学的技术可以结合其他已被建立起来的技术, 如电子自旋共振或核磁共振.

致谢

本章是合作的结果, 合作者包括 A. Greilich、E. A. Zhukov、I. A. Yugova、R. Oulton、M. Syperek、A. L. Efros、A. Shabaev、I. A. Merkulov、M. M. Glazov、E. L. Ivchenko、G. Karczewski、T. Wojtowicz、J. Kossut、D. Reuter 和 A. D. Wieck.

参 考 文 献

[1] A. Abragam, *The Principles of Nuclear Magnetism* (Oxford Science Publications, London, 1961)

[2] C. P. Slichter, *Principles of Magnetic Resonance* (Springer, Berlin, 1996)

[3] D. D. Awschalom, N. Samarth, in *Semiconductor Spintronics and Quantum Computation*, ed. by D.D. Awschalom, D. Loss, N. Samarth (Springer, Berlin, 2002), pp. 147–193

[4] I. Zutic, J. Fabian, S. Das Sarma, Rev. Mod. Phys. **78**, 323 (2004)

[5] R. I. Dzhioev, B. P. Zakharchenya, V. L. Korenev, D. Gammon, D. S. Katzer, JETP Lett. **74**, 182 (2001)

[6] R. I. Dzhioev, V. L. Korenev, B. P. Zakharchenya, D. Gammon, A. S. Bracker, J. G. Tischler, D. S. Katzer, Phys. Rev. B **66**, 153409 (2002)

[7] E. A. Zhukov, D. R. Yakovlev, M. Bayer, G. Karczewski, T. Wojtowicz, J. Kossut, Phys. Stat. Sol. (b) **243**, 878 (2006)

[8] H. Hoffmann, G.V. Astakhov, T. Kiessling, W. Ossau, G. Karczewski, T. Wojtowicz, J. Kossut, L. W. Molenkamp, Phys. Rev. B **74**, 073407 (2006)

[9] A. Greilich, R. Oulton, E. A. Zhukov, I. A. Yugova, D. R. Yakovlev, M. Bayer, A. Shabaev, Al. L. Efros, I. A. Merkulov, V. Stavarache, D. Reuter, A. Wieck, Phys. Rev. Lett. **96**, 227401 (2006)

[10] A. Greilich, D. R. Yakovlev, A. Shabaev, Al. L. Efros, I. A. Yugova, R. Oulton, V. Stavarache, D. Reuter, A. Wieck, M. Bayer, Science **313**, 341 (2006)

[11] G. V. Astakhov, V. P. Kochereshko, D. R. Yakovlev, W. Ossau, J. Nürnberger, W. Faschinger, G. Landwehr, T. Wojtowicz, G. Karczewski, J. Kossut, Phys. Rev. B **65**, 115310 (2002)

[12] T. A. Kennedy, A. Shabaev, M. Scheibner, Al. L. Efros, A. S. Bracker, D. Gammon, Phys. Rev. B **73**, 045307 (2006)

[13] A. Shabaev, Al. L. Efros, D. Gammon, I. A. Merkulov, Phys. Rev. B **68**, 201305(R) (2003)

[14] J. J. Baumberg, D. D. Awschalom, N. Samarth, H. Luo, J. K. Furdyna, Phys. Rev. Lett. **72**, 717 (1994)

[15] N. I. Zheludev, M. A. Brummell, A. Malinowski, S. V. Popov, R. T. Harley, D. E. Ashenford, B. Lunn, Solid State Commun. **89**, 823 (1994)

[16] E. A. Zhukov, D. R. Yakovlev, M. Bayer, M. M. Glazov, E. L. Ivchenko, G. Karczewski, T. Wojtowicz, J. Kossut, Phys. Rev. B **76**, 205310 (2007)

[17] Z. Chen, R. Bratschitsch, S. G. Carter, S. T. Cundiff, D. R. Yakovlev, G. Karczewski, T. Wojtowicz, J. Kossut, Phys. Rev. B **75**, 115320 (2007)

[18] G. V. Astakhov, D. R. Yakovlev, V. P. Kochereshko, W. Ossau, W. Faschinger, J. Puls, F. Henneberger, S. A. Crooker, Q. McCulloch, D. Wolverson, N. A. Gippius, A. Waag, Phys. Rev. B **65**, 165335 (2002)

[19] G. Finkelstein, H. Shtrikman, I. Bar-Joseph, Phys. Rev. B **53**, R1709 (1996)

[20] K. Kheng, R. T. Cox, Y. Merle d'Aubigne, F. Bassani, K. Saminadayar, S. Tatarenko, Phys. Rev. Lett. **71**, 1752 (1993)

[21] M. Syperek, D. R. Yakovlev, A. Greilich, J. Misiewicz, M. Bayer, D. Reuter, A. D. Wieck, Phys. Rev. Lett. **99**, 187401 (2007)

[22] G. V. Astakhov, V. P. Kochereshko, D. R. Yakovlev, W. Ossau, J. Nürnberger, W. Faschinger, G. Landwehr, Phys. Rev. B **62**, 10345 (2000)

[23] V. Ciulin, P. Kossacki, S. Haacke, J. -D. Ganiere, B. Deveaud, A. Esser, M. Kutrowski, T. Wojtowicz, Phys. Rev. B **62**, R16310 (2000)

[24] D. R. Yakovlev, E. A. Zhukov, M. Bayer, G. Karczewski, T. Wojtowicz, J. Kossut, Int. J. Mod. Phys. B **21**, 1336 (2007)

[25] A. A. Sirenko, T. Ruf, M. Cardona, D. R. Yakovlev, W. Ossau, A. Waag, G. Landwehr, Phys. Rev. B **56**, 2114 (1997)

[26] M. I. Dyakonov, V. Yu. Kachorovski, Sov. Phys. Semicond. **20**, 110 (1986)

[27] E. L. Ivchenko, *Optical Spectroscopy of Semiconductor Nanostructures* (Alpha Science, Harrow, 2005)

[28] J. M. Kikkawa, D. D. Awschalom, Phys. Rev. Lett. **80**, 4313 (1998)

[29] X. Marie, T. Amand, P. Le Jeune, M. Paillard, P. Renucci, L. E. Golub, V. D. Dymnikov, E. L. Ivchenko, Phys. Rev. B **60**, 5811 (1999)

[30] T. C. Damen, L. Viña, J.E. Cunningham, J.E. Shah, L.J. Sham, Phys. Rev. Lett. **67**, 3432 (1991)

[31] B. Baylac, T. Amand, X. Marie, B. Dareys, M. Brousseau, G. Bacquet, V. Thierry-Mieg, Sol. State Commun. **93**, 57 (1995)

[32] I. A. Merkulov, Al. L. Efros, M. Rosen, Phys. Rev. B **65**, 205309 (2002)

[33] P. Michler (ed.), *Single Quantum Dots.* Topics Appl. Phys., vol. 90 (Springer, Berlin, 2003)

[34] I. A. Yugova, A. Greilich, E. A. Zhukov, D. R. Yakovlev, M. Bayer, D. Reuter, A. D. Wieck, Phys. Rev. B **75**, 195325 (2007)

[35] M. Bayer, G. Ortner, O. Stern, A. Kuther, A. A. Gorbunov, A. Forchel, P. Hawrylak, S. Fafard, K. Hinzer, T. L. Reinecke, S. N. Walck, J. P. Reithmaier, F. Klopf, F. Schafer, Phys. Rev. B **65**, 195315 (2002), and references therein

[36] S. A. Crooker, D. D. Awschalom, J. J. Baumberg, F. Flack, N. Samarth, Phys. Rev. B **56**, 7574 (1997)

[37] R. E. Worsley, N. J. Traynor, T. Grevatt, R. T. Harley, Phys. Rev. Lett. **76**, 3224 (1996)

[38] P. Y. Yu, M. Cardona, *Fundamentals of Semiconductors* (Springer, Berlin, 1996)

[39] I. A. Yugova, A. Greilich, D. R. Yakovlev, A. A. Kiselev, M. Bayer, V. V. Petrov, Yu. K. Dolgikh, D. Reuter, A. D. Wieck, Phys. Rev. B **75**, 245302 (2007)

[40] D. Paget, G. Lampel, B. Sapoval, V.I. Safarov, Phys. Rev. B **15**, 5780 (1977)

[41] T. H. Stievater, X. Li, D. G. Steel, D. S. Katzer, D. Park, C. Piermarocchi, L. Sham, Phys. Rev. Lett. **87**, 133603 (2001)

[42] A. Zrenner, E. Beham, S. Stufler, F. Findeis, M. Bichler, G. Abstreiter, Nature **418**, 612 (2002)

[43] P. Borri, W. Langbein, S. Schneider, U. Woggon, R. L. Sellin, D. Ouyang, D. Bimberg, Phys. Rev. B **66**, 081306(R) (2002)

[44] S. E. Economou, R. -B. Liu, L. J. Sham, D. G. Steel, Phys. Rev. B **71**, 195327 (2005)

[45] A. Greilich, M. Wiemann, F. G. G. Hernandez, D. R. Yakovlev, I. A. Yugova, M. Bayer, A. Shabaev, Al. L. Efros, D. Reuter, A. D. Wieck, Phys. Rev. B **75**, 233301 (2007)

[46] A. V. Khaetskii, D. Loss, L. Glazman, Phys. Rev. Lett. **88**, 186802 (2002)

[47] W. A. Coish, D. Loss, Phys. Rev. B **70**, 195340 (2004)

[48] V. L. Berkovits, A. I. Ekimov, V. I. Safarov, Sov. Phys. JETP **38**, 169 (1974)

[49] D. Paget, Phys. Rev. B **25**, 4444 (1982)

[50] R. Oulton, A. Greilich, S. Yu. Verbin, R. V. Cherbunin, T. Auer, D. R. Yakovlev, M. Bayer, V. Stavarache, D. Reuter, A. Wieck, Phys. Rev. Lett. **98**, 107401 (2007)

[51] A. Greilich, A. Shabaev, D. R. Yakovlev, Al. L. Efros, I. A. Yugova, D. Reuter, A. D. Wieck, M. Bayer, Science **317**, 1896 (2007)

[52] M. I. Dyakonov, V. I. Perel, in *Optical Orientation*, ed. by F. Meier, B.P. Zakharchenja (North-Holland, Amsterdam, 1984)

[53] A. Khaetskii, Yu. V. Nazarov, Phys. Rev. B **61**, 12639 (2000)

[54] M. Kroutvar, Y. Ducommun, D. Heiss, M. Bichler, D. Schuh, G. Abstreiter, J. J. Finley, Nature **432**, 81 (2004)

第 7 章　硅中受限电子的自旋性质

W. Jantsch, Z. Wilamowski

7.1　导　论

硅的核电荷数是 $Z = 14$, 它是一种比较轻的元素. 因为在固体中主要是原子效应决定了自旋–轨道相互作用, 所以硅晶体中的自旋–轨道相互作用很弱 (见第 1 章). 从能带结构的角度来说, 自旋–轨道相互作用很弱的原因在于, 导带的最低点 Δ_1 只能与非常深的原子实的电子态相互作用[1,2].

电子相对于固体中的其他电荷运动的时候, 会感受到一个有效磁场, 这就是固体中的自旋–轨道相互作用起源 (见 1.2.3 节和文献 [2]). 硅中的自旋–轨道相互作用很弱, 这也体现在导带电子 g 因子的改变非常小, 它很接近于 2①. 除了影响 g 因子之外, 这种微弱的自旋轨道相互作用对于自旋寿命和自旋退相位也非常重要. 因此, 我们可以预期, 硅的自旋相干时间特别长, 从一开始, 硅就是自旋电子学应用中一种引人注目的材料[4~6].

此外, 硅只有一种同位素, ^{29}Si, 它的原子核自旋为 $I = 1/2$, 同位素的丰度小于 5%, 而 100%的III-V化合物都有核自旋, 许多还具有更大的 I 值. 费米接触项决定了在原子核位置上发现电子的概率, 从而决定了电子与原子核自旋的超精细相互作用 (见 1.2.4 节). 对于非局域的电子, 这种概率非常小. 然而, 对于受限于小体积中的电子来说, 如施主态或量子点中的电子, 电子和原子核自旋的相互作用就变得重要起来. 对于硅来说, 可以通过使用纯净的同位素 ^{28}Si 来避免这个问题, 而且已经证明, p 施主束缚的电子具有长达 60ms 的寿命[7]. 原子核自旋的寿命更长 (可以长达几个小时). 因此, 有人想利用硅中的 p 施主来实现自旋信息处理[4].

然而, 当考虑用硅来实现量子计算机的时候, 它也存在着一些问题. 硅具有间接带隙 —— 导带的最小值位于 [100] 晶向、位于布里渊区直径的 85%的位置附近, 因此, 导带不仅有二重的自旋简并, 还有能谷简并, 这会导致额外的自旋退相位, 根

---

① 在三维半导体材料中, 并不容易确定 g 因子的精确值: 因为在低温下测量的时候 (这是为了消除热激发的影响), 载流子冻结住了, 只能测量束缚在施主上的电子的 g 因子. 如果它们很浅的话, 它们的 g 因子就会很接近于导带电子的 g 因子, 但是存在着 "化学位移"[3]. 因此, 研究的是重掺杂的样品, 它们超出了 Mott 转变点, 即使在低温下, 也有自由的载流子. 然而, 所要求的重掺杂浓度会轻微地改变能带结构, 并导致很强的散射. 在二维结构中, 可以用调制掺杂来避免这些效应.

据目前的想法来控制和探测自旋态就变得很困难. 当存在应力的时候, 如在异质结中, 六重的能谷简并会降低为二重, 原则上, 还可以将对称性降得更低一些[8], 但是, 与大部分的直接带隙III-V或II-VI半导体相比, 这会引起额外的复杂性.

对硅材料自旋性质的兴趣由来已久. 它开始于 20 世纪 50 年代, 希望能广泛深入地了解最重要的电子学材料中缺陷的自旋性质[9]. 电子自旋共振 (ESR) 给出了关于点缺陷的大量信息, 特别是高度局域化的、半导体中的深能级. 相应的深能级态的玻尔半径很小, 与晶格常数的大小相仿, 因此, 束缚电子和原子核的超精细相互作用很强, 能够容易地分辨出来. 因为原子核自旋有 $2I+1$ 个不同的可能取向, 束缚电子可以感受到 $2I+1$ 种不同的磁场情况, 在电子自旋共振 ESR 谱也表现出相应的劈裂. 电子自旋共振谱就反映了杂质同位素的自然丰度, 在许多情况下, 可以明确地给出杂质的化学成分. 此外, g 因子各向异性和可能的 "精细结构" 劈裂包含着自旋大小和局域环境的对称性的信息.

在电子和位于束缚态波函数半径之内的宿主原子的原子核自旋之间, 也可以发生超精细相互作用, 它能够给出杂质的分布 (或者, 更一般地, 构成缺陷的原子) 的信息. 通过研究电子自旋共振谱的角度依赖关系, 可以得到这种信息. g 因子和电子自旋共振谱的精细结构还包含着关于电子态的角动量的信息. 总之, 电子自旋共振给出了关于缺陷的电子态的非常丰富的信息, 但是, 并没有直接给出它的激发能以及它对宿主材料的电子性质的影响的信息. 为了得到这些信息, 必须将电子自旋共振与其他技术相结合, 如光–电子自旋共振[10], 它研究辐射对电子自旋共振幅度的影响, 又如光学探测的磁共振, 研究电子自旋共振对荧光强度或偏振的影响, 可以确认一些荧光特征涉及的缺陷[11].

对于自由的、非局域的载流子来说, 乍一看, 电子自旋共振并不能得到很多信息. 通常只有一条相当宽的谱线, 可以得出 g 因子. 然而, 对于硅量子阱来说, 电子自旋共振是研究二维电子气自旋性质的非常有用的工具[12~16]. 这显得很奇怪, 因为电子自旋共振的灵敏度取决于传统谱仪的微波腔中自旋的最小数目. 在这类谱仪中, 调制磁场并用锁相检测技术来增加灵敏度, 因此, 电子自旋共振谱线的线宽也决定了灵敏度, 可以用高斯线宽中可以探测到的自旋的最小数目来表征. 在液氦温度下, 它的典型大小为 $10^{10}\mathrm{G}^{-1}$ 自旋. 对于载流子面密度为 $10^{11}\mathrm{cm}^{-2}$ 的样品来说, 如果自由载流子共振线宽和浅施主杂质的线宽 (几个高斯) 相仿的话, 灵敏度就会产生很大的问题. 幸运的是, 因为硅量子阱中自旋寿命很长, 硅量子阱中的导带电子共振的线宽要小上几百倍, 所以, 信号虽然不大, 但很容易检测. 此外, 在低对称性的样品中, 电偶极矩对跃迁概率也有贡献[17](见 7.5 节).

对于低维结构中的导带电子自旋共振, 只报道过很少的几种其他材料. AlAs/GaAlAs 和 GaN/GaAlN 异质结就是例子, 它们的电子 g 因子也接近于 2.000, 说明自旋轨道相互作用很小, 相应的电子自旋共振的线宽很窄, 可以检测到信号[18,19].

用电子自旋共振来研究自旋性质有如下优点:

(1) 当线宽足够窄的时候, 可以精确地得到 g 因子, 对于硅量子阱来说, 可以容易地达到 $1:10^5$ 的精度, 因此, 可以测量非常小的效应.

(2) 可以在腔内旋转样品, 因此, 能够容易地测量 g 因子和线宽的各向异性.

(3) 在许多情况下, 谱线还会表现出其他的自由载流子效应, 如回旋共振[14] 或者更一般的磁等离子效应[20], 这些都是非常有用的, 因为它们可以用于原位地测量动量弛豫时间[21]. 在一些场合下 (但不是硅), 可以看到 Shubnikov-de Haas 振荡, 可以用它来精确地给出载流子浓度[20].

(4) 原则上, 利用导带电子的共振幅度, 可以独立地确定自由载流子对磁响应率的贡献, 将其与诸如衬底中的缺陷等其他贡献区分开来[22].

(5) 也有可能进行时间分辨的 "自旋回波" 实验[23], 它可以直接证明, 有可能利用微波脉冲来操纵自旋[24]. 在自旋回波实验中, 可以找出并补偿由于磁场的空间涨落而导致的退相位, 与实验的时间尺度相比, 这种变化要慢得多, 通常来自于原子核自旋.

在本章中, 我们集中讨论具有二维或零维载流子的硅材料中的电子自旋共振的结果, 也就是说, 它们被束缚在量子阱、施主杂质或 "量子点" 里, 它们可以给出硅中电子–自旋相互作用的更为丰富的信息.

在 7.2 节中, 我们介绍非对称量子阱中的自旋–轨道效应以及它们对自旋劈裂的影响, 这种影响可以被视为 g 因子额外的各向异性. 在 7.3 节中, 我们综述了非对称硅量子阱中自旋–轨道耦合对自旋弛豫和退相位的影响. 在 7.4 节中, 我们讨论了最近发现的直流电流对电子自旋共振 (ESR) 的影响. 7.5 节讨论了非对称量子阱中电子自旋共振激发的性质, 我们证明, 高频电流引起的自旋–轨道场有着很大的贡献. 为这一效应建立的模型指出, 自旋激发的效率 (用电子自旋共振的灵敏性来检测) 增大了 4 个数量级. 在 7.6 节中, 我们综述了浅施主的工作, 描述了平面受限电子的结果. 最近, 在各向同性的增强的 ^{28}Si 材料的浅施主中, 观测到了长达 60ms 的自旋相干时间. 对于量子点来说, 目前还没有发现预期的自旋弛豫的淬灭 —— 原因显然在于, 在这些实验中, 光学激发同时产生的距离很近的电子–空穴对之间的相互作用. 但是 0.3ms 的自旋退相位时间还是证明了硅的潜在优势, 自旋退相干时间很长的一个原因就是 ^{29}Si 的丰度很小.

7.2 硅量子阱中的自旋轨道效应

在非中心对称的量子阱中, 自旋–轨道耦合导致了零场下的劈裂. 在单电子能带结构的图像中, 可以用哈密顿量中的 Rashba[25] 或 Bychkov-Rashba[26] 项来描述

这一劈裂:

$$\boldsymbol{H}_{\mathrm{BR}} = \alpha_{\mathrm{BR}} (\boldsymbol{\sigma} \times \boldsymbol{k}) \cdot \boldsymbol{n} \tag{7.1}$$

其中, $\boldsymbol{\sigma}_\alpha$ 为泡利矩阵的矢量, 也可以用自旋哈密顿量来描述:

$$H_{\mathrm{BR}} = a_{\mathrm{BR}} (\boldsymbol{s} \times \boldsymbol{k}) \cdot \boldsymbol{n} \tag{7.2}$$

其中, $\boldsymbol{s}$ 为自旋算符, $\hbar\boldsymbol{k}$ 为电子的动量, $\boldsymbol{n}$ 为垂直于样品面的单位矢量, 而常数 $a_{\mathrm{BR}} = 2\alpha_{\mathrm{BR}}$ 反映了自旋–轨道耦合的强度. 在与此平面有关的坐标系中, z 轴沿着 $\boldsymbol{n}$ 的方向, Bychkov-Rashba 项的形式为

$$H_{\mathrm{BR}} = a_{\mathrm{BR}}(s_x k_y - s_y k_x) \tag{7.3}$$

一般来说, 这种较低的对称性可能是因为晶体没有反演对称性, 也可能是因为外延生长的一些层状结构的不对称性. 第一种情况是由 Dresselhaus[27] 和 Rashba[25] 引入的, 有时候也被称为 "体反演不对称性"; 第二种情况是由 Bychkov 和 Rashba[26] 提出的, 被称为 "结构反演不对称性". 因为金刚石结构的高度对称性, 硅基的层状结构只有结构反演不对称性. 后者是由掺杂层主导的, 掺杂层位于量子阱之上 $10 \sim 20$nm 的地方. 此时, 既没有体反演不对称性的线性项, 也没有出现于III- V化合物中的 "Dresselhaus" 立方项[27]. 尽管从原则上来说, 对称性考虑允许存在额外的三阶项[28~30], 但是, 在本节中, 我们不考虑那种类型的自旋–轨道耦合, 因为还没有在 Si/SiGe 结构中发现任何实验证据[28].

Bychkov-Rashba 耦合等价于作用在电子自旋之上的由自旋–轨道耦合诱导的有效磁场 $\boldsymbol{B}_{\mathrm{BR}}$. 可以将这个磁场定义为

$$g\mu_{\mathrm{B}}\boldsymbol{B}_{\mathrm{BR}} = a_{\mathrm{BR}} (\boldsymbol{k} \times \boldsymbol{n}) \tag{7.4}$$

因此, Bychkov-Rashba 场位于平面之内, 它垂直于 $\boldsymbol{k}$ 矢量, 并与 $\boldsymbol{k}$ 矢量的大小成正比. 总的自旋劈裂, $\hbar\Omega_{\mathrm{BR}}(\boldsymbol{k})$, 即平行的自旋取向与反平行自旋取向之间的能量差是 $\hbar\Omega_{\mathrm{BR}} = a_{\mathrm{BR}}k$.

1. Bychkov-Rashba 场的热分布

在 (100) 表面的应力释放了的 $\mathrm{Si_{0.75}Ge_{0.25}}$ 缓冲层上生长的硅层会受到张应力, 因此, 导带能谷的六重简并被部分解除了[31]: 平面内的 4 个能谷 (指的是主轴位于平面内的 4 个能谷) 的能量变大, 在低温下, 只有其他两个 "垂直的" 能谷被占据, 它们的简并度为 $g_{\mathrm{v}} = 2$. 这样一来, 面内的运动就由各向同性的横向有效质量 $m^* = 0.19m_0$ 决定, 所有的费米矢量的大小都相等:

$$k_{\mathrm{F}} = \sqrt{\frac{4\pi n_{\mathrm{s}}}{g_{\mathrm{s}} g_{\mathrm{v}}}} = \sqrt{\pi n_{\mathrm{s}}} \tag{7.5}$$

其中, $g_s = 2$ 代表自旋的简并度. 这两个能谷的能量要低于 $Si_{0.75}Ge_{0.25}$ 层的导带边, 后者构成了势垒, 将二维电子气限制在中间的硅层中.

对于所有位于费米圆上的电子来说, Bychkov-Rashba 场的大小是相同的. 在二维样品平面内, $\boldsymbol{k}$ 矢量的方向以及 $\boldsymbol{B}_{\rm BR}(\boldsymbol{k})$ 的方向是均匀分布的, 因此, 在热平衡的时候, 对全部电子的系综进行平均后, Bychkov-Rashba 场的平均值等于零, $\langle B_{\rm BR}\rangle = 0$. 对每个被抵消的自旋 (也就是那些参与共振的自旋) 进行平均后, Bychkov-Rashba 场的平均值也等于零. 另外, 在费米 ($\boldsymbol{k}$) 矢量附近, 每个未被抵消的自旋都会感受到一个 Bychkov-Rashba 场, 其大小为

$$|\boldsymbol{B}_{\rm BR}(\boldsymbol{k})| = \frac{a_{\rm BR}k_{\rm F}}{g\mu_{\rm B}} = \frac{\Omega_{\rm BR}(k_{\rm F})}{\gamma},$$

其中, γ 为旋磁比. 因此, 对所有没有被抵消的自旋进行平均后, Bychkov-Rashba 场的均方值为

$$\langle \Omega_{\rm BR}^2\rangle = \frac{\Omega_{\rm BR}^2}{\gamma^2} = \left(\frac{a_{\rm BR}k_{\rm F}}{g\mu_{\rm B}}\right)^2 = \left(\frac{a_{\rm BR}}{g\mu_{\rm B}}\right)^2 \pi n_{\rm s} \tag{7.6}$$

Bychkov-Rashba 场的分布影响了共振场的位置和线宽的大小. 为了讨论这些现象, 考虑单独的 Bychkov-Rashba 频率的每个分量的平方平均值是很方便的. 平面内的分量为

$$\Omega_{{\rm BR},x}^2 = \Omega_{{\rm BR},y}^2 = \gamma^2\left\langle \Omega_{{\rm BR},x}^2(\boldsymbol{k})\right\rangle = \gamma^2\left\langle \Omega_{{\rm BR},y}^2(\boldsymbol{k})\right\rangle = \frac{\gamma^2}{2}\left\langle B_{\rm BR}^2\right\rangle = \frac{a_{\rm BR}^2k_{\rm F}^2}{2\hbar} \tag{7.7}$$

平面外的分量为

$$\Omega_{{\rm BR},z}^2 = \gamma^2\left\langle B_{{\rm BR},z}^2(\boldsymbol{k})\right\rangle = 0 \tag{7.8}$$

在实验中, 可以用共振场的各向异性来计算 $\left\langle B_{\rm BR}^2\right\rangle$[21].

2. g 因子的各向异性 ——Si/SiGe 结构中的 Bychkov-Rashba 场

Bychkov-Rashba 场的各向异性分布也会导致共振场的各向异性. 当外磁场与 Bychkov-Rashba 场之和等于共振场的时候, $\boldsymbol{B}_{\rm R} = \boldsymbol{B}_0 + \boldsymbol{B}_{\rm BR}$, 就会发生共振. 动量弛豫过程要比自旋弛豫过程快得多：在高迁移率的 Si/SiGe 样品中, $1/\tau_{\rm p} \approx 10^{11} \sim 10^{12}{\rm s}^{-1}$, $1/T_2 \approx 10^6{\rm s}^{-1}$. 因此, 时间的涨落被很好地平均掉了, 共振位置只反映了平均共振磁场.

在垂直磁场中, $\boldsymbol{B}_0 // \hat{\boldsymbol{n}}$(即 $\theta = 0$), 每个电子的 Bychkov-Rashba 场都垂直于 $\boldsymbol{B}_0$, 因此, 虽然 $\boldsymbol{B}_{\rm BR}$ 的方向随着时间变化, 但是, $\boldsymbol{B}_{\rm R}$ 的大小是个常数, 对于所有的电子来说都是相等的. 发生共振时外磁场为

$$B_0 = \sqrt{B_{\mathrm{R}}^2 - B_{\mathrm{BR}}^2} \approx B_{\mathrm{R}} - \frac{\langle B_{\mathrm{BR}}^2 \rangle}{2B_{\mathrm{R}}} \tag{7.9}$$

这个共振磁场要小于没有 Bychkov-Rashba 场的情况, 如图 7.1 所示.

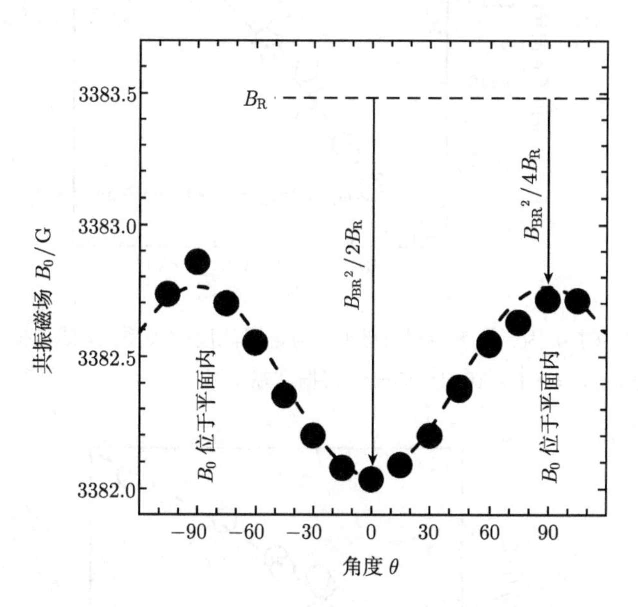

图 7.1 在调制掺杂的 SiGe/Si/SiGe 量子阱中, 共振磁场随外加磁场方向的依赖关系. 箭头指出了 Bychkov-Rashba 场引起的共振磁场的偏移 (见式 (7.10))

在讨论共振磁场的角度依赖关系的时候, 需要考虑 $\boldsymbol{k}$ 矢量分布所引起的 $\boldsymbol{B}_{\mathrm{BR}}$ 的分布. 当 $\boldsymbol{B}_0$ 位于平面内的时候, 位移减小了一半. 此时, 相对于 $\boldsymbol{B}_0$, $\boldsymbol{B}_{\mathrm{BR}}$ 的纵向分量平均为零, 只有其垂直分量会影响共振场的平均值. 因此, 垂直分量的平方平均值等于 $B_{\mathrm{BR}}^2/2$. 共振磁场的各向异性, 也就是说, 平面内的 $\boldsymbol{B}_0$ 分量和垂直于外磁场的 $\boldsymbol{B}_0$ 分量的差等于

$$B_0\,(90^\circ) - B_0\,(0^\circ) = \frac{B_{\mathrm{BR}}^2\,(E_{\mathrm{F}})}{4B_{\mathrm{R}}} \tag{7.10}$$

当 Bychkov-Rashba 场主导了 g 因子的各向异性的时候, 利用式 (7.10), 可以计算费米能量处所有电子的 Bychkov-Rashba 场的绝对值.

对 Si/SiGe 样品的实验数据的这种分析表明, B_{BR} 的量级为 100G, 而且它随着费米 $\boldsymbol{k}$ 矢量的增大而增大. 观测到的 g 因子各向异性随着电子浓度 n_{s} 的变化关系如图 7.2 所示, 而图 7.3 给出了计算得到的 B_{BR} 对电子浓度的依赖关系[21].

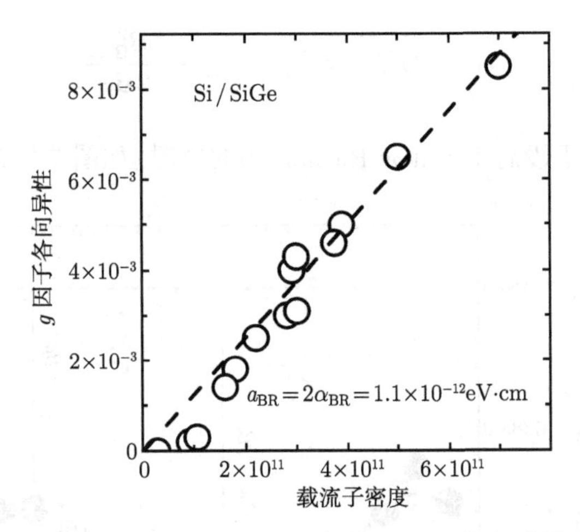

图 7.2 测量得到的 g 因子各向异性 (圆圈) 与电子浓度的关系. 虚线：拟合得出 Bychkov-Rashba 参数为 $\alpha_{\rm BR} = 1.1 \times 10^{-12}$eV·cm. 根据文献 [21]

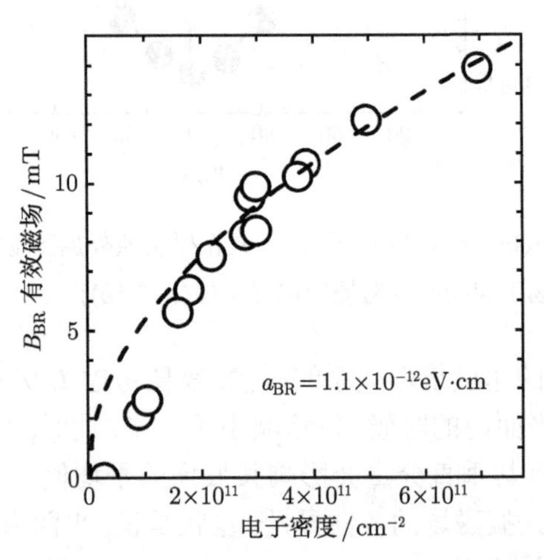

图 7.3 根据 g 因子各向异性得到的 Bychkov-Rashba 场随电子浓度的依赖关系. 虚线是假设 $\alpha_{\rm BR} = 1.1 \times 10^{-12}$eV·cm 保持不变、不依赖于载流子浓度而画出来的. 根据文献 [21]

7.3 Si/SiGe 量子阱中导带电子的自旋弛豫

7.3.1 导带电子的自旋弛豫机制

在低温下, 3 种机制主导了导带电子的自旋弛豫. Elliott 和 Yafet 考虑了动量散射事件导致的自旋翻转的概率[2,32]. 这种概率来自于如下事实, 当存在自旋–轨道耦合的时候, 纯自旋态不再是本征态：每个态都会与自旋相反的态有一定程度的混合, 它依赖于 $\boldsymbol{k}$ 波矢. 这样一来, Elliott-Yafet 速率就正比于动量散射速率[2,32]:

$$\Delta\omega = \frac{\alpha_{\mathrm{EY}}}{\tau_p} \tag{7.11}$$

Bir、Aronov 和 Picus 分析了电子–空穴散射, 当半导体中同时存在两种类型的载流子的时候, 这种弛豫机制是非常有效的[33]. Dyakonov-Perel 机制是最常见的自旋弛豫类型[34]. 经典的 Dyakonov-Perel 弛豫起源于共振频率对电子 $\boldsymbol{k}$ 波矢的依赖关系 $\omega(\boldsymbol{k})$, 它会导致共振频率的展宽, 从而引起共振谱线的展宽. 因为动量弛豫通常要比自旋弛豫快得多, 起初的共振频率的展宽就被运动平均了. 因此, 共振谱线具有洛伦兹线型, 宽度为

$$\Delta\omega = \varOmega^2\tau_{\mathrm{c}} \tag{7.12}$$

其中, $\varOmega^2$ 为 $\omega(\boldsymbol{k})$ 分布的变化, τ_{c} 为关联时间. 在最简单的情况下, 当散射前后的共振频率没有关联的时候, 关联时间就正好等于动量散射时间, $\tau_{\mathrm{c}}=\tau_p$. 当发生小角度散射的时候, τ_{c} 可能会依赖于共振频率的奇异分布. 一般来说, 关联函数 $\langle\omega(0)\omega(t)\rangle$ 定义了关联时间[35,36]. Dyakonov-Perel 机制的详细分析还需要考虑回旋运动[28,37,38]、电子–电子散射和电子–电子交换相互作用[29,39].

有时候, Dyakonov-Perel 弛豫被推广为很大的一类自旋弛豫机制, 它们都可以用 Dyakonov-Perel 机制来分析. 例如, 电子跳跃导致的运动窄化, 其方式类似于核磁共振中的运动窄化, 此时的频率展宽来自于电子与原子核的超精细耦合[36].

在高迁移率 Si/SiGe 结构中, 二维电子的自旋弛豫主要受制于 Dyakonov-Perel 机制, 其中, 共振频率的展宽来自于 Bychkov-Rashba 类型的自旋–轨道场. 因为高迁移率层中的动量弛豫速率的数量级为 $1/\tau_p \approx 10^{11}\mathrm{s}^{-1}$, 很容易满足 $\omega_{\mathrm{c}}\tau_p > 1$ 的条件, 所以, 调制频率主要受制于回旋运动而不是动量散射[28,38]. 到目前为止, 在低温区和中等电子浓度的情况下, 还没有发现电子 - 电子散射效应[29] 的证据.

7.3.2 Si/SiGe 中二维电子气的线宽和纵向弛豫时间

在电子自旋共振仪器中, 一般测量的是微波吸收的一阶微分随外加磁场的变化. 除非使用特殊的设置, 探测的是吸收的同相分量, 而色散效应被自动的频率控制电路消除了. 然而, Si/SiGe 中二维电子气的电子自旋共振信号是一个复杂的线型, 它来自于动态磁响应率的吸收分量 $\chi''(\omega)$ 和色散分量 $\chi'(\omega)$ 的叠加. 此外, 随着微波功率的增大, 吸收分量会改变符号, 由经典的正号变为负号 (见图 7.4 中的线型).

为了解释电子自旋共振信号线型, 需要详细地研究激发和功率吸收的物理机制. 特别是, 必须考虑磁微波场和有效自旋–轨道场的共振激发[40~42], 以及被吸收的功率的不同耗散机制. 在 7.5 节中, 讨论了一些细节, 它们表明, 因为电子电导对

自旋极化的依赖关系很复杂, 所以, 很难对信号幅度进行讨论, 不能简单地分析信号饱和来计算纵向弛豫速率. 但是, 无须对功率吸收机制进行任何分析, 就可以计算依赖于功率的共振线宽 $\Delta\omega$, 并由此得出纵向弛豫速率 $1/T_1$.

将实验得到的线型唯象地分解为 $\chi''(\omega)$ 和 $\chi'(\omega)$, 就可以计算出 $\Delta\omega$ 及其对微波功率 P 的依赖关系. 图 7.4 给出了高微波功率下线型展宽的一个例子. 拟合曲线对应于已知的依赖关系 $\Delta\omega(P) = \Delta\omega_0(1+\gamma^2 B_1^2 T_1/\Delta\omega_0)^{1/2}$[43,44], 其中, $\Delta\omega_0$ 为没有饱和的变窄的线宽, 而 B_1^2 是微波磁场的平方, 它正比于微波功率 P.

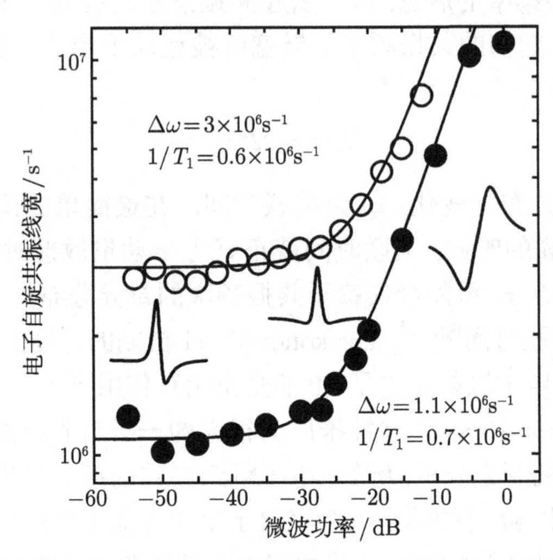

图 7.4 当外加垂直磁场的时候, 在两个不同的 Si/SiGe 样品 (实心点和空心点) 中, ESR 线宽随微波功率的依赖关系. ESR 信号饱和引起了谱线展宽, 可以利用它来估计纵向弛豫速率 $1/T_1$. 图例给出了不同微波功率下线型的演化

Si/SiGe 量子阱的单独的电子自旋共振谱线非常窄. 依赖于二维电子的电学性质和外场的方向, 线宽在 $3\sim100\mu\mathrm{T}$ 变化. 最小的线宽是在电子密度最低的样品中观测到的.

$\Delta\omega$ 随着动量弛豫速率的变化关系如图 7.5 所示. 在中等强度散射区中可以看到, 随着动量散射频率的增加, 线宽变窄了, 这表明 Dyakonov-Perel 机制主导了自旋弛豫过程. 虚线给出了 Elliott-Yafet 机制的上限, 只有在迁移率低的时候, 它才比较重要. 当迁移率很低的时候, 总自旋弛豫速率 (见图 7.5) 接近于纵向弛豫速率的一半, $\Delta\omega\approx1/2T_1$. 这一结果表明, 线宽主要取决于纵向自旋弛豫过程, 它被归结为 Elliott-Yafet 弛豫.

在共振线宽的温度依赖关系中, 发现了 Elliott-Yafet 自旋弛豫的另一个论据. 对于中等迁移率的样品来说, 当温度升高的时候, $\Delta\omega$ 先是微弱的减小, 表明了运动变窄效应增强了 —— 这是 Dyakonov-Perel 弛豫的特征. 当温度更高一些、迁移率下降到时候, 它就饱和了, 然后, 它在高温区增大. 这样就可以得出结论, Elliott-Yafet 机制在高温下占据了主导地位. 此外, 它还表明, 与图 7.5 中计算得到的上限值相比, α_{EY} 的真实值并没有小许多.

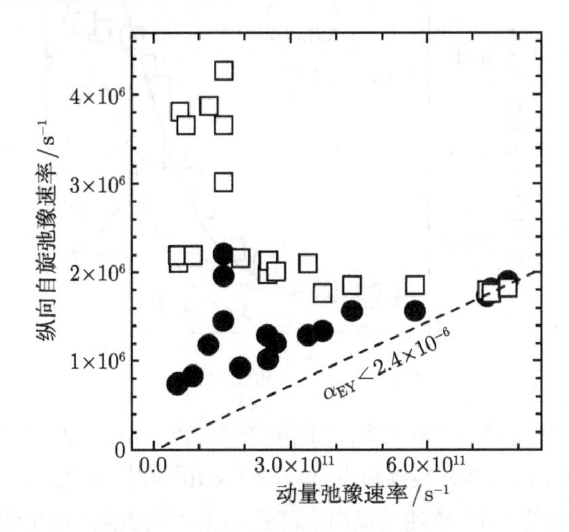

图 7.5 当 $\theta = 0$ 的时候, 测量得到的纵向自旋弛豫速率 $1/T_1$(实心点) 和两倍线宽 $2\Delta\omega$(空心方点) 对动量弛豫速率的依赖关系. 虚线是 Elliott-Yafet 速率给出的上限: $\alpha_{\mathrm{EY}} = 2.4 \times 10^{-6}$. 根据文献 [28]

在高迁移率区观察到, $\Delta\omega$ 对散射率有着一个非单调的依赖关系. 仅仅利用 τ_p 对载流子密度的依赖关系, 并不能够解释这一行为[22]. 低密度样品的迁移率更低一些. 因此, 对于高密度、高迁移率的样品, Dyakonov-Perel 线宽应该接近于最大值, 对应于最长的 τ_{m}. 此外, 因为费米 k 波矢很大, 所以自旋–轨道耦合很大. 实验观测到, 在低动量弛豫速率下, $\Delta\omega$ 减小了, 这就表明 τ_{m} 并非直接取决于 τ_p, 而是取决于一个额外的场调制机制. 详细分析后的结论是, 载流子速度方向总是在改变的回旋运动, 从而导致了额外的调制速率[28,37,38].

在线宽的角度依赖关系中, 可以发现回旋运动能够影响频率调制的实验证据. 对于二维电子气来说, 回旋频率 $\omega_{\mathrm{c}} = eB\cos\theta/m^*$ 正比于外加磁场的横向分量. 因此, 当磁场位于平面内的时候 ($\theta = 90°$), ω_{c} 等于零. 比较不同磁场方向下的线宽, 就可以估计回旋运动对调制频率的影响.

图 7.6 给出了线宽对角度的依赖关系随着磁场方向的变化关系. 线宽的特点是, 它具有显著的各向异性. 对于垂直磁场来说 ($\theta = 0°$), ω_{c} 很大, 与 $\theta = 90°$ 时 (此时没有回旋运动) 相比, $\Delta\omega$ 要小好几倍. 在这个意义上, $\Delta\omega$ 的强烈各向异性证实了回旋运动对 τ_{m} 的影响. 定量描述需要考虑 Bychkov-Rashba 场的涨落各向异性, 7.3.3 节给出了相应的模型. 当回旋运动不起作用的时候. 例如, 在动量散射很强的

情况下, 垂直方向的线宽是面内取向的线宽的 2/3(图 7.7).

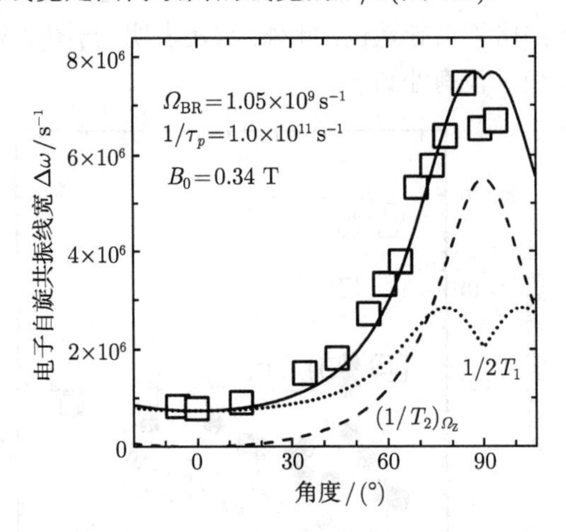

图 7.6 线宽对外加磁场方向的依赖关系, 二维电子气浓度为 $n_s = 2\times10^{11}\text{cm}^{-2}$, 测量频率为 $\omega = 2\pi\times9.4\text{GHz}$. ESR 的回旋共振频率为 $\omega_c = 3.1\times10^{11}\text{s}^{-1}$. 实线由式 (7.24) 给出, 而点状线对应于纵向弛豫速率的一半, 虚线是纵向涨落式 (7.25) 的贡献. 图中给出了拟合参数 Ω_{BR} 和 τ_p. 相应的 Bychkov-Rashba 场为 $B_{BR} = 6\text{mT}$. 根据文献 [28]

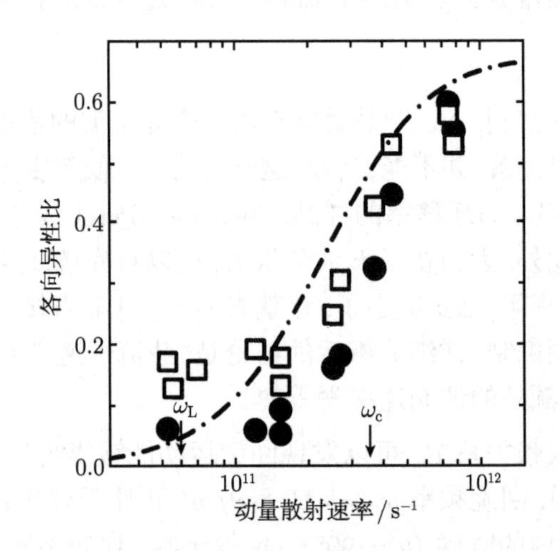

图 7.7 自旋弛豫各向异性随动量弛豫速率的变化关系. 方块代表横向弛豫 $1/T_2(0°) = \Delta\omega(0°)$, 圆点代表 $1/2T_1(0°)$, 二者都用面内的线宽 $1/T_2(90°)$ 来归一化 [28]. 点划线由式 (7.24) 和式 (7.25) 给出. 当 $1/\tau_p \gg \omega_c$ 时, Bychkov-Rashba 劈裂导致的 Dyakonov-Perel 线宽各向异性趋向于数值 2/3

从 $\Delta\omega$ 的各向异性对电子迁移率的依赖关系中, 可以找到回旋运动影响 τ_c 的进一步实验证据. 当迁移率低的时候, $\omega_c\tau_p \ll 1$, 在两次散射之间, $\boldsymbol{k}$ 矢量不会发生显著的变化, 因此 τ_c 应当接近于 τ_p. 另外, 当 $\omega_c\tau_p \gg 1$ 的时候, 在两次连续散射之间, 电子会回旋运动好几圈, 因此, 调制就应当取决于 ω_c[37].

图 7.7 给出了线宽各向异性随着动量散射速率的变化关系. 迁移率的实验数值是由回旋共振的线宽计算得来的. 这些数据给出了正确的趋势, 但是, 因为测量是在低频率下进行的, 并没有考虑等离子体位移 (plasma shift) 引起的修正[20], 可能会产生中等程度的系统实验误差 (这里的载流子浓度要远小于 GaN 量子阱中的浓度).

当迁移率很高 (τ_p 很大) 的时候, 各向异性最为显著, 这就证明, 在 Dyakonov-Perel 自旋弛豫过程中, 回旋运动对 Bychkov-Rashba 场有调制作用.

7.3.3 退相位和纵向自旋弛豫

1. 经典的 Dyakonov-Perel 弛豫机制引起的横向和纵向弛豫

通常, 基于布洛赫方程来讨论自旋弛豫时间, 其中, 横向弛豫速率 $1/T_2 = \Delta\omega$ 决定了共振谱线的线宽, 至少, 在可以用洛伦兹函数来描述线宽的情况下, 是这样的[44]. 洛伦兹线宽与半宽的关系是 $\Delta\omega_{1/2} = 2\Delta\omega$, 它与微分线型的峰–峰之间的宽度的关系是

$$\Delta\omega_{p\text{-}p} = \frac{2\Delta\omega}{\sqrt{3}}$$ [44]

横向弛豫速率等价于进动自旋的系综退相位速率, 它等于两个横向自旋分量的弛豫速率的平均值, $1/T_2 = 1/T_\varphi = (1/T_{x'} + 1/T_{y'})/2$. 带撇号的坐标系与沿着 z' 轴方向的外磁场 $\boldsymbol{B}$ 有关, x' 轴和 y' 轴垂直于磁场. 退相位速率取决于进动频率的展宽. 特别是, 根据 Dyakonov-Perel 模型 (见式 (7.12)), 由 $\Omega_{z'}^2$ 描述的有效磁场的 z' 分量的涨落直接导致了退相位速率

$$(1/T_2)_{\Omega_{z'}} = \Omega_{z'}^2\tau_c \tag{7.13}$$

原因在于, 自旋–轨道场的 z' 分量的变化使得初始的谱线展宽被运动窄化了, 可以用关联函数 $\langle\Omega(0)\Omega(t)\rangle$ 在零频率处的傅里叶变换来计算.

横向有效磁场分量的涨落为自旋翻转概率 $1/T_{\rm sf}$ 做出了贡献, 也就是说, 它们增大了纵向自旋弛豫速率

$$\frac{1}{T_1} = \frac{1}{T_{z'}} = \frac{2}{T_{\rm sf}} = \left(\Omega_{x'}^2 + \Omega_{y'}^2\right)\tau_c' \tag{7.14}$$

调制时间中的撇号表明, 纵向弛豫速率主要取决于拉莫尔频率 $\omega_{\rm L}$ 处的涨落. 严格地说, $\dfrac{1}{T_1}$ 对应于拉莫尔频率处的 $\langle\Omega_x(0)\Omega_x(t)\rangle$ 和 $\langle\Omega_y(0)\Omega_y(t)\rangle$ 的傅里叶变换. 对

于指数衰减的关联函数这种最简单的情况, τ_{c}' 等于

$$\tau_{\mathrm{c}}'=\frac{\tau_p}{1+\omega_{\mathrm{L}}^2\tau_p^2} \tag{7.15}$$

而且 $\tau_{\mathrm{c}}=\tau_p$.

当 $\omega_{\mathrm{c}}\tau_p\geqslant 1$ 的时候, 回旋频率调制了 Bychkov-Rashba 场以及单个自旋的相应进动频率. 因此, 关联函数也发生了振荡, 这个振荡以动量弛豫时间 τ_p 衰减. 一般来说, 可以将关联时间描述为

$$\tau_{\mathrm{c}}'=\frac{\tau_p}{1+(\omega_{\mathrm{L}}-\omega_{\mathrm{c}})^2\tau_p^2} \tag{7.16}$$

和

$$\tau_{\mathrm{c}}=\frac{\tau_p}{1+\omega_{\mathrm{c}}^2\tau_p^2} \tag{7.17}$$

涨落场的横向分量还对共振线宽 (也就是横向弛豫速率 $1/T_2$) 有贡献. 有两种方法. 经典的方法[2,28] 假设, 总线宽 (也就是布洛赫横向弛豫速率) 是纵向涨落 $\Omega_{z'}^2$ 引起的退相位速率与横向分量涨落引起的贡献之和, 前者由式 (7.13) 描述, 而后者等于纵向弛豫速率的一半 (见式 (7.15)). 线宽等于

$$\Delta\omega=\frac{1}{T_2}=\left(\frac{1}{T_2}\right)_{\Omega_{z'}}+\frac{1}{2T_1} \tag{7.18}$$

更为仔细的研究[29,45] 表明, 有效场沿着 α 轴的涨落导致了其他两个分量的退相位. 特别是, 式 (7.14) 描述了纵向弛豫速率, 而横向分量为

$$\frac{1}{T_{x'}}=\Omega_{y'}^2\tau_{\mathrm{c}}'+\Omega_{z'}^2\tau_{\mathrm{c}} \tag{7.19}$$

和

$$\frac{1}{T_{y'}}=\Omega_{x'}^2\tau_{\mathrm{c}}'+\Omega_{z'}^2\tau_{\mathrm{c}} \tag{7.20}$$

因此, 总线宽就是

$$\Delta\omega=\frac{1}{T_2}=\frac{1}{2}\left(\frac{1}{T_{x'}}+\frac{1}{T_{y'}}\right)=\frac{1}{2}\left(\Omega_{x'}^2+\Omega_{y'}^2\right)\tau_{\mathrm{c}}'+\Omega_{z'}^2\tau_{\mathrm{c}} \tag{7.21}$$

这一表达式等价于式 (7.18), 其贡献来自于式 (7.13) 和式 (7.14).

2. Dyakonov-Perel 自旋弛豫的角度依赖关系

式 (7.7) 和式 (7.18) 描述了由 $\boldsymbol{k}$ 矢量的分布引起的 Bychkov-Rashba 频率的变化. 当外磁场与平面法线的夹角为 θ 的时候, 在与外磁场有关的带撇号的坐标系中, Bychkov-Rashba 频率涨落的分量为

$$\Omega_{z'}^2=\frac{\Omega_{\mathrm{BR}}^2}{2}\sin^2\theta \tag{7.22}$$

和

$$\Omega_{x'}^2+\Omega_{y'}^2=\frac{\Omega_{\mathrm{BR}}^2}{2}\left(\cos^2\theta+1\right) \tag{7.23}$$

横向弛豫速率对外磁场方向的依赖关系是[28,38,46] ①

$$\frac{1}{T_2}=\frac{\Omega_{\mathrm{BR}}^2\left(\cos^2\theta+1\right)}{4}\frac{\tau_p}{1+\left(\omega_{\mathrm{L}}-\omega_{\mathrm{c}}\right)^2\tau_p^2}+\frac{\Omega_{\mathrm{BR}}^2\sin^2\theta}{2}\frac{\tau_p}{1+\omega_{\mathrm{c}}^2\tau_p^2} \tag{7.24}$$

第一项是纵向弛豫速率的一半

$$\frac{1}{T_1}=\frac{\Omega_{\mathrm{BR}}^2\left(\cos^2\theta+1\right)}{2}\frac{\tau_p}{1+\left(\omega_{\mathrm{L}}-\omega_{\mathrm{c}}\right)^2\tau_p^2} \tag{7.25}$$

第二项是来自于纵向涨落的贡献：$(1/T_2)\Omega_{z'}$.

7.3.4 与实验的比较

一般来说, 将所有的实验数据与模型进行比较, 结果很好地证实, Bychkov-Rashba 场引起的 Dyakonov-Perel 主导着 Si/SiGe 层中的自旋弛豫. 自旋弛豫速率的表达式 (7.24) 和式 (7.25) 描述了弛豫时间的各向异性 (图 7.6), 证明了回旋调制在 Dyakonov-Perel 自旋弛豫过程中的重要性. 在高迁移率样品中, 这一效应非常重要. 如图 7.5 所示, 在弱动量散射的情况下, 在垂直于外磁场的方向上, 两种自旋弛豫速率的数值都很小. 当磁场位于平面内的时候, $\omega_{\mathrm{c}}=0$, 并不会发生变窄. 如图 7.7 所示, 在高迁移率范围内, 观察到最强的线宽各向异性和最小的各向异性比.

对于高迁移率量子阱样品, 利用式 (7.24) 和式 (7.25) 来拟合弛豫速率的角度依赖关系, 就能够精确地得出 Ω_{BR}^2 和 τ_p. 在图 7.6 中, 曲线对应于式 (7.24) 和式 (7.25) 所描述的依赖关系, 同时, 图中还给出了最佳拟合参数的数值. 对于 $n_{\mathrm{s}}=2\times10^{11}\mathrm{s}^{-1}$ 的样品, Bychkov-Rashba 场的大小为 $B_{\mathrm{BR}}=6\mathrm{mT}$, 与根据 g 因子各向异性计算得到的数值符合得很好 (见图 7.2 和图 7.3). 对于低迁移率样品, 乘积 $\Omega_{\mathrm{BR}}^2\tau_p$ 决定了弛豫速率及其弱各向异性, 但是, 根据实验观测到的线宽, 并不能独立地确定这两个因子. 在那个迁移率范围内, 线宽各向异性与动量散射无关, 它趋于一个常数值 2/3, 见图 7.7.

① 文献 [38] 指出, 在文献 [28] 中, $1/T_1$ 表达式的分母缺少了一个因子 2. 这个错误的原因是, 他们错误地假设了 T_1 和自旋翻转时间是等价的. 这篇文章中的表达式和 Glazov 的文章[38] 有着相同的因子. 还有一个与文献 [38] 不一致的地方, 其原因在于, 他们的图 7.4 使用了我们图 7.5 中的数据[28], 但不知出于什么原因, 他们认为这是双倍线宽. 这里我们分析的是与图 3.3 完全相同的数据. 我们得到的 τ_p 的拟合数值是一样的, 但是文献 [38] 中的 Ω_{BR} 要小一些 (因为他们假设的是双倍的线宽). 第二点与描述横向涨落对 $1/T_2$ 的贡献中的分母里的一个细节有关. 在我们的方法里, 我们认为它精确地等于 $1/T_1$ 的一半 (比较式 (7.24) 和式 (7.25)). 因此, 对于调制时间, 我们在拉莫尔频率处做傅里叶变换, 这给出了分母中的一个因子. Glazov 用同样的方法来估计 $1/T_1$, 但是在讨论对 $1/T_2$ 的相同贡献的时候, 他忽略了 ω_{L}.

在高迁移率区, 当 $\Omega_{\rm BR}^2\tau_p \gg 1$ 且垂直取向 $(\theta = 0)$ 的时候, Dyakonov-Perel 机制引起的自旋弛豫速率和各向异性比都接近于零. 这样一来, 就可以研究其他的自旋弛豫机制. 如图 7.7 所示, $\theta = 0°$ 时的线宽远大于 Dyakonov-Perel 机制的期待值, 表明存在其他的自旋弛豫机制. 如同 7.3.1 节提到过的那样, 这很有可能是 Elliott-Yafet 弛豫, 线宽的高度各向异性表明, 高电子迁移率样品的质量很高, 而且没有其他的弛豫机制. 例如, 来自于样品的非均匀性的弛豫机制.

从原则上说, 可以利用对称掺杂来避免这些样品中的结构反演不对称性. 在 0.34T 磁场中, 样品中的不对称性将自旋寿命限制为几个微秒. 实际上, 对称掺杂并没有很大的改善, 因为在分子束外延生长过程中, 施主杂质 "漂浮" 到表面, 试图在势垒中更深处掺杂, 将会使得施主杂质扩散到沟道中, 从而降低了迁移率. 给非对称样品施加栅压或者使用其他一些技巧, 可能会实现对称性. 在那种情况下, 我们可以将 Elliott-Yafet 速率外推到高迁移率处. 例如, 400,000 cm^2/(V·s), 预期的自旋寿命是 25μs.

7.4 电流诱导的自旋–轨道场

最近, 在单侧调制的量子阱样品中, 我们发现了 Bychkov-Rashba 场的证据[40]: 在二维电子气中, 当通过一个中等大小的直流电流的时候, 我们看到了电子自旋共振谱线的位移, 当电流或磁场改变方向的时候, 位移的符号也发生改变 (图 7.8). Kalevich 和 Korenev[47] 观测到了一个类似的效应, 也就是电流诱导的 Rashba 场对 Hanle 退极化的影响. 电流诱导的 Bychkov-Rashba 场是哈密顿量中的 $\boldsymbol{k} \times \boldsymbol{\sigma}$ 项的直接结果. 在平面内施加电场 (以便获得电流 j_x, 见图 7.9) 使得费米圆有一个偏

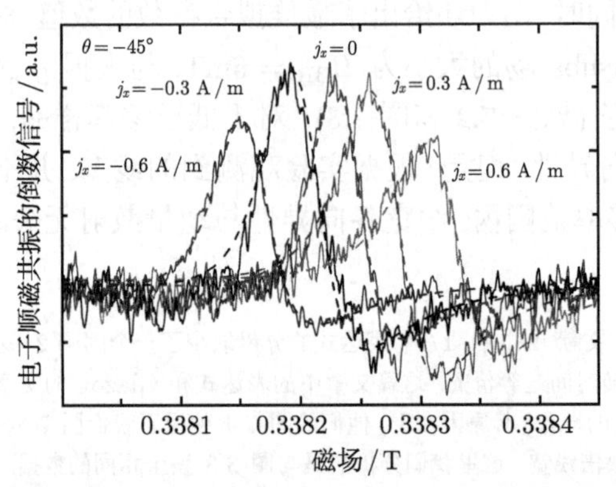

图 7.8 不同电流密度下 Si 量子阱中二维电子气的 ESR 谱, 样品宽度为 3mm. 测量时磁场垂直于电流, 并于样品表面的法线方向成 $\theta = -45°$, 微波频率为 9.4421GHz

移, 这样一来, 每个电子都有一个额外的 δk_x. 这样就产生了额外的塞曼劈裂, 它表现为自旋共振场的变化. 相应的 Bychkov-Rashba 场垂直于 δk_x 和 z 方向, 它破坏了对称性. δk_x 还引起了额外的 δB_{BR}, 它位于平面内且垂直于 δk_x

$$\delta \boldsymbol{B}_{\mathrm{BR}} = \frac{\beta_{\mathrm{BR}}}{n_{\mathrm{s}} e} (\boldsymbol{n} \times \boldsymbol{j}) \tag{7.26}$$

其中, $\delta\beta_{\mathrm{BR}} = a_{\mathrm{BR}} m^*/g\mu_{\mathrm{B}}\hbar$. 当静态磁场位于平面内且垂直于直流电流的时候, 这个额外的 $\delta\beta_{\mathrm{BR}}$ 平行于或者反平行于静磁场 (图 7.9), 根据电子自旋共振的位移, 可以看出这一点.

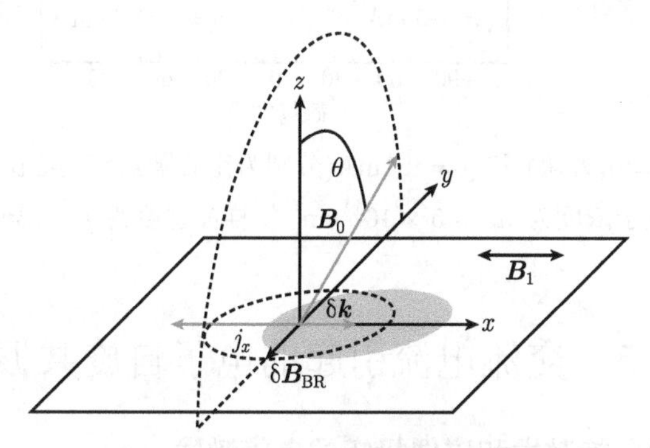

图 7.9 电流 j_x 流经二维电子气 (xy 平面). 费米圆的偏移量为 δk_x. 在此近似下, 除了自身的热动量所产生的场之外, 每个电子还感受到一个 Bychkov-Rashba 场 $\delta \boldsymbol{B}_{\mathrm{BR}}$. 在 yz 平面内施加静磁场 $\boldsymbol{B}_0$ (画的不合比例), 以便进行 ESR 测量. 根据文献 [40]

在有电流和没有电流的情况下, 电子自旋共振场的角度依赖关系如图 7.10 所示. 当电流方向反转的时候, 共振场位移也改变了符号, 共振场位移直接反映的是电流诱导的 Bychkov-Rashba 场. 这个角度依赖关系具有 $\boldsymbol{k} \times \boldsymbol{\sigma}$ 项所预期的全部性质.

这一发现意味着很多效应和后果. 它直接表明, 可以用电流来调节电子自旋共振场. 利用这种 "电子自旋共振调节", 可以选择性地操纵自旋: 在一个共振腔中放上许多线, 用电流脉冲将某一个特定的线置于共振, 就可以操纵其中的自旋. 一旦共振之后, 电子自旋以 Rabi 频率振荡 (取决于微波的强度), 通过选择电流脉冲的持续时间, 可以得到特定的旋转角. 在自旋回声实验中, 可以得到的 Rabi 频率为 100MHz, 当退相位时间大于 1μs 的时候, 电子自旋可以转上一百圈.

观测到了直流 Bychkov-Rashba 场, 还意味着可以用交流电流来产生交流场. 当频率小于动量散射时间 τ_p 的倒数时, 应该可以用交流电流来产生交流场; 当频率大于动量散射时间 τ_p 的倒数时, 将出现弹道输运的振荡, 它也可以给出自旋旋转. 7.5 节描述了这些效应的实验证据.

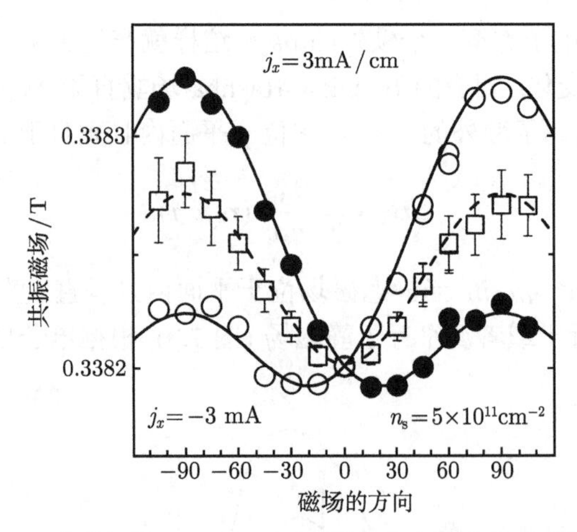

图 7.10　当电流为 $j = 0$(方块) 和 $j = \pm 1\text{mA}$(分别为空心圆点和实心圆点) 的时候, ESR 场对角度的依赖关系. 电子浓度为 $n_s = 5 \times 10^{11}\text{cm}^{-2}$, 样品宽度为 $w = 3\text{mm}$. 根据文献 [40]

7.5　交流电流引起的电子自旋共振

7.5.1　电偶极矩的自旋激发和磁偶极矩的自旋激发

在其早期理论工作中, Rashba 已经证明, 自旋–轨道耦合引起了自旋双重态之间的电偶极跃迁[17]. 在跃迁允许的时候, 与磁偶极跃迁概率相比, 电偶极跃迁概率可以大几个数量级[17,48,49]. 因此, 即使激发态的混合很小, 也能够产生电偶极跃迁, 从而使得电子自旋共振幅度有很大的增加. 在实验中, 确定电子自旋共振的绝对幅度是非常困难的, 因此, 电偶极的电子自旋共振的实验证据通常是电子自旋共振幅度的特殊的角度依赖关系. 与磁偶极跃迁不同, 电偶极跃迁的效率强烈地依赖于实验的构型. 特别是, 在样品、静态外磁场和微波电场方向有着特殊的相对取向时, 电偶极跃迁概率为零. Dobrowolska 等证明, 导带电子的电偶极的电子自旋共振所特有的效应出现在非常大的一类半导体和金属中[50], 它们起初被称为电偶极自旋共振.

最近, 一些研究高迁移率二维电子的自旋性质的文章指出, 在理解电偶极的电子自旋共振的细节时, 有一些没有解决的问题. 在 Rashba 的最初模型中, 没有考虑耗散机制[48,49]. 并且, 目前的实验很好地表明, 电偶极的电子自旋共振信号正比于电子迁移率[40]. Duckheim 和 Loss[51] 已经提出了一种一般性的理论处理方法, 考虑了动量和自旋的耗散.

电流诱导 Bychkov-Rashba 场效应的发现, 可能会给电偶极的电子自旋共振机制带来新的理解. 主要的想法是, 微波电场诱导了一个交流电流, 它又产生了一个有效的交流磁场来激励自旋翻转跃迁. 这个交流电流正比于电导, 所以, 在这种方法中, 有效场对电子耗散的依赖关系就很明显. 在此意义上, 电流诱导跃迁的方法不同于电偶极模型. 然而, 这两种方法描述的是同一个现象, 即电场通过自旋轨道耦合来激发自旋共振. 正如最近的文章中所证实的那样[41,51], 需要考虑两个不同的极限. 电流诱导跃迁的模型描述的是低频区的情况, 低频场诱导了漂移电流; 电偶极模型代表了高频区的情况, 此时存在着诱导产生的位移电流, 它等价于一个电偶极的无耗散振荡.

7.5.2 二维 Si/SiGe 结构中的电子自旋共振信号的强度 —— 实验结果

1. 二维 Si/SiGe 结构中电子自旋共振的灵敏度

虽然自旋的数目很少, 但是, 很容易就可以观测到硅中的二维电子的电子自旋共振. 在一个面积为 10mm^2 的典型样品中, 自旋的数目为 10^8 的量级, 可以很容易地观测到信噪比很不错的电子自旋共振.

Si/SiGe 结构中二维电子共振线宽很窄, 这仅仅是电子自旋共振高灵敏度的一个原因. 将测量到的灵敏度与仪器的指标进行比较, 虽然这可能只是一个粗糙的估计, 但是, 可以看到, 与磁偶极电子自旋共振的期望值相比, 实验灵敏度至少要高一个数量级. 这就表明, 自旋–轨道耦合在共振的激发和探测机制中有着重要的作用, 电子自旋共振信号也大得足以进行自旋回声实验[24].

2. 温度依赖关系

随着温度的升高, 在 Si/SiGe 中, 电子自旋共振信号的线型和宽度都没有显著的变化. 在低温区, 线宽随着温度的升高而略有减小, 这就说明, 动量弛豫速率增大了, 而且 Dyakonov-Perel 弛豫机制不再那么有效了. 在高温区观察到线宽有微弱的增大, 这很有可能是因为自旋–声子耦合的结果[52].

在 40K 以上, 因为信号幅度减小了许多, 研究电子自旋共振是非常困难的. 最近证明, 电子自旋共振信号幅度的减小与动量散射有关, 它正比于电子迁移率的平方[18,41]. 这一观察清楚地表明, 在 Si/SiGe 结构中, 交流电流通过自旋–轨道耦合产生了电子自旋共振.

3. 线型和振幅的功率依赖关系

通常, 利用动态磁响应率的虚部 $\chi''(\omega)$ 及其对应的洛伦兹线型函数, 可以描述经典的电子自旋共振的线型, 见图 7.4, 但是, 与此相比, 在 Si/SiGe 中, 二维电子共振的线型有着非常大的差别. 实验观测到的线型是所谓的 Dysonian 线型[53], 也就是说, 可以用实部 (色散)$\chi'(\omega)$ 和虚部 (吸收)$\chi''(\omega)$ 贡献的组合来描述它[22,40]. 这两种贡献的幅度依赖于实验构型、微波功率及温度等. 很容易将实验曲线分解为这两种贡献, 这样就能够独立地研究这两种信号的所有的依赖关系.

4. 电子自旋共振振幅的角度依赖关系

如上所述, 在外磁场中旋转样品, 可以改变共振的位置和线宽. 信号的幅度还依赖于样品在微波腔中的位置, 也就是说, 依赖于微波场的磁场分量 $\boldsymbol{B}_1$ 和电场分量 $\boldsymbol{E}_1$, 以及这两个分量的方向[18,40].

电子自旋共振的复杂的角度依赖关系表明, 电子自旋共振不是磁偶极型的, 而是被有效的自旋–轨道场激发的. 当电子自旋共振同时被磁偶极 (也就是 $\boldsymbol{B}_1$) 和电流诱导的或电偶极场 (也就是 $\boldsymbol{E}_1$) 激发的时候, 信号幅度以一种非常复杂的方式依赖于实验构型[40,42,54].

7.5.3 电子自旋共振的电流诱导激发和探测的模型

可以区分两种不同类型的电激发[40,51]. 在低频区, 当 $\omega\tau_p \ll 1$ 的时候, 漂流电流受制于动量散射. 在高频极限下, 当 $\omega\tau_p \gg 1$ 的时候, 位移电流占据主导地位, 电流的振幅与动量耗散无关. Rashba 及其合作者们分析了这种类型的电偶极的电子自旋共振[17,48,49], 此外, 还有大量的实验证据[50].

在其他地方, 比较了电流诱导的电子自旋共振和电偶极的电子自旋共振[42]. 式 (7.26) 给出了有效的 Bychkov-Rashba 场, 其中, $\boldsymbol{B}_{\mathrm{BR}}$ 和 $\boldsymbol{j}$ 是描述振幅和相位改变的复矢量. 在 Drude 模型中, 可以用复电导率来描述交流电场引起的电流 $\boldsymbol{j} = \hat{\sigma}(\omega)\boldsymbol{E}_1$:

$$\hat{\sigma}(\omega) = \frac{n_{\mathrm{s}} e^2 \tau_p}{m^*} \frac{1}{1 - \mathrm{i}\omega\tau_p} \tag{7.27}$$

电子自旋共振的驱动力是交流 Bychkov-Rashba 场 $|\boldsymbol{B}_{\mathrm{BR},\perp}|$ 的横向分量. 一般来说, 这个场以非常复杂的方式依赖于几何结构和频率. 然而, 对于特定的几何结构, 当微波电场 $\boldsymbol{E}_1$ 与外磁场 $\boldsymbol{B}_0$ 平行, 而且二者都位于样品平面内的时候, $|\boldsymbol{B}_{\mathrm{BR},\perp}|$ 的表达式具有简单的形式:

$$|\boldsymbol{B}_{\mathrm{BR},\perp}| = \frac{\beta_{\mathrm{BR}} e E_1}{m^*} \frac{\tau_p}{\sqrt{1 + \omega^2 \tau_p^2}} \tag{7.28}$$

在不同 τ_p 情况下, 这种依赖关系随频率的变化关系如图 7.11 所示. 垂直轴用 $\beta_{\mathrm{BR}} e E_1 / m^*$ 归一化了, 并用 Si/SiGe 层的材料参数来计算. 为了比较 $|\boldsymbol{B}_{\mathrm{BR},\perp}|$ 与微波场 $\boldsymbol{B}_1$ 引起的磁偶极激发中的驱动力, 我们假设, 样品位于微波腔中 $\boldsymbol{E}_1$ 和 $\boldsymbol{B}_1$ 幅度最大的地方.

在图 7.11 中, 可以发现两个频率区, 它们具有不同的特性依赖关系. 在低频区, $\omega\tau_p \ll 1$, 电流诱导的电子自旋共振的驱动力与频率无关, 而且它正比于电子的迁移率. 即使是在 Si/SiGe 这种自旋–轨道相互作用非常小的体系, 它的驱动力也可以

远大于磁偶极跃迁的驱动力. 在高质量的 Si/SiGe 中, τ_p 的典型数量级为 10^{-11}s. 因此, $|\boldsymbol{B}_{\mathrm{BR},\perp}|$ 要比 $\boldsymbol{B}_1$ 大两个数量级. 因为吸收信号正比于交流场的平方, 与磁偶极的电子自旋共振信号相比, 电流诱导的电子自旋共振信号可以大 4 个数量级.

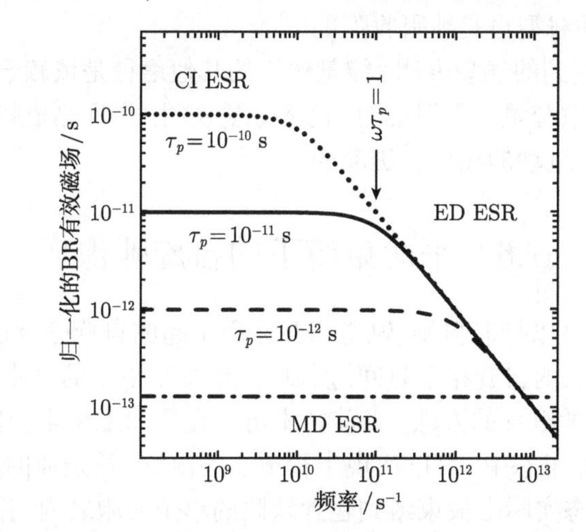

图 7.11 DESR 驱动场对频率的依赖关系. 有效 ac 场用 $\beta_{\mathrm{BR}}eE/m^*$ 来归一化, 用 Si/SiGe 层的材料参数来估算它

在高频区, $\omega\tau_p \gg 1$, 电偶极的电子自旋共振的驱动力随着频率的增加而减小, 而且它与电子迁移率无关. 原因在于, 电荷振荡的振幅随着频率的增加而减小. 当频率非常高的时候, 电偶极的电子自旋共振信号要小于磁偶极引起的信号.

7.5.4 功率吸收和线线

只要交流电场效应可以用依赖于时间的 Bychkov-Rashba 场来表达, 就可以用布洛赫方程来描述自旋–轨道相互作用导致的功率吸收, 它给出了功率吸收的表达式. 单位面积上吸收的功率为[44]

$$\frac{\mathrm{d}P}{\mathrm{d}A} = \frac{1}{2}\mu_0\omega\chi''(\omega)\left|\boldsymbol{H}_{\mathrm{BR},\perp}\right|^2 \tag{7.29}$$

这个功率正比于动态响应率的虚部 $\chi''(\omega)$, 后者又正比于洛伦兹线型函数 $f_{\mathrm{L}}(\omega)$. 对于所讨论的实验构型来说, 自旋–轨道相互作用引起了电子自旋共振, 其频率依赖关系的最终表达式为

$$\frac{\mathrm{d}P}{\mathrm{d}A} = \frac{1}{2\mu_0}\left(\frac{\beta_{\mathrm{BR}}eE}{m^*}\right)^2 \frac{\omega\tau_p^2}{1+\omega^2\tau_p^2}\pi\gamma M_0 f_{\mathrm{L}}(\omega) \tag{7.30}$$

在上面的讨论中, 需要同时解出磁矩进动的布洛赫方程和电荷运动的玻耳兹曼方程. 根据这个解可以得出结论, 线型应该是纯吸收型的. 然而, 实验观测到的吸收

谱线型表明, 不仅有正比于 $\chi''(\omega)$ 的类吸收的贡献, 还有显著的色散贡献, 它正比于色散分量 $\chi'(\omega)$. 这一分量的出现既不能被上述模型所描述, 也不能被 Dyson 效应描述[53]. 前者讨论的是, 交流电场通过激发电荷运动将能量传递给自旋系统; 后者预言, 二维系统的线型也是纯吸收型的 ①.

因此, 实验观测到的线型表明, 能量传输的其他途径是依赖于自旋的, 它们让吸收信号出现了色散分量. 我们推测, 色散分量表明, 焦耳热依赖于自旋, 也就是说, 电子速度依赖于进动的相位和进动的角度.

7.6　平面束缚下的自旋弛豫

因为限制效应可以抑制自旋–轨道相互作用引起的自旋弛豫过程[55~57], 而量子计算机必须使用长的自旋相干时间, 所以, 三维受限电子的自旋性质近来引起了广泛的关注. 用化学组分的方法, 当前技术可以在平面上将半径限制在 50nm 以内. 在杂质束缚的电子态中, 可以实现半径更小的限制. 浅杂质的基态玻尔半径为 3nm~7nm, 深杂质态实际上被束缚到包含缺陷的单个元胞之内. 目前, 人造量子点和浅杂质态被认为是量子计算的候选者.

在 20 世纪 60 年代, 硅里面的浅缺陷态和深缺陷态被详细地研究过, 电子自旋共振是最为成功的工具, 它揭示电子缺陷态的微观细节. 从一开始就很清楚, 低温自旋相干性受制于束缚电子与宿主材料的原子核自旋之间的超精细相互作用[3]. 超精细相互作用由费米接触项来描述, 也就是说, 在自旋为 I 的原子核位置上发现一个电子的概率. 对于二维或三维结构中的非局域电子来说, 这个概率很小, 而且, 波函数扩展到非常多的原子核位置上, 因此, 这一效应就被平均掉了.

另外, 对于高度局域化的缺陷态来说, 束缚电子只能看到很少的几个原子核自旋, 它们具有分立的位置和有限数目 $2I+1$ 的量子化方向, 可以产生精细的谱线结构, 后者给出了缺陷组分及其几何结构的详细信息[3]. 从一开始, 硅就是研究的最好的材料, 主要原因在于, 它是电子学的主要材料, 而且 ^{29}Si$(I=1/2)$ 的丰度很低 $(<5\%)$, 因此, 可以在光谱中观察到精细结构. 因为每个宿主原子的原子核自旋都不为零, III-V 化合物就做不到这一点.

在本节的第一部分, 我们回顾一下硅中的浅施主杂质的早期工作和近期工作, 它们的自旋相干时间可能是固体中最长的. 与III - V化合物不同, 硅中量子点的工作仍然处于初始阶段, 这主要是技术上的原因. 在本节的第二部分, 我们讨论一些初步的结果, 可能是因为光生载流子的电子–空穴相互作用, 它们没有给出预期的自旋退相位的淬灭. 我们发现, 超精细相互作用导致的退相位效应也很可观.

① Dyson 研究了金属中电子自旋共振的线型. 他证明, 自旋扩散到了趋肤深度之外, 振荡磁化导致的涡流让吸收信号出现了一个色散分量. 然而, 在二维样品中, 这两种机制都不起作用.

7.6.1 浅施主杂质

1. 浅施主杂质的超精细相互作用

在 50 年前, 硅中浅施主杂质的基本自旋性质就被研究过了[3,52,58]. Feher 建立了非常全面的实验图像, 验证了 Kohn 和 Luttinger[59] 的理论描述. 利用电子–原子核双共振方法 (ENDOR, 这种方法探测原子核自旋跃迁对电子自旋共振的影响), Feher[3] 构造出了硅中施主杂质束缚的电子的波函数: 在施主杂质束缚的电子的玻尔半径之内, 原子核自旋非零的某个特定的宿主原子产生的超精细劈裂正比于在该处发现电子的概率 $\psi^2(\boldsymbol{r}_l)$, 其中, ψ 为束缚电子的波函数; $\boldsymbol{r}_l$ 为由施主原子核指向这个 ^{29}Si 原子核的矢量. 这样一来, 位于 $\boldsymbol{r}_l$ 处的原子核的超精细相互作用就依赖于矢量 $\boldsymbol{r}_l$ 与外界静磁场的相对取向. 分析核磁共振谱, 就可以确定 $\psi^2(\boldsymbol{r}_l)$.

利用这种方法, Feher 发现, $\psi^2(\boldsymbol{r}_l)$ 并不是像人们对 s 态的期待那样随着 $\boldsymbol{r}_l$ 的增加而单调地下降. 因为硅导带极小值的六重简并性, 施主杂质的波函数是这六个极小值处的布洛赫波函数的线性叠加与一个类氢原子包络波函数的乘积. 对于有限的 $\boldsymbol{r}_l$, 这六个振荡项相互干涉, 使得 $\psi^2(\boldsymbol{r}_l)$ 出现了额外的极大值. 此外, 他还得到了导带极小值的位置, 它位于布里渊区半径 85%的地方, 这与能带结构计算符合得很好[3].

在这篇非常有影响的文章里, Feher 还分析了观测到的电子自旋共振谱线的形状以及自旋相干时间. 在纯净硅中, 施主杂质浓度很低, 彼此间没有相互作用, 线型取决于束缚电子的轨道内的原子核自旋非零的宿主原子的实际分布及其自旋取向. 在 1.25K 下, 电子自旋共振的高斯线型的宽度为 2.3G, 它来自于硅中的 Sb、P、As 施主杂质的电子自旋共振, 对位于施主杂质电子所覆盖的所有的 ^{29}Si 宿主原子的超精细耦合贡献进行求和, 就可以解释这一点, 电子–原子核双共振实验之前, 就完成了这种确认[3].

最近, 因为对量子计算机概念的发展, 人们又对浅施主杂质的自旋性质有了兴趣. 在 1.25K 和 0.32T, Feher 得到的自旋弛豫时间为 $T_1 = 3000$s, 随着温度的升高, 它迅速地减小[58]. 因为超精细相互作用导致的非均匀展宽, 自然要用自旋回声技术来区分施主杂质的自旋退相干的均匀贡献和非均匀贡献. Tyryshkin 等研究了同位素增强的 ^{28}Si 样品, 其中 ^{29}Si 的浓度小于 0.1%. 在此材料中, 他们得到, 施主杂质的自旋相干时间为 60ms, 他们认为, 这是硅中一个孤立的磷杂质所束缚的电子在 6.9K 的本征退相干时间. 这可能是观测到的最长的电子自旋相干时间[7,60].

总结一下, 对于强束缚的电子来说, 电子自旋系综的退相干速率主要受制于电子与原子核自旋的超精细耦合. 因为自旋扩散会引起非指数的弛豫过程, 所以弛豫动力学会格外复杂. 巧妙地利用自旋回声技术, Tyryshkin 等[7,60] 将存在自旋扩散时的施主杂质系综的退相干与单个施主杂质的横向自旋弛豫区分开来. 退相干速率的主要贡献来自于原子核自旋的不同构型. 单个自旋的退相干速率要慢得多, 它取决于原子核自旋的涨落[61] 以及纵向弛豫机制. 根据这一事实, Stoneham 等提出了一个硅基量子计算机, 它利用深施主杂质来作为量子比特, 可以利用光谱对周围环境的依赖关系来分辨这种量子比特[62].

利用自旋回声方法, 只要 π 脉冲翻转自旋取向所需的时间短于自旋相干时间, 就可以修复超精细相互作用引起的退相位效应. 此外, 最近还演示了一种选择性自旋操纵的方法, 利用 Stark 效应, 可以调节施主杂质的电子自旋共振[63].

2. *施主杂质中的纵向自旋弛豫*

直到非常低的温度, $k_BT \ll \mu B$, 除了因散射概率依赖于温度而带来的影响, 金属薄膜中的 Dyakonov-Perel 弛豫几乎与温度完全无关. 与此不同的是, 在很宽的范围内, 施主杂质的自旋纵向弛豫速率是温度激发的[7,60]. 对于硅中的施主杂质来说, 激发能量对应于施主基态的能谷劈裂. 纵向弛豫速率 $1/T_1$ 就被归结为著名的 Orbach 过程[64], 因为自旋轨道相互作用, 到真实的激发态上的热激发引起了的自旋翻转过程. 在高温区, $T > 10\text{K}$, 对于 ^{28}Si:P 来说, 纵向弛豫速率超过了超精细耦合引起的横向弛豫速率. 寿命限制了自旋相干性, 它是硅中杂质的自旋相干性的真正极限.

7.6.2 从二维电子气到量子点

二维电子系统的自旋弛豫机制与施主中的自旋弛豫机制完全不同. 在低温、二维极限下, 自旋系综的纵向和横向弛豫主要受制于 Elliott-Yafet 弛豫机制或 Dyakonov-Perel 弛豫机制, 其中, 动量散射调制了自旋–轨道场, 在 Dyakonov-Perel 机制中, 回旋运动也会调制自旋–轨道场. 在另一种极限情况下, 超精细耦合引起了施主杂质束缚的自旋的退相干, 其纵向自旋弛豫速率受制于能谷劈裂引起的基态多重态之间的热激发.

这样一来, 我们就会预期, 当有效束缚半径 r 小于电子的平均自由程 λ_p 的时候, 自旋弛豫机制就会发生定性的改变. 当硅中的电子迁移率为 $10^5\text{cm}^2/(\text{V}\cdot\text{s})$ 而电子密度为 $n_\text{s} = 5 \times 10^{11}\text{cm}^{-2}$ 的时候, 平均自由程为 $\lambda_p \approx 0.8\mu\text{m}$. 对于尺寸更小的量子点来说, $r < \lambda_p$, Dyakonov-Perel 机制中的调制频率取决于束缚频率而非动量散射速率. 此时, 量子点表面处的散射决定了动量散射, 这是对自旋–轨道场调制的新贡献. 因此, Dyakonov-Perel 自旋弛豫速率降低了, 其他机制开始占据主导地位.

最后, 当电子态变得非常局域化以至出现了间距大于 k_BT 的尖锐能级的时候, 自旋–轨道效应就被抑制了[55]. 在量子力学的描述中, 连续态密度变得量子化了, 能量间距为 $\hbar\omega_\text{conf} \approx 4\hbar^2\pi^2/r^2$, 这是二维电子系统的特征. 束缚频率 ω_conf 反比于量子点直径的平方, 因此, 小量子点中的 Dyakonov-Perel 速率就显著减小了. 例如, 当

$r = 20\text{nm}$ 的时候, 幅度将减小 3 个数量级.

7.6.3 硅量子点中的自旋弛豫和退相位

很早就已经发现, III-V 量子点中的自旋寿命非常长 (大于毫秒量级)[56], 但是自旋退相位时间非常短 (10ns)[57]. 对于硅来说, 从一开始, 情况就不那么有利: 它的有效质量比较大, 这就需要更小的结构, 这是很难制备的. 只到最近才有文献报道, 在硅中制备了栅极限制的单电子晶体管结构和双量子点[65,66], 而在III - V化合物中, 早已经被用了许多年了.

另一种在硅中实现电子局域化的方法是, 在硅里自组织生长或者用种子来生长锗量子点[67,68]. 因为硅和锗的晶格失配非常大, 锗只能有 2 ~ 3 个单层的二维生长, 然后就会自发地转变为三维 Stranski-Krastanow 生长模式. 这些量子点受到压应力, 在相邻的硅层中会产生张应力. 硅中的张应力会降低导带, 从而让电子变得局域化. 为了劈裂六重简并的导带态, 这种应力的分布是必须的. 通常, 最低的能态是沿着生长方向的、双重简并的 Δ_z 能谷.

为了减小自组织生长的量子点的尺寸和位置的涨落, 发展了用种子来生长的方法, 它采用预先带有图案的表面来让量子点可控地成核. 利用不同的纳米加工技术, 可以在硅 (100) 表面上产生有规则的小坑阵列. 一般来说, 周期为 200nm, 小坑的直径小于 100nm[67,68].

在自组织方法和种子方法生长的量子点样品中, 都观察到了自旋相干性: 用低于带隙的光来照射, 可以得到单一的窄谱线[69]. 典型的电子自旋共振线宽为零点几个高斯, 比浅施主杂质的线宽要小一个数量级, 但要比二维电子的线宽高一个数量级. 令人吃惊的是, 自组织生长的量子点和用种子方法生长的量子点之间的差别不大, 尽管后者的尺寸分布得到了相当大的改善.

自旋回声实验被用来测量这些量子点中的自旋寿命和相干性[69]. 结果显示, 与二维电子相比, 自旋寿命并没有任何实际上的改善. 很有可能的是, 在硅量子点的附近的锗量子点中存在着空穴, 它们开启了一个自旋弛豫的快速通道, 这与 Bir-Aronov-Pikus 机制类似[33,70]. 因为自旋–轨道相互作用混合了空穴态, 空穴的自旋–晶格弛豫变得很强, 所以这一机制是非常有效的. 在这些量子点中, 电子空穴对的有效光致荧光谱显示出非常明显的电子–空穴耦合.

电子自旋通过电子–空穴的耦合来弛豫, 自旋弛豫速率的角度依赖关系支持了这一概念. 在 Dyakonov-Perel 弛豫中, 垂直磁场下出现的回旋运动使得调制变快, 从而使得共振线宽变窄 (见 7.3.2 节). 然而, 对于硅量子点来说, 垂直磁场下的线宽和弛豫速率要大于面内磁场下的数值. 可以这样解释线宽对角度的这种相反的依赖关系, 垂直磁场使得电子态变得更加局域化了, 这就增大了电子–空穴耦合. 锗量子点的空穴态不像硅中的电子态那样局域化, 其局域尺寸与磁长度相仿, 主要的弛豫效应预期发生在空穴态中.

在这些实验中, 我们得到的自旋相干时间约为 300ns, 远大于Ⅲ - Ⅴ量子点中的相干时间 (10ns), 但是小于硅量子阱中的相干时间. 因为量子点中局域电子与 ^{29}Si 原子核有着超精细相互作用, 我们预期相干时间会短一些. 正如 Feher 对浅施主杂质所做的那样, 对超精细相互作用对自旋相干性的影响进行更为详细的建模, 在这里几乎是不可能的, 原因在于, 量子点的尺寸、形状以及量子点中 ^{29}Si 原子核的统计分布的变化都很大.

目前还没有什么方法能够可靠地构建受限电子的波函数. 因此我们采用了一个非常简单的模型来估计超精细展宽 ΔB_{hf}. 我们假设, ^{29}Si 引起的超精细长度有效值反比于量子点的体积 V, 而且每一个 ^{29}Si 对超精细展宽的贡献都是相同的. 这样我们可以得到, 展宽为

$$\Delta B_{\mathrm{hf}} = c_{\mathrm{hf}}(a_{29}/V)^{1/2}$$

其中, c_{hf} 为描述超精细相互作用强度的唯象参数, 通过比较浅施主杂质的效应, 可以对它进行估计, a_{29} 为原子自旋同位素的丰度. 这样一来, 我们得到, 对于一个直径为 60nm 而高度为 5nm 的量子点 (这与我们使用的量子点的尺寸具有相同的数量级), 它的展宽为 0.1G, 这一数值与观测得到的线宽相仿.

7.7 结　　论

硅绝对是长自旋寿命和自旋相干性材料的一个候选者. 在同位素纯化的 ^{28}Si 材料中, 施主杂质的自旋相干时间要长于 60ms, 它可能是目前为止最长的自旋相干时间. 在调制掺杂的高迁移率二维电子气样品中, 大量的证据表明, Bychkov-Rashba 自旋–轨道场的影响占据了主导地位, 它限制了自旋寿命和自旋相干性, 尽管自旋–轨道相互作用很弱. Bychkov-Rashba 自旋场还导致了电流和自旋之间的相互作用, 在二维电子气上施加直流电流, 电子自旋共振谱线会发生位移. 利用这一效应, 可以将共振调到给定的频率. 它也可以让微波电流对电子自旋共振起贡献, 与通常的磁偶极跃迁相比, 它的效率要高好几个数量级.

在平面束缚的硅结构中的自旋相干性的早期实验中, 并没有观察到预期的自旋寿命的延长 —— 在应力诱导产生的量子点中, 它仍然只有 0.3μs 甚至更短. 我们认为, 在这些非掺杂结构中, 光学带间激发产生的电子–空穴对之间的自旋相互作用缩减了自旋寿命. 不大可能是自旋- 轨道相互作用的残留影响, 因为线宽的各向异性表现出的行为与二维系统相反.

在没有这种效应的硅量子点中, 并不容易估计自旋翻转的弛豫速率. 类比于施主杂质中电子自旋的纵向弛豫, 多个简并能谷之间的热激发引起了自旋弛豫. 对

于具有应变的二维硅薄膜来说, 体硅材料的六重简并度缩减为两重简并. 对于构建量子计算机来说, 剩余简并度仍然是个严重的问题, 但是, 可以通过平面内的限制来消除这种简并. 最近的实现数据表明, 原子台阶劈裂了基态的双重态. 通过调整量子点接触的电势, 可以在 Si/SiGe 结构中产生高达 1.5meV 的劈裂, 这对应于 17K 的激发温度[8]. 在原则上, 通过构建对称性低的量子点, 可以得到更大的能谷劈裂.

致谢

非常感谢 Hans Malissa 多年来的持续帮助和卓有成效的合作. 本工作获得以下资助: the "Fonds zur Förderung derWissenschaftlichen Forschung", Projects P-16631 and N1103, and ÖAD and GMe, all Vienna and in Poland by a MNiSW Project granted for the years 2007~2010.

参考文献

[1] L. Liu, Phys. Rev. Lett. **6**, 683 (1961)

[2] Y. Yafet, in *g Factors and Spin-Lattice Relaxation of Conduction Electrons*, ed. by F. Seitz, D. Turnbull. Solid State Physics, vol. 1414 (Academic, San Diego, 1963)

[3] G. Feher, Phys. Rev. **114**, 1219 (1959)

[4] B. E. Kane, Nature **393**, 133 (1998)

[5] R. Vrijen, E. Yablonovitch, K. Wang, H. W. Jiang, A. Balandin, V. Roychowdhury, T. Mor, D. DiVincenzo, Phys. Rev. A **62**, 012306 (2000)

[6] D. Loss, D. P. DiVincenzo, Phys. Rev. A **57**, 120 (1998)

[7] A. M. Tyryshkin, S. A. Lyon, A. V. Astashkin, A. M. Raitsimring, Phys. Rev. B **68**, 193207 (2003)

[8] S. Goswami, K. A. Slinker, M. Friesen, L. M. Mcguire, J. L. Truitt, C. Tahan, L. J. Klein, J. O. Chu, P. M. Mooney, D. W. Van Der Weide, R. Joynt, S. N. Coppersmith, M. A. Eriksson, Nat. Phys. **3**, 41 (2007)

[9] G. W. Ludwig, H. H. Woodbury, in *Electron Spin Resonance in Semiconductors*, ed. by F. Seitz, D. Turnbull. Solid State Physics, vol. 13 (Academic, San Diego, 1992), p. 223

[10] H. D. Fair Jr., R. D. Ewing, F. E. Williams, Phys. Rev. Lett. **15**, 355 (1965)

[11] B. C. Cavenett, Adv. Phys. **30**, 475–538 (1981)

[12] N. Nestle, G. Denninger, M. Vidal, C. Weinzierl, K. Brunner, K. Eberl, K. von Klitzing, Phys. Rev. B **56**, R4359 (1997)

[13] C. F. O. Graeff, M. S. Brandt, M. Stutzmann, M. Holzmann, G. Abstreiter, F. Schäffler, Phys. Rev. B **59**, 13242 (1999)

[14] W. Jantsch, Z. Wilamowski, N. Sandersfeld, F. Schäffler, Phys. Stat. Sol. (b) **210**, 643 (1998)

[15] J. Matsunami, M. Ooya, T. Okamoto, Phys. Rev. Lett. **97**, 066602 (2006)

[16] D. R. McCamey, H. Huebl, M. S. Brandt, W. D. Hutchison, J. C. McCallum, R. G. Clark, A. R. Hamilton, Appl. Phys. Lett. **89**, 182115 (2006)

[17] E. I. Rashba, V. I. Sheka, in *Landau Level Spectroscopy*, ed. by G. Landwehr, E. I. Rashba (Elsevier Science, Amsterdam, 1991)

[18] M. Schulte, J. G. S. Lok, G. Denninger, W. Dietsche, Phys. Rev. Lett. **94**, 137601 (2005)

[19] A. Wolos, W. Jantsch, K. Dybko, Z. Wilamowski, C. Skierbiszewski, AIP Conf. Proc. **893**, 1313 (2007)

[20] A. Wolos, W. Jantsch, K. Dybko, Z. Wilamowski, C. Skierbiszewski, Phys. Rev. B **76**, 045301 (2007)

[21] Z. Wilamowski, W. Jantsch, H. Malissa, U. Rössler, Phys. Rev. B **66**, 195315 (2002)

[22] Z.Wilamowski, N. Sandersfeld,W. Jantsch, D. Többen, F. Schäffler, Phys. Rev. Lett. **87**, 026401 (2001)

[23] A. Schweiger, G. Jeschke, *Principles of Pulse Electron Paramagnetic Resonance* (Oxford University Press, London, 2001)

[24] A. M. Tyryshkin, S. A. Lyon,W. Jantsch, F. Schäffler, Phys. Rev. Lett. **94**, 126802 (2005)

[25] E. I. Rashba, Fiz. Tverd. Tela (Leningrad) **2**, 1224 (1960); Sov. Phys. Solid State **2**, 1109 (1960)

[26] Y. A. Bychkov, E. I. Rashba, J. Phys. C **17**, 6039 (1984)

[27] G. Dresselhaus, Phys. Rev. **100**, 580 (1955)

[28] Z. Wilamowski, W. Jantsch, Phys. Rev. B **69**, 035328 (2004)

[29] M.M. Glazov, E.L. Ivchenko, JETP **99**, 1279 (2004)

[30] P. Vogl, J. A. Majewski, in *Institute of Physics Conference Series*, vol. 171, ed. by A. R. Long, J. H. Davies (Institute of Physics, Bristol, 2003), P3.05, ISBN7503-0924-5

[31] F. Schäffler, Semicond. Sci. Technol. **12**, 1515 (1997)

[32] R. J. Elliott, Phys. Rev. **96**, 266 (1954)

[33] G. L. Bir, A. G. Aronov, G. E. Pikus, Sov. Phys. JETP **42**, 705 (1976)

[34] M. I. Dyakonov, V.I. Perel, Sov. Phys. Solid State **13**, 3023 (1972)

[35] R. M. White, *Quantum Theory of Magnetism* (McGraw–Hill, New York, 1970)

[36] A. Abragam, *The Principles of Nuclear Magnetism* (Clarendon Press, Glasgow, 1961)

[37] E. L. Ivchenko, Sov. Phys. Solid State **15**, 1048 (1973)

[38] M. Glazov, Phys. Rev. B **70**, 195314 (2004)

[39] R. Freedman, D. R. Fredkin, Phys. Rev. B **11**, 4847 (1975)

[40] Z. Wilamowski, H. Malissa, F. Schäffler, W. Jantsch, Phys. Rev. Lett. **98**, 187203 (2007)

[41] W. Ungier, W. Jantsch, Z. Wilamowski, Acta Phys. Pol. A **112**(2), 345 (2007)

[42] Z. Wilamowski, W. Ungier, W. Jantsch, to be published

[43] A. Abragam, B. Bleaney, *Electron Paramagnetic Resonance of Transition Ions* (Clarendon Press, Oxford, 1970)

[44] C. P. Poole, *Electron Spin Resonance*, 2nd edn. (Wiley, New York, 1983)

[45] F. G. Pikus, G. E. Pikus, Phys. Rev. B **51**, 16928 (1995)

[46] C. Tahan, R. Joynt, Phys. Rev. B **71**, 07315 (2005)

[47] V. K. Kalevich, V. L. Korenev, JETP Lett. **52**, 230 (1990)

[48] E. I. Rashba, A. L. Efros, Appl. Phys. Lett. **83**, 5295 (2003)

[49] A. L. Efros, E. I. Rashba, Phys. Rev. B **73**, 165325 (2006)

[50] M. Dobrowolska, Y. F. Chen, J. K. Furdyna, S. Rodriguez, Phys. Rev. Lett. **51**, 134 (1983)

[51] M. Duckheim, D. Loss, Nat. Phys. **2**, 195 (2006)

[52] G. Lampel, PhD Thesis, University of Orsay (1968)

[53] G. Feher, A. F. Kip, F. J. Dyson, Phys. Rev. **98**, 337 (1955)

[54] Z. Wilamowski, W. Jantsch, Physica E **10**, 17 (2001)

[55] A. V. Khaetskii, Y. V. Nazarov, Phys. Rev. B **61**, 12639 (2000)

[56] M. Kroutvar, Y. Ducommun, D. Heiss, M. Bichler, D. Schuh, G. Abstreiter, J. J. Finley, Nature **432**, 81 (2004)

[57] J. R. Petta, A. C. Johnson, J. M. Taylor, E. A. Laird, A. Yacoby, M. D. Lukin, C. M. Marcus, M. P. Hanson, A. C. Gossard, Science **309**, 2180 (2005)

[58] G. Feher, E. A. Gere, Phys. Rev. **114**, 1245 (1959)

[59] W. Kohn, J. M. Luttinger, Phys. Rev. **97**, 1721 (1955)

[60] A. M. Tyryshkin et al., Physica E **35**, 257 (2006)

[61] J. P. Gordon, K. D. Bowers, Phys. Rev. Lett. **1**, 368 (1958)

[62] A. M. Stoneham, A. J. Fisher, P. T. Greenland, J. Phys. Condens. Matter **15**, L447 (2003)

[63] F. R. Bradbury, A. M. Tyryshkin, G. Sabouret, J. Bokor, T. Schenkel, S. A. Lyon, Phys. Rev. Lett. **97**, 176404 (2006)

[64] R. Orbach, Proc. Phys. Soc. Lond. **77**, 821 (1961)

[65] D. S. Gandolfo, D. A. Williams, H. Qin, J. Appl. Phys. **101**, 013701 (2007)

[66] S. J. Shin et al., Appl. Phys. Lett. **91**, 053114 (2007)

[67] Z. Zhong, G. Chen, J. Stangl, T. Fromherz, F. Schäffler, G. Bauer, Physica E **21**, 588 (2004)

[68] G. Chen, H. Lichtenberger, G. Bauer, W. Jantsch, F. Schäffler, Phys. Rev. B **74**,

035302 (2006)

[69] H. Malissa, W. Jantsch, G. Chen, H. Lichtenberger, T. Fromherz, F. Schäffler, G. Bauer, A. Tyryshkin, S. Lyon, Z. Wilamowski, *Proceedings of the Material Research Society Fall Meeting 2006*. Boston and AIP Conf. Proc., vol. 893 (2007), p. 1317

[70] G. Lampel, Phys. Rev. Lett. **20**, 491 (1968)

第 8 章　自旋霍尔效应

M. I. Dyakonov, A. V. Khaetskii

因为电子具有自旋这个内在自由度, 所以描述它们的时候, 就不仅仅需要电荷密度和电流, 还需要自旋密度和自旋流. 自旋流由张量 q_{ij} 描述, 其中第一个指标表示流动的方向, 第二个指标指出是自旋的哪一个分量在流动. 如果浓度为 n 的所有电子的自旋完全极化到了 z 方向, 而且以速度 v 沿 x 方向运动, 那么 q_{ij} 中唯一的非零项就是 $q_{xz} = nv$①.

当空间反演的时候, 电荷流与自旋流的符号都会发生改变 (因为自旋是一个赝矢量). 然而, 时间反演的时候, 它们的行为就不同了：电流改变符号, 而自旋流不变号 (因为自旋和速度一样在时间反演下变号).

本章讨论的输运现象起源于自旋–轨道相互作用导致的电荷流与自旋流之间的相互转化, 这在多年以前就被预言过了[1,2]. 近年来它成为一个非常有趣的研究课题, 吸引了大量的实验和理论研究工作者.

8.1　背景：分子气体中的磁输运

与半导体自旋物理学的许多其他内容一样, 本章的研究内容起源于原子物理学. 原子和分子也有轨道角动量和自旋角动量这些内部自由度, 虽然非常微弱, 但它们可以影响到气体的输运性质. 历史上, 这类效应中的第一个是 Senftleben 效应. 1930 年, Senftleben 发现[3,4], 处于氧气环境中的薄铂线的电阻在弱磁场中有微小的增大 (略小于 1%). 在其他气体中没有发现这一效应. Senftleben 认识到, 测量电阻的增大是由于磁场减小了氧的热电导②.

Gorter 解释了磁场对氧输运性质的影响[5]. 氧分子 O_2 是少数具有顺磁性的双原子分子之一 (另一个是 NO)：它的基态带有等于 1 的电子总自旋, 同时带有相应的磁矩. 由于自旋–轨道相互作用, 这一自旋指向与分子转动有关的轨道角动量的方向.

① 因为 $s = 1/2$, 所以, 将此时的自旋流密度定义为 $(1/2)nv$ 好像更自然一些. 然而, 我们认为, 省略掉 1/2 更方便, 因为它可以让我们在其他地方避免数值因子 1/2 和 2. 将 q_{ij} 定义为自旋极化流密度张量会更正确一些. 本书中, 我们将使用“自旋流”这个简称.

② 金属的电阻随温度上升而增大, 而温度依赖于焦耳热与周围介质的热传导之间的平衡. 因此, 热导率下降会导致导线温度的升高, 从而使得电阻增大.

定性地说, 混合物包含两种组分：其角动量分别平行于或者垂直于速度. 要点在于, 传输截面依赖于旋转轴与平动速度之间的相对取向 —— 当角动量与速度方向一致的时候, 碰撞更为有效. 这种非对称性导致了两种组分的热阻有些差别, 如果这种非对称性消失的话, 总电阻就会减小①.

磁场的作用在于, 它让分子的旋转轴 (或者说它的角动量) 以频率 Ω(依赖于分子磁矩) 发生进动. 如果磁场足够强的话, 角动量在两次碰撞之间的时间 τ_p 之内能够旋转许多圈, 即 $\Omega\tau_p \gg 1$, 那么, 散射的非对称效应就会被平均掉, 这两种组分就变得一样了, 热阻就会增加. 因为 τ_p 反比于气体压强 p, 这就解释了实验中观测到的该效应的标度律 B/p.

后来, Gorelik[6] 在实验中观测到, O_2 的热导率随着磁场的变化表现出不规则的振荡. 振荡的幅度很小, 量级约为 10^{-5}, 但重复性很好. 文献 [7] 提出了一种解释, 将这些振荡归因于自旋–轨道相互作用引起的旋转能谱中大量的能级交叉, 它们引起了传输截面的微小变化. 遗憾的是, 那些实验再也没有被重复出来过.

因此, 在分子气体中, 有许多输运现象与其内在自由度有关, 施加磁场能够影响这些内在自由度.

8.2 唯象理论：具有反演对称性的情形

现在我们从纯粹的对称性考虑出发来讨论, 在原则上, 可能有哪些自旋–电荷流耦合现象. 先考虑一个具有反演对称性的各向同性介质. 这并不是说, 本章得到的结论在反演对称性消失的时候就失效了, 它只是说, 我们不考虑那些完全由于反演对称性的缺失而产生的额外的特殊效应.

本章将要说明, 通过引入单独一个无量纲参数, 就可以用唯象方法来描述许多有趣的物理效应.

8.2.1 基本知识

首先考虑 (相对于 z 轴的) 自旋向上和自旋向下的电子, 并假定这些电子沿 x 方向运动. 用 $q_x^{\pm}$ 来表示相应的流密度, 二者并不一定相等.

要点在于, 由于自旋–轨道相互作用, 这些流在 y 方向上诱导出的两种自旋组分的符号相反②：

$$q_y^{\pm} = \mp\gamma q_x^{\pm} \tag{8.1}$$

① 考虑两个并联电阻 $R+\Delta R$ 和 $R-\Delta R$. 与两个电阻都等于 R 时的情况相比, 它们的总电阻要小一些 $\sim (\Delta R/R)^2$.

② 这有些像 Magnus 效应：依赖于旋转的方向, 一个旋转的网球会在空气中偏离直线运动方向. 足球中的 “香蕉球” 也是如此. 从对称性的角度来看, 式 (8.1) 描述了这一效应.

其中, γ 为一个正比于自旋轨道相互作用强度的无量纲参数. 我们假定 $|\gamma|$ 很小, 符号未知. 注意, 时间反演会使得 $\boldsymbol{q}^{\pm} \to -\boldsymbol{q}^{\mp}$. 因此, 在时间反演后, γ 改变符号.

现在引入全部 (电荷) 流密度流 $\boldsymbol{q} = \boldsymbol{q}^{+} + \boldsymbol{q}^{-}$ 和自旋流 $q_{iz} = q_i^{+} - q_i^{-}$. 由式 (8.1) 可得

$$q_y = -\gamma q_{xz}, \quad q_{yz} = -\gamma q_x \tag{8.2}$$

这些公式表明了自旋流与电流之间的相互转化.

8.2.2 自旋流和电流的耦合

更准确地说, 下述简单方法[8] 可以唯象地描述与自旋流和电流之间的耦合有关的输运现象. 我们引入电荷流 $\boldsymbol{q}^{(0)}$ 和自旋流 $q_{ij}^{(0)}$, 当没有自旋–轨道耦合的时候, 它们也存在

$$\boldsymbol{q}^{(0)} = -\mu n \boldsymbol{E} - D\nabla n \tag{8.3}$$

$$\boldsymbol{q}_{ij}^{(0)} = -\mu E_i P_j - D\frac{\partial P_j}{\partial x_i} \tag{8.4}$$

其中, μ 和 D 分别为迁移率和扩散系数, 二者通过爱因斯坦关系联系起来, $\boldsymbol{P}$ 是自旋极化密度矢量①.

式 (8.3) 是电荷流漂移和扩散的标准表示, 式 (8.4) 则描述了极化电子的自旋流, 即使不存在自旋–轨道相互作用, 它也可以存在, 因为电流总是带着自旋的. 我们忽略迁移率对自旋极化的依赖关系, 假设它很小.

如果这些流存在其他的来源 (如温度梯度), 那么就应该在式 (8.3) 和式 (8.4) 加入相应的项.

自旋–轨道相互作用将两种流耦合起来并修正了 $\boldsymbol{q}^{(0)}$ 和 $q_{ij}^{(0)}$. 对于具有反演对称性的各向同性的材料来说, 只存在一种可能性②, 即

$$q_i = q_i^{(0)} + \gamma \varepsilon_{ijk} q_{jk}^{(0)} \tag{8.5}$$

$$q_{ij} = q_{ij}^{(0)} - \gamma \varepsilon_{ijk} q_k^{(0)} \tag{8.6}$$

其中, q_i 和 q_{ij} 为修正后的流, ε_{ijk} 为反对称单位张量③, γ 为上面引入的无量纲的小量. 式 (8.5) 和式 (8.6) 中符号的差别符合昂萨格关系, 它来源于电流和自旋流在时间反演作用下的不同性质. 可以验证, 这些公式导出了式 (8.2).

8.2.3 唯象方程

从式 (8.3)～ 式 (8.6) 可以得出这两种流的唯象表达式 (电流密度 $\boldsymbol{j}$ 和 $\boldsymbol{q}$ 的关

① 使用这个量要比通常的自旋密度 $\boldsymbol{S} = \boldsymbol{P}/2$ 更方便, 参见 193 页注①.

② 严格地说, 并非如此. 参见 8.2.5 节.

③ 这个张量的定义为 $\varepsilon_{xyz} = \varepsilon_{zxy} = \varepsilon_{yzx} = -\varepsilon_{yxz} = -\varepsilon_{zyx} = -\varepsilon_{xzy} = 1$.

系为 $\boldsymbol{j} = -e\boldsymbol{q}$)

$$\frac{\boldsymbol{j}}{e} = \mu n\boldsymbol{E} + D\nabla n + \beta\boldsymbol{E}\times\boldsymbol{P} + \delta\nabla\times\boldsymbol{P} \tag{8.7}$$

$$q_{ij} = -\mu E_i P_j - D\frac{\partial P_j}{\partial x_i} + \varepsilon_{ijk}\left(\beta n E_k + \delta\frac{\partial n}{\partial x_k}\right) \tag{8.8}$$

其中

$$\beta = \gamma\mu, \quad \delta = \gamma D \tag{8.9}$$

这样, 与 μ 和 D 一样, 系数 β 和 δ 也满足爱因斯坦关系. 然而, 因为 γ 在时间反演下改变符号 (见 8.2.1 节), 与 μ 和 D 不同, β 和 δ 不是非耗散的运动学系数. 式 (8.7) 和式 (8.8) 应该再加上自旋极化矢量的连续性方程:

$$\frac{\partial P_j}{\partial t} + \frac{\partial q_{ij}}{\partial x_i} + \frac{P_j}{\tau_\mathrm{s}} = 0 \tag{8.10}$$

其中, τ_s 为自旋弛豫时间.

虽然式 (8.7)∼ 式 (8.10) 描述的是三维样品, 但是, 只需要进行一些显而易见的修改, 它们就可以同样适用于二维情形: 电场、空间梯度及所有的流 (但不包括自旋极化矢量) 都应该只包含二维平面内的分量.

下面是关于所有的流都为零的平衡状态的一点评论. 如果存在非均匀的磁场 $\boldsymbol{B}(\boldsymbol{r})$, 平衡态下的自旋极化就会随空间发生变化, 但是, 这样的不均匀性本身并不会产生自旋流或者电流. 为了确保这一点, 需要在式 (8.4) 的右方加入额外的正比于 $\dfrac{\partial B_j}{\partial x_i}$ 的一项, 它抵消了非均匀磁场施加在具有给定自旋的电子上的作用力. 相应的项也出现在式 (8.7) 和式 (8.8) 里. 我们假设磁场是均匀的, 从而忽略掉这些项.

8.2.4 自旋–电荷耦合的物理结果

式 (8.7)∼ 式 (8.10) 描述了自旋–电荷流耦合的所有结果, 它们首次出现于文献 [1,2] 中. 用带有系数 β 和 δ 的项来描述自旋–轨道相互作用.

1. 奇异霍尔效应

式 (8.7) 中的 $\beta\boldsymbol{E}\times\boldsymbol{P}$ 项描述了奇异霍尔效应的项, 霍尔本人在铁磁体中第一次观测到这一效应[9,10], 测量得到的霍尔电压有一部分正比于磁化, 但是并不能够用磁化产生的磁场来解释, 前者要远高于此, 特别是在高温情况下. 经过了 70 多年才认识到[11~14], 奇异霍尔效应来源于自旋–轨道相互作用.

通过施加外磁场来在非磁性半导体中产生自旋极化, 也可以观测到奇异霍尔效应. 利用导带电子的磁共振, 可以将与自旋有关的奇异效应与更大的普通霍尔效应区分开来, 这可以导致霍尔电压的共振改变[15]. 用光学方法或者自旋注入产生非平衡自旋极化也可以产生奇异霍尔电压. 最近 Miah[16] 将圆偏振光照射到 GaAs 上, 做了一个这样的实验.

2. $\nabla \times \boldsymbol{P}$ 诱导的电流

式 (8.7) 中的 $\nabla \times \boldsymbol{P}$ 项描述了由不均匀的自旋密度诱导出来的电流, 现在称其为逆自旋霍尔效应. 文献 [17] 提出了一种在光学自旋取向的条件下测量这一电流的方法. 圆偏振激发光被样品表面的一薄层材料吸收, 这样一来, 光生的电子自旋密度就是非均匀的, 但是 $\nabla \times \boldsymbol{P} = 0$, 因为 $\boldsymbol{P}$ 垂直于表面, 其变化也发生在同一方向上. 平行于表面施加一个磁场, 就可以产生 $\boldsymbol{P}$ 的平行分量, 这样就诱导出一个非零的 $\nabla \times \boldsymbol{P}$, 也就产生了相应的表面电流 (或电压).

Bakun 等[18] 发现了这一效应, 在实验上第一次观测到了逆自旋霍尔效应, 见图 8.1. 在后来发表的文章中, Tkachuk 等[19] 明确证实了由 $\nabla \times \boldsymbol{P}$ 诱导的表面电流中的核磁共振.

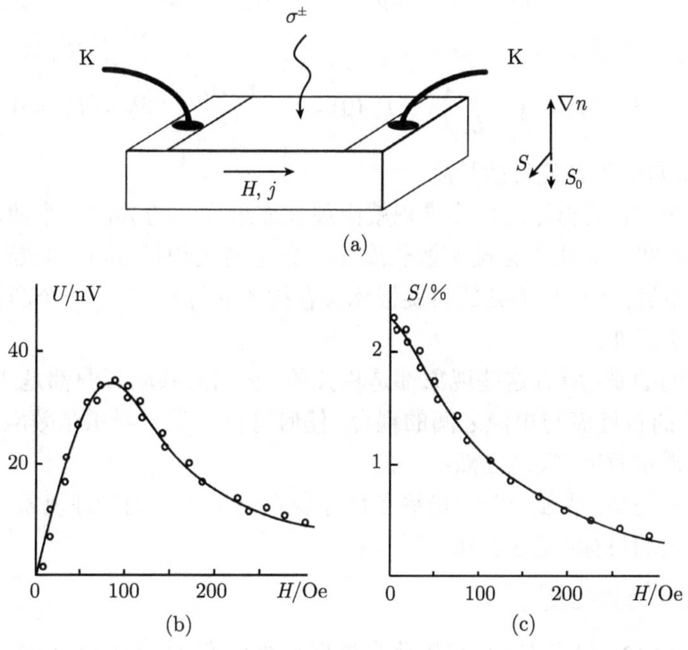

图 8.1 第一次实验观测到的逆自旋霍尔效应[18]. (a) 实验设置示意图; (b) 测量得到的电极 K 之间的电压随磁场的变化关系; (c) 测量得到的荧光的圆偏振度 (它等于平均电子自旋的垂直分量) 的变化关系; (b) 中的实线是根据 (c) 中的结果计算出来的

3. 电流诱导的自旋堆积或自旋霍尔效应

式 (8.8) 中的 $\beta n \varepsilon_{ijk} E_k$ 项及其扩散项 $\delta \varepsilon_{ijk} \dfrac{\partial n}{\partial x_k}$ 描述了自旋霍尔效应 (由 Hirsch

命名[20])：电流导致一个横向的自旋流, 从而在样品边界处堆积了自旋[1,2]. 直到最近, 才在实验上观测到了这一现象[21,22], 引起了广泛的关注. 利用式 (8.8) 来描述自旋流, 在稳态条件下 $\partial P_j/\partial t = 0$, 解方程式 (8.1) 就可以看到自旋堆积. 因为自旋极化正比于电场, 所以可以忽略 EP 项. 另外, 电子浓度也应该被认为是均匀的.

将电场方向取为 x 轴, 在 $y = 0$ 处的边界上, 观察位于 $y > 0$ 处的一个宽样品所发生的情况. 当样品宽度大于自旋扩散长度时, 自旋在相对的边界处的堆积可以认为是独立无关的. 边界条件显然应该满足垂直于边界的自旋流分量为零, 即 $q_{yj} = 0$.

扩散方程为

$$D\frac{\mathrm{d}^2\boldsymbol{P}}{\mathrm{d}y^2} = \frac{\boldsymbol{P}}{\tau_\mathrm{s}} \tag{8.11}$$

根据式 (8.8) 可知, 在 $y = 0$ 处的边界条件为

$$\frac{\mathrm{d}P_x}{\mathrm{d}y} = 0, \quad \frac{\mathrm{d}P_y}{\mathrm{d}y} = 0, \quad \frac{\mathrm{d}P_z}{\mathrm{d}y} = \frac{\beta nE}{D} \tag{8.12}$$

可以得到

$$P_z(y) = P_z(0)\exp\left(-\frac{y}{L_\mathrm{s}}\right), \quad P_z(0) = -\frac{\beta nEL_\mathrm{s}}{D}, \quad P_x = P_y = 0 \tag{8.13}$$

其中, $L_\mathrm{s} = \sqrt{D\tau_\mathrm{s}}$ 为自旋扩散长度.

这样一来, 电流诱导的自旋堆积就出现在靠近样品边界的一个薄层 (自旋层) 里. 自旋层的宽度取决于自旋扩散长度 L_s, 典型值大约是 1μm. 自旋层内的极化正比于驱动电流, 相对边界处的自旋极化具有相反的符号. 对于一个圆柱形的导线, 自旋会环绕于表面.

需要强调的是, 所有这些现象都是相关的, 它们的共同起源都是式 (8.5) 和式 (8.6) 所描述的自旋流与电流之间的耦合. 任何可以产生奇异霍尔效应的机制都可以产生自旋霍尔效应, 反之亦然.

引人注目的是, 单独一个无量纲参数 γ 就决定了所有的物理现象. 计算这一参数是微观理论的目标, 见 8.4 节.

4. *自旋层的极化度*

利用式 (8.13) 和式 (8.9), 可以将自旋层的极化度 $P = P_z(0)/n$ 写出来：

$$P = -\gamma\frac{v_\mathrm{d}}{v_\mathrm{F}}\left(\frac{3\tau_\mathrm{s}}{\tau_p}\right)^{1/2} \tag{8.14}$$

其中, 我们引入了电子漂移速度 $v_\mathrm{d} = \mu E$, 并利用了简并三维电子中扩散系数的传统表达式 $D = v_\mathrm{F}^2\tau_p/3$, v_F 为费米速度, 而 τ_p 是动量弛豫时间①.

① 对于二维电子来说, 应该用来 1/2 替换因子 1/3. 如果电子不是简并的话, 应该用热速度来替换 v_F.

在具有反演对称性的材料 (如硅) 中, Elliott-Yafet 机制导致的自旋–电荷耦合与自旋弛豫都是来源于杂质散射的自旋非对称性. 因为 $\tau_s \sim \gamma^{-2}$, 式 (8.14) 中自旋–轨道相互作用的强度抵消掉了.

因此, 自旋层极化度的最乐观的估计[1] 是 $P \sim v_d/v_F$. 在半导体中, 原则上, 这一比值可以达到 1 的量级. 当反演对称性不存在的时候, 通常 Dyakonov-Perel 机制导致自旋弛豫时间非常短, 不利于自旋的显著堆积.

8.2.5 相关的问题

我们在此简要讨论一下与主题相关的一些微妙之处.

1. 基于扩散方程的方法的有效性

当密度的空间变化的尺度 (此时考虑的是自旋极化密度) 大于平均自由程 $l = v_F\tau_p$ 的时候, 扩散方程是有效的. P 在自旋扩散长度的尺度上发生变化, 因此, 它应当满足条件 $L_s \gg l$, 因为 $L_s/l \sim (\tau_s/\tau_p)^{1/2}$, 所以可以将这个条件等价地写为 $\tau_s \gg \tau_p$.

这样一来, 如果自旋弛豫时间变得与动量弛豫时间相仿 (这就是所谓的 “干净极限”, 此时自旋能带劈裂大于 $\hbar/\tau_p$, 见 1.4.2 节), 扩散方程方法不再成立.

当空间尺度远大于 l 的时候, 仍然可以推导出扩散方程, 但是, 这对于手头上的这个问题毫无帮助, 因为无论是这个方程还是式 (8.12) 中的边界条件, 都不再适用于研究自旋积累. 在与边界的距离小于 l 的时候, 会发生表面自旋效应, 它强烈地依赖于表面的性质 (如界面是平整的还是粗糙的等).

2. 如何定义自旋流

关于自旋流的正确的微观定义和边界条件的形式的讨论, 请参看文献 [23]. 我们的观点如下. 应该区分两种情况：① $\tau_s \gg \tau_p$ 的情况; ② τ_s 与 τ_p 相仿的情况.

在第一种情况中, 可以用扩散方程方法来研究自旋堆积. 必须从微观上推导出式 (8.10). $\partial q_{ij}/\partial x_i$ 项中的量将是真正的自旋流, 正是这个量的垂直分量在边界处等于零.

在第二种情况中, 不能够适用扩散方程方法 (见上面的讨论), 因为所有靠近边界的自旋效应发生在 l 甚至更小的空间尺度上①. 为了理解边界附近所发生的情况, 必须研究存在电场和自旋–轨道相互作用时电子被边界反射的量子力学问题. 在这种条件下, 体材料自旋流 (这不可能被直接测量) 以及 “自旋霍尔 (电) 导率” (spin

① 不存在反演对称性的时候, 自旋弛豫通常与自旋能带劈裂有关. 如果费米能级出的劈裂 $\hbar\Omega(\boldsymbol{p})$ 满足条件 $\Omega(\boldsymbol{p})\tau_p \ll 1$, 那么 $\tau_s \gg \tau_p$. 在相反的情况下, 自旋弛豫经过两个阶段 (见 1.4.2 节). 第一个阶段的时间 $\sim 1/\Omega(p)$, 第二个阶段的特征时间为 τ_p. 这样一来, 也有两个特征空间尺度：$v_F/\Omega(p)$ 和 $v_F\tau_p = l$, 其中第一个要比第二个小许多. 显然, 不能够用扩散方程来处理这些尺度上的物理现象.

Hall conductivity) β 的定义是不现实的, 因为靠近边界处的自旋极化没有意义, 见 8.4.3 节.

除了边界处的自旋堆积, 还存在自旋–轨道相互作用的二阶体材料效应 (见 8.2.6 节). 在这些效应中会出现 "正常" 定义的自旋流, 它是作为自旋算符和速度算符的反对易子.

3. 式 (8.6) 中的额外项

实际上, 在基本方程 (8.5) 和 (8.6) 中, 对称性的考虑允许其中之一可以出现额外项. 也就是说, 可以在式 (8.6) 的右边添加额外的项 $q_{ji}^{(0)}$(注意, 下标 i 和 j 交换了!) 和 $\delta_{ij}q_{kk}^{(0)}$(这里要对重复的下标求和).

这些项会使得[1,2] 式 (8.8) 出现相应的额外项：$\mu E_jP_i + D\partial P_i/\partial x_j$(还是要注意, 相对于式 (8.8), 下标 i 和 j 交换了) 和 $\delta_{ij}\left(\mu \boldsymbol{E}\cdot\boldsymbol{P} + D\mathrm{div}\boldsymbol{P}\right)$, 它们带有新的系数. 就目前考虑过的所有效应来说, 这些额外项毫不重要. 8.4.1 节将讨论它们的起源和物理意义.

8.2.6　自旋–轨道相互作用的二阶项的电效应

电流会产生自旋流, 自旋流反过来又会产生电流. 这样一来, 样品电阻就应当有一个修正, 它是耦合参数 γ 的二次项. 这一效应减小了体材料的电导[24,25], 如图 8.2 所示, 它给出了原子物理学中的双散射效应[26]. 因为在实验中无法确定没有修正的电阻值, 只有影响中间环节 (即自旋流), 才能揭示这一效应. 这可以通过施加一个磁场来实现. 下面我们分别考虑体材料电导的修正和与自旋堆积有关的表面效应.

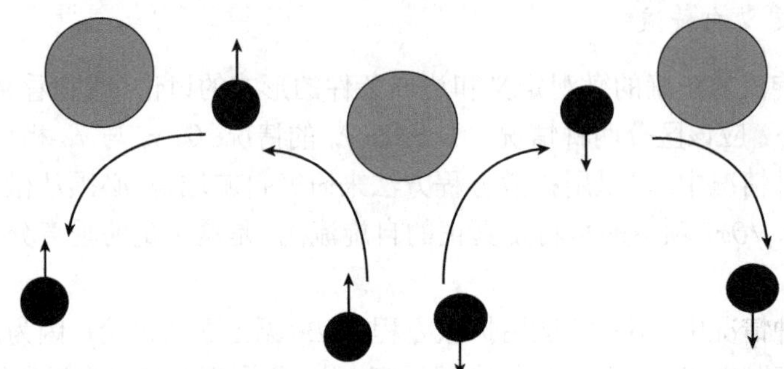

图 8.2　双重的自旋非对称散射引起了电流的负修正

1. 体效应

利用考虑了自旋流–电荷流耦合的类 Drude 方程, 可以很容易地理解这个过程[25]：

$$\frac{\mathrm{d}q_i}{\mathrm{d}t} = -\frac{en}{m}E_i - (\boldsymbol{q}\times\boldsymbol{\omega}_{\mathrm{c}})_i - \frac{q_i}{\tau_p} + \frac{\gamma}{\tau_p}\varepsilon_{ijk}q_{jk} \tag{8.15}$$

$$\frac{\mathrm{d}q_{ij}}{\mathrm{d}t} = \varepsilon_{ikl}\omega_{ck}q_{lj} + \varepsilon_{jkl}\Omega_k q_{il} - \frac{q_{ij}}{\tau_p} - \frac{\gamma}{\tau_p}\varepsilon_{ijk}q_k \tag{8.16}$$

其中, $\boldsymbol{\omega}_{\mathrm{c}} = e\boldsymbol{B}/mc, \boldsymbol{\Omega} = g\mu_{\mathrm{B}}\boldsymbol{B}/\hbar$, ω_{c} 和 Ω 分别为回旋频率和自旋进动频率, n 为电子密度. 式 (8.16) 右侧的前两项描述了磁场对自旋流的影响, 包括来自于速度的旋转 (频率为 ω_{c}) 和自旋的旋转 (频率为 Ω). 第三项描述了散射引起的自旋流的弛豫. 严格地说, 还应该考虑自旋弛豫速率. 我们忽略了它, 假设自旋–轨道相互作用很弱, 而且 $\tau_{\mathrm{s}} \gg \tau_p$.

在稳态下、没有磁场的时候, 式 (8.15) 和式 (8.16) 就约化为式 (8.5) 和式 (8.6), 而电导率等于

$$\sigma = \sigma_0(1-2\gamma^2), \quad \sigma_0 = \frac{ne^2\tau_p}{m} \tag{8.17}$$

其中, σ_0 为正常的 Drude 电导. 在磁场中 (沿着 z 轴方向), 式 (8.15) 和式 (8.16) 的稳态解给出了电阻率分量的如下解：

$$\rho_{zz} = \rho_0\left(1 + \frac{2\gamma^2}{1+(\omega_{\mathrm{c}}-\Omega)^2\tau_p^2}\right) \tag{8.18}$$

$$\rho_{xx} = \rho_0\left[1+\gamma^2\left(\frac{1}{1+(\omega_{\mathrm{c}}\tau_p)^2} + \frac{1}{1+(\Omega\tau_p)^2}\right)\right] \tag{8.19}$$

$$\rho_{xy} = -\frac{B}{nec}\left[1-\gamma^2\left(\frac{1}{1+(\omega_{\mathrm{c}}\tau_p)^2} + \frac{\Omega}{\omega_{\mathrm{c}}}\frac{1}{1+(\Omega\tau_p)^2}\right)\right] \tag{8.20}$$

其中, $\rho_0 = 1/\sigma_0$ 为 Drude 电阻率.

最不寻常的结果是 ρ_{zz} 分量的磁场依赖关系. 虽然 q_z 不会受到洛伦兹力的直接影响, 但是它与自旋流分量 q_{xy} 耦合在一起. 通过改变自旋和速度的相对取向, 磁场破坏了自旋流. 因此, 式 (8.17) 对电导率的负修正就消失了. 经典条件 $\omega_{\mathrm{c}}\tau_p \sim 1$ 确定了相关磁场的尺度.

注意, 在有些情况下 (8.4.3 节), 参数 γ 并不一定很小, 所以自旋–电荷耦合引起的磁效应可能很重要. 特别的是, 霍尔常数的符号都有可能改变, 这可以从式 (8.20) 看出来.

2. *表面效应*

这些二阶效应与表面 (或边界) 自旋积累有关, 如果样品的宽度接近于或者小于自旋扩散长度 L_{s}, 就可以看到它们. 电流的一个额外修正来自于式 (8.7) 中的 $\nabla\times\boldsymbol{P}$ 项.

尽管只是一个小的修正, 但是它是有可能被测量到的, 因为 (i) 施加磁场可以影响中间的连接即自旋密度; (ii) 电学测量的精度要远高于光学测量的精度, 通常

被用于揭示自旋极化 (见 8.5 节). 可以说, 这些现象是自旋霍尔效应及其逆效应以及 Hanle 效应的组合.

文献 [8] 提出了一种这样的效应. 在边界处, 在垂直于样品边界的方向 (y 方向) 上, 自旋极化的分量 z 有变化. 因此, $\nabla \times \boldsymbol{P} \neq 0$, 根据式 (8.7), 在自旋层上应该有一个对电流的修正. 这个修正总是正的①, 也就是说, 它轻微地减小了样品电阻. 在 xy 平面内施加一个磁场, 可以破坏自旋极化从而观测到一个正磁阻. 对于宽样品来说 ($L \gg L_{\rm s}$), 相应磁场的大小对应于 $\Omega\tau_{\rm s} \sim 1$, 其中, Ω 是自旋进动频率②. 然而, 对于窄样品来说, ($L \ll L_{\rm s}$), $\Omega\tau_{\rm d} \sim 1$ 决定了 Hanle 曲线的宽度, 其中, $\tau_{\rm d} = L^2/D \ll \tau_{\rm s}$ 是距离 L 上的扩散时间. 当自旋扩散很重要的时候, 以前也观测到了 Hanle 效应的类似结果[27].

文献 [28] 预言了另一个有趣的效应, 它考虑了一个带有两对点接触 A、B 和 C、D 的窄的二维条. 这两对点接触之间的距离 x 远大于条的宽度 w, 但是与自旋扩散长度 $L_{\rm s}$ 相仿. 通常, 如果 $x \gg w$, 那么通过点接触 A、B 流过条的电流将不会在 C 和 D 之间引起任何值得注意的电压. 然而, 自旋流和自旋密度会在距离电流源 $L_{\rm s}$ 的范围内出现. 因此, 在 C 和 D 之间会出现一个电压, 它是 γ 的二阶效应. 还可以通过施加磁场来减弱自旋极化, 从而破坏这种自旋媒介的非局域电荷输运.

8.3 唯象理论：不具有反演对称性的情形

如果不存在反演对称性, 无论是体材料晶体还是二维结构, 都会出现与上述不同的新现象. 在螺旋晶体中, 正如 Ivchenko 与 Pikus[29], Belinicher[30,31] 用理论所证明的那样, 各向同性的非平衡自旋密度能够诱导出一个电流. 文献 [32] 首次报道了这一效应的实验证明. 反过来, 电流也可以产生均匀的自旋极化.

唯象的说, 这种效应可以用一个二阶张量 Q_{ij} 来描述, 它将自旋极化 $\boldsymbol{P}$ 这个赝矢量与电流 $\boldsymbol{j}$ 这个极矢量联系起来：

$$j_i = Q_{ik} P_k, \quad P_i = R_{ik} j_k \tag{8.21}$$

其中, 张量 R_{ik} 为 Q_{ik} 的逆. 注意, 式 (8.21) 的左端和右端在时间反演变换下的行为是相似的, 说明这些方程描述的是非耗散现象. 第 9 章对这些现象进行了更为详细的描述.

可以用 (110) 量子阱的情况来阐明这些联系的物理原因 (见 1.4.2 节), 其中, 自旋能带劈裂项正比于 $p_x s_z$, z 轴和 x 轴分别沿着 [110] 和 [1$\bar{1}$0] 方向[33].

---

① 符号与体材料中的修正相反. 原因是, 在自旋层中, 极化梯度引起的相反的扩散自旋流补偿了电场诱导的自旋流. 正是这种扩散自旋流产生了对电流的表面修正.

② 为了将磁场考虑进来, 应该在式 (8.10) 添加额外的一项 $\boldsymbol{\Omega} \times \boldsymbol{P}$.

在这种情况下, 能谱包含 $s_z = \pm 1/2$ 的两个抛物线型能带, 它们在 p 空间沿着 x 方向相对移动. 每一个能带都具有非零的平均值 p_x, 然而, 在平衡态下, 两个能带都被等同地填充, 因此平均来说没有电流, 也没有自旋极化. 显然, z 方向的非平衡的自旋净极化意味着, 一个能带的占据比另一个能带多, 因此, $\langle p_x \rangle \neq 0$. 这样一来, 自旋沿着 z 轴的极化就会在 x 方向产生一个电流, 反之亦然.

对于具有 Bychkov-Rashba 劈裂的二维电子气来说[34]. 可以用 Rashba 场 $\boldsymbol{E}^{\mathrm{R}}$ 来构造张量 Q_{ij}, 矢量 $\boldsymbol{E}^{\mathrm{R}}$ 指向生长方向 z: $Q_{ij} \sim \varepsilon_{ijk} \boldsymbol{E}_k^{\mathbf{R}}$, 因此, 式 (8.21) 可以约化为

$$\boldsymbol{j} \sim \boldsymbol{E}^{\mathrm{R}} \times \boldsymbol{P} \tag{8.22}$$

关于自旋流, 在后一情况下, 它可能包含两个额外项. 第一项是 Rashba 场的二次项, 正比于平面内的电场 $\boldsymbol{E}$:

$$q_{ij} \sim \left(\boldsymbol{E}^{\mathrm{R}} \times \boldsymbol{E}\right)_i E_j^{\mathrm{R}} \tag{8.23}$$

如果我们不考虑对 $\boldsymbol{E}^{\mathrm{R}}$ 的依赖关系, 这一项就与前面考虑过的 $\varepsilon_{ijk} E_k$ 项具有相同的对称性质, 其中 $i, k = x, y$.

Kalevich、Korenev 和 Merkulov[35] 首先推导出了第二项. 它线性地依赖于 Rashba 场而且正比于自旋极化:

$$q_{ij} \sim P_i E_j^{\mathrm{R}} - \delta_{ij} \left(\boldsymbol{P} \boldsymbol{E}^{\mathrm{R}}\right), \quad i = x, y, \quad j = x, y, z \tag{8.24}$$

这一项中的非零分量是

$$q_{xz} \sim P_x, \quad q_{yz} \sim P_y, \quad q_{xx} = q_{yy} \sim -P_z \tag{8.25}$$

因此, 当反演对称性不存在时候, 最重要的新现象就是, 利用均匀的非平衡自旋极化可以产生电流和自旋流以及其逆效应, 用电流或自旋流来产生体材料中的自旋极化.

8.4 微观机制

半个世纪以来乃至近年来的理论工作仍然不能够充分地理解自旋–电荷耦合的微观机制及其相对重要性. 请读者参考 Sinitsyn 的综述文章[36], 他讲述了这一研究的历史以及近期的进展情况, 也可以阅读文献 [37]. 本章我们局限于定性考虑. 最初提出的自旋霍尔效应的机制[1,2] 与自旋–轨道相互作用引起的电子散射的自旋不对称性有关 (Mott 效应[26,38]), 它以前被用于解释奇异霍尔效应[11~13]. 这种机制也许能够解释已有的实验观测 (见 8.5 节). 与散射有关的还有 Berger[39,40] 在研究铁磁体中的奇异霍尔效应时提出的侧跳机制. 另一种 “本征” 机制是 Karplus 和

Luttinger[14] 首先考虑的, 最近又在特殊情况下被提了出来[46,47] 并引起了很大的轰动. 它只同自旋的能带劈裂有关, 并不牵扯到散射的自旋不对称性.

8.4.1　电子散射的自旋非对称性

Mott 证明[26,38], 自旋轨道相互作用使得极化电子的散射具有不对称性. 如果一束极化电子轰击一个目标, 它偏离的方向将依赖于极化的符号 (类似于在空气中旋转的网球). 高能物理研究利用基于这一效应的 Mott 探测器来分析电子的自旋极化①.

图 8.3 给出了电子被荷电中心散射的示意图. 对我们来说, 最重要的要素是存在于电子的运动坐标系中的、被电子自旋感知到的磁场 $\boldsymbol{B}$, 如 1.2.3 节所述. 这个磁场垂直于电子轨道所在的平面, 向荷电中心右方运动的电子与向左方运动的电子的符号相反.

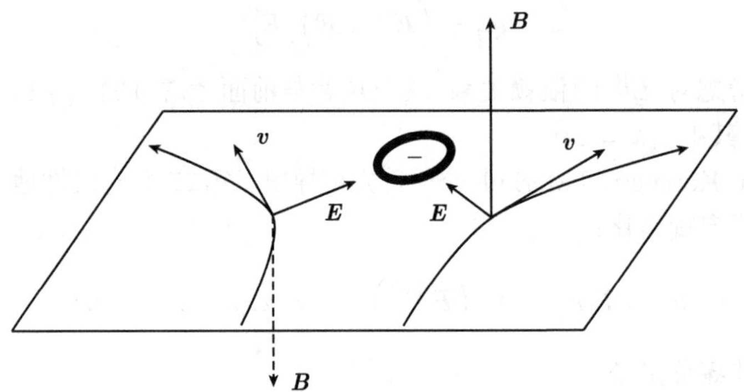

图 8.3　电子被负电荷散射的示意图. 电子自旋感知到一个垂直于电子轨道的磁场 $\boldsymbol{B} \sim \boldsymbol{v} \times \boldsymbol{E}$. 注意, 对于被散射到左方的电子来说, 它感知到的磁场方向与被散射到右方的电子所感知到的磁场方向相反

简单地看一下图 8.3, 就可以做出如下的观察.

1. 电子自旋转动

如果电子自旋不是正好垂直于运动平面, 在碰撞时间内, 它就会绕着磁场 $\boldsymbol{B}$ 进动. 每一次单独碰撞的自旋旋转角度依赖于碰撞参数和轨道平面相对于自旋的取向. 这一进动是 Elliott-Yafet 自旋弛豫机制的出发点.

2. 散射角依赖于自旋

因为电场 $\boldsymbol{E}$ 不均匀, 而且运动轨迹上的速度 $\boldsymbol{v}$ 是变化的, 图 8.3 中的磁场 $\boldsymbol{B}$ 在空间上是不均匀的. 因此, 一个依赖于自旋的力 (正比于塞曼能 $2\mu_{\mathrm{B}}(\boldsymbol{B}\cdot\boldsymbol{S})$ 的梯

① 有趣的是, 极化电子源采用的是半导体中的光学自旋极化. 用圆偏振光来泵浦作为光电阴极的 GaAs 样品, 从导带发射出极化的电子再被加速到高能量. 这是目前为止半导体自旋物理学最重要的实际应用.

度) 作用于电子之上, 自旋给定的电子的散射具有左右不对称性. 这就是 Mott 效应, 或者称为斜散射, 它引起了包括奇异霍尔效应在内的许多事情.

如果入射电子不是极化的, 散射中的自旋不对称性将导致自旋向上的电子与自旋向下的电子分离. 自旋向上的电子往右走, 而自旋向下的电子往左走, 在垂直于入射流的方向上出现一个自旋流 (自旋霍尔效应).

在量子力学中, 只在 Born 近似不成立的情况下, 才会出现散射对自旋的不对称依赖关系.

3. 自旋旋转与散射是有关联的

如图 8.3 所示, 自旋绕着磁场 $\boldsymbol{B}$ 的旋转与散射是有关联的. 如果右侧轨道 (对应于向右方的散射) 上的自旋沿着逆时针方向旋转, 那么左侧轨道 (向左方的散射) 上的自旋就沿着顺时针方向旋转. 如果入射束 (z 轴) 在轨道平面内沿着 y 方向极化, 也就是说, 可以用自旋流 q_{xy} 来表征, 在散射之后跑到右边的电子将会带有 x 轴方向的分量, 而跑向左方的电子的 x 分量将带有相反的符号! 散射将初始的自旋流 q_{xy} 变换到了 q_{yx}; 类似地, q_{xx} 将变为 $-q_{yy}$.

这一分析表明, 在散射过程中, 初始的自旋流 $q_{ij}^{(0)}$ 产生了一个新自旋流 q_{ij}, 规则是

$$q_{ij}^{(0)} - \delta_{ij} q_{kk}^{(0)} \to q_{ij} \tag{8.26}$$

这样一来, 自旋转动和散射方向之间的关联就给出了 8.2.5 节中描述的额外项的一个物理原因. 目前还不清楚, 在何种条件下, 这两项不仅会有如式 (8.26) 所给出的特殊组合, 还会给出任意的系数. 这一效应的实验后果也不是显而易见的.

4. 斜散射的 γ 值

利用散射振幅, 可以给出式 (8.7) 和式 (8.8) 中的运动学系数的一般表达式[2]. 当存在自旋–轨道相互作用的时候, 散射振幅是具有自旋指标的一个矩阵, 其形式为[41]

$$\boldsymbol{F}_{p'}^{p} = A(\theta)\,\boldsymbol{I} + B(\theta)\,\boldsymbol{\sigma} \cdot \boldsymbol{n} \tag{8.27}$$

其中, θ 为散射角, $\boldsymbol{n} = \boldsymbol{p}' \times \boldsymbol{p}/|\boldsymbol{p}' \times \boldsymbol{p}|$ 为垂直于散射平面的单位矢量, $\boldsymbol{I}$ 为 2×2 单位矩阵, 而 $\boldsymbol{\sigma}$ 为泡利矩阵. 运动学方程的解 (附录 A) 给出了系数 β 和 β_1, 它们是单独表达式的实部和虚部[2]:

$$\beta + \mathrm{i}\beta_1 = 4\pi \frac{e}{m} N \left\langle v\tau_p^2 \int_0^{\pi} AB^* \sin^2\theta \mathrm{d}\theta \right\rangle \tag{8.28}$$

其中, N 为散射中心的密度, τ_p 为给定能量下的动量弛豫时间, 角括号表示在平衡态分布上求平均. 系数 β_1 定义了 8.2.5 节和上文讨论过的自旋流 q_{ij} 表达式中额外项的大小: $\beta_1 (E_j P_i - \delta_{ij} \boldsymbol{E} \cdot \boldsymbol{P})$.

在这种情况下, γ 仅依赖于散射势的形式、电子能量和自旋–轨道耦合的强度. 在 Born 近似下, 函数 $A(\theta)$ 和 $B(\theta)$ 有一个 $\pi/2$ 的相位差, 因此, 为了得到非零的 β, 必须脱离这个近似. 相反地, 系数 β_1 来自于自旋旋转和散射方向之间的关联, 在 Born 近似下就存在. 在超出了 Born 近似的一阶情况下, Abakumov 和 Yassievich[42] 考虑了荷电中心的依赖于自旋的散射. 从他们的结果可以得到

$$\gamma \sim \frac{\lambda k_{\mathrm{F}}}{a_{\mathrm{B}}} \tag{8.29}$$

其中, $a_{\mathrm{B}} = \hbar^2\varepsilon/me^2$ 为玻尔半径, k_{F} 为费米波矢, ε 为介电常数, 自旋–轨道耦合强度由常数 λ 决定, 见式 (8.31).

对于浓度为 $10^{17}\mathrm{cm}^{-3}$ 的体材料 (或者浓度为 $3\times10^{11}\mathrm{cm}^{-2}$ 的二维表面), 估计在 GaAs 中, $\gamma \sim 4\times10^{-4}$; 在 InSb 中, $\gamma \sim 2\times10^{-2}$. 应当注意, 对于相同的电子浓度, GaAs 的 Born 参数 $e^2/(\varepsilon\hbar v_{\mathrm{F}})$ 为 ≈ 1.2, 其中, v_{F} 是费米速度①. 这就是说, 并不总是可以进行 Born 展开的.

可以将式 (8.29) 等价地写为下列形式:

$$\gamma \sim \lambda k_{\mathrm{F}}^2 \left(\frac{e^2}{\varepsilon\hbar v_{\mathrm{F}}}\right) \tag{8.30}$$

它明确地使用了 Born 参数, 文献 [42] 认为它很小. 如果这个参数等于 1, 那么 $\gamma \sim \lambda k_{\mathrm{F}}^2$, 或者 $\gamma \sim (E_{\mathrm{F}}/E_{\mathrm{g}})$ ($\Delta \gg E_{\mathrm{g}}$ 的情况) 和 $\gamma \sim (E_{\mathrm{F}}/E_{\mathrm{g}})(\Delta/E_{\mathrm{g}})$ ($\Delta \ll E_{\mathrm{g}}$ 的情况)②. 在 Born 参数变得比较大的时候, 这些估计仍然很有可能成立.

8.4.2 侧跳机制

Berger[39,40] 提出了奇异霍尔效应的侧跳机制, Nozières 和 Lewiner[43] 对这种机制进行了详细的研究, 也请参见文献 [44]. 这种机制认为, 在每次散射时, 电子波包在平面内的移动依赖于自旋. 我们的看法是, 对侧跳机制的作用仍然理解得不够. 这里, 我们将从经典力学的观点来讨论这一效应, 这种方法清楚、透彻, 量子力学方法做不到这一点.

可以将描述自旋–轨道相互作用的有效质量哈密顿量写为

$$H_{\mathrm{SO}} = 2\lambda(\boldsymbol{k}\times\nabla V)\cdot\boldsymbol{s} \tag{8.31}$$

其中, $\boldsymbol{k}$ 为电子的波矢, $\boldsymbol{s} = \sigma/2$ 为电子自旋算符, $V(\boldsymbol{r})$ 为电子的势能. 在真空中, $\lambda = -\hbar^2/4m_0^2c^2$, m_0 是自由电子质量. 在具有 GaAs 能带结构的半导体中, 在有效质量 m 远小于 m_0 的极限情况下, Kane 模型给出[45]

① 对于简并电子气来说, Born 参数等同于参数 r_{s}, 即平均势能和动能的比值, 它确定了电子气是否为理想气体. 在比较低的电子浓度下, 这个参数可以非常大.

② 这些公式类似于用 $\gamma \sim (v/c)^2$ 来估计真空中质子对电子的散射, 当 $\Delta \gg E_{\mathrm{g}}$ 的时候, 用 $(E_{\mathrm{g}}/m)^{1/2}$ 来替换光速 c, 当 $\Delta \ll E_{\mathrm{g}}$ 的时候, 用 $\left(E_{\mathrm{g}}^2/(\Delta m)\right)^{1/2}$ 来替换.

$$\Delta \gg E_{\mathrm{g}} \text{ 时,} \quad \lambda = \frac{\hbar^2}{4mE_{\mathrm{g}}} \tag{8.32}$$

$$\Delta \ll E_{\mathrm{g}} \text{ 时,} \quad \lambda = \frac{\hbar^2}{3mE_{\mathrm{g}}}\frac{\Delta}{E_{\mathrm{g}}} \tag{8.33}$$

其中, Δ 为价带的自旋–轨道劈裂 (见 1.3.6 节).

1. *旋转粒子的经典力学*

为了消去普朗克常量, 将式 (8.31) 重新写成下述形式:

$$H_{\mathrm{SO}} = A\left(\boldsymbol{p} \times \nabla V\right) \cdot \boldsymbol{S} \tag{8.34}$$

其中, 我们引入了常数 $A = 2\lambda/\hbar^2$, 它的量纲是 [动量]$^{-2}$, 而电子内禀角动量 $\boldsymbol{S} = \hbar\boldsymbol{s}$, $\boldsymbol{p} = \hbar\boldsymbol{k}$ 是电子动量. 现在可以写出对应于哈密顿函数 $H = p^2/(2m) + V(\boldsymbol{r}) + H_{\mathrm{SO}}$ 的经典哈密顿方程:

$$\dot{\boldsymbol{r}} = \frac{\boldsymbol{p}}{m} + A\left(\nabla V \times \boldsymbol{S}\right) \tag{8.35}$$

$$\dot{\boldsymbol{p}} = -\nabla\left[V + A\left(\boldsymbol{p} \times \nabla V\right) \cdot \boldsymbol{S}\right] \tag{8.36}$$

$$\dot{\boldsymbol{S}} = A\left(\boldsymbol{p} \times \nabla V\right) \times \boldsymbol{S} \tag{8.37}$$

这些方程可以应用于具有内禀角动量 $\boldsymbol{S}$ 的经典物体 (例如, 一个网球), 只要选择合适的常数 A. 显然, 它们与量子力学算符 $\boldsymbol{r}$、$\boldsymbol{p}$ 和 $\boldsymbol{S}$ 的方程完全一样. 注意, 可观测量是 $\boldsymbol{r}$ 和 $\boldsymbol{v} = \dot{\boldsymbol{r}}$, 而不是正则动量 $\boldsymbol{p}$. 因此, 将这些方程重新写为变量 $\boldsymbol{r}$ 和 $\boldsymbol{v}$ 的牛顿方程可能是有用的. 在二维情况下, 可以得到

$$m\dot{\boldsymbol{v}} = -\nabla V + mA\left(\boldsymbol{v} \times \boldsymbol{S}\right)\Delta_2 V \tag{8.38}$$

其中, Δ_2 为二维的拉普拉斯量①. 三维情况是一个类似的, 但更为复杂的方程.

从式 (8.38) 可以看出, 在二维情况下, 自旋–轨道相互作用对粒子运动的影响被约化为一个指向 $\boldsymbol{S}$ 方向的、正比于 $\Delta_2 V$ 的非均匀有效磁场. 式 (8.38) 的一个结果是自旋–轨道相互作用不会影响电子在均匀电场 ($V = e\boldsymbol{E} \cdot \boldsymbol{r}$) 中的加速运动②.

用下面这种简单的方法, Nozières 和 Lewiner[43] 推导出了侧跳. 近似到自旋–轨道相互作用的一阶, 可以用 $-\dot{\boldsymbol{p}}$ 来替换式 (8.35) 的第二项中的 ∇V. 接着, 假设 $\boldsymbol{S}$ 是常数并将这一项从时间 $-\infty$ 到 $+\infty$ 积分, 就可以得到在单独一次碰撞中依赖于自旋的位移, 这一结果被普遍地接受:

① 注意, 与完整的拉普拉斯量 V 不同, $\Delta_2 V$ 不会通过泊松方程与电荷密度有关.

② 在文献中可以看到与此相反的陈述. 看到 "奇异速度"(式 (8.35) 的第二项), 可能有人就会宣称存在横向的速度 $eA\left(\boldsymbol{E} \times \boldsymbol{S}\right)$. 那是假象: $\boldsymbol{p}$ 垂直于电场的分量是守恒的 (见式 (8.36)), 速度的横向分量是常数. 这个常数等于横向速度的初始值, 正好与不存在自旋–轨道相互作用时一样.

$$\delta \boldsymbol{r} = A\left(\boldsymbol{S} \times \delta \boldsymbol{p}\right), \quad \delta \boldsymbol{p} = \boldsymbol{p}' - \boldsymbol{p} \tag{8.39}$$

其中, $\boldsymbol{p}$ 和 $\boldsymbol{p}'$ 为碰撞前后的电子动量. 然而, 文献 [43] 说, 式 (8.39) 可能并非普遍正确的, 因为式 (8.35) 中的第一项可能也会对这种位移有所贡献. 下面我们将会看到的确如此.

2. 被平面反射

从最简单的问题开始: $y=0$ 平面的反射. 选择 $y>0$ 处的势能为零, $y<0$ 处排斥势的具体形式并不重要. 粒子的入射速度位于 xy 平面内, $\boldsymbol{S}$ 指向 z 轴, 所以 $\boldsymbol{S}$ 保持为常数不变.

对于 $y<0$, 式 (8.35) 和式 (8.36) 给出

$$\dot{x} = \frac{p_x}{m} + AS\frac{\partial V}{\partial y}, \quad \dot{y} = \frac{p_y}{m}, \quad \dot{p}_x = 0, \quad \dot{p}_y = -\frac{\partial V}{\partial y} - ASp_x\frac{\partial^2 V}{\partial y^2} \tag{8.40}$$

图 8.4 给出了轨道的示意图. 因为能量和 p_x 守恒, 反射角等于入射角, 这与不存在自旋–轨道耦合时的情况一样. 然而, 因为自旋–轨道相互作用, 轨道的出射部分会有一个额外的依赖于自旋的位移量 δx. 对于抛物线势 $V(y) = k_y^2/2$, 可以精确地计算出这个值. 精确到 A 的一阶项, 可以得到①

$$\delta x = \delta x^{(0)}\left(1 - \tan^2\theta\right) \tag{8.41}$$

其中, $\delta x^{(0)}$ 由式 (8.39) 给出, θ 为入射角. 这样一来, 只有在正入射的情况下, 表达式 (8.39) 才正确. 在 $\theta = \pi/4$ 时, 位移改变符号. 可以证明, 式 (8.41) 不依赖于势能 $V(y)$ 的实际形式②.

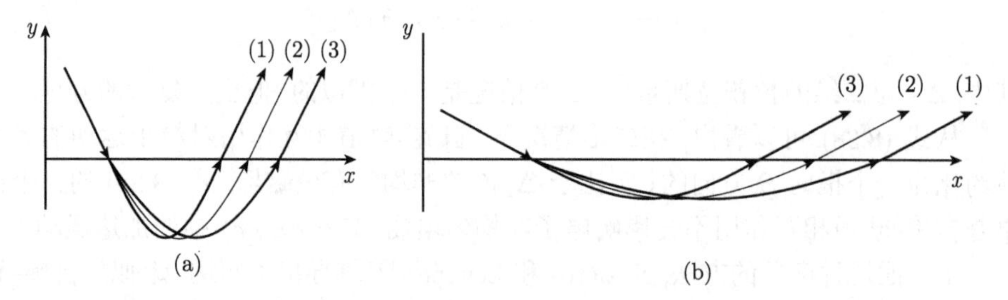

图 8.4 自旋粒子被平面墙散射. (a) 碰撞角度 $\theta < \pi/4$. (b) $\theta > \pi/4$. (1) 具有 $S>0$ 的自旋轨道耦合; (2) 没有自旋轨道耦合; (3) 具有 $S<0$ 的自旋轨道耦合. 注意, 在 (a) 和 (b) 中, 依赖于自旋的出射轨道的偏移具有相反的符号

① Maria Lifshits 推导出了这个结果 (即将发表).

② 在 $\theta = \pi/2$ 附近, 式 (8.41) 发散, 这就要求更为精确的方法. 可以证明, 实际上, 当 $\pi/2 - \theta \sim AS\,(km)^{1/2} \ll 1$ 的时候, 作为 θ 的函数, δx 的值有一个尖锐的极值, 在 $\theta = \pi/2$ 处变为零. 这一行为的细节依赖于 $V(y)$ 的形式.

可以这样来解释式 (8.41) 和式 (8.39) 的差别. 从刚碰到墙的 $t=0$ 时刻到粒子返回时再次在 $y=0$ 处出现的时刻 t_0, 对将式 (8.40) 的前面部分进行积分. 可以得到 $\delta x=\delta x^{(0)}+(p_x/m)\,t_0$ (因为 p_x 是常数). 式 (8.40) 后面的自旋–轨道作用项修正了时间 t_0. 近似到 A 的第一阶, 可以给出式 (8.41) 中的修正, 它正比于 $\tan^2\theta$.

必须记住, 式 (8.31) 或式 (8.34) 中的自旋–轨道项应该总是被当作主哈密顿量的一个小微扰, 它只能轻微地改变粒子的轨道. 这就禁止我们考虑墙的刚度绝对大的极限下的自旋–轨道效应: 图 8.4 中依赖于自旋的位移应当总是一个小的修正.

3. 被刚球散射

如果球的半径 r_0 远大于粒子的侵入深度 (因此也就远大于 δr), 它的表面就可以被局部地看成是平的, 就可以利用以前的结果来计算侧跳 (仍然完全相同) 并修正依赖于自旋的散射角 $\delta\theta$. 仍然让 $\boldsymbol{S}$ 垂直于散射平面, 这意味着球心到出射轨道的最短距离应该等于碰撞参数 ρ, 如图 8.5 所示. 这种考虑给出了侧跳 δr 与修正的散射角之间的关系 $\delta\theta=\delta r/r_0$.

对于任意的势场 $V(r)$ 的经典散射, 应该有一个类似的关系, 其中, 用有效散射半径来替换 r_0.

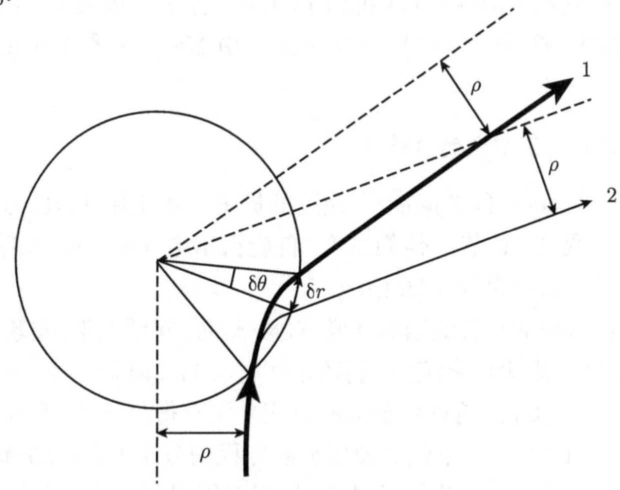

图 8.5 自旋粒子被一个半径为 r_0 的刚球散射 1. 有自旋轨道耦合. 2. 无自旋轨道耦合. 出射轨道的偏移来自于侧跳 δr. 1. 和 2. 之间的角度为 $\delta\theta=\delta r/r_0$

4. 侧跳与斜散射

可以这样来理解这两种依赖于自旋的效应的相对重要性. 在碰撞之间的时间 τ_p 内, 自旋向上的粒子的位移应该不同于自旋向下的粒子. 因为斜散射, 这种差别的量级是 $\delta\theta l$, 其中, l 是平均自由程. 这应该与一次碰撞中的侧跳 δr 来比较. 利用关系式 $\delta\theta=\delta r/r_0$, 可以发现, 对于刚球散射来说, 侧跳与斜散射的比值为 $\sim r_0/l$,

很有可能对任意的经典散射 (德布罗意波长小于散射直径) 都是如此.

如果使用运动学理论, 那么比值 r_0/l 必须很小. 这样一来, 在运动学理论和玻尔兹曼方程的有效范围内, 如果是经典散射的话, 侧跳效应的贡献总是小于斜散射.

显然, 量子散射的情况是不同的. 例如, 在 Born 近似下, 不存在斜散射, 而侧跳似乎仍然是一模一样的[39,40,43]. 侧跳机制的参数 γ 可以被估计为 $\gamma_{\rm SJ} \sim \delta r/l \sim \lambda k_{\rm F}/l \sim \lambda m/(\hbar\tau_p)$. 利用式 (8.29) 来计算斜散射 ($\gamma_{\rm SS}$), 可以得到 $\gamma_{\rm SJ}/\gamma_{\rm SS} \sim a_{\rm B}/l$. 即使在运动学理论有效的范围内, 这个比值也可能很大, 因为 Bohr 半径 $a_{\rm B}$ 可以非常大 (对于 GaAs 中的电子来说, 它是 10^{-6}cm). 这个相当大的比值是因为假定了 Born 参数非常小. 如果这个参数接近于 1, 那么就应该使用 $\gamma_{\rm SS} \sim \lambda k_{\rm F}^2$ 来估计 (见式 (8.30)). 它给出了 $\gamma_{\rm SJ}/\gamma_{\rm SS} \sim (k_{\rm F}l)^{-1}$, 运动学理论如果有效的话, 这个值也应该很小.

我们相信, 这一重要事项需要进一步的澄清.

8.4.3　本征机制

所谓的 “本征的” 或 “Berry 相位的” 电流产生自旋流的机制完全是因为自旋能带劈裂, 它并不依赖于散射对自旋的依赖关系 (在干净极限下, 费米能级处的能带劈裂 $\hbar\Omega(p)$ 很大, $\Omega(p)\tau_p \gg 1$). 这实际上是由 Karplus 和 Luttinger[14] 首先提出来的.

1. 体材料 $J=3/2$ 空穴的自旋流

Murakami、Nagaosa 和 Zhang[46] 最近的提案是关于用 Luttinger 哈密顿量描述的体材料空穴 (见 1.3.6 节). 他们发现, 自旋霍尔电导率 $\beta n \sim ek_{\rm F}/\hbar$, 这对应于 $\gamma \sim (k_{\rm F}l)^{-1}$, 也可以表示为 $\gamma \sim (\Omega(p)\tau_p)^{-1}$①.

理论上, 存在这样的自旋流当然非常有趣. 然而, 问题在于, 实验结果会是什么呢? 因为不能够直接测量自旋流, 只能通过体材料的二阶效应 ($\sim \gamma^2$, 见 8.2.6 节) 或表面自旋积累来证实它. 这些可观测的效应并没有得到计算. 空穴的自旋弛豫时间的量级是 τ_p (见 1.4.2 节), 不能够使用扩散方程的方法 (见 8.2.5 节). 但是, 如果假设 $\tau_{\rm s} \sim \tau_p$ 和 $\gamma \sim (k_{\rm F}l)^{-1}$, 我们可以期望, 能够用式 (8.14) 来估计表面附近的极化程度. 这就给出

$$P \sim \frac{eE\lambda_{\rm F}}{E_{\rm F}} \tag{8.42}$$

自旋极化度的量级是费米长度 $\lambda_{\rm F}$ 的距离上电压降与费米能量的比值. 在空穴浓度为 $10^{17}{\rm cm}^{-3}$ 的 GaAs 中, 为了实现 $P=1\%$ 的自旋极化, 需要的电场强度为

① 因为轻重空穴的质量差别很大, 这个劈裂量级是费米能量 $E_{\rm F}$. 假设 $\Omega(p)\tau_p \gg 1$, 一般情况都是如此.

$E \sim 10\text{V/cm}$. 然而, 当极化存在的时候, 还有表面层宽度的问题. 很有可能这个宽度取决于 λ_{F}, 这很难用光学测量分辨出来.

注意, 轻重空穴能带的劈裂不是由于自旋–轨道相互作用, 而是因为价带布洛赫波函数的 p 态的性质. 实际上, 即使没有自旋–轨道相互作用, 空穴仍然是具有内部角动量 $L=1$ 的粒子 (见 1.3.6 节), 仍然会劈裂为轻空穴和重空穴. 所以, 对于空穴来说, 自旋–轨道相互作用不是非常重要.

还要注意的是, 也许不能够用简单的方程 (8.5) 和方程 (8.6) 来描述 $J=3/2$ 的空穴, 因为与自旋 1/2 的粒子相比, 自旋更大的粒子所耦合的宏观量的数目增大了. 在 1984 年, 我们研究了[24] 空穴情况下 (诸如 HgTe 这样的无能隙半导体) 弹性散射引起的自旋流和电流的相互转化, 发现了描述 $\boldsymbol{J}$ 和 $\boldsymbol{p}$ 之间关联的运动方程的一般解. 这里给出一些与我们的讨论有关的结果.

(1) 自旋流有两种贡献. 第一种来自于轻空穴带中手征性为 $\pm 1/2$ 的态, 而第二种来自于密度矩阵的能带指标 (轻空穴/重空穴) 的非对角元. 重空穴 $\pm 3/2$ 能带对自旋流没有贡献.

(2) 在文献 [24] 中, 我们忽略了非对角元, 因为它们包含了小参数 $(\Omega(p)\,\tau_p)^{-1}$. 正是这一贡献在文献 [46] 提出的机制中起作用, 其中, γ 和上面的小参数具有相同的数量级.

(3) 因为散射, 轻空穴能带 (或者是无能隙半导体中的电子) 中的电流和自旋流是耦合的. 这可以用类似于式 (8.15) 和式 (8.16) 的类 Drude 方程来描述, 略去磁场的作用, 它的形式是

$$\frac{\mathrm{d}q_i}{\mathrm{d}t}=\frac{en}{m}E_i-\frac{q_i}{\tau_1}+\frac{\gamma}{\sqrt{\tau_1\tau_2}}\varepsilon_{ijk}q_{jk} \tag{8.43}$$

$$\frac{\mathrm{d}q_{ij}}{\mathrm{d}t}=-\frac{q_{ij}}{\tau_2}-\frac{\gamma}{\sqrt{\tau_1\tau_2}}\varepsilon_{ijk}q_k \tag{8.44}$$

唯一的差别在于, 此时, 电流和自旋流的弛豫时间 τ_1 和 τ_2 是不同的 (差了一个数值因子), n 为轻空穴的密度.

与电子的自旋–轨道相互作用不同, 空穴的自旋和动量之间的耦合非常强, 这是非常重要的. 因此, 在以前的考虑中, 参数 γ 是非常小的, 而此时它一般是 1 的数量级! 只是因为 Born 参数 $e^2/(\varepsilon\hbar v_{\mathrm{F}})$ 很小 (提醒一下, 在 Born 近似下, $\gamma=0$), 才可以约去它. 如前所述, 在低密度下, Born 参数很容易达到 1 的数量级. 这些结果表明, 散射引起的轻空穴能带中的自旋流可能会与本征的自旋流相仿. $J=3/2$ 空穴, 特别是无能隙半导体中的电子, 有可能是观察强自旋–电荷耦合效应的最佳候选, 可以通过电阻率张量的奇异磁场依赖关系 (8.2.6 节) 和电导率的奇异频率依赖关系.

(4) 根据式 (8.43) 和式 (8.44) 可以推导出 n 型无能隙半导体中电导率的频率依赖关系[24]：

$$\sigma(\omega)=\frac{ne^2}{m}\frac{\tau_1(1+\mathrm{i}\omega\tau_2)}{(1+\mathrm{i}\omega\tau_1)(1+\mathrm{i}\omega\tau_2)+2\gamma^2} \tag{8.45}$$

在 Born 近似下, $\gamma=0$, 式 (8.45) 约化为通常的 Drude 的结果.

2. 二维电子和空穴的本征机制

Sinova 等[47] 提出了一个二维电子中自旋电流的本征机制, 它来自于导带的 Bychkov-Rashba 自旋劈裂. 他们宣称, 在干净极限下, 存在普适的自旋霍尔电导 $\beta n=e/(8\pi\hbar)$①. 随后出现了热烈的讨论, 许多文章采用复杂的理论技术证实了这个结果, 同样又有许多文章否认它. 最终发现, "普适自旋电导" 实际上等于零 (如文献 [48, 49]). 然而, 这个零结果是非常特殊的, 只在自旋能带劈裂线性地依赖于动量的情况下出现[33,34]. 当前的共识是, 除非它是线性地依赖于 $\boldsymbol{p}$, 任何形式的自旋能带劈裂都会产生本征的机制. 一个例子是 (100) 量子阱中的二维重空穴系统. 此时, 自旋–轨道相互作用是二维动量的立方[50]：

$$\boldsymbol{H}_{\mathrm{hh}}=\frac{\alpha_{\mathrm{hh}}}{2}\left(\boldsymbol{\sigma}_+p_-^3+\boldsymbol{\sigma}_-p_+^3\right) \tag{8.46}$$

其中, $p_\pm=p_x\pm\mathrm{i}p_y$ 等. 在量子阱中, 重空穴子带在 $p=0$ 处是双重简并的, 因此可以给空穴赋予一个 "赝自旋"1/2, 式 (8.46) 中的泡利矩阵作用于两个简并态的基矢上.

在 $\gamma\sim(k_{\mathrm{F}}l)^{-1}$ 时的计算[51,52] 给出了电场诱导的本征自旋流. 然而, 即使在干净极限下, 数值因子也依赖于散射势的性质, 也就是说, 它是否允许动量传递, 分别对应于是否存在着子带间跃迁 (硬势或软势). 在这个意义上来说, 本征自旋流不存在普适性.

只有在没有反演对称性的情况下, 才会出现自旋能带劈裂. 此时, 可能会有其他更重要的效应, 在 8.3 节已经提到过, 也可以看看第 9 章. 当然, 计算得到的自旋流和实验观测之间到底是怎么样的关系, 这总是一个问题.

3. 弹道区的自旋堆积

计算得到的自旋流算符在体材料中的平均值与干净极限下边界附近的局部的自旋极化有什么关系吗? 答案是否定的, 因为自旋–轨道耦合很强, 所以自旋进动和自旋弛豫都很快.

① 注意密度量纲差异带来的三维和二维情况的差异：三维中的 $ek_{\mathrm{F}}/\hbar$ 在二维中变为 $e/\hbar$. 在两种情况下, 都有 $\gamma\sim(k_{\mathrm{F}}l)^{-1}$.

考虑特征能量为 $\Delta_{\rm R}$ 的 Bychkov-Rashba 劈裂. 边界附近的特征长度是自旋进动长度 $L_{\rm s}=\hbar v_{\rm F}/\Delta_{\rm R}$①. 样品内部与边界的距离大于 $L_{\rm s}$ 的位置与表面层没有联系.

为了说明这一点, 考虑一个介观的弹道输运结构, 其平均自由程远大于样品的尺寸. 如图 8.6 所示, 弹道区与作为源–漏接触的电极相连. 在电极之间加上电压 U, 让电流通过样品.

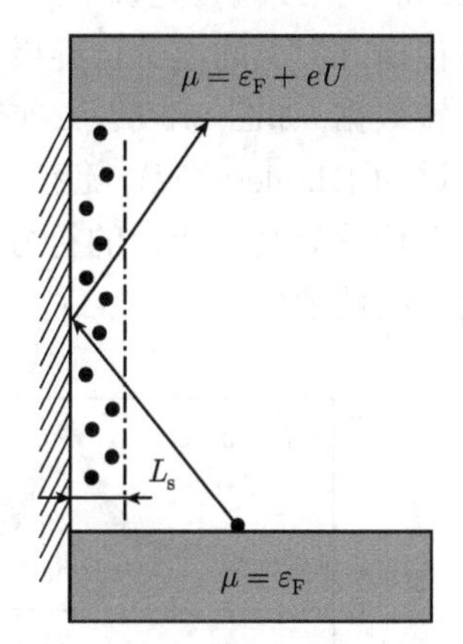

图 8.6　在边界附近带有自旋堆积的弹道结构

考虑边界处的散射. 因为这是弹道输运结构, 我们可以跟踪每一个电子的轨道并给出自旋极化密度 P_z(垂直于二维平面的分量) 的精确解析解[53,54]. 在边界附近自旋进动长度 $L_{\rm s}$ 的范围内, 存在着自旋堆积, 它以距离的幂律从边界开始衰减. 注意, 弹道系统中边缘附近的自旋极化并非来自于电场对电子的加速以及相关的自旋进动. 在理想的弹道输运导体中, 电场等于零. 弹道系统中边缘附近的自旋堆积是因为左行电子与右行电子的数目有差别.

堆积的自旋密度的特征大小为 $P_z\sim eU\Delta_{\rm R}/(\hbar v_{\rm F})^2$, 它对应于自旋层内的自旋极化度 $P\sim(eU/E_{\rm F})(\Delta_{\rm R}/E_{\rm F})$. GaAs 的比值是 $\Delta_{\rm R}/E_{\rm F}\approx10^{-2}$, 当 $eU\sim E_{\rm F}=10{\rm meV}$, 可以得到 $P=1\%$. 矢量 $\boldsymbol{n}\times\boldsymbol{j}$ 定义了 $\boldsymbol{P}$ 的方向, 其中, $\boldsymbol{n}$ 垂直于边界而 $\boldsymbol{j}$ 是电流密度. 这样一来, 与扩散型的自旋霍尔效应一样, 相对边界上堆积的自旋的方向是相反的.

因为样品的宽度远大于 $L_{\rm s}$, 边界处的自旋堆积与样品内部的自旋流没有关系. 在此处考虑的弹道输运的情形中, 我们不能用 P 的扩散方程. 因此, 获得结果所需的边界条件并非某些自旋流等于零, 而是要求两种自旋的波函数 (也就是入射波和反射波之和) 都等于零.

自旋层的宽度等于自旋进动长度 $L_{\rm s}$ (在干净极限下, 它远小于平均自由程 l), 当样品尺寸远大于 l 的时候, 这个结论对于非弹道的情形也成立.

8.5 实　验

这里我们给出一些关于自旋霍尔效应的实验数据. 实验文章的数目仍然比理论文章数目少两个数量级. 半导体中的大部分实验结果是由 Santa Barbara 的 Awschalom 研究小组得到的. 在金属中也有一些重要的工作.

① 有意思的是, 在干净极限和肮脏极限下, 这个表达式都是正确的. 在第二种情况下, $\Delta_{\rm R}\tau_p/\hbar\ll1$, 而 $L_{\rm s}$ 可以等价地表示为 $L_{\rm s}=(\Delta_{\rm s})^{1/2}$, 其中, $1/\tau_{\rm s}\sim\Delta_{\rm R}^2\tau_p/\hbar^2$.

8.5.1 自旋霍尔效应的首次观测

Kato 等[21] 报道了在 GaAs 和 InGaAs 薄膜上用光学方法探测到自旋霍尔效应. 将一束线偏振光调节到半导体的吸收带边. 反射光束的偏振面的变化量度了光束传播方向上的电子自旋极化. 在样品的两个边界处, 扫描外磁场得到典型的克尔旋转数据, 如图 8.7 所示. 这些曲线给出了自旋极化沿着 z 轴方向的投影, 因为自旋进动 (Hanle 效应), 随着外加磁场的增加, 信号逐渐消失. 可以看到, 自旋极化在两个边界处具有相反的符号, 而且, 随着到边界的距离增大而迅速地减小, 在沟道的中间就消失了.

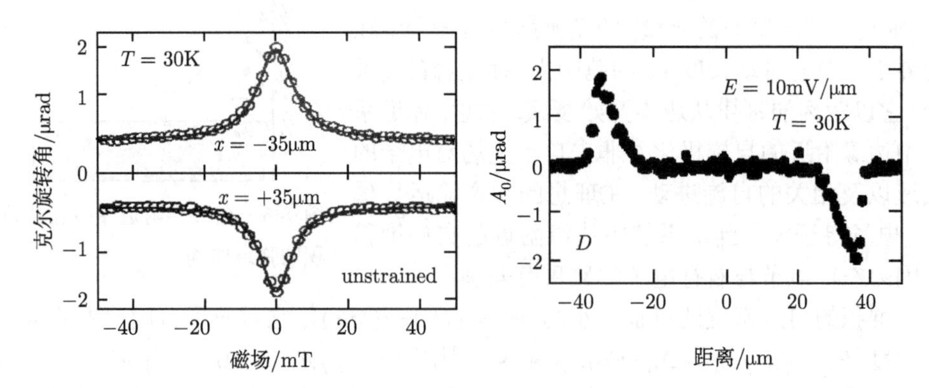

图 8.7 自旋霍尔效应的首次观测[21]. 左图: 在样品的两个相对边缘上, 测量得到的克尔旋转随磁场的变化关系. 右图: 在沟道上克尔旋转的位置依赖关系

无应变样品和有应变样品中的效应都得到了研究. 在有应变的样品中, 没有观察到对晶体方向的显著的依赖关系, 说明散射机制占据主导地位 (参见同一个研究小组后来的文章[55]).

8.5.2 二维空穴的自旋霍尔效应

Wunderlich 等[22](见文献 [56]) 报道了二维空穴系统中自旋霍尔效应的实验观测. 二维空穴层是具有特殊设计的平面几何结构的 p-n 结发光二极管, 在样品相对的两个边界处, 可以进行角度分辨的偏振测量. 通过测量光的圆偏振度来探测自旋. 沿着 x 方向施加一个 p 沟道的电流, 在 p 沟道的发光二极管的一侧施加偏压, 测量沿着 z 方向发射的光的圆偏振.

图 8.8(a) 证明了霍尔效应的出现. 加上偏压之后, 在相应的 p-n 结边界处发出的光就出现了圆偏振, 翻转电流, 就会改变它的符号. 电流固定不变时, 两侧边界上的发光二极管的圆偏振度 ($\approx 1\%$) 如图 8.8(b) 所示. 这两个信号的符号相反, 证实了两个边界处的 P_z 具有相反的方向.

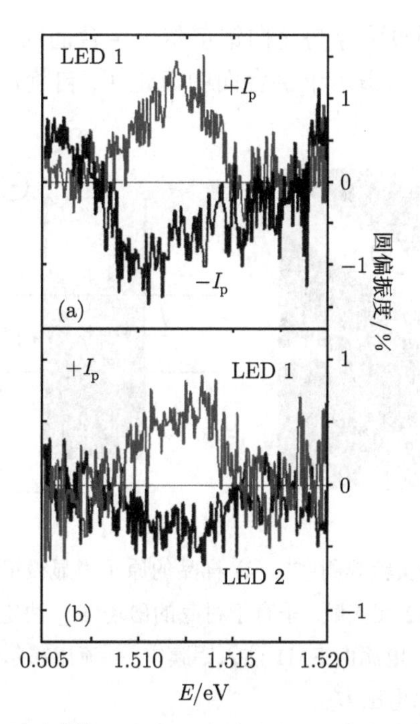

图 8.8　2D 空穴的自旋霍尔效应[22]. (a) 在一个边缘上, 两个电流相反方向上测量得到的圆偏振度; (b) 固定电流在两个相对边缘上的圆偏振度

作者估计, 实验条件接近于干净极限, 他们将边缘处的自旋堆积解释为本征机制, 认为观测到偏振的自旋极化度符合式 (8.42) 的估计. 然而, 并没有直接的实验证据证明观测到的效应来自于本征的机制.

8.5.3　二维电子的自旋霍尔效应

在 (110)AlGaAs 量子阱束缚的二维电子气中, Sih 等[57] 观测到了电流诱导的自旋极化, 他们希望确定主导自旋霍尔效应的机制. 对于 [110] 生长方向, Dresselhaus 场垂直于二维平面[33], 因此, 它对本征的自旋流应该没有贡献. 在沿着 [001] 方向施加直流电压的时候, 测量依赖于磁场的克尔旋转的 Hanle 曲线随电压产生的移动, 就可以测量 Rashba 劈裂. 这样得到的劈裂值非常小. 作者的结论是, 自旋依赖的散射机制主导了观测到的自旋霍尔效应.

8.5.4　金属中逆自旋霍尔效应的观测

Valenzuela 和 Tinkham[58] 用电学方法在铝中测量了逆自旋霍尔效应, 他们使用铁磁电极和隧穿势垒来注入自旋极化流. 他们观测到一个诱导电压, 它完全是因为注入的自旋流转化为非平衡分布的电荷. 这一电压正比于注入自旋的垂直分量, 垂直于自旋流方向和电压探针所决定的平面.

用铁磁电极 FM1 通过隧穿势垒向铝霍尔十字台面的一个臂里注入自旋极化的电子 (图 8.9). 注入电流从霍尔十字台面中流走了, 自旋注入的结果是出现了一个纯自旋流.

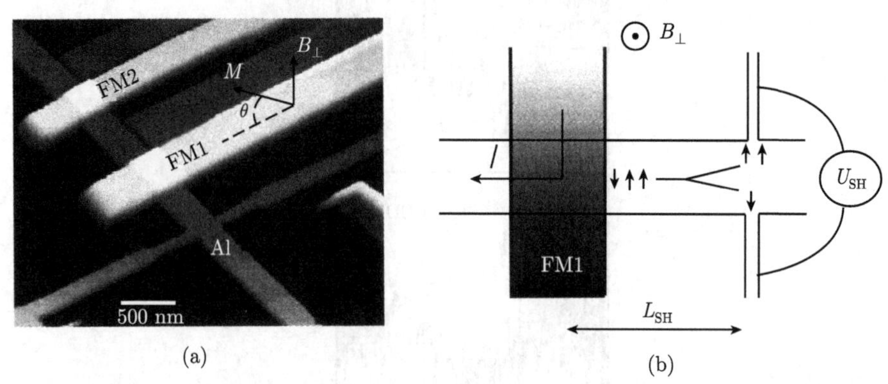

图 8.9　逆自旋霍尔效应的实验观测[58]. (a) 样品的原子力显微镜图像. 一个薄铝霍尔十字与两个铁磁电极 FM1 和 FM2 相接触. 垂直于衬底的磁场 $B_\perp$ 决定了 FM1 和 FM2 的磁化取向, 后者由角度 θ 标定. (b) 电流由 FM1 注入铝膜中, 并流出霍尔十字. 在距离注入点为 L_{SH} 的两个霍尔探头处测量霍尔电压 U_{SH}

由于自旋–轨道相互作用, 自旋流导致了一个横向的电荷非平衡分布, 并产生了一个可测量的电压 U_{SH}. 铝薄膜中出现了自旋的不平衡分布, 自旋方向沿着 FM1 电极的磁化方向. 因此可以预期, 垂直于衬底施加磁场 $\boldsymbol{B}_\perp$ 会让电极的磁化 $\boldsymbol{M}$ 以角度 θ 偏离出衬底平面, 就会改变 U_{SH}. 这样一来, U_{SH} 就应该正比于 $\sin\theta$, 对应于 $\boldsymbol{M}$ 的垂直分量.

图 8.10 给出了 $R_{SH} = U_{SH}/I$ 随 $\boldsymbol{B}_\perp$ 的变化关系. 在大的 $B_\perp$ 值下, R_{SH} 饱和了, 说明这一结果与铁磁电极的磁化方向有关, 这就验证了逆自旋霍尔效应. 将

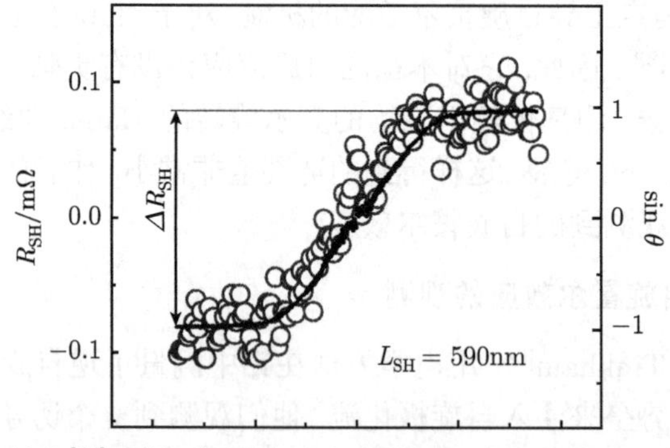

图 8.10　逆自旋霍尔效应[58]. 霍尔电阻 R_{SH} 与垂直磁场 $B_\perp$ 的依赖关系. $L_{SH} = 590nm$. 同时比较了测量得到的 $\sin\theta$

$R_{\mathrm{SH}}(B_{\perp})$ 与垂直于衬底的磁化分量作比较, 进一步支持了这一结论 (图 8.10 中的实线). 它们符合得非常好. 由实验数据可以计算出自旋霍尔电导并得到 $\gamma \sim (1 \sim 3) \times 10^{-4}$.

在一篇非常有趣的文章中, Kimura 等[59] 报道, 利用自旋注入的电学测量, 他们在铂线中观测到了自旋霍尔效应及其逆效应. 即使在室温下都可以观测到这两个效应. 推断出铂的参数 γ 为 3.7×10^{-3}, 远大于铝中得到的参数[58], 这一差别自然是因为铂的自旋–轨道耦合更强.

8.5.5　半导体中的室温自旋霍尔效应

Stern 等[60] 在 n 型 ZnSe 外延层中观测到了自旋霍尔效应, 电子密度 $5\times10^{16} \sim 9\times10^{18}\mathrm{cm}^{-3}$. 基于这一效应的符号和数值, 他们将其归结为散射机制. 最重要的发现是, 可以在室温下 (用克尔旋转技术) 观测到自旋霍尔效应!

8.6　结　　论

自旋霍尔效应是一种新型的输运现象, 很早就有预言, 但最近才观测到. 实验中研究的是三维和二维半导体样品. 在半导体结构和金属中都观测到了逆自旋霍尔效应. 最后, 重要的是, 不仅在低温下可以观测到这些现象, 在室温下也可以. 这一效应也许会像许多人相信的那样具有实际的应用, 也许仅仅是研究固体中自旋相互作用的一个基础研究工具, 目前还很难做出预计.

与研究了很久的奇异霍尔效应类似, 自旋霍尔效应的微观起源仍不确定. 我们希望, 将来的实验工作, 也包括理论工作, 将帮助我们解决这一问题.

附录　推广的运动方程

在考虑轨道运动 (如朗道量子化并不重要的时候) 的情况下, 考虑了自旋以及自旋–轨道相互作用的推广了的玻尔兹曼方程可能是经典地研究自旋现象的最好、最简单而又经济的理论工具. 它可以由单粒子密度矩阵 $\hat{\rho}_{\boldsymbol{p}_1,\boldsymbol{p}_2}(t)$ 的量子方程推导出来. 我们采用动量表象, “小帽子” 表示自旋指标的矩阵:

$$\mathrm{i}\hbar\frac{\partial\hat{\rho}}{\partial t} = \left[\hat{H}, \hat{\rho}\right] \tag{8.47}$$

为了接近经典物理学, 引入了维格纳密度矩阵 $\hat{\rho}(\boldsymbol{r},\boldsymbol{p},t)$, 其中 $\boldsymbol{p} = (\boldsymbol{p}_1 + \boldsymbol{p}_2)/2$, $\boldsymbol{\kappa} = \boldsymbol{p}_1 - \boldsymbol{p}_2$, 对 $\boldsymbol{\kappa}$ 进行傅里叶变换得到

$$\hat{\rho}(\boldsymbol{r},\boldsymbol{p},t) = \int \exp\left(\mathrm{i}\boldsymbol{\kappa}\boldsymbol{r}/\hbar\right)\hat{\rho}_{\boldsymbol{p}+\boldsymbol{\kappa}/2,\boldsymbol{p}-\boldsymbol{\kappa}/2}(t)\frac{\mathrm{d}^3\boldsymbol{\kappa}}{(2\pi\hbar)^3} \tag{8.48}$$

考虑一个哈密顿量 $\hat{H}(\boldsymbol{p})$, 它描述了电子自旋能带劈裂及其与外电场 $\boldsymbol{E}$ 的相互作用 (e 是电子电荷的绝对值):

$$\hat{H}(\boldsymbol{p})=\frac{p^2}{2m}+\hbar\boldsymbol{\Omega}(\boldsymbol{p})\hat{s}+e\boldsymbol{E}\cdot\boldsymbol{r} \tag{8.49}$$

利用式 (8.47) 和式 (8.49), 可以得到 $\hat{\rho}(\boldsymbol{r},\boldsymbol{p},t)$ 的运动学方程:

$$\frac{\partial\hat{\rho}}{\partial t}+\{\hat{v},\nabla\hat{\rho}\}-e\boldsymbol{E}\cdot\frac{\partial\hat{\rho}}{\partial\boldsymbol{p}}+\mathrm{i}\left[\boldsymbol{\Omega}(\boldsymbol{p})\hat{s},\hat{\rho}\right]=\hat{I}(\hat{\rho}) \tag{8.50}$$

其中, $\{A,B\}=(AB+BA)/2$, $\hat{v}=\partial\hat{H}(\boldsymbol{p})/\partial\boldsymbol{p}$ 是电子的速度, 它是一个带有自旋指标的矩阵. 式 (8.50) 的左侧完全来自于式 (8.47). 右侧是碰撞积分, 与传统的玻尔兹曼方程一样, 它是人为添加进来的①. 在碰撞过程中, 必须计算密度矩阵的变化 $\delta\hat{\rho}$, 并对单位时间内所有的碰撞进行求和.

单独碰撞过程中的自旋–轨道相互作用式 (8.51) 使得积分算符 $\hat{I}$ 成为一个带有 4 个自旋指标的矩阵. 在与杂质发生弹性碰撞的时候, 如果在考虑单独的碰撞可以忽略能带劈裂的话, 有[61]

$$\hat{I}\{\hat{\rho}(\boldsymbol{p})\}_{\mu\mu'}=\int\mathrm{d}\Omega_{p'}\left\{W^{\mu\mu'}_{\mu_1\mu_1'}\rho_{\mu_1\mu_1'}(\boldsymbol{p}')-\frac{1}{2}\left[W^{\mu\mu_1}_{\mu_2\mu_2}\rho_{\mu_1\mu'}(\boldsymbol{p})+\rho_{\mu\mu_1}(\boldsymbol{p})W^{\mu_1\mu'}_{\mu_2\mu_2}\right]\right\} \tag{8.51}$$

此时, 要对重复的指标进行求和. 这个表达式就是考虑了自旋–轨道耦合效应的推广了的玻尔兹曼碰撞积分. 如果可以忽略碰撞过程中的自旋–轨道相互作用, 它就缩减为传统的玻尔兹曼项. 跃迁概率矩阵 $\hat{W}$ 可以通过式 (8.27) 中的散射振幅 $\hat{F}^{p}_{p'}$ 来表示:

$$W^{\mu\mu'}_{\mu_1\mu_1'}=NvF^{\mu p}_{\mu_1 p'}\left(F^{\mu' p}_{\mu_1' p'}\right)^* \tag{8.52}$$

其中, N 为杂质浓度 ,$v=p/m=p'/m$ 是电子速度, $F^{\mu p}_{\mu_1 p'}$ 是从初态 $\mu_1 p'$ 到终态 μp 的跃迁的散射振幅.

在考虑碰撞的时候, 特别是在处理密度矩阵的能带的非对角指标的矩阵元的时候, 到底能不能忽略自旋能带劈裂, 这是一个微妙的问题②.

式 (8.50) 类似于通常的玻尔兹曼方程, 主要差别在于碰撞积分的形式和自旋能带劈裂带来的额外的对易项. 通过加入 $\hat{\boldsymbol{\rho}}=(1/2)f\hat{I}+2S\hat{s}$, 可以将它分解为两个耦合方程, 其中相空间中的粒子分布和自旋分布与 $\hat{\boldsymbol{\rho}}$ 的关系如下:

$$f(\boldsymbol{r},\boldsymbol{p},t)=\mathrm{Tr}(\hat{\boldsymbol{\rho}}),\quad \boldsymbol{S}(\boldsymbol{r},\boldsymbol{p},t)=\mathrm{Tr}(\hat{s}\hat{\boldsymbol{\rho}}) \tag{8.53}$$

① 与经典的玻尔兹曼方程类似, 可以利用运动学理论的通常假设来推导出这一项.

② 对于自旋流的 “本征” 机制来说, 这一点可能是重要的, 此时出现自旋流是因为外加电场混合了不同能带中的态. 杂质电势也是如此, 必须非常仔细地确认, 已经包括了所有的量级为 $(\Omega(p)\tau_p)^{-1}$ 的修正. “普适自旋霍尔电导” 的教训告诉我们对这些东西必须非常小心.

本章中使用的自旋极化密度 $\boldsymbol{P}(\boldsymbol{r})$ 与分布 $\boldsymbol{S}$ 的关系为 $\boldsymbol{P}(\boldsymbol{r}) = 2\int \boldsymbol{S}(\boldsymbol{r},\boldsymbol{p})\,\mathrm{d}^3\boldsymbol{p}$. 从式 (8.50) 可以得出关于 f 和 $\boldsymbol{S}$ 的公式:

$$\frac{\partial f}{\partial t} + \frac{p_i}{m}\frac{\partial f}{\partial x_i} - eE_i\frac{\partial f}{\partial p_i} + \frac{\partial \Omega_j}{\partial p_i}\frac{\partial S_j}{\partial x_i} = \mathrm{tr}\left(\hat{I}\right) \tag{8.54}$$

$$\frac{\partial S_k}{\partial t} + \frac{p_i}{m}\frac{\partial S_k}{\partial x_i} - eE_i\frac{\partial S_k}{\partial p_i} + \frac{1}{4}\frac{\partial \boldsymbol{\Omega}_j}{\partial p_i}\frac{\partial f}{\partial x_i} - [\boldsymbol{\Omega}(\boldsymbol{p}) \times \boldsymbol{S}]_k = \mathrm{tr}\left(\hat{s}_k\hat{I}\right) \tag{8.55}$$

在空间各向同性的情况下, 可以将这些公式进一步简化.

它们包含了半导体中绝大多数的自旋相关的物理过程：自旋弛豫、自旋扩散、自旋流和电流的耦合 (由于斜散射以及本征的机制) 等. 用通常的方式将磁场考虑进来以后, 可以用它们来研究自旋弛豫和自旋输运中的磁效应. 可以推导出相似的, 然而更为复杂的方程, 分析价带中的 $J = 3/2$ 的空穴和无带隙半导体中的载流子[24]. 与其他更为复杂的技术相比, 基于运动学方程的方法的优点在于, 它更为清楚, 可以利用处理玻尔兹曼方程时积累下来的物理直觉. 在并非必要的地方, 它也避免了使用量子力学.

致谢

我们感谢与 Maria Lifshits 进行的有益讨论.

参考文献

[1] M.I. Dyakonov, V.I. Perel, Pis'ma Z. Eksp. Teor. Fiz. **13**, 657 (1971); JETP Lett. **13**, 467 (1971)

[2] M.I. Dyakonov, V.I. Perel, Phys. Lett. A **35**, 459 (1971)

[3] H. Senftleben, Z. Phys. **31**, 822 (1930)

[4] H. Senftleben, Z. Phys. **31**, 961 (1930)

[5] C.J. Gorter, Naturwissenschaften. **26**, 140 (1938)

[6] L. Gorelik, Pis'ma Z. Eksp. Teor. Fiz. **33**, 403 (1981); Sov. Phys. JETP Lett. **33**, 387 (1981)

[7] N.S. Averkiev, M.I. Dyakonov, Pis'ma Z. Eksp. Teor. Fiz. **35**, 196 (1982); Sov. Phys. JETP Lett. **35**, 242 (1982)

[8] M.I. Dyakonov, Phys. Rev. Lett. **99**, 126601 (2007)

[9] E.H. Hall, Philos. Mag. **10**, 301 (1880)

[10] E.H. Hall, Philos. Mag. **12**, 157 (1881)

[11] J. Smit, Physica. **17**, 612 (1951)

[12] J. Smit, Physica. **21**, 877 (1955)

[13] J. Smit, Physica. **24**, 29 (1958)

[14] R. Karplus, J.M. Luttinger, Phys. Rev. **95**, 1154 (1954)

[15] J.N. Chazalviel, I. Solomon, Phys. Rev. Lett. **29**, 1676 (1972)

[16] M.I. Miah, J. Phys. D: Appl. Phys. **40**, 1659 (2007)

[17] N.S. Averkiev,M.I. Dyakonov, Fiz. Tekh. Poluprovodn. **17**, 629 (1983); Sov. Phys. Semicond. **17**, 393 (1983)

[18] A.A. Bakun, B.P. Zakharchenya, A.A. Rogachev, M.N. Tkachuk, V.G. Fleisher, Pis'ma Z. Eksp. Teor. Fiz. **40**, 464 (1984); Sov. Phys. JETP Lett. **40**, 1293 (1984)

[19] M.N. Tkachuk, B.P. Zakharchenya, V.G. Fleisher, Z. Eksp. Teor. Fiz. Pis'ma **44**, 47 (1986); Sov. Phys. JETP Lett. **44**, 59 (1986)

[20] J.E. Hirsh, Phys. Rev. Lett. **83**, 1834 (1999)

[21] Y.K. Kato, R.C. Myers, A.C. Gossard, D.D. Awschalom, Science **306**, 1910 (2004)

[22] J. Wunderlich et al., Phys. Rev. Lett. **94**, 047204 (2005)

[23] J. Shi, P. Zhang, D. Xiao, Q. Niu, Phys. Rev. Lett. **96**, O76604 (2006)

[24] M.I. Dyakonov, A.V. Khaetskii, Z. Eksp. Teor. Fiz. **86**, 1843 (1984); Sov. Phys. JETP **59**, 1072 (1984)

[25] A.V. Khaetskii, Fiz. Tekh. Poluprovodn **18**, 1744 (1984); Sov. Phys. Semicond. **18**, 1091 (1984)

[26] N.F. Mott, H.S.W. Massey, *The Theory of Atomic Collisions*, 3rd edn. (Clarendon Press, Oxford, 1965)

[27] M.I. Dyakonov, V.I. Perel, Fiz. Tekh. Poluprov. **10**, 350 (1976); Sov. Phys. Semicond. **10**, 208 (1976)

[28] D.A. Abanin, A.V. Shytov, L.S. Levitov, B.I. Halperin, Nonlocal charge transport mediated by spin diffusion in the Spin-Hall Effect, arXiv: 0708.0455 (2007)

[29] E.L. Ivchenko, G.E. Pikus, Sov. Phys. JETP Lett. **27**, 604 (1978)

[30] V.I. Belinicher, Phys. Lett. A **66**, 213 (1978)

[31] V.I. Belinicher, B.I. Sturman, Usp. Fiz. Nauk **130**, 415 (1980)

[32] V.M. Asnin, A.A. Bakun, A.M. Danishevskii, E.L. Ivchenko, G.E. Pikus, A.A. Rogachev, Solid State Commun. **30**, 565 (1979)

[33] M.I. Dyakonov, V.Yu. Kachorovskii, Sov. Phys. Semicond. **20**, 110 (1986)

[34] Y.A. Bychkov, E.I. Rashba, J. Phys. C **17**, 6039 (1984)

[35] V.K. Kalevich, V.I. Korenev, I.A. Merkulov, Solid State Commun. **91**, 559 (1994)

[36] N.A. Sinitsyn, J. Phys. Condens. Matter. **20**, 023201 (2008); arXiv:0712.0183

[37] H.-A. Engel, E.I. Rashba, B.I. Halperin, *Handbook of Magnetism and Advanced Magnetic Materials*, vol. 5 (Wiley, New York, 2006), p. 2858; arXiv:cond-mat/0603306

[38] N.F. Mott, Proc. R. Soc. A **124**, 425 (1929)

[39] L. Berger, Phys. Rev. B **2**, 4559 (1970)

[40] L. Berger, Phys. Rev. B **6**, 1862 (1972)

[41] L.D. Landau, E.M. Lifshits, *Quantum Mechanics. Non-relativistic Theory*, 3rd edn. (Elsevier Science, Oxford, 1977)
[42] V.N. Abakumov, I.N. Yassievich, Z. Eksp. Teor. Fiz. **61**, 2571 (1971); Sov. Phys. JETP **34**, 1375 (1971)
[43] P. Nozières, C. Lewiner, J. Phys. (Paris) **34**, 901 (1973)
[44] S.K. Lyo, T. Holstein, Phys. Rev. Lett. **29**, 423 (1972)
[45] V.F. Gantmakher, Y.B. Levinson, *Carrier Scattering in Metals and Semiconductors* (North-Holland, Amsterdam, 1987)
[46] S. Murakami, N. Nagaosa, S.-C. Zhang, Science **301**, 1348 (2003)
[47] J. Sinova, D. Culcer, Q. Niu, N.A. Sinitsyn, T. Jungwirth, A.H. MacDonald, Phys. Rev. Lett. **92**, 126603 (2004)
[48] E.G. Mishchenko, A.V. Shytov, B.I. Halperin, Phys. Rev. Lett. **93**, 226602 (2004)
[49] O.V. Dimitrova, Phys. Rev. B **71**, 245327 (2005)
[50] R. Winkler, *Spin-Orbit Coupling Effects in Two-Dimensional Electron and Hole Systems* (Springer, Berlin, 2003)
[51] A.V. Shytov, E.G. Mishchenko, H.-A. Engel, B.I. Halperin, Phys. Rev. B **73**, 075316 (2006)
[52] A. Khaetskii, Phys. Rev. B **73**, 115323 (2006)
[53] V.A. Zyuzin, P.G. Silvestrov, E.G. Mishchenko, Phys. Rev. Lett. **99**, 106601 (2007)
[54] A.V. Khaetskii, E.V. Sukhorukov, to be published
[55] V. Sih, V.H. Lau, R.C. Myers, V.R. Horowitz, A.C. Goassard, D.D. Awschalom, Phys. Rev. Lett. **97**, 096605 (2006)
[56] K. Nomura, J.Wunderlich, J. Sinova, B. Kaestner, A.H. MacDonald, T. Jungwirth, Phys. Rev. B **72**, 245330 (2005)
[57] V. Sih, R.C.Myers, Y.K.Kato, W.H. Lau, A.C. Gossard, D.D. Awschalom, Nat. Phys. **1**, 31 (2005)
[58] S.O. Valenzuela, M. Tinkham, Nature **442**, 176 (2006)
[59] T. Kimura, Y. Otani, T. Sato, S. Takahashi, S. Maekawa, Phys. Rev. Lett. **98**, 156601 (2007)
[60] N.P. Stern, S. Ghosh, G. Xiang, M. Zhu, N. Samarth, D.D. Awschalom, Phys. Rev. Lett. **97**, 126603 (2006)
[61] M.I. Dyakonov, V.I. Perel, Decay of atomic polarization moments, in: *Proc. 6th Intern. Conf. on Atomic Physics*, Riga, 1978, p. 410

第 9 章　自旋光电流效应

E. L. Ivchenko, S. Ganichev

9.1　导论：唯象描述

固态系统中电子和空穴的自旋是一个已经得到广泛深入研究的量子力学性质，它们给出了丰富多彩、引人入胜的物理现象. 光学取向是最常用的、强有力的产生和研究自旋的方法之一[1]. 除了像圆偏振光光致荧光谱这样的单纯的光学现象之外, 用光学方法在半导体中产生非平衡的自旋分布, 也可以导致自旋光电流.

光在半导体中传播, 作用在运动的载流子上, 它能够在短路的条件下产生直流电流, 或者在开路的样品中产生电压. 在本章中, 我们只考虑这样的光电流效应 (photogalvanic effects, PGE), 即根据定义, 它的出现既不是因为光激发电子–空穴对的不均匀性, 也不是因为样品的不均匀性. 此外, 我们将注意力集中于自旋光电流效应, 讨论如下效应的自旋相关机制：圆偏振光电流效应、自旋–电流效应、逆自旋–电流效应或电流引起的自旋极化、纯自旋光电流的产生和磁–旋磁光电流效应.

所有在本章中讨论的依赖于自旋的光电流效应, 如有可能产生依赖于偏振度的电流, 在不同的辐射偏振度、晶格取向、实验配置等条件下的表现等, 都可以在一个唯象理论的框架中进行描述, 这一理论使用传统的矢量 (也称为极矢量) 和描述旋转的赝矢量 (也称为轴矢量), 而且, 它不依赖于微观机制的细节. 下面我们逐个地考虑不同的自旋光电流效应的唯象理论.

9.1.1　圆偏振光电流效应

圆偏振光电流效应的光电流特征是, 它只在圆偏振光照射下出现, 当圆偏振的符号改变的时候, 光电流也改变方向. 从物理上来说, 可以将圆偏振光电流视为光子的角动量被转换为自由电荷载流子的平动. 它是将旋转运动转化为直线运动的力学系统的电子类比物. 一般来说, 这种转换存在两种不同的可能性：第一种是基于轮子效应, 当一个与平面有力学接触的轮子旋转的时候, 它就同时作为一个整体沿着表面运动; 第二种变换基于螺钉效应, 就像一个螺钉或推进器演示的那样. 在这两种情况下, 改变旋转的方向都会导致运动的反向, 就像圆偏振光电流会随着光子手征性 (用圆偏振度 P_c 来描述) 的改变而反向一样.

唯象的说, 圆偏振光电流 $\boldsymbol{j}$ 可以用一个二阶赝张量来描述：

$$j_\lambda = I\gamma_{\lambda\mu} i\left(\boldsymbol{e}\times\boldsymbol{e}^*\right)_\mu = IP_{\mathrm{c}}\gamma_{\lambda\mu}n_\mu \tag{9.1}$$

其中, $\boldsymbol{n}$ 为激发光束传播方向的单位矢量, I 为光强, $\boldsymbol{e}$ 为偏振的单位矢量. 在本章中, 重复的下标表示要对此下标进行求和. 在体材料半导体或超晶格中, 指标 λ 包括所有的 3 个笛卡儿坐标 x, y, z. 在量子阱结构中, 沿着生长方向的自由载流子的运动是量子化的, 指标 λ 包括两个平面内的坐标. 在量子线里, 只能沿着一个轴向即结构的主轴方向做自由运动, 因此坐标 λ 平行于此轴. 另外, 光偏振的单位矢量 $\boldsymbol{e}$ 和方向单位矢量 $\boldsymbol{n}$ 可以指向空间的任何方向, 因此, $\mu = x, y, z$. 式 (9.1) 中的张量 $\boldsymbol{\gamma}$ 将极矢量 $\boldsymbol{j}$ 与轴矢量 $\boldsymbol{e}\times\boldsymbol{e}^*$ 联系起来, 对于具有光学活性或者旋光性的点群来说, 轴矢量 $\boldsymbol{e}\times\boldsymbol{e}^*$ 不等于零. 提醒读者注意, 旋光性点群对称性不区分极矢量 (如电流和电子动量) 和轴矢量 (如磁场和自旋) 的各个分量. 在 21 个缺少反演对称性的晶体类中, 18 个是旋光性的. 3 个非旋光性的非中心对称类为 T_{d}、C_{3h} 和 D_{3h}.

9.1.2 自旋–电流效应和逆自旋–电流效应

自旋–电流效应的另一个根源是光学自旋取向. 如果系统具有旋光性的对称性, 那么用包括光学方法在内的任何方法得到的均匀的非平衡自旋极化都会产生一个电流. 电流 $\boldsymbol{j}$ 和自旋 $\boldsymbol{S}$ 通过一个二阶赝张量联系起来

$$j_\lambda = Q_{\lambda\mu}S_\mu \tag{9.2}$$

这个方程表明, 电流的方向与辐射手征性给出的非平衡自旋的方向有关. 自旋–电流效应的逆效应是直流电流引起的电子自旋极化, 也就是

$$S_\mu = R_{\mu\lambda}j_\lambda \tag{9.3}$$

注意旋光性引起的效应的特点, 即式 (9.1)~ 式 (9.3) 的相似性：3 个方程都是将一个极矢量和一个轴矢量线性地耦合起来.

9.1.3 纯粹的自旋光电流

当描述依赖于自旋的现象的时候, 除了电流以外, 还需要引入自旋流. 类似于第 8 章中的记号, 我们用 $q_{\lambda\mu}$ 来表示自旋流密度, 其中 μ 为自旋的取向而 λ 为流的方向. 特别有意思的是纯粹自旋流的产生, 此时没有电流, 但是, $q_{\lambda\mu}$ 至少有一个分量不为零. 四阶张量 $\boldsymbol{P}$ 将赝张量 $\boldsymbol{q}$ 与光强和偏振联系起来：

$$q_{\lambda\mu} = IP_{\lambda\mu\nu\eta}e_\nu e_\eta^* \tag{9.4}$$

在所有缺少反演对称中心的系统中有非零分量. 然而, 旋光性点群中极矢量和轴矢量的分量的等价性给出了纯粹自旋流的一种新的重要机制, 它与电子能带的自旋–轨道劈裂有关.

9.1.4　磁致光电流效应

我们考虑的效应还包括磁场引起的光电流, 它属于磁致光电流效应这一类, 由下述唯象公式表示

$$j_\lambda = I\Phi_{\lambda\mu\nu\eta}B_\mu e_\nu e_\eta^* \tag{9.5}$$

其中,$\boldsymbol{B}$ 为外磁场. 张量 $\boldsymbol{\Phi}$ 的对称性质与 $\boldsymbol{P}$ 相同. 在本章中, 我们将考虑线偏振辐射引起的磁致旋光性的光电流, 它与零磁场下产生的纯自旋流有着直接的联系.

9.2　圆偏振光电流效应

9.2.1　历史背景

Ivchenko、Pikus[2] 和 Belinicher[3] 各自独立地预言了圆偏振光电流效应. Asnin 等[4] 首先在碲化物晶体中观测并研究了它, 更多的参考文献见于图书[5]. 在碲化物中, 第一布里渊区边界处的价带边的自旋劈裂 (“驼峰” 结构) 产生了电流. 虽然闪锌矿结构的材料 (如 GaAs 及相关化合物) 和金刚石结构的晶体 (如硅和锗) 都没有这一效应, 但是在量子阱结构中, 因为对称性的降低, 圆偏振光电流效应是可以发生的. Ganichev 等用太赫兹辐射在旋光性的量子阱中观测到了圆偏振光电流效应[6]. 在本章里, 我们讨论沿着 [001], [113] 和 [110] 方向生长的量子阱结构中的圆偏振光电流效应, 用实验数据来证实和概述子带间和带间光学跃迁下的这一效应的微观理论.

9.2.2　基本实验

用偏振辐射来照射量子阱结构, 可以在没有偏压的样品中产生一个正比于手征性 P_c 的电流信号. 被照射的样品代表一个电流源, 电流从那里流入量子阱中, 见图 9.1(c) 中的示意图. 在图 9.1(a) 和 (b) 中, 用波长 $\lambda = 76\mu\mathrm{m}$ 的 100ns 激光脉冲的照射样品, 测量 50Ω 负载电阻上的电压降. 图中给出了右圆偏振 (a) 和左圆偏振 (b) 激发下的信号以及用一个快速光探测器测到的参考信号 (d)[7,8]. 电流脉冲的宽度大约为 100ns, 对应于太赫兹激光脉冲的宽度.

在室温下, (113) 衬底上生长的 p 型 GaAs/AlGaAs 多量子阱在垂直照射下的测量结果如图 9.2(a) 所示, 同时还有 (001) 衬底上生长的 n 型 InAs/AlGaSb 单量子阱结构在倾斜照射下的结果. 激发光采用一个高功率的太赫兹脉冲 NH_3 激光器, 其工作波长为 $\lambda = 76\mu\mathrm{m}$. 改变波片的光轴与激光辐射的偏振面之间的夹角 φ, 就可以用一个 1/4 波片来将激光发出的线偏振光变为椭圆偏振的辐射. 这样一来, 入射光的圆偏振度 P_c 从 -1(左圆偏 σ^-) 变化到 $+1$ (右圆偏 σ^+)

$$P_\mathrm{c} = \sin 2\varphi \tag{9.6}$$

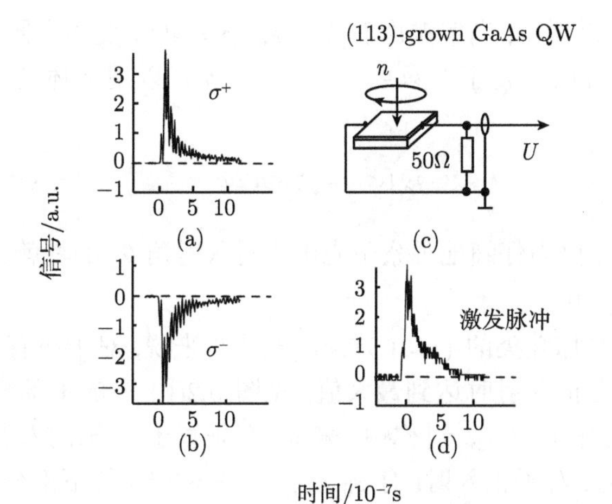

图 9.1 用波长为 $\lambda = 76\mu m$ 的脉冲光激发 (113) 晶面生长 n 型 GaAs 量子阱, 在示波器上得到的轨迹. (a) 和 (b) 分别给出 σ^+ 和 σ^- 圆偏振光的光电流效应信号. 作为比较, (d) 图给出了一个快速光探测器的信号脉冲; (c) 测量装置示意图. 根据文献 [7]

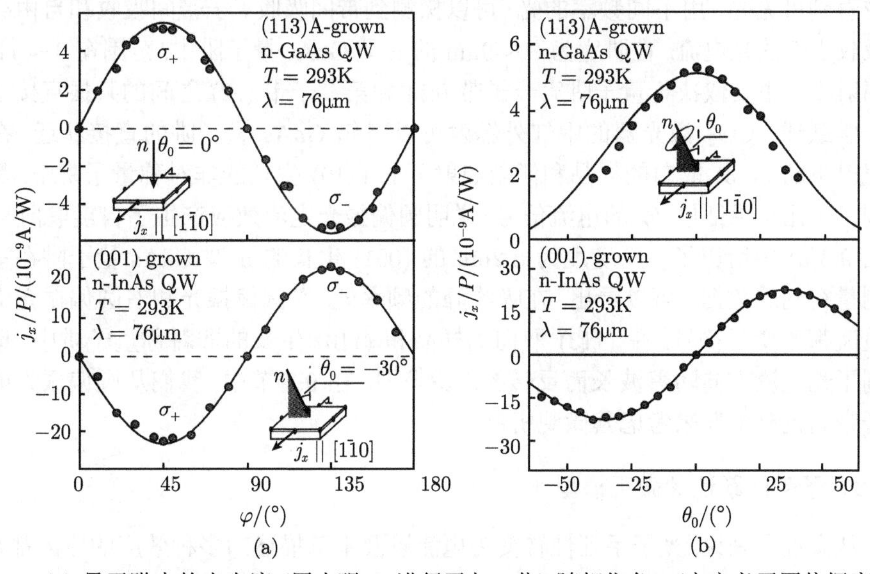

图 9.2 (a) 量子阱中的光电流 (用光强 P 进行了归一化) 随相位角 φ(它定义了圆偏振度) 的变化关系. 插图给出了实验构型. 上图：辐射垂直于 (113) 面生长的 p 型 GaAs/AlGaAs 量子阱 (对称类 C_s) . 电流 j_x 沿着 $[1\bar{1}0]$ 方向, 与镜面垂直. 下图：辐射以角度 $\theta_0 = -30°$ 倾斜照射到 (001) 面生长的 n 型 InAs/AlGaSb 量子阱 (对称类 C_{2v}). 实线是根据式 (9.7) 进行的单参数拟合. (b) 用右圆偏振辐射 σ^+ 时, 垂直于光传播方向测量得到的光电流 θ_0 随入射角的变化关系. 上图：(113) A 面生长的 p 型 GaAs/AlGaAs 量子阱. 下图：(001) 面生长的 n 型 InAs/AlGaSb 量子阱. 实线表示理论拟合. 根据文献 [6]

从图 9.2(a) 可以看出, 当偏振由右圆偏振 ($\varphi = 45°$) 变为左圆偏振 ($\varphi = 135°$) 的时候, 光电流的方向反转了. 只要一个参数, 就可以用下述公式很好地拟合实验点:

$$j_\lambda(\varphi) = j_\lambda^0 \sin 2\varphi \tag{9.7}$$

在图 9.2(b) 中, 更为仔细地观察了光电流对入射角 θ_0 的依赖关系, 此时, 入射平面垂直于轴 $x//[1\bar{1}0]$.

对于属于 C_s 对称性类的 (113) 方向的量子阱来说, 对于所有的 θ_0, 电流保持其符号不变, 而且在正入射时达到最大值 (见图 9.2(b) 中的上部分). 对非对称的 (001) 方向的量子阱样品 (C_{2v} 对称性) 来说, 在垂直于 x 轴的入射平面上变化 θ_0 可以改变 j_x 的符号, 对于正入射, 有 $\theta_0 = 0$, 如图 9.2(b) 的下部分所示. 此图中的实线是用唯象式 (9.1) 得到的拟合结果, 它满足相应的对称性, 并且与实验结果符合得很好.

进一步的实验证实, 可以产生圆偏振光电流效应的辐射的频率范围很宽, 从太赫兹直到可见光. 用不同频率的光, 可以探测到带间吸收、子带间吸收和自由载流子吸收引起的光电流. 在阱宽为 8 ~ 9nm 的 n 型 GaAs 量子阱中, 范围在 9 ~ 11μm 的辐射吸收主要取决于量子阱第一子带 (e1) 和第二子带 (e2) 之间的共振直接子带间光学跃迁. CO_2 激光器的中红外辐射可以引起 GaAs 量子阱的直接跃迁, 在垂直照射下的 (113) 取向的样品和倾斜照射下的 (110) 生长的非对称量子阱中, 都观测到了正比于手征性 P_c 的电流信号, 说明圆偏振光电流效应产生了自旋取向[9,10]. 在图 9.3(a) 中给出了一个宽度为 8.2nm 的 (001) 生长的 n 型 GaAs 量子阱在室温下测量得到的数据. 可以看出, 在吸收峰的频率处, 左圆偏振光和右圆偏振光引起的电流都改变了符号. 在 (113) 取向的样品和 (110) 生长的非对称量子阱中, 也观测到了光电流方向随着波长而反转的现象[9,10]. 在 9.3 节中, 我们从圆偏振光电流的子带间机制出发来考虑其微观机制.

9.2.3　子带间跃迁的微观模型

从微观上来说, 光子手征性转变为电流以及本章描述的多种效应的原因都是 k 空间自旋简并消失引起了两个自旋子能带的相对移动, 如图 9.3(b) 所示. 因此, 在讨论光电流的起源之前, 我们简要地描述能带的自旋劈裂.

9.2.4　与 k 线性项的关系

在以波矢 $\boldsymbol{k}$ 的幂级数展开的电子有效哈密顿量中, $\boldsymbol{k}$ 的线性项由下式给出

$$H_k^{(1)} = \beta_{\mu\lambda}\boldsymbol{\sigma}_\mu k_\lambda \tag{9.8}$$

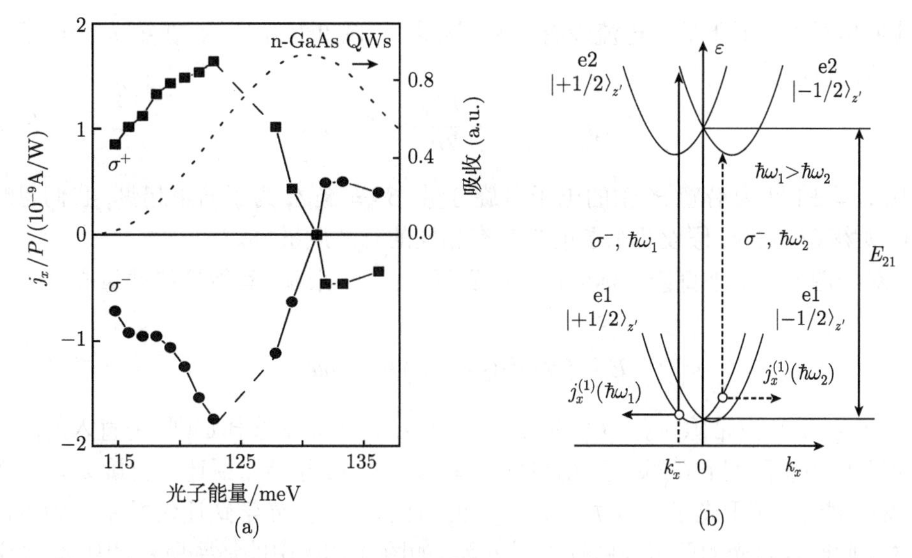

图 9.3 (a) 量子阱中的光电流 (用光强 P 进行了归一化) 随光子能量 $\hbar\omega$ 的变化关系. 测量的是室温下的 (001) 面生长的阱宽为 n 型 8.2nm 的 GaAs/AlGaAs 量子阱. 右圆偏振 σ^+(方块) 和左圆偏振 σ^- (圆点) 辐射的入射倾角为 $\theta_0 = 20°$. 测量垂直于光入射平面 (y, z) 的电流 j_x. 点状线给出了傅里叶变换红外光谱仪的吸收测量结果. 根据文献 [9]. (b) 圆偏振光电流电流的起源及其在 C_s 点群样品中谱反转的微观图像. 要点在于, 导带由于 k 线性项而发生劈裂. 左圆偏振辐射 σ^- 诱导了从 $s = 1/2$ 的 e1 子带到 $s = -1/2$ 的 e2 子带的直接自旋翻转跃迁 (垂直箭头). 因此, k_x 态的非平衡占据就产生了自旋极化的光电流. 当跃迁对应的 k_x 位于 e1 $(s = 1/2)$ 子带的最小值的左方时, j_x 描述的电流是负的. 当 ω 变得更小的时候, 跃迁发生在子带最小值的右方的 k_x 处, 因此, 电流改变了符号

其中, 系数 $\beta_{\mu\lambda}$ 为一个赝张量, 与电流到自旋变化的张量 $\boldsymbol{R}$ 或转置的赝张量 $\boldsymbol{\gamma}$ 和 $\boldsymbol{Q}$ 具有相同的对称性的限制. 由泡利自旋矩阵 $\boldsymbol{\sigma}_\mu$ 与波矢分量 k_λ 的乘积描述的电子自旋与动量之间的耦合, 以及依赖于自旋的光学跃迁选择定则给出了一个净电流, 它对圆偏振光激发非常敏感. k 线性项的起源在于体材料反演不对称性导致的 Dresselhaus 项[11], 包括可能的界面反演不对称性[12,13], 以及结构反演不对称性引起的 Rashba 项[14] (综述见相关文献[7,15,16]).

9.2.5 子带间跃迁导致的圆偏振光电流效应

图 9.3(b) 给出了导致圆偏振光电流效应的子带间跃迁 e1 → e2. 为了更为清楚地描述其中的物理过程, 我们首先考虑, 在对称性为 $C_{\rm s}$ 的量子阱中. 例如, 在 (113) 方向生长的量子阱中, 正入射情况下产生的子带间圆偏振光电流. 采用的相关坐标系是 $x//[1\bar{1}0], y'//[33\bar{2}], z'//[113]$. 在 k 线性的哈密顿量中, 我们仅保留 $\boldsymbol{\sigma}_{z'}k_x$ 项, 因

为其他项对正入射下的光电流没有贡献. 因此, 如图 9.3(b) 所示, 在第 ν 个电子子带中能量色散关系为

$$E_{\mathrm{e}\nu,\boldsymbol{k},s} = E_\nu^0 + \frac{\hbar^2 k^2}{2m_\mathrm{c}} + 2s\beta_\nu k_x \tag{9.9}$$

其中, $s = \pm 1/2$ 为沿着 z' 轴的电子自旋分量, $\beta_\nu = \beta_{z'x}^{(\nu)}$, 为了简单起见, 我们忽略了非抛物线型效应, 假设两个子能带具有相同的有效质量 m_c.

对于图 9.3 中垂直箭头标明的直接跃迁 e1→e2 来说, 其能量和动量守恒关系为

$$E_{21} + 2\left(s'\beta_2 - s\beta_1\right) k_x = \hbar\omega$$

其中, E_{21} 为 Γ 点带隙 $E_2^0 - E_1^0$, 而 $s's = \pm 1/2$. 由于光学选择定则, 垂直入射的左圆偏振光引起了直接光学跃迁, 由自旋 $s = +1/2$ 的 e1 子能带跃迁到自旋 $s = -1/2$ 的 e2 子能带. 对于光子能量 $\hbar\omega_1 > E_{21}$ 的单色光来说, 光学跃迁仅发生在确定值 k_x^- 处, 此时入射光的能量与跃迁能量匹配, 如图 9.3(b) 中的箭头所示. 因此, 光学跃迁导致了两个子能带中动量分布的不平衡, 产生了一个沿着 x 方向的电流, 其中 e1 和 e2 的贡献分别与 x 平行 ($\boldsymbol{j}^{(1)}$) 或反平行 ($\boldsymbol{j}^{(2)}$). 在 n 型量子阱中, 因为 e1 和 e2 子能带的能量差通常要大于纵向光学声子的能量 $\hbar\omega_\mathrm{LO}$, 在 e2 子能带上的非平衡分布的电子很快就因为发射声子而弛豫了. 因此, 电流 $\boldsymbol{j}^{(2)}$ 为零, 电流的大小和方向取决于 $\boldsymbol{j}^{(1)}$, 也就是说, 取决于自旋 $s = +1/2$ 的 e1 子能带中未被补偿的电子的群速度和动量弛豫时间 τ_p. 将左圆偏振变为右圆偏振, 根据光学选择定则, 光激发的仅仅是自旋向下的子能带. 这样一来, 整个图像就颠倒了, 电流方向也发生了反转. 偏振固定不变的时候, 光电流随着光频率的反转也服从图 9.3(b) 中的模型. 实际上, 减小光子频率使得 $\hbar\omega_2 < E_{21}$, 跃迁就会移向正的 k_x, 从而电流的方向发生反转 (水平的虚线箭头).

形式上, 可以这样来描述这一过程. 当偏振 $\boldsymbol{e} \perp z'$ 的时候, 直接子带间吸收仅对自旋翻转跃迁才允许, 即对于 σ^+ 光子的 $(\mathrm{e1}, -1/2) \to (\mathrm{e2}, 1/2)$ 和 σ^- 光子的 $(\mathrm{e1}, 1/2) \to (\mathrm{e2}, -1/2)$. 特别是, 在 σ^- 光激发下, 跃迁涉及的电子的波矢的 x 分量固定不变

$$k_x^- = -\frac{\hbar\omega - E_{21}}{\beta_2 + \beta_1} \tag{9.10}$$

速度为

$$v_x^{(\mathrm{e}\nu)} = \frac{\hbar k_x^-}{m_\mathrm{c}} + (-1)^{\nu+1}\frac{\beta_\nu}{\hbar} \tag{9.11}$$

圆偏振光电流可以被写为

$$j_x^{(\mathrm{e1})} = e\left(v_x^{(\mathrm{e2})}\tau_p^{(2)} - v_x^{(\mathrm{e1})}\tau_p^{(1)}\right)\frac{\eta_{21} I}{\hbar\omega} P_\mathrm{c} \tag{9.12}$$

其中, $\tau_p^{(\nu)}$ 为第 ν 个子带中的电子动量弛豫时间, η_{21} 为所考虑的跃迁引起的量子阱对能量流的吸收, 右端的减号意味着光学跃迁移走了 e1 电子.

到目前为止, 我们假设, 共振能量 E_{21} 的非均匀展宽 δ_{21} 大于子能带的自旋劈裂. 在这种情况下, 式 (9.12) 中的电流由非均匀分布函数的卷积给出[9]

$$j_x = \frac{e}{\hbar}(\beta_2 + \beta_1)\left(\tau_p^{(2)}\eta_{21}(\hbar\omega) + \left(\tau_p^{(1)} - \tau_p^{(2)}\right)\langle E\rangle \frac{\mathrm{d}\eta_{21}(\hbar\omega)}{\mathrm{d}(\hbar\omega)}\right)\frac{IP_{\mathrm{c}}}{\hbar\omega} \tag{9.13}$$

其中, η_{21} 为计算得到的对偏振 $\boldsymbol{e}\perp z'$ 的吸收, 计算时忽略了 k 线性项但是考虑了非均匀展宽时, $\langle E\rangle$ 为二维电子能量的平均值, 对于简并二维电子气来说, 它等于费米能量 E_{F} 的一半, 而对于非简并气体来说, 它等于 $k_{\mathrm{B}}T$. 因为导数 $\mathrm{d}\eta_{21}/\mathrm{d}(\hbar\omega)$ 在吸收峰值频率处改变符号, 而且, $\tau_p^{(1)}$ 通常远大于 $\tau_p^{(2)}$, 在共振吸收区间内, 式 (9.13) 给出的圆偏振光电流表现出符号反转的行为, 符合实验观测的结果[9,10].

与前面讨论过的 C_{s} 对称性类似, 在 (001) 方向生长的量子阱中, 在共振吸收区内, e1→e2 跃迁引起的圆偏振光电流表现出符号反转的行为[9], 符合图 9.3(a) 给出的实验数据.

9.2.6 带间光学跃迁

对于从重空穴价带子能带 hh1 到导带子能带 e1 的直接光学跃迁来说, 圆偏振光电流效应也是在具有 C_{s} 对称性的量子阱中最容易出现, C_{s} 对称性允许出现自旋–轨道项 $\beta_{z'x}\boldsymbol{\sigma}_{z'}k_x$. 为了简单起见, 我们目前仅考虑导带子能带中的 k 线性项, 假设 e1 和 hh1 子能带具有如下的抛物线型的色散关系:

$$E_{\mathrm{e1},\boldsymbol{k},\pm1/2} = E_{\mathrm{g}}^{\mathrm{QW}} + \frac{\hbar^2k^2}{2m_{\mathrm{c}}} \pm \beta_{\mathrm{e}}k_x, \quad E^v_{\mathrm{hh1},\boldsymbol{k},\pm3/2} = -\frac{\hbar^2k^2}{2m_{\mathrm{v}}} \pm \beta_h k_x \tag{9.14}$$

其中, m_{v} 为空穴在平面内的有效质量, $\beta_{\mathrm{e}} = \beta_{z'x}^{(\mathrm{e1})}$, $\beta_{\mathrm{h}} = \beta_{z'x}^{(\mathrm{hh1})}$, $E_{\mathrm{g}}^{\mathrm{QW}}$ 为自由载流子的量子限制效应导致的重整化的能隙, 能量是相对于价带顶而言的. 在图 9.4(a) 中, 允许的光学跃迁是: σ^+ 偏振, 从 $j=-3/2$ 到 $s=-1/2$; σ^- 偏振, 从 $j=3/2$ 到 $s=1/2$. 在能量为 $\hbar\omega$ 的圆偏振光的照射下, 对于确定的 k_y 值, 能量和动量守恒只能允许两个 k_x 发生跃迁, 它们被标记为 k_x^- 和 k_x^+. 在图 9.4(a) 中, 相应的跃迁用垂直的实线箭头标出, 其 "质心" 偏离于 $k_x=0$. 这样一来, 激发态中的电子平均速度就不为零, $k_x^{\pm}$ 光生电子对电流的贡献就不能够像 $\beta_{\mathrm{e}}=\beta_{\mathrm{h}}=0$ 时那样彼此抵消. 将光的手征性由 +1 变为 −1, 就会使得电流反转, 因为此时的跃迁 "质心" 移动到相反的方向上. k 空间的光电子的非对称贡献在动量弛豫时间内衰减. 然而, 在稳态光激发的情况下, 光生载流子又产生了直流电流. 可以用类似的方式考虑光生空穴的贡献. 带间圆偏振光电流的最终结果可以表示为

$$j_x = -e\left(\tau_p^{\mathrm{e}} - \tau_p^{\mathrm{h}}\right)\left(\frac{\beta_{\mathrm{e}}}{m_{\mathrm{v}}} + \frac{\beta_h}{m_{\mathrm{c}}}\right)\frac{\mu_{\mathrm{cv}}}{\hbar}\frac{\eta_{\mathrm{eh}}I}{\hbar\omega}P_{\mathrm{c}} \tag{9.15}$$

其中, η_{eh} 为由 hh1 → e1 跃迁导致的量子阱对光子能流的吸收比率, τ_p^{e} 和 τ_p^{h} 是电子和空穴的动量弛豫时间.

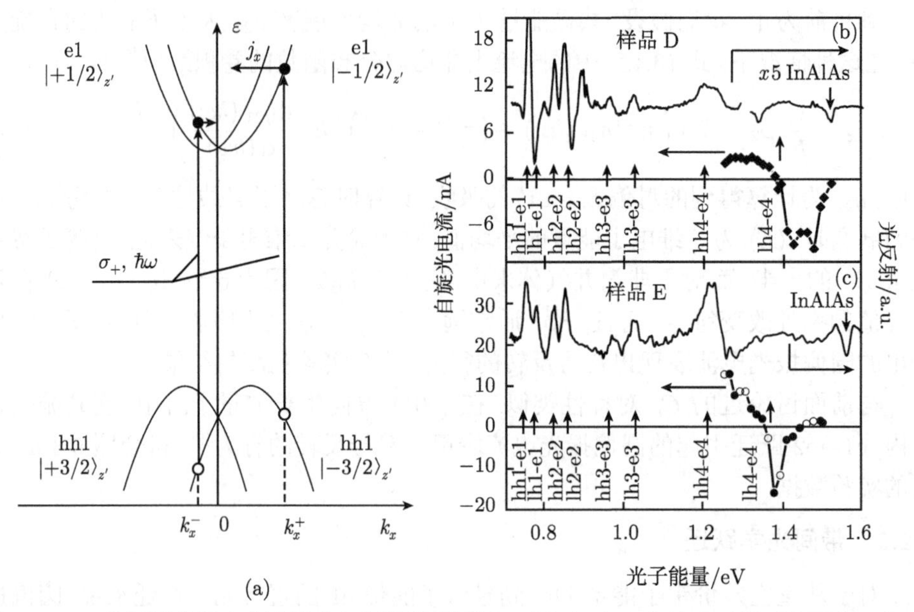

图 9.4　(a) 带间圆偏振光电流效应起源的微观图像. 要点在于, k 线性项引起了电子和 (或) 空穴态的自旋劈裂; (b), (c) 量子阱结构 (样品 D 和样品 E) 在倾斜照射下的圆偏振光电流效应电流的谱响应. 为了增强结构反演不对称性, 样品 E 中的量子阱的 In 组分是渐变的 (从 0.53 到 0.75), 样品 D 具有均匀的 In 组分 0.70. 两个样品的光反射谱反映了样品的电子结构. 箭头指出了与重空穴 (hh) 和轻空穴 (lh) 有关的跃迁. 数据来自于文献 [19]

在 GaAs 基、InAs 基和 GaN 基的量子阱结构中, 观测到了带间吸收的圆偏振光电流效应[17~20]. 在图 9.4(b) 和 (c) 中, 钻石和圆点给出了圆偏振光电流对光子能量的依赖关系, 它们测量的是较高的价带和导带子能带之间的带间光学跃迁. 样品的光反射谱 (实线) 清楚地给出了电子和空穴的量子化能级, 如箭头所示. 在两个样品中, 光电流谱都改变了符号, 定性地符合理论预言[21].

9.2.7　对自旋敏感的漂白

高激发强度会导致光电流效应的饱和 (漂白, bleaching). 在 p 型 GaAs 量子阱的直接子带间跃迁中, 观测到了这一效应, 同时给出了测量自旋弛豫时间的实验方法[22,23]. 这一方法的基础是圆偏振光电流效应和线偏振光电流效应的非线性行为之间的差别. 线偏振光电流效应是 GaAs 结构中的另一种光电流效应, 它是由线偏振光引起的[5,8,24]. 两个电流都正比于吸收, 它们的非线性行为反映了吸收的非线性.

可以用一个简单模型来分析自旋敏感的漂白，它同时考虑了光学激发过程和非辐射弛豫过程. 太赫兹辐射引起了重空穴 (hh1) 和轻空穴 (lh1) 子能带之间的直接跃迁 (图 9.5(a)). 这一过程选择性地减少或增加了 hh1 和 lh1 子能带上的占据数. 吸收正比于初态和末态之间的占据数的差. 在高激发强度下，因为光激发速率变得与跃迁到初态的非辐射弛豫速率相仿，所以吸收下降. 线偏振光的吸收不依赖于自旋，能量弛豫过程决定了饱和 (图 9.5(b)). 由于选择定则，圆偏振光的吸收依赖于自旋，它只激发了一种自旋，如图 9.5(c) 所示. 注意，在能量弛豫过程中，快速弛豫使得热空穴丧失了它们的光生的自旋取向，所以自旋取向仅发生在 hh1 子能带的底部. 这样一来，圆偏振光的吸收饱和就取决于 hh1 子能带中的光激发载流子的能量弛豫和自旋弛豫过程. 这些过程分别由能量弛豫时间 τ_ε 和自旋弛豫时间 τ_{s} 决

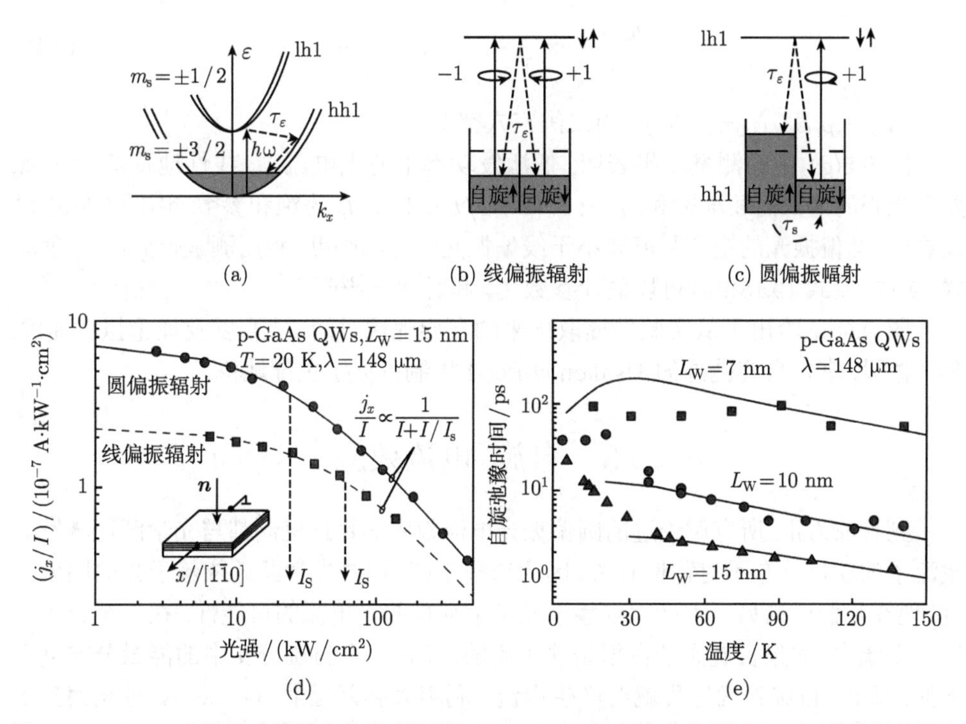

图 9.5　(a)～(c) 自旋敏感的漂白的微观图像：hh1 → lh1 的直接光学跃迁 (a)，两种偏振的漂白过程，线偏振 (b) 和圆偏振 (c)；虚线箭头给出了能量 (τ_ε) 和自旋 (τ_{s}) 弛豫；(d) 按照强度归一化后的圆偏振 (方块) 和线偏振光电流效应 (圆点) 的电流 j_x 随着圆偏振和线偏振辐射强度的变化关系. 插图为实验构型. 对于每个偏振态，用单参数 I_{s} 的公式 $j_x/I\propto 1/(1+I/I_{\mathrm{s}})$ 来拟合. 数据来自于 (113) 面上生长的样品[22]；(e) 在阱宽不同的 3 个 (113) 面上生长的 GaAs/AlGaAs 量子阱样品中，空穴的自旋弛豫时间随温度的变化关系. 实线是根据 Dyakonov-Perel 弛豫机制给出了拟合. 来自于文献 [23]

定. 如果 τ_s 比 τ_ε 长, 吸收饱和就依赖于自旋, 圆偏振光的饱和强度就会低于线偏振光的饱和强度.

当线偏振光强度增大的时候, 吸收饱和可以用下式唯象地描述

$$\eta(I)=\frac{\eta_0}{1+I/I_{\mathrm{se}}} \tag{9.16}$$

其中, $\eta_0=\eta(I\rightarrow 0)$, I_{se} 为特征饱和强度, 它由二维空穴气体的能量弛豫决定. 因为线偏振光引起的线偏振光电流 j_{LPGE} 正比于 ηI, 所以

$$\frac{j_{\mathrm{LPGE}}}{I}\propto\frac{1}{1+I/I_{\mathrm{se}}}. \tag{9.17}$$

圆偏振光引起的光电流 j_{CPGE} 正比于空穴自旋极化度[22]

$$\frac{j_{\mathrm{CPGE}}}{I}\propto\frac{1}{1+I\left(I_{\mathrm{se}}^{-1}+I_{\mathrm{ss}}^{-1}\right)} \tag{9.18}$$

其中, $I_{\mathrm{ss}}=p_s\hbar\omega/(\eta_0\tau_s)$, 而 p_s 为二维空穴密度.

图 9.5(d) 中的测量结果表明, 低激发功率下的光电流 j_x 线性地依赖于光强, 随着光强的增大而逐渐饱和, $j_x\propto I/(1+I/I_s)$, 其中 I_s 为饱和参数. 由图 9.5(d) 可以看出, 圆偏振光的饱和强度要小于线偏振光的饱和强度. 利用测量得到的 I_s 值和式 (9.17) 及式 (9.18), 就可以估计参数 I_{ss} 和时间 τ_s[22,23].

图 9.5(e) 给出了从实验中提取出来的自旋弛豫时间 (点) 以及理论拟合曲线, 其中假设, 空穴自旋弛豫的 Dyakonov-Perel 机制占据了主导地位.

9.3 自旋–电流效应

到目前为止, 所有讨论过的圆偏振光电流效应的物理机制都与光学跃迁激发的载流子的动量分布不对称性有关, 因为选择定则, 这些光学跃迁依赖于光的圆偏振度. 现在我们讨论另一种产生依赖于光子手征性的光电流的可能性. 在一个自由载流子系统中, 如果自旋态的占据是非平衡的, 而每一个自旋分支中的能量分布是平衡的, 那么, 自旋弛豫过程就会产生电流. 利用太赫兹辐射, Ganichev 等观察到了 Ivchenko 等[25] 预言的这一效应, 并称为自旋–电流效应[26]. 如果用光学取向的方法来产生非平衡自旋, 它正比于光的圆偏振度 P_c, 那么这种电流生成方式也可以被称为圆偏振光电流的另一种机制. 然而, 光学方法和非光学方法都可以实现非平衡的自旋 $\boldsymbol{S}$, 如自旋的电学注入, 实际上, 式 (9.2) 给出了一个独立的效应. 通常, 在圆偏振光的照射下, 可以同时观测到圆偏振光电流效应和自旋–电流效应, 但是, 并不容易从实验上区分开来. 可以用时间分辨测量来区分二者. 实际上, 在挡住光的情况下, 或者在脉冲光激发的情况下, 圆偏振光电流在动量弛豫时间 τ_p 内衰减, 而自

旋–电流在自旋弛豫时间内衰减. 文献 [26] 中提出了一种方法, 它既可以在自旋子带中产生均匀分布, 又可以排除圆偏振光电流. 它利用光激发和外磁场在 (001) 生长的低维结构中实现面内的自旋极化.

9.3.1　微观机制

对于 C_{2v} 对称性的 (001) 生长的非对称量子阱来说, 式 (9.2) 中的张量 $\boldsymbol{Q}$ 只有两个非零的线性无关的分量 Q_{xy} 和 Q_{yx}, 所以

$$j_x = Q_{xy} S_y, \quad j_y = Q_{yx} S_x \tag{9.19}$$

因此, 自旋极化驱动的电流需要一个位于量子阱平面内的自旋分量. 对于 (hhl) 方向的量子阱的 C_s 对称性来说, 特别是 (113) 和非对称的 (110), 还有一个额外的张量分量 Q_{xz} 不等于零, 所以, 垂直于量子阱平面的非平衡自旋也有可能产生自旋–电流.

自旋–电流效应中电流的产生如图 9.6 所示. 如上所述, 它来自于电子有效哈密顿量的 k 线性项, 见式 (9.8). 在二维电子气系统中, 这些项导致了图 9.6(a) 中的情况. 更严格地说, 散射同时改变了电子波矢的 k_x 和 k_y 分量, 如图 9.6(b) 中的虚线所示. 然而, 图 9.6(a) 中的一维示意图更为简单而又清楚地解释了它. 此图给出了沿着 k_x 轴的、带有依赖于自旋的 $\beta_{yx}\sigma_y k_x$ 项的电子能谱. 在此情况下, $s_y = \pm 1/2$ 是一个好量子数. 电子能带劈裂为两个子带, 它们在 k 空间中移动, 每一个能带由自旋向上或向下的态构成. y 方向的自旋取向在自旋向下的子带和自旋向上的子带中产生了不平衡的占据数. 只要每个子带中载流子分布相对于子带的最小值是对称的, 就不会有电流流动.

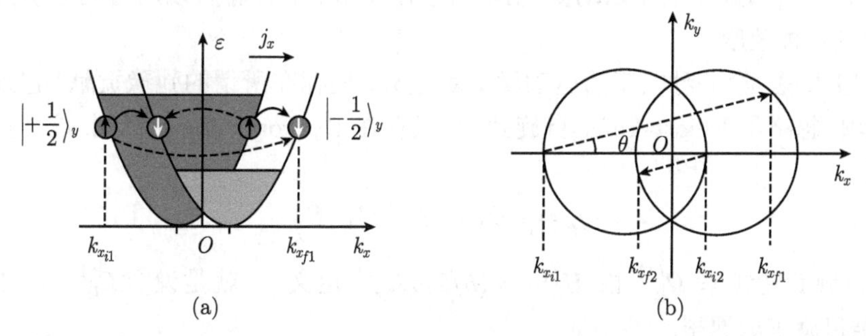

图 9.6　自旋–电流效应的微观起源. (a) 一维示意图: 哈密顿量中的 $\sigma_y k_x$ 项将导带劈裂为两个子带, 其自旋 $s_y = \pm 1/2$ 指向 y 方向. 如果自旋注入使得自旋劈裂的子带中的一个被占据得更多 (图中的 $\left|+\frac{1}{2}\right\rangle_y$ 态), 自旋翻转散射就产生了 x 方向的电流. 散射率依赖于电子波矢的初值和终值. 因此, 虚线箭头标出的跃迁造成了子带的不对称填充, 也就是说, 导致了电流的出现. 如果不是自旋向上的子带而是自旋向下的子带被占据的更多, 那么电流的方向就会反转; (b) 当散射角度 θ 不为零的时候, 二维系统中的自旋翻转跃迁

如图 9.6(a) 所示, 依赖于 k 的自旋翻转弛豫过程引起了电流. y 方向的自旋取向由占据数较多的自旋子带 $|+1/2\rangle_y$、沿着 k_x 方向散被射到占据数较少的 $|-1/2\rangle_y$ 子带. 图 9.6(a) 用弯箭头给出了 4 种不同的自旋翻转散射事件. 自旋翻转散射率依赖于初态和终态的波矢数值[27]. 因此, 图 9.6(a) 用实线箭头表示的自旋翻转跃迁具有相同的速率. 它们保持了载流子在子带中的对称分布, 因此不会产生电流. 然而, 用虚线箭头表示的其他两个散射过程是不等价的, 它们在两个子带中产生了载流子相对于子带最小值的非对称分布. 这种非对称的占据就产生了沿着 x 方向流动的流. 这个流的出现是因为电子散射矩阵元依赖于自旋, $\widehat{M}_{\boldsymbol{k}'\boldsymbol{k}} = A_{\boldsymbol{k}'\boldsymbol{k}}\widehat{I} + \boldsymbol{\sigma}\cdot\boldsymbol{B}_{\boldsymbol{k}'\boldsymbol{k}}$, 其中, 因为相互作用的厄米性, $A^*_{\boldsymbol{k}'\boldsymbol{k}} = A_{\boldsymbol{k}\boldsymbol{k}'}$, $B^*_{\boldsymbol{k}'\boldsymbol{k}} = B_{\boldsymbol{k}\boldsymbol{k}'}$, 因为时间反演对称性, $A_{-\boldsymbol{k}',-\boldsymbol{k}} = A_{\boldsymbol{k}\boldsymbol{k}'}$, $B_{-\boldsymbol{k}',-\boldsymbol{k}} = -B_{\boldsymbol{k}\boldsymbol{k}'}$. 在弹性散射的模型内, 因为相同数目的自旋向上电子和自旋向下电子以相同的速度沿着同一方向运动, 所以, 电流不是自旋极化的. 自旋光电流可以被估计为[28]

$$j_x = Q_{xy}S_y \sim en_{\mathrm{s}}\frac{\beta_{yx}}{\hbar}\frac{\tau_p}{\tau'_{\mathrm{s}}}S_y \tag{9.20}$$

对 j_y 有着类似的公式, 其中, n_{s} 是二维电子密度, τ'_{s} 是 Elliott-Yafet 机制引起的自旋弛豫时间[1]. 因为自旋翻转散射是式 (9.20) 中的电流的原因, 即使在 Dyakonov-Perel 自旋弛豫机制[1] 占据主导地位的时候, 这一公式也成立. Elliott-Yafet 弛豫时间 τ'_{s} 正比于动量散射时间 τ_p, 因此, 式 (9.20) 中的比值 $\tau_p/\tau'_{\mathrm{s}}$ 不依赖于动量散射时间. 平面内的平均自旋. 例如, 式 (9.20) 中的 S_y, 以总自旋弛豫时间 τ_{s} 衰减, 因此, 可以用指数函数 $\exp(-t/\tau_{\mathrm{s}})$ 来描述脉冲光激发产生的自旋光电流的时间衰减. 短脉冲诱导的圆偏振光电流以动量弛豫时间 τ_p 衰减, 这样就可以用时间分辨的测量来区分这两种效应.

一般来说, 除了对电流的运动学贡献之外, 还存在所谓的弛豫贡献, 它来自于 k 线性项, 忽略了 Elliott-Yafet 自旋弛豫, 只存在 Dyakonov-Perel 机制. 这一贡献的形式是

$$j_x = -en_{\mathrm{s}}\tau_p\nabla_{\boldsymbol{k}}\left(\boldsymbol{\Omega}^{(1)}_{\boldsymbol{k}}\dot{\boldsymbol{S}}\right) \tag{9.21}$$

其中, 自旋旋转频率 $\Omega^{(1)}_{\boldsymbol{k}}$ 由 $H^{(1)} = (\hbar/2)\sigma\Omega^{(1)}_{\boldsymbol{k}}$ 定义, 也就是说, $\hbar\Omega^{(1)}_{\boldsymbol{k},\mu} = 2\beta_{\mu\lambda}k_\lambda$, 而 $\dot{\boldsymbol{S}}$ 是自旋生成速率.

在对称性为 C_{2v} 的闪锌矿晶格的 n 型量子阱中, 在用倾斜照射的激发光来产生光学跃迁的时候, 自旋–电流效应与 9.2.3 节中描述的圆偏振光电流效应同时存在. 在 (001) 方向生长的量子阱中, 在子带间跃迁的情况下, 共振光激发产生了光生电子, 这一过程依赖于自旋而且自旋守恒, 随后光生电子从 e2 子带能量弛豫到 e1 子带, 并在 e1 子带中进一步热化, 从而产生了自旋极化. 自旋产生率取决于光学跃迁速率与热化电子的 ξ 的乘积, 自旋流 j_x 估计为

$$j_x \sim e\frac{\beta_{yx}}{\hbar}\frac{\tau_p\tau_{\rm s}}{\tau'_{\rm s}}\frac{\eta_{21}I}{\hbar\omega}P_{\rm c}\xi n_y \tag{9.22}$$

其中, η_{21} 为直接跃迁 e1 $\rightarrow$ e2 的吸收. 式 (9.22) 表明, 自旋–电流效应的电流正比于吸收, 而且它还取决于第一子带的自旋劈裂常数 β_{yx} 或 β_{xy}. 这与圆偏振光电流不同, 后者正比于吸收的导数, 见式 (9.13).

最后我们注意, 除了产生电流的自旋翻转机制, 在一个自旋极化的二维载流子系统中, 自旋守恒的散射和自旋弛豫过程的相互影响也可能产生自旋–电流效应[29].

9.3.2 Hanle 效应引起的自旋光电流

可以在量子阱中用圆偏振辐射的吸收引起的纯光学自旋取向来研究自旋–电流效应. 然而, 用圆偏振光照射量子阱还会引起圆偏振光电流效应, 可能会观测到这两个效应的不可区分的混合, 因为唯象的说, 描述它们的张量 $\boldsymbol{\gamma}$ 和 $\boldsymbol{Q}$ 从对称性的观点来看是等价的. 但是, 在微观上这两个效应绝对是不等价的. 实际上, 自旋–电流效应来自于自旋极化载流子的非对称自旋翻转散射, 它取决于自旋弛豫机制. 如果不存在自旋弛豫的话, 也就不存在自旋–电流效应产生的电流. 与此不同的是, 圆偏振光电流效应的原因在于, 圆偏振光选择性地激发了 k 空间中的载流子, 这是由光学选择定则决定的, 如果 $\tau_{\rm s} \gg \tau_p$ 的话, 它就不依赖于自旋弛豫.

在这里我们描述一种方法, 它一方面可以用光学方法产生均匀分布的非平衡自旋极化, 另一方面又排除了圆偏振光电流效应[26]. 如图 9.7 中的插图所示, 垂直照射在 [001] 方向生长的量子阱上的圆偏振辐射的吸收产生了自旋极化. 在垂直照射

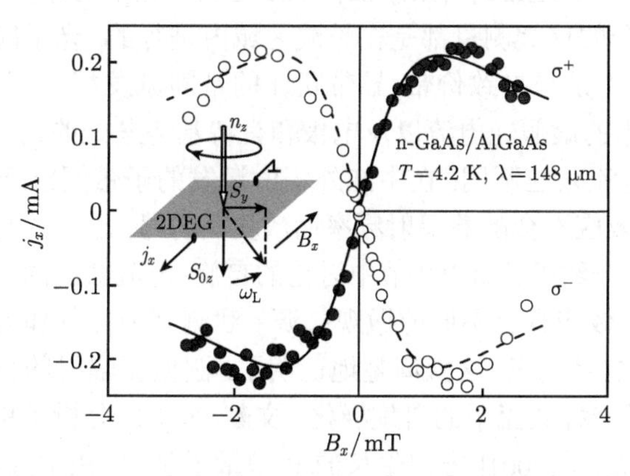

图 9.7 右圆偏振 (空心圆点) 和左圆偏振 (实心圆点) 辐射垂直照射下产生的自旋光电流 j_x 随磁场 $B//x$ 的变化关系. 实线和虚线是采用相同的自旋弛豫时间 $\tau_{\rm s}$ 和纵坐标尺度用式 (9.19) 和式 (9.23) 进行的拟合. 插图给出了光学方法产生均匀的面内极化、从而导致自旋电流的示意图, 圆偏振辐射产生的电子自旋垂直于量子阱平面, 在面内磁场 B_x 的作用下通过拉莫尔进动转到量子阱平面内. 根据文献 [26]

下, 因为 $S_x = S_y = 0$ 和 $n_x = n_y = 0$, 自旋–电流效应和圆偏振光电流效应都消失了. 这样就产生了沿着 z 轴的自旋极化 S_{0z}, 但没有产生自旋诱导的光电流. 注意, Bakun 等[30] 采用类似的方法, 用带间吸收来激发体材料 AlGaAs , 证明了文献 [31], [32] 预言的非均匀自旋分布引起的自旋光电流. 它与自旋–电流效应的重要差别在于, 在光学取向产生表面光电流的情况下, 需要一个自旋密度的梯度. 当然, 在研究自旋–电流效应的量子阱中不存在这种梯度, 因为量子阱是二维的, 它没有"厚度".

自旋–电流效应需要平面内的自旋分量, 可以在一个磁场 $\boldsymbol{B}//x$ 中产生. 利用拉莫尔进动, 垂直于初始自旋极化方向的磁场把自旋极化旋转到二维电子气所在的平面内 (Hanle 效应). 非平衡自旋极化 S_y 由下式给出

$$S_y = -\frac{\omega_{\rm L}\tau_{{\rm s},\perp}}{1+(\omega_{\rm L}\tau_{\rm s})^2} S_{0z} \tag{9.23}$$

其中, $\tau_{\rm s} = \sqrt{\tau_{{\rm s},//}\tau_{{\rm s},\perp}}$, $\tau_{{\rm s},//}$ 和 $\tau_{{\rm s},\perp}$ 分别是纵向和横向电子自旋弛豫时间, $\omega_{\rm L}$ 是拉莫尔频率. 在此实验配置下, 因为 $\dot{\boldsymbol{S}}$ 平行于 z, 标量积 $\boldsymbol{\Omega}_{\boldsymbol{k}}^{(1)} \cdot \dot{\boldsymbol{S}}$ 为零, 根据式 (9.21), 自旋–电流效应没有来自于弛豫机制的贡献, 只有来自于式 (9.20) 所描述的运动学机制的贡献. 图 9.7 中所示的 Hanle 效应证明, 自由载流子的子带内跃迁可以极化电子系统的自旋. 根据测量结果, 从 $\omega_{\rm L}\tau_{\rm s} = 1$ 时光电流的峰位中, 可以提取出自旋弛豫时间 $\tau_{\rm s}$, 这种实验方法可以研究单极性自旋取向的自旋弛豫时间, 在激发–弛豫过程只涉及一种载流子[26,33]. 这种条件接近于半导体中自旋注入的情况.

已经用过中红外、远红外 (太赫兹) 和可见光激光辐射来光学激发自旋–电流效应[7,8,24]. 大部分的这类测量都是在长波区域内进行的, 光子能量小于所研究的半导体的能隙. 优点是与导致价带–导带跃迁的带间激发相比, 没有其他机制 (如 Dember 效应) 带来的虚假光电流以及电极和肖特基势垒处的光伏效应等.

与圆偏振光电流效应不同, 在中红外辐射激发的子带间跃迁下的 Hanle 效应引起的自旋–电流效应不会随着辐射频率而改变其符号, 遵从的是直接子带间吸收的频谱行为[33]. 这一结果符合 9.2 节中讨论的自旋–电流效应的机制 (见式 (9.22)), 清楚地证明了这一效应具有不同的微观起源. 观测到中红外和太赫兹激发的自旋取向引起的自旋–电流效应, 这就清楚地证明了, 圆偏振辐射的直接子带间吸收和 Drude 吸收引起了一种载流子的自旋极化. 文献 [33,34] 分析了单载流子自旋极化的机制. 要强调的是, 在 [001] 方向生长的 n 型量子阱中, 在垂直入射下, 观测到了依赖于自旋的 e1 → e2 子带间跃迁, 此时, 辐射没有垂直于量子阱平面的电场分量.

9.3.3 零磁场下的自旋–电流效应

上述实验使用了外磁场来改变光激发的自旋极化的方向. 只用光激发而不施加

外磁场也可以产生自旋–电流效应. 可以让激发的圆偏振辐射倾斜入射, 从而得到所需要的面内的自旋极化分量, 但是在这种情况下, 也会出现圆偏振光电流效应, 它与自旋–电流效应相互混淆. 然而, 在 n 型 GaAs 量子阱中子带间跃迁激发中, 利用这两个效应在能量依赖关系上的差别, 可以证实纯光学激发的自旋–电流效应[28]. 已经利用自由电子激光 “FELIX” 的波长可调节性来做了这个实验, 探测到了严格地遵从吸收谱的依赖于手征性的光电流, 这就证明了自旋–电流效应的主要贡献.

9.3.4 Rashba/Dresselhaus 自旋劈裂比值的确定

文献 [35] 讨论了自旋–电流效应的一个重要应用: 通过测量自旋光电流的角度依赖关系, 可以将 Dresselhaus 项和 Rashba 项区分开来.

实验是在 (001) 方向的量子阱样品上进行的, 第一子带的哈密顿量式 (9.8) 可以约化为

$$H_{\boldsymbol{k}}^{(1)} = \alpha\left(\sigma_{x0}k_{y0} - \sigma_{y0}k_{x0}\right) + \beta\left(\sigma_{x0}k_{x0} - \sigma_{y0}k_{y0}\right) \tag{9.24}$$

其中, 参数 α 和 β 分别来自于结构反演不对称性和体反演不对称性, x_0 和 y_0 分别是晶轴 [100] 和 [010]. 注意, 在 $x//[1\bar{1}0]$, $y//[110]$ 的坐标系统中, 矩阵 $H_{\boldsymbol{k}}^{(1)}$ 的形式为 $\beta_{xy}\sigma_x k_y + \beta_{yx}\sigma_y k_x$, 其中, $\beta_{xy} = \beta + \alpha$, $\beta_{yx} = \beta - \alpha$. 根据式 (9.20), 电流的分量 j_x 和 j_y 分别正比于 β_{xy} 和 β_{yx}, 因此, 测量自旋光电流的角度依赖关系能够分清 Dresselhaus 项和 Rashba 项. 根据量子阱平面内自旋光电流的大小, 可以直接由实验数据确定这两个项的比值, 无须依赖于任何理论量. 可以将光电流和自旋方向的关系表达为如下的矩阵形式:

$$\boldsymbol{j} \propto \begin{pmatrix} \beta & -\alpha \\ \alpha & -\beta \end{pmatrix} \boldsymbol{S}_{//} \tag{9.25}$$

其中, $\boldsymbol{j}$ 和 $\boldsymbol{S}_{//}$ 为两分量的列矢量, 其平面分量沿着晶轴方向 $x_0//[100]$ 和 $y_0//[010]$. 在特殊情况下 ($\boldsymbol{S}_{//}//[100]$), Dresselhaus 耦合和 Rashba 耦合诱导的光电流的方向如图 9.8(b) 所示.

在一个 n 型 (001) 衬底上生长的宽度为 15nm 的 $InAs/Al_{0.3}Ga_{0.7}Sb$ 单量子阱中, 在室温下测量得到的自旋–电流效应的电流随着角度的变化关系 $j(\theta)$ 如图 9.8(c) 所示. 因为混合了不依赖于光子手征性的磁致旋光效应 (见 9.5.2 节), 所以要减去不依赖于手征性的电流贡献, 才能得到了自旋–电流效应: $j = \left(j_{\sigma_+} - j_{\sigma_-}\right)/2$.

样品的边缘沿着 $[1\bar{1}0]$ 和 [110] 晶轴方向. 样品上的八对电极用来测量不同方向的光电流, 如图 9.8(a) 所示. 用脉冲 NH_3 分子激光来产生光学自旋取向. 用闭合电路构型来测量无偏压结构中的光电流 $\boldsymbol{j}$. 用 9.3.2 节 (参见图 9.8(a)) 中的方法, 在平面内产生的非平衡的自旋极化 $\boldsymbol{S}_{//}$. 一般来说, 磁场和 $\boldsymbol{S}_{//}$ 之间的角度依赖于自旋弛豫过程的细节. 在这些特殊的 InAs 量子阱结构中, 各向同性的 Elliott-Yafet

自旋弛豫机制占据主导地位, 因此, 平面内的自旋极化 $\boldsymbol{S}_{//}$ 就总是垂直于 $\boldsymbol{B}$, 绕着 z 轴旋转 $\boldsymbol{B}$, 就可以改变 $\boldsymbol{S}_{//}$, 如图 9.8(a) 所示. 图 9.8(c) 中的圆点表示角度依赖关系 $\cos(\theta - \theta_{\max})$, 其中 θ 为一对电极与 x 轴之间的夹角, 而 $\theta_{\max} = \arctan(j_{\mathrm{R}}/j_{\mathrm{D}})$. 使用比值 $j_{\mathrm{R}}/j_{\mathrm{D}} = \alpha/\beta = 2.1$, 可以得到这个样品的最佳拟合. 这一方法也被用来研究 GaAs 异质结中 Rashba/Dresselhaus 自旋劈裂, 其中的自旋弛豫过程由 Dyakonov-Perel 机制控制[36]. 这些实验证明, 生长 delta 掺杂层位置不同的结构, 再加上自旋–电流效应的实验, 就能够可控地改变结构的反演不对称性, 可以得到 Rashba 常数等于 Dresselhaus 常数样品, 或者是 Rashba 常数为零的样品.

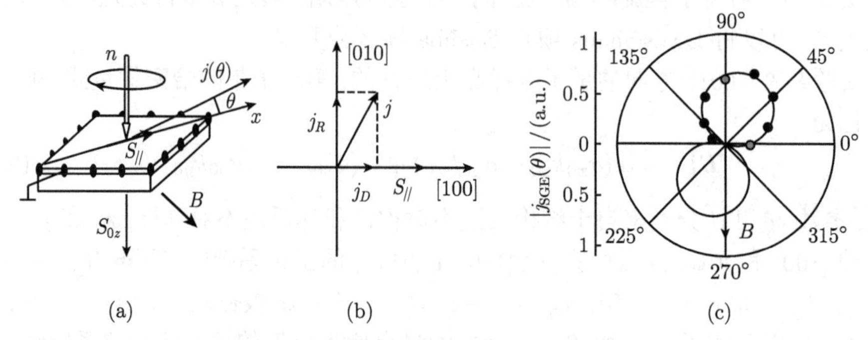

图 9.8 当电子自旋 $S_{//}$ // [100] 时, n 型 InAs 单量子阱在室温下的自旋–电流效应中, Dresselhaus 贡献和 Rashba 贡献的分离 (a) 实验的配置; (b) Dresselhaus 贡献和 Rashba 贡献的光电流的方向; (c) 测量得到的自旋光电流随着两个电极与 x 轴之间的夹角 θ 的变化关系. 来自于文献 [35]

9.4 逆自旋–电流效应

自旋–电流效应的逆效应是电流 $\boldsymbol{j}$ 产生了电子自旋极化. 它首先被文献 [2] 预言并在碲化物体材料中观测到[37]. Aronov、Lyanda-Geller[38]、Edelstein[39] 和 Vas'ko[40] 证明, 在量子阱系统中, 可以用电流来产生自旋取向. 文献 [41]~[46] 拓展了这一研究工作. 最近, 在半导体量子阱[47,48] 以及应变体材料[49] 中, 获得了这一效应的直接实验证据. 现在, 在许多不同基于 GaAs、InAs、ZnSe 和 GaN 的低维结构中, 已经观测到了逆自旋–电流效应.

唯象地说, 通过式 (9.3), 平均的非平衡自由载流子自旋 $\boldsymbol{S}$ 与 $\boldsymbol{j}$ 联系起来. 微观地说, 在电子自旋密度矩阵 $\rho_{\boldsymbol{k}}$ 的运动方程中就可以发现自旋极化, 密度矩阵 $\rho_{\boldsymbol{k}}$ 的形式是

$$\rho_{\boldsymbol{k}} = f_{\boldsymbol{k}} + s_{\boldsymbol{k}}\boldsymbol{\sigma} \tag{9.26}$$

其中, $f_{\boldsymbol{k}} = \mathrm{tr}\{\rho_{\boldsymbol{k}}/2\}$ 为配分函数, $s_{\boldsymbol{k}} = \mathrm{tr}\{\rho_{\boldsymbol{k}}\boldsymbol{\sigma}/2\}$ 为 $\boldsymbol{k}$ 态上的平均自旋. 当存在

电场 $\boldsymbol{F}$ 的时候, 运动方程为

$$\frac{e\boldsymbol{F}}{\hbar}\frac{\partial \rho_{\boldsymbol{k}}}{\partial \boldsymbol{k}}+\frac{\mathrm{i}}{\hbar}\left[H_{\boldsymbol{k}}^{(1)},\rho_{\boldsymbol{k}}\right]+Q_{\boldsymbol{k}}\{\rho\}=0 \tag{9.27}$$

其中, $Q_{\boldsymbol{k}}\{\rho\}$ 为碰撞积分, $H_{\boldsymbol{k}}^{(1)}$ 是 k 线性的哈密顿量. 与自旋–电流效应类似, 存在着两种不同的由电流到自旋转变的机制, 即自旋翻转媒介的机制和进动的机制.

9.4.1 通过自旋翻转引起的电流诱导极化

在以自旋翻转为媒介的机制中, 忽略了式 (9.27) 中的交换子, 同时考虑了碰撞积分中的自旋翻转过程和电子色散关系中的 k 线性项, 计算了自旋产生速率的数值. 对于 S_{c} 对称性的系统中的二维空穴气, 图 9.9(b) 给出了这一机制的微观描述的示意图, 这种情况与文献 [47] 中的实验有关. 在最简单的情况下, 量子阱中的电子动能依赖于面内波矢 $\boldsymbol{k}$ 的二次方项. 在平衡态中, 直到费米能量 E_{F} 处, 自旋简并的 k 态被对称地占据. 如果施加外电场, 电荷载流子就会在电场力的方向上漂移. 电场加速了载流子, 增大了它们的动能直至其被散射, 如图 9.9(a) 所示. 当能量的增益和弛豫达到平衡的时候, 就形成一个稳态, 载流子在 k 空间有一个非对称的分布. 空穴获得的平均准动量为

$$\hbar\boldsymbol{k}=-e\tau_p\boldsymbol{F}=-\frac{m_{\mathrm{c}}}{en_{\mathrm{s}}}\boldsymbol{j} \tag{9.28}$$

其中, τ_p 为动量弛豫时间, $\boldsymbol{j}$ 为电流密度, m_{c} 为有效质量, n_{s} 为二维载流子密度. 只要能带在 k 空间是自旋简并的, 电流就不会伴随着自旋取向. 然而, 在闪锌矿晶格的量子阱或者有应变的体材料半导体中, 式 (9.8) 中给出的 k 线性项消除了自旋简并. 特别地, 对于图 9.9(b) 中给出的机制, 我们只考虑形式为 $\beta_{z'x}\sigma_{z'}k_x$ 的自旋–轨道相互作用. 这样, 抛物线型的能带就劈裂为两个自旋相反的抛物线型的子

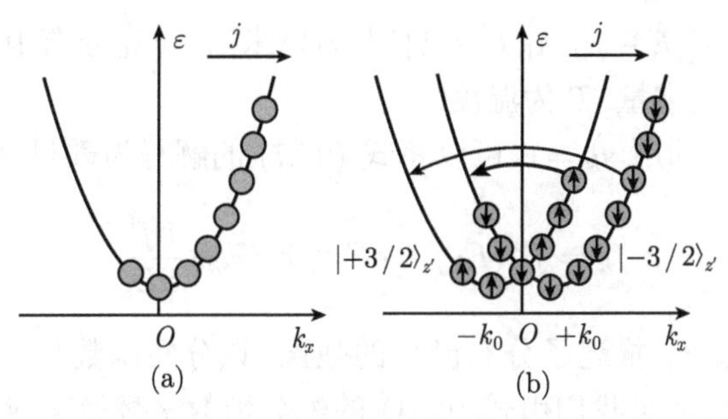

图 9.9 比较 (a) 自旋简并的子带和 (b) 自旋劈裂的子带中的电流. (a) 电场中的加速和动量弛豫引起的稳态电流作用下的空穴分布. (b) 自旋翻转散射导致的自旋极化. 这里只考虑哈密顿量中的 $\beta_{z'x}\sigma_{z'}k_x$ 项, 它将价带劈裂为两个子带, 沿着 z' 方向自旋向上的 $|+3/2\rangle_{z'}$ 和自旋向下的 $|-3/2\rangle_{z'}$. 沿着 x 方向施加偏压, 使得两个子带的 k 空间占据出现了不对称性

带, $s_{z'}=3/2$ 和 $s_{z'}=-3/2$, 在 k 空间中, 最小值沿着 k_x 轴由 $k=0$ 点对称地移动到 $\pm k_0$, 其中, $k_0=m_{\mathrm{c}}\beta_{z'x}/\hbar^2$. 相应的色散关系如图 9.9(b) 所示. 当存在面内电场 $\boldsymbol{F}//x$ 的时候, 载流子在 k 空间的分布发生移动, 产生了电流. 如果没有自旋弛豫过程, 两个自旋子带将被相等地占据、对电流的贡献相同. 因为能带劈裂, 从初态到终态的准动量传递是不同的, 自旋翻转过程 $\pm3/2\to\mp3/2$ 是不一样的. 在图 9.9(b) 中, 长度和粗细不同的箭头标出了依赖于 k 的自旋翻转散射过程. 因此, 自旋向上和自旋向下载流子对自旋翻转跃迁的贡献不同, 这样就产生了静态的自旋取向. 在此图像中, 我们假设电流诱导的自旋取向完全来自于散射, 如图 9.9(b) 所示, 因此, 它被 Elliott-Yafet 自旋弛豫过程主导.

9.4.2　进动的机制

电流诱导自旋极化的进动机制是基于 Dyakonov-Perel 自旋弛豫过程. 在此自旋极化机制中, 忽略了自旋翻转散射对碰撞积分的贡献, 在线性 k 的哈密顿量的碰撞积分和交换子 $\left\{H_{\boldsymbol{k}}^{(1)},\rho_{\boldsymbol{k}}\right\}$ 中都出现了自旋. 例如, 此处我们给出弹性散射的碰撞积分

$$Q_{\boldsymbol{k}}\{\rho\}=\frac{2\pi}{\hbar}N_i\sum_{\boldsymbol{k}'}\left|A_{\boldsymbol{k}'\boldsymbol{k}}\right|^2\left\{\delta\left(E_{\boldsymbol{k}}+H_{\boldsymbol{k}}^{(1)}-E_{\boldsymbol{k}'}-H_{\boldsymbol{k}'}^{(1)}\right),\rho_{\boldsymbol{k}}-\rho_{\boldsymbol{k}'}\right\}\tag{9.29}$$

其中, $E_{\boldsymbol{k}}=\hbar^2k^2/2m_{\mathrm{c}}$, N_i 为作为散射中心的静态缺陷的密度, $A_{\boldsymbol{k}'\boldsymbol{k}}$ 为散射矩阵元, 而大括号是两个 2×2 矩阵 $\boldsymbol{A}$ 和 $\boldsymbol{B}$ 的反交换对易子 $\{\boldsymbol{AB}\}=(\boldsymbol{AB}+\boldsymbol{BA})/2$. 对于电子–声子散射, 可以得到类似的方程.

平衡态的电子自旋密度矩阵为

$$\rho_{\boldsymbol{k}}^0=f^0\left(E_{\boldsymbol{k}}+H_{\boldsymbol{k}}^{(1)}\right)\approx f^0\left(E_{\boldsymbol{k}}\right)+\frac{\partial f^0}{\partial E_{\boldsymbol{k}}}H_{\boldsymbol{k}}^{(1)}\tag{9.30}$$

其中, $f^0(E)=\{\exp\left[(E-\mu)/k_{\mathrm{B}}T\right]+1\}^{-1}$ 为费米–狄拉克分布函数, μ 为电子的化学势, k_{B} 为玻尔兹曼常量, T 为温度.

忽略自旋劈裂, 利用 $s_{\boldsymbol{k}}=0$ 可以将式 (9.27) 的解写为教科书中的形式

$$f_{\boldsymbol{k}}=f^0\left(E_{\boldsymbol{k}}\right)-eF_xv_x\tau_1\left(E_{\boldsymbol{k}}\right)\frac{\partial f^0}{\partial E_{\boldsymbol{k}}}\tag{9.31}$$

这里, $v_x=\hbar k_x/m_{\mathrm{c}}$, τ_1 描述了分布函数的弛豫, 该分布函数与 k_x 或 k_y 函数的角度分布是二次型的. 如果我们用式 (9.31) 的配分函数来替换碰撞积分中的 $\rho_{\boldsymbol{k}}$ 和式 (9.27) 里第一项中的 $\rho_{\boldsymbol{k}}^0$, 就可以得到一个 $s_{\boldsymbol{k}}$ 的方程. 解出这个方程, 就可以估计出自旋密度

$$s_\mu\equiv\sum_{\boldsymbol{k}}s_{\boldsymbol{k},\mu}\sim\beta_{\mu\lambda}\boldsymbol{k}_\lambda g_{2\mathrm{d}}\tag{9.32}$$

其中, $g_{2\mathrm{d}} = m_x/(\pi\hbar^2)$ 为二维态密度, $\hbar \boldsymbol{k}_\lambda/m_\mathrm{c}$ 为电子漂移速度. 精确的公式可以在文献 [43], [46] 中找到.

利用多种实验技术, 在低维结构中已经观测到了电流诱导的自旋取向, 包括偏振太赫兹辐射的透射、偏振荧光和空间分辨的法拉第旋转[19,47~52]. 我们概述一下太赫兹透射实验和偏振荧光实验的结果, 在这些实验中, 最早观测到电流在量子阱结构中诱导出来的自旋取向.

9.4.3 电流诱导的自旋法拉第旋转

为了观测电流诱导的自旋极化, 文献 [47] 研究了太赫兹辐射穿过多量子阱样品后的圆偏振二色性和法拉第旋转. 这种方法能够探测沿着生长方向垂直入射时的自旋极化. 用于研究的材料是 (113) 和略偏于 (00l) 取向的 p 型 GaAs 多量子阱, 对称性为 C_s 点群. 透射测量是在室温下进行的, 使用了 $\lambda = 118\mu\mathrm{m}$ 的线偏振辐射, 如图 9.10(a) 所示: 样品位于两个金属线偏振器之间, 连续波的太赫兹辐射穿过这一光学系统. 只有当电流沿着 x 方向流动的时候, 才能利用调制技术观测到法拉第旋转. 这符合将电流与诱导的自旋联系起来的唯象公式 $S_{z'} = R_{z'x} j_x$, 只有当电流沿着与镜面反射面垂直的方向 (即 x 轴) 流动的时候, 才能出现自旋极化. 偏振面旋转引起的信号 ΔV 随着电流强度的变化关系如图 9.10(a) 所示. 实验表明, 随着温度的降低, 自旋极化增大, 与式 (9.32) 一致.

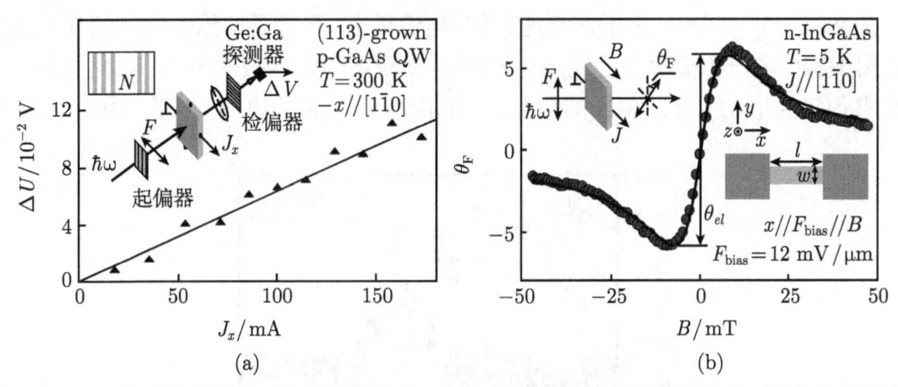

图 9.10 (a) 在两个样品中, 沿着特定方向, 电流产生了依赖于偏振的信号, 图中给出随电流强度的变化关系. 来自于文献 [47]; (b) 电压诱导的旋转角 θ_F 随磁场 B 的变化关系, 此时 $F = 12\mathrm{mV}/\mu\mathrm{m}(\boldsymbol{F}//[1\bar{1}0])$(来自于文献 [49]); 空心圆点位数据, 而实线是根据式 (9.33) 进行的拟合. 两幅图里的插图给出了实验构型: (a) 样品位于交叉放置的偏振片和检偏器之间, 当通过样品的电流为零时, 光不能够透射. 在样品中注入一个调制的电流, 可以在探测器上产生信号, 用 box-car 技术来进行测量; (b) 电流在平面内产生自旋极化, 外加磁场 B 将此极化旋转出平面, 从而引起了探测光的法拉第旋转. 第二个插图给出了样品的结构. 此处暗区为 Ni/GeAu 的欧姆接触, 浅灰色区域为是 InGaAs 沟道

利用锁模掺钛蓝宝石激光器产生的红外辐射的法拉第旋转测量, 已经探测到了电流诱导的自旋极化. 在有应变的 InGaAs 外延层中, 电流诱导的电子自旋极化的光学探测如图 9.10(b) 所示[49]. 被研究的异质结构是在 (001) 半绝缘 GaAs 衬底上生长 500nm 厚的 n 型 $In_{0.07}Ga_{0.93}As$(Si 掺杂浓度为 $n = 3\times10^{16}cm^{-3}$), 然后再覆盖上 100nm 的无掺杂 GaAs. 因为晶格不匹配, n 型 InGaAs 层是有应变的. 沿着两个晶轴方向 [110] 和 $[1\bar{1}0]$ 之一施加交变电场 $\boldsymbol{F}$, 平面内的磁场 $\boldsymbol{B}$ 平行于 $\boldsymbol{F}$. 一束线偏振探测光沿着 z 轴垂直照射并聚焦在样品上. 透射光的偏振面旋转了一个角度 θ_F, 它正比于自旋的 z 分量 S_z (自旋法拉第旋转). 按照调制频率来锁相检测电流诱导的法拉第角, 研究它随外加磁场的变化关系. 假设沿着 y 轴极化的自旋的自旋极化速率 $\dot{s}_{\boldsymbol{k},y}$ 为常数, 就可以解释图 9.10(b) 中的实验数据. 自旋绕着磁场的旋转, 就给出了自旋 z 分量

$$S_z(B) = \frac{\omega_L\tau_{s,//}}{1+(\omega_L\tau_s)^2}S_{0y},\quad S_{0y} = \tau_{s,\perp}\sum_{\boldsymbol{k}}\frac{\dot{\boldsymbol{s}}_{\boldsymbol{k},y}}{n_s} \tag{9.33}$$

其中, 自旋弛豫时间和拉莫尔频率的记号是在式 (9.23) 中引入的. 在 1 秒钟的积分时间里, 高灵敏度的法拉第旋转技术可以探测 100 个自旋, 无可争议地揭示了面内电场引起的微弱的自旋极化.

9.4.4　电流诱导的荧光偏振

在文献 [48], [50] 中, 为了探测逆自旋–电流效益, 测量了二维空穴气的光致荧光谱的圆偏振. 这一实验程序已经成为探测自旋极化的标准技术[1,53]. 研究的是一个解理成条状的 (001) 方向生长的样品, 电流沿着解理的长边, 平行于 $[1\bar{1}0]$ 方向. 最

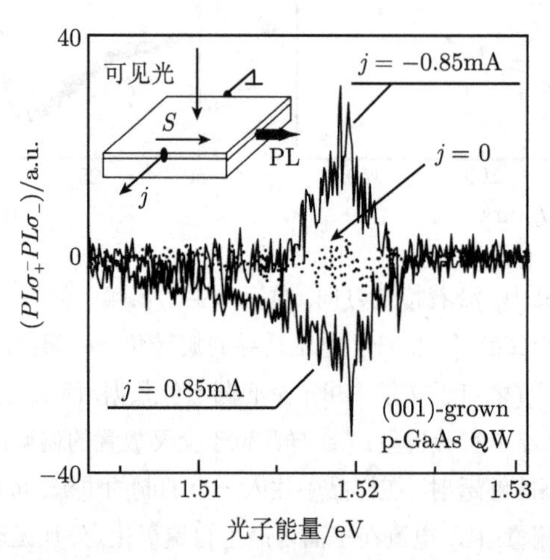

图 9.11　两个不同电流方向的偏振荧光谱的差 (来自于文献 [48]). 基线是关掉电流时测量得的结果. 插图给出了实验构型

近也研究了 (113) 方向生长的样品[50]. 用氦氖激光的 633nm 谱线激发. 在 (001) 方向的样品中, 荧光是从解理样品的 (110) 面上收集的. 另外, 在 (113) 方向的异质结构中, 因为 C_s 对称性, 平均自旋密度沿着生长方向有一个分量. 因此, 这种情况下的荧光是在背散射构型下探测的. 用一个 1/4 波片和一个线偏振片来分析荧光的圆偏振度 P_c. 图 9.11 中的插图给出了测量电流诱导的自旋极化的实验装置图以及两个相反电流方向下的差分谱 $(PL_{\sigma_+} - PL_{\sigma_-})$. 圆偏振辐射的观测, 特别是电流方向反转时手征性的翻转, 证明了电流诱导自旋极化的效应. 在 (001) 方向生长的样品中, 观测到的最大偏振度为 2.5%[48]. 在 (113) 方向生长的样品, 在温度 5.1K 下, 偏振度高达 12%[50].

9.5 纯自旋流

纯自旋流表示一个非平衡分布, 其中, 自旋向上的自由载流子 (电子或空穴) 主要沿一个方向传播, 而自旋向下的自由载流子沿相反的方向传播. 这种状态的特点是电流为零, 因为自旋向上的准粒子贡献的电流与自旋向下载流子的电流相互抵消了, 但是, 它们导致了自旋向上电子和自旋向下电子在空间分布上的分离, 并在样品的相对边缘处堆积了相反的自旋. 作用在半导体中的非极化载流子之上的电场可以驱动自旋流 (这就是自旋霍尔效应, 在这里不考虑). 在非中心对称的体材料和低维半导体, 也可以用在带间和带内光学跃迁的光学方法来产生纯自旋流[54~58].

9.5.1 线偏振光注入的纯自旋流

一般来说, 自旋流密度赝张量 $q_{\lambda\mu}$ 描述了自旋极化的 μ 分量在空间方向 λ 上的流. 唯象的说, 自旋光电流 $q_{\lambda\mu}$ 通过一个 4 阶张量与双线性乘积 $Ie_\nu e_\eta^*$ 联系, 在式 (9.4) 中, 它就是张量 $P_{\lambda\mu\nu\eta}$. 此处我们假设光是线偏振的. 在此特殊情况下, 乘积 $e_\nu e_\eta^* \equiv e_\nu e_\eta$ 是实数, 当交换第三个下标与第四个下标的时候, 张量是对称的.

在纯自旋光电流的微观机制中, 我们首先讨论与电子有效哈密顿量中 k 线性项有关的机制[55]. 考虑 (001) 衬底生长的量子阱在线偏振光垂直照射时的 e1 → hh1 带间吸收. 在这种情况下, hh1 重空穴价带子带的 k 线性劈裂非常小, 可以忽略. 为了简单起见, 但又无损于一般性, 在 e1 导带子能带中, 我们只考虑自旋–轨道项 $\beta_{yx}\boldsymbol{\sigma}_y k_x$, 而 $\beta_{xy}\boldsymbol{\sigma}_x k_y$ 对张量 $\boldsymbol{P}$ 的贡献可以类似地考虑. 这样, 导带电子自旋态就是自旋矩阵 σ_y 的本征态. 对于偏振沿着 x 方向的线偏振光来说, 从重空穴态 ±3/2 到 $s_y = \pm 1/2$ 态的 4 个跃迁都是允许的. 能量和动量守恒定律为

$$E_{\rm g}^{\rm QW} + \frac{\hbar^2\left(k_x^2 + k_y^2\right)}{2\mu_{\rm cv}} + 2s_y\beta_{yx}k_x = \hbar\omega$$

其中, 我们使用了与 9.2.6 节完全相同的记号 $E_{\rm g}^{\rm QW}$ 和 $\mu_{\rm cv}$. 对于固定的 k_y 值, 只有

在被标为 $k_x^{\pm}$ 的两个 k_x 处, 才能产生光电子. 在 s_y 自旋子带中, 电子平均速度为

$$\bar{\boldsymbol{v}}_{\mathrm{e},x}=\frac{\hbar\left(k_x^{+}+k_x^{-}\right)}{2m_{\mathrm{c}}}+2s_y\frac{\beta_{yx}}{\hbar}=\frac{2s_y\beta_{yx}}{\hbar}\frac{m_{\mathrm{c}}}{m_{\mathrm{c}}+m_{\mathrm{v}}}.$$

自旋流 $\boldsymbol{i}_{\pm 1/2}$ 具有相反的符号, 不存在电流 $\boldsymbol{j}=e\left(\boldsymbol{i}_{+1/2}+\boldsymbol{i}_{-1/2}\right)$, 但是, 自旋流 $\boldsymbol{j}_{\mathrm{s}}=(1/2)\left(\boldsymbol{i}_{+1/2}-\boldsymbol{i}_{-1/2}\right)$ 不等于零. 每一个自旋子带中的这种定向运动在动量弛豫时间 τ_p^{e} 内衰减. 然而, 在连续光激发的情况下, 光电子的产生也是连续的, 它会导致自旋流

$$q_{xy}=\frac{\beta_{yx}\tau_p^{\mathrm{e}}}{2\hbar}\frac{m_{\mathrm{c}}}{m_{\mathrm{c}}+m_{\mathrm{v}}}\frac{\eta_{\mathrm{eh}}I}{\hbar\omega}$$

在正入射的时候, 它不依赖于光的偏振.

在 (110) 衬底上生长的量子阱结构中, 沿着法线方向 $z'//[110]$ 的自旋分量与电子的面内波矢 (因为导带中的 $\beta_{z'x}\sigma_{z'}k_x$ 项) 以及重空穴带中正比于 $\boldsymbol{J}_{z'}k_x$ 的项耦合在一起, 其中, $\boldsymbol{J}_{z'}$ 是角动量 3/2 的 4×4 矩阵. 系数 $\beta_{z'x}^{(\mathrm{e}1)}$ 是相对论性的, 与描述重空穴态的自旋劈裂的非相对论性常数 $\beta_{z'x}^{(\mathrm{hh}1)}$ 相比, 可以忽略. 从价带子带 hh1 到导带子带 e1 的允许光学跃迁是 $|+3/2\rangle\rightarrow|+1/2\rangle$ 和 $|-3/2\rangle\rightarrow|-1/2\rangle$, 其中, $\pm 1/2$ 和 $\pm 3/2$ 分别是电子自旋和重空穴角动量的 z' 分量. 在线偏振光激发情况下, 不会产生光生的电荷流, 光生的纯自旋流为

$$q_{xz}=\frac{\beta_{z'x}^{(\mathrm{hh}1)}\tau_p^{\mathrm{e}}}{2\hbar}\frac{m_{\mathrm{v}}}{m_{\mathrm{c}}+m_{\mathrm{v}}}\frac{\eta_{\mathrm{eh}}I}{\hbar\omega}\tag{9.34}$$

在自旋分离实验中, 因为空穴的自旋弛豫时间要比电子小许多, 可以忽略类似的空穴自旋流.

光生自旋流的另一个贡献来自于带间光学跃迁矩阵元的 k 线性项[59]. 考虑远处的 Γ_{15} 导带和 Γ_{15} 价带态 $X_0(\boldsymbol{k})$, $Y_0(\boldsymbol{k})$, $Z_0(\boldsymbol{k})$ 以及 Γ_1 导带态 $S(\boldsymbol{k})$ 的 $\boldsymbol{k}\cdot\boldsymbol{p}$, 可以得到闪锌矿结构半导体体材料中动量算符的带间矩阵元[60,61]

$$\langle \mathrm{i}S(\boldsymbol{k})|\,\boldsymbol{e}\cdot\boldsymbol{p}\,|X_0(\boldsymbol{k})\rangle=P\left[e_{x0}+\mathrm{i}\chi\left(e_{y0}k_{z0}+e_{z0}k_{y0}\right)\right]\tag{9.35}$$

循环地置换下标, 可以得到 $\langle \mathrm{i}S(\boldsymbol{k})|\,\boldsymbol{e}\cdot\boldsymbol{p}\,|Y_0(\boldsymbol{k})\rangle$ 和 $\langle \mathrm{i}S(\boldsymbol{k})|\,\boldsymbol{e}\cdot\boldsymbol{p}\,|Z_0(\boldsymbol{k})\rangle$, 其中, 系数 χ 为一个依赖于材料的参数, 它依赖于带隙和 Γ 点处动量算符的带间矩阵元, 我们在此使用晶格轴向 $x_0//[100]$ 等. 对于 GaAs 的能带参数[62], 系数 χ 估计为 0.2Å. 计算表明, 在 (110) 衬底上生长的量子阱中, 带间矩阵元的 k 线性项引起的光生自旋流具有如下形式:

$$q_{xz'}=\varepsilon\left(e_{y'}^2-e_x^2\right)\frac{\chi\tau_p^{\mathrm{e}}}{\hbar}\frac{\eta_{\mathrm{cv}}}{\hbar\omega}I,\quad q_{y'z'}=\varepsilon e_x e_{y'}\frac{\chi\tau_p^{\mathrm{e}}}{\hbar}\frac{\eta_{\mathrm{ev}}}{\hbar\omega}I\tag{9.36}$$

其中, $\varepsilon=\left(\hbar\omega-E_{\mathrm{g}}^{\mathrm{QW}}\right)m_{\mathrm{v}}/\left(m_{\mathrm{c}}+m_{\mathrm{v}}\right)$ 为光生电子的动能, $y'//[00\bar{1}]$. 与式 (9.34) 不同, 这一贡献依赖于入射光的偏振, 对于非偏振光它等于零. 比较式 (9.34) 和式

(9.36), 可以看出, 依赖于 $\hbar\omega - E_{\mathrm{g}}^{\mathrm{QW}}$ 的数值, $q_{xz'}$ 的两种贡献可以大小相仿, 也可以差别很大.

Zhao 等[56] 证明, 在 (110) 衬底上生长的 GaAs 量子阱中, 利用线偏振光脉冲的单光子吸收, 可以实现室温下纯自旋流的注入和控制. 采用的是空间分辨的泵浦–探测技术. 泵浦脉冲将电子由价带激发到导带, 额外能量约为 148meV, 依赖于偏振的贡献式 (9.36) 超过了不依赖于偏振的贡献式 (9.34). 探测光被调节得接近于带边. 线偏振探测光的 σ_+ 分量与密度为 $n_{-1/2}$ 的自旋向下电子的相互作用较强, 而 σ_- 分量与密度为 $n_{1/2}$ 的自旋向上电子的相互作用较强. 因此, 在探测光位置上, 根据探测光的 σ_+ 和 σ_- 分量的透射率 $T_\pm$ 的差别, 就可以推断出样品中载流子的净自旋极化. 图 9.12 给出了 x 和 y 偏振的泵浦光的结果, $n_{-1/2}(y) \propto \Delta T_+/T_+$, $\Delta n(y) \equiv n_{1/2}(y) - n_{-1/2}(y) \propto \Delta T_-/T_+ - \Delta T_+/T_+$. 注意, 我们使用了原始文献 [56] 中引入的记号, $x//[001]$, $y//[1\bar{1}0]$, $z//[110]$, 然而, 在式 (9.34) 和式 (9.36) 中, 我们使用的是笛卡尔坐标系 $x//[1\bar{1}0]$, $y'//[00\bar{1}]$, $z'//[110]$. 显然, $\Delta n(y)$ 信号符合一个纯自旋流. 可以用一个原始的高斯线型的空间微分与空间分离 d(量级为光生电子的平均自由程) 的乘积来拟合它. 图 9.12 中的实线对应于 $d = 2.8\text{nm}$ 的拟合曲线. 对于 x 和 y 线偏振的泵浦光, $\Delta n(y)$ 信号具有相反的符号, 这与式 (9.36) 一致.

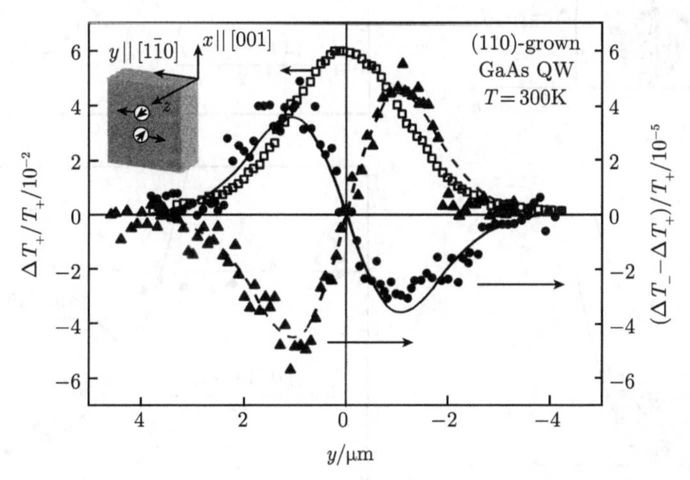

图 9.12 利用 x 偏振 (实心圆点) 和 y 偏振 (实心三角) 泵浦脉冲, 在室温下测量 $\Delta T_+/T_+ \propto n_{-1/2}(y)$(空心方块) 和 $\Delta T_-/T_+ - \Delta T_+/T_+ \propto n_{1/2}(y) - n_{-1/2}(y)$, 泵浦强度为 $10\mu\text{J/cm}^2$, 线条是对数据的拟合, 自旋分离为 $d = 2.8\text{nm}$. 来自于文献 [56]

补充一点, 同时用适当偏振的单光子和双光子相干激发, 也可以产生纯自旋流, 这在体材料 GaAs[63] 和 GaAs/AlGaAs 量子阱[64] 中得到了验证. 这一现象可以被归结为光电流效应, 此时两种频率的相干激发降低了对称性[65].

9.5.2 依赖于自旋的散射导致的纯自旋流

自由载流子的光吸收, 或者说类 Drude 的吸收, 伴随着声学声子、光学声子或静态效应等引起的电子散射. 散射辅助的非偏振光的光激发也可以产生纯自旋流 [57,58]. 然而, 与上面考虑的直接跃迁不同, 能谱的自旋劈裂不一定会对载流子吸收导致的自旋流有贡献. 更重要的贡献来自于电子的自旋守恒的散射的不对称性. 在旋光性的低维结构中, 自旋–轨道相互作用给散射概率添加了依赖于自旋的非对称项. 散射矩阵元中的这一项正比于 $\boldsymbol{\sigma} \times (\boldsymbol{k}+\boldsymbol{k}')$, 其中 $\boldsymbol{\sigma}$ 是泡利矩阵组成的矢量, $\boldsymbol{k}$ 和 $\boldsymbol{k}'$ 分别是散射电子的初始波矢和终态波矢. 在带有二维电子气的量子阱中, 自旋向上 $(s=+1/2)$ 子带中的热电子的能量弛豫过程如图 9.13(b) 所示. 能量弛豫过程由弯曲线箭头给出. 因为散射依赖于自旋, 到正 k_x 态的跃迁概率不同于

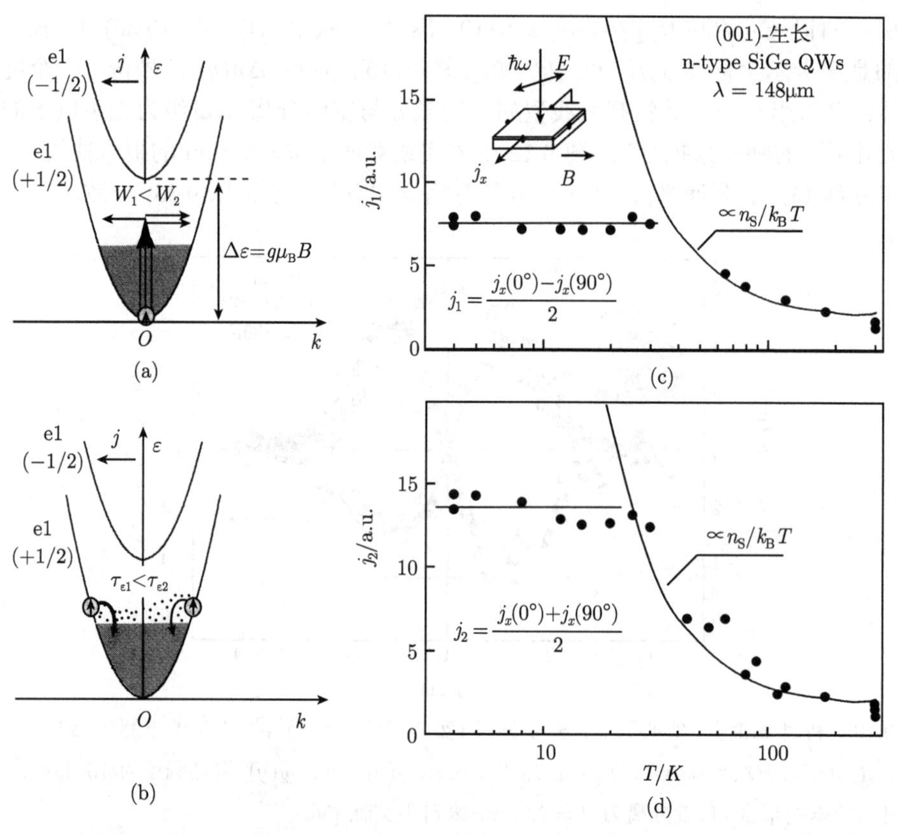

图 9.13　零偏压下的自旋分离以及相应的磁场诱导的光电流的微观起源: (a) 激发模型; (b) 弛豫模型, 分别对应于电流 j_1 和 j_2(参见正文中的解释). 在磁场 $\boldsymbol{B}//y$ 中, 光电流 j_x 的组成部分 j_1 (c) 和 j_2. (d) 的温度依赖关系. 实线分别对应于常数曲线和单一参数拟合的结果. 来自于文献 [58]

到负 k_x 态的跃迁概率. 在图 9.13(b) 中, 用两个粗细不同的弯曲线箭头来表示这一差别. 这种不对称性使得两个子带 ($s=\pm 1/2$) 中的载流子在正 k_x 态和负 k_x 态上的分布是不均衡的, 从而在每一个自旋子带中都产生了一个净电流 $\boldsymbol{i}_{\pm 1/2}$. 因为散射振幅中的不对称部分依赖于自旋取向, 散射到正 k_x 态或负 k_x 态的概率对于自旋向上和自旋向下子带是不同的. 这样一来, 电荷流 $\boldsymbol{j}_+ = e\boldsymbol{i}_{+1/2}$ 和 $\boldsymbol{j}_- = e\boldsymbol{i}_{-1/2}$ 具有相反的方向, 其中 e 为电子电荷, 因为 $\boldsymbol{i}_+ = -\boldsymbol{i}_{-1/2}$, 所以, 它们就彼此抵消了. 然而, 因为自旋向上的电子运动的方向与自旋向下的电子相反, 它会产生一个有限的纯自旋流 $\boldsymbol{J}_{\mathrm{s}} = \dfrac{1}{2}\left(\boldsymbol{i}_{+1/2} - \boldsymbol{i}_{-1/2}\right)$[57].

与弛豫机制类似, Drude 吸收导致的自由载流子的光激发也牵涉到电子散射, 它也是不对称的, 可以产生自旋分离. 图 9.13(a) 示意地给出了自旋向上子带通过虚态的 Drude 吸收过程. 垂直箭头指出了从 $k_x=0$ 初态的光学跃迁, 水平箭头描述了向带有正或负波矢的终态跃迁的弹性散射事件. 因为散射依赖于自旋, 到正 k_x 态或负 k_x 态的跃迁概率是不同的. 这由水平箭头的不同粗细来表示. 这种不对称性使得光生电子在自旋子带的正 k_x 态上和负 k_x 态上的分布不均衡, 这就产生了电子的流动.

利用外磁场, 可以将纯自旋流和零偏压自旋分离转变为可以测量的电流. 实际上, 在塞曼自旋极化系统中, 两个流 $\boldsymbol{i}_{\pm 1/2}$ 的大小分别依赖于自旋向上和自旋向下子带中的自由载流子密度 $n_{\pm 1/2}$, 它们不能够彼此抵消, 从而导致了一个净电流. 因为流 $\boldsymbol{i}_{\pm 1/2}$ 正比于载流子密度 $n_{\pm 1/2}$, 所以, 电流由下式 (9.37) 给出

$$\boldsymbol{j} = e\left(\boldsymbol{i}_{1/2} + \boldsymbol{i}_{-1/2}\right) = 4eS\boldsymbol{j}_{\mathrm{s}} \tag{9.37}$$

其中, $x//[1\bar{1}0]$, $y//[110]$, $S=(1/2)(n_{1/2}-n_{-1/2})/(n_{1/2}+n_{-1/2}) = 4eS\boldsymbol{j}_{\mathrm{s}}$ 为每个电子的平均自旋, $\boldsymbol{j}_{\mathrm{s}}$ 是没有磁场时的纯自旋流. 外磁场 $\boldsymbol{B}$ 的塞曼效应造成了两个自旋子带上平衡占据数的差别. 注意, 在平衡态下, 非简并二维电子气的平均自旋为 $\boldsymbol{S} = -g\mu\boldsymbol{B}/4k_{\mathrm{B}}T$, 而简并的二维电子气的平均自旋为 $\boldsymbol{S} = -g\mu\boldsymbol{B}/4\varepsilon_{\mathrm{F}}$.

在对称性为 C_{2v} 的结构中, 正入射线偏振光引起的磁–光电流效应的唯象方程 (9.5) 可以约化为[66]

$$\begin{aligned} j_x &= S_1 B_y I + S_2 B_y \left(e_x^2 - e_y^2\right) I + 2S_3 B_x e_x e_y I \\ j_y &= S_1' B_x I + S_2' B_x \left(e_x^2 - e_y^2\right) I + 2S_3' B_y e_x e_y I \end{aligned} \tag{9.38}$$

其中, 参数 S_1 到 S_3 和 S_1' 到 S_3' 为式 (9.5) 中张量 $\Phi_{\lambda\mu\nu\eta}$ 的线性无关分量, 而且只考虑了磁场的面内分量. 当 $\boldsymbol{B}//y$ 的时候, 有

$$j_x = j_1 \cos 2\alpha + j_2, \quad j_y = j_3 \sin 2\alpha \tag{9.39}$$

其中, $j_1 = S_2 B_y I$, $j_2 = S_1 B_y I$, $j_3 = S_3' B_y I$.

图 9.13 中的右图给出了 j_1 和 j_2 的温度依赖关系, j_1 和 j_2 分别对应于图 9.13(a) 和 (b) 中的激发机制和弛豫机制. 在 0.6T 磁场中, 用太赫兹分子激光 ($\lambda = 148\mu m$) 激发 n 型 SiGe 量子阱结构, 然后再测量得到数据. 分析表明[57,58], 流的依赖关系可以归结为 $n_S S$, 在低温区, 流不依赖于温度, 在高温区, 流正比于 n_S/T, 与实验数据符合. 这样一来, 施加外磁场就可以实验地研究纯自旋流. 类似于圆偏振光电流效应, 磁致旋光效应是研究反演不对称性的有效工具, 在 (110) 衬底生长的 GaAs 量子阱中, 这一点得到了证明[67].

9.6 总　结

现代半导体物理学研究的两个主要领域是输运现象和光学效应. 有时候会觉得, 这些领域彼此独立地发展, 技术上的巨大成功是这种想法的基础. 对于半导体自旋物理学的广泛研究来说, 也是如此. 本章表明, 自旋光电流效应在这两个领域之间建立了坚实的桥梁, 为交换彼此的想法奠定了基础. 的确, 依赖于自旋的光电流效应, 包括光生的电荷流和自旋流, 以及相应的逆效应 (它们可以被用来对电流诱导的自旋极化进行光学探测), 都需要深入彻底地了解输运物理学和偏振光谱学. 因此, 不同的概念互相协助, 加深了对依赖于自旋的微观过程的认识.

至于将来的工作, 仍然存在的一个问题是圆偏振光电流效应, 除了自旋依赖机制之外, 它也可以在轨道效应中体现出来, 参见文献 [61], [68], [69]. 因此, 对于圆偏振光电流效应的实验数据, 特别是那些在子带内激发下测量得到的结果, 需要进行独立而又直接的实验, 区分圆偏振光电流效应中与自旋无关的贡献和依赖于自旋的贡献. 在此方面, 需要短脉冲圆偏振光激发下的时间分辨的光电流效应实验, 脉冲宽度应该和自由载流子的动量弛豫时间和自旋弛豫时间相类似, 这样的实验将会提供许多关于非平衡光生载流子的动量、能量和自旋弛豫的信息.

参 考 文 献

[1] F. Meier, B.P. Zakharchenya, in *Optical Orientation*, ed. by V.M. Agranovich, A.A. Maradudin. Modern Problems in Condensed Matter Sciences, vol. 8 (Elsevier Science, Amsterdam, 1984)

[2] E.L. Ivchenko, G.E. Pikus, Pis'ma Z. Eksp. Teor. Fiz. **27**, 640 (1978); JETP Lett. **27**, 604 (1978)

[3] V.I. Belinicher, Phys. Lett. A **66**, 213 (1978)

[4] V.M. Asnin, A.A. Bakun, A.M. Danishevskii, E.L. Ivchenko, G.E. Pikus, A.A. Rogachev, Pis'ma Z. Eksp. Teor. Fiz. **28**, 80 (1978); JETP Lett. **28**, 74 (1978)

[5] B.I. Sturman, V.M. Fridkin, *The Photovoltaic and Photorefractive Effects in Non-Centrosymmetric Materials* (Gordon and Breach Science Publishers, Philadelphia, 1992)

[6] S.D. Ganichev, E.L. Ivchenko, S.N. Danilov, J. Eroms, W. Wegscheider, D. Weiss, W. Prettl, Phys. Rev. Lett. **86**, 4358 (2001)

[7] S.D. Ganichev, W. Prettl, J. Phys. Condens. Matter **15**, R935 (2003)

[8] S.D. Ganichev, W. Prettl, *Intense Terahertz Excitation of Semiconductors* (Oxford University Press, Oxford, 2006)

[9] S.D. Ganichev, V.V. Bel'kov, P. Schneider, E.L. Ivchenko, S.A. Tarasenko, D. Schuh, W. Wegscheider, D. Weiss, W. Prettl, Phys. Rev. B **68**, 035319 (2003)

[10] V.A. Shalygin, H. Diehl, Ch. Hoffmann, S.N. Danilov, T. Herrle, S.A. Tarasenko, D. Schuh, Ch. Gerl, W. Wegscheider, W. Prettl, S.D. Ganichev, Pis'ma Z. Eksp. Teor. Fiz. **84**, 666 (2006); JETP Lett. **84**, 570 (2006)

[11] M.I. Dyakonov, V.Yu. Kachorovskii, Fiz. Tekh. Poluprovodn. **20**, 178 (1986); Sov. Phys. Semicond. **20**, 110 (1986)

[12] O. Krebs, P. Voisin, Phys. Rev. Lett. **77**, 1829 (1996)

[13] U. Rössler, J. Keinz, Solid State Commun. **121**, 313 (2002)

[14] Y.A. Bychkov, E.I. Rashba, Pis'ma Z. Eksp. Teor. Fiz. **39**, 66 (1984); JETP Lett. **39**, 78 (1984)

[15] R.Winkler, *Spin–Orbit Coupling Effects in Two-Dimensional Electron and Hole Systems.* Springer Tracts in Modern Physics, vol. 191 (Springer, Berlin, 2003)

[16] W. Zawadzki, P. Pfeffer, Semicond. Sci. Technol. **19**, R1 (2004)

[17] V.V. Bel'kov, S.D. Ganichev, P. Schneider, C. Back,M. Oestreich, J. Rudolph, D. Hägele, L.E. Golub, W. Wegscheider, W. Prettl, Solid State Commun. **128**, 283 (2003)

[18] M. Bieler, N. Laman, H.M. van Driel, A.L. Smirl, Appl. Phys. Lett. **86**, 061102 (2005)

[19] C.L. Yang, H.T. He, L. Ding, L.J. Cui, Y.P. Zeng, J.N. Wang, W.K. Ge, Phys. Rev. Lett. **96**, 186605 (2006)

[20] K.S. Cho, Y.F. Chen, Y.Q. Tang, B. Shen, Appl. Phys. Lett. **90**, 041909 (2007)

[21] L.E. Golub, Phys. Rev. B **67**, 235320 (2003)

[22] S.D. Ganichev, S.N. Danilov, V.V. Bel'kov, E.L. Ivchenko, M. Bichler, W. Wegscheider, D. Weiss, W. Prettl, Phys. Rev. Lett. **88**, 057401 (2002)

[23] P. Schneider, J. Kainz, S.D. Ganichev, V.V. Bel'kov, S.N. Danilov, M.M. Glazov, L.E. Golub, U. Rössler,W.Wegscheider, D.Weiss, D. Schuh,W. Prettl, J. Appl. Phys. **96**, 420 (2004)

[24] E.L. Ivchenko, *Optical Spectroscopy of Semiconductor Nanostructures* (Alpha Science Int., Harrow, 2005)

[25] E.L. Ivchenko, Yu.B. Lyanda-Geller, G.E. Pikus, Pis'ma Z. Eksp. Teor. Fiz. **50**, 156 (1989); JETP Lett. **50**, 175 (1989)

[26] S.D. Ganichev, E.L. Ivchenko, V.V. Bel'kov, S.A. Tarasenko, M. Sollinger, D. Weiss, W. Wegscheider, W. Prettl, Nature (Lond.) **417**, 153 (2002)

[27] N.S. Averkiev, L.E. Golub, M. Willander, J. Phys. Condens. Matter **14**, R271 (2002)

[28] S.D. Ganichev, P. Schneider, V.V. Bel'kov, E.L. Ivchenko, S.A. Tarasenko,W.Wegscheider, D.Weiss, D. Schuh, D.G. Clarke, M. Merrick, B.N. Murdin, P. Murzyn, P.J. Phillips, C.R. Pidgeon, E.V. Beregulin, W. Prettl, Phys. Rev. B **68**, 081302 (2003)

[29] L.E. Golub, Pis'ma Z. Eksp. Teor. Fiz. **85**, 479 (2007); JETP Lett. **85**, 393 (2007)

[30] A.A. Bakun, B.P. Zakharchenya, A.A. Rogachev, M.N. Tkachuk, V.G. Fleisher, Pis'ma Z. Eksp. Teor. Fiz. **40**, 464 (1984); Sov. JETP Lett. **40**, 1293 (1984)

[31] N.S. Averkiev, M.I. D'yakonov, Fiz. Tekh. Poluprov. **17**, 629 (1983); Sov. Phys. Semicond. **17**, 393 (1983)

[32] M.I. Dyakonov, V.I. Perel, Pis'ma Z. Eksp. Teor. Fiz. **13**, 206 (1971); Sov. JETP Lett. **13**, 144 (1971)

[33] S.A. Tarasenko, E.L. Ivchenko, V.V. Bel'kov, S.D. Ganichev, D. Schowalter, P. Schneider, M. Sollinger, W. Prettl, V.M. Ustinov, A.E. Zhukov, L.E. Vorobjev, cond-mat/301393 (2003); See also J. Supercond.: Incorporating Novel Magn. **16**, 419 (2003)

[34] E.L. Ivchenko, S.A. Tarasenko, Z. Eksp. Teor. Fiz. **126**, 426 (2004); JETP **99**, 379 (2004)

[35] S.D. Ganichev, V.V. Bel'kov, L.E. Golub, E.L. Ivchenko, P. Schneider, S. Giglberger, J. Eroms, J. De Boeck, G. Borghs, W. Wegscheider, D. Weiss, W. Prettl, Phys. Rev. Lett. **92**, 256601 (2004)

[36] S. Giglberger, L.E. Golub, V.V. Bel'kov, S.N. Danilov, D. Schuh, Ch. Gerl, F. Rohlfing, J. Stahl, W. Wegscheider, D. Weiss, W. Prettl, S.D. Ganichev, Phys. Rev. B **75**, 035327 (2007)

[37] L.E. Vorob'ev, E.L. Ivchenko, G.E. Pikus, I.I. Farbstein, V.A. Shalygin, A.V. Sturbin, Pis'ma Z. Eksp. Teor. Fiz. **29**, 485 (1979); JETP Lett. **29**, 441 (1979)

[38] A.G. Aronov, Yu.B. Lyanda-Geller, Pis'ma Z. Eksp. Teor. Fiz. **50**, 398 (1989); JETP Lett. **50**, 431 (1989)

[39] V.M. Edelstein, Solid State Commun. **73**, 233 (1990)

[40] F.T. Vasko, N.A. Prima, Fiz. Tverd. Tela **21**, 1734 (1979); Sov. Phys. Solid State **21**, 994 (1979)

[41] A.G. Aronov, Yu.B. Lyanda-Geller, G.E. Pikus, Z. Eksp. Teor. Fiz. **100**, 973 (1991); Sov. Phys. JETP **73**, 537 (1991)

[42] A.V. Chaplik, M.V. Entin, L.I. Magarill, Physica E **13**, 744 (2002)

[43] F.T. Vasko, O.E. Raichev, *Quantum Kinetic Theory and Applications* (Springer, New York, 2005)

[44] S.A. Tarasenko, Pis'ma Z. Eksp. Teor. Fiz. **84**, 233 (2006); JETP Lett. **84**, 199 (2006)

[45] M. Trushin, J. Schliemann, Phys. Rev. B **75**, 155323 (2007)

[46] O.E. Raichev, Phys. Rev. B **75**, 205340 (2007)

[47] S.D. Ganichev, S.N. Danilov, P. Schneider, V.V. Bel'kov, L.E. Golub, W. Wegscheider, D.Weiss,W. Prettl, cond-mat/0403641 (2004); See also J. Magn. Magn. Mater. **300**, 127 (2006)

[48] A.Yu. Silov, P.A. Blajnov, J.H. Wolter, R. Hey, K.H. Ploog, N.S. Averkiev, Appl. Phys. Lett. **85**, 5929 (2004)

[49] Y.K. Kato, R.C. Myers, A.C. Gossard, D.D. Awschalom, Phys. Rev. Lett. **93**, 176601 (2004)

[50] A.Yu. Silov, P.A. Blajnov, J.H. Wolter, R. Hey, K.H. Ploog, N.S. Averkiev, in *Proc. 13th Int. Symp. Nanostructures: Phys. and Technol.* (St. Petersburg, Russia, 2005)

[51] V. Sih, R.C.Myers, Y.K. Kato, W.H. Lau, A.C. Gossard, D.D. Awschalom, Nat. Phys. **1**, 31 (2005)

[52] N.P. Stern, S. Ghosh, G. Xiang, M. Zhu, N. Samarth, D.D. Awschalom, Phys. Rev. Lett. **97**, 126603 (2006)

[53] D.D. Awschalom, D. Loss, N. Samarth, in *Semiconductor Spintronics and Quantum Computation*, ed. by K. von Klitzing, H. Sakaki, R. Wiesendanger. Nanoscience and Technology (Springer, Berlin, 2002)

[54] R.D.R. Bhat, F. Nastos, A. Najmaie, J.E. Sipe, Phys. Rev. Lett. **94**, 096603 (2005)

[55] S.A. Tarasenko, E.L. Ivchenko, Pis'ma Z. Eksp. Teor. Fiz. **81**, 292 (2005); JETP Lett. **81**, 231 (2005)

[56] H. Zhao, X. Pan, A.L. Smirl, R.D.R. Bhat, A. Najmaie, J.E. Sipe, H.M. van Driel, Phys. Rev. B **72**, 201302 (2005)

[57] S.D. Ganichev, V.V. Bel'kov, S.A. Tarasenko, S.N. Danilov, S. Giglberger, Ch. Hoffmann, E.L. Ivchenko, D. Weiss, W. Wegscheider, Ch. Gerl, D. Schuh, J. Stahl, J. De Boeck, G. Borghs, W. Prettl, Nat. Phys. **2**, 609 (2006)

[58] S.D. Ganichev, S.N. Danilov, V.V. Bel'kov, S. Giglberger, S.A. Tarasenko, E.L. Ivchenko, D. Weiss, W. Jantsch, F. Schäffler, D. Gruber, W. Prettl, Phys. Rev. B **75**, 155317 (2007)

[59] S.A. Tarasenko, E.L. Ivchenko, Proc. ICPS-28 (Vienna, 2006). AIP Conf. Proc. **893**, 1331 (2007)

[60] E.L. Ivchenko, A.A. Toropov, P. Voisin, Fiz. Tverd. Tela **40**, 1925 (1998); Phys. Solid State **40**, 1748 (1998)

[61] J.B. Khurgin, Phys. Rev. B **73**, 033317 (2006)

[62] J.-M. Jancu, R. Scholz, E.A. de Andrada e Silva, G.C. La Rocca, Phys. Rev. B **72**, 193201 (2005)

[63] M.J. Stevens, A.L. Smirl, R.D.R. Bhat, J.E. Sipe, H.M. van Driel, J. Appl. Phys. **91**, 4382 (2002)

[64] M.J. Stevens, A.L. Smirl, R.D.R. Bhat, A. Najimaie, J.E. Sipe, H.M. van Driel, Phys. Rev. Lett. **90**, 136603 (2003)

[65] M.V. Entin, Fiz. Tekh. Poluprov. **23**, 1066 (1989); Sov. Phys. Semicond. **23**, 664 (1989)

[66] V.V. Bel'kov, S.D. Ganichev, E.L. Ivchenko, S.A. Tarasenko, W. Weber, S. Giglberger, M. Olteanu, P. Tranitz, S.N. Danilov, P. Schneider, W. Wegscheider, D. Weiss, W. Prettl, J. Phys. Condens. Matter **17**, 3405 (2005)

[67] V.V. Bel'kov, P. Olbrich, S.A. Tarasenko, D. Schuh,W.Wegscheider, T. Korn, C. Schüller, D. Weiss, W. Prettl, S.D. Ganichev, Phys. Rev. Lett. **100**, 176806 (2008)

[68] E.L. Ivchenko, B. Spivak, Phys. Rev. B **66**, 155404 (2002)

[69] S.A. Tarasenko, Pis'ma Z. Eksp. Teor. Fiz. **85**, 216 (2007); JETP Lett. **85**, 182 (2007)

第10章 自旋注入

M. Johnson

10.1 导论

磁偶极矩与粒子的自旋态有关, 它是一个基本的性质, 在物理学的许多分支里得到了验证. 在凝聚态物理学中, 电子和空穴的自旋给出了非常丰富的物理现象, 本书对这些主题中的许多方面进行了论述. 本章讨论与载流子自旋和电荷有关的输运现象. 因为固体中的电流一般利用的是费米能级 ε_F 附近热能量范围内的载流子, 我们将重点讨论 ε_F 附近导带电子的自旋态, 研究自旋态如何影响电流和电压的分布.

这种研究的独特之处在于, 界面效应非常重要, 对基本概念进行简单的描述, 就可以理解这一点. 铁磁金属 (F) 中的电流是自旋极化的, 早在 20 世纪中期, 就已经知道了这一事实[1]. 非磁性金属 (N) 中的电流不是自旋极化的. 当铁磁金属和非铁磁金属形成界面接触的时候, 穿过 F/N 界面的电流是自旋极化的. 这一广为人知的现象就是自旋注入[2]. 它在非磁性金属中产生了非平衡分布的自旋极化电子, 即自旋堆积. 这些非平衡自旋通过扩散来传播, 在非磁性金属或铁磁性金属中产生自旋极化的微弱电流.

金属中的自旋注入、堆积和探测的唯象理论已经被建立起来了. 20 世纪 90 年代末期, 一些研究工作使得人们对半导体中自旋注入的可能性产生了浓厚的兴趣. 近期的结果[3] 已经证明了这一效应, 并且证明, 金属中自旋注入、堆积和探测的模型也适用于半导体.

关于固体中自旋相关输运的知识来自于几个关键的实验和理论. Tedrow 和 Meservey[4,5] 制备了平面的 F/I/S 隧穿结, 其中, S 为超导铝, F 为过渡族金属铁磁体, I 为一个氧化铝隧穿势垒. 在薄膜平面内施加 1T 的磁场, 隧穿电导谱表明, 隧穿到铝中准粒子态上的电流是自旋极化的. 这是第一次用实验估计了这种电流的极化度. 不久之后, Julliere[6] 将 Meservey 等的工作推广到一种对应用非常重要的结构上来. 在他的博士论文工作中, 他制备了一种隧穿结构 F1/I/F2, 利用另一种铁磁薄膜代替了铝电极, 这样他就发明了磁隧穿结. 他只是在低温下成功地测量了隧穿磁阻, 但是 25 年之后, 这种技术被证明是成功的.

20 世纪 70 年代的主流观点是, 任何穿过 F/N 界面的自旋极化电流都会在非磁性金属中很快地衰减, 其特征长度类似于 Ruderman-Kittel-Kasaya-Yosida 相互作用的长度 (几个埃). 然而, Aronov 的观点与此相反. 他在一系列理论短文中[7~9]预言, 在三种特定的情况下, 即 N 为非磁性金属、超导体或者半导体的时候, 在电子平均自由程甚至更长的距离上, 穿过 F/N 界面的电流都是自旋极化的. 几乎同时, Silsbee 等[10] 正在用透射电子自旋共振来研究自旋极化电子的非平衡占据. 他们制备了两面都是 F 薄膜的 N 薄层样品, 并观察到相比于没有 F 薄膜的样品更强的透射电子自旋共振, 即更多的自旋极化电子. Silsbee[11] 论证说, 这一效应可以外推到零频率, 预言穿过 F/N 界面的电流将在很长的距离上保持自旋极化, 而且, 它会在非磁性金属中产生非平衡分布的自旋极化电子, 其空间分布与表征透射电子自旋共振的自旋扩散长度 L_S 完全一致. 通常将这种非平衡的分布称为自旋堆积 $\tilde{M}$. Silsbee 进一步预言了一个逆效应：非磁性金属中的自旋堆积将会在 N/F 界面处产生一个电压, 其大小和符号依赖于这两个磁性薄膜 F1 和 F2 的磁化方向, 即 M1 和 M2 的取向.

自旋注入实验成功地证实了 Silsbee 的详细预言[2,12]. 该实验用体材料铝 “线” 作为非磁性金属材料, 铁磁性金属注入极和探测极是波莫合金 (Permalloy). 该实验第一次证明, 当 $M1$ 和 $M2$ 的取向由平行变为反平行的时候, F1/N/F2 结构中的电阻变化 ΔR 会发生改变, 这一效应现在一般被称为 “磁阻”. 它也用 Hanle 效应[13]证明, 零频率下的自旋动力学和自旋弛豫 (以及自旋堆积) 与高频下的透射电子自旋共振完全一样. Johnson 和 Silsbee 用一个理论将 Silsbee 的模型形式化了[14], 还用非平衡热动力学推导出了自旋相关输运的原始理论[15]. 后来, Wyder 等[16] 独立地证实了这一计算的一些细节.

在发现了 F/N/F 结构中的自旋注入和自旋相关输运之后, 1988 年报道了巨磁阻效应[17,18]. 巨磁阻和自旋阀效应与自旋的注入和探测密切相关, 但是其电阻变化 (磁阻) 取决于 F/N 界面处的自旋相关散射. 在电流位于面内的自旋阀里, 自旋堆积可以忽略不计, 但是, 对于电流垂直于平面的自旋阀, 自旋界面散射和自旋堆积都是很重要的. 因为自旋阀在 1999~2005 年被用于磁记录技术中的读出头, 在过去的多年里, 人们对巨磁阻的兴趣都非常高. 更近一些年来, 磁隧穿结成为磁电子学的主要器件.

起初, 自旋注入、堆积和探测的理论被用于 F 和 N 为金属的系统中[11,14]. 这些系统为唯象理论提供了相对完全的理解, 而使用金属的早期实验提供了实验证实. 接着, 这些模型被推广来描述 N 为非磁性半导体的系统. 大致说来, 本章的前半部分 (10.2 节) 将讨论自旋注入的模型和理论框架, 后半部分 (10.3 节和 10.4 节) 将简单地回顾一下验证了理论的实验技术, 这些技术最先是被用于金属. 本章的其余部分将综述半导体自旋注入领域的最近的实验工作. 非常新的实验[3] 已经证明, 10.2 节中的自旋注入模型对半导体和金属同样有效.

10.2 自旋注入和自旋堆积的理论模型

如 10.1 节所述, 自旋注入、堆积和探测的模型出现于实验之前. 类似地, 我们在本章中先建立起一个理论框架. 第一个模型提供了一个简单然而直觉上正确的图像. 接着, 这一启发性的模型被定量化, 然后, 给出一个完全严格的基于非平衡热动力学的理论.

10.2.1 启发性的介绍

可以用这种微观输运模型来解释电学自旋注入、非平衡自旋堆积和电学自旋探测的基本物理原理[2,12,14]. 下面的讨论使用了图 10.1(a) 所示的用于教学的三端结构, 用简化的能态密度图来描述图 10.1(b) 和 (c) 中的输运过程. 当靠近电池的开关闭合之后, 偏置电流 I 流过单磁畴的铁磁薄膜 F1, 然后再进入非磁性金属层 N. 它带着磁化越过界面 (其面积为 A) 进入 N, 速率为 $I_{\mathrm{M}} = \eta_1\mu_{\mathrm{B}}I/e$, 其中, μ_{B} 为玻尔磁子, I/e 为电流的量度. η_1 为越过界面的载流子的极化度. 10.2.2 节推导并定义了比值 $\eta_1 = (g_\uparrow - g_\downarrow)/(g_\uparrow + g_\downarrow)$, 其中, $g_\uparrow$ 和 $g_\downarrow$ 分别为自旋向上子带和自旋向下子带的电导. 图 10.1(b)、(c) 中的简化模型使用了半金属铁磁体作为 F1 和 F2, 它们具有完全的自旋极化, $\eta_1 = \eta_2 = 1$. 图 10.1(d) 及 10.2.2 节中的模型更为现实一些, 费米能级与每一个铁磁体的自旋向上子带和自旋向下子带都相交, $\eta_1, \eta_2 < 1$. 在本书的其他地方, 符号 P 被用来标示电流的极化度, 在这里, 我们用 η_i 来特指在界面处测量到的穿过界面的电流极化度. 在这个简单的一维模型中, 我们用 I_{M} 来表示一个界面磁化电流. 注意, 更一般地, 用一个二阶张量来描述磁化电流 (即自旋极化电流)$\boldsymbol{J}_{\mathrm{M}}$[15] (见第 8 章). 电流密度 $\boldsymbol{J}$ 有三个矢量分量, 自旋取向的方向也有三个矢量分量. 在本章中, 为了方便起见, 我们将简化标识. 对于三维系统, 我们将选择一个合适的轴来描述自旋取向 (如 z 轴), 这样就可以将 $\boldsymbol{J}_{\mathrm{M}}$ 当作一个矢量来处理.

样品的厚度 d (图 10.1(a)) 大于电子平均自由程, 但是小于电子扩散长度, $d < L_{\mathrm{s}} \equiv \sqrt{D\tau_2}$, 其中, τ_2 为自旋弛豫时间 ($L_{\mathrm{s}} \equiv \delta_{\mathrm{s}}$, 在文献中 L_{s} 和 δ_{s} 都被广泛地使用) . 在金属中, 横向自旋弛豫时间 τ_2 与纵向弛豫时间完全相同, $\tau_1 = \tau_2$. 在本书的其他部分, 这个时间也被称为 "自旋翻转时间"τ_{s}. 我们用 τ_2 来强调这个模型是基于 TESR 唯象理论, 但是在本章中的其余部分, 我们使用 $\tau_{\mathrm{s}} \equiv \tau_2$. 在稳态中, I_M 是加到样品区域的自旋极化的源速率, 在漏电极的弛豫速率 $1/\tau_{\mathrm{s}}$ 稳定地用自旋弛豫和随机化来移走取向确定的自旋. 这就导致了非平衡磁化

$$\tilde{M} = I_{\mathrm{M}}\tau_{\mathrm{s}}/V \tag{10.1}$$

它是这些源速率和漏速率之间平衡的结果, 被称为自旋堆积. 它表示自旋子带的化

学势 N 的差, $\tilde{M} \propto N(\varepsilon_{\mathrm{F}})(N(\varepsilon_{F,N\uparrow}) - N(\varepsilon_{F,N\downarrow}))$ (图 10.1(b)), 即图 10.1(a) 中的阴影部分. 在式 (10.1) 中, 体积 $V = A \cdot d$ 是非平衡自旋占据的体积.

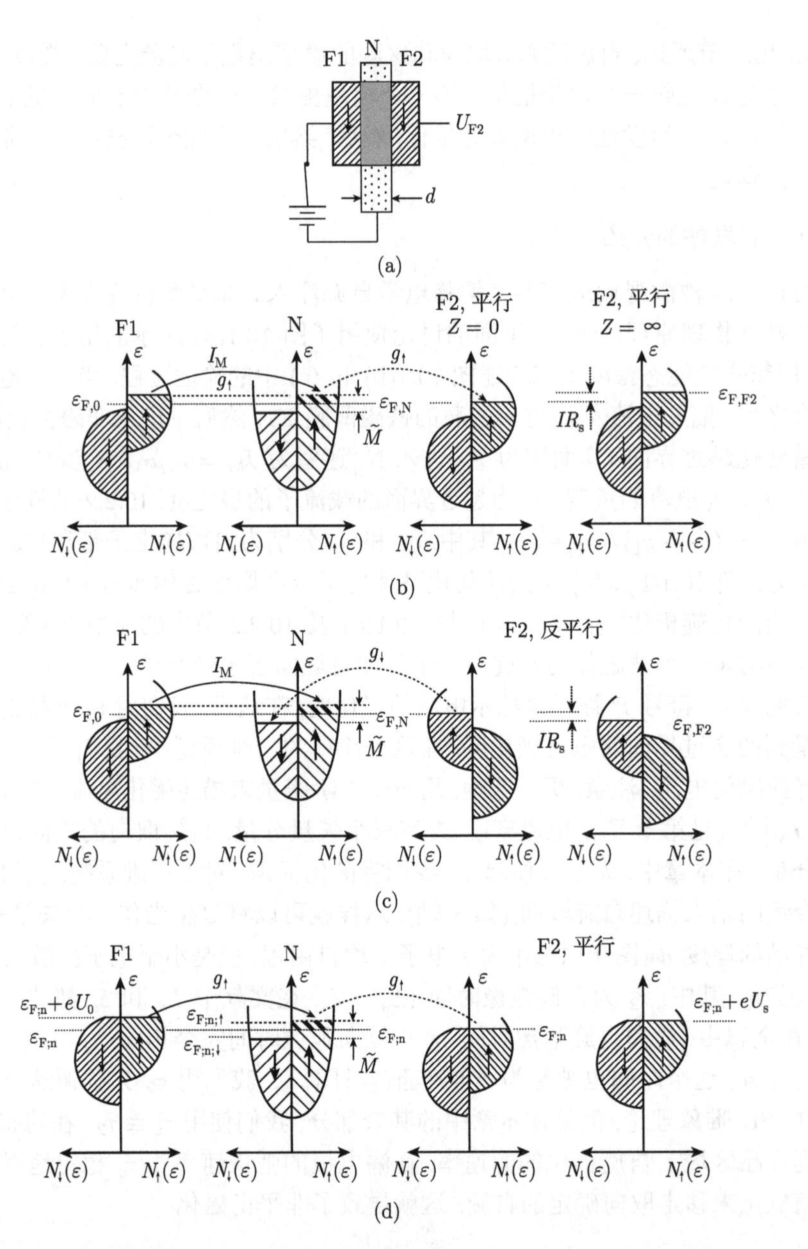

图 10.1 (a) 用于教学的自旋堆积器件的截面示意图; (b)~(d) 简化的态密度图, 用于描述图 (a) 中的自旋注入/堆积/探测器件的微观输入模型; (b) M1 与 M2 平行; (c) M1 与 M2 反平行; (d) M1 与 M2 平行. 能带图中的 F1 与 F2 与两个自旋子带都交叉

与样品区域接触的第二个铁磁薄膜 F2 的作用就是一个自旋探测器. 一个输出端连接到 F2, 在图 10.1(a) 中标为 U_{F2}. 通过一个低阻电流计接地, 当 M1 和 M2 的磁化平行的时候 (图 10.1(b)), 一个正电流 $I_{\mathrm{d}} \propto (\varepsilon_{\mathrm{F,N}\uparrow} - \varepsilon_{\mathrm{F,N}})$ 流过 N/F2 界面并通过电流探测器, 其中, $\varepsilon_{\mathrm{F,N}}$ 为两个自旋子带的平均化学势. 当 M1 和 M2 反平行的时候, 电流 $I_{\mathrm{d}} \propto (\varepsilon_{\mathrm{F,N}} - \varepsilon_{\mathrm{F,N}\downarrow})$ 为负. 从概念上来说, 这个诱导产生的电流来自于注入过程, 它是一个界面效应: 穿过 N/F2 界面的自旋子带的电化学势的梯度 (这是一个热动力学的力) 引起了一个界面电场 (一个电磁场的源), 驱动电流穿过界面, 依赖于梯度的符号, 电流可正可负.

在真实器件中, 通常测量的是输出端口的电压. 考虑 U_{F2} 为一个浮动电压, 与地之间的电阻为无穷大. 那么, 当 M1 和 M2 平行 (或反平行) 的时候, 在 N/F2 界面上就产生一个正 (负) 电压[2,14]

$$U_{\mathrm{F2}} = U_{\mathrm{s}} = \pm \frac{\eta_2 \mu_{\mathrm{B}}}{e} \frac{\tilde{M}}{\chi} \tag{10.2}$$

其中, χ 为泡利响应率, $\tilde{M}/\chi \equiv -H^*$ 为与非平衡自旋堆积相联系的有效磁场, $\mu_{\mathrm{B}}\tilde{M}/\chi$ 为每个非平衡自旋的有效塞曼能. 电压 U_{s} 与上述界面处自旋子带电化学势的梯度直接相关. 将 U_{s} 的表达式与式 (10.1) 中 $\tilde{M}$ 的大小结合起来, 就可以给出自旋注入/探测实验中观测到的自旋耦合的跨阻 R_{s}. 在图 10.1(a) 中, $\tilde{M}$ 被限制在体积 Ad 中, 跨阻等于[19]

$$R_{\mathrm{s}} = \frac{\eta_1 \eta_2}{\chi} \frac{\mu_{\mathrm{B}}^2}{e^2} \frac{\tau_{\mathrm{s}}}{U} = \eta_1 \eta_2 \frac{\rho L_{\mathrm{s}}^2}{U} = \eta_1 \eta_2 \frac{\rho L_{\mathrm{s}}^2}{Ad} \tag{10.3}$$

注意, 浮电压 U_{F2} 是双极性的, $U_{\mathrm{F2}} = \pm I R_{\mathrm{s}}$, 当 M1 和 M2 平行 (或反平行) 的时候, 电压为正 (或负).

式 (10.3) 是在类似于图 10.1(a) 的器件中推导出来的, 该器件有一个薄薄的 N 层, 相对于自旋扩散长度来说很薄, $d \ll L_{\mathrm{s}}$. 当 N 层的厚度大于 L_{s} 的时候, $\tilde{M}$ 的数值随着到 F1/N 界面的距离而呈指数衰减, U_{s} 要小于它在薄极限下的数值, $U_{\mathrm{s}}(d) = U_{\mathrm{s},0}\mathrm{e}^{-d/L_{\mathrm{s}}}$. 实验中, 操纵 M1 和 M2 的磁化方向, 使之平行或反平行, 就可以测量出 $\Delta R = 2R_{\mathrm{s}}$. 进一步测量许多名义上完全一样的、具有不同厚度 d 的样品的 $\Delta R(d)$, 可以确定自旋扩散长度 L_{s}.

与界面散射依赖于自旋的巨磁阻效应相比, 自旋注入的唯象理论在几个方面上是不同的. 首先, 当 M1 和 M2 的磁化平行 (或反平行) 的时候, 在 F2 处测量得到的电阻 U_{F2}/I 比较大 (或小), 这与巨磁阻效应的情况相反. 其次, 当 M1 和 M2 的磁化反平行的时候, 电阻 U_{F2}/I 真的是负值, 而巨磁电阻总是有着一个不同大小的正电阻. 下面将会讨论, 相对于选择适当的参考来测量浮电压 U_{F2}, 实验中可以观测到与自旋堆积有关的负电阻. 类似于透射电子自旋共振的唯象理论, 在垂直于自旋极化电子的平面施加外磁场 $H_{\perp}$, 就可以破坏 $\tilde{M}$. 下面将会详细讨论, 在自旋注入结构中, 观测到的洛伦兹型的振幅 $\Delta U(H_{\perp})$ 正比于堆积自旋的自旋耦合电压, $\Delta U(H_{\perp}) = U_{\mathrm{s}} \propto \tilde{M} \propto \tau_{\mathrm{s}}$. 最后, 磁阻自旋阀器件按照材料电阻率的标度律来标度, 而自旋注入器件的输出电压正比于 $\tilde{M}$, $U_{\mathrm{F2}} \propto \tilde{M}$, $\tilde{M} \propto 1/V$. 这是非常重要的一点: 自旋注入器件遵守反标度律. 输出电压反比于基区 N 的体积. 如同 10.5 节中简要讨论的那样, 在样品体积变化 10 个数量级的范围内, 实验都证实了反标度律, 这就为纳米尺度制备的自旋注入器件提供了技术上的保证.

10.2.2 微观输运模型

可以更加正式地推导出图 10.1 所示的启发性图像[14]. 处理非磁性金属 (N) 中的自旋注入和自旋扩散是始于这样的想法, 即, 在非金属 N 中, 改变载流子自旋状态的散射事件是非常少的. 铁磁性金属 (F) 中的输运早就这样建模了: 自旋向上子带和自旋向下子带的电导是独立无关的[1]. 因为非磁性金属 N 中的自旋向上载流子和自旋向下载流子是不容易混合的, Johnson 和 Silsbee 引入了分离的自旋向上电导和自旋向下电导来描述非磁性金属 (N) 中的输运, 在铁磁性金属 F 中也是这样[14]. 参考图 10.1(d), 为了推广到更为现实的模型, 费米能级与 F1 和 F2 中自旋向上子带和自旋向下子带都相交, 再使用简化的假设, 即铁磁体中的自旋弛豫非常快, 其磁化始终保持在平衡态, $\varepsilon_{\mathrm{F;F1},\uparrow} = \varepsilon_{\mathrm{F;F1},\downarrow} = \varepsilon_{\mathrm{F;N}} + eU_0$, 从 F1 到 N 的电流是

$$J_{\mathrm{e}} = (1/e)\left[g_{\uparrow}\left(\varepsilon_{\mathrm{F;F1},\uparrow} - \varepsilon_{\mathrm{F;N}}\right) + g_{\downarrow}\left(\varepsilon_{\mathrm{F;F1},\downarrow} - \varepsilon_{\mathrm{F;N}}\right)\right] = \left(g_{\uparrow} + g_{\downarrow}\right) U_0$$

在图 10.1(d) 中的简化示意图里, 只给出了自旋向上的电导 $g_{\uparrow}$, 但是, 两种自旋电导都作出了贡献. 磁化电流是

$$J_{\mathrm{M}} = (\mu_{\mathrm{B}}/e)\left[g_{\uparrow}\left(\varepsilon_{\mathrm{F;F1},\uparrow} - \varepsilon_{\mathrm{F;N}}\right) - g_{\downarrow}\left(\varepsilon_{\mathrm{F;F1},\downarrow} - \varepsilon_{\mathrm{F;N}}\right)\right] = (\mu_{\mathrm{B}}/e)\left(g_{\uparrow} - g_{\downarrow}\right) U_0$$

J_{M} 和 J_{e} 的比值为

$$\frac{J_{\mathrm{M}}}{J_{\mathrm{e}}} = \frac{g_{\uparrow} - g_{\downarrow}}{g_{\uparrow} + g_{\downarrow}} \frac{\mu_{\mathrm{B}}}{e} \equiv \eta_1 \frac{\mu_{\mathrm{B}}}{e} \tag{10.4}$$

这就定义了界面的自旋极化系数 η_1, 假设不存在界面的自旋散射.

在阻抗小的情况下 $(Z = 0)$, 因为与自旋积累有关的自旋子带电化学势的梯度, 电流流过 N/F2 界面:

$$\begin{aligned} J_{\mathrm{e}} =& \frac{1}{e}\left[g_{\uparrow}\left(\varepsilon_{\mathrm{F;N},\uparrow} - \varepsilon_{\mathrm{F;F2}}\right) + g_{\downarrow}\left(\varepsilon_{\mathrm{F;N},\downarrow} - \varepsilon_{\mathrm{F;F2}}\right)\right] \\ =& \frac{1}{e}\left[\left(\varepsilon_{\mathrm{F;N}} - \varepsilon_{\mathrm{F;F2}}\right)\left(g_{\uparrow} + g_{\downarrow}\right) + \frac{\mu_{\mathrm{B}}\tilde{M}}{\chi}\left(g_{\uparrow} - g_{\downarrow}\right)\right] \end{aligned} \tag{10.5}$$

在阻抗大的情况下, 在式 (10.5) 中, 令 $J_e = 0$ 可以得到自旋耦合的电压 U_s, 它量度了自旋的积累：

$$U_s = \frac{\eta_2 \mu_B}{e} \frac{\tilde{M}}{\chi} \tag{10.6}$$

其中, 类似于 η_1, η_2 被定义为自旋向上电导和自旋向下电导的差与和的比值.

上述微观输运模型最早被用于讨论自旋注入的唯象理论[2,12] 并提供了一些有用的概念：① 自旋向上和自旋向下的导带电子占据数贡献了分离的独立无关的电导, 这一想法早已被用于描述铁磁体中的输运, 但是, 这个模型拓展了它并将它应用于非磁性金属. 这样就产生了非磁性金属 N 中自旋极化流的概念, 这一想法具有非常多的应用, 如自旋矩开关. ② 直觉地解释了 M1 和 M2 反平行时的 "负电阻". ③ 预言输出跨阻 R_s 遵从样品体积的 "反比律". 如 10.5 节中的讨论, "反比律" 对于器件应用可能是非常重要的. ④ 定义了注入端 (探测端) 界面特征的极化度 $\eta_1(\eta_2)$.

在 10.4 节中将会看到, 对于本章非常重要的是, 对于半导体中的自旋注入来说, 微观输运模型定性和定量上都是正确的.

10.2.3 自旋输运的热动力学理论

非平衡热动力学为描述输运现象提供了一个非常有用的理论框架[20]. 虽然微观输运模型为自旋注入和自旋积累提供了一个很好的定性和定量的模型, 可以用热动力学工具来推导依赖于自旋的输运的完整而严格的理论[15]. 特别是, 可以用这一方法研究和解释一些微妙的事项, 它们涉及穿过每一个 F/N 界面的依赖于自旋的输运的细节.

1. 热动力学的运动方程

认识到非平衡磁化 $\tilde{M}$ 的梯度可以驱动自旋流和电流穿过金属–金属界面, Johnson 和 Silsbee 发展了一种热动力学理论[15] 来推导 F/N 系统中电荷和自旋的运动方程. 这些方程对于理解界面效应非常有用. 例如, 通过隧穿势垒的自旋注入或表征 F 和 N 材料的 "电阻不匹配". 正规的方法采用了熵产生的计算, 其中, 一个热动力学参数 N(电荷、热和自旋磁化) 的流 J_N 与一个广义力 (或者说亲和势)F_N 有关 (电压、温度和磁化势的梯度). 一般来说, 每一个流都被这样的广义力驱动, J_N 可以展开为 F_N 的级数. 在线性响应理论中, 只保留一阶项, 它的系数就是运动学系数 $L_{m,n}$.

总结一下这个推导, 在体材料导体中, 无论是磁性的还是非磁性的导体, 都可以用线性动力学输运方程来描述电子的输运[15]：

$$\begin{pmatrix} \boldsymbol{J}_q \\ \boldsymbol{J}_Q \\ \boldsymbol{J}_{\mathrm{M}} \end{pmatrix} = -\sigma \begin{pmatrix} 1 & a''\dfrac{k_{\mathrm{B}}^2 T}{e\varepsilon_{\mathrm{F}}} & \dfrac{p\mu_{\mathrm{B}}}{e} \\ \dfrac{a''k_{\mathrm{B}}^2 T^2}{e\varepsilon_{\mathrm{F}}} & \dfrac{a'k_{\mathrm{B}}^2 T}{e^2} & p'\dfrac{\mu_{\mathrm{B}}}{\varepsilon_{\mathrm{F}}}\left(\dfrac{k_{\mathrm{B}}T}{e}\right)^2 \\ p\dfrac{\mu_{\mathrm{B}}}{e} & p'\dfrac{\mu_{\mathrm{B}}T}{\varepsilon_{\mathrm{F}}}\left(\dfrac{k_{\mathrm{B}}}{e}\right)^2 & \zeta\dfrac{\mu_{\mathrm{B}}^2}{e^2} \end{pmatrix} \begin{pmatrix} \Delta U \\ \Delta T \\ \Delta(-H^*) \end{pmatrix} \tag{10.7}$$

记住, 一般来说, $\boldsymbol{J}_{\mathrm{M}}$ 是一个二阶张量, 但是, 在对自旋取向轴进行简单假设后, 它被作为一个矢量来处理. 运动学系数 $L_{m,n}$ 可以唯象地给出, 也可以由一个特殊的输运模型来估计. 例如, 在铁磁体中, $L_{1,3} = L_{3,1} = p_{\mathrm{f}}(\mu_{\mathrm{B}}/e)$ 描述了磁化流的流动, 它与一个极化度为 p_{f} 的电流有关. 根据实验测量[21], p_{f} 的数值为 $0.35 \sim 0.45$. 注意, $L_{3,3} = \zeta(\mu_{\mathrm{B}}/e)^2$ 描述了非平衡自旋的自扩散, 而 $\zeta \approx 1$ 是一个非常好的近似. 在绝大多数情况下, 温度的梯度很小, 热流很小, 除了 $L_{1,1}$、$L_{3,1}$、$L_{1,3}$ 和 $L_{3,3}$ 之外的所有项都可以忽略. 特别是, 热输运系数 a'' 和 p' 非常小[15].

当两个金属被一个特征电导为 G 的界面分开的时候, 可以推导出类似的方程:

$$\begin{pmatrix} I_q \\ I_Q \\ I_{\mathrm{M}} \end{pmatrix} = -G \begin{pmatrix} 1 & \dfrac{k_{\mathrm{B}}^2 T}{e\varepsilon} & \dfrac{\eta\mu_{\mathrm{B}}}{e} \\ \dfrac{k_{\mathrm{B}}^2 T^2}{e\varepsilon} & \dfrac{ak_{\mathrm{B}}^2 T}{e^2} & \eta'\dfrac{\mu_{\mathrm{B}}}{\varepsilon}\left[\dfrac{k_{\mathrm{B}}T}{e}\right]^2 \\ \dfrac{\eta\mu_{\mathrm{B}}}{e} & \eta'\dfrac{\mu_{\mathrm{B}}}{\varepsilon}\left[\dfrac{k_{\mathrm{B}}}{e}\right]^2 & \dfrac{\xi\mu_{\mathrm{B}}^2}{e^2} \end{pmatrix} \begin{pmatrix} \Delta U \\ \Delta T \\ \Delta(-H^*) \end{pmatrix} \tag{10.8}$$

与式 (10.7) 类似, 穿过界面的温度差和热流都很小. 界面热输运参数 η' 和 $1/\varepsilon$ 都很小[15], 而且 $L_{1,2}$、$L_{2,1}$、$L_{2,3}$ 和 $L_{3,2}$ 项都被忽略不计了.

考虑非磁性材料中的输运. 式 (10.7) 给出了电压梯度驱动的电流和极化自旋流:

$$\boldsymbol{J}_q = -\sigma\nabla U \tag{10.9}$$

$$\boldsymbol{J}_{\mathrm{M}} = -\sigma(p_n\mu_{\mathrm{B}}/e)\nabla V = 0 \tag{10.10}$$

其中, 在非磁性材料中, $p_{\mathrm{n}} = 0$: 在非磁性材料中, 没有与电流相联系的极化电子流. 然而, 在非磁性材料 N 中, 可以存在自旋极化流. 自扩散和式 (10.7) 中的 $L_{3,3}$ 项驱动了自旋极化电子流

$$\boldsymbol{J}_{\mathrm{M}} = -\left(\sigma\mu_{\mathrm{B}}^2/e^2\right)\nabla(-H^*) \tag{10.11}$$

可以这样来描述 N 中的自旋注入和扩散. 在电子平均自由程的长度上发生自旋–电荷耦合, 在 N 中接近 F/N 界面的地方, 极化电子的界面流 $\boldsymbol{I}_{\mathrm{M}}$ 产生了极化载流子

的非平衡分布. 这样, $\tilde{M}$ 在 N 中的空间依赖关系就取决于自旋的自扩散. 特别是, 可以证明[22], 扩散方程确定了自旋堆积流：

$$\nabla^2 \mu_s = \frac{\mu_s}{L_s^2} \tag{10.12}$$

其中, $\mu_s \equiv (\varepsilon_{F;N,\uparrow} - \varepsilon_{F;N,\downarrow})/2$, 拉普拉斯方程决定了电荷的流动：

$$\nabla^2 \mu_q = 0 \tag{10.13}$$

其中 $\mu_q \equiv (\varepsilon_{F;N,\uparrow} + \varepsilon_{F;N,\downarrow})/2 = \varepsilon_{F;N}$.

2. 电荷扩散和自旋扩散的边界条件

自旋的注入、堆积、扩散和检测最先是在图 10.2(b) 中的准一维结构中研究的. 虽然这种结构将在 10.3 中讨论, 这里还是介绍一下, 以便对边界条件做些评论. 铁磁注入电极 F1 位于样品 $x=0$ 处, 探测电极 F2 位于样品 $x = L_x \sim L_s$ 处. 自旋极化流在 F1/N 界面处进入样品, 电流的接地位于 $x=-b$ 处, 其中, b 为远大于 L_x 的距离. 很明显, 电荷和电流都是守恒的. 进入注入电极的电流等于从接地处流出

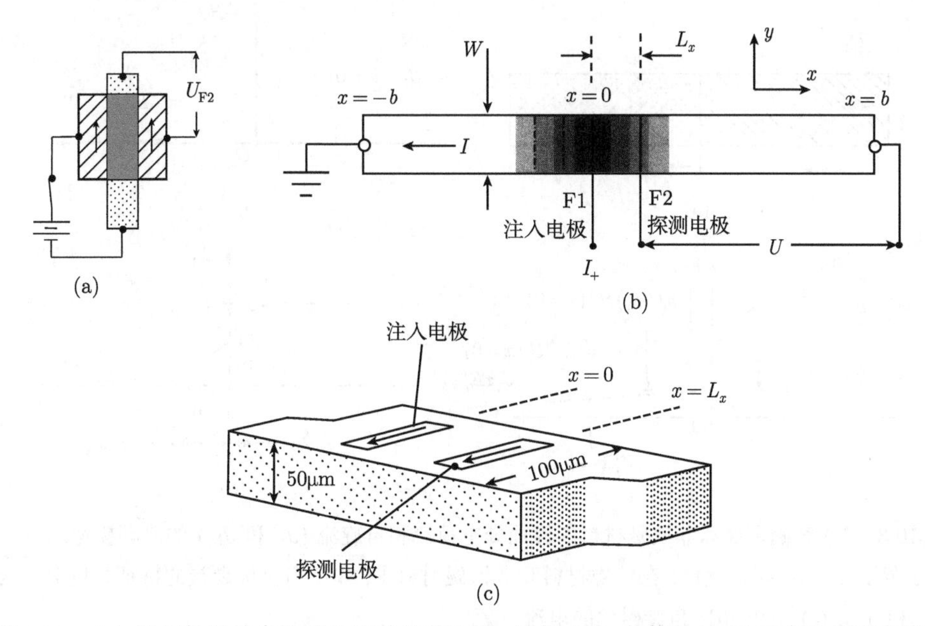

图 10.2 (a) 用于教学的自旋堆积器件的截面图, 浮栅 U_{F2} 的接地处 N 远离于偏压电流的路径; (b) 示意地给出了一个非局域的准一维配置的平面自旋阀的顶视图, 在最初的自旋注入实验和最佳的半导体样品中, 都采用这种构型. 点状线给出了电流流动的等势线. 灰影区表示 $x=0$ 处注入的非平衡自旋极化电子的扩散区域; (c) 最初的自旋注入实验使用的体材料铝样品的立体示意图

的电流, 电流不可以从导线的边上流出去, 式 (10.13) 的解是从 $x=0$ 到 $x=-b$ 的线性电压下降. $x>0$ 那部分的导线是单一的等电势面.

同样重要的是, 需要注意自旋取向不是守恒的. 如果在 $x=0$ 处注入一个带有极化自旋的载流子, 那么在接地处流出的载流子自旋方向可以没有任何的限制. 可以用另一种方式来陈述这一点, 根据式 (10.7) 和式 (10.8), 在 F/N 界面处 $I_{\mathrm{M}}=\eta\left(\mu_{\mathrm{B}}/e\right)I_q$, 但是, 因为在非磁性材料中, $p_{\mathrm{n}}=0$, 所以 N 中的 $\boldsymbol{J}_{\mathrm{M}}$ 与 $\boldsymbol{J}_q$ 无关.

3. F/N 界面的详细模型

利用 Johnson-Silsbee 热动力学理论, 可以详细地描述穿过 F/N 界面的电荷和自旋输运. 参考图 10.3(a), 一个铁磁金属 F 和一个非磁性材料 N 在界面处接触. 考虑等温流, 施加一个不变的流 J_q 并计算它所引起的磁化流 $\boldsymbol{J}_{\mathrm{M}}$ 的解. 式 (10.7) 被用来联系流和势场的梯度, 同时描述 F 和 N 的每一个材料中的稳态流. 类似的分立方程 (10.8) 被用来联系界面流和界面两侧的势场差. 边界条件要求, 所有 3 个区域中的磁化流在界面处 $(x=0)$ 相等, $\boldsymbol{J}_{\mathrm{M,F}}=\boldsymbol{J}_{\mathrm{M}}=\boldsymbol{J}_{\mathrm{M,N}}$, 其中, $\boldsymbol{J}_{\mathrm{M}}$ 为界面磁化流, 而且电流也相等, $\boldsymbol{J}_{q,\mathrm{F}}=\boldsymbol{J}_q=\boldsymbol{J}_{q,\mathrm{N}}$.

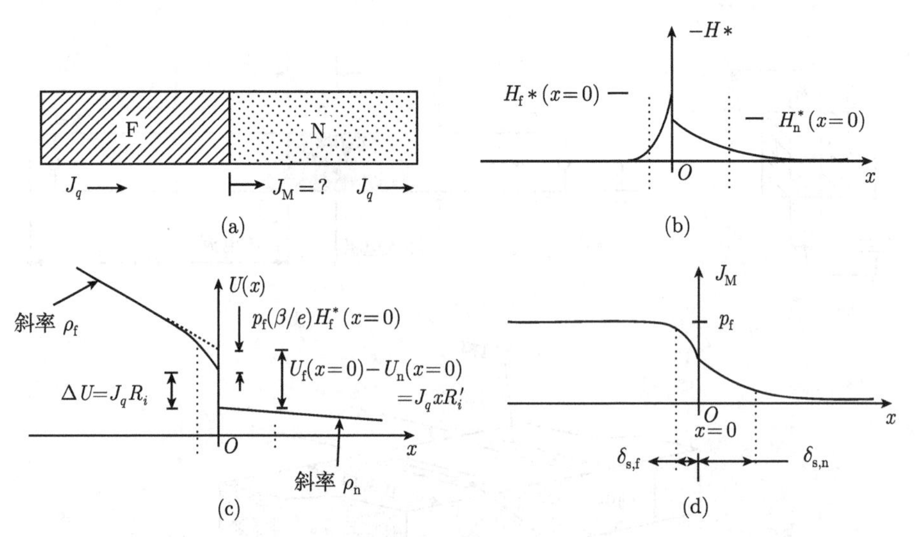

图 10.3　(a) 铁磁金属和非铁磁材料的界面处电荷流和自旋流 (J_q 和 J_{M}) 的流动模型. $x=0$ 位于界面处; (b) 磁化势能. 在铁磁材料和非铁磁材料中, 非平衡自旋衰减的特征长度分别为 $\delta_{\mathrm{s,f}}$ 和 $\delta_{\mathrm{s,n}}$; (c) 电压; (d) 自旋磁化的电流 J_{M}

在一般情况下, 进入 N 的流 J_{M} 在 N 里面产生了一个自旋积累 $\tilde{M}$ 和一个相关的有效磁场 $-H^*=\tilde{M}/\chi$ (图 10.3(b)), 而且, 随着 x 到 F/N 界面的距离增大, $-H^*$ 减小. 非平衡自旋占据数也可以沿着 $-x$ 方向进行反向扩散, 穿过 F/N 界面并进入到 F. 因为磁导率 χ_{f} 和 χ_{n} 可以差别得非常大, F 中的有效磁场 $-H^*$ 并不

需要与 N 中的有效场匹配, $-H_\mathrm{f}^*(x=0) \neq -H_\mathrm{n}^*(x=0)$ (图 10.3(b)).

施加的电流必须大于扩散的自旋极化电子穿过界面的倒流. 界面具有本征电阻 $R_i = 1/G$, 而倒流表现为一个额外的有效界面电阻 (图 10.3(c)). F 中的自旋扩散长度 $\delta_{\mathrm{s,f}}$ 描述了其中的非平衡自旋占据数的空间扩展. 在过渡族铁磁薄膜中, 估计 $\delta_{\mathrm{s,f}} = 14.5\mathrm{nm}$[23]. 靠近 F/N 界面的极化自旋的反向扩散有效地抵消了一部分向前流动的极化流 $J_{\mathrm{M,f}}$. 结果是, 到达并穿越界面的磁化流的极化度 J_M 要小于体材料中的数值, $J_\mathrm{M} < J_{\mathrm{M,f}}$ (图 10.3(d)). 极化度的这种减小来自于式 (10.8) 中的自扩散项 $L_{3,3}$.

经过运算, 可以得到界面处磁化流的一般形式为[15,24]

$$J_\mathrm{M} = \frac{\eta\mu_\mathrm{B}}{e} J_q \left[\frac{1+G(p_\mathrm{f}/\eta)r_\mathrm{f}(1-\eta^2)/(1-p_\mathrm{f}^2)}{1+G(1-\eta^2)[r_\mathrm{n}+r_\mathrm{f}/(1-p_\mathrm{f}^2)]}\right] \tag{10.14}$$

其中, $r_\mathrm{f} = \delta_{\mathrm{s,f}}\rho_\mathrm{f} = \delta_{\mathrm{s,f}}/\sigma_\mathrm{f}$, $r_\mathrm{n} = \delta_{\mathrm{s,n}}\rho_\mathrm{n} = \delta_{\mathrm{s,n}}/\sigma_\mathrm{n}$, $G = 1/R_i$. 注意, 自旋输运取决于本征界面电阻的相对数值 $R_i = 1/G$、长度等于自旋深度的正常金属的电阻 r_n 以及长度等于自旋深度的铁磁金属的电阻 r_f. 很容易估计这些电阻的典型值[23]: $r_\mathrm{f} \sim 10^{-11}\Omega\cdot\mathrm{cm}^2$, r_n 为 $2\times10^{-11} \sim 2\times10^{-10}\Omega\cdot\mathrm{cm}^2$, $R_i = R_\mathrm{c} \approx 10^{-11}\Omega\cdot\mathrm{cm}^2$. (作者说的电阻实际上是单位长度材料的电阻率) 因为所有的特征值的差别都在 10 倍以内, 一般情况下, 式 (10.14) 中的所有项都很重要.

4. F/N 界面处的电阻不匹配

式 (10.14) 的一个极限情况是界面电阻很小, $R_i \to 0$. 一个适当的实验系统是一个多层膜的、电路垂直于平面的、在超高真空中生长的巨磁阻样品[25]. 在这种情况下, $R_i \approx 3\times10^{-12}\Omega\cdot\mathrm{cm}^2 \ll r_\mathrm{f}$ 可以满足高电导的近似条件. 式 (10.14) 约化为更为简单的形式[15,24]:

$$J_\mathrm{M} = p_\mathrm{f}\frac{\mu_\mathrm{B}}{e} J_q \frac{1}{1+(r_\mathrm{n}/r_\mathrm{f})(1-p_\mathrm{f}^2)} \tag{10.15}$$

注入电流的极化度比体材料铁磁体中的数值减小了一个电阻不匹配因子 $(1+M')^{-1} = \left[1+(r_\mathrm{n}/r_\mathrm{f})(1-p_\mathrm{f}^2)\right]^{-1}$. 利用上面对 r_f 和 r_n 的估计, 这个不匹配因子可以高达 $M' \sim 20$.

另一个极限情况是界面电阻很大. 非磁性材料 N 中的自旋堆积可以很大, 但是电阻型的势垒阻止了扩散. 铁磁性材料中的非平衡自旋数仍然很小, 界面两侧的电压降取决于 R_i. 此时的界面磁化流为

$$J_\mathrm{M} = \eta\frac{\mu_\mathrm{B}}{e} J_q \tag{10.16}$$

极化度取决于界面参数 η. 这个电阻型势垒相对于自旋可以是非对称的, 而且一般来说, 受到限制 $\eta \leqslant p_\mathrm{f}$.

在 N 为非磁性金属的系统中, 不容易观察到与 "电阻不匹配"(也可以称为 "电导不匹配") 有关的输运效应, 因为相关的电阻太小了, 即使一个 "可以忽略的" 界面电阻, 如接触电阻, 都会显著地影响界面输运. 条件 $R_i \ll r_{\mathrm{f}}, r_{\mathrm{n}}$ 几乎永远不可能满足, 应该用一般表达式 (10.14). 利用无限界面电导极限式 (10.15) 的计算所给出的预言[26] 是, 当 F 是金属而 N 是半导体的时候, "电阻不匹配" 将会把注入效率限制得小于 1%. 然而, 这样的一个 F/N 总是用肖特基势垒、隧穿势垒或低电导的 "欧姆接触" 来表征. 在每一种情况下, 本征的界面电阻都很大, 引起了界面自旋输运[27]. 如同下面 10.4.1 节和 10.4.2 节讨论的那样, 实验已经证实了这一点, 铁磁金属/非磁性半导体界面的典型注入极化度为 20% 到 50%.

10.2.4 Hanle 效应

Johnson-Silsbee 自旋注入实验[2] 引入了一个新技术, 利用 Hanle 效应[13] 来检测自旋堆积并测量自旋弛豫时间, 证明了自旋注入和自旋堆积与非平衡自旋共振现象有着根本的联系. 这一技术通常被认为是自旋注入的绝对证明, 在金属和半导体中, 都是如此[3], 本节将简要地回顾其中的物理学.

可以用面内磁场来进行 R_{s} 的磁阻测量, 这将在 10.3 节中讨论. 然而, 使用 Hanle 效应[2,12,13] (它是透射电子自旋共振的零频类比物), 只用一组数据就可以定量地测量 R_{s} 和自旋弛豫时间 T_2(在本节中, T_2 是适当的, 将用它而不是 τ_{s}). 在一个简单的图像中, 自旋极化的电子经过一定的距离 L 从注入极扩散到了探测极. 考虑薄层极限, $L < L_{\mathrm{s}}$. 在垂直磁场 B 的作用下, 每一个电子都进动了一个相位角, 它正比于电子到达探测极所需要的时间. 因为电子是扩散运动的, 所以到达时间有一个分布. 在外磁场为零的极限情况下, 只要它们所花的时间小于样品中的 T_2, 所有扩散到探测的极化电子都有相同的相位. 当磁场足够大的时候, 在任一给定时刻到达探测极的电子的相位角都是完全随机的. 如果 T_2 很长, 到达探测极的时间有一个很大的分布, 一个非常小的磁场就可以将相位的分布随机化. 下述条件给出了特征磁场 B_{hw}: 进动频率与 T_2 的乘积等于一个完全的相位旋转角 2π. 这样一来, 特征磁场就是 $B_{\mathrm{hw}} = 1/\gamma T_2$, 其中, γ 为电子的旋磁比. 自旋极化的电子数或者探测极 F2 上的电压随着垂直磁场的变化关系会具有洛伦兹 (吸收) 线型. 求解带有扩散项的布洛赫方程, 可以得到在第二个铁磁电极 F2 处的自旋耦合电压 V_{s} 的磁场依赖关系[12,14]. 使用 Hanle 效应的优点在于, 利用单独一个实验, 就可以从 Hanle 曲线的宽度得到弛豫时间 T_2, 极化度 η 作为一个单独的参数来拟合曲线的幅度.

10.3 金属中的自旋注入实验

在实验中, 必须提供一个参考地来真实地测量浮压 V_{F2} (参考图 10.1(a)). 在测量自旋积累时, 一个理想的接地不会引入欧姆电压. 图 10.2(a) 中的示意图给出了一个适当的接地. 因为电流流过 F1/N 界面并流过了 N 的底部, 靠近顶部的 N 远离于电流的路径, F2 和顶部接地之间的欧姆电压最小. 图 10.2(b) 给出了这个想法的实验实现.

在最早的自旋注入实验中, 引入了这种准一维的非局域构型[2]. 它被广泛地用来研究介观系统[28] 和半导体[3] 中的自旋注入. 参考图 10.2(b) 描述了原始实验的细节. 一根铝线沿着 x 轴方向, 在铝线的中央 $x=0$ 处, 一个窄的铁磁性电极 F1 沿着铝线的宽度方向覆盖了它. 当偏置电流 I 由 F1 注入并在铝线的左端 $x=-b$ 处接地的时候, 从 $x=0$ 到 $-b$ 有一个线性的电压降. 图 10.2(b) 中的规则分布的等势线 (点划线) 说明了这一点. 然而, 在 $x>0$ 的区域内没有净电流, 从 $x=0$ 到 $x=b$ 的铝线是等电势的. 在铝线末端 $x=b$ 和位于铝线之上处于 $x=L_x$ 处的窄电极之间测量电压, 实际上这是一个零测量, $U=0$.

由 F1 注入的自旋极化电子以相同的概率沿着 $\pm\hat{x}$ 扩散. 非平衡自旋占据数的自扩散是对称的, 每个自旋极化的电子都沿着 $\hat{x}$ 进行随机行走[2]. 图 10.2(b) 中的灰色区域描画了扩散的自旋极化电子的密度, 越黑的地方密度越大. 当 $x=L_x$ 处的电极也是铁磁薄膜 F2 的时候, 电压测量 U 记录了依赖于自旋的电压, 当磁化取向 M2 平行 (或反平行) 于 M1 的时候, 电压比较高 (低), 因为在没有非平衡自旋效应的时候, $U=0$, 这个测量可以独特地区分出任何背景电压. 当电极的宽度可以忽略 (在图 10.2(b) 中把它们画成了线) 并且与铝线均匀一致地接触的时候, 就可以实现图 10.2(b) 中的理想构型. 与理想情况的偏离产生了一个为弱电不依赖于自旋的基线电压 $U\neq 0$[29]. 图 10.2(b) 中的构型被称为 "非局域的", 这种类型的结构有时也被称为 "平面自旋阀", 以便把它们与巨磁阻中经常使用的薄膜三明治结构区分开来.

在最初的自旋注入实验中, N 样品是一个高纯度的体材料铝 "线", 约 100μm 宽、50μm 厚, 如图 10.2(c) 所示. 用光刻和剥离技术在上表面制备了一列铁磁性电极, 大约 15μm 宽、45μm 长, 电极间距为 50μm 的整数倍. 用氩离子清洗铝表面后, 用单一的 $Ni_{0.8}Fe_{0.2}$ 源和电子束蒸发来沉积出 F 电极.

在描述实验方法的细节之前, 先澄清一下使用的磁场记号. 符号 $\boldsymbol{B}$ 通常被称为 "磁通密度"、"磁感应强度" 或者简单的 "磁场". 符号 $\boldsymbol{H}$ 被称为 "磁场强度". 在磁介质中, $\boldsymbol{B}$ 和 $\boldsymbol{H}$ 的关系是 $\boldsymbol{B}=\boldsymbol{H}+4\pi\boldsymbol{M}$, 其中, $\boldsymbol{M}$ 为介质的体积磁化. 在自由空间中, $\boldsymbol{B}$ 和 $\boldsymbol{H}$ 是完全相同的. 铁磁性材料有着自发磁化, 涉及 F/N 材料结构的实验一般采用 $\boldsymbol{H}$ 来表示外磁场. 本章采用这种方式, 虽然在本卷的其他各章中使用的是 $\boldsymbol{B}$.

对于磁场位于薄膜平面时的磁阻测量来说, M1 和 M2 的磁化矫顽力必须有一些微小的差别, $H_{\mathrm{C},1}\neq H_{\mathrm{C},2}$. 在磁场范围 $H_{\mathrm{C},2}-H_{\mathrm{C},1}$ 内, 当 F1 和 F2 的磁化相互

平行的时候, 随着外磁场 H 变化的电压 U 应该是正的, 当 F1 和 F2 的磁化反平行的时候, 它是负的.

在平面磁场 $H = H_y$ 中, 一个 $L_x = 50\mu\text{m}$ 的样品的磁输运数据如图 10.4 所示. 当磁场沿着 F1 和 F2 的易磁化轴从负值扫到正值的时候, $H < H_{\text{C},1}$ 时的正电压是自旋堆积的标志 $R_s \propto \tilde{M}$, 此时 M1 和 M2 平行. 在区间 $H_{\text{C},1} < H < H_{\text{C},2}$ 中, 磁化 M1 和 M2 重新取向, 它们变为反平行, 探测到的电压 V_s 由正值变为负值. 在区间 $H > H_{\text{C},2}$ 中, M1 和 M2 又平行了, 又得到了初始的正电压. 磁场从正值扫到负值的时候, 在磁场范围 $-100\text{Oe} < H < -80\text{Oe}$ 内, 可以观测到一样的变化, 正如铁磁薄膜回滞曲线所预期的那样. 注意, 电压 U_s 在磁化平行的时候是正的, 在磁化反平行的时候是负的, 如 10.2.1 节所述.

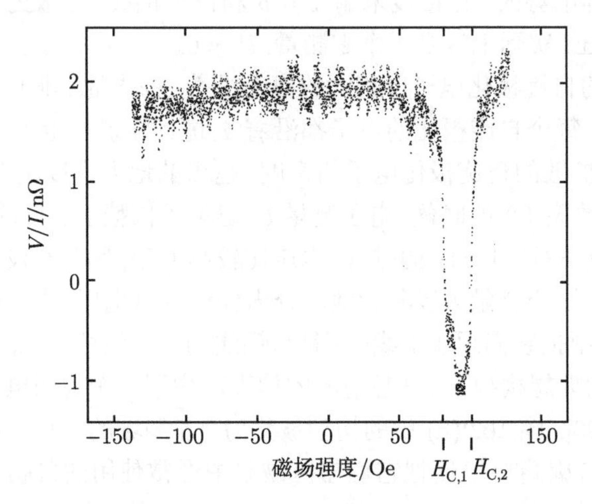

图 10.4　利用面内磁场在铝中进行自旋的注入、堆积、扩散和检测的例子. 外磁场位于 F1 和 F2 所在的平面内, 沿着 $\hat{\boldsymbol{y}}$ 方向, 从 $H_y = -140\text{Oe}$ 开始向上扫描至 $H_y = 125\text{Oe}$ 停止. 在 M1 和 M2 的相对取向由平行变为反平行的时候, 出现了一个凹坑, 而且 U/I 给出一个负电阻. 当 H_y 由正向负扫描的时候, 类似的凹坑会出现在对称的负磁场处. $L_x = 50\mu\text{m}$, $T = 27\text{K}$

为了演示 Hanle 效应, 在垂直于自旋极化的方向上施加一个磁场 $H_\perp$. 图 10.5 用电阻单位给出了一个铝线样品的 Hanle 效应的例子, $R = U/I$. 图 10.5 给出的典型数据看起来主要是吸收性的, 样品参数为 $L_x = 50\mu\text{m}$, $T = 21\text{K}$, 推断出来的拟合参数为 $\eta = 7.5\%$, $T_2 = 7.0\text{ns}$.

最后, 注意, 自旋注入实验给出了纯自旋流的早期证明. 在图 10.2(b) 的非局域构型中, 电压测量证实了荷电粒子流等于零. 然而, 利用铁磁探测电极测量自旋堆积却表明, 存在一个随着距离而减小的自旋占据数, 因此就证明了自旋的扩散流不等于零.

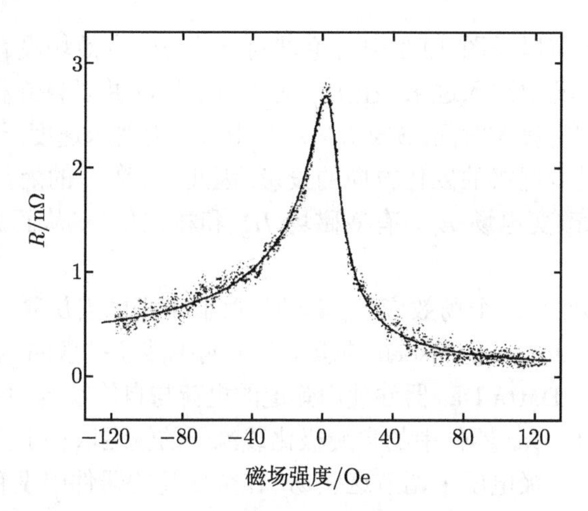

图 10.5 铝中自旋注入的例子. Hanle 数据给出吸收曲线的线型, 带有一些色散的混合. $L_x = 50\mu m$, $T = 21K$. 实线由正文中的公式拟合得来: $\tau_2 = 7.0ns$, $\eta = 0.075$

10.4 半导体中的自旋注入

利用光学方法和电子自旋共振技术, 半导体中载流子自旋寿命测量已经被研究了很多年[30~33]. 虽然 Aronov 已经提出, 有可能向半导体中注入自旋[8], 这一问题的兴趣是被自旋注入场效应管的提案激发出来的[34]. 在 Datta-Das 结构中 (图 10.6), 一个铁磁性的源和漏被一个二维电子气沟道连接起来, 源和漏之间的距离 L 是电子弹道平均自由程. 源和漏的磁化方向都沿着沟道的轴向, $\hat{x}$ 轴. 一个内在的本征电场 E_z 垂直于二维电子气平面 (在 10.4.2 中讨论), 在载流子静态坐标系中, 它变换为一个有效磁场 H_y^*. 记号 $\boldsymbol{H}^*$ 一般被用来表示任何种类的有效磁场, H_y^* 和

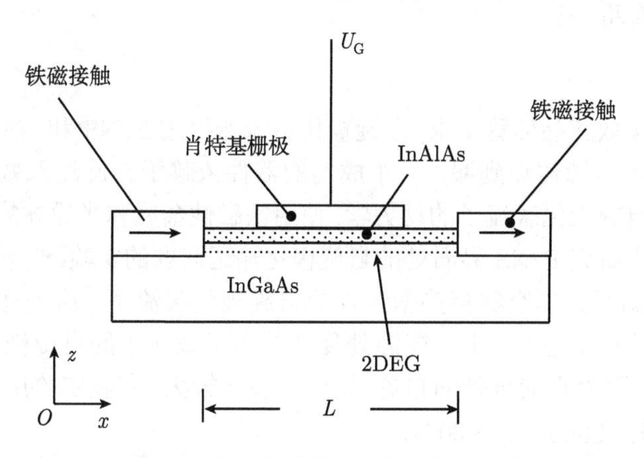

图 10.6 Datta 和 Das 提出的自旋注入场效应晶体管的截面示意图

10.2.1 节和 10.2.3 节以及图 10.3 中讨论过的热动力学有效场没有关系. 自旋沿着 $\hat{x}$ 方向的载流子从源中注入进来, 在,H_y^* 的作用下进动并以自旋相位角 ϕ 到达漏, 相位角依赖于它们的渡越时间, $\phi \propto L/v_{\rm F}$, 其中, $v_{\rm F}$ 为费米速度. 源–漏之间电导正比于载流子自旋沿着漏极的磁化方向的投影, 因此, 它是 ϕ 的函数. 在沟道上加一个栅极电压, 可以改变电场 E_z、有效磁场 H_y^* 和相位角 ϕ, 从而调制源–漏之间的电导.

Datta-Das 器件是一个场效应管, 其结构类似于平面自旋阀, 但是有两个非常重要的差别. 首先, Johnson-Silsbee 的想法在金属中涉及扩散的电荷与自旋输运以及自旋堆积的产生, Datta-Das 器件使用弹道的电荷与自旋输运, 并不期望有任何自旋堆积. 其次, Datta-Das 器件中的自旋极化载流子的输运取决于内部电场 (Rashba 效应), 可以用一个栅极电压来调节这些场. 在金属基的器件中没有类似的东西.

一些研究人员认为, 自旋注入的场效应管会对许多数字半导体技术的新应用产生技术上的影响. 即使往好里说, 可能的优点也是不清楚地, 而且, 还没有成功地演示任何原型器件. 然而, 研究非常活跃, 研究了与器件制备有关的许多主题. 一类问题与穿过一个 F/NS 界面的自旋注入的基本问题有关 (其中 NS 是指非磁性半导体). 主要的实验方法涉及具有铁磁性电极的光发射二极管结构, 并用光学方法来测量. 另一类主题与非磁性半导体中依赖于自旋的散射和自旋翻转寿命有关. 主要的实验技术还是光学方法, 利用法拉第旋转来得到载流子的自旋取向. 虽然自旋注入的发光二极管实验表明, 注入电流的极化度 η 可以比较大, 输运实验还没有能够成功地演示具有大 η 值的器件. 因为依赖于自旋的电压调制非常小, 利用输运实验来表征依赖于自旋的输运动力学还是很勉强的. 因为自旋注入的光发射二极管没有技术上的应用, 输运实验中的很少的几个结果有着非常大的重要性. 因为这些原因, 对实验的综述分为两个部分. 10.4.1 节讨论光学实验, 而 10.4.2 节讨论输运实验.

10.4.1 光学实验

1. 自旋注入

自旋注入场效应晶体管要求, 自旋极化电流透射过 F/NS(和 NS/F) 界面, 而且自旋极化载流子从源传输到漏. 一个成功的器件依赖于自旋注入效率以及二维电子气沟道中的自旋极化载流子的动力学. 使用铁磁性金属和半导体的自旋极化隧穿实验是最早用来研究 F/NS 界面处的自旋极化输运问题的实验[35], 利用 GaAs 样品中的荧光来检测通过真空隧穿势垒注入的自旋极化载流子. 这是光学泵浦的逆效应, 发射出的圆偏振光正比于在能隙处复合的少子载流子的自旋极化度. GaAs 是一个理想材料, 因为它的价带的自旋–轨道劈裂比较大. 室温实验用镍作为铁磁体, 隧穿电流的极化度位于 5%~30%.

使用自旋注入发光二极管的光学测量已经是一种时髦的技术, 它被用来测量注入电流的自旋极化度. 实验使用了许多不同的材料, 典型的器件结构如图 10.7 所示. 样品是用分子束外延方法生长的. 在两个空间隔离层之间生长了一个量子阱异质结构. 在顶部的空间隔离层之上, 生长了一层铁磁性材料, 通常还会再生长一薄层金属用于钝化. 当施加偏压的时候, 电流由 F 注入到非磁性半导体 NS 中, 界面电流用一个极化度 η 来表征. 在异质结构区发生复合, 发射出光子 (荧光). 荧光偏振度与到达量子阱的载流子的极化度有关. 可以在结构的边缘处或者衬底的背面探测荧光. 光子也可以从结构的上表面发射出来, 金属盖层必须非常薄, 才能够保证透射出来的荧光足够强. 实验方法是测量荧光的偏振度随着偏压和波长的变化关系.

已经用Ⅲ-Ⅴ化合物半导体和铁磁注入电极 (可以是磁性半导体如 GaMnAs 或过渡金属铁磁体) 制备出了样品. 在这种情况下, 可以沿着 $\hat{x}$ 或 $\hat{z}$ 方向施加磁场饱和 F 层的磁化. 在Ⅱ-Ⅳ化合物半导体制备的样品结构中, 铁磁注入电极也是Ⅱ-Ⅳ族的稀磁性半导体. 对于这些材料, 需要在 $\hat{z}$ 方向施加很大的磁场才能够使得稀磁性半导体层的磁化饱和.

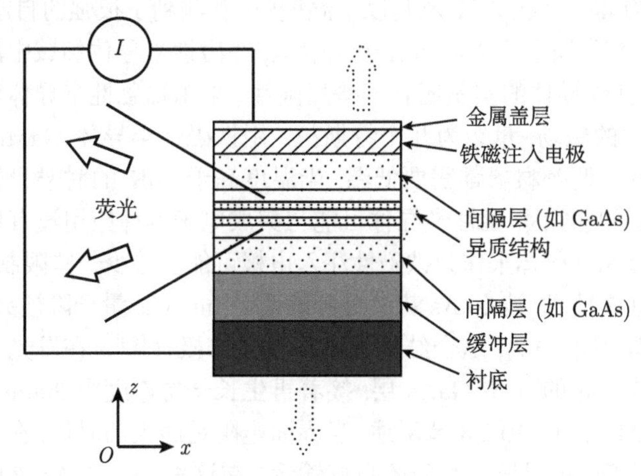

图 10.7 一个光学自旋注入实验的典型结构的截面示意图

在一个早期的光学研究自旋注入的实验中[37], 非铁磁半导体是厚度为 1.6μm 的Ⅱ-Ⅳ化合物 CdTe, 铁磁注入电极是厚度为 360nm 的稀磁性半导体 $Cd_{0.98}Mn_{0.02}Te$. 这个样品没有被施加电压, 用圆偏振脉冲光照射到金属盖层上, 在稀磁性半导体中产生自旋极化的载流子. 极化载流子扩散到 NS 中, 测量光致荧光的偏振随着时间 (相对于激发脉冲) 和能量的变化关系. 实验温度 $T = 5\text{K}$ 略高于 $Cd_{0.98}Mn_{0.02}Te$ 的自旋玻璃温度, 用沿着 $\hat{z}$ 方向的大约 2T 的外磁场来产生必要的塞曼劈裂. 这一早期研究证明, 可以用磁性半导体来进行自旋注入, 而且, 利用半定量的分析, 作者估计出界面 F/NS 电流的极化度为 50%或更高一些.

这一技术的一个重要变种[38] 测量了一个 GaAs/AlGaAs 发光二极管 (图 10.7 中的异质结构层) 的电致荧光的圆偏振. 用一个 n 型掺杂的 $Be_xMn_yZn_{1-x-y}Se$ 稀磁性半导体来作为铁磁注入电极. 外磁场沿着 $\hat{z}$ 方向, 大小为几个特斯拉. 在正向偏压下, 自旋极化的电子注入到 GaAs 中, 其效率估计为 90%. 这个效应在磁场低到 1.5T, 温度高达 10K 的条件下仍旧稳定. 磁性半导体 F 和非磁性半导体 NS 的电阻具有相同的数量级, 因此, "电阻不匹配" 效应不会减小 η 的大数值. 如 10.2.3 节所述, 这意味着可以只用半导体来制备自旋注入结构, 不需要在 F 和 NS 之间制备一个低透射率的势垒.

这一变种也被用来研究[39] 铁磁性半导体 $Ga_{1-x}Mn_xAs$ ($x = 0.045$) 构成的自旋注入电极. 自旋极化的空穴被电注入, 穿过 F/NS 界面进入未掺杂 GaAs 的空间隔离层. 这个空间隔离层具有不同的厚度 d, 在不同的样品中 d 为 20~220nm, 它生长在一个 InGaAs/GaAs 光发射量子阱异质结构上. F 层 GaMnAs 具有面内磁各向异性. 位于薄膜平面内的外磁场 H_x(沿着图 10.7 的 $\hat{\boldsymbol{x}}$ 方向) 将 F 层的磁化由 $+x$ 方向变到 $-x$ 方向. 测量电致荧光的偏振度随着 H_x、d 和温度 T 的变化关系. F 层的转变磁场约为 45Oe, 在 35K 及其以下温度时, 观测到了很强的自旋注入效应.

这些研究[38,39] 演示了界面自旋极化输运, 在磁性半导体领域中激发的巨大的兴趣. 然而, 磁性半导体的实验还有一些局限性. 采用稀磁性半导体作为磁性材料的结构需要很大的磁场, 量级为几个特斯拉. 用铁磁性半导体 GaMnAs 的结构给出的效应比较小. 两类材料都需要低温, 当温度高于 40K 的时候只能看到非常微弱的效应. 因为这些原因, 磁性半导体可能与集成电子器件应用没有什么关系.

利用过渡金属铁磁体来作为铁磁性注入电极可能会减少一些限制. Oestreich[37] 引入的相同的基本技术, 被 GaAs 势垒分开的两个 InGaAs 量子阱被夹在两个 GaAs 空间隔离层之间 (图 10.7), 这个结构被用作发光二极管[40]. 在发光二极管上面生长一层厚度为 70nm 的 n 型 GaAs 层, 接着再生长一层厚度为 20nm 的 Fe 层和厚度为 10nm 的 Al 层. 如 10.2.3 节所述, 当界面电阻足够大的时候, 在铁磁性金属和非磁性半导体之间, 可以发生有效的自旋输运. 在这里, Fe/GaAs 界面处的肖特基势垒提供了必要的电阻. 进行了法拉第构型下的电致荧光测量, 磁场需要沿着 $\hat{\boldsymbol{z}}$ 方向. 大约 2T 的磁场就足以使得 Fe 的磁化垂直于面内易磁化轴、沿着 $\hat{\boldsymbol{z}}$ 方向饱和. 在室温下, 观测到了界面的自旋极化注入, 极化度约为 2%. 虽然极化效率还不是很高, 这个实验证明了可以用过渡金属铁磁体, 而且室温自旋注入是有可能的. 更近期的一些实验证明, 用铁磁金属薄膜的自旋注入的界面极化度可以高达 50%[41].

在发光二极管中研究自旋注入已经很时髦了, 而相反的实验也已经进行了[42]. 利用类似于图 10.7 的结构, 在 n 型掺杂的 (100)GaAs 上生长一薄层 Fe 层. 一些样品包含氧化铝的隧穿势垒, 而其他样品只有 F 和 NS 之间的自然出现的肖特基势垒. Fe 层薄得足以让入射偏振光透过并进入 GaAs, 在那里产生自旋极化的光电流.

在许多不同的电压偏置条件下测量光电流. 结果对 F/NS 界面的形态非常敏感, 但是, 在室温下, 在偏压约为 0.04V 的时候, 观测到了大约为 1.7% 的自旋不对称性. 这个大小与早期研究从 Fe 到 GaAs 中的自旋注入的结果相仿[40].

与金属中自旋注入的理论和实验的成功对应相比, 半导体中的自旋注入研究尚有不足. 很好的实验结果表明, 在室温下, 穿过 F/NS 界面的电学自旋注入是很有可能的, 其效率可能会高达百分之几十. 其他的研究表明, 自旋注入的新技术可能是可行的. 一个例子是, 有证据表明, 因为近邻效应, 在非常靠近铁磁性薄膜的 NS 中, 载流子可以变为自旋极化的[43].

2. *自旋动力学和自旋寿命*

半导体中自旋极化载流子的动力学也已经被用光学技术研究过了. 用于探测输运的纯光学技术已经被使用了几十年了[33], 本书的其他章节给出了综述. 再提一下与本章的自旋注入主题有关的一些实验.

最近对半导体自旋电子学的兴趣部分地是因为实验演示了 GaAs 中自旋极化载流子的扩散[44]. 一厚层本征 GaAs(厚度大约为 5μm) 生长在一薄层 GaInAs(8nm) 量子阱上, 并用一层半光学透明的 Ni/Cr 金属覆盖. 在这个结构上加上偏压. 圆偏振脉冲激光在 GaAs 层的顶部产生了电子–空穴等离子体, 因为光学选择定则, 它带有特定的自旋取向, 并在电场的作用下扩散. 到达量子阱的电子与空穴复合, 光致荧光的偏振度与复合电子的极化度有关. 从他们的测量中, 作者们推断出电子自旋极化度约为 30%, 在扩散距离超过了 4μm 后, 极化度仍然基本保持不变 ($T = 10\text{K}$). 这些结果表明, 在 GaAs 中, 电子的自旋扩散长度在电场下要远大于 10μm. 这是非常重要的, 因为它证实了, 在大于电子器件的典型尺寸的距离上, 自旋取向可以保持不变.

一系列的实验表明, 自旋弛豫时间和自旋扩散长度都很大[36,45]. 光学技术包括光学产生的自旋极化激发的共振泵浦和随后的依赖于时间的法拉第旋转测量. 这一方法测量出 n 型 GaAs 在 5K 温度下的自旋弛豫时间为几个纳秒的数量级, 在低温下, 自旋扩散长度是几十个微米的数量级.

10.4.2 输运实验

Datta 和 Das 提出来的自旋注入的场效应晶体管不是用于数字电子学技术的. 作者提出来是为了使用III-V化合物半导体异质结中的二维电子气中载流子的一些新特性. 对 Datta-Das 结构进行一些小改动, 就可以得到有可能用于数字电子学的器件, 这将在下文中提及. 相当一部分的半导体自旋电子学工作研究的是III-V半导体非同寻常的输运特性, 我们先简要地回顾一下 Rashba 哈密顿量.

1. 大的自旋–轨道效应

量子阱的限制势的不对称性可以产生一个内建电场 E_z, 其中, $\hat{\boldsymbol{z}}$ 为薄膜生长的方向, 它垂直于薄膜平面. 与量子阱的限制势有关的电场 $\pm E_{z,\mathrm{c}}$ 是非常大的. 在具有完美对称性的量子阱中, 它们彼此抵消, 净电场为零. 然而, 如果量子阱具有任何不对称性, 这种抵消就不完全, 就会出现一个非常大的内建电场 E_z. 如同 Rashba[46] 指出的那样, 自旋–轨道效应可以引起导带的一个很大的劈裂 Δ_{SO}. 对于一个以弱相对论性的费米速度沿着 $\hat{\boldsymbol{x}}\,(-\hat{\boldsymbol{y}})$ 方向运动的二维载流子来说, 在载流子的静止坐标系中, E_z 变换为一个有效磁场 $\boldsymbol{H}_y^*\,(H_x^*)$. 有效磁场 $\boldsymbol{H}^*$ 与载流子自旋的耦合就产生了自旋本征态.

利用对 Rashba 自旋系统的这种理解, 就可以再次回顾一下 Datta-Das 器件. 参考图 10.6, 有效磁场 H^* 沿着 $\hat{\boldsymbol{y}}$ 轴. 由源电极注入的自旋极化的载流子的自旋方向沿着 $\hat{\boldsymbol{x}}$ 轴方向, 它们并不处于自旋的本征态. 它们在磁场 H_y^* 的作用下进动. 在距离 L_x 对应的渡越时间内, 如果自旋进动的角度为 $\pi(2\pi)$, 那么, 载流子的自旋取向就反平行 (平行) 于漏电极的主导取向, 源–漏之间的电导就相对低 (高). 栅极电压调制了有效磁场的强度. 因此, 当栅极电压单调增加的时候, 弹道输运地到达漏电极的载流子的自旋取向就周期性地在反平行与平行之间变化, 源–漏电导也在相对低和相对高的数值之间周期性地变化. 注意, Datta 和 Das[34] 的原创想法依赖于弹道输运. 在具有 Rashba 哈密顿量的二维电子气中, 自旋–轨道相互作用太强了, 几个散射事件就有可能使得载流子自旋取向变得随机化, 所以, 扩散性的输运将不会表现出任何有趣的效应.

可以修改 Datta 和 Das 器件以用于集成电子学. 例如, 一个电极 (如源电极) 的磁化方向可以固定不变, 沿着 $\hat{\boldsymbol{y}}$ 轴方向, 控制另一个电极 (漏电极) 使之与前者平行或者反平行. 这样的器件就可以作为非挥发性的磁随机存储器的存储单元. 一个数据可以用漏电极的平行或者反平行磁化态来存储. 测量沟道电导的高低就对应于二元态的读出. 栅压电极可以不被用来调制自旋输运, 而是被用来将任何一个单独器件与一个器件的阵列隔离开来.

2. 实验进展

在 10.4.1 节中描述的所有测量都是纯光学的, 但是, 光学测量的结果不能有效地外推到可信的输运结果. 相反, 需要实验来研究电学注入和探测自旋的原型器件. 实验观测到的电压或电流改变量很小, 而且输运实验的数目也很少. 从已经得到的数据来看, 自旋注入和探测的基本模型 (参考 10.2 节) 似乎是有效的.

几个早期的实验使用了类似于 Datta 和 Das 的构型. 在一个例子中, NS 是一个 InAs 量子阱而 F 电极是波莫合金. 器件被设计成可以在位地测量波莫电极的磁光克尔效应. 在低温下, 观测到一个很小的但是可以重复的电阻变化 ($T = 0.3\mathrm{K}$)[47].

比较详细地回顾一个使用了图 10.2 中的非局域构型的实验[48]. 在同一个二维电子气沟道上制备了两个 F/NS 结. 在实际器件中, 为了改善信噪比, 将 6 个独立的沟道并联在一起. 利用光刻和反应离子刻蚀的方法, 在 InAs 单量子阱异质结上制出宽度大约为 900nm 的窄沟道. 用 SiN 回填每一个芯片, 使得其表面平整、与台面高度一致并覆盖了二维电子气的侧边缘. 电极之间的距离 L_x 与载流子平均自由程的量级相同, 为几个微米.

参考图 10.2 的非局域构型, 自旋极化的电子由 F1 注入二维电子气中, 注入电流在 "线" 的左端接地. 探测电极 F2 在右端接地, 它的作用是一个对自旋敏感的电压计. F1/NS 界面注入的弹道和准弹道的自旋极化电子向左运动和向右运动的数目相同. 向右运动的载流子最终会被散射而且所有的电流都从接地处流走. 注入电极 F1 由波莫合金制成, 它的矫顽力比较小, $H_{C1} \approx 30\text{Oe}$. 探测电极 F2 由 FeCo 合金制成, 矫顽力比较大, $H_{C2} \approx 70\text{Oe}$. 在薄膜平面内施加一个平行于铁磁薄膜的易磁化轴的外磁场 H_y, 可以使得注入电极与探测电极的相对磁化方向平行或者反平行. 在样品处理过程中, InAs 单量子阱的顶部势垒层仍然存在, 它形成了铁磁性金属电极和 NS 之间的一个低透射势垒. 几千欧的结电阻足够大了, 可以忽略电阻不匹配效应 (参考 10.2.3 节).

图 10.8 给出了一个例子, 用电学方法的自旋注入和探测. 测量采用了一个宽度为 $L_x = 10.6\mu\text{m}$ 的样品, 温度为 4.2K. 基线电阻接近于零, 这表明了非局域构型的有效性. 在 $-200\text{Oe} < H < +200\text{Oe}$ 范围内出现的凹坑具有自旋注入所特有的定性形状. 在另外一个探测电极的间距为 $L_x = 3.2\mu\text{m}$ 的样品上, 也进行了测量. 观察到了与图 10.8 中类似的回滞的凹坑, 但幅度显著增大. 从幅度对探测电极间距的依赖关

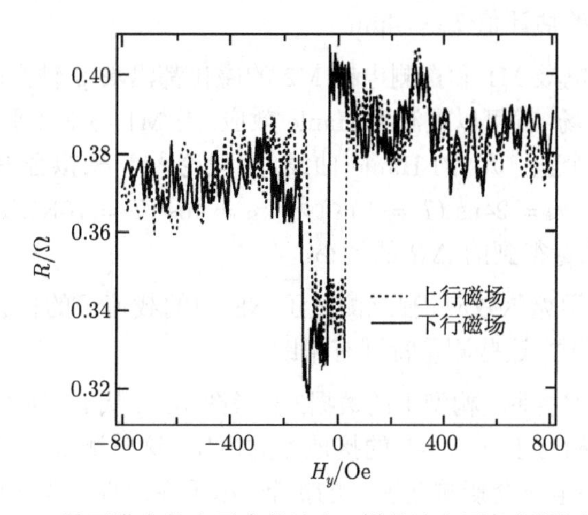

图 10.8 实验检测 InAs 量子阱中的电子自旋注入. 样品注入区与探测区之间的距离为 $L_x = 10.6\mu\text{m}$. 实线: 向下扫描磁场. 点状线: 向上扫描磁场. 回滞的凹坑是自旋注入和探测的特征

系可以估计, 依赖于自旋的平均自由程的上限为 $\Lambda_s = 4\mu m$. 当温度升高到 150K 时, 自旋注入效应的幅度下降了约 20%. 这种幅度和温度的依赖关系符合最近提出的关于Ⅲ-Ⅴ异质结量子阱中的自旋相关输运的理论[49]. 注意, 这一实验并不能区分自旋堆积效应 (扩散式输运) 和弹道输运导致的依赖于自旋的电压变化.

最具有决定性意义的实验也采用非局域构型[3], 测量包括 Hanle 效应的观测和平面内磁场的磁电阻. NS 材料是弱掺杂的 n 型 GaAs(三个样品的 Si 掺杂浓度是 $2\times10^{16}cm^{-3} \sim 3.5\times10^{16}cm^{-3}$). 它是外延生长在 GaAs(100) 衬底上的 300nm 缓冲层上的, 厚度为 1.5μm. 在 NS 上生长了一薄层 (厚度为 15nm) 转变层, 然后再生长相同厚度的 n^+GaAs($5\times10^{18}cm^{-3}$). 在 n^+GaAs 上再外延生长一层 5nm 厚的铁电极. NS 样品被制作成宽 70μm、长 0.35mm 的沟道. 将 Fe 薄膜制作成位于 NS 沟道之上的 F 电极, 宽度为 10μm, F1 和 F2 之间的距离为 $L_x = 12\mu m$. 在 Fe 和 n^+GaAs 的界面处形成了一个很窄的肖特基势垒. 如 10.2.3 节所述, 肖特基势垒提供了主要的界面电阻, 从而允许有效的自旋注入, 避免了因为 Fe 和 GaAs 之间的电阻不匹配而引起的问题.

利用这些样品进行了不同的输运测量, 所有的结果都是自洽的. 每个器件到电流–电压 (I-U) 特性曲线都是非线性的, 可以用一个 +1mA 的典型电流的结果来进行总结. 首先, 用平面内磁场 (沿着图 2 中的 $\hat{y}$ 轴) 让 M1 和 M2 的磁化方向在平行和反平行之间变化, 在 $|H_y| \approx 250Oe$ 附近的很小的磁场范围内, 观察到了电阻变化 ΔR 的回滞, 这就给出了矫顽场 $\boldsymbol{H}_{C1}$ 和 $\boldsymbol{H}_{C2}$. 在 50K 时, ΔR 的大小约为 16mΩ. 注意, ΔR 的大小与 InAs 单量子阱的数据 $\Delta R \approx 7m\Omega$ 大致相同 (图 10.8), 还要注意, 两个样品具有大小相仿的间距 L_x. 推断出来的自旋扩散长度为 $L_s = 6\mu m$, 类似于 InAs 样品中的估计值 $L_s = 4\mu m$.

其次, 令注入电极 M1 和探测电极 M2 的磁化都沿着 $\hat{y}$ 轴方向饱和, 接着沿着 $\hat{z}$ 轴方向扫描外磁场, 就可以观测到 Hanle 效应. 当 M1 与 M2 平行 (反平行) 的时候, 可以测量到一个正 (负) 的 Hanle 曲线. 用理论[3,14] 来拟合 Hanle 曲线可以得到自旋弛豫时间为 $\tau_s = 24ns$ ($T = 10K$) 和 $\tau_S = 4ns$ ($T = 70K$). Hanle 曲线的幅度符合面内磁场中测量得到的 ΔR 的大小.

另外, 利用光学克尔效应, 独立测量了 NS 中的载流子的自旋极化. 在解释偏压依赖关系的细节时, 这些测量特别有帮助.

还得到了 “交叉探测” 构型下的数据. 参考图 10.2, 从 F1 注入的电流在 $x = +b$ 处接地, 测量 F2 相对于 $x = -b$ 的接地处的电压. 这些测量必然包括一个正比于 L_x 的电压, 而相关电场会影响载流子的扩散. 结果在定性上是相同的, 在定量上有着微小的差别. 半导体与金属的差别在于, 在半导体中, 可以存在比较大的内电场, 而且, 非局域构型中的自旋扩散可能不是各向同性的.

这些实验结果非常重要, 因为 Hanle 效应是电学方法的自旋注入、探测和堆积的最严格的、明确无误的检测. 因此, 这些结果确切地证实了半导体中的自旋注入. 他们还证明了 NS 中存在自旋堆积, 证实了扩散输运模型是有效的 (对于薄膜或体材料样品是这样的, 但对于二维样品来说并不一定如此). 引人注目的是, 利用 Johnson-Silsbee 理论[14], 作者们分析了他们的结果[3]. 特别是, NS 样品被当作一个载流子密度为 $n = 3 \times 10^{16}\text{cm}^{-3}$、有效质量为 $m^* = 0.07m_\text{e}$ 的泡利金属, 其中 m_e 为自由电子的质量. 估计界面注入的极化大约为 20%, 与注入金属或 InAs 样品中的情况相仿[12,48].

虽然在低温下观测到的信号幅度非常小, 并在温度高于 80K 的时候消失, 但是这些结果令人信服地证明了电学方法的自旋注入和探测. 这证实了 Datta-Das 型自旋注入场效应晶体管是可能的, 但是, 要想制备一个原型器件, 使得其器件特性可以与当前主导的 CMOS 互补的金属氧化物半导体技术的器件抗衡, 其可能性还是非常小的.

10.5 相关主题

很容易找到许多关于自旋注入的文献. 无须总结这些不同的讨论, 就可以给出一些评论. 第一个例子是, 在 10.3 节指出, 自旋注入可以用来产生纯自旋流. 对于量子测量或量子计算的一些领域, 这是有用的. 回想一下式 (10.1), 在非磁性材料中, 自旋堆积直接正比于载流子的自旋弛豫时间. 自旋注入这一有用技术可以直接测量许多材料体系中的自旋弛豫时间, 包括金属体材料, 薄膜金属和半导体. 原子核动态极化是第 11 章的主题. 有预言说, 自旋极化电流[7] 和自旋注入导致的非平衡自旋分布[50] 可以引起原子核动态极化.

利用自旋来实现具有新功能的新一代器件是自旋电子学研究非常热门的一个重要原因. 基于半导体的器件, 如自旋注入场效应管, 一直是研究关注的焦点, 有望给出新的应用. 10 年的研究工作已经无可质疑地证实了半导体中依赖于自旋的输运效应. 然而, 它们的幅度都比较小, 只限于在低温下观测, 距离有竞争力的集成电子器件还非常遥远. 磁光效应要强得多, 但是目前还不知道自旋注入的光发射二极管会有什么用途.

基于金属的自旋电子学器件已经有了相当大的成功. 磁隧穿结是最主要的器件, 它被用来作为磁盘读取头上的感应器和非易失性磁随机存储器的存储单元. 这些应用的持续发展需要将未来器件的特征尺度做得更小. 用传统的氧化铝势垒制作的磁隧穿结, 当器件的最小特征尺度小于 50nm 的时候, 就会出现问题, 因为器件的阻抗太大了, 新的器件将会很快取代磁隧穿结. 基于自旋注入和自旋堆积的平面自旋阀是可能替代磁隧穿结的候选者之一, 原因如下. 第一, 自旋堆积的尺度与

体积 N 成反比 (参见式 (10.1)). 如下所述, 在样品体积改变十个数量级的范围内, 已经验证了这一点. 第二, 对于磁隧穿结这样的磁阻器件来说, 器件阻抗 R 和输出阻抗调制 ΔR 在本质上通过磁阻比联系在一起, $MR = \Delta R/R$. 平面自旋阀却并非如此: 它的输出阻抗和输出调制是相互独立的. 原则上说, 无须减弱输出调制 ΔR, 也可以将 R 缩减到可以接受的水平. 第三, 这种全金属器件使用与自旋阀相同的铁磁性和非铁磁性材料, 因此, 材料和工艺的问题已经在很大程度上被解决了.

最近的实验很好地证实了尺度的反比定律. 为了进行定量的分析, 可以将式 (10.3) 写为

$$\frac{\Delta R \cdot U}{\eta_1 \eta_2 \tau_s} \approx \text{const} \tag{10.17}$$

其中, $\Delta R = 2R_s$ 为通常测量和报道的参数. 因为不同材料的磁响应率 χ 可以有所不同, 所以, 这个关系式只是近似正确的. 式 (10.17) 不依赖于温度, 虽然 τ_s 可能会依赖于温度. 在一个铝薄膜样品中, 测量得到 $\Delta R \cdot V/\eta_1\eta_2\tau_s$ 的值为 $5.9 \times 10^{-4}\Omega \cdot \text{cm}^3/\text{s}$, 样品的横向尺寸为 120nm 和 400nm, 厚度 6nm[28]. 这与最初的自旋注入实验测量[2] 得到的数值 $5.4 \times 10^{-4}\Omega \cdot \text{cm}^3/\text{s}$ 符合得很好. 这种比较可能是偶然的, 但是, 在铝、铜和银薄膜中, 最近几个不同实验的测量结果位于 $5.9 \times 10^{-4} \sim 1.1 \times 10^{-3}\Omega \cdot \text{cm}^3/\text{s}$. 因此, 当体积变化达到 10 个数量级的时候, 反比关系仅仅改变了一个因子 2. 如果器件体积再减小一个数量级 (也就是说, 线性尺度的因子变化 $10^{1/3}$), 反比关系还能满足的话, 平面自旋阀就可能会成为下一代的探头和磁随机存储器.

参考文献

[1] N.F. Mott, Proc. R. Soc. A **153**, 699 (1936)

[2] M. Johnson, R.H. Silsbee, Phys. Rev. Lett. **55**, 1790 (1985)

[3] X. Lou, C. Adelmann, S.A. Crooker, E.S. Garlid, J. Zhang, S.M. Reddy, S.D. Flexner, C.J. Palmstrm, P.A. Crowell, Nat. Phys. **3**, 197 (2007)

[4] P.M. Tedrow, R. Meservey, Phys. Rev. Lett. **25**, 1270 (1970)

[5] P.M. Tedrow, R. Meservey, Phys. Rev. Lett. **26**, 192 (1971)

[6] M. Julliere, Phys. Lett. **54**, 225 (1975)

[7] A.G. Aronov, JETP Lett. **24**, 32 (1976)

[8] A.G. Aronov, Sov. Phys. Semicond. **10**, 698 (1976)

[9] A.G. Aronov, Sov. Phys. JETP **44**, 193 (1976)

[10] R.H. Silsbee, A. Janossy, P. Monod, Phys. Rev. B **19**, 4382 (1979)

[11] R.H. Silsbee, Bull. Mag. Res. **2**, 284 (1980)

[12] M. Johnson, R.H. Silsbee, Phys. Rev. B **37**, 5326 (1988)

[13] W. Hanle, Z. Phys. **30**, 93 (1924)

[14] M. Johnson, R.H. Silsbee, Phys. Rev. B **37**, 5312 (1988)
[15] M. Johnson, R.H. Silsbee, Phys. Rev. B **35**, 4959 (1987)
[16] P.C. van Son, H. van Kempen, P. Wyder, Phys. Rev. Lett. **58**, 2271 (1987)
[17] M.N. Baibich et al., Phys. Rev. Lett. **61**, 2472 (1988)
[18] G. Binasch, P. Grnberg, F. Saurenbach, W. Zinn, Phys. Rev. B **39**, 4828 (1989)
[19] M. Johnson, J. Appl. Phys. **75**, 6714 (1994)
[20] H.B. Callen, *Thermodynamics* (Wiley, New York, 1960)
[21] B. Nadgorny, R.J. Soulen,M.S. Osofsky, I.I.Mazin, G. LaPrade, R.J.M. van de Veerdonk, A.A. Smits, S.F. Cheng, E.F. Skelton, S.B. Qadri, Phys. Rev. B **61**, R3788 (2000)
[22] M. Johnson, J. Byers, Phys. Rev. B **67**, 125112 (2003)
[23] R. Godfrey, M. Johnson, Phys. Rev. Lett. **96**, 136601 (2006)
[24] M. Johnson, R.H. Silsbee, Phys. Rev. Lett. **60**, 377 (1988)
[25] Q. Yang, P. Holody, S.-F. Lee, L.L. Henry, R. Lolee, P.A. Schroeder,W.P. Pratt Jr., J. Bass, Phys. Rev. Lett. **72**, 3274 (1994)
[26] G. Schmidt, D. Ferrand, L.W. Mollenkamp, A.T. Filip, B.J. van Wees, Phys. Rev. B **62**, R4790 (2000)
[27] E.I. Rashba, Phys. Rev. B **62**, R16267 (2000)
[28] S.O. Valenzuela, M. Tinkham, Appl. Phys. Lett. **85**, 5914 (2004)
[29] M. Johnson, R.H. Silsbee, Phys. Rev. B **76**, 153107 (2007)
[30] R.R. Parsons, Phys. Rev. Lett. **23**, 1152 (1969)
[31] A.I. Ekimov, V.I. Safarov, JETP Lett. **12**, 198 (1970)
[32] D. Stein, K. v. Klitzing, G. Weimann, Phys. Rev. Lett. **551**, 130 (1983)
[33] F. Meier, B.P. Zakharchenya (eds.), *Optical Orientation* (North-Holland, New York, 1984)
[34] S. Datta, B. Das, Appl. Phys. Lett. **56**, 665 (1990)
[35] S.F. Alvarado, P. Renaud, Phys. Rev. Lett. **68**, 1387 (1992)
[36] J.M. Kikkawa, D.D. Awschalom, Phys. Rev. Lett. **80**, 4313 (1998)
[37] M. Oestreich, J. Hübner, D. Hägale, P.J. Klar, W. Heimbrodt, W.W. Rühle, D.E. Ashenford, B. Lunn, Appl. Phys. Lett. **74**, 1251 (1999)
[38] R. Fiederling, M. Keim, G. Reuscher,W. Ossau, G. Schmidt, A.Waag, L.W.Molenkamp, Nature **402**, 787 (1999)
[39] Y. Ohno, D.K. Young, B. Beschoten, F. Matsukura, H. Ohno, D.D. Awschalom, Nature **402**, 790 (1999)
[40] H.J. Zhu, M. Ramsteiner, H. Kostial, M.Wassermeier, H.-P. Schonherr, K.H. Ploog, Phys. Rev. Lett. **87**, 016601 (2001)
[41] T. Manago, H. Akinaga, Appl. Phys. Lett. **81**, 694 (2002)

[42] T. Taniyama, G. Wastlbauer, A. Ionescu, M. Tselepi, J.A.C. Bland, Phys. Rev. B **68**, 134430 (2003)

[43] C. Ciuti, J.P. McGuire, L.J. Sham, Appl. Phys. Lett. **81**, 4781 (2002)

[44] D. Hägale, M. Oestreich, W.W. Rühle, N. Nestle, K. Eberl, Appl. Phys. Lett. **73**, 1580 (1998)

[45] J. Kikkawa, D.D. Awschalom, Nature **397**, 139 (1999)

[46] Yu.A. Bychkov, E.I. Rashba, JETP Lett. **39**, 78 (1984)

[47] W.Y. Lee, S. Gardelis, B.-C. Choi, Y.B. Xu, C.G. Smith, C.H.W. Barnes, D.A. Ritchie, E.H. Linfield, J.A.C. Bland, J. Appl. Phys. **85**, 6682 (1999)

[48] P.R. Hammar, M. Johnson, Phys. Rev. Lett. **88**, 066806 (2002)

[49] K.C. Hall et al., Phys. Rev. B **68**, 115311 (2003)

[50] M. Johnson, Appl. Phys. Lett. **77**, 1680 (2000)

第 11 章　动态原子核极化与原子核场

V. K. Kalevich, K. V. Kavokin 和 I. A. Merkulov

纪念我们的老师 V.I. Perel 和 B.P. Zakharchenya

利用圆偏振光照射半导体, 可以产生原子核自旋的光学极化[1,2]. 产生这一现象的根本原因在于原子核自旋与电子自旋之间存在超精细相互作用, 它将光学取向的电子的角动量 (自旋) 传递给晶格上的原子核. 这一过程被称为动态极化. 动态极化的原子核可以产生一个有效的平均磁场 (称为 Overhauser field), 能有效地改变电子的自旋极化. 这样就形成了一个电子–原子核的强耦合系统. 在这个系统中, 原子核极化不是简单的由电子的自旋状态决定, 它还可以对电子极化施加反作用.

检测电子–原子核自旋系统最简单的技术就是测量光致荧光的圆偏振度, 因为它正比于电子的平均自旋[2]. 从最早的自旋取向实验开始, 这一方法就被成功地广泛应用. 也发展了利用线偏振探测光束的法拉第和克尔旋转来测量电子极化的方法[3,4]. 后来, 在 Overhauser 场中电子自旋能级的劈裂也可以用直接光谱的方法观测到了[5~8].

电子–原子核自旋系统的光学取向实验开始于 1968 年[1], 发现了许多与自旋有关的惊人效应, 发展了许多用于表征半导体结构的微妙方法. 多篇综述文献在体材料晶体中研究了这些现象的基本知识, 并对此进行了总结, 其中最完全的是出版于 1984 年的 Optical Orientation 一书[2]. 生长技术的发展导致了高质量低维结构 (量子阱、量子线和量子点) 的出现, 给这一研究以新的推动. 在过去几年中, 在这些新的体系中进行了许多实验研究工作, 通常采用新发展的实验技术. 诸如 [9]~[13] 的文献综述了最近的研究工作.

在本章中, 我们将分析低维结构中电子–原子核自旋系统中最重要的研究结果. 我们将表明如何在现有理论框架下理解大部分结果、旧理论的不足之处及其原因.

本章首先综述电子与原子核自旋之间的基本相互作用 (11.1 节). 在 11.2 节中, 用理论与实验的例子指出, 随着电子自旋关联时间的增大, 原子核自旋如何影响电子的自旋弛豫过程. 导论部分之后, 11.3 节和 11.4 节将介绍不同实验条件下的原子核动态极化. 根据短关联时间近似的理论, 利用新的实验结果 (没有被包含在 Optical Orientation 一书[2] 中), 介绍了电子–原子核自旋系统的主要性质. 大多数的新实验结果利用了量子阱和量子点的约化对称性和电子态的空间受限效应.

例如, 电子谱修正所引起的原子核极化的双稳态, 其中, 电子谱的修正可以是来自于 Overhauser 场、电子自旋 g 因子和自旋弛豫时间的各向异性、或者量子点激子中空穴的强烈的单轴交换相互作用. 11.5 节介绍多自旋的原子核磁共振的光学探测, 以及光学诱导的核磁共振.

在本章的最后一部分 (11.6 节), 我们讨论量子点中长寿命的自旋记忆, 重点讨论电子–原子核自旋系统在电子自旋关联时间很长时的行为, 无论在理论方面还是在实验方面, 这都是一个正在发展的领域. 诸如原子核自旋极化子、关联的电子–原子核自旋复合体等新事物正在出现. 在原子核极化度很高的情况下, 与没有同电子耦合的原子核的偶极–偶极弛豫时间相比, 在零磁场中, 极化子总自旋方向的记忆时间要长好几个数量级.

11.1 半导体的电子–原子核自旋系统：有效场和自旋进动频率的特征值

以量子点为例, 我们考虑电子–原子核自旋系统理论的基本要点. 假设每个量子点中包含 10^5 个原子核.

11.1.1 自旋能级的塞曼劈裂

在磁场 $\boldsymbol{B}$ 中, 一个电子的塞曼能量[14] 为

$$H_{\mathrm{Ze}} = \mu_{\mathrm{B}} g_{\mathrm{e}} (B_{\mathrm{s}}) \tag{11.1}$$

其中, $\mu_{\mathrm{B}} = 9.27 \times 10^{-24}\mathrm{J/T}$ 为玻尔磁子, g_{e} 为电子 g 因子. 随着半导体组分和异质结构参数的改变, g_{e} 的数值和符号都可能会变化.

原子核自旋系统 I_n 的塞曼能[14] 等于

$$H_{\mathrm{ZN}} = -\mu_{\mathrm{N}} \sum_n g_n (\boldsymbol{B} \cdot \boldsymbol{I}_n) \tag{11.2}$$

其中, 要对系统中所有的原子核求和, $\mu_{\mathrm{N}} = 5.05 \times 10^{-27}\mathrm{J/T}$ 是原子核磁子, g_n 是第 n 个原子核的 g 因子. 在原子核射频谱中, 塞曼能量通常用原子核的旋磁比 $\gamma_n = \mu_{\mathrm{N}} g_n/\hbar$ 来表示. 因为玻尔磁子大约要比原子核磁子大 2000 倍, 电子和原子核自旋能级的劈裂的差别有三个数量级. 在 1T 磁场下, 当 $g_{\mathrm{e}} = g_n = 1$ 的时候, 电子和原子核自旋的拉莫尔进动周期分别为 $T_{\mathrm{Le}} = \hbar/\mu_{\mathrm{B}} g_{\mathrm{e}} B \approx 0.7 \times 10^{-10}\mathrm{s}$ 和 $T_{\mathrm{LN}} \approx 1.3 \times 10^{-7}\mathrm{s}$.

11.1.2 四极矩相互作用

下面的哈密顿量描述了原子核自旋与晶体中局域电场梯度之间的四极矩相互作用[15]：

$$H_Q = V_{\alpha\beta}\boldsymbol{I}_\alpha \cdot \boldsymbol{I}_\beta \tag{11.3}$$

其中, 系数 $V_{\alpha\beta}$ 正比于原子核位置处的电场梯度和原子核的四极矩, $I \geqslant 1$ 的原子核的四极矩不为零. 由于哈密顿量具有时间反演对称性, 原子核自旋能级仍然保持了一部分简并, 形成了几个 Kramers 双重态. 电场梯度可以来自于原子的价电子重新分布 (如在 GaAlAs 这样的合金中[16]), 它是由于一个或多个近邻原子被不同种类的原子替换所导致的, 也可以来自于晶格的形变, 或者来自于荷电杂质等. 特征能量的范围非常大. 例如, 在文献 [17] 中, 用 Al 来替换 GaAlAs 中的 Ga, 这样产生的 As 原子核的四极矩劈裂对应的拉莫尔进动频率为 17MHz. 在 InP/InGaP 异质结构中[18], 应力产生的 In 原子核的四极矩劈裂大约是 1MHz.

11.1.3 超精细相互作用

在大多数半导体中, 电子和原子核自旋之间的相互作用取决于费米接触相互作用①[15]:

$$H_{\mathrm{hf}} = \sum_n a_n (\boldsymbol{s} \cdot \boldsymbol{I}_n) \tag{11.4}$$

其中

$$a_n = v_0 A_n |\psi(\boldsymbol{r}_n)|^2 \tag{11.5}$$

v_0 为单位元胞的体积, $\psi(\boldsymbol{r}_n)$ 为第 n 个原子核位置处电子的包络波函数, $\boldsymbol{I}_n$ 为那个原子核的自旋算符, 而 $A_n \propto g_n$ 为超精细常数. 在 GaAs 类的半导体中, A_n 大约为 100μeV.

1. Overhauser 场

如果晶格原子核存在平均的自旋极化, 电子就会受到超精细 (Overhauser) 场的作用. 这个场不依赖于电子的局域化体积:

$$B_{\mathrm{N}} = \frac{v_0 \sum_\eta A_\eta \langle \boldsymbol{I}_\eta \rangle}{\mu_{\mathrm{B}} g_{\mathrm{e}}} = \sum_\eta B_{\eta\,\max} \langle \boldsymbol{I}_\eta \rangle / I_\eta \tag{11.6}$$

其中要对所有的原子种类求和, 而不是对所有原子求和. $\langle \boldsymbol{I}_\eta \rangle$ 为 η 型原子核的平均自旋. 完全极化的原子核的总磁场 $B_{\mathrm{N}\,\max} = \sum_\eta B_{\eta\,\max}$ 的大小是几个特斯拉. 例如, 在 GaAs 中, $B_{\mathrm{N}\,\max} \cong 5.3\mathrm{T}$[20,54].

① 空穴具有 p 型的布洛赫波函数, 它们不会通过费米相互作用来与原子核耦合. 因此, 它们的超精细相互作用要比电子的超精细相互作用小 4 ~ 5 个数量级[19].

2. 原子核自旋涨落的磁场

除了平均的超精细磁场以外, 电子还受到涨落场 $B_{\rm NF}$ 的作用, 它正比于电子局域化区域内的原子核数目的平方根. 如果原子核自旋极化并不很强的话,

$$\langle B_{\rm NF}^2\rangle = \frac{v_0^2\sum\limits_n A_n^2|\psi(\boldsymbol{r}_n)|^4 I_n(I_n+1)}{\mu_{\rm B}^2 g_{\rm e}^2} \approx \frac{B_{\rm N\,max}^2}{N} \tag{11.7}$$

通常, N 的大小约为 10^5, 也就是说, 涨落场大约为原子核磁场最大值的 0.3%, 即 $B_{\rm NF}\sim 100{\rm G}$. 在这个场中, 电子自旋的拉莫尔周期约为 10^{-8}s.

3. Knight 磁场

反过来, 极化的电子也会对原子核施加一个超精细场 (Knight 磁场). 对于自由电子, 这个场一般都很小, 它正比于电子浓度.

对于局域化的电子来说, Knight 磁场反比于它的局域化体积:

$$\boldsymbol{B}_{{\rm e}n} = -\frac{v_0 A_n}{\mu_{\rm N} g_n}|\psi(\boldsymbol{r}_n)|^2\boldsymbol{s} \tag{11.8}$$

这个场取决于电子自旋的方向. 由于局域电子和非局域电子之间的交换相互作用以及电子自旋在 Overhauser 场中的进动等, 电子可能被局域中心或量子点捕获或释放, 此时, 这个场就会改变.

时间平均的 Knight 场为

$$\boldsymbol{B}_{{\rm e}n} = -F\frac{v_0 A_n}{\mu_{\rm N} g_n}|\psi(\boldsymbol{r}_n)|^2\boldsymbol{S} \tag{11.9}$$

其中 S 为平均电子自旋, $F\leqslant 1$ 为表征电子占据局域中心的填充因子.

Knight 场在空间上是不均匀的. 除了对包络波函数的坐标 $\boldsymbol{r}_n$ 有比较弱的依赖关系之外, 在一个晶格元胞中不同原子种类之间, 它也会有相当大的差异.

对于包含 N 原子核的量子点来说, 与电子在完全极化原子核产生的 Overhauser 场中的劈裂相比, 原子核自旋能级在 Knight 场中的劈裂要小 N 倍. 相应地, Knight 场的最大值为 $B_{\rm e\,max} = (B_{\rm N\,max}/N)(\mu_{\rm B}g_{\rm e}/\mu_{\rm N}g_n)$. 当 $N = 10^5$ 时, $B_{\rm e\,max}\approx 10^{-1}{\rm T}$. 在量子点的中心处, Knight 场最大, 在那里, 原子核自旋的拉莫尔周期大约是微秒的量级. 在量子点的周边, Knight 场变小, 原子核自旋与电子的相互作用可能会弱于原子核之间的相互作用和电子之间的相互作用.

11.1.4 原子核偶极–偶极相互作用

原子核自旋之间的主要相互作用为偶极–偶极相互作用[15]:

$$H_{\rm dd} = \frac{\mu_{\rm N}^2}{2}\sum_{n\neq n'}\frac{g_n g_{n'}}{\boldsymbol{r}_{nn'}^3}\left[(\boldsymbol{I}_n\cdot\boldsymbol{I}_{n'}) - 3\frac{(\boldsymbol{I}_n\cdot\boldsymbol{r}_{nn'})(\boldsymbol{I}_{n'}\cdot\boldsymbol{r}_{nn'})}{\boldsymbol{r}_{nn'}^2}\right] \tag{11.10}$$

其中, $\boldsymbol{r}_{nn'}$ 是原子核 n 和 n' 之间的位移矢量. 在该原子核处, 其他原子核产生的涨落局域磁场 B_{L} 的强度为几个高斯. 对于 GaAs 来说, $B_{\mathrm{L}} \approx 1.5\mathrm{G}$[20]. 相应地, 原子核自旋在局域场中的拉莫尔进动周期为亚毫秒量级.

磁偶极相互作用并不保证相互作用的原子核的总角动量守恒, 角动量可以被传递给晶格. 原子核自旋极化的弛豫时间 T_2 是局域场中拉莫尔周期的量级, $10^{-4}\mathrm{s}$. 在弱磁场中, $B \ll B_{\mathrm{L}}$, 所有的自旋分量都以这个特征时间弛豫. 在强磁场中, $B \gg B_{\mathrm{L}}$, T_2 是原子核自旋的垂直分量 (垂直于 B) 的弛豫时间. 此时, 因为这一弛豫过程需要耗散非常大的塞曼能量, 原子核自旋的纵向分量 (平行于 B) 的弛豫时间 $T_1 \gg T_2$.

如果原子核自旋极化在空间上是不均匀的, 那么, 磁偶极相互作用就会使得自旋发生扩散, 扩散系数为[21]

$$D \approx d^2 T_2^{-1} \tag{11.11}$$

其中, d 为相邻原子核之间的距离. 当磁场梯度很大、相邻原子核之间的磁场强度差 $\delta B \gg B_{\mathrm{L}}$ 的时候 (如 Knight 场), 这种扩散将会减缓.

11.2 原子核引起的电子自旋弛豫: 从短关联时间到长关联时间

如第 1 章所述, 无序的原子核自旋产生的随机超精细磁场可以导致电子自旋弛豫. 对于 3 维和 2 维的自由电子来说, 因为 Overhauser 场的方均根很小、关联时间很短, 这一自旋弛豫机制的效果并不大[22~24]. 局域电子的情况就很不相同. 此时, 原子核的涨落场可能高达几百高斯 (见 11.1.3 节), 对应的电子拉莫尔周期约为 1ns. 根据局域中心的性质, 关联时间 τ_{c} 会发生变化, 参见第 1 章中关于短关联时间和长关联时间下的自旋弛豫的一般性讨论.

如果局域中心是施主杂质, 在液氦温度下, τ_{c} 受限于电子到空的施主束缚态的跃迁[22] 或电子与局域在附近其他施主上的电子的交换相互作用[25]. 此时, τ_{c} 强烈地依赖于施主杂质的浓度 n_{d}. 在 GaAs 中, 如果 $n_{\mathrm{d}} \approx 10^{14}\mathrm{cm}^{-3}$, 那么, τ_{c} 大约为 20ns[26], 处于长关联时间的区域: 2/3 的电子自旋极化在时间 $1/\Omega_{\mathrm{NF}} \approx 5\mathrm{ns}$ 内消失. 随着 n_{d} 的增加, τ_{c} 减小, 最终变得比 $1/\Omega_{\mathrm{NF}}$ 还短 (短关联时间区). 在此区间, 电子自旋弛豫时间 τ_{eN} 的表达式为

$$\tau_{\mathrm{eN}} = \left(\left\langle \Omega_{\mathrm{NF}}^2 \right\rangle \tau_{\mathrm{c}}/3\right)^{-1} = \left[\tau_{\mathrm{c}} I\left(I+1\right) \frac{\sum_n a_n^2}{3\hbar^2}\right]^{-1} \tag{11.12}$$

它越变越长, 当浓度 $n_{\mathrm{d}} \approx 10^{15}\mathrm{cm}^{-3}$ 时, 约为 200ns①. 将自由电子注入包含施主杂

① 电子 – 电子之间的交换相互作用的微弱各向异性引起了另一种自旋弛豫机制, 阻止了自旋寿命的进一步增加.

质的 GaAs 层, 也可以实现从长关联时间区到短关联时间区的过渡[26]. 此时, 杂质束缚的电子的 τ_c 受限于非局域电子引起的交换散射.

在量子点中, 通过影响电子自旋来限制 τ_c 的外部机制, 如热电离和声子散射, 在低温下都不再那么有效. 如文献 [27] 指出的那样, 此时的自旋弛豫取决于内在的机制 (如量子点中的自旋–自旋相互作用), 它们构成了一系列的弛豫时间 (图 11.1).

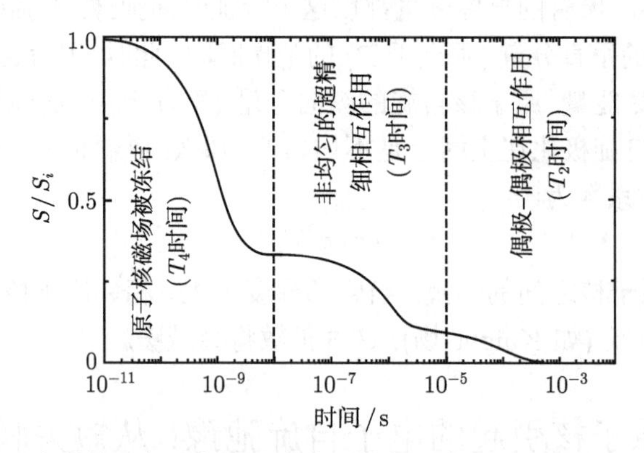

图 11.1 在一个量子点系综里电子自旋弛豫过程的主要阶段. 计算时认为每个量子点中包含 10^5 个原子核

在长关联时间区中, 电子自旋弛豫的初始阶段的特征时间是 $T_4 \approx 1/\Omega_{\rm NF}$. 在此时间里, 因为单个电子在原子核自旋涨落的 Overhauser 场中的进动, 量子点系综的电子极化减小 1/3. p 型 InGaAs/GaAs 量子点系综中的时间分辨实验令人信服地证明了这一点[28]. 使用带有正电荷的单量子点, 可以去除电子–空穴交换相互作用的影响, 否则, 它将会掩盖掉超精细耦合的微弱效应 (见图 11.2 中的插图). 荧光

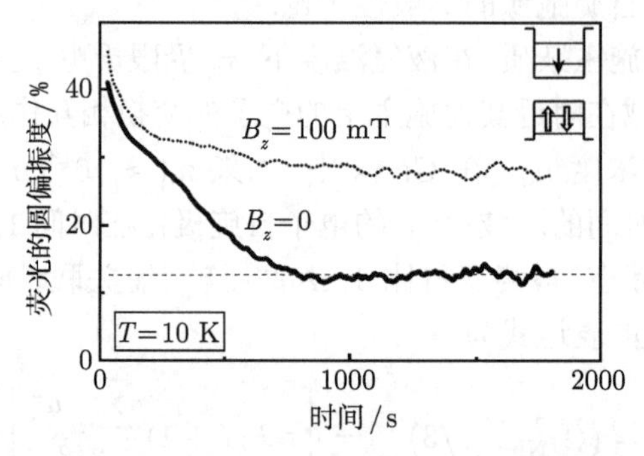

图 11.2 在带有单个正电荷的 InAs/GaAs 量子点中, 在 1.5ps 激光脉冲泵浦后, 荧光光谱的圆偏振动力学, 纵向磁场为 $B_z = 0$ 和 $B_z = 100\text{mT}$[28]. 插图: 由光生电子–空穴对与驻留的电子构成的荷正电激子 X^+ 的能级示意图. 因为没有极化的空穴构成了一个零自旋单态, 自旋极化的电子不能够通过交换相互作用与空穴耦合, 这通常会阻止超精细相互作用

谱的圆偏振正比于电子平均自旋, 它减小到初始值的 30% 所需要的时间非常接近于计算得到的 T_4(图 11.2). 沿着激发光束的方向施加一个大于原子核涨落场 $B_{\rm NF}$ 的磁场, 就可以抑制自旋弛豫, 因为影响电子自旋的总磁场变得与初始自旋方向几乎平行.

自旋弛豫的第 2 个阶段需要更长的时间 T_3, 它的量级是原子核自旋在 Knight 场中的拉莫尔进动周期 (也就是说, $T_3 \approx T_4\sqrt{N}$). 这一阶段起源于这样一个事实, 即电子与不同的原子核的耦合强度是不同的, 因为电子密度在量子点的中心处大, 在量子点的边缘处小. 垂直于 $B_{\rm NF}$ 的那些 Knight 场的分量以频率 $1/T_4$ 振荡, 所以, 它们对原子核自旋几乎没有什么作用. 但是, 原子核自旋受到平行于 $B_{\rm NF}$ 的 Knight 场分量的影响. 因为原子核自旋是随机取向的, 它们中的每一个都与 $B_{\rm NF}$ 有一定的夹角, 然而, 垂直于 $B_{\rm NF}$ 的原子和自旋分量对总 Overhauser 场的贡献完全抵消了. 原子核自旋绕着 Knight 场以不同的频率进行旋转, 从而破坏了这种完美的抵消, 引起了 $B_{\rm NF}$ 矢量的缓慢旋转. 自然地, Knight 场的方向跟随着 $B_{\rm NF}$ 的方向. 因为每一个原子核都具有它自己的拉莫尔频率, 电子–原子核自旋系统的自旋动力学就变得非常复杂[29~33]. 可以用统计的方法来考虑电子自旋极化在长于 T_3 的时间上的行为[27], 假设系统的守恒量只有总自旋 (这是由于旋转对称性) 和 Overhauser 场 $B_{\rm NF}$ 的大小 (这是由于能量守恒). 可以证明, 电子自旋极化取决于比值 $\langle a^2\rangle/\langle a\rangle^2$, 它表征的是 Knight 场振幅在量子点中的扩展. 对于典型的量子点来说, 自旋弛豫的第二个阶段将自旋极化减小了 3~4 倍, 因此经过时间 T_3 之后, 它大约减小到为初始值的 0.1 倍[27].

最后, 自旋弛豫的第 3 个阶段取决于原子核自旋的偶极–偶极相互作用, 特征时间是 T_2. 这种相互作用并不能保证系统总自旋的守恒, 因此经过时间 T_2 之后, 电子的自旋极化完全消失了 (图 11.1).

在实验中观测自旋弛豫的后两个阶段, 需要使用 n 型掺杂的量子点以避免光生电子辐射寿命短的限制, 在Ⅲ-Ⅴ半导体中它是纳秒量级. 目前还没有报道过决定性的实验. 根据文献 [34], 在 n 型 InP 量子点中 (经过第一阶段后) 剩余的自旋极化的寿命要长于 12ns, 但短于 1μs. 在 GaAs/AlGaAs 异质结构中用栅极产生的耦合量子点中, 复杂的自旋回声实验[35] 表明, 在原子核涨落的 Overhauser 场中, 电子自旋的进动的退相干时间等于 1.2μs, 然而, 尚不清楚这种退相干来自于内在机制还是外部机制.

11.3 原子核自旋的动态极化

因为原子核磁矩很小, 在实验室可以达到的稳态磁场中 (大约是 10T), 要使原子核自旋在热平衡时达到显著的极化, 必须将样品的温度降低到毫开尔文. 然而,利用原子核自旋的动态极化, 在高得多的温度下 (一般为几个开尔文, 但有时可以达到液氮温度) 和低得多的磁场中 (只有几个高斯) , 就可以实现原子核自旋的高度极化. 实质上, 动态极化是通过超精细相互作用将电子的角动量传递给原子核. 例如, 11.2 节中考虑的原子核引起的电子自旋弛豫就伴随着这种自旋传递, 因为超精细相互作用保持相互作用的量子的总自旋不变. 那样一来, 原子核自旋与磁场平行的分量就会累积起来, 因为原子核自旋的纵向弛豫时间 T_1 非常长 (见 11.1.4 节). 动态极化需要一些条件: ① 原子核自旋应该处于磁场之中 (外磁场或者是自旋极化电子的平均 Knight 场); ② 如果用自旋极化的电子来产生动态极化①, 那么电子的平均自旋就不能够垂直于磁场. 显然, 如果电子平均自旋的符号翻转的话 (如改变激发光的圆偏振), 原子核极化和 Overhauser 场也会将方向颠倒.

11.3.1 电子自旋在 Overhauser 场中的劈裂

最早的半导体中光学原子核自旋极化是在体材料硅中用传统的核磁共振(NMR)探测的[1]. 然而, 传统核磁共振测量的是射频功率吸收的变化, 它的灵敏度通常不足以检测纳米结构中的原子核极化②. 已经发展出了更加灵敏的光学方法, 它利用的是极化原子核对电子自旋的影响. 其中最直接的方法是用光谱观测 Overhauser[5] 场引起的电子自旋能级的劈裂. 因为技术上的复杂性, 这种方法直到最近才被实现 (图 11.3); 现在它被广泛地用来研究量子点中的原子核效应③.

这种方法的一个优点是: 它能够在法拉第构型中探测原子核自旋的动态极化, 此时, 外磁场和光生电子的平均自旋方向平行. 在这种条件下, 原子核极化达到最大值. 例如, 在 GaAs 量子点中可以达到 65%[39].

这种方法还能够测量 Knight 场. 如前所述, 如果原子核不处于磁场之中的话, 就不可能产生原子核自旋的动态极化. 如果电子是自旋极化的, 原子核处的总磁场就是外磁场 $\boldsymbol{B}$ 与平均 Knight 场 $\boldsymbol{B}_{\mathrm{e}}$ 之和. 如果二者的贡献彼此抵消的话, 也就是说, $B=-B_{\mathrm{e}}$, 那么总磁场就等于零. 在此条件下, 电子的塞曼劈裂最小. 在图 11.4 (a) 中, 在单个的 InGaAs/GaAs 自组织量子点中电子自旋劈裂的磁场依赖关系上, 清晰可见的凹坑证明, 在 $B=B_{\mathrm{e}}$ 时, 原子核的极化很小[6]. 注意, 塞曼劈裂并没有完全消失, 因为电子密度是不均匀的, 不可能精确地抵消掉量子点中所有原子核的 Knight 场. 原子核极化在 $B=-B_{\mathrm{e}}$ 处的消失也反映在荧光谱的偏振上 (图 11.4(b)), 因为当 Overhauser 场比较小的时候, 电子的自旋弛豫就变得比较快. 这种

① 这在半导体中是很常见的情况. 然而, 也有一些方法用非极化电子来产生动态极化, 下文将要对此进行简要的考虑.

② 文献 [36], [37] 中使用的多重NMR谱扫描和其他技术改进能够检测几十个量子阱构成的 “三明治” 结构中的NMR信号. 但是这种方法实际上不能够用于单个量子点, 因为量子点中的原子核的数目太少了.

③ 即使不存在电子的时候, Overhauser 场也可以使得线偏振光的偏振面发生旋转 (法拉第效应), Artemova 和 Merkulov 对此进行了理论分析, 并提出了一种基于这一效应的检验原子核极化的方法[38].

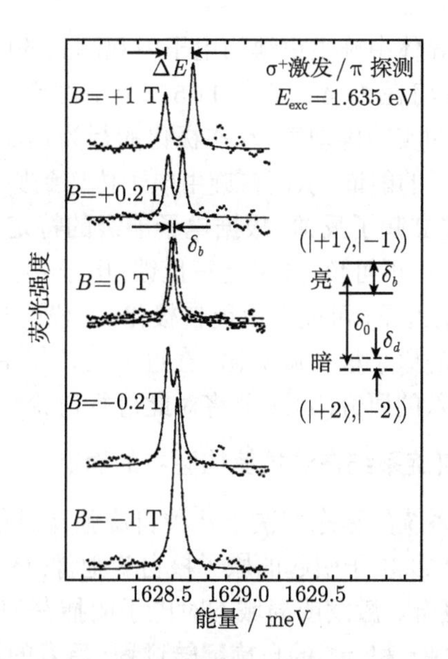

图 11.3 GaAs/AlGaAs 量子阱的界面涨落形成了一个单量子点, 它的荧光谱验证了 Overhauser 场[39]. 在圆偏振光激发下, 在外磁场和原子核磁场的共同作用下, 亮激子双重态发生劈裂, 在翻转外磁场的时候它的数值改变了. 外场为零时的光谱是采用线偏振光激发测得的, 因此原子核磁场也为零. 仍然残留的小劈裂是由于电子和空穴之间的交换相互作用

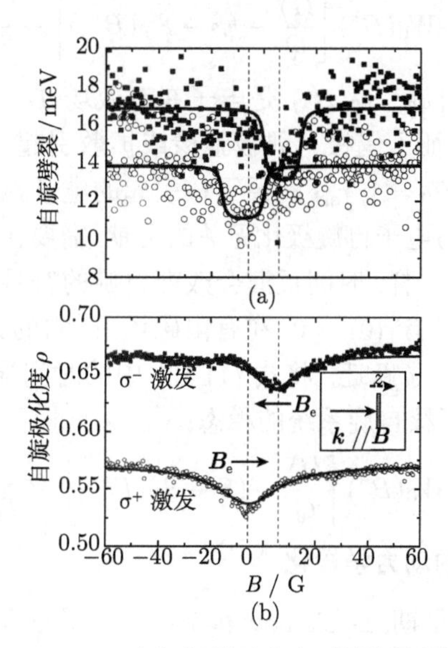

图 11.4 在一个单个 InGaAs/GaAs 自组织量子点中, 测量得到的自旋劈裂 (a) 和光致荧光的偏振 (b) 随着外加磁场的变化关系[6]. 曲线上的极小值对应于平均 Knight 场被外磁场抵消的情形. 在这些位置处, 原子核极化接近于零 ($1\text{G}=10^{-4}\text{T}$)

效应最早是在体材料半导体中施主束缚的电子中观测到的[20]. 测量 Overhauser 场和 Knight 场的其他方法将在 11.4.2 节和 11.5.3 节中讨论.

即使在这种最简单的实验构型里, 动态极化的行为也非常复杂. 这主要是由于 Overhauser 场改变了电子的能谱, 从而自旋由电子传递到原子核上的速率也就改变了. 这样一来, 系统就建立起了反馈, 根据电子能级的特定位置、外磁场的方向和激发光的偏振, 这一反馈可正可负. 如果是正反馈, 电子–原子核自旋系统就可能存在一些稳定态. 在有些情况下, 可能会出现自极化, 在没有光学自旋取向的情况下, 可以自发地产生比较大的原子核自旋极化. 在过去的几年中, 这种非线性现象在低维结构中得到了广泛深入的研究, 11.4 节将对此进行讨论.

11.3.2 电子–原子核自旋系统在法拉第构型中的稳态

电子–原子核自旋系统的稳态取决于几种自旋弛豫过程之间的平衡: ① 原子核引起的电子自旋弛豫; ② 电子引起的原子核自旋弛豫; ③ 损耗 (如来自于自旋扩散); ④ 依赖于自旋的复合、激发或局域态对电子的捕获, 同时将磁场方向上电子和原子核自旋分别改变 ± 1 和 ∓ 1 的自旋翻转过程, 后者的贡献在纳米系统中比体材料半导体中更为常见, 在最初的理论工作中没有考虑它[20,22]. 在短关联时间近似下, 可以将原子核平均自旋的速率方程写成下列形式, 它可以解释除了最后一种之外的所有贡献:

$$\langle \dot{I} \rangle = -W_0(B^*)\left[\frac{\langle I \rangle}{Q} - (S - S_{\mathrm{T}}(B^*))\right] - \frac{\langle I \rangle}{T_{\mathrm{N}}(B)} \tag{11.13}$$

其中, S 为电子的平均自旋, $S_{\mathrm{T}}(B^*)$ 是电子在有效场 $B^* = B + B_{\mathrm{N}}$ 中的热平衡值, 时间常数 $T_{\mathrm{N}}(\boldsymbol{B})$ 表征了偶极–偶极弛豫或扩散引起的原子核自旋的损失①, $Q = I(I+1)/S(S+1)$, $W_0 = 1/\tau_{\mathrm{eN}}$ 是原子核引起的电子弛豫速率[22]. 为了考虑依赖于自旋的复合和其他与电子自旋极化无关的贡献, 需要在公式的右端加上一个唯象参数 $W_1(B^*)$. 与磁场一样, 时间反演会改变自旋的符号. 因此, $W_1(B^*)$ 应该是磁场的奇函数. 相应地有 $W_1(0) = 0$, 在有限磁场下, 它的数值依赖于能谱的特性, 还牵涉到依赖于自旋的电子跃迁. 将式 (11.13) 中的时间导数置为零, 得到的代数方程的解就是电子–原子核自旋系统的稳态:

$$W_1(B^*) - W_0(B^*)\left[\frac{\langle I \rangle}{Q} - (S - S_{\mathrm{T}}(B^*))\right] - \frac{\langle I \rangle}{T_{\mathrm{N}}(\boldsymbol{B})} = 0 \tag{11.14}$$

11.3.3 局域电子导致的动力学极化

在 20 世纪 70 年代早期, Dyakonov 和 Perel[22] 最早开展了关于电子–原子核自旋系统稳态的理论研究, 研究的是体材料半导体中施主束缚的电子. 类似的情况

① 在弱外场的情况下, T_{N} 对 Knight 场的依赖可能会很重要. 此时, 应该用 $B + B_{\mathrm{e}}$ 来替代 T_{N} 表达式中的 B.

有带负电荷的单量子点中的残余电子[40], 以及带正电荷的单量子点中的光生电子[8], 此时光生空穴和残留空穴形成了一个单态, 因此不影响电子的自旋. 在这种情况下, $W_1 = 0$. 热平衡的电子极化通常也可以忽略不计 ($S_{\mathrm{T}} = 0$). 因为自旋弛豫速率 W_0 依赖于电子自旋在磁场中的进动频率, 方程 (11.14) 仍然是非线性的[22](参见式 (1.9)):

$$W_0(B^*) = \frac{W(0)}{1 + (\mu_{\mathrm{B}} g_{\mathrm{e}}/\hbar)^2 (B^*)^2 \tau_{\mathrm{c}}^2} \tag{11.15}$$

根据式 (11.14), 有

$$\langle I \rangle = \frac{QS}{1 + Q(W_0 T_{\mathrm{N}})^{-1}} \tag{11.16}$$

由式 (11.15) 和式 (11.16) 可以看出, 当 B^* 接近于零的时候, 电子将其平均自旋传递给原子核的效率最高. 在损耗小的时候, $W_0 T_{\mathrm{N}} \gg 1$, 原子核平均自旋正比于电子平均自旋①:

$$\langle I \rangle = QS = \frac{I(I+1)}{s(s+1)} S \tag{11.17}$$

然而, 如果 $W_0 T_{\mathrm{N}} \leqslant 1$, 那么 $W_0 T_{\mathrm{N}}$ 通过原子核磁场 $B_{\mathrm{N}} \propto \langle I \rangle$ 对 $\langle I \rangle$ 的依赖关系变得重要起来, 式 (11.16) 变为非线性的了. 如果 B_{N} 和 B 的符号相同, 那么永远只有一个解. 如果 B_{N} 和 B 的符号不同, 原子核磁场可以抵消外磁场, 就有可能存在三个解. 其中 B^* 值最大和最小的两个解是稳定的, 具有中间 B^* 值的解是不稳定的. 两个稳定态的稳定性可以这样来定性地理解. 极化度高的态所对应的有效磁场 B^* 接近于零, 这是自旋由电子传递到原子核最有利的条件, 它支持原子核处于极化态. 极化度低的态对应于高 B^* 值 (因为外磁场没有被 Overhauser 场抵消), 它抑制了自旋从电子到原子核的传递. 当外场很大、超过 Overhauser 场可能达到的最大值的时候, 只存在低极化度的原子核态.

电子–原子核自旋系统的双稳性也可能是由于 Overhauser 场对其他的 (不是超精细相互作用引起的) 电子自旋弛豫途径的影响. B_{N} 场引起的电子自旋能级的劈裂抑制了电子自旋弛豫, 使得电子的平均自旋 S 依赖于 $\langle I \rangle$. 因此, 方程 (11.17) 就是一个非线性方程, 在特定的参数值处有两个稳定解[22]. 此时, 在强外场下的原子核极化很大, 因为电子平均自旋最大. Overhauser 场对激子自旋弛豫的抑制也可能导致类似的效应[42].

改变外磁场, 可以通过这个双稳性的区域, 也可以观察到原子核自旋极化的回滞 (图 11.5). 通过改变光学取向电子的平均自旋, 也可以操纵电子–原子核自旋系统的状态 (图 11.6). 注意, 在图 11.5 和图 11.6 所示的实验中, 强外磁场下的原子核

---

① 如果原子核受到四极矩的作用, 式 (11.17) 就变换为一般形式 $\boldsymbol{I} = \boldsymbol{A} \cdot \boldsymbol{S}$. 文献 [41] 研究了立方对称性晶体中张量 $\boldsymbol{A}$ 的性质, 也在 GaAlAs 合金中计算了它的各个分量.

自旋极化低. 这就说明, 电子–原子核之间自旋传递被抑制是出现回滞现象的主要物理原因.

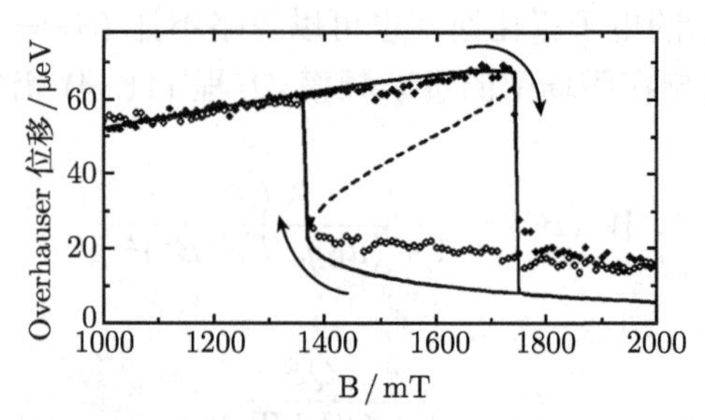

图 11.5 Overhauser 位移的回滞曲线, 在一个带负电的 InAs 量子点中, Overhauser 位移 (Overhauser 场对塞曼劈裂的贡献) 随磁场的变化关系[40]

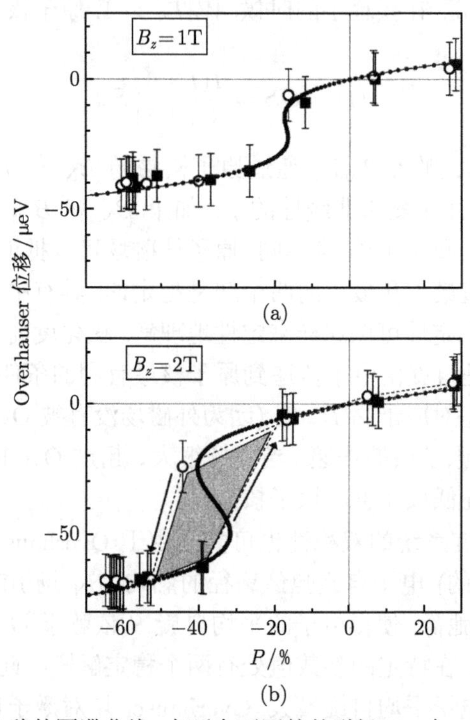

图 11.6 Overhauser 位移的回滞曲线, 在两个不同的外磁场 B_z 中, 在一个带正电的 InAs 量子点中, Overhauser 位移 (Overhauser 场对塞曼劈裂的贡献) 随激发光的圆偏振度的变化关系[40]

11.3.4 原子核自旋系统的冷却

在弱磁场下, $\boldsymbol{B} \leqslant \boldsymbol{B}_{\mathrm{L}} \sim 1\mathrm{G}$, 由电子传递到原子核自旋系统中的极化, 会因为原子核偶极–偶极相互作用而以特征时间 T_2 弛豫. 然而, 这并不能阻止在弱场下或者在自旋极化电子的平均 Knight 场下产生高度的原子核自旋极化[6,20,43~45].

这一明显矛盾的答案在于, 起作用的是能量守恒而非自旋守恒. 无论在多弱的磁场下, 向原子核自旋系统传递自旋都会改变它的塞曼能. 偶极–偶极相互作用不会改变原子核自旋系统的总能量, 后者与晶格的隔绝是非常好的, 但是它会将塞曼能变为自旋–自旋相互作用能. 因此, 原子核自旋温度 Θ_N 就会下降. 当 Θ_N 低的时候, 磁场会产生 (在原子核自旋系统中) 平衡的原子核极化, 它不受偶极–偶极弛豫过程的影响, 以自旋–晶格弛豫时间 T_1 衰减.

在短关联时间近似下, 理论计算[46](也可见参考文献 [20]) 给出了电子自旋温度倒数 $\beta = (k_B\Theta_N)^{-1}$ 的表达式, 其中 k_B 为玻尔兹曼常量:

$$\beta = \frac{3I}{\mu_n}\frac{f}{s(s+1)}\frac{(\boldsymbol{B}\cdot\boldsymbol{S})}{B^2+\xi B_L^2} \tag{11.18}$$

其中, ξ 为量级为 1 的数值因子①, $f \leqslant 1$ 为一个唯象因子, 代表原子核自旋系统的热损失.

原子核平均自旋相应的热平衡值为②

$$\langle \boldsymbol{I} \rangle = \frac{I(I+1)f}{s(s+1)}\frac{(\boldsymbol{B}\cdot\boldsymbol{S})\boldsymbol{B}}{B^2+\xi B_L^2} \tag{11.19}$$

冷原子核的温度倒数在 $B = \sqrt{\xi}B_L$ 时达到最大值, 当 $B \to 0$ 和 $B \to \infty$ 时, 它趋于零 (图 11.7). 因此, 自旋温度 Θ_N 在 $B = \sqrt{\xi}B_L$ 时达到最小值, 当 $S = 0.25$ 时可以低达 $\approx 10^{-7}$K[46]. 实验中 Θ_N 达到的最小值为 $\approx 10^{-6}$K[45].

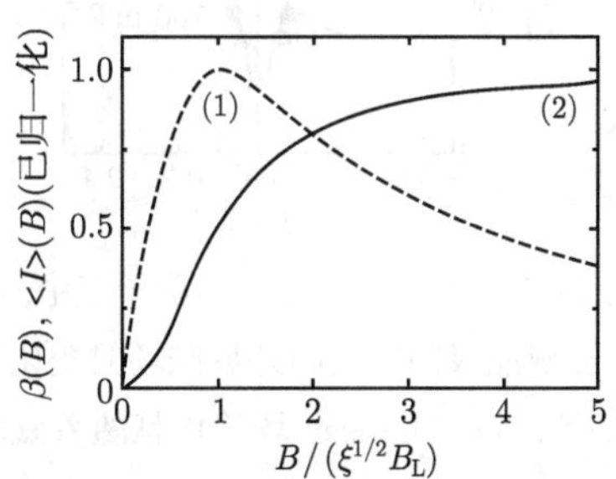

图 11.7 用自旋极化的电子对原子核自旋系统进行光学冷却. 自旋温度的倒数 (1) 和原子核的平均自旋 (2) 随磁场的变化关系

随着磁场的增大, 原子核平均自旋增大, 当 $B \gg \sqrt{\xi}B_L$ 且损耗为零时, 它等于 $\langle I \rangle = [I(I+1)/s(s+1)]S$, 与式 (11.17) 相符.

11.3.5 中性量子点中由激子引起的原子核极化

当一个中性量子点捕获了一个电子空穴对, 或者是光在中性量子点中产生了一对电子空穴对的时候, 空穴的自旋不会像在带正电的量子点中那样被另一个空穴补偿, 它会参与到自旋–自旋相互作用中去. 因为空穴并不与原子核自旋发生相互作用[19], 它们最重要的相互作用是与电子的自旋交换相互作用. 在重空穴组成的激子中, 这种相互作用相当于给电子自旋施加了一个有效磁场. 这种交换场平行于结构的轴向, 可以高达几个特斯拉[39]. 因为能量守恒, 这个场几乎完全禁止电子和原

① 对于磁偶极相互作用, $2 \leqslant \xi \leqslant 3$, 它依赖于邻近原子核 Knight 场的关联.

② 考虑到 Knight 场, 应该用 $B + B_e$ 来替换式 (11.18) 和式 (11.19) 中的 B.

子核之间的自旋翻转过程. 只有在作为激子捕获或复合过程的一部分的时候, 它们才有可能发生, 因为此时能够提供所需要的能量. 形式上说, 这对应于式 (11.15) 中的分母非常大, 其中空穴的交换场扮演了 B^* 的角色. 同样地, 如果 $|B+B_e|>B_L$, 那么外磁场和电子的 Knight 场就会阻止原子核自旋极化的偶极 – 偶极弛豫过程. 在激子复合或被捕获的时候, 如果 Knight 场突然变化, 才有可能发生原子核自旋弛豫. 在此区间, 下列表达式给出了原子核自旋的偶极 – 偶极弛豫的公式中的主项[39]:

$$T_N(B)=T_N(0)\left(1+\frac{B^2}{\xi B_L^2}\right) \tag{11.20}$$

其中, ξ 为量级为 1 的系数 (见 11.3.4 节). 在弱磁场中, 原子核自旋弛豫的速率要比动态极化的速率大好几个数量级 ($W_0T_N\ll 1$), 所以, 原子核自旋实际上是没有极化的. 只有在足够强的外磁场下, 才有可能出现可观的原子核极化, $B\geqslant 0.1T\gg B_L$, 外磁场会抑制偶极–偶极弛豫 (图 11.8).

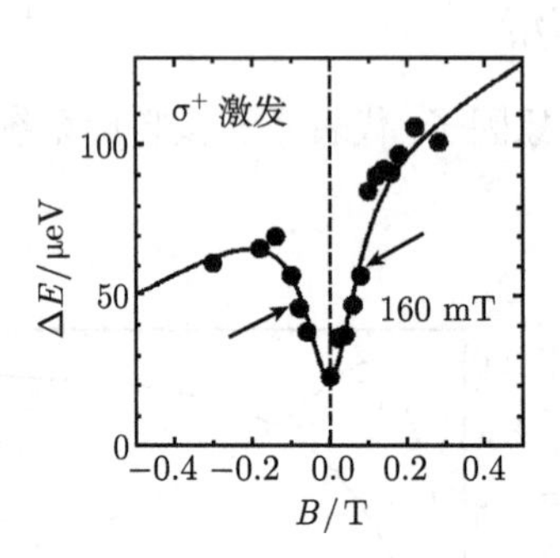

图 11.8 在一个 GaAs 单量子点中, 激子自旋能级的劈裂随外界磁场的变化关系[39]. Overhauser 场的贡献随着磁场增大而增加, 并在 0.16T 达到饱和

在更强的磁场下, 当塞曼劈裂与交换相互作用导致的暗激子和亮激子的能量差相仿的时候, 激子能级之间的跃迁速率开始变化, 从而改变了式 (11.14) 中的 W_0 和 W_1. 如文献 [47] 所述, 这就会引起双稳性, 与 11.3.3 节中考虑的情况类似. 文献 [7] 中的确观察到了这种双稳性.

11.3.6 在隧穿耦合的量子点中由电流诱导的动态极化

即使当电子平均自旋为零的时候, 式 (11.14) 也并没有禁止出现非平衡的原子核极化. 此时, 原子核自旋的稳态值为

$$\langle I\rangle=\frac{QW_1+W_0S_T(B^*)}{W_0+Q/T_N} \tag{11.21}$$

原子核动态极化来自于磁场中电子自旋的非零平衡值 S_T, 而电子被刻意保持为非极化的 ($S=0$), 这是经典的 Overhauser 效应[15]. 在高温下, 当 S_T 非常小可以忽略的时候, 如果 $W_1\neq 0$, 仍然有可能发生原子核动态极化. 一个典型的例子是单态 – 三重态弛豫过程中的原子核动态极化, 在许多非极化光激发的凝聚态系统中[48,49] 或化学反应中, 它都被观测到了.

最近在半导体中发现了一个类似的现象[50]. 当电流通过一对耦合的量子点的时候, 出现了原子核极化. 样品结构是这样设计的, 电子进入一个量子点, 再隧穿到另一个量子点, 然后进入到漏极. 调节栅极电势, 使得在第 2 个量子点中总是存在一个残留电子. 因此, 只有当隧穿电子与残留电子构成一个自旋单态的时候, 才有可能发生隧穿. 因为开始时的传输电子是非极化的, 形成自旋单态的概率为 1/4. 相应地, 在 3/4 的情况下, 电子处于三重态, 在原子核的相互作用改变了电子的自旋态之前, 不能发生隧穿. 这个情况类似于光学实验中与自旋有关的复合, 它也到导致了非零的 W_1. 从物理上来说, 这是因为, 施加磁场使得带有相反电子自旋投影 $+1$ 和 -1 的三重态的翻转跃迁速率有了差别. 因为超精细相互作用保持电子和原子核的总自旋不变, 所以原子核自旋就被极化了. 这样产生的 Overhauser 场会使电子能级位置发生变化从而改变了隧穿概率、影响了耦合量子点的电导. 用这种方法测量到了 40%的原子核自旋极化度[50].

11.3.7 原子核自旋的自极化

一般来说, 式 (11.21) 中的参数 $S_{\rm T}$ 和 W_1 不等于零, 如果存在某些原子核场的话, 即使在外场为零的时候, 也是如此. 此时, 式 (11.21) 的右侧是 $\langle I\rangle$ 的奇函数, 所以, 我们还是在处理非线性方程. 这个方程总是有一个平凡解, $\langle I\rangle=0$. 然而, 在某些条件下, $\langle I\rangle$ 可能有一个非零解, 而零自旋的解变得不稳定. 这意味着, 在某些条件下, 即使没有光学取向, 也没有磁场, 非平衡的原子核极化仍然有可能自发地出现. 严格地说, 仍然需要一个很弱的磁场来抑制偶极 – 偶极引起的原子核弛豫; 然而, 在向原子核系统传递自旋的过程中, 这个场没有任何作用. 这一现象被称为原子核的动态自极化.

Dyakonov 和 Perel 在 1972 年首先指出了这种动态自极化的可能性[51]. 他们建议了一个基于 Overhauser 效应的机制, 用式 (11.21) 来说就是, 它来自于电子自旋在原子核磁场中的非零平衡值 $S_{\rm T}(B_{\rm N})$. 因此, 即使在没有损耗的时候, 出现这种效应的临界温度大约为 1K.

文献 [52] 考虑了动态自极化的另一个理论模型, 它是基于量子点中的与自旋有关的激子复合. 在这个模型中, 原子核极化的自发产生来自于非辐射的激子态 (暗激子) 复合, 当电子与一个原子核交换自旋后, 暗激子被转变为可辐射的 (亮的) 激子. 电子 – 空穴交换相互作用使得暗激子双态与亮激子双态的能量有些差别. Overhauser 场劈裂了这两个双态, 使得自旋翻转跃迁的初态和末态之间的能量差对于一种自旋变得更大, 而对于另一种自旋变得更小. 由此导致的跃迁概率的差异 (形式上由式 (11.21) 中的参数 $W_1(B_{\rm N})$ 表示) 使得自旋流入了原子核自旋系统, 从而进一步增大了 Overhauser 场. 这种机制根本不依赖于温度. 据估计, 在 GaAs 基量子点中很容易实现自极化.

最近, 在耦合量子点系统中, 理论考虑了一种类似的机制, 这在上一节中描述过了[53].

尽管有许多乐观的估计, 迄今为止, 尚未在实验中观测到原子核自旋的动态自极化. 一个可能的原因是, 真实结构中原子核自旋的损耗太强了.

11.4 倾斜磁场中的原子核动态极化

在单量子点光谱测量出现之前, 绝大多数的原子核自旋的光学极化实验都是在与激发光束有一定角度的磁场中进行的. 现在, 在连续光和时间分辨实验中, 仍然广泛地使用这种构型. 原因在于, 它提供了一种技术上简单的方法, 可以利用原子核自旋对电子极化的影响来探测原子核的自旋极化. 光学取向的电子的平均自旋在外磁场 $\boldsymbol{B}$ 上的投影导致了原子核自旋的动态极化. 这样产生的平行于 $\boldsymbol{B}$ 的原子核自旋建立了 Overhauser 场 $\boldsymbol{B}_{\mathrm{N}}$. 电子自旋绕着总磁场 $\boldsymbol{B}^* = \boldsymbol{B} + \boldsymbol{B}_{\mathrm{N}}$ 进行拉莫尔进动, 从而改变了电子自旋极化的方向. 利用它对探测光偏振面或者荧光偏振的影响, 可以用光学方法来检测这一变化. 在各向异性的结构中, 倾斜磁场的构型可以给出定性上新奇的现象. 特别的是, 在非常低的损耗下, 电子–原子核自旋系统可以表现出双稳性 (见 11.4.3 节), 这在法拉第构型下是不会出现的 (作为比较, 请看 11.3.3 节).

通常可以用一个简单的模型来描述电子–原子核自旋系统在倾斜磁场中的行为, 假定电子自旋密度 $\boldsymbol{s}$ 的时间导数有 3 部分的贡献: ① 吸收圆偏振光产生的极化电子; ② 电子自旋在外磁场和平均原子核磁场的共同作用下进动; ③ 电子的复合和自旋弛豫①:

$$\frac{\partial \boldsymbol{s}}{\partial t} = G\boldsymbol{S}_i + [\boldsymbol{\Omega}^* \times \boldsymbol{s}] - \frac{\boldsymbol{s}}{T_{\mathrm{eS}}} \tag{11.22}$$

其中, G 和 $\boldsymbol{S}_i$ 分别为光生电子的生成速率和平均自旋, $\boldsymbol{\Omega}^* = \boldsymbol{\Omega}_{\mathrm{B}} + \boldsymbol{\Omega}_{\mathrm{N}}$ 为电子在外场和 Overhauser 场共同作用下的拉莫尔频率, $T_{\mathrm{es}} = (\tau_{\mathrm{e}}^{-1} + \tau_{\mathrm{es}}^{-1})^{-1}$ 是电子取向态的寿命, τ_{e} 和 τ_{es} 为电子的复合寿命和自旋弛豫时间. 在短脉冲圆偏振光的激发下, 脉冲之间的生成项为零, 式 (11.22) 给出了垂直于 $\boldsymbol{\Omega}^*$ 的自旋分量的阻尼振荡, 即所谓的自旋拍. 令式 (11.22) 中的时间导数项为零, 可以得到在连续光激发下 ($GS_i = \mathrm{const.}$) 的平均自旋值 $\boldsymbol{S} = \boldsymbol{s}/n$:

$$\boldsymbol{S} = \frac{GT_{\mathrm{es}}}{n}\frac{\boldsymbol{S}_i + [\boldsymbol{\Omega}^* T_{\mathrm{es}} \times \boldsymbol{S}_i] + (\boldsymbol{\Omega}^* T_{\mathrm{es}} \cdot \boldsymbol{S}_i)\boldsymbol{\Omega}^* T_{\mathrm{es}}}{1 + (\Omega^* T_{\mathrm{es}})^2} \tag{11.23}$$

其中, n 为电子密度.

① 我们假设电子的温度足够高, 忽略位于外磁场和原子核磁场中的电子的热平衡极化.

当光激发电子的平均自旋 S_i 指向 z 轴方向时, 自旋投影 S_z 等于

$$S_z = S_0 \left[\frac{\sin^2 \alpha}{1 + (\Omega^* T_{\text{eS}})^2} + \cos^2 \alpha \right] \tag{11.24}$$

其中, α 为 z 轴和总磁场 $\boldsymbol{\Omega}^*$ 的夹角. 在强磁场 (大 $\boldsymbol{\Omega}^*$) 下, S_z 就等于 $S_0 \cos^2 \alpha$. 磁场引起的电子的退极化被称为 Hanle 效应.

如果电子自旋极化的分布在空间上是不均匀的, 那么, 电子自旋的扩散就会显著地影响 Hanle 效应[54~56]. 在量子点中, 情况并非如此, 因为电子的局域化非常大.

11.4.1 电子自旋拉莫尔进动

时间分辨的偏振光谱可以记录平均电子自旋随着时间的演化过程 (见第 5 章). 用这种方法可以测量电子的拉莫尔频率, 从中可以得到 Overhauser 场[57,58]. 图 11.9 给出了一个很好的例子. 此时, 利用与圆偏振泵浦脉冲有一定时间延迟的线偏

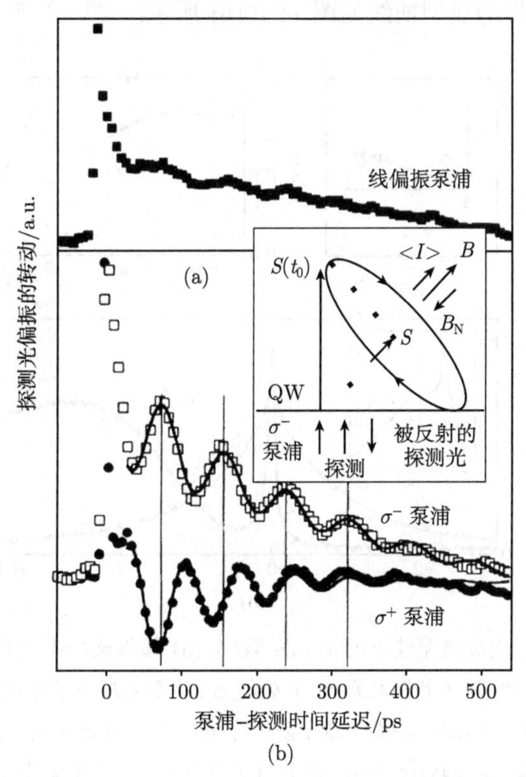

图 11.9 在倾斜磁场中, 用圆偏振光脉冲激发 GaAs/AlGaAs 量子阱, 克尔旋转的振荡 (b)[58]. 振荡频率为外场和 Overhauser 场共同作用下的电子自旋拉莫尔频率, 它随着激发光的偏振度的变化而改变, 在线偏振激发下, 克尔旋转信号没有振荡 (a)

振探测脉冲的克尔旋转, 可以测量电子自旋在结构轴向上的振荡投影. 在使用线偏振泵浦光的时候, 观察不到振荡, 这就证明了克尔信号与自旋有关. 拉莫尔频率对泵浦偏振度的依赖关系揭示了 Overhauser 场的贡献：将泵浦光变为相反偏振的时候, Overhauser 场改变方向, 而外磁场并不会变化, 因此, 总磁场会改变. 在打开泵浦光之后, 拉莫尔频率会缓慢地漂移, 这就进一步证明了原子核动态极化, 这反映了原子核系统中的自旋堆积和原子核自旋的扩散.

11.4.2　倾斜磁场中电子－原子核自旋系统的极化

利用偏振荧光来进行探测, 在外磁场 $\boldsymbol{B}$ 与激发光的夹角为 α 的时候, 可以最为直接地验证原子核磁场 $\boldsymbol{B}_{\mathrm{N}}$[59](图 11.10(a)). 原因在于, 根据式 (11.19), 原子核自旋与磁场 $\boldsymbol{B}$ 平行或者反平行. 因此, 根据它的符号, 磁场 $\boldsymbol{B}_{\mathrm{N}}$ 增强或减弱了外磁场沿着垂直于电子平均自旋 $\boldsymbol{S}$ 的方向上的分量.

在倾斜磁场中, 一个厚度为 100 Å的 GaAs/Al0.3Ga0.7As 量子阱, 在连续光激发时①的荧光退偏振的典型曲线如图 11.10(b) 所示.

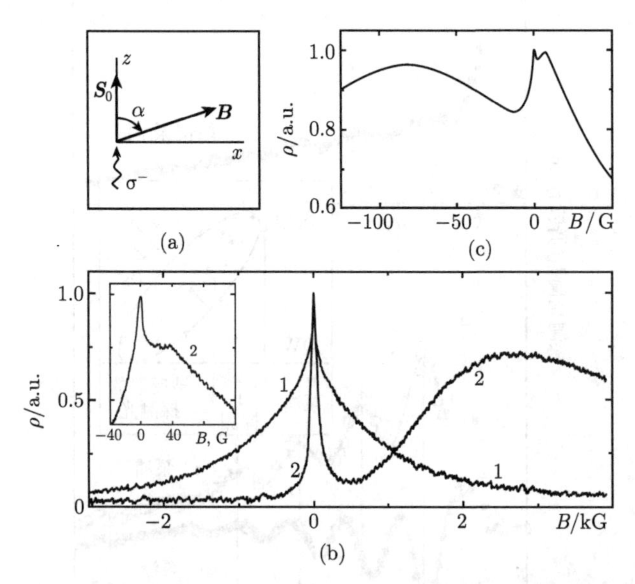

图 11.10　倾斜磁场中连续波泵浦下的 Hanle 效应. (a) 倾斜磁场中的实验配置图. 激发光束沿着 z 轴方向, 在相反的方向上收集荧光. 此处的 $\boldsymbol{S}_0$ 为零磁场下的平均电子自旋; (b) 在一个 10nm 宽的 GaAs/Al0.3Ga0.7As(001) 量子阱中测量得到的 Hanle 曲线, 测量的是 1e–1hh 发光谱线, 激发光的圆偏振以 34kHz 变化 (曲线 1) 或保持不变 (曲线 2), $\alpha = 85°, T = 2\mathrm{K}$[24]; (c) Ga0.5In0.5P 外延层在泵浦光圆偏振保持不变时测量得到的 Hanle 曲线, $\alpha = 65°, T = 77\mathrm{K}$[61]

① 沿着 z 轴传播的荧光的圆偏振度[2].

曲线 1 是用高频 (34kHz) 变化的圆偏振态激发光来测量得到的①. 此时, 不存在 Overhauser 场, 因为原子核动态极化跟不上电子平均自旋的快速变化. 因此, 曲线 1 完全是电子的 Hanle 曲线, 它在磁场中是对称的, 在 $B = 0$ 处达到最大值. 在强磁场中, $B \gg B_{1/2}$($B_{1/2}$ 是垂直磁场下测量得到的 Hanle 曲线的半高宽), 这个曲线接近于数值 $\rho(0)\cos^2\alpha$, 对应于电子自旋在 z 方向的投影 $S_z = S_{\mathrm{B}}\cos\alpha = S_0\cos^2\alpha$, 它在强磁场下守恒.

图 11.10(b) 中的曲线 2 是在泵浦光保持圆偏振不变的情况下测量得到的. 这个曲线具有 3 个显著的极大值, 其荧光偏振接近于 $\rho(0)$. 中间的极大值位于 $B = 0$, 一个极大值位于比较大的磁场处 ($\approx$ 2.5kG), 另一个极大值位于非常小的磁场处 ($\approx$ 40G). 在这 3 个极大值处, 电子的退极化都比较慢, 但是原因不同.

根据式 (11.6) 和式 (11.19), Overhauser 场 $\boldsymbol{B}_{\mathrm{N}}$ 沿着外磁场与电子磁场之和 $(\boldsymbol{B} + \boldsymbol{B}_{\mathrm{e}})$ 的方向.

在零外场下, 原子核只在 Knight 场下出现极化. 此时, Knight 场沿着 $\boldsymbol{S}_0$ 的方向, 也就是说, $\boldsymbol{B}_{\mathrm{e}} \propto \boldsymbol{S}_0$. 因此, 原子核场也指向 $\boldsymbol{S}_0$ 方向, 因此, 它不可能使电子退极化.

当外磁场不等于零的时候, 电子被总磁场 $(\boldsymbol{B} + \boldsymbol{B}_{\mathrm{N}})$ 退极化. 因为原子核磁场随着外磁场的增加而迅速地增大, 在 $B \sim B_{\mathrm{L}}$ 的时候, 就已经达到了很大的数值, 所以, 它强烈地增大了弱的外磁场的退极化效应. 这就解释了狭窄的中央极大值.

在图 11.10(b) 的插图中, 弱磁场下的极大值来自于电子磁场对外磁场的纵向分量的补偿[61]. 根据式 (11.19), 在这个极大值处几乎不会发生原子核极化, 因为此时原子核处在一个总的纵向磁场中, 其数值接近于零 $B_z + B_{\mathrm{e}0} \approx 0$②. 最大值出现的磁场为 $B \approx -B_{\mathrm{e}0}/\cos\alpha$, 可以用它来得出 Knight 场的大小. 由图 11.10(b) 插图中的曲线 2 可以得到, $B_{\mathrm{e}0} = (4 \pm 1)$G.

在强磁场下, $B \gg B_{\mathrm{L}}, B_{\mathrm{e}}$, 原子核磁场与外磁场共线. 外磁场被原子核磁场补偿的条件 $B + B_{\mathrm{e}0} = 0$ 确定了 Hanle 曲线在强外磁场下的极大值的位置[59]. 因此, 可以用它来测量 Overhauser 场的大小. 由图 11.10(b) 中的曲线 2 可以得到, 在 $\alpha = 85°$ 时, $B_{\mathrm{N}} = 2.5$kG.

根据式 (11.6), 测量原子核磁场 $B_{\mathrm{N}} \propto S_{\mathrm{B}} = S_0\cos\alpha$, 就可以得到原子核的极化度 $\langle I\rangle/I$. 利用体材料 GaAs 的数值 $B_{\mathrm{N\,max}} = 56$kG[20,54] 和测量得到的 $B_{\mathrm{N}} \approx 2.5$kG, 可以得到, 在 $\alpha = 85°$ 时, $\langle I\rangle/I \approx 4.5\%$. 可以估计到, 在纵向磁场下 ($\alpha = 0°$), 原子核的极化度可以达到 50%. 注意, 直到温度 $T = 77$K, 原子核极化都保持为一个比较大的值 (在 $\alpha = 60°$ 时, $\sim 1\%$).

原子核磁场 $\boldsymbol{B}_{\mathrm{N}}$ 的方向取决于原子核和电子的 g 因子 (g_n 和 g_{e})(见式 (11.6)),

① 为此, 激发光束通过一个工作频率为 34kHz 的光弹性偏振调制器[60].

② $B_{\mathrm{e}0} = B_{\mathrm{e}}(S = S_0)$.

而 Knight 场 $\boldsymbol{B}_e$ 总是反平行于 $\boldsymbol{S}$(见式 (11.9)). 文献 [61] 指出, 当 $g_n > 0$ 的时候, 在 $g_e < 0$ 的晶体里, 两个额外的极大值出现的磁场具有相同的符号 (图 11.10(b)), 而在 $g_e > 0$ 的晶体里, 它们的符号相反①(图 11.10(c)).

这样一来, 分析荧光在倾斜外磁场中的退偏振, 就可以得到 Overhauser 场和 Knight 场的大小以及电子 g 因子的符号.

11.4.3 具有各向异性的 g 因子和自旋弛豫时间的结构中的电子-原子核自旋系统的双稳态

通过超精细相互作用发生耦合的电子–原子核自旋系统在本质上是一个非线性系统. 11.3 节讨论了由于自旋弛豫速率对 Overhauser 场的依赖关系而导致的非线性现象. 另一种非线性现象来自于原子核或电子自旋态的各向异性. 原子核各向异性的效应首先是在 $Al_{0.26}Ga_{0.74}As$ 体材料晶体中研究的, 因为一部分 Al 原子替换了 Ga 原子, 所以一些 As 原子感受到了四极矩的微扰, 一般来说, 它们的原子核磁场并不与外磁场的方向一致. 最惊人的结果是电子和原子核自旋极化的双稳性和自持振荡. 文献 [16, 62] 详细描述了这些效应. 这里, 我们集中讨论电子 g 因子和自旋弛豫时间的各向异性所导致的非线性效应, 它们经常出现在半导体纳米结构中.

1. 各向异性的电子 g 因子导致的电子–原子核自旋系统的双稳态

与量子阱的情况相同, 电子–原子核自旋系统也可以被电子 g 因子的各向异性诱导出双稳性[63,64]. 因为电子 g 因子沿着量子阱生长方向的分量 ($g_{//}$) 与垂直于量子阱生长方向的分量 ($g_{\perp}$) 是不同的[65~67], 在倾斜的外磁场 $\boldsymbol{B}$ 中, 电子的拉莫尔进动轴 $\boldsymbol{\Omega}$ 并不与磁场的方向重合: $\boldsymbol{\Omega}$ 并不平行于 $\boldsymbol{B}$. 同时, 因为超精细相互作用是各向同性的, 平均的原子核自旋指向 $\boldsymbol{B}$ 的方向 (我们不考虑 $|B| \leqslant B_L, B_e$ 的磁场范围), 所以, 电子自旋在原子核磁场中的进动轴 $\boldsymbol{\Omega}_N = \boldsymbol{A}(\boldsymbol{I})/\hbar$ 与外磁场共线 $\boldsymbol{\Omega}_N // \boldsymbol{B}$. 这样一来, 当 $B \ll B_N$ 的时候, 电子通过 Overhauser 场来退极化, 而当 $B \gg B_N$ 的时候, 电子通过外磁场来退极化. 因此, 根据倾斜外磁场的大小, 电子在总磁场 $(B + B_N)$ 中的自旋进动轴会改变方向.

两个进动轴的存在导致了电子–原子核自旋系统的双稳性. 在连续光[63] 和脉冲光[64] 泵浦的情况下, 在量子阱中都观测到了这种双稳性. 它表现为, 在倾斜磁场中测量的 Hanle 曲线有回滞, 如图 11.11 所示. 图 11.11 给出了阱宽 80Å的 $GaAs/Al_{0.3}Ga_{0.7}As(001)$ 量子阱中的 $\rho(B)$ 曲线, 其中 $g_{//}$ 和 $g_{\perp}$ 有着非常大的差别: $g_{//}/g_{\perp} = 2.2$, 而且 $g_{//} < g_{\perp} < 0$[63,65,66].

---

① 对于某种符号的 g_e 来说, 如果 $g_n < 0$, 强场最大值的位置就会相对于 $B = 0$ 翻转[59]. 文献 [61] 对依赖于 g_e 和 g_n 符号以及角度 α 的额外极大值进行了详细的分析 (包括 $\alpha = 90°$ 的情形, 此时, 只有在 Knight 场下, 原子核才有可能极化), 也可以参见文献 [16].

利用式 (9.23) 计算得到电子–原子核自旋系统的稳态, 可以定性描述 $g_{/\!/}/g_{\perp}=2.2$ 时图 11.11 所示的回滞[63,68].

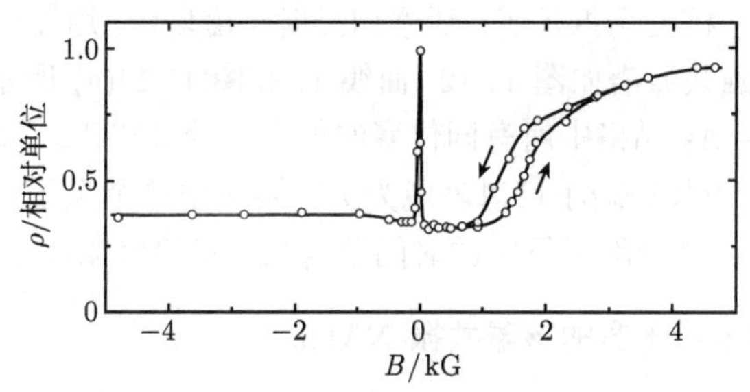

图 11.11 在倾斜磁场中, 激发光的圆偏振度保持不变, 测量宽度为 8nm 的 $GaAs/Al_{0.3}Ga_{0.7}As$ (001) 量子阱得到的 Hanle 效应的回滞曲线, $\alpha=60°, T=2K$[63]

计算还表明 [63,68], 在阱宽更窄的量子阱中, 其中, $g_{/\!/}$ 和 $g_{\perp}$ 的符号是不同的 [65~67], 在不同符号的外磁场下, 存在两个不同的双稳性的区域. 因为不存在原子核自旋的各向异性, 平均原子核自旋总是与外磁场共线, 所以, 可以用简单的一阶微分方程来描述自旋动力学, 而且不会出现自持振荡.

当量子阱的宽度增加的时候, 电子 g 因子的各向异性减弱 [65~67], 电子–原子核自旋系统的性质接近于体材料晶体的性质. 在阱宽为 100Å以上的量子阱中测量的 Hanle 曲线与体材料半导体中的 Hanle 曲线没有定性上的差异, 见 11.4.2 节.

2. 各向异性的电子自旋弛豫导致的电子–原子核自旋系统的双稳态

量子阱中电子的尺寸量子化伴随着电子自旋弛豫时间 τ_s 的各向异性[69]. 文献 [63] 用数值计算表明, 这种各向异性也可以导致双稳性. 这种双稳性尚未在实验中观测到. 这可能与下述事实有关, 即自由电子被预言具有很强的 τ_s 各向异性, 但是, 原子核是被局域的电子来有效地极化的, 而局域电子对尺寸量子化效应不太敏感. (110) 量子阱最有利于观察这种双稳性, 其中 τ_s 的各向异性最大[69], 也可以参见文献 [64, 70, 71].

11.5 原子核磁共振的光学检测和光学诱导

11.5.1 光学检测原子核磁共振

原子核极化的一个直接证据就是核磁共振的观测, 此时, 在垂直于外磁场 $\boldsymbol{B}$ 的方向上施加一个射频场 $B_{\mathrm{rf}}=2B_1\cos\omega t$. 当满足共振条件 $\omega=\gamma_{\mathrm{n}}B$ 的时候, 原子核极化减小, Overhauser 场 B_{N} 也就减小了.

Ekimov 和 Safarov[72] 首先证明, 可以用光学方法来探测核磁共振, 这种方法测量纵向磁场[72~74] 或倾斜磁场[59,24] 中荧光的偏振度 ρ. 在倾斜磁场中, 当 Overhauser 场共振减小的时候, 位于 Hanle 曲线额外极大值的斜坡上的 ρ 也迅速变化, 此时, 外磁场被原子核磁场抵消了. 缓慢扫描射频磁场时, 用光学方法测量得到的 GaAs 体材料的核磁共振谱如图 11.12 (曲线 1) 和图 11.14(a) 所示. 在这些谱线上, 可以清楚地看到 GaAs 晶格中所有同位素的信号 (^{75}As, ^{69}Ga, ^{71}Ga).

Overhauser 场的共振减小可以表现为纵向磁场中单个量子点的电子自旋劈裂的变化[75], 也可以通过倾斜磁场中的时间分辨法拉第旋转来观察[76].

11.5.2　多自旋和多量子态的核磁共振 NMR

在弱磁场下, 可以用光学泵浦来实现原子核自旋的高度极化, 可以观测多自旋共振和多量子共振[77~80], 而在传统的核磁共振中, 它们是被严格禁止的[15,81].

多自旋共振在拉莫尔频率的两倍处 ($\omega = 2\gamma_{\rm n}B$) 或 3 倍处 ($\omega = 3\gamma_{\rm n}B$) 出现, 对应于一个射频量子在相同的方向上同时翻转两个或 3 个原子核自旋. 这种共振能够出现的原因在于, 偶极－偶极相互作用 (11.10) 的非久期部分的算符 $\hat{I}^{\pm}\hat{I}_z$ 和 $\hat{I}^{\pm}\hat{I}^{\pm}$ 使得 $|M\pm1\rangle$ 和 $|M\pm2\rangle$ 自旋态与 $|M\rangle$ 态混合了[15,81]. 这种混合正比于 $B_{\rm L}/B$, 多自旋跃迁的概率随着 B 的增大以 $B_{\rm L}^2/B^2$ 的形式减小.

图 11.12 给出了 GaAs 晶体的核磁共振谱线. 在射频磁场的幅度比较小的时候, $B_1 = 0.08$G, 可以看到 ^{75}As、^{69}Ga 和 ^{71}Ga 原子核的基本的单自旋共振 (曲线 1). 随着 B_1 增大到 0.8G, 全部 6 个可能的双自旋共振都出现了 (曲线 2), 包括单一同位素 [2(^{75}As), 2(^{69}Ga), 2(^{71}Ga)] 和不同的同位素 (^{75}As + ^{69}Ga, ^{75}As + ^{71}Ga, ^{69}Ga + ^{71}Ga) 的翻转－翻转共振. 将 B_1 增大到 4.8G, 出现了一种同位素的 “翻转－翻转－翻转” 跃迁 [3(^{75}As), 3(^{69}Ga) 和 3(^{71}Ga)](曲线 3). 在一个比较小的磁场中, $B = 84$G, 此

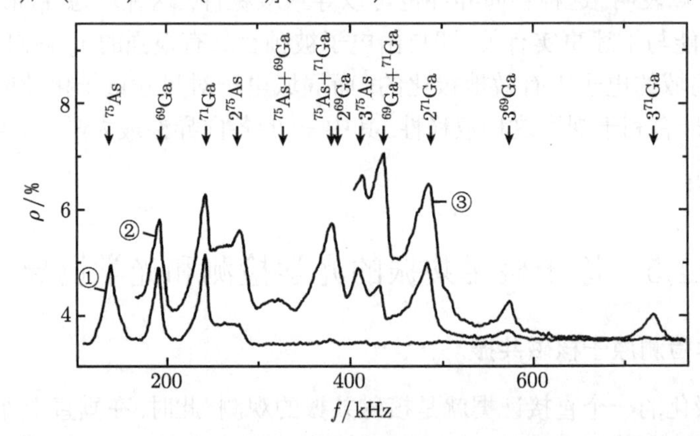

图 11.12　倾斜磁场 $B = 187$G, 连续波泵浦, 圆偏振度保持不变, GaAs 体材料中光学检测的核磁共振谱线, 射频场 $B_{\rm rf} = 2B_1\cos(2\pi ft)$ 沿着 y 轴方向[80]. $\alpha = 84°, T = 1.9$K, B_1: ①−0.008G; ② −0.8G; ③ −4.8G. 箭头指出了核磁共振的频率

时多自旋跃迁的概率比较大, 记录了 $B_1 = 5.6\text{G}$ 时的 3 个自旋共振 $[2(^{75}\text{As}) + ^{71}\text{Ga}$, $^{75}\text{As}+2(^{69}\text{Ga})$、$2(^{75}\text{As}) + ^{69}\text{Ga}$、$2(^{69}\text{Ga}) + ^{71}\text{Ga}]$, 它们的频率等于不同的同位素的双共振频率与单共振频率之和.

即使一种原子核的单自旋共振已经饱和了, 不同种类的原子核的多自旋共振也不会消失. 例如, 当频率 $\omega_1\,(^{69}\text{Ga})$ 处的共振饱和的时候, 频率 $\omega_2\,(^{69}\text{Ga} + ^{75}\text{As})$ 处的双自旋共振仍然存在①. 换句话说, 当一种原子核是极化的, 而其他原子核属于非极化的自旋子系统的时候, 可以发生多自旋跃迁.

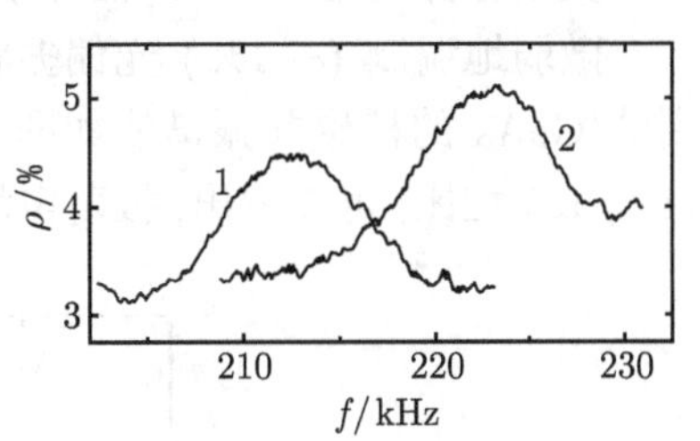

图 11.13 利用两个不同频率 $f^{(1)}$ 和 f 的射频量子的吸收, 光学探测 GaAs 晶体中的核磁共振信号, 二者之和对应于 ^{75}As 在倾斜磁场 $B = 187\text{G}(\alpha = 84°$, $T = 1.9\text{K})$ 中的拉莫尔频率的 3 倍. 射频场 $B_1^{(1)} = 2.9\text{G}$, 频率保持不变, $f^{(1)} = 196.5\text{kHz}$(曲线 1) 或 186.5kHz (曲线 2). 频率变化的射频场为 $B_1 = 0.8\text{G}$[80]

如果被吸收的几个射频量子的总能量等于核磁共振跃迁的能量, 那么就可以发生多量子核磁共振, 这些量子的能量可以是不同的. 例如, 在 ^{75}As 原子核拉莫尔频率 (在 187G 磁场中, 频率为 409kHz) 的 3 倍处, 双光子共振跃迁图如图 11.13 所示. 在第 2 个射频磁场 $B_{\text{rf}}^{(1)} = 2B_1^{(1)}\cos(2\pi f^{(1)}t)$ 作用下, 记录了共振曲线, 固定不变的频率 $f^{(1)}$ 等于 196.5kHz(曲线 1) 或 186.5kHz(曲线 2). 理论[82~84] 证明, 多量子多自旋的核磁共振的概率很大.

11.5.3 光学诱导核磁共振 NMR

在光学泵浦时, 只用光就可以在半导体中诱导出核磁共振[85,86], 参见文献 [57, 87~89]. 激发光必须是圆偏振的, 而且以核磁共振的频率来调制圆偏振状态或者强度.

在倾斜磁场中, 激发光中保持圆偏振不变的部分产生了原子核的动态极化 (冷却), 如 11.4.2 节中所述. 动态极化的原子核的共振退偏振 (也就是共振加热) 来自于 Knight 场的振荡部分, 其横向分量起到了射频场的作用. 这种核磁共振完全是由光学方法诱导产生的, 无需使用射频场, 因此, 它被称为 "光学诱导的核磁共振"[85] 或者是 "全光学的核磁共振"[57].

根据式 (11.9), 对于一种类型的原子核, 在局域化体积上对 Knight 场取平均后, 可以得到

$$\boldsymbol{B}_{\text{e}}(r) = Fb_{\text{e}}\boldsymbol{S} \tag{11.25}$$

其中, $\boldsymbol{S}$ 为电子平均自旋, $F = n_{\text{d}}/N_{\text{d}}$ 为局域中心的填充因子 (N_{d} 是中心的总密

① 此时, 有两种频率不同的射频场作用在样品上.

度, 而 n_{d} 是被占据中心的密度), $b_{\mathrm{e}}/2$ 是电子完全极化 $F=1$ 时的 Knight 场. 圆偏振度 P 决定了 $\boldsymbol{S}$, 入射光的强度 J 决定了 F. 这样一来, 以某个频率来调制 P 或 J 就可以产生以这个频率振荡的 Knight 场. 在连续光泵浦的情况下, 这样的调制可以很容易地通过 KDP 晶体中的线性电光效应来实现[85].

微弱地调制 ($\sim 1\%$) 光偏振状态 (图 11.14(b)) 和光强 (图 11.14(c)), 测量得到的 GaAs 的核磁共振谱线如图 11.14 所示. 将它们与弱射频场诱导的谱线 (图 11.14(a)) 相比, 可以看出, 振荡电场非常有效地引起了原子核的退极化.

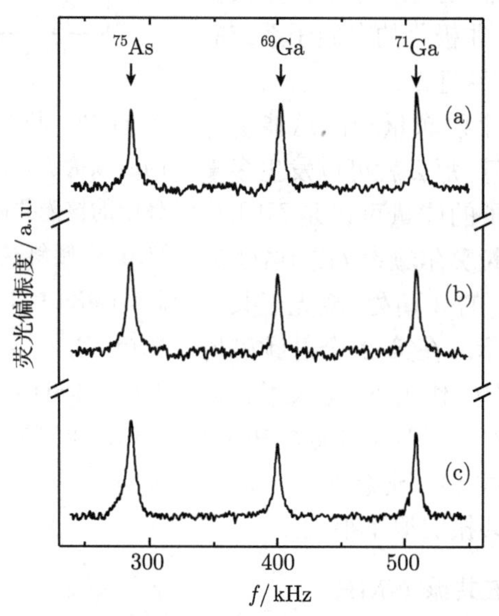

图 11.14　在倾斜磁场 B 中, 缓慢地改变射频场的频率, 测量 p 型 GaAs 的核磁共振谱线 (a), 调制光的圆偏振度 (b), 以及调制光的强度 (c). 在连续波光泵浦下测量. $B=392\mathrm{G}$, $\alpha=77^\circ, T=1.9\mathrm{K}$[85]. (a) 射频场振幅 $2B_1=0.02\mathrm{G}$, (b) 偏振调制深度 $m_P=(P_{\max}-P_{\min})/(P_{\max}+P_{\min})=0.021$, (c) 强度调制深度 $m_J=(J_{\max}-J_{\min})/(J_{\max}+J_{\min})=0.021$

将调制偏振引起的核磁共振信号的幅度与射频场引起的核磁共振信号进行比较, 就可以得到每一种原子核的 Knight 场的大小. 利用这种方法发现, 在 GaAs(温度为 $T=1.9\mathrm{K}$) 中, ^{71}Ga 原子核的磁场 b_{e} 是 $(17\pm 8)\mathrm{G}$, 在 $\mathrm{Al_{0.26}Ga_{0.74}As}$ (温度为 $T=77\mathrm{K}$), 它是 $(59\pm 29)\mathrm{G}$[85].

对强度进行大幅度的调制 ($\sim 100\%$), 可以在拉莫尔频率的两倍处诱导出原子核的共振加热[87~89]. 这种 $\Delta m_I=\pm 2$ 的跃迁来自于光生电子的调制电场与原子核四极矩之间的耦合.

值得注意的是, 调制泵浦光的偏振也可以导致原子核的共振冷却. 这一冷却伴随着原子核极化的共振改变, 在形式上也可以被归类为全光学的核磁共振. 然而,共振冷却具有非常不同的物理性质, 它通过振荡的 Knight 场产生了原子核自旋的动态极化. 在体材料半导体[90,91] 和量子阱[92,93] 中, 实验都观测到了共振冷却. 文献 [94] 中的理论针对的是体材料半导体, 但它对纳米结构也依然有效. 关于这一效应的详细综述见于文献 [16]. 共振冷却使得荧光偏振的变化具有色散曲线的形状, 这不同于图 11.14 中核磁共振信号的吸收曲线的形状, 后者反映的是原子核自旋的加热. 当 Knight 场的调制很小 ($\sim 1\%$) 的时候, 共振制冷可以忽略不计. 在大幅度调制的时候 ($\sim 100\%$), 它的大小与共振加热相仿, 此时, 可以用吸收信号和色散信号的叠加来描述偏振的变化[86].

11.6　量子点的电子–原子核自旋系统中的自旋守恒

半导体中的电子和原子核自旋构成了一个复杂的非线性的强耦合体系. 可以用许多不同的弛豫时间来表征该系统中的动力学, 在分析实验数据的时候, 有时候会很难区分这些特征时间. 虽然本章的前面各节已经讨论过这些问题, 仍然有必要为那些对 “自旋记忆” 实验感兴趣的读者总结一下相应的信息. “自旋记忆” 实验指的是, 在将系统置于自旋偏振态之后, 测量荧光偏振度、法拉第/克尔旋转、电子自旋能级的劈裂或者对电子原子核自旋系统的状态敏感的其他参数随着时间的变化关系. 这类实验, 特别是那些揭示了 “长寿命”(这可能是指几微秒, 也可能是几分钟甚至更长的时间) 的自旋记忆实验, 现在引起了极大的关注. 在本节中, 我们讨论与这些实验有关的时间尺度, 然后提出了一种分析实验数据的方法, 它可能有助于区分不同的自旋守恒机制.

11.6.1　自旋方向保持不变的时间尺度和自旋温度

在原子核自旋系统中, 用时间 T_2 来表征非平衡自旋极化的寿命; 这个时间也决定了垂直于外场的自旋分量的退相干. 时间 T_2 受制于偶极–偶极相互作用, 其典型大小为 10^{-4}s.

在应变结构中, 如果原子核自旋 ($I > 1/2$) 有四极矩劈裂的话, 时间 T_2 可以变得长得多. 例如, 根据文献 [18] 中的数据进行估计, 在 InP 量子点中, T_2 大约是 10ms.

在自旋–晶格弛豫时间 T_1 内, 原子核自旋温度是保持不变的. 如果原子核没有通过超精细相互作用与电子耦合的话, 这个时间 T_1 就会特别长. 在低温且没有电子的情况下, T_1 可以长达几分钟 (如在 GaAs 中[44,73]), 甚至几天 (如在 Si 中[95]). 将磁场 (或者自旋极化电子的平均 Knight 场) 施加于动态冷却的原子核之上, 就会产生一个准平衡的自旋极化. 这一极化有可能被错误地解释成自旋守恒的结果. 实际上, 这是能量守恒.

在带有一个电子的量子点中 (或者施主杂质中心附近), 电子自旋有效地传递了原子核与晶格之间的耦合. 对于这些原子核来说, T_1 要短得多, 甚至可能会与 T_2 相仿[45,96].

另外, 在带有一个电子的量子点中, 被冷却的原子核可能会结合电子自旋, 如同理论预言[97,98] 的那样, 形成原子核自旋极化子. 此时, 单个电子的 Knight 场将 T_2 重整化了:

$$T_{2\mathrm{pol}} \approx T_2 \frac{\langle I \rangle^2 N}{I(I+1)} \tag{11.26}$$

其中, $\langle I \rangle$ 为极化子中的平均原子核自旋, N 为量子点中原子核的数目. 极化子形成的必要条件是很大的原子核极化度 (接近于最大值). 如果原子核是完全极化的, 在一个包含 $N \sim 10^5$ 个原子核的量子点中, $T_{2\mathrm{pol}} \approx T_2 N \sim 10\mathrm{s}$①.

在 11.2 节详细讨论了与非极化原子核耦合的平均电子自旋的几种弛豫时间. 如果原子核是极化的, 电子自旋弛豫就需要改变电子在 Overhauser 场方向的自旋投影. 电子与其他载流子的相互作用可以导致这一过程, 在没有其他载流子的时候, 电子与声子的相互作用也可以引起这一过程. 在后一种情况下, 电子弛豫时间可以非常长 (在液氦温度下, 可以达到几秒钟)[99].

在量子点中或者施主杂质附近, 自旋温度的动力学也受到原子核自旋扩散的影响. 扩散时间依赖于原子核温度的空间分布情况, 其大小可以由 T_2 直至无穷大[45,73,100].

11.6.2 “自旋记忆” 实验的解释

在关掉初始的光学泵浦之后, 电子 – 原子核自旋系统的记忆时间很长, 长达几分钟甚至更长的时间. 目前, 已经知道的原因有四种. 第 1 种原因是, 原子核自旋温度弛豫到晶格温度的时间非常长, 其特征时间是 T_1[15]. 其他的 3 种原因是, 快速的原子核偶极弛豫被抑制了. 以下几种方法可以抑制偶极弛豫: ① 外磁场②[15]; ② 原子核自旋能级的四极矩劈裂[15,16,18]; ③ 原子核自旋极化子的形成[97,98]. 我们将情况②和情况③中弛豫时间的增大称为 T_2 时间的奇异延长.

在零磁场下, 只有其中的 3 种因素起作用. 我们将考虑它们在表现上的差异③. 我们将分析许多慢自旋弛豫测量的共同特点, 而不纠缠于细节. 接着, 我们给出分析实验结果的方法, 并且作为一个例子, 将其应用于文献 [96] 中的实验.

---

① 当外磁场等于零的时候, 带负电荷的 InGaAs 量子点在光学激发之后 $\approx 0.2\mathrm{s}$ 的时间内, 残留电子的极化度的守恒被文献 [98] 归结为形成了原子核极化子. 然而, 在这个实验中, 并没有直接测量原子核的极化. 因此, 需要其他的实验和理论研究来澄清长时间自旋记忆的原因.

② 光学极化电子的 Knight 平均场也可以抑制偶极弛豫. 然而, 在关掉泵浦光之后, 这种场在黑暗中是不存在的.

③ 下面的考虑仅对外磁场为零的情况有效.

测量电子–原子核自旋系统的一个参数 Z, 它与原子核极化 $\langle I\rangle$ 有关, 当 $\langle I\rangle$ 的符号不同的时候, 其取值也是不同的. 对于零磁场下的测量来说, 它可以把的长期记忆与奇异记忆区分开来. 前者具有长的自旋温度弛豫时间 T_1; 后者是由非平衡自旋的奇异延长的弛豫引起的.

在没有磁场的时候, 量子点中极化弛豫时间的光学测量图如图 11.15 所示. 用偶极–偶极弛豫时间 T_2 作为时间单位. 用圆偏振的泵浦脉冲 "0" 来照射样品 (曲线 (a)、(b)、(c) 是用 σ^+ 偏振的结果, 曲线 (d)、(e)、(f) 是 σ^- 偏振的结果). 在泵浦脉冲照射的时候, 原子核与光学取向的电子发生相互作用. 电子将它们的极化传递给原子核, 并产生了一个平均 Knight 场使得传递到原子核上的极化稳定下来.

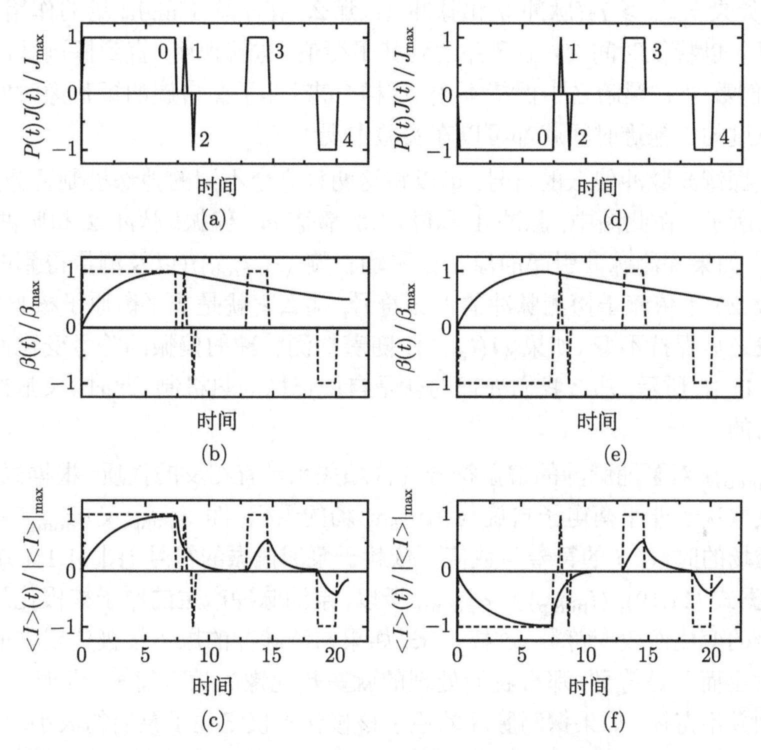

图 11.15 零磁场下一个典型的泵浦–探测光学实验的时序图, 用于定性分析量子点的电子–原子核自旋系统的缓慢的自旋弛豫. (a) 和 (d) 是泵浦和探测光脉冲的偏振度, (b) 和 (e) 为不同偏振的泵浦光下原子核自旋温度倒数的时间依赖关系, (c) 和 (f) 为不同偏振的泵浦光下原子核自旋极化的时间依赖关系. 在零外磁场下, 原子核自旋温度对泵浦光偏振符号的改变不敏感, 而非平衡原子核自旋会改变方向

泵浦脉冲 "0" (或者是这种脉冲的序列) 的持续时间要长于光生电子令原子核极化的典型时间 T_{Ne}(图 11.15 中的曲线是假设 $T_{\mathrm{Ne}} = 2T_2$ 时计算得到的). 在脉冲

持续的时间里, 原子核极化 $\langle I\rangle$ 和原子核自旋温度的倒数 β 达到了饱和.

在泵浦脉冲完成之后 (在黑暗之中), 原子核极化和自旋温度分别以特征时间 T_2 和 T_1 弛豫. 通常, $T_2 \ll T_1$, 只有在奇异延长的情况下, 非平衡的原子核自旋才可以保持很长的时间. 在没有磁场和原子核自旋能级的四极矩劈裂的情况下, 根据实验[44,45,73], 在 GaAs 类的半导体中, $T_2 \sim 10^{-4}$s, 而 $T_1 > 1\,\mathrm{min}$ 是一点也不奇怪的. 图 11.15 中的曲线是在 $T_1 = 20T_2$ 的情况下得到的.

用一束探测光脉冲来检测泵浦脉冲激发后的原子核状态. 探测脉冲的持续时间 τ_{prob} 应该比 T_{Ne} 短. 否则的话, 这束脉冲就会改变 β 的值. 然而, 如果 $\tau_{\mathrm{prob}} \ll T_2$(脉冲 1 和脉冲 2), 那么, 在探测脉冲的持续时间内, 原子核极化不会发生可以观察到的变化. 如果 $\tau_{\mathrm{prob}} \geqslant T_2$(脉冲 3 和脉冲 4), 那么, 在平均 Knight 场的作用下, 原子核极化开始以特征时间 T_2 上升并达到其平衡值. 这就说明, 直到探测脉冲来临之时, 温度倒数 β 在黑暗之中保持不变. 这样一来, 非平衡自旋的短弛豫时间和原子核自旋温度的长弛豫时间就都可以在实验中观测了.

改变探测光脉冲偏振的符号, 可以将这两种完全不同的弛豫机制区分开来, 如图 11.15 所示. 在此图中, 脉冲 1 和脉冲 3 都是 σ^+ 偏振, 脉冲 2 和脉冲 4 都是 σ^- 偏振. 如果探测脉冲引起的原子核平均自旋 $\langle I(t_{\mathrm{prob}})\rangle$(以及测量得到的与它有关的参数 Z) 不依赖于探测脉冲的偏振符号, 那么它就是非平衡原子核自旋, 它在泵浦激发之后保持不变. 如果 $\langle I(t_{\mathrm{prob}})\rangle$ 随着探测脉冲的偏振的符号变化而发生改变, 如图 11.15 所示, 那么我们处理的就是自旋记忆的热机制. 此时, 长弛豫时间是非常正常的.

$\langle I(t_{\mathrm{prob}})\rangle$ 对泵浦脉冲的偏振符号的依赖关系具有相反的性质. 根据式 (11.18), 自旋温度取决于非平衡电子自旋与 Knight 场的乘积, 即 $\beta_{\mathrm{pump}} \propto \sigma_{\mathrm{pump}}^2$. 因此, 在没有外磁场的时候, β 的符号与数值不依赖于泵浦偏振的符号 (图 11.15(b) 和 (e)). 同时, 根据式 (11.19), $\langle I_{\mathrm{pump}}\rangle \propto \sigma_{\mathrm{pump}}$, 所以, 泵浦脉冲产生的原子核极化随着泵浦偏振符号的变化而改变符号. 这样一来, 如果探测脉冲的原子核极化记住的是初始泵浦的大小而不是符号, 那么我们处理的就是热弛豫的长时间①. 此时, 几分钟的弛豫时间并不奇怪. 如果探测脉冲的原子核极化不仅记住了泵浦的大小, 还记住了它的符号, 那么, 非平衡自旋 $\langle I_{\mathrm{pump}}\rangle$ 的痕迹仍然保持在这个系统中. 此时, 长的自旋弛豫时间 (显著地长于 $T_2 \sim 10^{-4}$s) 就要求考虑原子核偶极–偶极相互作用的抑制机制 —— 四极矩抑制机制[16,18] 或者自旋极化子的产生[97,98].

自旋记忆依赖于量子点中存在电子与否, 利用这一情况, 可以区分偶极弛豫抑制的四极矩机制和极化子机制. 在没有电子的时候, 不会产生极化子, 只存在四极

① 在泵浦–探测法拉第或克尔测量中, 探测脉冲永远是线偏振光, 利用原子核自旋守恒效应和原子核自旋温度效应对泵浦光圆偏振的正负号的依赖关系, 可以区分它们.

矩抑制机制①.

利用上面建议的方法, 可以分析 Maletinsky 等在自组织 InGaAs 量子点中观测到的长寿命自旋记忆[96]. 泵浦 – 探测微区光致荧光谱技术被用来测量荷电单量子点中原子核自旋极化的产生和衰减的动力学. 泵浦和探测脉冲都是圆偏振的. 利用原子核与带负电荷的单量子点中的残余电子的超精细相互作用, 实现原子核的光学极化. 在泵浦脉冲的持续时间 $\tau_{\rm pump}$ 里, 原子核的动态极化上升, 在最优条件下达到大约 15%[6]. 测量带负电荷激子 (X^-) 的荧光谱线的 Overhauser 位移, 其大小直接正比于 Overhauser 场, 后者在开启探测脉冲之前的黑暗时间 $\tau_{\rm wait}$ 内保持不变.

通过给样品加上适当的偏压 (见图 11.16(a) 中的电压图), 文献 [96] 的作者们

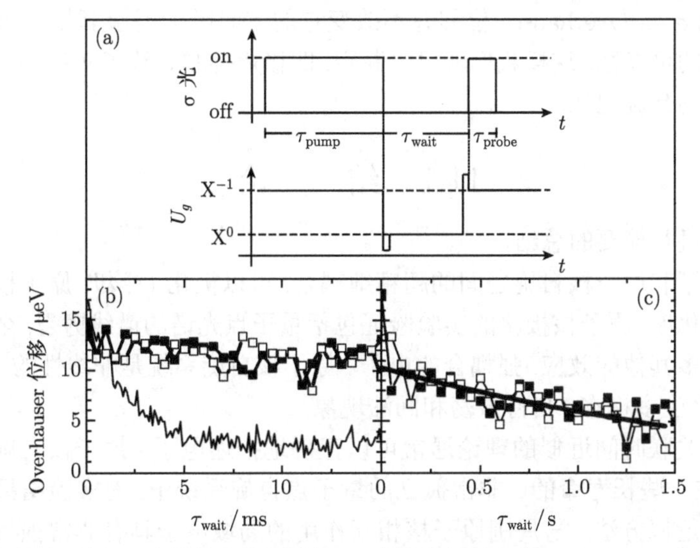

图 11.16 在零外磁场下, 在关掉光学泵浦之后, 中性单量子点中 Overhauser 位移随时间的衰变过程[96]. (a) 栅极电压开关实验的时序图. 在黑暗时间 $\tau_{\rm wait}$ 内, 调整栅极电压 $U_{\rm g}$ 使得量子点是空的 (中性 X^0 激子是稳定的电荷复合体); 使用瞬态脉冲, 开关时间为 30μs; (b) 在没有残留电子的情况下, 在 σ^+(空心方块) 和 σ^- (实心方块) 激发下, 原子核自旋极化的时间衰变过程. 为了比较, 实线给出了 X^- 激子中获得的数据的平均值, 此时, 在黑暗时间内, 量子点中有残留电子; (c) 与 (b) 完全一样的测量, 但是时间更长一些. 指数拟合 (实线) 给出衰减常数为 $\tau_{\rm decay}\sim 2.3$s

① 基于记忆效应对晶格温度的依赖关系, 文献 [98] 提出了另外一种区分极化子和四极矩机制的方法. 极化子的形成确实需要低温, 它对温度的升高极为敏感[97], 但四极矩的抑制作用并不强烈地依赖于温度. 然而, 在文献 [98] 以及许多其他工作中, 自旋的记忆效应是通过测量电子的极化而非原子核极化来探测的. 在高温下, 电子自旋和原子核自旋之间没有耦合. 因此, 证实原子核的极化而不仅仅是极化子, 这可能是观测不到的. 所以, 如果用电子极化来进行探测, 温度依赖关系并不能够确凿无疑地区分极化子和四极矩对自旋极化的抑制作用. 值得指出的是, 如果利用 Overhauser 场中电子能级的劈裂[96] 或者零外场下冷原子核自旋系统的射频功率吸收谱[80] 来测量原子核自旋记忆的话, 这种方法可能是有效的.

能够快速地 (在 30μs 以内) 改变量子点中的电荷. 让我们分析那些在黑暗时期内既不带有电子也不带有空穴的量子点中的结果. 为了倒空量子点, 在关掉泵浦脉冲之后, 立刻将残余电子从起初荷电的单量子点中移走, 在探测脉冲开启之前的黑暗时间 $\tau_{\rm wait}$ 结束的时候, 再将电子送回去. 在 σ^+(空心方块) 和 σ^-(实心方块) 泵浦下, 空量子点中 Overhauser 位移的衰减如图 11.16 所示. 指数拟合 (图 11.16(c) 中的曲线) 表明, 衰减时间常数 $\tau_{\rm decay} \sim 2.3$s.

已经提到过三种长自旋记忆的原因, 低原子核温度保持不变, 形成极化子, 或者四极矩抑制. 此时, 应该排除掉形成极化子这个原因, 因为在黑暗时期内量子点中没有电子, 所以不可能形成原子核自旋极化子. 无论探测脉冲的偏振是什么 (线偏振, σ^+ 或 σ^-), Overhauser 位移并不改变它的方向[101], 这就排除了低原子核温度保持不变的可能性. 这样我们就可以断定, 四极矩抑制导致了文献 [96] 中所观察到的长寿命的自旋记忆.

11.7 结　　论

对本章进行简要的总结.

利用电子和原子核自旋之间的超精细耦合, 可以极化 (冷却) 原子核自旋并测量它们的极化度. 原子核极化的实验验证包括量子点光谱的谱线劈裂, 全光学核磁共振以及许多其他的效应. 强耦合的电子 – 原子核自旋系统是非线性的. 在特定条件下, 它会产生多稳态、自持振荡和回滞现象.

基于短关联时间近似的理论通常可以正确地描述电子 – 原子核自旋系统的行为. 但是, 在一些长寿命的、非常孤立的量子点自旋系统中, 对实验结果的分析需要超出这种近似方法. 与周围原子核相互作用的局域电子具有非常独特的物理性质, 在信息技术中, 如何利用这样的物理系统一直是非常具有挑战性的问题. 最近, 利用原子核自旋进行量子计算经常被讨论. 迄今为止, 尚未取得实际结果. 然而, 电子 – 原子核自旋现象的物理上的美妙, 以及在革命性应用上的希望, 不断地吸引着人们在这一迷人领域进行新的实验和理论研究.

致谢

本工作得到 the Russian Foundation for Basic Research 和 grants of the Russian Academy of Sciences 的部分资助. IAM 的一部分工作是在 the Center for Nanophase Materials Sciences 进行的, 后者隶属于 Oak Ridge National Laboratory by the Division of Scientific User Facilities, U.S. Department of Energy.

参 考 文 献

[1] G. Lampel, Phys. Rev. Lett. **20**, 491 (1968)

[2] F. Meier, B.P. Zakharchenya (eds.), *Optical Orientation* (North-Holland, Amsterdam, 1984)

[3] S.A. Crooker, J.J. Baumberg, F. Flack, N. Samarth, D.D. Awschalom, Phys. Rev. Lett. **77**, 2814 (1996)

[4] R.E. Worsley, N.J. Traynor, T. Grevatt, R.T. Harley, Phys. Rev. Lett. **76**, 3224 (1996)

[5] S.W. Brown, T.A. Kennedy, D. Gammon, E.S. Snow, Phys. Rev. B **54**, R17339 (1996)

[6] C.W. Lai, P.Maletinsky, A. Badolato, A. Imamoglu, Phys. Rev. Lett. **96**, 167403 (2006)

[7] A.I. Tartakovskii, T. Wright, A. Russell, V.I. Fal'ko, A.B. Van'kov, J. Skiba-Szymanska, I. Drouzas, R.S. Kolodka, M.S. Skolnick, P.W. Fry, A. Tahraoui, H.-Y. Liu, M. Hopkinson, Phys. Rev. Lett. **98**, 26806 (2007)

[8] P.-F. Braun, B. Urbaszek, T. Amand, X. Marie, O. Krebs, B. Eble, A. Lemaitre, P. Voisin, Phys. Rev. B **74**, 245306 (2006)

[9] T. Takagahara (ed.), *Quantum Coherence, Correlation and Decoherence in Semiconductor Nanostructures* (Academic, London, 2003)

[10] D.D. Awschalom, N. Samarth, D. Loss (eds.), *Semiconductor Spintronics and Quantum Computation* (Springer, Berlin, 2002)

[11] D.K. Young, J.A. Gupta, E. Johnston-Halperin, R. Epstein, Y. Kato, D.D. Awschalom, Semicond. Sci. Technol. **17**, 275–284 (2002)

[12] I. Žuti'c, J. Fabian, S. Das Sarma, Rev. Mod. Phys. **76**, 323–410 (2004)

[13] R. Winkler, *Spin–Orbit Coupling Effects in Two-Dimensional Electron and Hole Systems* (Springer, Berlin, 2003)

[14] A. Abragam, B. Bliney, *Electron Paramagnetic Resonance of Transition Ions* (Clarendon Press, Oxford, 1970)

[15] A. Abragam, *The Principles of Nuclear Magnetism*(Clarendon Press, Oxford, 1961)

[16] V.G. Fleisher, I.A.Merkulov, in *Optical Orientation*, ed. by F. Meier, B.P. Zakharchenya (North-Holland, Amsterdam, 1984), pp. 173–258

[17] V.L. Berkovits, V.I. Safarov, Fiz. Tverd. Tela **20**, 2536 (1978); Sov. Phys. Solid State **20**, 1468 (1978)

[18] R.I. Dzhioev, V.L. Korenev, Phys. Rev. Lett. **99**, 37401 (2007)

[19] E.I. Gr'ncharova, V.I. Perel, Fiz. Tekhn. Poluprovodn. **11**, 1697 (1977); Sov. Phys. Semicond. **11**, 997 (1977)

[20] D. Paget, G. Lampel, B. Sapoval, V.I. Safarov, Phys. Rev. B **15**, 5780 (1977)

[21] G.R. Khutsishvili, Usp. Fiz. Nauk **87**, 211 (1965); Sov. Phys. Usp. **8**, 743 (1966)

[22] M.I. Dyakonov, V.I. Perel, Z. Eksp. Teor. Fiz. **65**, 362 (1973); Sov. Phys. JETP **38**, 177 (1974)

[23] I.D. Vagner, T. Maniv, Phys. Rev. Lett. **61**, 1400 (1988)

[24] V.K. Kalevich, V.L. Korenev, O.M. Fedorova, Pis'ma Z. Eksp. Teor. Fiz. **52**, 964 (1990); JETP Lett. **52**, 349 (1990)

[25] R.I. Dzhioev, K.V. Kavokin, V.L. Korenev, M.V. Lazarev, B.Ya. Meltser, M.N. Stepanova, B.P. Zakharchenya, D. Gammon, D.S. Katzer, Phys. Rev. B **66**, 245204 (2002)

[26] R.I. Dzhioev, V.L. Korenev, I.A. Merkulov, B.P. Zakharchenya, D. Gammon, Al.L. Efros, D.S. Katzer, Phys. Rev. Lett. **88**, 256801 (2002)

[27] I.A. Merkulov, Al.L. Efros, M. Rosen, Phys. Rev. B **65**, 205309 (2002)

[28] P.F. Braun, X. Marie, L. Lombez, B. Urbaszek, T. Amand, P. Renucci, V. Kalevich, K. Kavokin, O. Krebs, P. Voisin, Y. Masumoto, Phys. Rev. Lett. **94**, 116601 (2005)

[29] A.V. Khaetskii, D. Loss, L. Glazman, Phys. Rev. Lett. **88**, 186802 (2002)

[30] A.V. Khaetskii, D. Loss, L. Glazman, Phys. Rev. B **67**, 195329 (2003)

[31] E.A. Yuzbashyan, B.L. Altshuler, V.B. Kuznetsov, V.Z. Enolskii, J. Phys. A **38**, 7831 (2005)

[32] K.A. Al-Hassanieh, V.V. Dobrovitski, E. Dagotto, B.N. Harmon, Phys. Rev. Lett. **97**, 037204 (2006)

[33] G. Chen, D.L. Bergman, L. Balents, Phys. Rev. B **76**, 45312 (2007)

[34] B. Pal, S.Yu. Verbin, I.V. Ignatiev, M. Ikezawa, Y. Masumoto, Phys. Rev. B **75**, 125332 (2007)

[35] J.R. Petta, A.C. Johnson, J.M. Taylor, E.A. Laird, A. Yacoby,M.D. Lukin, C.M. Marcus, M.P. Hanson, A.C. Gossard, Science **309**, 2180 (2005)

[36] S.E. Barrett, R. Tycko, L.N. Pfeiffer, K.W. West, Phys. Rev. Lett. **72**, 1368 (1994)

[37] R. Tycko, J.A. Reimer, J. Phys. Chem. **100**, 13240 (1996)

[38] E.S. Artemova, I.A. Merkulov, Fiz. Tverd. Tela **27**, 1558 (1985); Sov. Phys. Solid State **27**, 941 (1985)

[39] D. Gammon, Al.L. Efros, T.A. Kennedy, M. Rosen, D.S. Katzer, D. Park, S.W. Brown, V.L. Korenev, I.A. Merkulov, Phys. Rev. Lett. **86**, 5176 (2001)

[40] P. Maletinsky, C.W. Lai, A. Badolato, A. Imamoglu, Phys. Rev. B **75**, 035409 (2007)

[41] M.I. Dyakonov, I.A. Merkulov, V.I. Perel, Z. Eksp. Teor. Fiz. **76**, 314 (1979); Sov. Phys. JETP **49**, 160 (1979)

[42] R.I. Dzhioev, B.P. Zakharchenya, V.L. Korenev, M.V. Lazarev, Fiz. Tverd. Tela **41**, 2193 (1999); Phys. Solid State **41**, 2014 (1999)

[43] R.I. Dzhioev, B.P. Zakharchenya, V.G. Fleisher, Pis'ma Z. Tekh. Fiz. **2**, 193 (1976); Sov. Tech. Phys. Lett. **2**, 73 (1976)

[44] V.K. Kalevich, V.D. Kulkov, V.G. Fleisher, Izv. Akad. Nauk SSSR Ser. Fiz. **46**, 492 (1982); Bull. Acad. Sci. USSR Phys. Ser. **46**, 70 (1982)

[45] V.K. Kalevich, V.D. Kulkov, V.G. Fleisher, Pis'ma Z. Eksp. Teor. Fiz. **35**, 17 (1982); JETP Lett. **35**, 20 (1982)

[46] M.I. Dyakonov, V.I. Perel, Z. Eksp. Teor. Fiz. **68**, 1514 (1975); Sov. Phys. JETP **41**, 759 (1975)

[47] I.A. Merkulov, Phys. Usp. **45**, 1293 (2002)

[48] V.A. Atsarkin, Sov. Phys. Usp. **21**, 725 (1978)

[49] K.M. Salikhov, Y.N. Molin, R.Z. Sagdeev, A.L. Buchachenko, *Spin Polarization and Magnetic Effects in Chemical Reactions* (Elsevier, Amsterdam, 1984)

[50] J. Baugh, Y. Kitamura, K. Ono, S. Tarucha, Phys. Rev. Lett. **99**, 96804 (2007)

[51] M.I. Dyakonov, V.I. Perel, Pis'ma Z. Eksp. Teor. Fiz. **16**, 563 (1972); JETP Lett. **16**, 398 (1972)

[52] V.L. Korenev, Pis'ma Z. Eksp. Teor. Fiz. **70**, 124 (1999); JETP Lett. **70**, 129 (1999)

[53] M.S. Rudner, L.S. Levitov, Phys. Rev. Lett. **99**, 36602 (2007)

[54] M.I. Dyakonov, V.I. Perel, in *Optical Orientation*, ed. by F. Meier, B.P. Zakharchenya (North-Holland, Amsterdam, 1984), pp. 11–71

[55] R.I. Dzhioev, B.P. Zakharchenya, R.R. Ichkitidze, K.V. Kavokin, P.E. Pak, Fiz. Tverd. Tela **35**, 2821 (1993); Phys. Solid State **35**, 1396 (1993)

[56] R.I. Dzhioev, B.P. Zakharchenya, V.L. Korenev, M.N. Stepanova, Fiz. Tverd. Tela **39**, 1975 (1997); Phys. Solid State **39**, 1765 (1997)

[57] J.M. Kikkawa, D.D. Awschalom, Science **287**, 473 (2000)

[58] A. Malinowski, R.T. Harley, Solid State Commun. **114**, 419 (2000)

[59] M.I. Dyakonov, V.I. Perel, V.L. Berkovits, V.I. Safarov, Z. Eksp. Teor. Fiz. **67**, 1912 (1974); Sov. Phys. JETP **40**, 950 (1975)

[60] S.N. Jasperson, S.F. Schnatterly, Rev. Sci. Instrum. **40**, 761 (1969)

[61] B.P. Zakharchenya, V.K. Kalevich, V.D. Kulkov, V.G. Fleisher, Fiz. Tverd. Tela **23**, 1387 (1981); Sov. Phys. Solid State **23**, 810 (1981)

[62] E.S. Artemova, E.V. Galaktionov, V.K. Kalevich, V.L. Korenev, I.A. Merkulov, A.S. Silbergleit, Nonlinearity **4**, 49 (1991)

[63] V.K. Kalevich, V.L. Korenev, Pis'ma Z. Eksp. Teor. Fiz. **56**, 257 (1992); JETP Lett. **56**, 253 (1992)

[64] H. Sanada, S. Matsuzaka, K. Morita, C.Y. Hu, Y. Ohno, H. Ohno, Phys. Rev. B **68**, 241303R (2003)

[65] E.L. Ivchenko, A.A. Kiselev, Fiz. Tekh. Poluprovodn. **26**, 1471 (1992); Sov. Phys. Semicond. **26**, 827 (1992)

[66] E.L. Ivchenko, A.A. Kiselev, Pis'ma Z. Eksp. Teor. Fiz. **67**, 41 (1998); JETP Lett. **67**, 43 (1998)

[67] P. Le Jeune, D. Robart, X. Marie, T. Amand, M. Brousseau, J. Barrau, V. Kalevich, D. Rodichev, Semicond. Sci. Technol. **12**, 380 (1997)

[68] A.A. Kiselev, Fiz. Tverd. Tela **35**, 219 (1993); Phys. Solid State **35**, 114 (1993)

[69] M.I. Dyakonov, V.Yu. Kachorovski, Fiz. Tekh. Poluprovodn. **20**, 178 (1986); Sov. Phys. Semicond. **20**, 110 (1986)

[70] Y. Ohno, R. Terauchi, T. Adachi, F. Matsukura, H. Ohno, Phys. Rev. Lett. **83**, 4196 (1999)

[71] S. Döhrmann, D. Hägele, J. Rudolph, M. Bichler, D. Schuh, M. Oestreich, Phys. Rev. Lett. **93**, 147405 (2004)

[72] A.I. Ekimov, V.I. Safarov, Pis'ma Z. Eksp. Teor. Fiz. **15**, 453 (1972); JETP Lett. **15**, 179 (1972)

[73] D. Paget, Phys. Rev. B **25**, 4444 (1982)

[74] G.P. Flinn, R.T. Harley, M.J. Snelling, A.C. Tropper, T.M. Kerr, J. Luminescence **45**, 218 (1990)

[75] D. Gammon, S.W. Brown, E.S. Snow, T.A. Kennedy, D.S. Katzer, D. Park, Science **277**, 85 (1997)

[76] M. Poggio, D.D. Awschalom, Appl. Phys. Lett. **86**, 182103 (2005)

[77] V.L. Berkovits, V.I. Safarov, Pis'ma Z. Eksp. Teor. Fiz. **26**, 377 (1977); JETP Lett. **26**, 256 (1977)

[78] V.A. Novikov, V.G. Fleisher, Z. Eksp. Teor. Fiz. **74**, 1026 (1978); Sov. Phys. JETP **47**, 539 (1978)

[79] V.K. Kalevich, V.D. Kulkov, I.A. Merkulov, V.G. Fleisher, Fiz. Tverd. Tela **24**, 2098 (1982); Sov. Phys. Solid State **24**, 1195 (1982)

[80] V.K. Kalevich, V.G. Fleisher, Izv. Akad. Nauk SSSR Ser. Fiz. **47**, 2294 (1983); Bull. Acad. Sci. USSR Phys. Ser. **47**, 5 (1983)

[81] C.P. Slichter, *Principles of Magnetic Resonance* (Springer, Berlin, 1980)

[82] J.R. Franz, C.P. Slichter, Phys. Rev. **148**, 287 (1966)

[83] Yu.G. Abov, M.I. Bulgakov, A.D. Gul'ko, F.S. Dzheparov, S.S. Trostin, S.P. Borovlev, V.M. Garochkin, Pis'ma Z. Eksp. Teor. Fiz. **35**, 344 (1982); JETP Lett. **35**, 424 (1982)

[84] T.Sh. Abesadze, L.L. Buishvili, M.G. Menabde, Z.G. Rostomashvili, *Radiospectroskopiya* (Perm' University, Perm', 1985), pp. 99–108

[85] V.K.Kalevich, Fiz. Tverd. Tela **28**, 3462 (1986); Sov. Phys. Solid State **28**, 1947 (1986)

[86] V.K. Kalevich, V.L. Korenev, V.G. Fleisher, Izv. Akad. Nauk SSSR Ser. Fiz. **52**, 434 (1988); Bull. Acad. Sci. USSR Phys. Ser. **52**, 16 (1988)

[87] G. Salis, D.T. Fuchs, J.M. Kikkawa, D.D. Awschalom, Y. Ohno, H. Ohno, Phys. Rev. Lett. **86**, 2677 (2001)

[88] G. Salis, D.D. Awschalom, Y. Ohno, H. Ohno, Phys. Rev. B **64**, 195304 (2001)

[89] M. Eickhoff, B. Lenzman, G. Flinn, D. Suter, Phys. Rev. B **65**, 125301 (2002)

[90] V.K. Kalevich, V.D. Kulkov, V.G. Fleisher, Fiz. Tverd. Tela **22**, 1208 (1980); Sov. Phys. Solid State **22**, 703 (1980)
[91] V.K. Kalevich, V.D. Kulkov, V.G. Fleisher, Fiz. Tverd. Tela **23**, 1524 (1981); Sov. Phys. Solid State **23**, 892 (1981)
[92] V.K. Kalevich, B.P. Zakharchenya, Fiz. Tverd. Tela **37**, 3525 (1995); Sov. Phys. Solid State **37**, 1938 (1995)
[93] V.K. Kalevich, B.P. Zakharchenya, *Proceedings 23th International Conf. on the Physics of Semiconductors*, Berlin, Germany, vol. 3 (World Scientific, Singapore, 1996), p. 2455
[94] I.A. Merkulov, M.N. Tkachuk, Z. Eksp. Teor. Fiz. **83**, 620 (1982); Sov. Phys. JETP **56**, 342 (1982)
[95] N.T. Bagraev, L.S. Vlasenko, Z. Eksp. Teor. Fiz. **83**, 2186 (1982); Sov. Phys. JETP **56**, 1266 (1982)
[96] P. Maletinsky, A. Badolato, A. Imamoglu, Phys. Rev. Lett. **99**, 56804 (2007)
[97] I.A. Merkulov, Fiz. Tverd. Tela **40**, 1018 (1998); Phys. Solid State **40**, 930 (1998)
[98] R. Oulton, A. Greilich, S.Yu. Verbin, R.V. Cherbunin, T. Auer, D.R. Yakovlev, M. Bayer, I.A. Merkulov, V. Stavarache, D. Reuter, A.D. Wieck, Phys. Rev. Lett. **98**, 107401 (2007)
[99] A.V. Khaetskii, Yu.V. Nazarov, Phys. Rev. B **61**, 12639 (2000)
[100] M.N. Makhonin, A.I. Tartakovskii, I. Drouzas, A. Van'kov, T. Wright, J. Skiba-Szymanska, A. Russell, V.I. Fal'ko,M.S. Skolnick, H.-Y. Liu,M. Hopkinson, cond-mat/0708.2792, 4 Oct. 2007
[101] P. Maletinsky, A. Imamoglu, private communication

第 12 章　量子霍尔效应区内的原子核自旋与电子自旋的相互作用

Y. Q. Li(李永庆), J. H. Smet

20 世纪 80 年代初发现的整数和分数量子霍尔效应[1,2] 为凝聚态物理学开辟了一个激动人心的研究领域. 在过去的 1/4 个世纪里, 物理家们在这个领域内的持续不断的努力得到了巨大的回报. 朗道量子化、无序、电子-电子相互作用和自旋相互作用等的相互影响给我们带来了丰富多彩、引人入胜的电子态[3~6]. 这包括分数电荷准粒子构成的不可压缩的量子流体[7~11]、复合粒子组成的可压缩的金属态[12~14]、绝缘的电子维格纳晶体 (Wigner crystal)[15,16]、玻色-爱因斯坦凝聚[17]、量子霍尔铁磁体中的 Skyrmion 自旋织构 (spin textures)[18,19]、非阿贝尔态[20~22]、电子液晶相[23~28] 等, 不胜枚举.

本章将综述与自旋自由度有关的一些有趣的物理学. 我们将把重点放在量子霍尔区里的电子和原子核之间的自旋相互作用. 本综述并不打算详尽无遗地论述其中丰富的物理学内容, 而是通过介绍在斯图亚特 (Stuttgart) 和其他地方开展的代表性实验工作让读者对这个领域有些初步了解. 本章只讨论与 GaAs 基二维电子系统有关的实验. 这个系统具有人类已知所有材料中最高的载流子迁移率, 这是观察许多非常有趣但又十分脆弱的量子霍尔态的前提. 本章不打算讨论二维空穴系统以及其他的基于 AlAs、InAs、GaN 等III-V半导体和 SiGe、Si/SiO_2 或II-VI半导体的二维电子系统.

本章的安排如下：12.1 节将简单介绍量子霍尔效应和电子与原子核自旋之间的相互作用. 接着在 12.2 节中, 我们将描述研究电子-原子核自旋相互作用的一些实验技术. 随后对近期涉及电子-原子核自旋相互作用的几个量子霍尔系统中的具有代表性的实验工作进行综述. 这些实验不仅揭示了电子态及其激发态的性质, 而且展示了操纵和检测原子核自旋的新方法.

12.1　导　　论

12.1.1　量子霍尔效应简介

当电子被限制在二维中运动的时候, 它们拥有许多三维系统中所没有的有趣性质. 最出色的例子是整数和分数量子霍尔效应[1,2]. 它们表现在霍尔电阻的量子化和纵向电阻的消失. 图 12.1 给出了一个垂直磁场下高迁移率样品的输运性质, 磁场垂直于二维电子气所在的平面. 填充因子 ν 定义为二维载流子密度 n_{s} 和磁通量子密度 $n_{\mathrm{B}} = B/\Phi_0$ 的比值, 也就是说

$$\nu = \frac{n_{\mathrm{s}}}{n_{\mathrm{B}}} = \frac{n_{\mathrm{s}}\Phi_0}{B} \tag{12.1}$$

其中 $\boldsymbol{B}$ 为垂直磁场的大小. 如果 ν 等于或者接近于一个整数或有理分数值 ν_0, 霍尔电阻会出现一个平台, 并取量子化的值

$$R_{xy} = \frac{1}{\nu_0}\frac{h}{e^2} \tag{12.2}$$

其中 h 为普朗克常量, $-e$ 为电子的电荷, 而 $\Phi_0 = h/e$ 为磁通量子. 如图 12.1 所示, 霍尔电阻的平台伴随着纵向电阻的消失, 也就是说, 当 $T \to 0$ 时, $R_{xx} \to 0$. 量子霍尔效应的这两个特征是普适的: 它们与样品的几何结构、宿主材料的种类以及无序的细节无关. 量子霍尔效应的这种普适性、高精度性 (对于整数霍尔效应来说, 要优于 10^{-9}[29]) 和鲁棒性 (robustness) 意味着其中的物理远非寻常.

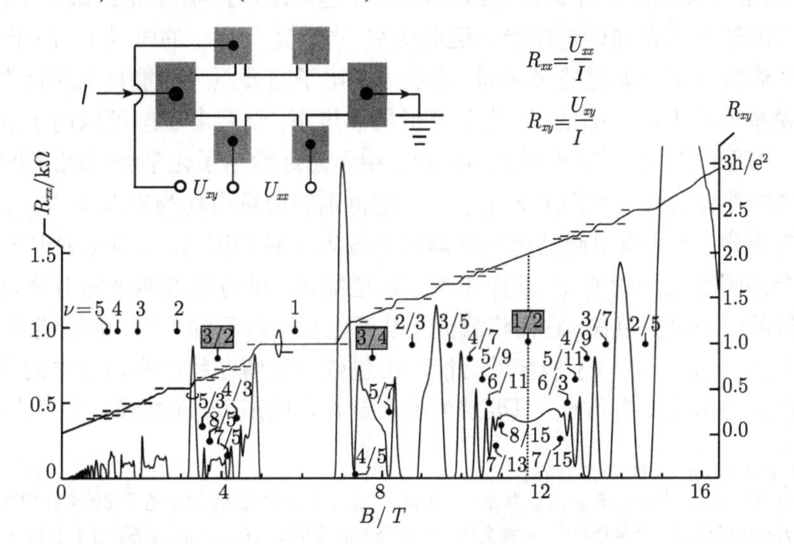

图 12.1 一个高迁移率调制掺杂的 GaAs/AlGaAs 二维电子系统在垂直磁场 B 中的霍尔电阻 R_{xy} 和纵向电阻 R_{xx}. 图中给出了整数填充或一些有理分数填充 ν 的数值, 此时可以观测到整数或分数量子霍尔效应. 一些偶分母填充因子被显著地标注 (如 1/2、3/2 等). 在这些填充数值处形成了复合费米子的费米海 (见下文)

在二维系统中, R_{xx} 的消失意味着纵向电导率 σ_{xx} 当时也降低到零. 在有限温度 T 下, σ_{xx} 具有 Arrhenius 类型的温度依赖关系[15,30,31]

$$\sigma_{xx} \propto \exp\left(-\frac{\Delta}{2k_{\mathrm{B}}T}\right) \tag{12.3}$$

这与绝缘体和超导体类似, 能隙的存在使得电导率或电阻率指数地降低. 此处 σ_{xx} 的 Arrhenius 行为也来自于一个热激发能隙, 我们记之为 $\Delta/2$.

整数量子霍尔效应区中的能隙可以归因为电子的回旋运动的量子化以及塞曼劈裂. 垂直磁场使得单粒子能谱劈裂为一系列等间距的朗道能级, 能量 E_n 为

$$E_n = \left(n + \frac{1}{2}\right)\hbar\omega_{\mathrm{c}} \tag{12.4}$$

其中 $n = 0, 1, 2, \cdots$ 为朗道能级或轨道的指标, 而回旋频率为 $\omega_{\mathrm{c}} = eB/m$, 其中 m 为 GaAs 中导带电子的有效质量①.

每个朗道能级进一步劈裂为两个自旋取向相反的子能级, 能级间距为塞曼能量 $E_z = g^*\mu_{\mathrm{B}}B$, 其中 g^* 为交换作用增强的电子 g 因子②. 因此, 每个能级有两个量子数: 自旋 $s =\uparrow$ 或 $\downarrow$, 和轨道指标 n. 每个塞曼劈裂的朗道能级是宏观简并的, 简并度等于穿过样品的磁通量子的数目, 也就是说, 磁通密度 n_{B} 和样品面积的乘积. 随着磁场强度的增加, 每个朗道能级可以容纳更多的电子, 在给定的载流子密度下, 能量最高的部分填充的朗道能级会逐渐变空. 当它完全变空的时候 (对应于整数填充), 化学势落到两个朗道能级之间. 增加一个电子需要巨大的能量来越过带隙, 此时我们说系统是不可压缩的③. 在足够低的温度下, 没有电子态可以用于散射, 所以电导 (电阻也是如此) 减小到零. 图 12.2 中示意地给出了化学势和朗道能级随着外加磁场的变化关系. 为了解释 R_{xx} 在一定范围的磁场内均为零以及 R_{xy} 的平台, 需要考虑无序. 当杂质引起的势场涨落的尺度大于磁长度 $l_{\mathrm{B}} = [\hbar/(eB)]^{1/2}$ 时, 朗道能级会跟随静电势的变化, 从而展宽了朗道能级. 可将朗道能级的态分为两. 在朗道能级的中心是扩展态, 它们将载流子从源电极传输到漏电极. 朗道能级的尾部为局域态, 它们对应着电子围绕着势能小山包或者束缚在势能小山谷中的运动. 局域态对电流的传输没有贡献. 只要费米能级钉扎在朗道能级的尾部, 并且在磁场增

---

① 本章中全部使用国际单位制 (SI).

② 体材料 GaAs 中的电子 g 因子为 $g = -0.44$. 在量子霍尔效应区, 由于电子间的交换相互作用, 塞曼能隙的大小可以增强一个量级[32]. 这种交换作用增强的塞曼能隙 ($E_z = g^*\mu_{\mathrm{B}}B$) 对于小的奇数填充因子处的电子输运性质非常重要. 在输运测量中出现交换作用增强是因为此时测量的是波数 q 无穷大的极限下电子自旋翻转所需的能量. 在光学实验中, 如电子自旋共振, 电子–电子间相互作用不重要, 因为此时探测的是 $q \to 0$ 极限下的能量. 在这种实验中观测到的是单粒子塞曼能隙 $\Delta_z = g\mu_{\mathrm{B}}B$, 其中 μ_{B} 为玻尔磁子.

③ 压缩率的定义是 $\kappa = -(1/A)(\partial A/\partial p)|_N$, 其中, A 为样品的面积, p 为压强, 而 N 是二维系统中的粒子总数. 对于二维电子系统, $\kappa^{-1} = n_{\mathrm{s}}^2\partial\mu/\partial n_{\mathrm{s}}$ (如参见文献 [6]). 当二维电子系统凝聚到一个整数 (或分数) 量子霍尔态上的时候, 它就变得不可压缩了, 也就是说, $\kappa = 0$. 霍尔效应的这两个标志 (R_{xx} 趋于零而 R_{xy} 量子化) 不仅出现在图 12.2, 所指的精确的整数 (或分数) 填充处, 而且由于无序展宽, 它会在有限的磁场范围下存在. 不可压缩性也是如此.

大的时候被排空的电子态为局域态, 输运的性质就保持不变: R_{xx} 保持为零而 R_{xy} 保持平台处的数值. 解释霍尔电阻平台的精确数值需要更为仔细的处理[34].

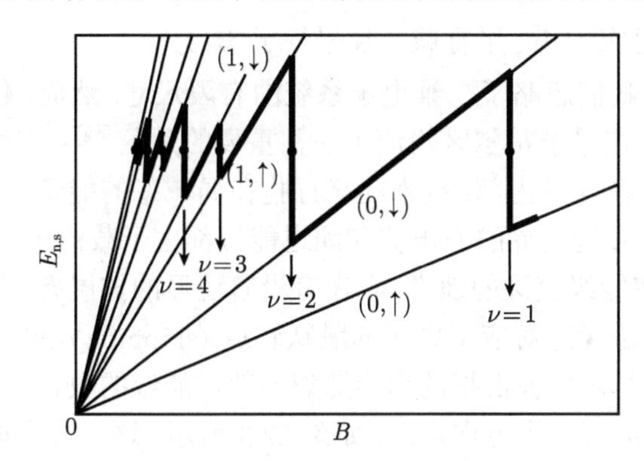

图 12.2 垂直磁场中电子浓度保持不变的并且不存在无序的二维电子系统的分立的单粒子能谱. 每个朗道能级 (LL) 由轨道指标 $n = 0, 1, 2, \cdots$ 和自旋指标 $s =\uparrow, \downarrow$ 来表征. 图中只标出了最低的两对塞曼劈裂的朗道能级 ($n = 0, 2$). 随着磁场的增加, 填充因子由于朗道能级简并度的增大而减少, 化学势 (粗线) 在相邻的整数填充因子的朗道能级的能隙间会突然地跃变

与整数霍尔效应不同, 分数霍尔效应不能够用单粒子能谱来解释. 在多体能谱中出现的额外的能隙是强磁场下电子关联的结果[7]. 理论上分析分数量子霍尔效应需要多体波函数, 因此它比整数量子霍尔效应更加难以理解. 幸运的是, Jain 在 1989 年找到了适当的准粒子, 在理论上把强关联的二维电子系统转化为无相互作用或弱相互作用的准粒子系统. 这些准粒子被称为复合费米子. 每个复合费米子由一个电子和两个磁通量子组成 (更一般的情况则包括偶数 ($2p$) 个磁通量子)[35]. 电子与磁通量子的结合使得电子很自然地彼此回避. 同电子一样, 它们在磁场下进行圆周运动. 与电子不同的是, 它们感受到的不是外加磁场而是一个等效磁场 B^*. 它比外加磁场要小很多, 差别为其他所有组合费米子的全部磁通所产生的磁场:

$$B^* = B - 2p\Phi_0 n_{\rm s} \tag{12.5}$$

当填充数为 $1/2p$ 时, 有效磁场为零. 系统没有能隙, 因此是可以压缩的. 组合费米子被预计形成具有良好费米面的费米海[36]. 一系列的弹道输运实验令人信服地证实了这一图像[37~41]. 当偏离填充因子 $\nu = 1/2p$ 时, 组合费米子回旋运动的朗道量子化导致了分立的组合费米子的朗道能级. 组合费米子的朗道能级间距不再取决于 GaAs 的导带有效质量, 而是由库仑相互作用的强度决定. 这些朗道能级的逐渐排空就产生了组合费米子的整数量子霍尔效应. 具有分数填充因子 ν_0 的分数量子霍尔态可以被视为具有整数填充因子 $q = n_{\rm s}\Phi_0/|B^*|$ 的组合费米子的整数量子霍尔态. 它满足

$$\nu_0 = \frac{q}{2pq \pm 1} \tag{12.6}$$

加号和减号分别对应于 B^* 平行或者反平行于 B.

到目前为止, 我们忽略了二维电子系统的有限尺寸. 然而, 任何真实的样品都有边界. 这些边界在量子霍尔区扮演了非常重要的角色[42]. 它们有助于理解量子霍尔效应的特征. 在样品内部, 费米能级钉扎在局域态的能带中, 不可能发生通过内部态的输运. 在靠近边界的静电势和朗道能级都由于载流子的耗尽而向上弯曲. 在费米能级与朗道能级交叉的地方, 存在有沿着边界的扩展态. 从经典物理的角度来说, 这种所谓的边缘态对应于电子的跳跃轨道 (skipping orbit). 边缘态 (或者沟道) 的数目等于样品内部被占据的自旋劈裂的朗道能级的数目. 这些边缘态具有手征性, 因为电子只沿着一个方向运动, 如图 12.3 所示. 这一方向取决于外加磁场的方向, 在样品的相对边界上, 方向相反. 因为向上和向下运动的电子分别位于样品的相对两侧, 背向散射被强烈地抑制. 具有手征性的边缘态之间的巨大的空间分离和样品内部的绝缘特性 (或不可压缩性) 可归因于整数填充因子附近的无损耗输运.

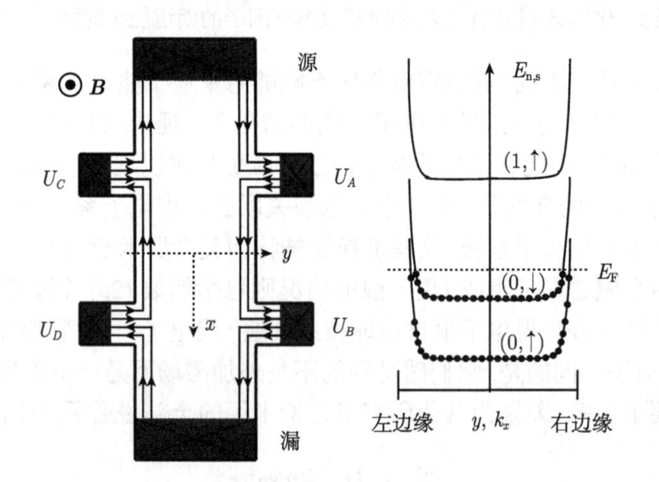

图 12.3 体材料填充因子 $\nu = 2$ 时具有理想欧姆接触的霍尔台面中的边缘态沟道. 此时, 沿着样品的边界有两条沟道. 它们属于塞曼劈裂的朗道能级 $(0,\uparrow)$ 和 $(0,\downarrow)$. 源接触和漏接触上施加的电化学势为 μ_1 和 μ_2. 悬浮接触的电化学势等于流入的边缘沟道的平均化学势. 因此, $-eU_A = -eU_B = \mu_1$

一个理想的接触在平衡态下可以吸收所有的进来的边缘沟道. 而离开理想接触的边缘沟道一直填满到沟道的电化学势的位置. 如果接触时悬空的 (如一个电压测量端), 它的化学势就等于所有入射沟道化学势的平均值. 因此, 位于样品一侧的电压测量段具有相同的电势 (如 $-eU_A = -eU_B = \mu_1$), 虽然没有电压差, 电流也可以流动, 也就是说 $R_{xx} = 0$. 耗散只发生在样品的另一端, 这是由于源和漏之间存在电压差. 每个边缘沟道可以被视为一维沟道.

每个一维沟道对电导的贡献为 e^2/h, 这与它们的能谱细节无关[43]. 因此, 样品的总电流等于[43,44]

$$I = N\frac{e}{h}(\mu_1 - \mu_2) \tag{12.7}$$

其中, N 为边缘态沟道的数目, 而 μ_1 和 μ_2 分别为左边和右边的边缘态 (等价于源极和漏极接触) 的化学势. 这样一来, 我们就可以得到理想接触的霍尔电阻为 $R_{xy} = U_{AC}/I = (\mu_1 - \mu_2)/(-eI) = -Nh/e^2$, 这正好是整数量子霍尔区中霍尔电阻的量子化的数值. 对边缘态的上述处理是单粒子的图像. 更为精确的描述需要对电子的屏蔽进行自洽处理. 这样, 边缘沟道就有一定的宽度, 边缘区域重构为压缩区和不可压缩区. 即便如此, 上述结论仍然成立.

对于非理想接触, 边缘沟道可以部分地反射或透射. 量子点接触是用沉积在二维电子系统上的金属劈裂栅通过施加电压而在二维电子系统中形成的狭窄的开口[45,46], 它可以被认为是非理想接触的极端情况. 它们的性质已经在量子霍尔效应的很多场合下研究过了. 例如, van Wees 等[47] 证明了可以选择性地填充边缘态并用量子点接触来探测. 另外, 可以通过在边缘沟道之间施加电压差来产生边缘沟道之间的散射[48]. 利用自旋分辨的边缘沟道之间的散射可以动态地极化原子核自旋, 12.3.2 节将对此进行描述.

至此, 我们已给出了量子霍尔效应的一些基本概念. 它们是 12.3 节讨论电子与原子核自旋之间相互作用的基础. 读者可以参考许多优秀的教科书[3~6,13,14,49] 和综述文章[50~54] 来获得对这一主题更为全面的认识.

12.1.2 量子霍尔效应中的电子自旋现象

虽然电子的自旋自由度并非产生量子霍尔效应的必要因素, 但是它为量子霍尔物理带来了更为丰富的内容. 一个例子是分数量子霍尔态的自旋极化度. 当填充因子 $\nu < 1$ 的时候, 分数量子霍尔效应的特征最为显著. 这时, 所有的电子都处于最低的朗道能级上. 你可能因此认为电子的自旋全都沿着外加磁场的方向, 自旋自由度如同轨道自由度一样被完全冻结. 然而事实并非如此：GaAs 中的导带电子的塞曼能量 E_Z 很小, 大约只是回旋能量 $E_\mathrm{c} = \hbar\omega_\mathrm{c}$ 的 1/70, 因为电子的 g 因子和有效质量都很小. 库仑能 $E_\mathrm{c} = 1/(4\pi\varepsilon\varepsilon_0)(e^2/l_\mathrm{B})$ 也要大得多①. 当磁场为 10T 的时候, $\Delta_Z \sim 3\mathrm{K}$, $E_\mathrm{c} \sim 200\mathrm{K}$, 而库仑能 $E_\mathrm{c} \sim 160\mathrm{K}$. Halperin 首先指出, 小的塞曼能量使

① 体材料 GaAs 中, $g = -0.44, m = 0.067m_\mathrm{e}$, $\varepsilon = 12.9$. 通常用下列形式来方便地写出这些能量: $E_\mathrm{Z} \approx 0.296B\mathrm{K}$, $E_\mathrm{c} \cong 50.8\sqrt{B}\mathrm{K}$ 和 $E_\mathrm{c} \cong 20.1B\mathrm{K}$. 类似地, $l_\mathrm{B} \cong 25.65/\sqrt{B}\mathrm{nm}$. 这些方程中 B 的单位是特斯拉. 此处, E_Z 没有考虑交换相互作用的增强. 对于完全自旋极化来说, 如在 $\nu = 1$ 处, 用于输运的塞曼能可能会大一个数量级, 这还是要比其他能量尺度小得多.

得 $\nu < 1$ 时的分数量子霍尔态完全极化的假设变为无效[55]. 导致分数量子霍尔效应出现的能隙只是库仑能的一部分, 与塞曼能量相仿. 因此, 许多分数量子霍尔态并不一定是完全自旋极化的. Chakraborty 和 Zhang[56,57] 证明了 $\nu = 2/5$ 分数量子霍尔态在小塞曼能量极限下, 自旋非极化相的能量要低于自旋极化相. Xie 等[58] 预言 $\nu = 2/3$ 的基态可能是自旋非极化的. 输运测量证实了即使在强磁场下也不能忽略电子的自旋自由度. 在许多不同的分数填充因子下观察到了自旋非极化态或部分极化态到完全极化态的变化, 这包括 8/5[59]、4/3[60]、2/3[61]、3/5[62]、2/5(在流体静压力之下)[63] 和其他分数霍尔态[64].

组合费米子理论提供了一个直观的图像来理解分数自旋霍尔效应区中普遍存在的自旋相关现象. 当具有不同的自旋量子数的组合费米子的朗道能级交叉的时候, 就会发生自旋变化. 组合费米子轨道的朗道能级劈裂 Δ_c^* 取决于库仑能, 因此与粒子间的平均距离也就是 $\sqrt{n_s}$ 成反比例关系. 当填充因子固定时, 这意味着 Δ_c^* 以 $\sqrt{B}$ 的方式增大. 另外, 塞曼劈裂能线性地依赖于外加磁场 B. E_c 和 E_Z 对磁场依赖关系的不同, 这样就可以通过简单地调节电子密度 n_s (同时改变磁场 B 以保持填充因子 $\nu = \Phi_0 n_s/B$ 不变) 来改变比值 $\eta = E_Z/E_c$. 具有不同自旋指标的能级就可以变为简并的. 图 12.4 给出了填充因子为 2/3 或 3/5 时的一个例子. 在这些填充因子处, 两个能级都被完全占据. 每个能级可由一个轨道指标 ($n = 0, 1, 2, \cdots$) 和自旋量子数 ($\uparrow, \downarrow$) 来标定. 在低载流子密度或弱磁场的情况下, 自旋劈裂要小于量子化的朗道能量. 能级 ($0\uparrow$) 和 ($0\downarrow$) 被占据, 没有净自旋极化. 随着密度或磁场的增大, 因为塞曼劈裂增长的速度要快于组合费米子的回旋能量, 能级 ($0\downarrow$) 和 ($1\uparrow$) 最终会发生交叉. 能级 ($0\downarrow$) 变空, 电子系统的自旋完全极化. 这种转变发生于转变磁场 B_{tr} 处, 此时 η 达到临界值. 当能级 ($0\downarrow$) 和 ($1\uparrow$) 彼此靠近的时候,

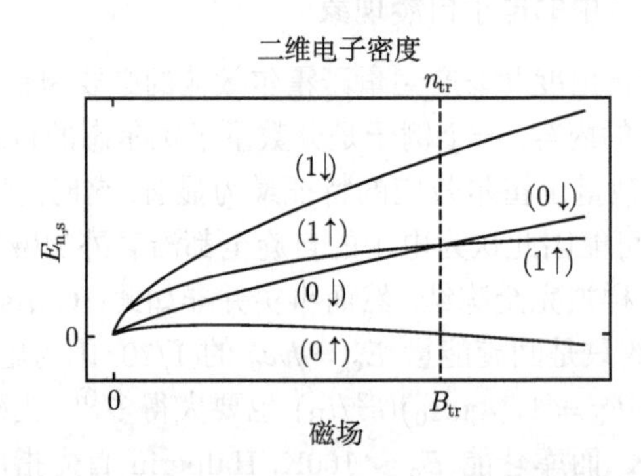

图 12.4　库仑能和塞曼能之间的竞争导致的组合费米子朗道能级的交叉. 这里给出的情况是两个填满的组合费米子朗道能级, 也就是说, 电子填充因子为 $2/(4p \pm 1)$, 其中 $p = 1, 2, \cdots$. 当 $B < B_{tr}$ 时 (或者等价地的 $n_s < n_{tr}$), 电子自旋极化度为 $P = 0$, ($0\uparrow$) 和 ($0\downarrow$) 被占据; 而当 $B > B_{tr}$ 时, ($0\uparrow$) 和 ($1\uparrow$) 被占据, $P = 1$

满能级和空能级之间的能隙逐渐消失. 在交叉点附近, 量子霍尔效应消失. 这表现为在输运实验中霍尔电阻不再是量子化的, 而纵向电阻也不再为零[62,65]. 自旋极化发生改变的更直接的证据来自于圆偏振分辨的荧光光谱实验[66], 以及基于电阻探测的核磁共振研究[125]. 许多的自旋转变还伴随着类似于传统的磁性材料中的回滞等其他现象. 已经证明, 可以用量子霍尔铁磁体的语言来描述在具有不同量子数的朗道能级的交叉点处的物理现象[69].

简单地调节载流子密度并不能使得整数填充因子下的朗道能级发生交叉, 这是因为电子的回旋能量和塞曼能量都正比于磁场 B. 然而, 保持垂直磁场 B 不变的同时施加一个平面内的磁场, 就可能在整数量子霍尔区中使得有着不同自旋的两个朗道能级具有相同的能量. 在一阶近似下, 平面内的磁场不改变电子的回旋能量. 然而, 它会增大塞曼能, 因为塞曼能是由总磁场 B_{tot} 而非磁场的垂直分量 B 决定的. 因此, 如果磁场不垂直于二维平面, 就应该将 E_Z 写为 $g^*\mu_B B_{\text{tot}}$. GaAs 中的塞曼劈裂要比电子回旋能量小两个数量级, 需要很大的面内磁场 (或者说倾角要接近 90°) 才能使得相关能级具有相同的能量 (参见文献 [69]). 因此, 在单层的 GaAs 基二维电子系统中与能级交叉有关的自旋物理学的研究工作主要集中在分数量子霍尔态①.

在整数量子霍尔效应区, 虽然能级简并并不重要, 电子的自旋自由度还是扮演了非常重要的角色. 由于电子间存在交换相互作用, 奇数填充因子处的能隙要比单粒子塞曼能隙大一个数量级[32]. 填充因子 $\nu = 1$ 处的基态是铁磁体, 所有的电子自旋都指向磁场的方向. 这并不奇怪. 然而, 在塞曼能消失的极限情况下, 交换作用仍可使得自旋保持完全极化②[18]. 与传统的铁磁体类似, 在量子霍尔铁磁体中存在着自旋波的激发. 这种铁磁体也具有无能隙的激发, 它们增强了 GaAs 宿主材料中电子自旋和原子核自旋子系统之间的相互作用, 细节将在 12.3 节讨论.

填充因子 $\nu = 1/2$ 和 $1/4$ 处的组合费米子构成的费米海为可压缩态, 它们也展现出丰富多彩的自旋物理学现象[66,70]. 依赖于 E_c 和 E_Z 的相对强度, 填充因子 $\nu = 1/2$ 和其他偶数分母的分数填充处的组合费米子的费米海可以是部分或完全自旋极化. 这对于原子核–电子自旋相互作用有着重要的意义 (见 12.3.6 节). 简而言之, 量子霍尔区中与电子自旋自由度相关的现象是非常丰富的. 只需调节一个样品上的栅极电压就可以获得许许多多的与自旋转变有关的电子态. 栅极电压可以调节密度或者说是填充因子. 我们将要演示, 如果这样的一些态中存在无能隙的自旋激发或者自旋向上和自旋向下的能谱有所交叠的话, 就可以控制和操纵二维电子

① 在 SiGe 基的二维电子系统中, 由于电子 g 因子和有效质量比较大, 可以用更小的倾斜角度来实现[166].

② 类似的论证也可以应用于分数填充因子 $\nu = 1/m$, 其中 m 为奇数. 例如, $\nu = 1/3$ 时, 基态是量子霍尔铁磁体, 电子自旋极化度为 $P = 1$.

系统与其宿主 (GaAs 晶体) 中的原子核的相互作用.

12.1.3 GaAs 基二维电子系统中的原子核自旋

二维电子系统的宿主 GaAs 晶体中的所有原子核 (镓的两种同位素 ^{69}Ga 和 ^{71}Ga, 以及 ^{75}As) 的自旋都是 $I = 3/2$ (更多信息见表 12.1). 因为它们的质量很大, 原子核的磁矩 $\mu_{\mathrm{N}} = \gamma_{\mathrm{n}}\hbar I$ 通常要比电子的磁矩小 3 个数量级. 原子核彼此之间通过磁偶极–偶极相互作用或者间接地通过周围电子的媒介来相互影响[71]. 然而, 这些相互作用都非常小, 因此, 只有将原子核的自旋温度降到 $\sim 10^{-7}$K 以下, 才可能出现原子核自旋的铁磁或反铁磁有序[75]. 在绝大多数情况下, 我们只需要考虑原子核的顺磁性. 在热平衡的时候, 自旋的占据数服从玻尔兹曼分布. 我们可以用布里渊函数 (Brillouin function $\mathrm{B}_I(x)$) 来描述原子核极化 $P_{\mathrm{N}} = \langle I\rangle/I$, 其中 $x = I\gamma_{\mathrm{n}}\hbar B_{\mathrm{tot}}/(k_{\mathrm{B}}T)$. 如果温度不是很低 ($k_{\mathrm{B}}T \gg I\gamma_{\mathrm{n}}\hbar B_{\mathrm{tot}}$), P_{N} 简化为如下形式的居里定律:

$$P_{\mathrm{N}} = \frac{\langle I\rangle}{I} \cong \frac{\gamma_{\mathrm{n}}\hbar(I+1)B_{\mathrm{tot}}}{3k_{\mathrm{B}}T} \tag{12.8}$$

其中, k_{B} 为玻尔兹曼常量.

表 12.1 GaAs 中三种原子核的性质

物理量	^{69}Ga	^{71}Ga	^{75}As
自旋量子数 I	3/2	3/2	3/2
自然丰度 $x_{\mathrm{n}}/\%$	60.108	39.892	100
约化的旋磁比 $\frac{1}{2\pi}\gamma_{\mathrm{n}}/(\mathrm{MHz/T})$	10.2478	13.0208	7.3150
$\gamma_{\mathrm{n}}\hbar/\mu_{\mathrm{B}}/10^{-3}$	0.732	0.930	0.523
$\gamma_{\mathrm{n}}\hbar/k_{\mathrm{B}}(\mathrm{mK/T})$	0.492	0.625	0.351
$\lvert u(0)\rvert^2/v_0/10^{25}\mathrm{cm}^{-3}$	5.8	5.8	9.8
超精细常数 $A_{\mathrm{H}}/\mu\mathrm{eV}$	38	49	46
完全极化原子核的有效磁场 $b_{\mathrm{N}}/\mathrm{T}$	−1.37	−1.17	−2.76

注: 自然丰度和旋磁比数据来自于文献 [76]. A_{H} 和 b_{N} 基于 Paget 等[77] 对 $|u(0)|^2$ 的计算.

1. 超精细耦合

除了与近邻发生相互作用之外, 原子核自旋也通过超精细相互作用与其周围的电子发生相互作用 (见第 1 章和第 11 章).

对于 GaAs/AlGaAs 基的二维电子系统, 超精细相互作用实际上是原子核与 s 型导带电子之间的费米接触相互作用. 相应的哈密顿量可以写为

$$H_{\mathrm{HF}} = A_{\mathrm{H}}|\Phi(\boldsymbol{r})|^2 v_0 \boldsymbol{I}\cdot\boldsymbol{S} \tag{12.9}$$

其中

$$A_{\mathrm{H}} \cong \frac{4\mu_0}{3}\frac{\mu_{\mathrm{B}}\gamma_{\mathrm{n}}\hbar}{v_0}|u(0)|^2 \tag{12.10}$$

其中, A_{H} 为超精细耦合常数, μ_0 为磁常数, $|\Phi(\boldsymbol{r})|^2$ 为电子包络波函数的振幅, 满足 $\int|\Phi(\boldsymbol{r})|^2\mathrm{d}^3\boldsymbol{r}=1$, v_0 为晶体元胞 (原胞) 的体积, 而 $|u(0)|^2$ 为电子波函数在原子核位置处的无量纲的布洛赫幅度大小, 归一化条件为 $\int|u(\boldsymbol{r})|^2\mathrm{d}^3\boldsymbol{r}=v_0$[78]. 对于 s 电子来说, $|u(0)|^2$ 很大 (对于 Ga 和 As 来说约为 10^3), 这是由于电子密度在原子核处有一个尖锐的极大值. A_{H} 为 $40\sim50\mu\mathrm{eV}$(表 12.1).

超精细哈密顿量也可以用升降算符的形式来表示:

$$H_{\mathrm{HF}}\propto A_{\mathrm{H}}\boldsymbol{I}\cdot\boldsymbol{S}=\frac{A_{\mathrm{H}}}{2}(I^+S^-+I^-S^+)+A_{\mathrm{H}}I_zS_z \tag{12.11}$$

其中, 第 1 项称为自旋交互翻转 (spin flip-flop) 项. 它描述了电子和原子核之间的自旋转移, 它保持总自旋守恒. 在电子自旋翻转的同时, 原子核自旋也转到了相反的方向. 这一动力学项和许多过程有关, 包括电子自旋退相干[78]、原子核自旋弛豫[75,78] 和原子核自旋的动态极化[78]. 当原子核自旋偏离热平衡态的时候, 只要能够满足能量守恒, 自旋交互翻转过程就为原子核自旋返回平衡态提供了一个途径. 在磁场下, 电子和原子核的塞曼能有着巨大的差异, 能量守恒条件难以满足, 从而会抑制自旋交互翻转过程. 在许多系统中, 如正常金属, 超精细的自旋交互反转过程对原子核自旋弛豫非常重要. 相反的, 如果产生了非平衡的电子自旋, 自旋交互翻转过程就可以动态地极化原子核自旋. 光学泵浦[79]、电子自旋共振 (ESR)[80]、来自于铁磁体的电注入[81] 等许多技术都可利用自旋交互翻转过程来动态地极化原子核子系统.

式 (12.11) 中的第 2 项所描述的超精细相互作用的静态部分可以被视为电子的塞曼能量在原子核自旋被极化的时候所发生的改变, 反之亦然. 对于极化的原子核, 可以用一个额外的、作用于电子自旋的有效原子核磁场 $\boldsymbol{B}_{\mathrm{N}}$ 来定量地描述电子的塞曼能的变化, 即 $g\mu_{\mathrm{B}}\boldsymbol{S}\cdot\boldsymbol{B}_{\mathrm{N}}$. 在电子自旋共振实验中, 它表现为电子自旋进动频率的 Overhauser 位移 $\Delta f_{\mathrm{Ovh}}=g\mu_{\mathrm{B}}B_{\mathrm{N}}/h$. 汇总与电子波函数有接触的所有 3 种原子核的贡献, 我们得到

$$\boldsymbol{B}_{\mathrm{N}}=\sum_{i=1}^{3}b_{\mathrm{N},i}\frac{\langle\boldsymbol{I}_i\rangle}{I} \tag{12.12}$$

其中

$$b_{\mathrm{N},i}=\frac{4\mu_0}{3}\frac{I_i}{g}\gamma_{\mathrm{n},i}\hbar\rho_{\mathrm{n},i}|u_i(0)|^2=\frac{A_{\mathrm{H}}Ix_{\mathrm{n},i}}{g\mu_{\mathrm{B}}} \tag{12.13}$$

其中, $\rho_{\mathrm{n},i}=x_{\mathrm{n},i}/v_0$, 而 $x_{\mathrm{n},i}$ 为第 i 种原子核的自然丰度. 由于这种接触型的相互作用以及较小的电子 g 因子, GaAs 中的 B_{N} 可以高达 5.3T(表 12.1).

类似地, 极化的电子也会影响原子核自旋. 原子核感受到的相应的有效磁场等

于

$$\boldsymbol{B}_{\mathrm{e}} = b_{\mathrm{e}}\langle \boldsymbol{S} \rangle \tag{12.14}$$

其中

$$b_{\mathrm{e}} = -\frac{4\mu_0}{3} n_{\mathrm{e}} \mu_{\mathrm{B}} |u(0)|^2 \tag{12.15}$$

其中 n_{e} 为三维电子密度. 对于限制在量子阱或异质结中的二维电子系统来说, b_{e} 可以被更方便地写为

$$b_{\mathrm{e}}^{\mathrm{2D}} = -\frac{4\mu_0}{3} n_{\mathrm{s}} \mu_{\mathrm{B}} |u(0)|^2 |\phi(z)|^2 \tag{12.16}$$

其中 $\int |\phi(z)|^2 \mathrm{d}z = 1$, $\phi(z)$ 为形成二维电子系统的势阱的最低子能级的电子波函数的一维包络. 作为一阶近似, $|\phi(z)|^2 \sim 1/w$, w 为生长方向上电子波函数的宽度. 所以, 可以用比较窄的量子阱来增大 B_{e}. 对于一个典型的二维电子系统来说, $n_{\mathrm{s}} \sim 10^{11}\mathrm{cm}^{-2}$, 即使在电子完全自旋极化的时候 B_{e} 也非常小 (约为 10^{-3}T 的数量级). 尽管如此, B_{e} 仍可被探测到. 例如, 可以利用核磁共振实验 (NMR) 中的 Knight 位移 $K_{\mathrm{s}} = \gamma_{\mathrm{n}} B_{\mathrm{e}}/(2\pi)$, 它是确定电子自旋极化的非常有力的手段.

2. 强磁场下的原子核自旋弛豫

前面提到, 电子和原子核的塞曼能量相差一个 $\sim 10^3$ 的因子. 为了在自旋交互翻转过程中满足能量守恒关系, 必须由电子的动能或其他类型的能量改变来补偿塞曼能量的差异. 在三维正常金属中, 自旋向上和向下的电子能谱都是连续的, 因而能量守恒很容易被满足. 在这种情况下, 原子核自旋弛豫可以通过费米接触的自旋翻转机制来有效地发生. 自旋弛豫时间 T_1 由下式给出[82]:

$$T_1^{-1} = \frac{\pi}{\hbar} A_{\mathrm{H}}^2 v_0^2 |\phi(r)|^4 \int D_{\uparrow}(\varepsilon) D_{\downarrow}(\varepsilon) f(\varepsilon)[1 - f(\varepsilon)] \mathrm{d}\varepsilon \tag{12.17}$$

其中 $f(\varepsilon)$ 为费米–狄拉克分布函数, 而 $D_{\uparrow}(\varepsilon)$ 和 $D_{\downarrow}(\varepsilon)$ 分别是自旋向上和向下的电子的态密度. 在低温极限下 $k_{\mathrm{B}}T \ll \varepsilon_{\mathrm{F}}$, 式 (12.17) 简化为

$$T_1^{-1} = \frac{\pi}{\hbar} A_{\mathrm{H}}^2 v_0^2 |\phi(r)|^4 D_{\uparrow}(\varepsilon_{\mathrm{F}}) D_{\downarrow}(\varepsilon_{\mathrm{F}}) k_{\mathrm{B}} T \tag{12.18}$$

其中 ε_{F} 为费米能量. Korringa[83] 发现, 可以将无相互作用电子的金属的 T_1^{-1} 写成更为方便的形式

$$T_1^{-1} = \frac{4\pi}{\hbar} \left(\frac{\gamma_{\mathrm{n}}}{\gamma_{\mathrm{e}}}\right)^2 \left(\frac{K_{\mathrm{s}}}{f_0}\right)^2 k_{\mathrm{B}} T \tag{12.19}$$

其中 $\gamma_{\mathrm{e}} = e/m_{\mathrm{e}}$ 是电子的旋磁比, $f_0 = \dfrac{1}{2\pi}\gamma_{\mathrm{n}} B$ 为原子核的共振频率. 式 (12.19) 通

常被称为 Korringa 关系. 对于二维电子系统, T_1^{-1} 可以写为

$$T_1^{-1} = 16\pi^3\hbar\left(\frac{K_{\mathrm{s}}^{\max}}{n_{\mathrm{s}}}\right)^2 D_\uparrow(\varepsilon_{\mathrm{F}})D_\downarrow(\varepsilon_{\mathrm{F}})k_{\mathrm{B}}T \tag{12.20}$$

其中 $K_{\mathrm{s}}^{\max}$ 是自旋完全极化的二维电子系统的 Knight 位移. 电子波函数包络 $\phi(z)$ 的影响已包含在 $K_{\mathrm{s}}^{\max}$ 之中.

对于强磁场下的二维电子系统来说, 自旋交互翻转过程中的能量守恒不再能够通过改变电子的动能来轻易地满足, 因为单粒子能谱已经量子化为一系列分立的自旋劈裂的朗道能级. 原子核自旋和电子自旋子系统之间的耦合消失. 我们预期 Korringa 类型的自旋弛豫受到抑制, T_1 从而会很长. 然而, 迄今为止报道的量子霍尔区中最长的 T_1 也仅有 10^3s 的量级. 这意味着如下几种可能性之一：① 存在不依赖于超精细自旋交互翻转散射而是依赖于电子自旋–轨道耦合的原子核自旋弛豫机制[84]; ② 其他一些机制补偿了塞曼能量的差异从而帮助了超精细自旋交互翻转过程[73,85,86]; ③ 在测量原子核自旋弛豫速率的时候不能单独地确定原子核自旋应有的贡献, 从而高估了 T_1^{-1}.

3. *原子核自旋扩散*

在包含有二维电子系统的样品中, 电子波函数不为零的有效器件区域只有纳米的尺度. 因此, 与体材料中原子核的数目相比, 被电子系统影响的原子核的数目微乎其微. 然而, 这些数量很少的原子核自旋会通过磁偶极–偶极相互作用与体材料中的原子核发生相互作用. 如第 1 章和第 11 章所述, 原子核之间的偶极相互作用导致了原子核自旋的扩散. 只有那些位于或接近有效器件区域的原子核才对在二维电子系统有影响. 如果有效区域内存在非平衡的原子核自旋极化, 那么原子核自旋扩散就很重要. 由于要与周围体材料中数目巨大的原子核共享这些自旋总磁矩, 因而其作用会被冲淡. 在许多产生局域原子核自旋极化的系统中, 原子核自旋的扩散已被观测到[88,89].

12.2 实验技术

核磁共振是使用得最为广泛的研究原子核自旋现象的技术. 样品位于一个稳态磁场 B_{Z} 之中. 此外, 施加一个以射频 (RF)f 在 xy 平面变化的磁场. 当任何一种原子核的核自旋能级的劈裂与射频辐射的能量相同时, 即 $f=\gamma_{\mathrm{n}}B_{\mathrm{Z}}/(2\pi)$, 会发生共振吸收. 可以用射频电路对核磁共振来进行检测. 原子核与周围电子的超精细相互作用可能会使得共振频率偏离于单纯的塞曼劈裂所对应的数值. 这些偏移给出了材料的电子和化学结构的有用信息. 在过去的几十年间, 发展了复杂的脉冲

序列来测量原子核自旋的动力学[90], 以及用于操纵原子核自旋来实现量子信息处理[91,92].

不幸的是, 核磁共振技术的精度仍然不足以探测单层的二维系统中与巡游电子相互作用的数目很少的原子核.

一种可能提高传统的核磁共振技术灵敏度的方法是增大偏离平衡态的原子核自旋极化. 这将增大射频线圈中的自由感应的衰减信号. 如下方法已被成功用于实现原子核的动态极化：电子自旋共振 (ESR)[80], 自旋极化电子的光学泵浦[79,93], 在边缘沟道之间诱导产生自旋交互翻转散射[94] 或者在不同的电子自旋构型共存的分数量子霍尔区 (例如, 在 $\nu = 2/3$ 处的自旋相变, 见 12.3.4 节)[95~97]). 已经证明所有这些都可以产生很强的原子核自旋极化. 传统的核磁共振技术还有一个本身固有的问题, 那就是它不仅探测与二维电子发生作用的原子核, 还会探测周围体材料里数目多得多的原子核.

另一种灵敏度极高的方法可以选择性地探测那些与二维电子相互作用的原子核自旋, 这依赖于这些原子核自旋通过超精细相互作用导致的有效塞曼效应. 如同 12.1 节所讨论的那样, 原子核场改变了电子的塞曼能. 塞曼能的改变会强烈地影响二维电子系统的输运性质[94~100]. 例子包括 $\nu = 1$ 量子霍尔态两侧的电阻[98,100]、分数填充因子 2/3 附近的自旋相变的电阻[95~97], 以及具有相反自旋的边缘沟道之间的散射发生时的电阻[94,99]. 虽然电学探测很方便也很灵敏, 但是要记住, 与传统的核磁共振不同, 它并不能直接测量原子核自旋的极化.

传统的核磁共振可以直截了当地确定 T_1. 为此你只需要用下述的指数衰减函数来拟合数据：

$$P_{\mathrm{N}}(t) = P_{\mathrm{N}}^0 + \Delta P_{\mathrm{N}} \exp\left(-\frac{t}{T_1}\right) \tag{12.21}$$

其中, $P_{\mathrm{N}}(t)$ 为原子核自旋极化的时间演变, 而 P_{N}^0 为平衡态的原子核自旋极化. 使用电阻探测的方法来测量原子核自旋弛豫时间 T_1 会很复杂, 因为电阻的变化 (ΔR) 不一定正比于原子核自旋极化的变化 (ΔP_{N}).

也可以用光学方法来探测原子核自旋, 可以从圆偏振分辨的荧光光谱[79] 或者 Faraday/Kerr 旋转[90,101] 来得到原子核自旋极化的信息. 已经在液氦温度下的 III-V 半导体中验证了这些方法, 但是还没有扩展到稀释制冷机温度下的量子霍尔系统. 磁力共振显微镜的发展[102] 最终也有可能提供具有一个高灵敏度和高空间分辨率的有用工具来研究量子霍尔区里的原子核自旋.

12.3 量子霍尔区的原子核自旋现象

量子霍尔物理最引人入胜的一个方面就是可以在单独一个样品中观测到大量

的自旋相关的电子态. 这就给了我们以独特的机会来剪裁电子和原子核之间的自旋相互作用, 发展新方法或新程式来操纵和探测原子核自旋. 原子核自旋极化的测量也就为测量电子态的自旋极化提供了有用的方法. 这里, 我们对最近的研究量子霍尔区中原子核自旋和二维电子系统的相互作用的工作进行综述.

12.3.1 无序的影响

如前所述, 在量子霍尔区, 必须克服原子核的塞曼能与电子塞曼能之间的巨大差别才能够发生自旋交互翻转过程. 电子动能的朗道量子化禁止由电子的动能来补偿这种差别. 因此, 在一个不存在无序、而且能谱是分立的理想二维电子系统中, 接触的超精细相互作用导致的原子核自旋极化被完全抑制[103]. 然而, 在真正的样品中, 随机分布的杂质产生的静电势展宽了朗道能级. 特别是在低磁场下, 不同自旋的电子态可以交叠, 从而导致 Korringa 类型的自旋弛豫.

Berg 及合作者最先报道了二维电子系统中原子核自旋弛豫时间 T_1 的测量[73,80]. 在他们的实验中, 通过对样品进行微波辐照来使电子自旋子系统偏离平衡态, 微波的频率等于塞曼劈裂的朗道能级之间的能量差, 也就是说, $\hbar\omega = g\mu_{\rm B}(B_{\rm tot}+B_{\rm N})$, 其中, $B_{\rm N}$ 代表低温或动态原子核自旋极化导致的可能非零的原子核自旋极化. 激发的电子会发生弛豫. 如果能量守恒可以得到满足的话 (如存在无序导致的展宽), 通过与原子核的自旋交互翻转过程, 电子自旋能够返回到初始态, 原子核自旋子系统同时就被动态地极化. 用这种方法可以使原子核自旋的极化率达到 $P_{\rm N}\approx -8\%$. 它对应的有效的原子核磁场 $B_{\rm N}$ 要大于 0.4T. $B_{\rm N}$ 它会反过来作用在电子自旋子系统上, 改变电子自旋共振的频率.

入射微波辐射的共振吸收加热了电子系统. 升高的温度以及原子核自旋动态极化导致的塞曼能的变化都会影响电阻. 这就是电阻探测的电子自旋共振的基础. 在靠近奇数填充的时候, 可以用 Arrhenius 型的温度依赖关系来定性地理解电阻的变化. 这些电子自旋共振实验给出的 g 因子接近于 GaAs 体材料的数值 ($g=-0.44$). 电子自旋共振不涉及动量转移, 因此它探测的是 $q\to 0$ 极限下的自旋翻转激发的性质, 其能量不受库仑相互作用现象的影响. 因此, 电子自旋共振实验给出的是单电子的塞曼能量. 与此不同的是, 对于自旋极化很强的态, 热激发的电子输运测量发现很大的、依赖于填充因子的 g 因子增强效应. 输运要求电荷的分离, 因此由它得到的是 $q\to\infty$ 极限下的自旋翻转激发能.

根据电子自旋共振频率的偏移随时间的变化关系, 可以得到 $B_{\rm N}$(正比于 $P_{\rm N}$) 随时间的变化关系并确定原子核自旋弛豫时间 T_1. 图 12.5 总结了 Berg 等[73] 得到的结果, 它给出了原子核自旋弛豫速率 T_1^{-1} 随填充因子的变化关系. T_1^{-1} 对填充因子的依赖非常大, 并与纵向电阻率 ρ_{xx} 对填充因子的依赖关系有一些相似性. 这些数据提示我们, 不同的填充因子下的电子态与电子与原子核自旋的相互作用有一些关联. 实验观测到的弛豫速率随填充因子的变化关系可用一个理论模型来定性地理解. 这个模型考虑了无序导致的自旋交互翻转过程和交换作用增强的塞曼劈裂[73,105,106]. 作为一个例子, 考虑整数填充因子 $\nu = 3$: 此处的弛豫速率最小, 数值 $\sim 10^{-3}\text{s}^{-1}$. 无序展宽的朗道能级 $(1\uparrow)$ 和 $(1\downarrow)$ 在填充因子 3 处交叠最小, 相应的费米能级位于塞曼能隙的中间. 然而, 假如交换作用增强的塞曼劈裂不存在, Berg 等的实验所用样品中的无序强度不足以观察到这个最小值.

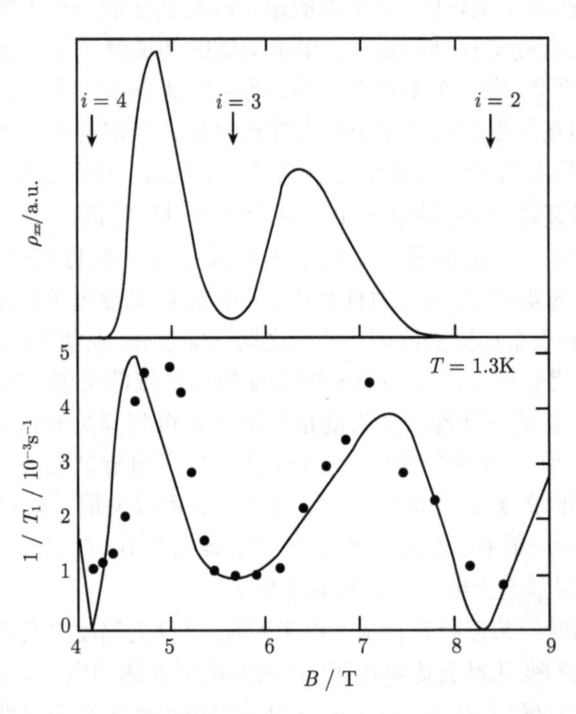

图 12.5 纵向电阻率 ρ_{xx}(上方) 和原子核自旋弛豫速率 $1/T_1$(下方) 随外加磁场的变化关系. 上方的图中标出了整数填充因子. 下方图中给出的弛豫速率是通过电阻探测 ESR 测量得到的. 实线是理论曲线, 描述了量子霍尔区由无序导致的自旋弛豫. 重印自文献 [73]

12.3.2 边缘沟道的散射

在 12.2 节中, 我们了解到, 电子自旋共振产生的非平衡电子自旋数可以通过超精细翻转过程动态地极化原子核自旋. 然而, 即使没有入射的微波辐射, 也有可能动态地极化原子核. 这里给出一个例子, 只用一个直流偏压就可产生原子核自旋极化. 这个过程基于自旋分辨的边缘沟道之间的电子自旋翻转散射[89,94].

文献 [94] 中使用的器件如图 12.6 所示. 二维电子系统样品被加工成一个长方形状的台面, 上面有 3 个欧姆接触 (用电极 1、2 和 3 来标示) 和由两个劈裂栅 A-B 和 A-C 分别构成的两个量子点接触. 施加适当强度的垂直磁场 B 使得二维电子系统体内的填充因子等于 2. 这时, 样品内部能量最低的塞曼劈裂的朗道能级 (0 ↑) 和 (0 ↓) 就被电子完全占据, 而样品的边缘有两个自旋相反的边缘态沟道. 调节劈裂栅 A、B 和 C 上的偏压可使外侧 (自旋向上) 的边缘沟道能够完全地通过这两个量子点接触, 而内侧 (自旋向下) 的边缘沟道则被完全散射.

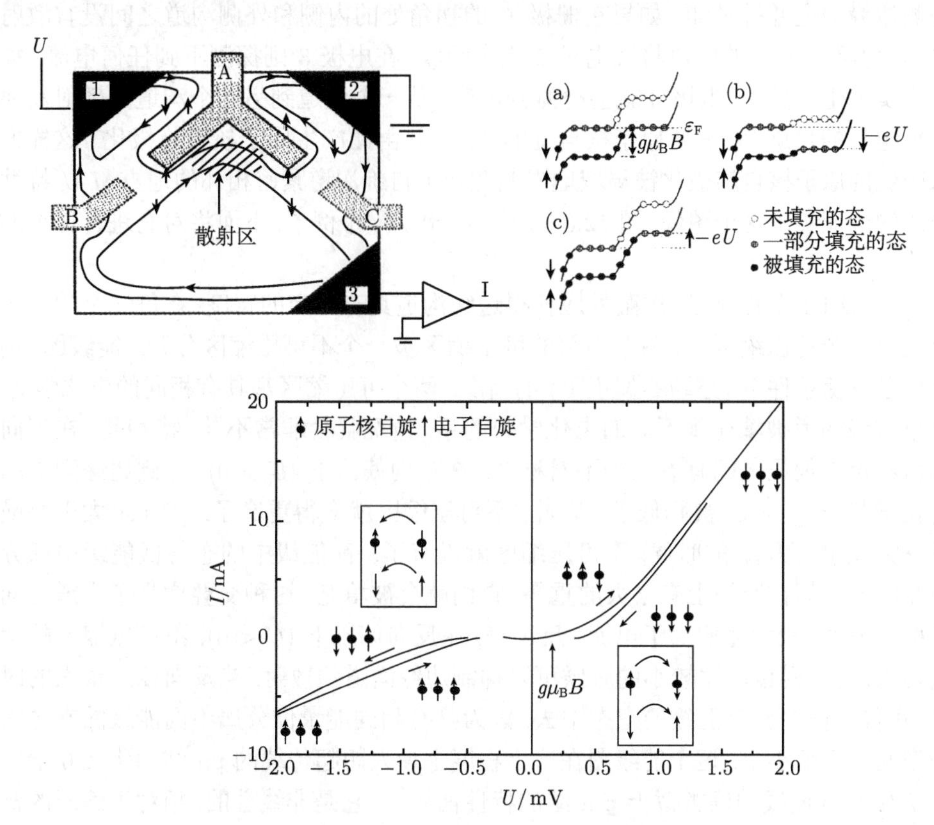

图 12.6 左上图：一个边缘沟道的自旋二极管. 右上图：没有偏压 (a)、正偏压 (b) 和负偏压 U(c) 时的能级图. 下图：电极 3 处测量得到的电流随外加偏压的变化关系. 在零偏压下, 一个不可压缩带 (图中有斜率的、被电子填满的区域) 将部分填满的图中有斜率的、被电子填满的区域可压缩区 (图中费米能级处用灰色原点标记的斜率为零的区域) 分离开, 后者分别属于自旋方向相反的能级. 对于正偏压 (右上图中的 (b)), 当电压 eU 大于塞曼能量时, 不可压缩条变窄, 电流显著增大. 在反向偏压情况下, 不可压缩条的宽度变大, 开始的时候, 边缘态之间的散射被抑制. 然而, 当电压足够大的时候, 因为占据态和空态之间的空间距离变小, 电子开始在两个可压缩区之间隧穿. 重印自文献 [94]

首先考虑这样的情况：电极 1 上的电压为 U, 电极 2 和 3 接地, 其中电极 3 是通过一个跨阻放大器 (transimpedance amplifier) 接地, 用于测量流经这个电极上的电流. 由于量子点接触 A-B 的过滤效果, 电极 1 上流出的总电流都是由自旋向上的边缘沟道运送的. 这一个外侧沟道一直填充到外加的电化学势 $-eU$ 处. 电子沿着劈裂栅 A 的边界流动. 从电极 3 出发的两个边缘沟道都位于零偏压. 自旋向下的内侧沟道被量子点接触 A-B 反射, 并与劈裂栅 A 所定义的拐角处具有相反自旋的外侧边缘沟道并排延伸. 如果在栅极 A 的拐角处的内侧和外侧沟道之间没有散射的话, 电极 1 发出的电流将被电极 2 完全吸收, 在电极 3 则探测不到任何电流. 如果确实发生了散射, 电极 3 就会检测到电流. 从一个沟道到另一个沟道的散射需要翻转电子的自旋, 它需要原子核自旋的帮助, 并由此产生原子核自旋极化. 这样方法产生的原子核自旋极化被局域地限制在两个自旋沟道紧密相邻的地方. I-U 特性曲线的确证实了这个图像. 图 12.6 的下方给出了一个例子, 下面将对它进行详细的讨论.

在 12.1.1 节提到过, 屏蔽效应使得边缘沟道具有一定的宽度. 在每一个边缘沟道上有一个可压缩区, 而两个相邻的可压缩区被一个不可压缩区分开. 能级图 (a) 给出了平衡条件下 (亦即零偏压下) 的情况. 两个可压缩区都具有相同的电化学势. 如果边缘沟道被填充到不同的电化学势的话, 情况就会非常不同. 特别是, 在正向偏压和反向偏压之间有着一个不对称性. 在正向偏压下 ($U > 0$), 外侧边缘沟道的电化学势 $\varphi = -eU$ 被降低了. 因此, 不可压缩区就变得更窄了. 当 $|\varphi|$ 大于塞曼能 $E_{\mathrm{Z}} = g^*\mu_{\mathrm{B}}B_{\mathrm{tot}}$ 的时候, 不可压缩区就没有了. 高能级中的态与低能级中部分填充的态之间在空间上有很大的重叠, 它们就会被填充. 这种交叠增强了沟道之间散射的概率, 极大地增大了电流. 反过来, 在反向偏压下 ($U < 0$), 不可压缩区的宽度增大, 在反向偏压比较小的时候可以抑制边缘沟道的散射. 当反向偏压很大的时候, 可能会隧穿到高能级的空态中去, 因为具有相同能量但分属不同能级的态之间的空间距离缩小了. 这个能级图在一定程度上使人想起传统的 pn 结. 图 12.6 给出的 I-U 特性曲线的确类似于 p-n 结的特性曲线①. 它是非线性的, 相对于偏压的极性具有非对称性. 在记录 I–U 特性的时候, 可以向上扫描偏压, 或者向下扫描. 比较这两种扫描方向下获得的实验数据, 会发现很强的回滞行为. 回滞的出现是原子核自旋参与这个过程的一个非常重要的证据.

电子在两个边缘沟道间的散射需要自旋翻转. 超精细交互翻转过程有助于完成自旋翻转. 原子核被极化并反过来通过改变电子塞曼能 $E_{\mathrm{Z}} = g^*\mu_{\mathrm{B}}(B_{\mathrm{tot}} + B_{\mathrm{N}})$ 影响了电子自旋子系统. 在正向偏置电压下, 导通的阈值电压在 B_{N} 为正时会变得更大, 反之则变小. 在 I-U 特性曲线上引起的变化可以被用来探测原子核自旋极化度 P_{N}. 在正向偏压下, 电子从 (自旋向下) 内侧沟道到 (自旋向上) 外侧沟道的散射引起了一个正的 B_{N} (对应于 $P_{\mathrm{N}} < 0$). 正向偏压越大, 自旋散射率也就越高, 所

① Kane 等报道了一种更早期的量子霍尔区的自旋二极管[107]. 在此器件中, 不同填充因子区 ($\nu > 1$ 和 $\nu < 1$) 之间的电子自旋散射导致了原子核自旋的动态极化. 他们也观察到了观察到 I-U 曲线的回滞.

以 B_N 也就应该越大. 在一定偏压下, 由正到负地扫描偏压得到的原子核磁场 B_N 要大于相反方向扫描偏压时的情况, 除非电压扫描极慢, 以致在每一个电压处原子核自旋极化都已饱和或达到了一个稳态. 与原子核的相互作用发生的时间尺度非常长, 一般情况下都会观察到回滞. 在向上扫描和向下扫描电压过程中观察到的不同电流就被归结于 B_N 导致的塞曼场的差别. 类似的论证也可以被用来解释反向偏压下的回滞. Dixon 等根据图 12.6 中的 I-U 特性曲线估计 P_N 高达 $\sim 85\%$(对应于 $B_N \sim 4$T).

Würtz 等[99] 还用一个自旋分辨的边缘沟道器件研究了原子核－电子相互作用. 利用不同的器件结构, 他们不仅能够像 Dixon 与其他人那样通过在相邻边缘沟道上施加不同的偏压来产生很强的原子核自旋极化还能够探测其逆效应. 在他们的器件中, 由动态原子核极化产生的非平衡的局域原子核自旋极化能够产生一个电压输出, 因此被称为超精细电池. 根据他们的模型, 超精细电池的输出电压正比于原子核自旋极化度：$U_{\text{out}} = -g^*\mu_B B_N/e$. 因此, 记录这个电压就给出了另一种测量局域原子核自旋极化的方法. 通过优化泵浦电流, 他们得到的输出电压高达 $U_{\text{out}} = 0.32$meV, 由此他们推算有效原子核磁场为 $B_N \approx 5.2$T, 即原子核自旋几乎被完全极化.

利用边缘态沟道间散射引起的动态原子核极化以及检测边缘沟道器件中原子核自旋极化的变化的能力, Machida 等展示了原子核自旋的相干性[108]. 在他们的实验中, 微型的金属条微波波导结构用来局域地把核磁共振序列脉冲施加在边缘沟道自旋散射发生的区域. 利用自旋回声测量得到的原子核自旋退相干时间 T_2 约为 80μs, 与理论符合 (见第 1 章). Machida 等[109] 还将这一工作拓展到分数量子霍尔区的自旋分辨的边缘沟道上. 从原子核极化的方向, 他们可以推断出不同分数量子霍尔边缘态中的电子自旋极化.

12.3.3 斯格米子

在填充因子 $\nu = 1$ 处, 即使在塞曼能为零的极限情况下, 电子之间的交换相互作用也会导致电子自旋的完全极化[18]. 所有电子都处在最低的自旋劈裂的朗道能级 $(0\uparrow)$ 上, 而他们的自旋都与磁场平行. 这个基态通常被称为量子霍尔铁磁体. 在单粒子图像中, 往系统中再加入一个电子, 它必然会位于下一个自旋劈裂的朗道能级 $(0\downarrow)$ 上. 因为 $(0\uparrow)$ 朗道能级上的所有电子态都已经被占据了, 自旋相反的一个单独电子的交换作用能必然很高. 相互作用的二维系统能够通过更复杂的方式在两个能级上安置电子来降低所需的能量, 从而形成了一种类似于涡旋的自旋结构. 位于中心处的与外加磁场方向相反, 并由内向外逐渐地翻转[18,110~112]. 这种类型的自旋结构仍然带有一个单位电子的电荷 $-e$, 但是可能会涉及多于一个电子的自旋翻转. 这种自旋织构在数学上与用来描述原子核物质的斯格米 (Skyrme)

拉格朗日量的拓扑孤子有联系[113], 因此被称为斯格米子 (skyrmion). 形成斯格米子所需的能量大约是翻转单独一个电子自旋所需要的交换相互作用增强的塞曼能的一半. 类似地, 因为粒子 – 空穴对称性, 也存在带有一个电荷 $+e$ 的反斯格米子 (anti-skyrmion).

斯格米子的尺寸取决于库仑能与塞曼能的竞争. 通常用 $\eta = E_Z/E_c$ 来表征这种竞争. η 值较大时, 塞曼能占据主导地位, 斯格米子趋近于单电子图像中的自旋翻转. 在相反的极限下, $\eta \to 0$, 斯格米子的尺寸趋于无穷大. 在一个典型的 GaAs 基二维电子系统中, 斯格米子只能覆盖一个有限的范围, 对应于少量的自旋翻转 ($s > 1$). Barrett 等利用光学泵浦的核磁共振技术首先给出了存在斯格米子的证据[19]. 他们使用了多层量子阱样品以便灵敏度足以研究二维电子层中的相关物理. 该实验基于式 (12.14), 即使用核磁共振的 Knight 位移来测量二维电子系统的自旋极化. 如图 12.7 所示, 随着填充因子偏离于 $\nu = 1$, Knight 位移下降得要比独立电子图像 ($s = 1$) 所预期的快得多. 在 $\nu = 1$ 附近拟合数据得到 $s = 3.6$, 也就是说, 每加入一个电荷, 需要翻转 3.6 个自旋而非仅仅一个. 这与理论相符. 此外, 在倾斜磁场中研究电子输运对温度依赖关系[114] 以及偏振分辨的光学吸收测量[115] 都进一步支持了二维电子系统在 $\nu = 1$ 附近存在斯格米子激发.

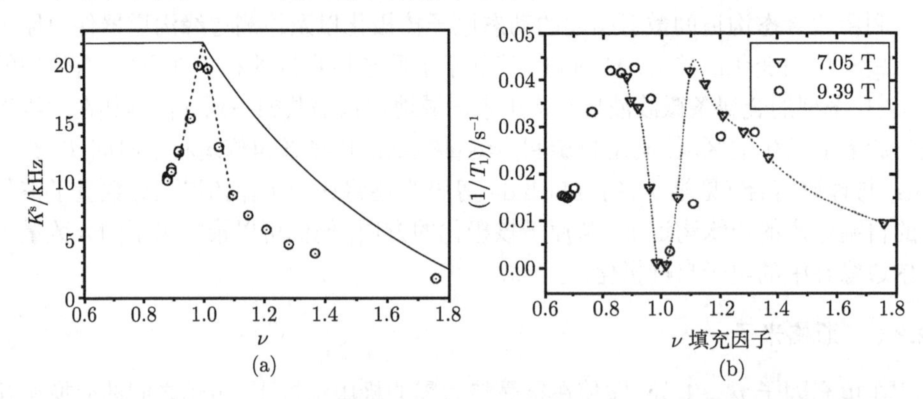

图 12.7 用光学泵浦 NMR 技术测量得到的 Knight 位移 ((a), 圆圈) 和原子核自旋弛豫速率 T_1^{-1}((b), 圆圈和三角) 随填充因子的依赖关系. (a) 中, 实线是基于独立电子的图像计算的结果 ($s = 1$), 而虚线对应于 $s = 3.6$, 也就是说, 每向完全极化的 $\nu = 1$ 量子霍尔基态增加或减少一个电子电荷需要翻转 3.6 个自旋. 重印自文献 [19], [93]

除了其静态塞曼效应对原子核自旋的影响之外, 斯格米子还显著地改变了原子核自旋弛豫的物理学. 在从填充因子 $\nu = 1$ 处离开的时候, 每加入和移走一个电子电荷, 形成一个斯格米子或反斯格米子, 其密度正比于 $|1 - \nu|$. 在密度足够大且温度足够低的时候, 理论上预言斯格米子会在形成晶体[86,116,117]. 孤立的斯格米子具有与二维电子系统面内自旋分量相关的旋转对称性. 当形成晶体的时候, 这种对称

性被破坏. 它会产生无能隙的 Goldstone 自旋波模式, 它在长波极限下具有线性的色散关系. 如果没有这种无能隙模式, 超精细自旋交互翻转过程是会被抑制, 因为产生单独一个斯格米子所需的能量仍然要比翻转一个原子核自旋所涉及的能量大 3 个数量级. 无能隙的斯格米晶体中的 Goldstone 模式可以极大地增强原子核自旋的弛豫速率, 因为它克服了电子自旋和原子核自旋所面临的能量的不匹配问题. 相应的原子核自旋弛豫速率 T_1^{-1} 被预言有一种 Korringa 类型的温度依赖关系, 并与斯格米子密度具有相同的对填充因子依赖关系: $T_1^{-1} \propto |1-\nu|$[86]. 光学泵浦核磁共振测量的结果与之大体符合 (直到 $|1-\nu| = 0.1$, 见图 12.7)[93]. 输运测量也给出了类似的结果, 它利用了 $\nu = 2/3$ 附近的自旋相变的性质, 并用电阻来探测原子核自旋弛豫速率[96,97](更多细节见 12.3.4 节). 这个实验给出了利用原子核–电子自旋相互作用来证实二维电子系统中确有低能量或无能隙的集体激发的一个漂亮的例子.

虽然有着这种定性的符合, 但是这个方向的研究还存在着一些争议. 当密度足够大或者温度足够高的时候, 斯格米晶体很有可能会融化成液态[117]. 在温度 42 mK 处的一个比热高峰被归结为这种固液相变[86,118,119]. 然而, 光学泵浦的核磁共振实验是在 $T = 1.5 \sim 4.2$ K 内进行的[93]. 在这一温度范围内, 斯格米晶体应该已经熔化为液态. 但是, 弛豫速率表明存在类似无能隙的 Goldstone 模式. 也许, 无能隙的自旋波模式仍然以一种过阻尼的模式存在[117]. T_1 的温度依赖关系也需要进一步的研究. 有人报道了 Korringa 类型的行为[120], 但其他一些工作发现温度依赖关系并不遵从 Korringa 定律[100]. 在极低温下测量 T_1 的新技术将会非常有助于澄清这些与斯格米子结晶和熔化有关的问题, 或者其他与此有关的相变.

12.3.4 $\nu = 2/3$ 处的原子核–电子自旋相互作用

在表现出自旋相变的许多分数填充因子中, 填充因子 $\nu = 2/3$ 吸引了最多的注意力. 在分数量子霍尔效应的组合费米子描述中, $\nu = 2/3$ 对应于具有两个填满的自旋分裂的组合费米子朗道能级. 具有相同自旋的两个相邻朗道能级之间的能量差取决于库仑相互作用, $E_\mathrm{c} \propto B^{1/2}$. 然而, 塞曼能正比于 B_tot. 如图 12.4 所示, E_c 和 E_Z 的依赖关系上的差别可以导致 $(0\downarrow)$ 和 $(1\uparrow)$ 能级在转变磁场 B_tr 处发生能级交叉. 依赖于比值 $\eta = E_\mathrm{Z}/E_\mathrm{c}$, 会有两个不同的基态: 一个是自旋非极化的基态, 它存在于 $\eta < \eta_\mathrm{tr} = \eta(B_\mathrm{tr})$ 时, $(0\uparrow)$ 和 $(0\downarrow)$ 能级被完全占据; 另一个是当 η 大于 η_tr 时自旋完全极化的基态, , $(0\uparrow)$ 和 $(1\uparrow)$ 能级被占据.

实验上可以用倾斜磁场或改变电子密度并且同时保持填充因子不变的方法来改变 η. 由此可以调节 $\nu = 2/3$ 的分数量子霍尔态的能隙. 图 12.4 表明, 随着 η 的增加, 自旋非极化态的能隙减小, 而自旋极化态的能隙增大. 在 $\eta = \eta_\mathrm{tr}$ 时能隙消失, 发生相变, 分数量子霍尔效应消失. 纵向电阻变为一个非零的有限值, 而霍尔电阻不再是 2/3 平台区的量子化的数值. 包括热激发研究在内许多输运实验都证实了这一点[61,62,65,97,121,122]. 图 12.8(a) 给出了一个例子[65]. 它给出了 (n_s, ν) 二维参数空间对应的 R_{xx}. 填充因子为常数 $\nu = 2/3$ 时, 当电子浓度从低密度变到高密度时, 系统先是处于自旋非极化的基态 (↑↓), 然后表现出非零电阻, 最后到达完全极化的基态 (↑↑). 在图 12.8(b) 中也可以清楚地看到这种再进入式的量子霍尔行为, 它给出了在载流子密度保持恒定情况下的数据. 这幅图还包括了霍尔电阻. 它在相变区的数值不同于霍尔量子化平台处的数值.

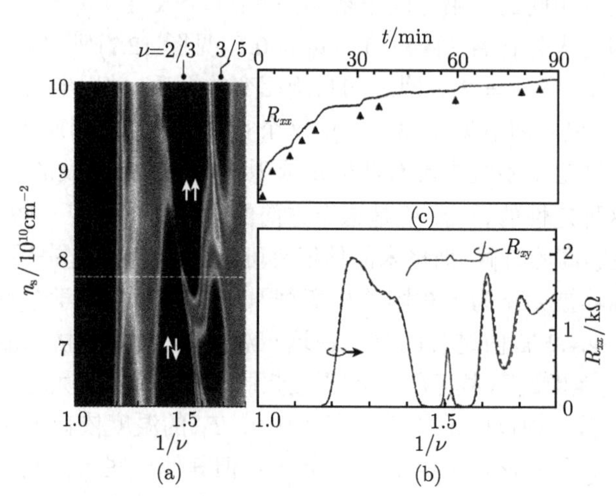

图 12.8 (a) 密度 vs. 填充因子二维参数空间对应的纵向电阻 R_{xx}. 彩色的尺标对应于 $0 \sim 2.5\text{k}\Omega$. 在填充因子处的非零的 R_{xx} 意味着相变. 自旋极化分别为 $P = 0$ 和 1 的两个态分别用 (↑↓) 和 (↑↑) 表示; (b) 密度为 $n_s \approx 7.8 \times 10^{10}\text{cm}^{-2}$ 的 R_{xx} 的回滞曲线 (虚线, 向上扫场; 实线, 向下扫场). 只给出了向下扫场时的霍尔电阻 R_{xy}; (c) 中断扫场后 R_{xx} 的随时间变化关系. 重印自文献 [65]

文献 [65] 指出, 在相变附近的输运量有回滞以及依赖于时间的行为. 图 12.8(b) 给出了一个回滞的例子. 图 12.8(c) 给出了一个依赖于时间的行为. 时间依赖关系时对数型的, 有许多突然的跳跃, 类似于传统铁磁体中的 Barkhausen 效应. 用伊辛铁磁性来描述相变可以解释这些特点. 在整数量子霍尔区, Jungwirth 及合作者[69] 研究了具有不同轨道指标和自旋的两个能级简并时的类似问题中的物理, 表明了可以用量子铁磁学的语言来恰当地描述这个系统. 它是一级相变, 伴随着磁畴的形成. 实验上也报道了双层系统中 $\nu = 2$ 和 4 处的相变[123], 并在这一框架下成功地进行了讨论. 虽然在分数量子霍尔效应区还几乎没有什么理论工作[124], 但是可以相信, 在此区间, 上述基本结论仍然是有效[63,65,69]. 回滞以及 Barkhausen 跳跃可以被解释为系统分解为许多具有不同自旋极化的畴区所带来的效应.

将利用电阻来探测核磁共振与传统的核磁共振技术结合起来就得到了两种磁

畴共存的直接证据[125]. 在 12.3.5 节中详细描述了如何通过利用样品的电阻来探测核磁共振. GaAs 衬底上的传统的核磁共振被用来校准没有任何电子自旋极化时的共振频率. 接着, 自旋完全极化的二维电子系统引起的最大 Knight 位移由电阻探测的核磁共振来确定. 此时的实验选择在的填充因子, 其自旋极化度已经被很好地理解了. Stern 等选择了填充因子 $\nu = 1/2$ 来校准最大 Knight 位移, 因为其电子自旋极化已有系统研究并被很好地理解. 在磁场或密度足够大的时候, 填充因子为 1/2 的二维电子系统形成了一个自旋完全极化的组合费米子的费米海 (见 12.3.6 节). 最后, 用填充因子 2/3 附近的输运测量在自旋相变的区域记录核磁共振谱. 图 12.9 给出了这些核磁共振谱. 其中有两个共振线, 它们的频率分别对应着两个极值 $P = 0$ 和 1. 它无可争辩地证明在 $\nu \sim 2/3$ 处同时存在着自旋非极化和自旋完全自旋极化的电子畴.

12.3.5 在 $\nu = 2/3$ 处基于电阻测量的核磁共振

如图 12.9 所示, 可以根据 $\nu = 2/3$ 处自旋相变的性质利用电阻测量来探测核磁共振. 当温度低于 250mK 时, 低温导致的原子核自旋极化 P_{N} 不可忽略. 电子的塞曼能量为 $E_{\mathrm{Z}} = g\mu_{\mathrm{B}}(B_{\mathrm{tot}} + B_{\mathrm{N}})$, 而库仑能量不受 B_{N} 的影响. 当 B_{N} 很小的时候, 相变场的移动 ΔB_{tr}(此时 $\eta(B_{\mathrm{tr}}) = \eta_{\mathrm{tr}}$) 大约为 $-2B_{\mathrm{N}}$①. 有效原子核磁场 B_{N} 改变了比值 $\eta = E_{\mathrm{Z}}/E_{\mathrm{c}}$, 从而使相变的位置移动. 冷却样品会增大 P_{N}, 从而将相变移动到更大的外加磁场处 (固定 ν 不变). 相反的, 用频率与任何一种原子核的自旋进动频率共振的射频电磁波来辐照样品, 就会减小自旋极化从而使得相变朝着相反的方向移动. 这两种情况都在实验中观察到了[125,126]. 在相变附近电阻具有尖峰, 这就是用电阻测量核磁共振的物理基础. 如果入射的射频微波是共振的, 那么相变就会改变位置. 这时, 在磁场和密度在接近相变初始位置处保持不变情况下来监测电阻, 自旋相变被重新定位于较小的磁场值从而导致电阻减小. 在非共振条件下, 相变维持在相同的密度或磁场之下, 电阻则保持不变. 这种基于电阻测量的核磁共振实验应经有了多次的报道[65,95,97,125]. 这些工作演示了来自于 ^{69}Ga、^{71}Ga 或 ^{75}As 原子核的响应. 相反的, 电阻探测的实验没能探测到来自二维电子系统的势垒中 ^{27}Al 原子核的核磁共振信号, 这可能是由于电子波函数在势垒中的幅度太小.

---

① 当 $B_{\mathrm{tot}} = B_{\mathrm{tr}}$ 并且 B_{tr} 满足 $\alpha B^{1/2} = \beta(B_{\mathrm{tot}} + B_{\mathrm{N}})$ 的时候, 组合费米子的朗道能级 (0 ↓) 和 (1 ↑) 彼此交叉. 此处, B 和 B_{tot} 分别为垂直磁场和总磁场. 由此可以得

$$B_{\mathrm{tr}} = \frac{1}{2}(B_{\mathrm{tr}}^0 - 2B_{\mathrm{N}} + [(B_{\mathrm{tr}}^0)^2 - 4B_{\mathrm{N}}B_{\mathrm{tr}}^0]^{1/2})$$

其中 $B_{\mathrm{tr}}^0 = (\alpha/\beta)^2\cos\theta$. 当 $B_{\mathrm{N}} \ll B_{\mathrm{tr}}^0$ 的时候, $\Delta B_{\mathrm{tr}} = B_{\mathrm{tr}}(B_{\mathrm{N}}) - B_{\mathrm{tr}}^0 = -2B_{\mathrm{N}}$, 其中 θ 为 B_{tot} 与样品表面法线的夹角.

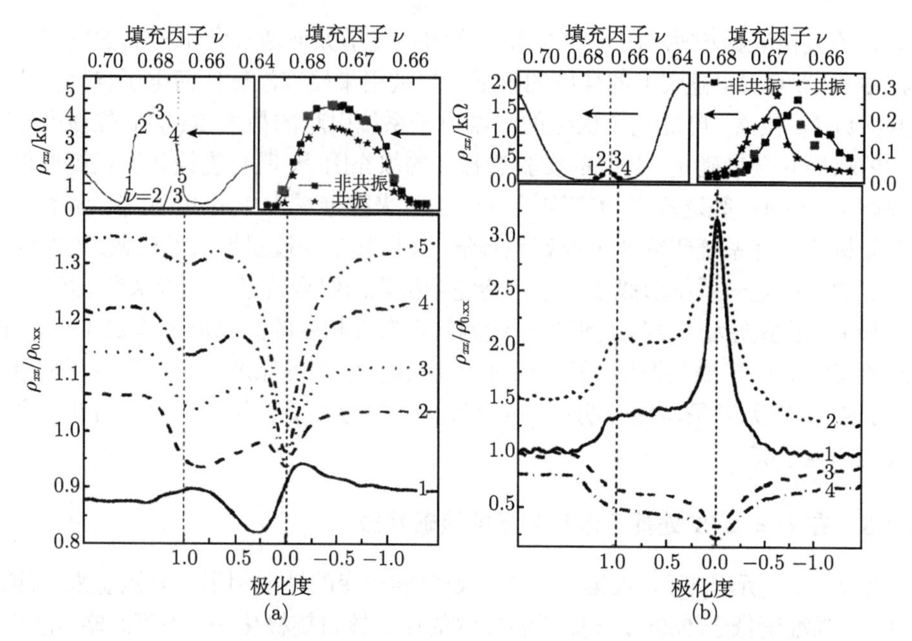

图 12.9 基于电阻测量的核磁共振谱, (a) 样品中通入大电流, (b) 样品中通过小电流. (a) 和 (b) 中的左上图给出纵向电阻随填充因子的变化关系, (a) 大电流流经样品, (b) 小电流流经样品. 箭头指出了填充因子扫描的方向. 数字指出了进行电阻测量核磁共振的位置. 这些数字也同时用来标注在下方图中的核磁共振谱线. NMR 谱线的横坐标并不是 NMR 的频率, 而是电子自旋极化度. 可以通过校对没有电子自旋极化时 (用传统 NMR 方法从 GaAs 体材料中得到的信号) 和填充因子为 $\nu = 1/2$ 并且电子完全极化时 (基于电阻测量的 NMR) 的 NMR 频率来确定电子自旋极化度. 对于大电流和小电流两种情况, 在填充因子 2/3 附近, 对应于 $P = 0$ 和 1 的两条共振曲线都可以清晰地分辨出来. (a) 和 (b) 的右上图比较了射频处于共振和非共振情况下的 ρ_{xx}. 重印自文献 [125]

1. 电流诱导的原子核自旋极化

一个非常有趣的问题是在 $\nu = 2/3$ 的自旋相变附近的涉及自旋极化不同的磁畴的输运. 它仅仅在定性的层次上被关注. 无序使得二维电子系统分解为不同自旋取向的磁畴. 有人可能会天真地期待, 带有准粒子的电流会被迫穿越两种类型的磁畴. 从一种磁畴到另一种磁畴的转变需要翻转电子自旋. 在能级交叉点附近, 自旋翻转所需的能量可以很小. 只要自旋 – 轨道耦合和声学声子发射没有占据主导地位, 就可以借助于超精细相互作用和原子核自旋的翻转来实现电子自旋的翻转. 这样, 电流就可以动态地极化原子核自旋. 假设原子核自旋自开始的时候是限制在磁畴的边界处. 极化的原子核自旋反过来作用在电子自旋子系统上. 原子核自旋被动态极化, 比值 η 也因此改变. Kronmüller 等[127] 首先指出了自旋相变附近原子核自旋动态极化的重要性. 给样品施加大电流并缓慢扫描磁场的时候, 在 $\nu=2/3$ 附近观察到了纵向电阻峰的显著增强. 电阻峰伴随着回滞并且依赖于时间, 其缓慢的时间尺标对原子核自旋相互作用来说是典型的. 接着, Kraus 等[126] 发现, 即使在 $T=250\text{mK}$ 下也可以观察到这种现象, 而在这个温度下原子核的热力学自旋极化可以被忽略. Hashimoto 等[97] 后来也研究了电流对 $\nu=2/3$ 附近的输运的影响, 也观察到了类似的 R_{xx} 的增强. 采用上述的图像, R_{xx} 的增强被归结为畴壁处局域的原子核自旋的动态极化. 这样得到的非均匀的极化的原子核自旋又为无序提供了额外的来源[125,126]. 电流诱导的局域原子核自旋极化改变了 η 的局域数值, 随着原子核极化的建立, 磁畴结构也可能发生改变. 然而, 直到现在还没有发展出一个基于输运理论的微观图像.

2. *原子核自旋的存储能力*

文献 [96] 和 [97] 中进行的载流子耗尽实验已经证明了局域的原子核自旋极化可以存储磁畴的构型. 图 12.10 给出了一个例子. 它给出了样品电阻随着时间的变化关系. 在开始的时候, 样品的填充因子 $\nu=1$. 将磁场扫描到填充因子 2/3. 虽然磁场扫描在填充因子 2/3 处停顿下来, 但是电阻在继续改变. 重复同样的实验, 但是在时刻 t_1 和 t_2, 用顶栅将样品中的电荷载流子耗尽. 等待 90s 之后, 再恢复到原来的电子密度. 电子恢复到与耗尽前几乎完全相同的数值并继续其下降过程, 就好像什么事情也没有发生过一样. 这只能归结为原子核自旋在没有电荷载流子的时候被作为磁畴构型的存储媒质. 因为不存在导带电子, 在耗尽时间内由电子媒介的原子核自旋弛豫被终止. 这是原子核自旋存储能力的非常漂亮的实验演示. 当电子重新回到样品中以后, 局域的原子核有效磁场恢复了耗尽之前就存在的磁畴构型.

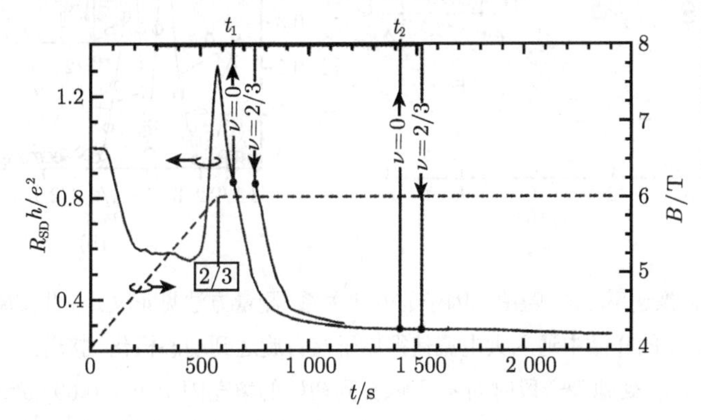

图 12.10 在一个双端器件中, 扫场至填充因子 $\nu=2/3$ 附近后电阻 ($R_{\rm SD}$) 对时间的依赖关系. 磁场从 $\nu=1$ 开始扫起, 到 $\nu=2/3$ 停顿. $R_{\rm SD}$ 随时间演变. 在时刻 t_1 和 t_2, 施加适当的栅极电压 90s, 耗尽所有的电荷载流子. 当恢复到最初的载流子浓度时, 电阻继续从基本上相同的数值继续下降, 好像载流子耗尽过程从未发生过. 重印自文献 [96]

3. 基于 $\nu \sim 2/3$ 自旋相变的原子核磁测量

研究原子核自旋动力学的技术包括两个重要因素: 探测原子核自旋极化度的方案和可重复地将原子核自旋子系统驱离平衡态或稳态从而激发出依赖于时间的响应方法. 随之而来的作为时间的函数的恢复过程给出了所需要的信息. 在 $\nu \sim 2/3$ 自旋相变处的输运性质可以完成这两个任务. 原子核自旋极化的逐渐改变使得 2/3 自旋相变点重新定位. 这个移动在电阻中留下了清晰的痕迹: 在相变处附近适当地选定固定工作点, E_Z/E_c 的小变化就会引起电阻的很大改变. 因此, 直接测量电阻就可以揭示出原子核自旋极化度的变化信息.

上面讨论的电流诱导的原子核自旋极化可以被用来产生非平衡的原子核自旋占据, 其恢复过程可以被随后监测到. 下面讨论几个例子, 将这些效应组合为一个强有力的方法来研究原子核自旋弛豫过程.

例 1 原子核自旋弛豫速率对填充因子的依赖关系

文献 [96] 和 [97] 在很大的填充因子范围内研究了原子核自旋弛豫速率随着填充因子的变化关系. 图 12.11 总结了文献 [97] 中的实验结果. 在 $\nu \sim 2/3$ 自旋相变处施加电流来极化原子核自旋子系统直到 R_{xx} 达到饱和. 接着, 利用栅极来改变电子密度是的填充因子变为另一个数值 ν_{temp}. 在此填充因子处停留一段时间 τ. 然后再恢复到起初的接近于 2/3 的 ν 值, 并测量随之而来的电阻的变化 ΔR_{xx}. 用一个指数衰减函数 $\Delta R_{xx}(\tau) = \Delta R_{xx}^0[1 - \exp(-\tau/T_\text{r})]$ 来拟合 ΔR_{xx} 随 τ 的变化关系,

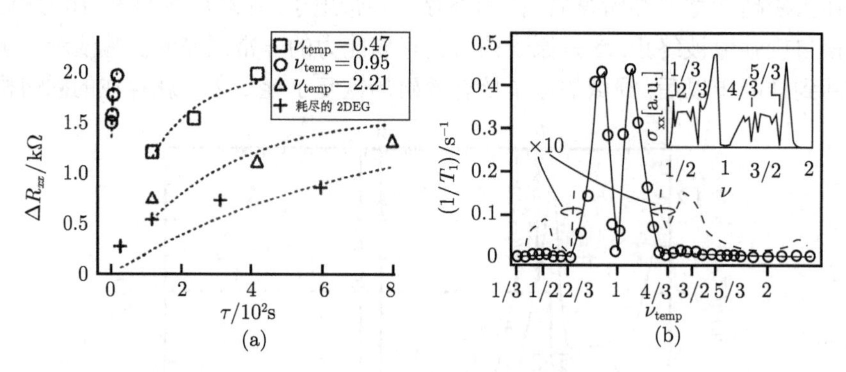

图 12.11 自旋弛豫速率 T_1^{-1} 随填充因子的变化关系, 测量方法见正文. 在此实验中, 首先在填充因子为 $\nu = 0.69$ 的样品中通入大电流使得原子核自旋达到动态极化. 接着, 原子核自旋子系统在填充因子 ν_{temp} 处弛豫一段时间 τ 再恢复到初始的填充因子 $\nu = 0.69$. 测量 $\nu = 0.69$ 处 R_{xx} 在填充因子在 ν_{temp} 处停留了 $\tau(\Delta R_{xx})$ 后的改变. 图 (a) 给出了四种不同的 ν_{temp} 例子. 时间以来关系 $\Delta R_{xx}(\tau)$ 反映了原子核自旋弛豫. 用一个指数衰减函数 $\Delta R_{xx}^0[1 - \exp(-\tau/T_\text{r})]$ 来拟合 $\Delta R_{xx}(\tau)$ 可以给出时间常数 T_r(图 (a): 符号为实验数据, 点状线为拟合). 原子核自旋弛豫时间 T_1 被假定为等于 T_r, 在图 (b) 中给出了它随 ν_{temp} 的变化关系. 重印自文献 [97]

就可以提取出时间常数 T_r, 它被当成原子核自旋弛豫时间 T_1. 图 12.11 给出了这种方法得到的弛豫速率随着 ν_{temp} 的变化关系. T_1^{-1} 对填充因子的依赖非常明显, 并且定性地符合光学泵浦核磁共振实验的结果[93]. 在 $\nu = 1$ 处, T_1^{-1} 达到一个最小值, 这是因为电子自旋翻转所对应的大能隙抑制了超精细翻转过程. 如同 12.3.3 节所讨论的那样, 在 $\nu = 1$ 附近 (但不在 $\nu = 1$ 处) 出现的两个极大值可以被归结为斯格米晶体中的无能隙的低能量激发. 文献 [96] 也报道了类似的结果.

例 2 抑制了 Skyrmion 增强的原子核自旋弛豫过程

在填充因子 $\nu = 1$ 附近, 交换相互作用倾向于形成斯格米子自旋织构而不是单电子的自旋翻转. 斯格米子的尺寸依赖于比值 $\eta = E_Z/E_c$[111]. 库仑相互作用试图将一个斯格米子的电荷扩展到尽可能大的面积上去, 而塞曼能倾向于尽可能地减小它的面积从而减少相应的自旋翻转的数目. 在塞曼能消失的极限下 ($\eta \to 0$), 斯格米子的尺寸发散, 被翻转的自旋的数目为无限大. 随着 η 的增加, 斯格米子的尺寸收缩, 被翻转的自旋数目减少. 在大塞曼能量的极限下 (η 很大), 单个电子自旋的翻转在能量上更有利. 与斯格米晶体 (由斯格米之间相互作用形成) 有关的无能隙的 Goldstone 模式预计将会消失. 在这种情况下, 无能隙模式辅助的原子核自旋弛豫将会被抑制[86]. 文献 [96] 中的实验已经证实了这一点. 这里简要地描述一下这个实验.

在这个实验中, 通过测量 $\nu = 0.65$ 处的电阻来探测原子核自旋弛豫. 将这个电阻标记为 $R_{0.65}$. 通过倾斜样品来调节 η, 所以磁场并不垂直于样品表面. 图 12.12 给出了测量序列和测量结果. $R_{0.65}$ 是 (ν, η) 的函数. 为了得到每一个实验点, 需

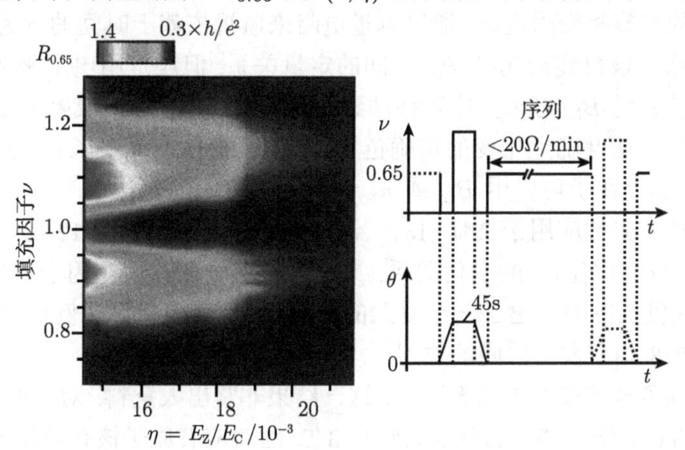

图 12.12 基于电阻测量的原子核自旋弛豫随 η 和 ν 的变化关系. 此处的 $R_{0.65}$ 为填充因子为 $\nu = 0.65$ 的双端器件的电阻. 通过在位改变样品与超导磁体的轴之间的夹角 θ 来改变比值 $\eta = E_Z/E_c$. 通过执行右图所示的测量顺序来研究原子核自旋弛豫随 η 和 ν 的变化关系. 细节请参看正文. 重印自文献 [96]

要执行如下程序. 使电子系统在 $\nu = 0.65$ 和零偏角 (垂直磁场) 下弛豫, 直至电阻 $R_{0.65}$ 达到饱和. 这个饱和值大约等于 $0.3h/e^2$. 旋转样品以至特定的 η 值. 为了避免原子核自旋极化在旋转过程中发生变化, 在旋转过程中施加合适的栅极电压将样品中的二维电子耗尽. 旋转到特定角度后, 将填充因子设置在 0.7~1.4 并保持 45s. 然后再耗尽电子, 将样品旋转回到初始角度以把填充因子恢复到初始值 0.65. 然后立刻记录电阻值 $R_{0.65}$. 图 12.12 给出了这个数值. 在不同的倾角也就是不同的 η 下重复同样的实验.

在上述过程中, 原子核自旋弛豫过程使得一些 ν 值处的 P_{N} 发生了变化, 使得电阻 $R_{0.65}$ 在返回到 $\nu = 0.65$ 时增大了. 当填充因子 ν 接近于 0.9 和 1.1 而 η 最小的时候, 电阻值最大, 约为 $1.4h/e^2$. 这种行为可以被归结为斯格米晶体的无能隙 Goldstone 模式所辅助的快速原子核自旋弛豫. 原子核自旋弛豫速率最大的位置接近于 $|1-\nu| = 0.1$, 符合光学泵浦的核磁共振实验的结果[93](虽然这些实验是在 $T \leqslant 50\mathrm{mK}$ 的温度中进行的, 远低于核磁共振实验的温度). 随着 η 的增大, 具有高电阻值的填充因子区域收缩了. 最后, 在实验覆盖的填充因子范围内, $R_{0.65}$ 不再有任何变化. 这意味着, 在大 η 值处, 在 $\nu = 1$ 附近的任何填充因子出, 原子核自旋弛豫速率都没有得到增强. 在大 η 值处, 斯格米子的尺寸收缩了, 斯格米子之间的相互作用太弱了, 不足以形成斯格米晶体. 与之相联系的无能隙 Goldstone 模式消失了, 不再能够帮助原子核自旋弛豫[86].

例 3 原子核自旋极化对填充因子的依赖关系

前面的例子关注的是原子核自旋弛豫随填充因子的变化关系. 在填充因子接近于 $\nu \sim 2/3$ 的自旋相变附近时, 通过测量电阻来监视依赖于时间的行为. 虽然并不知道电阻与原子核自旋极化度 P_{N} 之间的定量关系, 但还是用电阻来测量 P_{N}. 因为原子核有效磁场 B_{N} 将相变位置移动到不同的相变密度 n_{tr} 或磁场 B_{tr} 处, 另一种测量 P_{N} 的方法是确定相变的精确位置 (但它需要的时间更长). 与电阻探测模式不同, 它的优点在于可以用 B_{tr} 或 n_{tr} 直接得到 P_{N} 的变化.

这一方法首先被应用于文献 [131]. 该工作的主要结果见图 12.13. 这幅图给出了相变位置随着填充因子的变化关系, 二维电子系统在该填充因子处停置了 180s 的时间. 在左侧插图中给出了一个复杂的测量序列, 其解释见图例说明. 在主图中画出了 $\nu = 2/3$ 相变发生的磁场位置.

相变场强烈地依赖关于填充因子. 这一结果非常出人意料. 对于两个极端情况 $\nu_{\mathrm{rest}} = 1/2$ 和 0.9 来说, B_{tr} 的差别大约是 3 T. 这对应着原子核有效场的变化 ΔB_{N} 是 $\sim 1.5\mathrm{T}$, 或者说 ΔP_{N} 大约为 20%. 当样品停留在 $\nu = \nu_{\mathrm{rest}}$ 的时候没有电流流过样品 (这段时间占总测量时间的 99.3%), 因此对于这么大的 ΔB_{N} 可以排除外加电流引起的动态原子核自旋极化. 在热平衡的时候, 我们根本不能期望原子核自旋极化度会依赖于填充因子. 即使电子自旋极化随着填充因子发生变化非常剧烈, 因为电子自旋的有效磁场 B_e 要比外磁场小至少 3 个数量级, 原子核自旋的热力学极化也应该基本上保持不变. 是不是存在某个机制将原子核自旋子系统驱离了平衡态? 如果是的话, 那么它还没有被确认. 即使原子核动态极化的确存在, 也仍然需要知道原子核自旋子系统的最终态是如何随着停留处的填充因子 ν_{rest} 而发生变化的. 这些问题都需要进一步的研究.

虽然还有许多尚未回答的问题, 这些结果给出了一个直接的方法来操纵原子核自旋极化度以及得到一个依赖于时间的响应而无需微波辐射、光学泵浦或者施加大电流. 后几种方法不可避免地会提高电子的温度. 根据图 12.13, 只要让二维电子系统在适当选择的 ν_{rest} 处停留一段时间就可以了. 这种方法允许在尽可能低的温

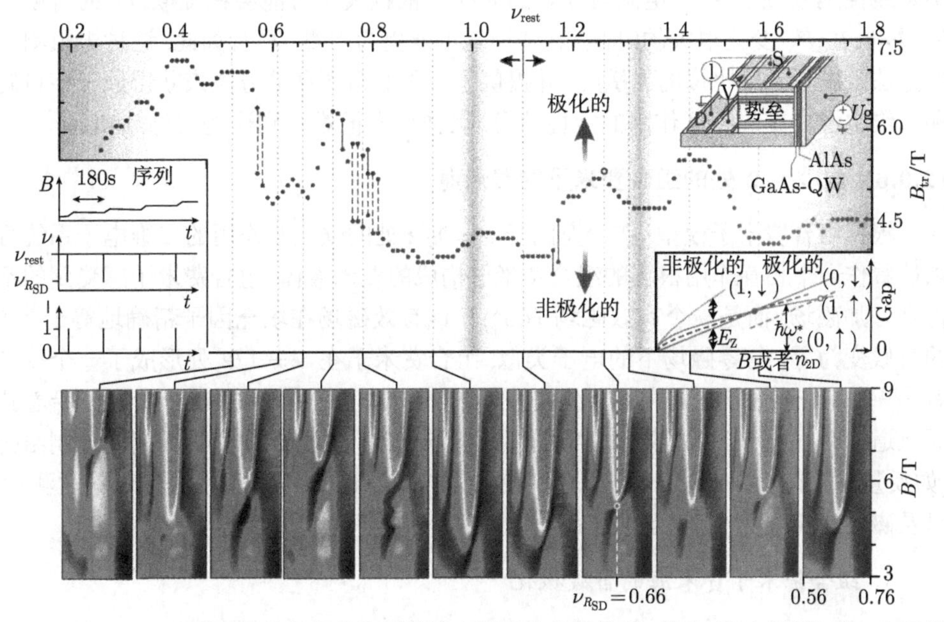

图 12.13 $\nu \sim 2/3$ 附近自旋相变的位置随填充因子的变化关系. 样品 (右上插图) 是一个双端器件, 二维电子系统被限制在由一个 20 nm 宽的量子阱中. 量子阱生长在一个 GaAs(001) 衬底的侧解理面上. 二维电子系统沟道宽度为 250μm, 长度为 3μm. 它与两个 n 型掺杂的 GaAs 层 (源和漏) 接触. 可以通过改变栅压 U_g 来调节电子浓度 n_s. 左边的插图给出了施加在样品上的磁场 B, 填充因子 ν 和电流 I(nA) 的时间序列. 对于每一个 ν_{rest}, 以 0.1 T 的步长将 B 由 3 T 扫到 9T. 在扫描 B 时同时改变栅压 U_g 以保持填充因子 ν_{rest} 不变. 到达每一个新的 B 值之后, 停顿 180s, 让样品弛豫. 接着, 调节 U_g 使之达到 $\nu_{R_{\mathrm{SD}}} = 0.66$, 同时启动电流. 等待 2s 后再测量 R_{SD} 以适应信号收集系统的时间常数. 接着, 再关掉电流恢复至初始的填充因子 ν_{rest}. 扫描 B 到下一个点并重复整个过程, 直到 9T. $R_{\mathrm{SD}}(\nu_{R_{\mathrm{SD}}} = 0.66)$ 达到最小值的相变磁场 B_{tr} 随着 ν_{rest} 变化 (上面图中的点状线). 下面的图是类似的测量, 但是 $\nu_{R_{\mathrm{SD}}}$ 由 0.56 变化到 0.76. 它们展示一系列了选定的 ν_{rest} 值处的自旋相变. 重印自文献 [131]

度下研究原子核–电子自旋相互作用. 研究许多有趣但又十分脆弱的量子霍尔态往往需要非常低的温度, 使用这种方法定会硕果累累.

其他例子

在 $\nu \sim 2/3$ 附近自旋相变处的电阻的行为和性质也被用来验证原子核自旋的量子相干性[128]. 最近, Kumada 及合作者[129,130] 将类似的探测技术用于研究双层二维系统中的原子核自旋弛豫. 尽管有了这样成功的例子, 我们还是要强调, 现在还没有发展出理论或者开展了系统的研究来确定 $\nu \sim 2/3$ 处的电阻与原子核自旋极化度 P_{N} 之间的定量关系. 在 $\nu \sim 2/3$ 附近的相变的复杂性质意味着电阻可能并不是线性地依赖于 P_{N}. 电阻对 P_{N} 的非线性依赖关系可能会在提取 T_1 的时候产生误差. 在 P_{N} 变化很大的时候, 这些误差可能更为严重. 尽管如此, 这种电阻测量的方法给出了无可比拟的灵敏度, 并提供了一种非常便利的方法来获得原子核自旋和二维电子自旋的相互作用的定性信息. 其他技术很难得到这些信息.

12.3.6 $\nu \sim 1/2$ 处的组合费米子的费米海

根据组合费米子模型, 在填充因子 $\nu = 1/2$ 处的强相互作用的二维电子系统可以被看作一个相互作用很弱的组合费米子构成的费米液体. 组合费米子感受到的不再是外加磁场, 而是一个有效磁场 ($\langle B^* \rangle$), 该有效磁场在填充因子精确地等于 1/2 的时候变为零. 与零磁场下的电子类似, 组合费米子在 $\nu = 1/2$ 处形成了一个费米海[36,132], 具有确切定义的费米波矢. 偏离于 1/2 填充的时候, 组合费米子沿着圆周轨道运动, 回旋半径取决于非零的有效磁场. 表面声波实验[38]、周期性调制结构 (如反量子点阵列 (antidot arrays)[37] 或一维密度调制[133,134]) 中的弹道输运测量, 以及磁聚焦实验[39,40] 都证明了这一点, 令人印象深刻.

1. 组合费米子费米海的自旋极化

有效磁场只能控制组合费米子的轨道自由度. 自旋自由度仍然由外磁场控制. 当组合费米子出现时, 外磁场常常很大, 因此在早期研究中通常假设其费米海是完全自旋极化的. 然而, 后来的工作揭示出情况并非总是如此[64,66]. 假设组合费米子无相互作用并具有抛物线型的能量色散关系 $E = (\hbar^2 k^2/(2m^*)$, 态密度是常数, $D_\uparrow(E) = D_\downarrow(E) = m^*/(2\pi\hbar^2)$, 当塞曼能量 $E_{\mathrm{Z}} = g^* \mu_{\mathrm{B}} B_{\mathrm{tot}}$①大于 $\varepsilon_{\mathrm{F}}^* = (\hbar^2 k_{\mathrm{F}}^2)/(2m^*)$ 的时候, 费米海是完全极化的 (图 12.14) 其中 $k_{\mathrm{F}}^* = \sqrt{4\pi n_{\mathrm{s}}}$. 当 $E_{\mathrm{Z}} < \varepsilon_{\mathrm{F}}^*$ 的时候, 组合费米子是部分极化的, 它的自旋极化率等于

$$P = \frac{k_{\mathrm{F}\uparrow}^2 - k_{\mathrm{F}\downarrow}^2}{k_{\mathrm{F}\uparrow}^2 + k_{\mathrm{F}\downarrow}^2} = \frac{E_{\mathrm{Z}}}{\varepsilon_{\mathrm{F}}^*} \tag{12.22}$$

---

① 根据一个核磁共振实验[138], $\nu = 1/2$ 处的 g^* 因子接近于 GaAs 体材料的数值 ($g = -0.44$).

组合费米子的有效质量在决定自旋极化的时候起着重要的作用, 这需要一些讨论. 在 $\nu = 1/2$ 处, 所有的电子都位于最低的朗道能级, 它们的动能为零②. 因此, 组合费米子的动能和有效质量与 GaAs 导带电子的有效质量 m 就不再有任何关系. 它完全来自于电子间的库仑相互作用, 因此要用库仑能 E_c 来标度. 对于典型的磁场强度, m^* 要远大于 m, 而是与自由电子的质量 m_e 相当[66]. 出于完整性的目的, 我们指出必须根据外部物理环境来区分不同的有效质量[14]. 例如, 与描述热激发研究有关的有效质量 ($m_a \sim 0.079\sqrt{B}m_e, B$ 的单位是特斯拉)[36,135,136] 要不同于描述自旋极化的有效质量 m^*. 根据理论, 这种所谓的极化质量由 $m^* = \xi\sqrt{B}m_e$ 给出. Park 和 Jain 的计算给出 $\xi = 0.60$[137]. 注意, $\varepsilon_F^* \propto E_c$. 可以将自旋极化写成如下形式, 它强调了 E_c 和 E_Z 之间的竞争的重要性:

$$P = \frac{1}{\eta_c}\frac{E_Z}{E_c} = \frac{\eta}{\eta_c} \propto \frac{B_{tot}}{\sqrt{B}} \tag{12.23}$$

其中, $\eta_c \cong 0.022$, 这是基于 Park 和 Jain 提出的 m^* 数值得到的[137]. 可以直接得到, 从 $P < 1$ 到 $P = 1$ 的自旋转变发生在 $B_{tot} = (g^*\xi)^{-2}\cos\theta$.

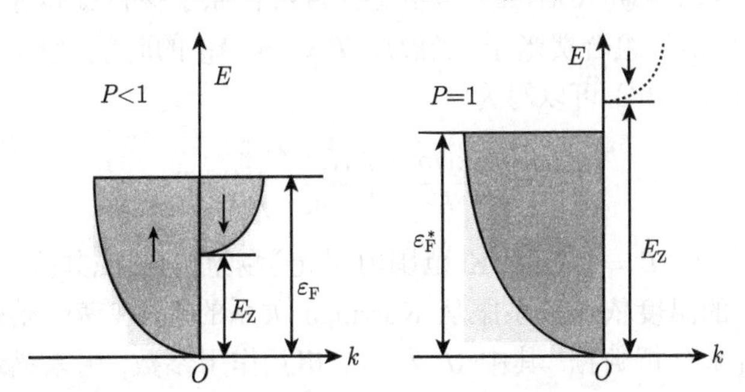

图 12.14 无相互作用的组合费米子的费米海中的自旋极化. 当 $E_Z > \varepsilon_F^* = \hbar^2(k_F^*)^2/2m^*$ 的时候, 出现完全的自旋极化 ($P = 1$), 其中 $k_F^* = \sqrt{4\pi n_s}$

这种无相互作用的组合费米子的图像似乎抓住了 $\nu = 1/2$ 处自旋极化的实验结果的实质, 见图 12.4. Kukushkin 等[66] 通过测量荧光光谱的圆偏振度而直接确定了填充因子 $\nu = 1/2$ 处的自旋极化. 当 $B \approx 9.3$T 时, 组合费米子的自旋极化度发生了从 $P < 1$ 到 $P = 1$ 的转变, 这对应与 $\xi \approx 0.75$. 它与 Jain 和 Park 的预言值[137] 的差别可能是由于电子波函数 (在生长方向) 的有限宽度效应. 核磁共振实验也观察到了组合费米子在 $\nu = 1/2$ 处的自旋变化, 此时通过测量 Knight 位移来得到自旋极化 P[67,68,138]. 这样的实验有很多是在 $T > 0.3$K 时测量的, 因此, 与 ε_F^* 相比, 热能量 k_BT 不能忽略. 必须考虑费米面的热弥散. 这里, 我们仅讨论文献

② 严格地说, 这种说法是一种近似. 当考虑到来自较高的朗道能级的混合的时候, 电子的动能就变得重要起来. 当磁场足够强的时候, 大的回旋能隙使得电子被限制在最低的朗道能级上成为一个好的近似[12,14].

[138] 中在 $T < 0.1\mathrm{K}$ 时获得的结果, 因此可以忽略有限温度的影响. 采用标准的自旋回声技术来测量多量子阱样品的 Knight 位移. 保持 B 不变, 改变样品与 $\boldsymbol{B}_{\text{tot}}$ 的倾角来调节比值 $\eta = E_{\mathrm{Z}}/E_{\mathrm{c}}$. 当 $\eta < 0.022$ 时, P 正比于 η, 而当 η 更大一些的时候, $P = 1$. 这一结果很好地符合了 Park 和 Jain[137] 的预言 (见式 (12.23)). Freytag 等[138] 也将他们的实验结果与 Shankar-Murthy 理论进行了比较[139~141], 后者给出

$$P = 0.117\lambda^{7/4}\frac{B_{\text{tot}}}{\sqrt{B}} \tag{12.24}$$

其中, λ 为 Zhang-Das Sarma 势的有效宽度参数[142]. $\lambda = 1.6$ 似乎很好地拟合了不同温度和倾角下的实验数据. Shankar-Murthy 理论也能够用单独一个拟合参数 $\lambda = 1.75$[140] 来拟合 Dementyev 等[67] 光学泵浦的核磁共振数据.

2. $\nu = 1/2$ 处的原子核自旋极化

对于部分极化的组合费米子的费米海来说, 可以发生超精细的自旋翻转过程. 因为两个自旋方向都存在无能隙的态, 所以能量守恒很容易满足. 因此, 如果温度不是太低的话, 可以预期 Korringa 型自旋弛豫会在原子核自旋弛豫中扮演重要角色. 对于无相互作用的组合费米子, 当温度 $T \ll \varepsilon_{\mathrm{F}}/k_{\mathrm{B}}$ 的时候, 原子核自旋弛豫速率 (在式 (12.20) 中给出) 可以写为

$$T_1^{-1} = \frac{4\pi(m^*)}{\hbar^3}\left(\frac{K_{\mathrm{s}}^{\max}}{n_{\mathrm{s}}}\right)^2 k_{\mathrm{B}}T \tag{12.25}$$

Dementyev 等[67] 在 $T = 0.3 \sim 1\mathrm{K}$ 范围内用光学泵浦的核磁共振方法测量了 T_1. 他们观测到, T_1 的温度依赖关系服从 Korringa 关系的基本趋势. 他们用一个双参数 (m^*, J) 拟合来分析数据, 其中 J 为一个相互作用参数, 用来描述组合费米子之间的相互作用. 然而, 并不能用单独一组 m^* 和来满意地拟合不同倾角下的 T_1 和 P 的数据. 相反, Shankar-Murthy 理论与实验符合得相当好[140,143]. Freytag 等[138] 也用理论比较了 T_1 数据. 他们发现, 无相互作用的费米子模型低估了 T_1, 而 Shankar-Murthy 理论高估了 T_1.

最近, 几个实验证明了可以在 $\nu=1/2$ 处用电学方法探测核磁共振[120,125,144,145]. 在这些实验中, 用环绕样品的核磁共振线圈发出的辐射来减弱原子核自旋的热极化 (当温度 $T < 0.2\mathrm{K}$ 时, 它很可观). 原子核自旋极化的减弱增大了组合费米子的塞曼能. 这就增大了组合费米子的自旋极化, 从而导致了纵向电阻 R_{xx} 的变化. 然而, 现在仍然不能理解 $\nu = 1/2$ 处的 R_{xx} 的自旋依赖关系, 目前发展的理论只能处理完全极化的组合费米子的费米海中的电子输运[36,146]. 但是, 无论如何, 观测到的 R_{xx} 随 P 的变化关系能够在比以前传统的核磁共振方法更低的温度下测量原子核自旋弛豫过程. Tracy 等[145] 测量了低达 $T \sim 35\mathrm{mK}$ 时的 T_1, 发现在部分自旋极化的组合费米子的费米海中, T_1^{-1} 随着温度线性地增加. 将数据外推到 $T = 0$ 可以得

到 $T_1^{-1} \sim 10^{-3}\text{s}^{-1}$. 原子核自旋弛豫的这种与温度无关的偏移被归因为原子核自旋扩散. 他们还测量了不同磁场下的 T_1，通过一个前栅极来改变载流子密度以保持 $\nu = 1/2$ 不变. 在 $P < 1$ 的时候, 发现基本上不依赖于磁场. 这与无相互作用组合费米子的图像所预期的 $T_1 \propto B^{-5/3}$ 关系[147] 有矛盾. Murthy 和 Shankar 最近在他们的理论中考虑了无序, 他们的计算好像与实验符合得更好一些[147].

12.3.7 其他情形

前面几节只是讲述了量子霍尔区里的电子–原子核自旋相互作用的实验研究中非常少的一部分工作. 我们并没有打算详尽无遗地描述所有重要的工作. 这里简要地讨论一下其他量子霍尔系统中的工作. 需要强调的是, 这些原子核自旋现象与前面几节中提到的现象同样有趣和重要.

1. 量子霍尔效应崩溃区

当施加在二维电子系统上的电流超过某一个临界值 I_c 的时候, 量子霍尔效应就崩溃了[148,149]. 为了解释这种崩溃过程, 提出了几种物理机制[150], 包括电子加热[148,151] 和朗道能级之间的散射[152,153]. Song(宋爱民) 和 Omling[154] 最近证明了在接近崩盘的时候, 原子核自旋对电子传输是有影响的. 接着, Kawamura 等[155]用实验演示了在填充因子为奇数的崩溃区的原子核自旋可以是极化的. 将电子激发到具有相反自旋的能量较高的塞曼劈裂的朗道能级上, 可以通过超精细交互翻转过程动态地极化原子核自旋.

2. 二维电子系统的维格纳晶体相

在足够强的磁场下, 库仑能量要大于电子的动能, 这最终导致维格纳晶体的出现. 根据理论预言, 在填充因子 $\nu = 1/5$ 附近, 维格纳晶体要比不可压缩的分数量子霍尔流体在能量上更为有利[156~158]. 输运测量[15,16] 表明, 分数量子霍尔序列的确终结于 $\nu = 1/5$ 处. 在无序度很低的样品中的微波实验揭示, 电子固体被无序钉扎[159], 并且在非常高的磁场下, 可能会存在两种电子固体相[160]. 最近, Gervais 等[161] 在 $\nu = 2/9$ 和 $1/5$ 附近、电子固态相的开端附近开展了电阻探测的核磁共振实验. 发现 T_1 非常的长 (350~1000s), 而且并不明显地依赖于填充因子, 这与填充因子接近 $\nu \sim 1$ 时的观测结果相反.

3. 双子带系统

在上述讨论中, 二维电子系统中的载流子密度很低, 只有最低的子带被电子占据. Zhang 等[163] 研究了高载流子密度的二维电子系统中的电子输运, 其中有两个子带被电子占据. 这就有可能使得具有相反自旋和不同的子带指标的两个能级变为简并的. 它导致了量子霍尔铁磁性. 电阻测量的核磁共振被用来寻找一些量子霍尔态的铁磁性特征的证据[164].

4. 双层系统

在一个双层的二维电子系统中, 层间的库仑相互作用与层内的库仑相互作用的彼此影响可以导致奇特的量子霍尔流体, 这在单层系统中是没有的. 目前为止报道的最有趣的相发生在总填充因子为 1 的情况. 实验暗示, 这种相是一种激子的玻色凝聚[17]. 随着层间距离的减小, 双层系统由一个弱耦合的各自具有填充因子 1/2 的可压缩态变成了一个层间相位相干的量子霍尔态. 几个实验组已经证明[129,144], 可以用测量电阻的方法来检测在这些双层系统中的原子核自旋弛豫. Spielman 等[144]利用了热脉冲和核磁共振相结合的方法. 他们观测到, 在进入相位相干的量子霍尔态的时候, T_1 有着一个迅速的变化. 实验结果暗示, 在从激子的量子霍尔相到弱耦合的金属相转变的时候, 电子的自旋极化变小.

在其他填充因子处, 双层系统表现出了丰富的自旋物理学现象. 例如, 在整数填充因子 $\nu=2$ 处, 双层系统可以被看作是霍尔铁磁体, 其中层的指标可以看成赝自旋[112]. Kumada 等[130] 测量了具有不同的隧穿势垒的双层系统量子霍尔铁磁体的 T_1. 当系统被缩减为 $\nu=2/3$ 附近的单层的时候, 用电流诱导的原子核自旋极化使得原子核自旋偏离平衡态, 然后通过测量 $\nu=2/3$ 附近的 R_{xx} 来监视原子核自旋极化的变化. 测量得到的 T_1 的温度依赖关系被认为是倾斜的反铁磁体 (canted antiferromagnet) 的证据. 最近, Knight 位移测量得到了关于这种物相的倾斜性质的新证据[165].

12.4 总结和展望

总之, 我们重点介绍了量子霍尔态中丰富多彩的自旋相关的电子态. 它们给出了利用超精细相互作用来操纵原子核自旋的新方法. 实验演示了动态极化原子核自旋的各种不同的交互翻转机制: 包括电子自旋共振导、边缘态之间的散射、整数量子霍尔效应的崩盘区里能级间散射, 以及 $\nu\sim 2/3$ 的分数量子霍尔态的自旋相变附近出现的畴区边界处的自旋翻转散射. 即使没有外加电流的情况下也观察到了依赖于填充因子的原子核自旋极化, 这表明利用栅极电压来调控原子核自旋似乎是可行的. 这一现象仍然有待解释.

研究量子霍尔区里电子和原子核之间的自旋相互作用给我们带来了选择性探测位于 2 维电子系统中的原子核的全电学新方法. 例如, 可以利用 $\nu=1/2,2/3$ 和其他填充因子处的纵向电阻 R_{xx} 来灵敏地探测原子核自旋极化. 将缩微化的核磁共振脉冲技术和原子核自旋的电学操纵与探测结合起来, 演示了原子核自旋的相干性.

反过来, 原子核自旋极化的动力学和原子核自旋的进动频率可以用来探测脆弱的电子态中的电子自旋极化. 由 Knight 位移和自旋弛豫速率得到的信息加深了我们对量子霍尔系统中自旋相关现象的理解. 虽然在过去的 20 年间已经有了巨大的进展, 但我们相信原子核自旋的研究仍将给我们带来对丰富多彩的量子霍尔效应更多和更加深刻的认识. 随着我们对这些引人入胜的二维电子系统中原子核–电子自旋相互作用的认识更加深入, 一定还会出现操纵和探测原子核自旋的新方法.

参 考 文 献

[1] K. von Klitzing, G. Dorda, M. Pepper, Phys. Rev. Lett. **45**, 494 (1980)
[2] D.C. Tsui, H.L. Stormer, A.C. Gossard, Phys. Rev. Lett. **48**, 1559 (1982)
[3] R.E. Prange, S.M. Girvin (eds.), *The Quantum Hall Effect* (Springer, New York, 1987)
[4] T. Chakraborty, *The Quantum Hall Effects* (Springer, Berlin, 1995)
[5] S. Das Sarma (ed.), *Perspectives in Quantum Hall Effects* (Wiley, New York, 1997)
[6] Z.F. Ezawa, *Quantum Hall Effects—Field Effect Approach and Related Topics* (World Scientific, Singapore, 2000)
[7] R.B. Laughlin, Phys. Rev. Lett. **50**, 1395 (1983)
[8] R. dePicciotto et al., Nature **389**, 162 (1997)
[9] L. Saminadayar et al., Phys. Rev. Lett. **79**, 2526 (1997)
[10] M. Reznikov et al., Nature **399**, 328 (1999)
[11] J. Martin et al., Science **305**, 980 (2004)
[12] J.K. Jain, Phys. Today **53**(4), 39 (2000)
[13] O. Heinonen (ed.), *Composite Fermions* (World Scientific, Singapore, 1998)
[14] J.K. Jain, *Composite Fermions* (Cambridge University Press, Cambridge, 2007)
[15] R.L. Willett et al., Phys. Rev. B **37**, 8476 (1988)
[16] H.W. Jiang et al., Phys. Rev. Lett. **65**, 633 (1990)
[17] J.P. Eisenstein, A.H. MacDonald, Nature **432**, 691 (2004)
[18] S.L. Sondhi et al., Phys. Rev. B **47**, 16419 (1993)
[19] S.E. Barrett et al., Phys. Rev. Lett. **74**, 5112 (1995)
[20] G. Moore, N. Read, Nucl. Phys. B **360**, 362 (1991)
[21] M. Greiter, X.G. Wen, F. Wilczek, Nucl. Phys. B **374**, 567 (1992)
[22] S. Das Sarma, M. Freedman, C. Nayak, Phys. Today **59**, 32 (2006)
[23] A.A. Koulakov, M.M. Fogler, B.I. Shklovskii, Phys. Rev. Lett. **76**, 499 (1996)
[24] R. Moessner, J.T. Chalker, Phys. Rev. B **54**, 5006 (1996)
[25] S.A. Kivelson, E. Fradkin, V.J. Emery, Nature **393**, 550 (1998)
[26] R.R. Du et al., Solid State Commun. **109**, 389 (1999)
[27] E. Fradkin, S.A. Kivelson, Phys. Rev. B **59**, 8065 (1999)

[28] E. Fradkin et al., Phys. Rev. Lett. **84**, 1982 (2000)
[29] A. Hartland et al., Phys. Rev. Lett. **66**, 969 (1991)
[30] A.M. Chang et al., Phys. Rev. B **28**, 6133 (1983)
[31] G.S. Boebinger et al., Phys. Rev. B **36**, 7919 (1987)
[32] A. Usher et al., Phys. Rev. B **41**, 1129 (1990)
[33] M. Dobers, K. von Klitzing, G. Weimann, Phys. Rev. B **38**, 5453 (1988)
[34] R.B. Laughlin, Phys. Rev. B **23**, 5632 (1981)
[35] S.H. Simon, in *Composite Fermions*, ed. by O. Heinonen (World Scientific, Singapore, 1998)
[36] B.I. Halperin, P.A. Lee, N. Read, Phys. Rev. B **47**, 7312 (1993)
[37] W. Kang et al., Phys. Rev. Lett. **71**, 3850 (1993)
[38] R.L. Willett et al., Phys. Rev. Lett. **71**, 3846 (1993)
[39] V.J. Goldman, B. Su, J.K. Jain, Phys. Rev. Lett. **72**, 2065 (1994)
[40] J.H. Smet et al., Phys. Rev. Lett. **77**, 2272 (1996)
[41] I.V. Kukushkin et al., Nature **415**, 409 (2002)
[42] B.I. Halperin, Phys. Rev. B **25**, 2185 (1982)
[43] M. Büttiker, Phys. Rev. B **38**, 9375 (1988)
[44] A.H. MacDonald, P. Streda, Phys. Rev. B **29**, 1616 (1984)
[45] T.J. Thornton et al., Phys. Rev. Lett. **56**, 1198 (1986)
[46] H.Z. Zheng et al., Phys. Rev. B **34**, 5635 (1986)
[47] B.J. van Wees et al., Phys. Rev. Lett. **62**, 1181 (1989)
[48] B.J. van Wees et al., Phys. Rev. B **43**, 12431 (1991)
[49] D. Yoshioka, *The Quantum Hall Effect* (Springer, Berlin, 2002)
[50] K. von Klitzing, *25 Years of Quantum Hall Effects.* Séminar Poincaré (Vol. 2, p. 1) (2004)
[51] H.L. Stormer, Rev. Mod. Phys. **71**, 875 (1999)
[52] D.C. Tsui, Rev. Mod. Phys. **71**, 891 (1999)
[53] R.B. Laughlin, Rev. Mod. Phys. **71**, 863 (1999)
[54] S.M. Girvin, *Introduction to the Fractional Quantum Hall Effect.* Séminar Poincaré (Vol. 2, p. 53) (2004)
[55] B.I. Halperin, Helv. Phys. Acta **56**, 75 (1983)
[56] T. Chakraborty, F.C. Zhang, Phys. Rev. B **29**, 7032 (1984)
[57] F.C. Zhang, T. Chakraborty, Phys. Rev. B **30**, 7320 (1984)
[58] X.C. Xie, Y. Guo, F.C. Zhang, Phys. Rev. B **40**, 3487 (1989)
[59] J.P. Eisenstein et al., Phys. Rev. Lett. **62**, 1540 (1989)
[60] R.G. Clark et al., Phys. Rev. Lett. **62**, 1536 (1989)
[61] J.P. Eisenstein et al., Phys. Rev. B **41**, 7910 (1990)
[62] L.W. Engel et al., Phys. Rev. B **45**, 3418 (1992)

[63] H. Cho, J.B. Young, W. Kang, K.L. Campman, A.C. Gossard, M. Bichler, W. Wegscheider, Phys. Rev. Lett. **81**, 2522 (1998)

[64] R.R. Du et al., Phys. Rev. Lett. **75**, 3926 (1995)

[65] J.H. Smet et al., Phys. Rev. Lett. **86**, 2412 (2001)

[66] I.V. Kukushkin, K. von Klitzing, K. Eberl, Phys. Rev. Lett. **82**, 3665 (1999)

[67] A.E. Dementyev et al., Phys. Rev. Lett. **83**, 5074 (1999)

[68] S. Melinte et al., Phys. Rev. Lett. **84**, 354 (2000)

[69] T. Jungwirth et al., Phys. Rev. Lett. **81**, 2328 (1998)

[70] A.S. Yeh, H.L. Stormer, D.C. Tsui, Phys. Rev. Lett. **82**, 592 (1999)

[71] M.A. Ruderman, C. Kittel, Phys. Rev. **96**, 99 (1954)

[72] T. Machida et al., Physica E **21**, 921 (2004)

[73] A. Berg et al., Phys. Rev. Lett. **64**, 2563 (1990)

[74] O.V. Lounasmaa, Phys. Today **42**(10), 26 (1989)

[75] A. Abragam, *The Principles of Nuclear Magnetism* (Oxford University Press, London, 1961)

[76] D.R. Lide (ed.), *CRC Handbook of Chemistry and Physics* (CRC Press, Boca Raton, 2008)

[77] D. Paget, G. Lampel, B. Sapoval, V.I. Safarov, Phys. Rev. B **15**, 5780 (1977)

[78] M.I. Dyakonov, V.I. Perel, in *Optical Orientation*, ed. by F. Meier, B.P. Zakharchenya (Elsvier, New York, 1984)

[79] F. Meier, B.P. Zakharchenya (eds.), *Optical Orientation* (Elsevier, New York, 1984)

[80] M. Dobers et al., Phys. Rev. Lett. **61**, 1650 (1988)

[81] J. Strand et al., Phys. Rev. Lett. **91**, 036602 (2003)

[82] C.P. Slichter, *Principles of Magnetic Resonance* (Harper & Row Publishers, New York, 1963)

[83] J. Korringa, Physica **16**, 601 (1950)

[84] K. Hashimoto et al., Phys. Rev. Lett. **94**, 146601 (2005)

[85] J.H. Kim, I.D. Vagner, L. Xing, Phys. Rev. B **49**, 16777 (1994)

[86] R. Côté et al., Phys. Rev. Lett. **78**, 4825 (1997)

[87] C.X. Deng, X.D. Hu, Phys. Rev. B **72**, 165333 (2005)

[88] D. Paget, Phys. Rev. B **25**, 4444 (1982)

[89] K.R. Wald et al., Phys. Rev. Lett. **73**, 1011 (1994)

[90] H. Sanada et al., Phys. Rev. Lett. **96**, 067602 (2006)

[91] I.L. Chuang et al., Nature **393**, 143 (1998)

[92] L.M.K. Vandersypen et al., Nature **414**, 883 (2001)

[93] R. Tycko et al., Science **268**, 1460 (1995)

[94] D.C. Dixon et al., Phys. Rev. B **56**, 4743 (1997)

[95] S. Kronmüller et al., Phys. Rev. Lett. **82**, 4070 (1999)

[96] J.H. Smet et al., Nature **415**, 281 (2002)
[97] K. Hashimoto et al., Phys. Rev. Lett. **88**, 176601 (2002)
[98] W. Desrat et al., Phys. Rev. Lett. **88**, 256807 (2002)
[99] A. Würtz et al., Phys. Rev. Lett. **95**, 056802 (2005)
[100] G. Gervais et al., Phys. Rev. Lett. **94**, 196803 (2005)
[101] J.M. Kikkawa, D.D. Awschalom, Science **287**, 473 (2000)
[102] D. Rugar et al., Nature **430**, 329 (2004)
[103] I.D. Vagner, T. Maniv, Phys. Rev. Lett. **61**, 1400 (1988)
[104] E. Olshanetsky et al., Phys. Rev. B **67**, 165325 (2003)
[105] S.V. Iordanskii, S.V. Meshkov, I.D. Vagner, Phys. Rev. B **44**, 6554 (1991)
[106] D. Antoniou, A.H. MacDonald, Phys. Rev. B **43**, 11686 (1991)
[107] B.E. Kane, L.N. Pfeiffer, K.W. West, Phys. Rev. B **46**, 7264 (1992)
[108] T. Machida et al., Physica E **25**, 142 (2004)
[109] T. Machida et al., Phys. Rev. B **65**, 233304 (2002)
[110] H.A. Fertig et al., Phys. Rev. B **50**, 11018 (1994)
[111] X.C. Xie, S. He, Phys. Rev. B **53**, 1046 (1996)
[112] S.M. Girvin, Phys. Today **53**(6), 39 (2000)
[113] T.H.R. Skyrme, Nucl. Phys. **31**, 556 (1962)
[114] A. Schmeller et al., Phys. Rev. Lett. **75**, 4290 (1995)
[115] E.H. Aifer, B.B. Goldberg, D.A. Broido, Phys. Rev. Lett. **76**, 680 (1996)
[116] L. Brey et al., Phys. Rev. Lett. **75**, 2562 (1995)
[117] C. Timm, S.M. Girvin, H.A. Fertig, Phys. Rev. B **58**, 10634 (1998)
[118] V. Bayot et al., Phys. Rev. Lett. **76**, 4584 (1996)
[119] V. Bayot et al., Phys. Rev. Lett. **79**, 1718 (1997)
[120] L.A. Tracy et al., Phys. Rev. B **73**, 121306 (2006)
[121] R.G. Clark et al., Surf. Sci. **229**, 25 (1990)
[122] K. Hashimoto, T. Saku, Y. Hirayama, Phys. Rev. B **69**, 153306 (2004)
[123] V. Piazza et al., Nature **402**, 638 (1999)
[124] K. Vyborny et al., Phys. Rev. B **75**, 045434 (2007)
[125] O. Stern et al., Phys. Rev. B **70**, 075318 (2004)
[126] S. Kraus et al., Phys. Rev. Lett. **89**, 266801 (2002)
[127] S. Kronmüller et al., Phys. Rev. Lett. **81**, 2526 (1998)
[128] G. Yusa et al., Nature **434**, 1001 (2005)
[129] N. Kumada et al., Phys. Rev. Lett. **94**, 096802 (2005)
[130] N. Kumada, K. Muraki, Y. Hirayama, Science **313**, 329 (2006)
[131] J.H. Smet et al., Phys. Rev. Lett. **92**, 086802 (2004)
[132] V. Kalmeyer, S.C. Zhang, Phys. Rev. B **46**, 9889 (1992)
[133] J.H. Smet et al., Phys. Rev. Lett. **83**, 2620 (1999)

[134] R.L. Willett, K.W. West, L.N. Pfeiffer, Phys. Rev. Lett. **83**, 2624 (1999)
[135] J.K. Jain, R.K. Kamilla, Phys. Rev. B **55**, R4895 (1997)
[136] J.K. Jain, R.K. Kamilla, Intern. J. Mod. Phys. B **11**, 2621 (1997)
[137] K. Park, J.K. Jain, Phys. Rev. Lett. **80**, 4237 (1998)
[138] N. Freytag et al., Phys. Rev. Lett. **89**, 246804 (2002)
[139] R. Shankar, G. Murthy, Phys. Rev. Lett. **79**, 4437 (1997)
[140] R. Shankar, Phys. Rev. B **63**, 085322 (2001)
[141] G. Murthy, R. Shankar, Rev. Mod. Phys. **75**, 1101 (2003)
[142] F.C. Zhang, S. Das Sarma, Phys. Rev. B **33**, 2903 (1986)
[143] R. Shankar, Phys. Rev. Lett. **84**, 3946 (2000)
[144] I.B. Spielman et al., Phys. Rev. Lett. **94**, 076803 (2005)
[145] L.A. Tracy et al., Phys. Rev. Lett. **98**, 086801 (2007)
[146] A.D. Mirlin, D.G. Polyakov, P. Wölfle, Phys. Rev. Lett. **80**, 2429 (1998)
[147] G. Murthy, R. Shankar, Phys. Rev. B **76**, 075341 (2007)
[148] G. Ebert, K. von Klitzing, K. Ploog, G. Weimann, J. Phys. C **16**, 5441 (1983)
[149] M.E. Cage et al., Phys. Rev. Lett. **51**, 1374 (1983)
[150] A.M. Martin et al., Phys. Rev. Lett. **91**, 126803 (2003)
[151] S. Komiyama et al., Solid State Commun. **54**, 479 (1985)
[152] O. Heinonen, P.L. Taylor, S.M. Girvin, Phys. Rev. B **30**, 3016 (1984)
[153] L. Eaves, F.W. Sheard, Semicond. Sci. Technol. **1**, 346 (1986)
[154] A.M. Song, P. Omling, Phys. Rev. Lett. **84**, 3145 (2000)
[155] M. Kawamura, H. Takahashi et al., Appl. Phys. Lett. **90**, 022102 (2007)
[156] P.K. Lam, S.M. Girvin, Phys. Rev. B **30**, 473 (1984)
[157] D. Levesque, J.J. Weis, A.H. MacDonald, Phys. Rev. B **30**, 1056 (1984)
[158] X.J. Zhu, S.G. Louie, Phys. Rev. B **52**, 5863 (1995)
[159] P.D. Ye et al., Phys. Rev. Lett. **89**, 176802 (2002)
[160] Y.P. Chen et al., Phys. Rev. Lett. **93**, 206805 (2007)
[161] G. Gervais et al., Phys. Rev. B **72**, 041310 (2005)
[162] Y.B. Lyanda-Geller, I.L. Aleiner, B.L. Altshuler, Phys. Rev. Lett. **89**, 107602 (2002)
[163] X.C. Zhang, D.R. Faulhaber, H.W. Jiang, Phys. Rev. Lett. **95**, 216801 (2005)
[164] X.C. Zhang, G.D. Scott, H.W. Jiang, Phys. Rev. Lett. **98**, 246802 (2007)
[165] N. Kumada, K. Muraki, Y. Hirayama, Phys. Rev. Lett. **99**, 076805 (2007)

第 13 章 稀磁性半导体的基本物理学和光学性质

J. Cibert, D. Scalbert

13.1 导 论

稀磁性半导体 (diluted magnetic semiconductors, DMS) 构成了一种新型的磁性材料, 填补了铁磁体和半导体之间的空白[1]. 在早期文献中, 这些稀磁性半导体经常被称为半磁性半导体, 因为它们处于磁性和非磁性材料之间. 稀磁性半导体是用磁性杂质来替换了一部分 (x) 阳离子的半导体化合物 ($A_{1-x}M_xB$), 因此在宿主半导体材料 AB 中引入了磁性. 它与半导体性的铁磁体有着显著差别, 后者包括早已了解的表现出半导体输运特征的铁磁性材料 (见文献 [2] 中的综述). 稀磁性半导体有希望在保持其经典的半导体特性的同时为异质结构的完全集成 (包括异质结构与宿主材料的集成) 提供机会. 本领域研究的巨大挑战和最终目标是获得在室温下具有铁磁性质的稀磁性半导体, 可以将它集成到半导体异质结构中以便进行电子学的或光电子学的应用. 这是自旋电子学器件发展中的一个重要问题.

在主要的稀磁性半导体材料体系中, 对以 Mn(锰) 作为磁性杂质的Ⅱ-Ⅵ族以及Ⅲ-Ⅴ族稀磁性半导体的理解最为透彻. 因此, 本章主要用这些化合物来介绍稀磁性半导体中已成定论的基本物理知识. 可以在综述文章 [3]~[5] 中找到更多的细节. 我们也会简要地讨论一些与正在进展的工作 (主要是新材料) 有关的问题.

13.2 Ⅱ-Ⅵ族和Ⅲ-Ⅴ族稀磁性半导体的能带结构

稀磁性半导体的能带结构与其宿主Ⅱ-Ⅵ族或Ⅲ-Ⅴ族半导体的能带结构非常相似. 它们具有闪锌矿或纤锌矿的能带结构, 而且除了一些Ⅲ-Ⅴ化合物之外, 它们也具有直接带隙 (图 13.1). 但是, 除此之外, Mn 原子的 d 态 (多少有一些局域化的性质) 对整体态密度有贡献, 并且决定了稀磁性半导体的重要磁性质, 13.3 节中将讨论这一点. 在Ⅱ-Ⅵ族稀磁性半导体中, Mn 原子具有等电子杂质的行为, 通常并不引入束缚态. Mn 原子的两个 4s 电子参与形成共价键, 而它的 d 壳层相对保持不变. 因此, 在零磁场中, 稀磁性半导体的半导体性质与非磁性的Ⅱ-Ⅵ合金的性质看起来是一样的. 与其他标准合金类似, 稀磁性半导体的能隙随着 Mn 含量而发生改变, 合金组分的起伏导致了势场的变化, 在带边具有局域化的态尾巴.

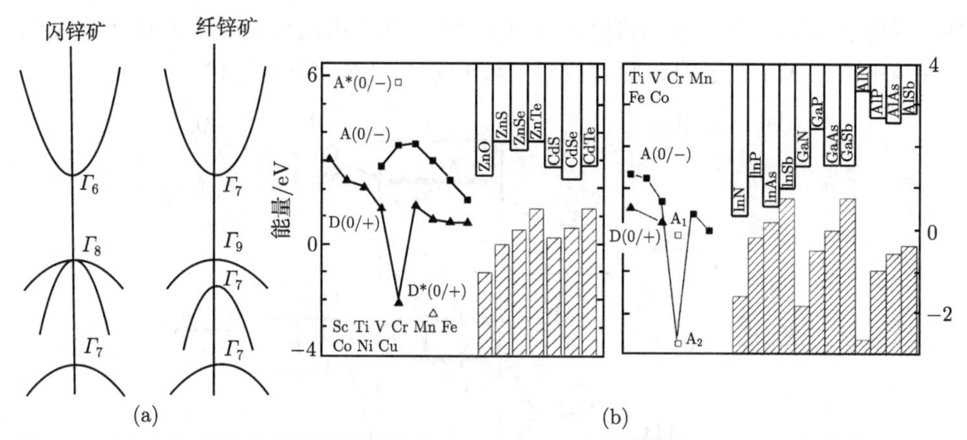

图 13.1 (a) 布里渊区中心附近的闪锌矿(zinc-blende) 和纤锌矿 (wurtzite) 能带结构示意图. (b) 过渡族金属能级与Ⅱ-Ⅵ 族和Ⅲ-Ⅴ族化合物的导带边和价带边的大致的相对位置。三角形表示 d^N/d^{N-1} 施主态, 方块表示 d^N/d^{N+1} 受主态[6]

在Ⅲ-Ⅴ族稀磁性半导体中, Mn 原子在半导体的能隙中引入了能级. 在了解最深的锑化物和砷化物中, Mn 具有浅受主的性质. 它保持了自己的 d^5 构型, 并微弱地束缚了一个空穴[7]. 因此, 在 Mn 浓度比较小的时候, Ⅲ-Ⅴ稀磁性半导体会经历一个绝缘体到金属的相变, 虽然稀磁性半导体中的临界密度要比宿主材料高得多[8,9].

当存在外磁场或者出现自发磁化的时候, 稀磁性半导体的磁性质就起作用了. 这种 p-d 杂化理解稀磁性半导体的磁性质和磁光性质是非常重要的. 如 13.3 节所述, 这将在价带的空穴与 Mn 原子之间产生很强的交换相互作用. 因此, 稀磁性半导体的磁性质极大地依赖于 p-d 杂化和 d 能级在宿主能带结构中的位置 (图 13.1 和图 13.2). 这些位置决定了将被占据的 d 能级中的电子激发到价带顶部 (d^5/d^4 施主), 或者是将电子从价带顶激发到未被占据的 d 轨道 (d^5/d^6 受主) 所需的能量. 在后一种情况存在额外的能量需求, 因为 d 壳层内的库仑能 (用来将一个电子加入到 Mn 的 d 轨道所需的能量)U_{eff} 在 d^5 构型下特别大, 见图 13.1. 在单电子图像中, d 轨道被立方晶场劈裂为双重简并的 e_{g} 态 (由于对称性它们不与阴离子的 p 轨道发生混合)和三重简并的 $t_{2\text{g}}$ 态 (它们与 p 轨道发生混合).

实验上, 在 CdMnTe 中观测到的 Mn 原子的 d 壳层中的自旋反转激发在 2.2eV 以上. Mn 在 d^5 构型下的基态的总自旋为 $S = 5/2$, 服从洪特定则, 而轨道角动量为零. 翻转一个 d 电子得到总自旋为 $S = 3/2$ 的具有非零总角动量的 d 壳层的激发态. 与基于宇称规则和自旋守恒的期望相反, 激发态和基态之间的光学跃迁是电偶极允许的, 这是由于缺失了立方晶场的反演对称性以及自旋–轨道耦合导致的 $S = 5/2$ 态和 $S = 3/2$ 态之间的耦合. 虽然这些跃迁比较弱①, 但是在宽带隙稀磁

① 在不同于 d^5 构型的磁离子中, 观测到了更强的、自旋允许的跃迁.

性半导体的光学性质中, 并不能忽视它们[11~13]. 同样的混合也导致了Ⅱ–Ⅵ稀磁性半导体中孤立 Mn 原子的自旋-晶格弛豫, 13.6 节将对此进行讨论.

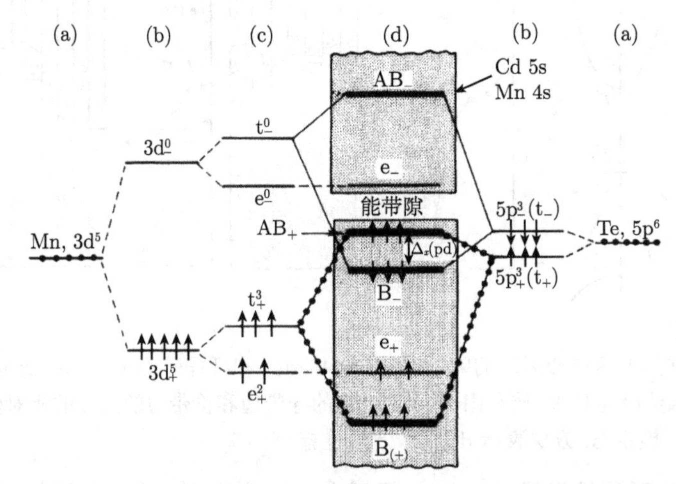

图 13.2 CdMnTe 中 p-d 杂化的示意图 (根据 Wei 和 Zunger 的文献 [10]). (a) 非极化的原子能级; (b) 交换劈裂 (exchange-split) 的原子能级; (c) 晶场劈裂 (crystal-field split) 的原子能级; (d) 最终的相互作用态. 与自旋向上、被占据的 d 轨道和自旋向下、未被占据的的 d 轨道的能级相斥 (level repulsion) 决定了 p-d 交换相互作用的符号 (见 13.3 节)

13.3 稀磁性半导体中的交换相互作用

稀磁性半导体中主要的交换相互作用已经很清楚了. 能带中的态与局域化的 Mn 原子 d 轨道之间的 s, p-d 交换相互作用在很大程度上决定了稀磁性半导体的磁光性质. 大多数实验中涉及的光学跃迁都位于半导体的直接带隙附近, 因此我们着重考虑布里渊区中心的交换相互作用.

13.3.1 s, p-d 交换相互作用

1. s-d交换相互作用

s-d 交换相互作用是直接交换相互作用的一个简单例子. 由于泡利不相容原理, 具有相同自旋的两个电子会相互躲避, 因此它们的 (排斥) 库仑相互作用就变小了, 而自旋相反的电子可以彼此接近. 这样 s-d 相互作用就是 “铁磁性的”①. 可以用唯象的近藤式哈密顿量 (phenomenological Kondo-like Hamiltonian)$H_{\mathrm{K}} = -\sum_i J_{\text{s-d}}(\boldsymbol{r}-\boldsymbol{R}_i)\boldsymbol{S}_i\cdot\boldsymbol{s}$ 来描述, 交换作用的耦合常数 $J_{\text{s-d}}$ 为正. 在此处以及下

① 这容易产生误解. 因为 CdMnTe 的 s 态和 p 态电子的朗德因子具有不同的符号, 自旋平行时磁矩是反平行的. 一个后果就是低 Mn 含量的样品中导带电子的拉莫尔频率的磁场依赖关系, 见图 13.17.

文中, $\boldsymbol{s}$和$\boldsymbol{r}$ 是载流子的自旋和位置 (是波函数的因变量), 而 $\boldsymbol{S}_i$ 和 $\boldsymbol{R}_i$ 是标号为 i 的磁性杂质的自旋和位置 (它是固定不动的). 交换相互作用是短程的, 因为它只存在 s 轨道和 d 轨道重迭的区域.

我们必须在波函数 $\langle \boldsymbol{r}|\boldsymbol{k}\rangle = u_{c,\boldsymbol{k}}(\boldsymbol{r})\exp(\mathrm{i}\boldsymbol{k}\cdot\boldsymbol{r})$ 的布洛赫态 $|\boldsymbol{k}, m_\mathrm{s}\rangle$ 上计算矩阵元, 因此有[14]

$$\langle \boldsymbol{k}', m_\mathrm{s}'|H_\mathrm{K}|\boldsymbol{k}, m_\mathrm{s}\rangle = -\sum_i J_{\boldsymbol{k}',\boldsymbol{k}}\mathrm{e}^{\mathrm{i}(\boldsymbol{k}-\boldsymbol{k}')\cdot\boldsymbol{R}_i}\boldsymbol{S}_i\cdot\langle m_\mathrm{s}'|\boldsymbol{s}|m_\mathrm{s}\rangle \tag{13.1}$$

特别地, 一般用 $N_0\alpha$ 来描述导带底部布洛赫态 $u_{c,0}$ 的交换积分, 其定义为

$$N_0\alpha = J_{0,0} = \frac{\displaystyle\int |u_{c,0}(\boldsymbol{r})|^2 J_{s\text{-}d}(\boldsymbol{r}) d^3\boldsymbol{r}}{\displaystyle\int |u_{c,0}(\boldsymbol{r})|^2 \mathrm{d}^3\boldsymbol{r}} \tag{13.2}$$

其中, 积分要在整个元胞体积上计算, $v_0 = N_0^{-1}$(等于闪锌矿结构中立方胞的 1/4). 这个参数给出了 13.5 节描述的巨塞曼效应的大小. 当使用有效质量近似来描述限制效应时出现的是同一个交换积分 $N_0\alpha$: 在最简单的形式中, 忽略了任何与 k 有关的交换积分, 因此有效哈密顿量的形式为

$$H = -\alpha\sum_i \boldsymbol{S}_i\cdot\boldsymbol{s}\delta(\boldsymbol{r}-\boldsymbol{R}_i) \tag{13.3}$$

2. p-d 交换相互作用

当 d 能级位于价带中时, Ⅱ-Ⅵ族的稀磁性半导体就是如此, p-d 杂化导致了一种被称为运动学交换作用 (kinetic exchange) 的额外的交换相互作用, 它具有“反铁磁性”的符号[15]. 运动学交换作用要强于通常的直接交换作用, 因此用于表示的交换积分 $N_0\beta$ 就是负的①.

假设 Mn 的自旋是完全 (向上) 极化的, 看一下杂化的 Mn 离子和价带态的能级位置, 就可以很容易地理解运动学交换作用的物理机制. 如图 13.2 所示, 在靠近价带最大值的附近, 自旋向上的反键态向高能方向移动, 而自旋向下的成键态向低能方向移动. 二阶微扰给出的这些位移为

$$\delta E_\uparrow \cong \frac{(V_\mathrm{pd})^2}{\varepsilon_\mathrm{v}-\varepsilon_\mathrm{d}} \tag{13.4}$$

$$\delta E_\downarrow \cong -\frac{(V_\mathrm{pd})^2}{\varepsilon_\mathrm{d}+U_\mathrm{eff}-\varepsilon_\mathrm{v}} \tag{13.5}$$

① 负的 β 也意味着 Mn 的自旋和占据价带顶部的空穴气直接的“反铁磁性”耦合. 但是, 如果有效朗德因子具有相反的符号的话 (如在 CdMnTe 中), 反平行自旋的磁矩可能是平行的. 注意, 交换相互作用参数 β 作用于空穴的自旋而不是它的总体角动量.

其中, V_{pd} 为 p-d 杂化参数, ε_{v} 为价带能量最大值, ε_{d} 为 Mn 的 $t_{2\mathrm{g}}$ 能级, U_{eff} 为 d 壳层内的库仑能 (用来将第 6 个电子加入到 Mn 的 d 轨道所需的能量). 自旋向上态和自旋向下态之间的能量差与 p-d 交换积分有关, $\delta E_{\uparrow}-\delta E_{\downarrow}=-N_0\beta S$. 除了一个数值因子以外, Schrieffer-Wolff 变换[16] 给出的 $N_0\beta$ 可以用物理上很明确的方式得出

$$N_0\beta\cong-\frac{(4V_{\mathrm{pd}})^2}{S}\left(\frac{1}{\varepsilon_{\mathrm{v}}-\varepsilon_{\mathrm{d}}}+\frac{1}{\varepsilon_{\mathrm{d}}+U_{\mathrm{eff}}-\varepsilon_{\mathrm{v}}}\right) \tag{13.6}$$

3. 对局域交换作用的偏离

s,p-d 交换相互作用是短程的接触式的相互作用, 通常假设如式 (13.3) 所示. 然而, 在某些情况下, 有必要突破这种近似, 特别是在需要考虑交换积分的 k 依赖关系的时候. 例如, 在厚度为 L 的量子阱中, 受限载流子具有有限的动量 $p\sim h/2L$. 这就减小了导带电子的 s-d 交换相互作用, 因为有限值 k 允许运动学交换作用 (与直接交换作用的符号相反)[17]. 在 $\boldsymbol{k}\cdot\boldsymbol{p}$ 近似中很容易理解这一点, 它是因为 $k=0$ 处导带态和价带态的混合 (换句话说, 离开布里渊区中心就允许 s-d 杂化了). 文献 [14] 也考虑了价带中的这一效应, 预言在量子点中效应更强.

此外, 接触相互作用不能够解释交换相互作用导致的束缚态. 当交换积分与载流子的有效质量之比足够大的时候就会出现这种情况, 此时, 交换能的好处要大于由于载流子受限引起的动能的增大, 对于载流子来说, 停留在磁原子附近从能量上考虑更有利一些. 这就对应着所谓的 Zhang-Rice 极化子的生成. 13.5.1 节描述了这种情况.

13.3.2 d-d 交换相互作用

在过渡金属中, d 轨道之间的交叠很大, 形成了 d 带. 与此不同的是, 稀磁性半导体中 Mn 原子之间的直接交换相互作用可以忽略不计, 因为它们的 d 轨道并不交叠. 因此, 最重要的 d-d 交换相互作用是通过价带或者导带中的态来传递的. 因为半导体中的载流子密度很容易调控, 稀磁性半导体的交换相互作用与绝缘体 (超交换作用 superexchange, 双交换作用 double exchange, Bloembergen-Rowland 相互作用) 或金属 (RKKY 相互作用, Ruderman-Kittel-Kasuya-Yosida 的缩写) 都非常不同. 被接受的术语区分了由参与媒介 (半导体中的电子或空穴) 的极化来传递的间接交换作用和由于磁性 (d) 轨道和非磁性 (s,p) 轨道的共价混合导致的超交换作用. RKKY 和 Bloembergen-Rowland 交换作用是熟知的间接相互作用的例子.

1. 超交换相互作用

在非掺杂的稀磁性半导体以及大多数的磁性绝缘体中, 超交换相互作用是主要的相互作用机制. 它也是 d 轨道和被占据的 sp 轨道之间的杂化导致的结果. 为

了理解超交换相互作用的物理基础, 考虑一个简单的三维图像就足够了, 其中两个最近邻的 Mn 磁矩通过一个共同的阴离子来相互作用[18]. 因为杂化, 相反自旋的 d 电子倾向于在阴离子处有着微弱的非局域化, 因此降低了它们的动能, 而自旋相同的 d 电子由于泡利不相容原理而不能变得非局域化 (图 13.3). 这样一来, 按照 Anderson 的方法[19], 超交换相互作用是 "运动学交换作用" 的结果, 这与前面讨论过的 p-d 交换相互作用类似, 而且它通常是导致非金属中局域自旋之间的反铁磁耦合的决定性因素. 利用二阶微扰理论可以得到超交换相互作用耦合参数的近似表示[18] 为 $J \sim \delta E_{\uparrow\downarrow} = -b^2/U_{\text{eff}}$, 其中 b 为 Mn 原子之间的跳跃积分, U_{eff} 为 d 壳层内的库仑能. 当然, 因为跳跃是通过阴离子的 p 轨道进行的, 它已经是杂化势的二阶效应, 所以超交换相互作用可以被视为四阶效应, 如图 13.3 中的右图所示.

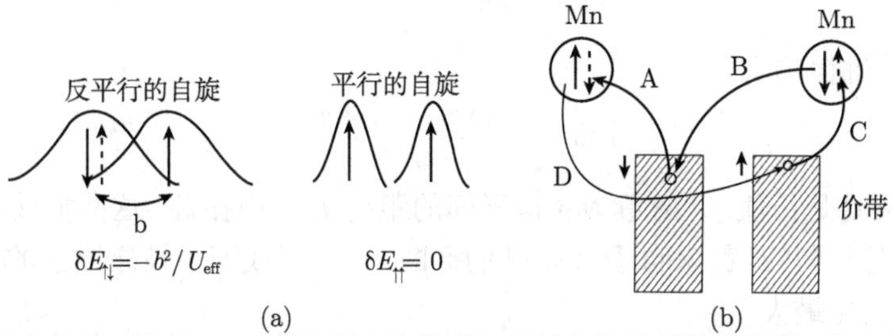

图 13.3 超交换相互作用. (a) 反平行自旋构型与平行自旋构型的波函数. 只有反平行构型才可能发生跳跃从而减小动能. (b) 通过在价带中虚产生 (virtual creation) 两个空穴的四阶过程使得两个 Mn 原子之间的自旋交换作用成为可能. 实 (虚) 箭头表示位于初态 (终态) 中的自旋

2. 双交换相互作用

Zener 首先引入的双交换相互作用的物理机制出现在混合价化合物中, 其中的磁离子以不同的电荷态存在. 这一机制被用来解释锰化物和钙钛矿的磁性质[20], 但是在宽带隙稀磁性半导体中也很重要, 比如说 ZnMnO 和 GaMnN, 其中 $Mn^{2+}(d^5)$ 和 $Mn^{3+}(d^4)$ 可以同时存在. 双交换通过一个 d 电子由一个 Mn 原子到另一个 Mn 原子的虚跳跃来实现, 即跃迁过程 $(d^4\text{-}d^5) \rightarrow (d^5\text{-}d^4)$. 如果 Mn 的自旋是平行的, 那么这种虚跃迁并不消耗任何能量 (在实际情况中, 两个 Mn 位可能是不等价的, 比如说, 它们可能感受到不同的内建电场). 因此, 前面为超交换机制引入的跳跃积分 b 就给出了动能的收益. 如果自旋是反平行的, 虚跃迁就牵涉到 Mn 的 d 壳层中的激发态, 其中, 第 5 个原子具有相反的自旋, 根据洪特定则就需要消耗能量. 因此, 反平行构型中动能的增加要小得多, 这就导致了铁磁性相互作用.

3. RKKY 相互作用

前面所考虑的 d-d 交换相互作用对绝缘体有效. 相反, 当样品中存在高密度的自由载流子的时候. 例如, 在金属或者是高度简并的半导体中, RKKY 机制就重要起来. 它是多种稀磁性半导体中磁性的来源. 它是一种间接耦合, 一个磁矩通过诱导周围载流子产生自旋极化从而与附近的另一个磁矩发生相互作用. 因此, 它可以被作为 s-d(或 p-d) 交换相互作用的二阶微扰来处理. 费米海中的一个载流子与第一个磁原子的交换相互作用将其散射着一个空态 ($k > k_{\mathrm{F}}$), 然后又被第二个磁原子散射回初态. Rudermann 和 Kittel[21] 首先对此进行了计算, 他们考虑了两个原子核通过它们与自由电子的超精细相互作用而产生的间接相互作用. 这与两个磁性原子之间的间接交换相互作用问题是完全类似的. 间接交换耦合具有海森伯哈密顿量 $H = -J_{ij}\boldsymbol{S}_i \cdot \boldsymbol{S}_j$①

$$J_{i,j} = \frac{\rho\left(\varepsilon_{\mathrm{F}}\right) k_{\mathrm{F}}^{3} J_{\mathrm{sp\text{-}d}}^{2}}{2\pi} f\left(2k_{\mathrm{F}} R_{ij}\right)$$

其中, 对于三维情形有

$$f\left(x\right) = \frac{\sin x - x\cos x}{x^{4}} \tag{13.7}$$

$J_{i,j}$ 在近距离处是正值, 并随着 Mn 原子间的距离 $R_{i,j}$ 而振荡. 这些振荡与 Friedel 振荡的起源是相同的, 都来自于 $2k_{\mathrm{F}}$ 处的截断, 它使得载流子被磁原子的交换散射时波矢量的变化最大.

文献 [22] 推导了二维和一维情况下 $f\left(x\right)$ 的形式, 它们也很重要, 因为稀磁性半导体物理学的许多新进展都与低维结构有关.

13.4 磁 性 质

稀磁性半导体的磁性质取决于磁原子引入的局域磁矩之间的交换相互作用. 在 13.3.2 节中我们看到, 自由载流子的存在可以显著地影响这些相互作用, 在局域磁矩之间引入铁磁性耦合, 因此将分别讨论非掺杂和掺杂磁性半导体的磁性质. 我们着重讨论包含 d^5 构型 Mn 原子的材料, 其基态由 $^6\mathrm{S}$ 原子态导出, 因此, 在晶体中由于轨道动量的缺失, Mn 的自旋 g 因子是高度各向同性的.

13.4.1 非掺杂的稀磁性半导体

1. 顺磁性和布里渊函数

当 Mn 的浓度比较低或者温度比较高的时候, Mn 的自旋或多或少地表现出彼此独立的行为. 这意味着在一阶近似下可以忽略 Mn 自旋之间的相互作用, 磁场中自旋的取向仅仅取决于热激发. 自旋的平均值为 $\langle S_z \rangle = -SB_S\left(\xi\right)$, 其中 $S = 5/2$, 而 $B_S\left(\xi\right)$ 为广为人知的自旋 S 的布里渊函数

① 文献中 $J_{i,j}$ 的定义并不都一样 (符号, 以及对系综位置 i 和 j 的双求和带来的因子 2).

$$B_S(\xi)=\frac{2S+1}{2}\coth\left(\frac{2S+1}{2S}\xi\right)-\frac{1}{2}\coth\left(\frac{\xi}{2S}\right) \tag{13.8}$$

其中因变量 ξ 为塞曼能与热能之比 $\xi = g\mu_B SB/k_B T$, 当 $\xi \ll 1$, 也就是低场或高温情况下, 泰勒展开给出 $B_S \approx \xi(S+1)/3$. 磁化 M 与磁场 B 成线性关系, $M = \chi_{Mn}B$, 其中静磁化率 χ_{Mn} 具有居里形式

$$\chi_{Mn}=\frac{N_0 x (g\mu_B)^2 S(S+1)}{3k_B T}=\frac{C}{T} \tag{13.9}$$

2. 反铁磁性和修正的布里渊函数

除了在浓度非常低从而可以忽略 Mn 和 Mn 之间相互作用的情况下, 居里定律不足以描述真实的稀磁性半导体. 这实际上是件好事情, 因为这些相互作用导致了有趣的非平凡的磁性质①. Mn 之间的相互作用导致了对布里渊函数的偏离, 可以用 "修正的布里渊函数" 和 "磁化台阶" 来描述②.

一个简单的平均场理论可以计入 Mn-Mn 相互作用: 除了外磁场, 每一个磁矩还感受到其他磁矩产生的分子 (交换作用) 场 B_m, 正比于它们的磁化 $B_m = \lambda M$. 这就给出了著名的居里–外斯定律 $\chi_{Mn} = C/(T-\theta)$, 其中, 如果 Mn-Mn 之间的相互作用为反铁磁性的 (铁磁性的), 那么居里–外斯温度 $\theta = \lambda C$ 为负值 (正值). 利用海森伯哈密顿量可以很容易地计算出 B_m 并得到居里–外斯温度的表达式

$$\theta = S(S+1)\sum_j J_{ij}/3k_B \tag{13.10}$$

其中对除了中心位置 i 以外的所有被磁原子占据的晶格位置求和.

实验上, 当温度显著高于 Mn-Mn 相互作用的典型温度时, 稀磁性半导体的居里–外斯定律被很好地验证了. 在其他情况下, 将随机分布的稀疏 Mn 原子的海森伯哈密顿量按 $(k_B T)^{-1}$ 展开就可以得到对居里–外斯定律的修正[27].

在较低的温度下, 可以观测到另一种具有不同的参数的居里–外斯定律. 虽然不存在对任意 x, B 和 T 都适用的一般公式, 但是, 在此温度范围内而且磁场不特别大的时候, 由 Gaj、Planel 和 Fishman[28] 引入的经验修正的布里渊函数精确地描述了磁化的数据. 在修正过的布里渊函数中, 用 $T+T_0$ 替换 T(当 $T_0>0$ 时), 用

① 在 Mn 含量高 (或者温度非常低) 的情况下[23,24], 在稀磁性半导体中都观察到了反铁磁相和自旋玻璃相. 稀磁性半导体在此区间的磁性质都非常有趣, 但是限于篇幅, 不能在此详述. 感兴趣的读者可以参阅文献 [25, 26].

② 本节所述的修正的居里–外斯定律和磁化台阶都来自于具有各向同性 g 因子的两个 Mn 自旋之间的相互作用. 在具有各向异性的 g 因子的孤立自旋 (非 d^5 离子, 在单个自旋中就已经出现了能级交叉) 中, 也观测到了类似的相对于布里渊函数的偏离.

χ_{eff} 替换 χ(当 $\chi_{\text{eff}} < \chi$ 时) 用于考虑反铁磁相互作用的存在

$$M = N_0\chi_{\text{eff}} g\mu_{\text{B}} S B_{\text{S}} \left[\frac{g\mu_{\text{B}} S B}{k_B (T + T_0)}\right] \tag{13.11}$$

相应地可以将磁化率写为

$$\chi_{\text{Mn}} = \frac{N_0\chi_{\text{eff}} (g\mu_{\text{B}})^2 S(S+1)}{3k_{\text{B}}T} = \frac{C_{\text{eff}}}{T + T_0} \tag{13.12}$$

这一模型已被广泛地研究, 多种材料的参数的数值已经被精确地确定. 图 13.4 给出了文献 [29] 为 (Cd,Mn)Te 建议的拟合：$\chi_{\text{eff}} = x[0.265\exp(-43.34x) + 0.735\exp(-6.19x)]$ 以及 $T_0 = (35.37K)\, x/(1 + 2.752x)$. 虽然本质上是唯象理论, 这一非常有用的模型得到了非常有吸引力的解释：在最近邻之间形成了反铁磁耦合. 在有关的磁场和温度范围内, 如 0~5 T 及 1.5 ~ 20K, (Cd, Mn)Te 的 χ_{eff} 非常符合 "自由自旋" 的数目, 也就是说, 去除了最近邻对的数目之后剩下的 Mn 原子的数目. 闪锌矿和纤锌矿结构的金属子晶格中, 最近邻的数目是 12, 因此, 在低密度极限下, 对于随机分布的 Mn 原子来说, 你会简单地期望有 $\chi_{\text{eff}} = x(1-x)^{12}$. 为了考虑小团簇的影响 (即使在 x 数值很小的时候也已经出现), 解析表达式对于体材料来说可以应用到 $x \approx 0.1$, 见文献 [30], 也可以应用于稀磁性半导体及其非磁性宿主材料形成的界面处[31]. 蒙特卡罗计算进一步表明了这一模型对 Mn 含量高达 $x \approx 0.8$ 时仍然有效[32]. 需要注意的是, 最近邻对的形成严格限制了它可以应用的稀磁性半导体在磁场和温度范围内的磁性质, 因为最大的 χ_{eff} 也要小于 0.05.

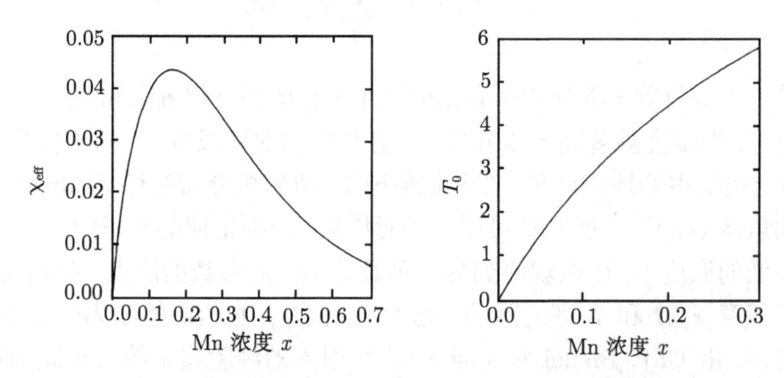

图 13.4　根据拟合 (CdMn)Te 数据得到修正的布里渊函数的参数

同样的最近邻原子对之间的阻碍机制可以给出高场和低温条件下观测到的磁化台阶 (此时修正的布里渊函数不再有效), 见图 13.5. 当磁场强得足以解除最近邻 Mn 原子对之间的耦合时, 这些磁化台阶就出现了, 利用它们可以精确地测量最近邻的 d-d 交换积分[30,33~37]. 这些磁化台阶的位置可以很容易地由最近邻原子对能级的位置推导出来, 见图 13.5.

$$E = -J_1 \left[S(S+1) - 35/2 \right] + g\mu_B S_z B \tag{13.13}$$

其中, J_1 为最近邻交换作用常数, S 为原子对的总自旋, S_z 为总自旋沿着磁场方向的投影①.

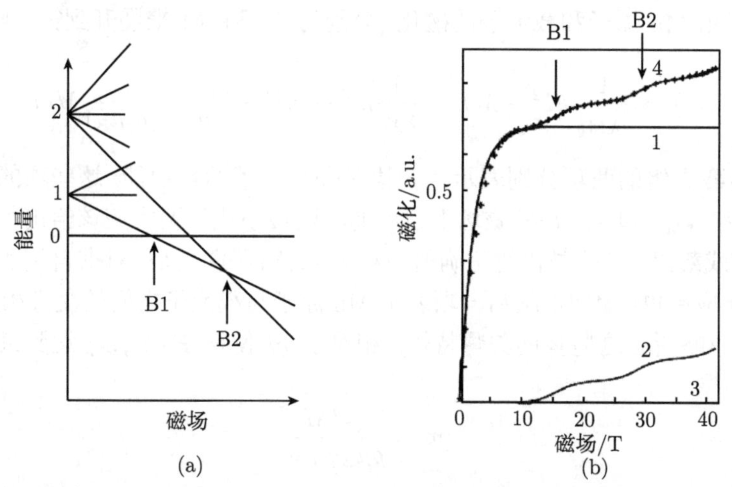

图 13.5 (a) 最近邻 Mn 原子对的最低能级 (用它们的总自旋标定) 和最初的两个能级交叉. (b) 在每一个能级交叉处都有一个磁化台阶, 它们在修正的布里渊函数上 (1) 增加了一个分量 (2). 来源于文献 [35]; 曲线 (3) 来自于 3 个最近邻自旋的类似贡献; 用来和实验数据对比的曲线 (4) 是前三个曲线之和. 根据文献 [35]

13.4.2 载流子诱导的铁磁性

自 13.3.2 节中指出在含有无序磁杂质的金属或者简并的稀磁性半导体中, RKKY 耦合的符号随着局域磁矩之间的距离而振荡. 在低温金属中, 它给出了自旋玻璃相或其他复杂的有序相. 在掺杂的稀磁性半导体中, 自由载流子的密度通常要低于磁原子的密度, 这就意味着磁原子之间的平均距离要小于费米波矢的倒数, 因此最近邻磁原子之间占主导地位的相互作用是铁磁性的. 利用式 (13.7) 和式 (13.10), 并将对磁原子位置上的求和替换为积分就可以得到居里–外斯温度[22]

$$\theta = S(S+1) N_0 x \rho(\varepsilon_F) I^2 / 12k_B \tag{13.14}$$

其中, 对于电子来说, $I = \alpha$, 而对于空穴来说, $I = \beta$. 因为 θ 是正的, 在居里温度处会发生一个顺磁性到铁磁性的相变, 当温度低于 θ 时出现自发磁化.

① 距离远的 Mn 原子之间的交换相互作用很弱, 但是它们还是会轻微地移动磁化台阶, 为了准确地决定 J_1 必须考虑它们.

1. 齐纳模型

采用齐纳的观点[38,39] 并考虑到稳定的磁性相会使得系统的总自由能最小化, 计算是方便并具有指导性意义的 (见文献 [7]). 齐纳模型 (Zener Model) 假设自旋极化是均匀的 (忽略了 Friedel 振荡). 自由能是相互作用的载流子和 Mn 原子的泛函①, 可以用 Mn 原子和载流子的磁化 (分别为 M 和 m) 来展开到第二阶, 得到

$$F(M,m)=\frac{1}{2\chi_{\mathrm{Mn}}}M^2-MB+\frac{1}{2\chi_{\mathrm{c}}}m^2-mB-\frac{1}{(g\mu_{\mathrm{B}})(g_{\mathrm{c}}\mu_{\mathrm{B}})}Mm \tag{13.15}$$

第 1 组和第 2 组的两项分别表示 Mn 原子和载流子的自由能. 这些项的形式依赖于磁响应率 χ_{Mn} 和 χ_{c}, 在外磁场下自由能泛函最小化的要求应该给出每一个系统 (Mn 原子或载流子) 的磁化的正确值. 这些项的物理意义是, 对准自旋所需要的能量越大, 响应率也就越小. 最后一项表示 Mn 原子与载流子之间的交换相互作用能. 现在我们忽略所有这些量的矢量特性. 相对于 m 使得 $F(M,m)$ 达到最小可以得到

$$m=\frac{\chi_{\mathrm{c}}IM}{g\mu_{\mathrm{B}}g_{\mathrm{c}}\mu_{\mathrm{B}}} \tag{13.16}$$

这正是 13.5.1 节中描述过的塞曼劈裂导致的载流子气体的自旋极化, 其中对于电子来说, $I=\alpha$, 而对于空穴来说, $I=\beta$. 同样, 相对于 M 使得 $F(M,m)$ 达到最小可以得到

$$M=\frac{\chi_{\mathrm{Mn}}Im}{g\mu_{\mathrm{B}}g_{\mathrm{c}}\mu_{\mathrm{B}}} \tag{13.17}$$

因此, 关键参数就是

$$I^2\frac{\chi_{\mathrm{Mn}}}{(g\mu_{\mathrm{B}})^2}\frac{\chi_{\mathrm{c}}}{(g_{\mathrm{c}}\mu_{\mathrm{B}})^2} \tag{13.18}$$

如果这个参数小于 1, 那么零磁场下的平衡磁化为零：这就是高温顺磁项. 随着温度的降低, χ_{Mn} 增大, 特征参数可以达到 1. 这就决定了居里温度 T_{C}, 可以将居里定律的表达式 (13.9) 和泡利响应率 $\chi_{\mathrm{c}}=1/4\,(g\mu_{\mathrm{B}})^2\,\rho\,(\varepsilon_{\mathrm{F}})$ 带入这个表达式中计算出来. 结果与式 (13.14) 相同. 通过使用居里 – 外斯响应率 (13.12), 可以将 Mn-Mn 相互作用考虑进来, 一方面, 它会减小 χ_{Mn}, 从而减小 T_{C}; 另一方面, 载流子 – 载流子交换相互作用会增强 χ_{c}(增加一个被称为费米液体参数的因子 A_{F}), 从而增大 T_{C}.

式 (13.16) 和式 (13.17) 描述了载流子诱导的铁磁性, 局域化自旋 (通过巨塞曼效应) 在载流子气体中引起的, 以及载流子 (通过类似于 Knight 位移的效应) 在局域载流子中引起的相互极化. 这两种效应可以分别测量, 见 13.5.1 节和 13.6.3 节.

① 文献 [40] 中给出了自由能的一个等价表达式.

在 T_C 温度以下会出现一个有限的自发磁化 (可以用每个系统磁化的完整表达式而不是涉及响应率的线性化的表达式来计算). 在普通金属中, 磁化是局域饱和的, 载流子只是跟着这个磁化而部分磁化的: 这一构型可以在重掺杂 (Ga, Mn)As 中实现, 见 13.5.5 节. 如果载流子密度比较低, 载流子就会是完全极化的 (即所谓的 "半金属", half-metal), 可以预期 Mn 系统的极化比较弱[22] 并随着温度的降低而增强. 这就导致了非同一般的向上弯曲的 $M(T)$ 特性曲线: 载流子的完全极化和向上弯曲的 $M(T)$ 特性曲线都在 (Cd,Mn)Te 量子阱中观测到了[41].

2. 价带的作用

式 (13.14) 预言的居里温度正比于载流子与 Mn 原子的交换耦合强度 I 的平方, 并且通过泡利响应率与费米能量处的态密度成正比. 因此, 在传递稀磁性半导体的磁性时, 空穴要比电子有效得多, 因为它的交换耦合强度 (见 13.5.1 节) 和有效质量都比较大. 然而, 在空穴的响应率中包含了更多的信息, 自旋–轨道相互作用导致了很强的价带各向异性, 通常不能忽略这一点. 对于强自旋–轨道耦合来说 (以碲化物为典型), 布里渊区中心的重空穴的自旋必须沿着 $\boldsymbol{k}$ 矢量的方向. 这就将交换作用导致的自旋劈裂减小了一个因子 $|\cos\theta|$, 其中 θ 为 $\boldsymbol{k}$ 与磁化之间的夹角[42]. 因为响应率包含自旋投影的平方, 在将 $\cos^2\theta$ 对所有的 $\boldsymbol{k}$ 矢量方向作平均之后可以得到空穴自旋的响应率减小了一个因子 3. 实际上, 当考虑了轻空穴项和重空穴项之后[8], 这个缩减还有点小. 它适用于 p 型掺杂的 (Zn, Mn)Te. 在 (Ga, Mn)As 中, 自旋–轨道耦合比较弱, 费米能量比较大 (也就是说, 空穴离布里渊区中心的距离更大), 必须考虑价带的非抛物线型结构来进行更加仔细的计算, 得到一种非常复杂的各向异性[43]. 一个非常简单的例子是 (Cd, Mn)Te 量子阱中的二维空穴气, 见 13.5.2 节. 齐纳模型的一大优点在于它可以直接地、定性地引入价带的复杂结构.

3. 无序

齐纳模型的基本假设是可以忽略无序, 而掺杂的稀磁性半导体可以导致许多种无序结构 (自旋的随机分布, 受主的随机分布, 载流子的局域化以及金属–绝缘体相变, 各种各样的缺陷等等). 许多理论工作处理了掺杂的稀磁性半导体中的无序问题, 一篇初级的综述文章见文献 [44]. 根据一种极端的假设, 载流子是完全局域化的, 并且 Mn 原子自旋通过与其近邻对准就形成了磁极化子. 随着温度的降低, 磁极化子的尺寸变大, 这样就增强了极化子–极化子之间的相互作用: 两个相互作用的磁极化子倾向于彼此平行地对准以使得它们共有的自旋可以避免阻挫. 当相互作用足够强的时候就出现了铁磁相 (见文献 [45]).

也提出了一些更复杂的模型, 它们依赖于不同构型下 Mn-Mn 相互作用的从头计算 (ab initio calculation), 随后将这些数据用于一个可以无需冗长计算就可以恰当地描述无序的解析模型之中[46]. 这些模型的一个共同特点就是根据 Mn 杂质的随机分布计算出来的居里温度通常都低于平均场模型计算的结果. 然而, 更近一些的分析指出, 在稀磁性半导体中故意地引入磁杂质的非均匀分布在可以提高居里温度的同时保持强的磁输运或磁光效应[7].

齐纳模型预言, p 型掺杂的 Ga(Mn)N 和 Zn(Mn)O 可以具有室温铁磁性, 这就促使许多人努力生长这类结构. 主要的假设是可以在 ZnO 或 GaN 中掺入高达 $x_{\mathrm{eff}} = 0.05$ 的 Mn 杂质, p 型空穴掺杂浓度达到 $3 \times 10^{20}\mathrm{cm}^{-3}$, 且同时保持相同的 d^5 构型. 虽然加入 Mn 和掺杂是晶体生长者面临的技术挑战, 理论工作者和实验工作者在电子构型的问题上仍有着大量的争论, 使用并比较了许多不同的方法.

13.5　基本光学性质

13.5.1　巨塞曼效应

1. 自旋-载流子相互作用的线性近似

首先考虑最简单的情况, 一个具有闪锌矿结构的Ⅱ-Ⅵ族半导体, 具有适中的能隙, Mn 杂质原子具有 d^5 构型, 也就是说, 具有轨道角动量为零的各向同性的 $^6\mathrm{A}_1$ 基态, 而且没有电活性①. (Cd, Mn)Te 是一个可能的例子. 第 1 章中描述的选择定则决定的垂直跃迁产生了激子. 当光子能量接近于能隙时, 主要是它们决定了光致荧光谱、光致荧光激发谱、反射谱和透射谱. 更准确些, 相对于图 13.6(a) 所示的带间跃迁来说, 它们移动了一个激子束缚能 E_{B} 的距离.

稀磁性半导体的独特之处就是所谓的巨塞曼效应, 它来源于 13.3.1 节所描述的 s-d 和 p-d 相互作用. 计算 s-d 交换相互作用哈密顿量(其形式见表达式 (13.3)) 的期望值, 可以得出导带的自旋劈裂等于 $\alpha\left\langle\sum_i S_i\delta(\boldsymbol{r}-\boldsymbol{R}_i)\right\rangle$. 如果我们不过于担心这一表达式中平均值的精确含义的话, 我们就可以认识到 Mn 自旋磁化的定义: 能带的劈裂正比于 Mn 的磁化, 这是稀磁性半导体的关键特性[28]. 计算平均值的正确方法是对 Cd 和 Mn 的分布使用虚晶体近似而对 Mn 的自旋采用平均场近似. 用 β 来代替 α, 可以写出价带的类似表达式, 我们就得到图 13.6 所示的跃迁能量的简单描述. 当磁场沿着 z 方向时, 用 σ^+ 或 σ^- 圆偏振光来激发时得到的重空穴激子跃迁能量为

$$E_{\pm} = E_{\mathrm{G}} - E_{\mathrm{B}} \pm \frac{1}{2}N_0\left(\alpha-\beta\right)x_{\mathrm{eff}}\left\langle S_z\right\rangle \tag{13.19}$$

① 具有非 d^5 构型的磁杂质具有非零的轨道动量. 这通常会使得磁杂质具有更加复杂的、各向异性的磁化行为, 而且也导致一种复杂而又不同的巨塞曼效应[47,48]. Jahn-Teller 效应可以显著地改变这种各向异性[49].

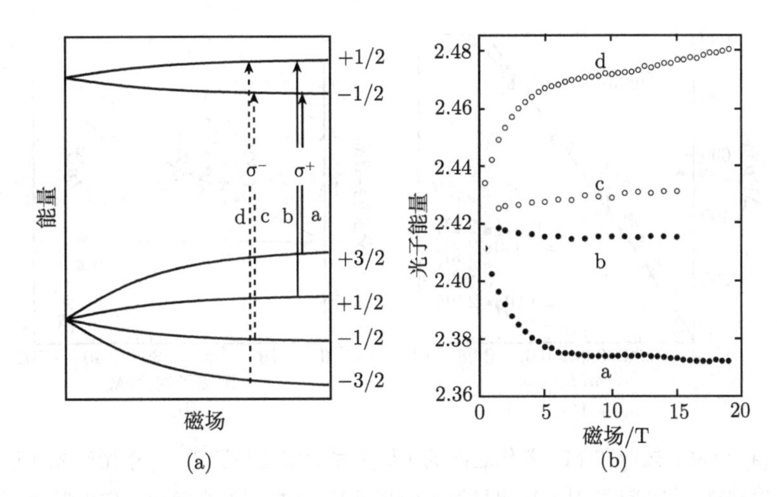

图 13.6 (a) 在法拉第构型下, 在带隙能量附近带间跃迁及其偏振的示意图. 图中给出了导带电子和价带空穴的自旋态. 假设 $\alpha > 0$ 而 $\beta < 0$, 如同在碲化物和硒化物中观测到的那样. (b) 采用法拉第构型, 在 $\mathrm{Zn_{0.95}Mn_{0.05}Te}$ 样品中测量得到的跃迁能量与外加磁场的关系[3]

对于轻空穴来说, 有

$$E_{\pm} = E_{\mathrm{G}} - E_{\mathrm{B}} \mp \frac{1}{2} N_0 \left(\alpha + \frac{\beta}{3}\right) x_{\mathrm{eff}} \langle S_z \rangle \tag{13.20}$$

其中, E_{G} 为带隙能量, E_{B} 为激子的束缚能, 自旋平均值 $\langle S_z \rangle$ 由修正的布里渊函数给出. 为了得出大小的量级, 我们计算 $\mathrm{Cd}_{1-x}\mathrm{Mn}_x\mathrm{Te}$ 的巨塞曼劈裂: $E_{\mathrm{G}} = (1606 + 1750x)\,\mathrm{meV}$, $E_{\mathrm{B}} = 10\mathrm{meV}, N_0\alpha = 0.22\mathrm{eV}$, 而 $N_0\beta = -0.88\mathrm{eV}$. 这意味着在低温 (2K) 几个特斯拉磁场下, $\langle S_z \rangle = -5/2$, $x_{\mathrm{eff}} = 0.04$ 时, 巨塞曼劈裂很容易达到 100 meV, 这是带隙能量的相当大的一部分了①. 图 13.6 给出了另一个例子.

2. 交换积分的确定

四条线的塞曼位移与磁化之间的正比关系在大多数稀磁性半导体中得到了直接验证, 包括不同的 Mn 组分, 温度和外加磁场. 图 13.7(a) 给出了一个例子. 同时存在轻空穴激子和重空穴激子, 它们的劈裂分别正比于 $N_0\,(\alpha + \beta/3)$ 和 $N_0\,(\alpha - \beta)$, 这样就可以同时求出 $N_0\alpha$ 和 $N_0\beta$. 一般来说, 在所有的Ⅱ-Ⅵ稀磁性半导体中, $N_0\alpha$ 总是正值, $N_0\alpha \approx 0.2\mathrm{meV}$, 而 $N_0\beta$ 是很大的负值, 正比于 N_0, 见图 13.7.

① 巨塞曼分裂的这些大的数值经常会表现出吸引人但有时又容易引起误解的形式, 也就是说朗德因子可以高达几百. 然而, 应当记住, 这一有效朗德因子强烈地依赖于温度, 而且巨塞曼效应在磁场中有着很大的非线性.

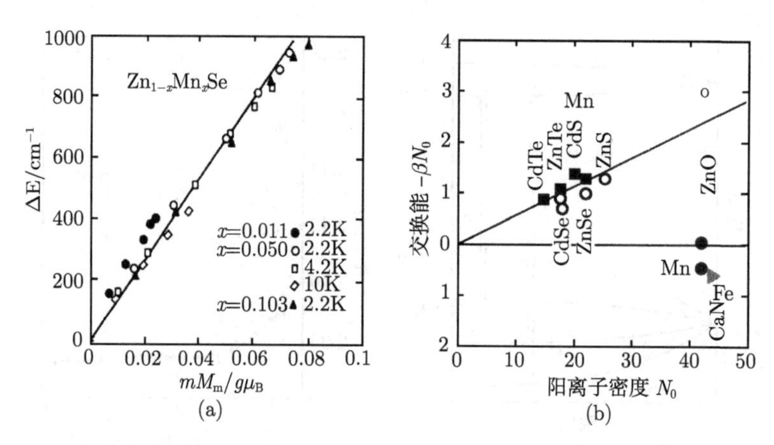

图 13.7　(a) 巨塞曼效应和 Mn 磁化之间的正比关系的实验验证[52]. (b) 用磁光光谱 (实心符号) 或 X 射线谱 (空心符号)[43,53] 测量得到的都具有 d^5 构型的交换相互作用参数 (掺 Mn 的 Ⅱ-Ⅵ稀磁性半导体和掺 Fe 的 GaN)

确定 $N_0\beta$ 的另一种方法是结合 X 射线谱得出的参数来使用式 (13.6) [6]. 得出的数值通常非常接近于磁光光谱方法得到的数值 (图 13.7), 这就为此模型给出了信心. 当不能采用磁光光谱的方法时, 通常用这种方法来预言材料中交换积分的数值[6,50,51].

3. 与简单模型的偏离

在许多情况下必须对前面的描述加以修改: 纤锌矿结构的半导体, 激子束缚能很大, p-d 交换作用很强, 或者磁杂质具有非零轨道动量的时候. 我们对它们进行简要的讨论.

具有轻质量阴离子的半导体 (一些碲化物、硫化物、ZnO 和 GaN 等) 通常为纤锌矿结构. 质量最好的样品通常是以六方结构 c 轴为生长方向的外延层. 我们重点讨论法拉第构型下的光学性质, 光的传播方向和磁场方向都平行于 c 轴, 它也是自然的量子化轴 (下文中用 z 表示). 另外, 这些半导体都有着很小的自旋－轨道劈裂. 因此, 价带顶部类 p 的态 (见图 13.8(a)) 都被六方结构的各向异性劈裂为对 σ 偏振 (这导致所谓的 c 激子) 没有光学活性的一个双重态 $(|p^z\uparrow\rangle, |p^z\downarrow\rangle)$, 以及对 σ 偏振有光学活性的 $(|p^+\rangle, |p^-\rangle)$ 轨道态 (或 $|\pm1\rangle$ 态, 其行为类似于 $x \pm \mathrm{i}y$). 自旋－轨道耦合进一步将这些态劈裂为两个双重态 $(|p^+\uparrow\rangle, |p^-\downarrow\rangle)$ 和 $(|p^+\downarrow\rangle, |p^-\uparrow\rangle)$, 形成所谓的 A 激子和 B 激子. 在这些光学跃迁中, 电子自旋是守恒的, A 激子和 B 激子具有相反的巨塞曼位移, 正比于 $N_0|\alpha-\beta|$. C 激子需要通过自旋－轨道耦合获得一个非零的振子强度, 这样电子自旋在跃迁过程中就会翻转, 巨塞曼位移正比于 $N_0|\alpha+\beta|$. 然而, 如果 C 激子的振子强度太小的话, 就不可能直接得到 $N_0\alpha$ 和

$N_0\beta$.

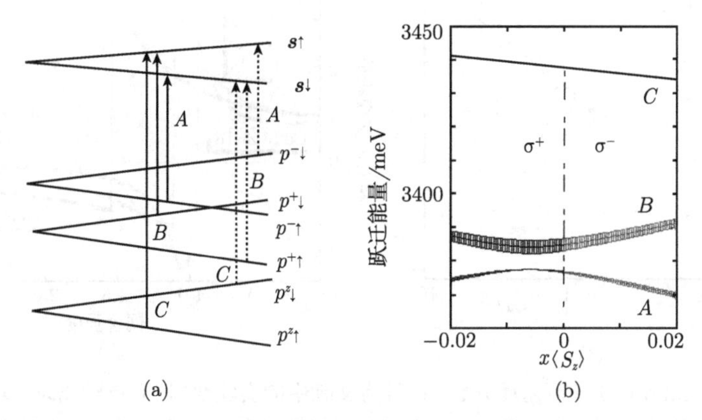

图 13.8 (a) 当 $\alpha, \beta > 0$ 时纤锌矿结构半导体中导带和价带的巨塞曼位移, 光学跃迁为 σ^+(实线箭头) 或 σ^-(虚线箭头) 偏振. (b) ZnO 基的稀磁性半导体中激子对应的反交叉[55]

此外, 必须恰当地考虑其他一些参数, 因此, 激子紧紧跟随带间跃迁的简单描述就完全不成立了. 在 ZnO 和 GaN 中更是如此：紧束缚激子 (GaN 的激子束缚能高达 25meV, 而 ZnO 为 60meV) 中电子－空穴的交换相互作用强烈地混合了初始状态. 当激子彼此靠近的时候, 由于巨塞曼效应出现强烈的能级反交叉[54], 见图 13.8(b), 所以激子的位移远不是正比于磁化的.

在强 p-d 交换作用下, 这一图像发生了显著的变化, 微扰的模式不再成立了. 可以用一个局域势来描述单个磁杂质对载流子的影响, 它有两类贡献：不依赖于载流子自旋的化学位移 (如在所有的三组分半导体中, ternary semiconductors) 和与自旋有关的 s-d 或 p-d 交换相互作用. 对 (Cd, Mn)Te 中空穴的大致估计可以由价带偏移 (大约 0.5eV) 和 p-d 交换作用参数 $N_0\beta = -0.88$eV 来分别描述. 对平行于 Mn 自旋的空穴来说, 这两种贡献相加, 给出一个排斥势场, 而对具有反平行自旋的空穴来说, 这两种贡献部分抵消, 其势场具有微弱的吸引性, 但并不足以形成束缚态 (提醒一下, 高度和宽度太小的量子点不足以形成束缚态). 此时, 可以使用平均场模型和虚晶体近似.

在 p-d 交换相互作用更强的时候, 相反自旋的空穴感受到的吸引势接近于形成束缚态. 这样就会出现非线性行为. 例如, 有人认为, Mn-Mn 之间的距离 (从而 x_{eff}) 决定了束缚态的有效宽度, 所以自旋劈裂在低 Mn 含量时被极大地增强. 在 (Cd,Mn)S (图 13.9) 实验观测到了与平均场理论的偏离, 并可以用这样的一种非微扰图像来解释[56], 只需采用同样的能带偏移值以及 $N_0\beta = -1.5$eV. 载流子感受到的势场实际上是由于局域点的随机分布产生的, 其深度随 Mn 原子的自旋状态而改变：后来, 合金理论被用于计算全部的巨塞曼分裂[57].

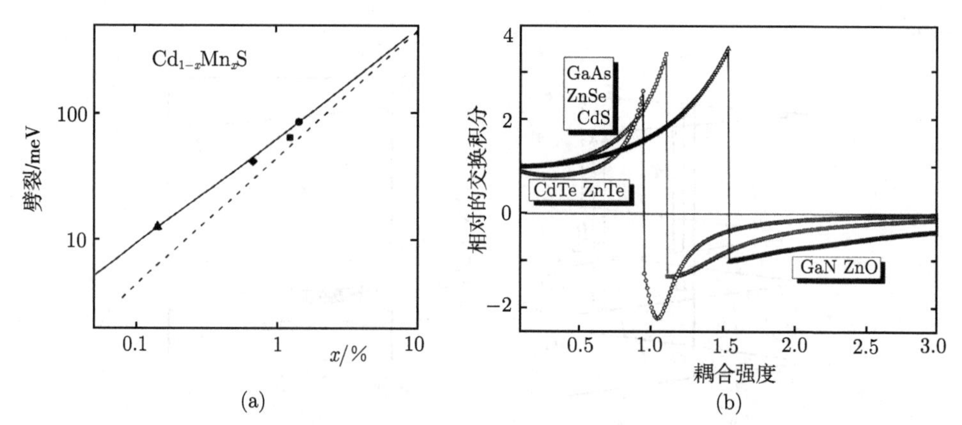

图 13.9 (a) (Cd,Mn)S 的巨塞曼分裂. 符号为文献中的实验数据, 而点状线为平均场模型, 实线为非微扰模型[56]. (b) GaN(或 ZnO) 宽带隙稀磁性半导体中描述巨塞曼分裂的有效交换作用积分 (用磁光光谱测量得到) 和相对于实际的交换作用积分, 与局域势深度的依赖关系 (文献 [58])

最后, 当 p-d 交换相互作用更强的时候, 会出现一个束缚态. X 射线谱和磁光测量结果的比较表明[51], 在此情况下, 对这些宽能隙半导体如 ZnO 和 GaN 来说, 虽然由 X 射线谱和式 (13.6) 计算得到的 $N_0\beta$ 仍然正比于 N_0, 磁光测量的 $N_0\beta$ 结果却是一个非常小的正值 (图 13.7). 最近, 文献 [58] 认为这可能是由于生成了束缚态, 见图 13.9, 振子强度转移到反键态上去了. GaN:Fe 的实验结果支持了这一分析[59], 它同样也可以用于 GaN:Mn 和 ZnO 基的稀磁性半导体.

4. 其他的磁光光谱技术

以上几节中描述的巨塞曼效应引起了磁圆偏振光二色性 (optical magnetic circular dichroism) $\rho = [I(\sigma^+) - I(\sigma^-)] / [I(\sigma^+) + I(\sigma^-)]$, 其中 $I(\sigma^\pm)$ 为 $\sigma^\pm$ 偏振入射光的透射强度. 在最简单的形式中, 可以假定 σ^+ 和 σ^- 偏振光的吸收曲线朝着相反的方向移动了一些. 这样就可以将双色性表示为[60]

$$\rho = -\frac{\mathrm{d}\ln(T(E))}{\mathrm{d}E}\frac{\Delta E}{2} \tag{13.21}$$

其中, 零场透射率 $T(E)$ 用能量为 E 的非偏振光测量得到, 而 $\Delta E = E(\sigma^+) - E(\sigma^-)$ 为塞曼分裂值. 这一公式通常被用于检验稀磁性半导体中载流子诱导的铁磁性的本征特性. 如果巨塞曼分裂能 ΔE 正比于磁化强度, 那么就可以用磁圆偏振光二色性来测量磁化强度.

如图 13.6(a) 和 13.8(a) 所示, 能隙处的双色性与价带中的自旋–轨道耦合有关, 后者以不同的自旋劈裂符号分裂为子带 (闪锌矿半导体中的 Γ_8 和 Γ_7, 以及纤锌矿半导体中的 Γ_9 和最顶端的 Γ_7, 见图 13.1). 如果不能够清楚地区分不同的激子导致的双色性, 那么双色性就会减小, 所以在解释磁圆偏振光二色性时就必须小心谨慎. 在自旋–轨道耦合弱的宽带隙稀磁性半导体中就是如此.

另外, 能带中存在的质量较重的高浓度载流子可能会因为所谓的 Moss-Burstein 位移而改变 ρ 的符号. 图 13.10 给出了一个 CdMnTe 量子阱的例子. 对于载流子数目大的自旋子带来说, 吸收边对应于费米波矢处的垂直跃迁. 因此, 吸收边能量就需要加上激发出来的电子–空穴对的动能, 而后者可以比巨塞曼分裂能大许多: 对于每个能带来说, 决定性的参数是塞曼位移和有效质量的乘积值. 因此, 空穴气体的存在就改变了吸收边位移的符号, 如图 13.10(b) 所示. ρ 的符号也就发生相应的改变. 类似的效应被用来解释 GaMnAs 中 ρ 的符号[61], 见 13.5.5 节.

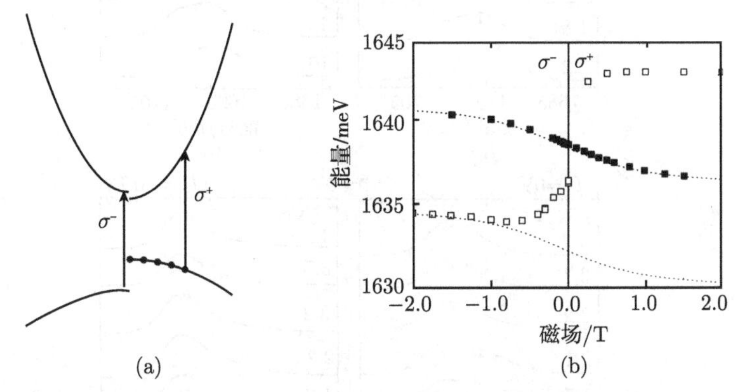

图 3.10 (a) 存在自旋极化的空穴气体时的 Moss-Burstein 位移. 与 $k=0$ 处的 σ^- 偏振的跃迁相比, σ^- 偏振的跃迁如果发生在 $k=0$ 处 (没有载流子), 则它的能量比较小, 如果发生在非零的 k 值处 (有载流子存在), 则其能量比较大. (b) 带有空穴气 ($p \cong 2\times10^{11}\text{cm}^{-2}$, 空心方块) 以及不带空穴气 (实心方块) 的 CdMnTe 量子阱的吸收位置[62]

磁圆偏振光二色性是两种圆偏振光吸收不同的标志. Kramers-Krönig 关系指出, 此时 σ^+/σ^- 偏振光的折射率有差别. 这就导致了法拉第效应: 沿着磁化方向传播的线偏振光的偏振方向会发生转动, 转动角度正比于巨塞曼分裂. 类似的, 材料表面反射的线偏振光的偏振方向也会发生转动并正比于巨塞曼分裂 (磁光克尔效应). 这两种方法对于测量稀磁性半导体的磁化强度都非常有用, 尤其是在空间精度或时间精度方面.

13.5.2 用光学方法检测Ⅱ-Ⅵ族稀磁性半导体中的铁磁性

通过远处的受主或者是表面电子陷阱产生的 (Cd,Mn)Te 量子阱中的二维空穴气体, 在局域化的 Mn 自旋之间诱导出一个铁磁相变. 这可以被视为载流子诱导铁磁性的二维版本, 如 13.4.2 节所述. 所有的观测都是通过光谱测量得到的, 特别是荧光谱线的巨塞曼分裂, 它可以量度 Mn 系统中的磁化强度. 基本特征就是在高温、

顺磁相中响应率 (也就是外场诱导的巨塞曼分裂的斜率) 的极大增强, 以及低温、有序相中的零场劈裂 (证明存在自发磁化)[63]. 一个引人注目的特点就是, 载流子气的密度很低, 这就使得可以通过施加电场 (加于 p-i-n 结构上的偏压) 或用高于势垒能量的光照明来等热、可逆地将系统从顺磁相变为有序相, 见图 13.11[64].

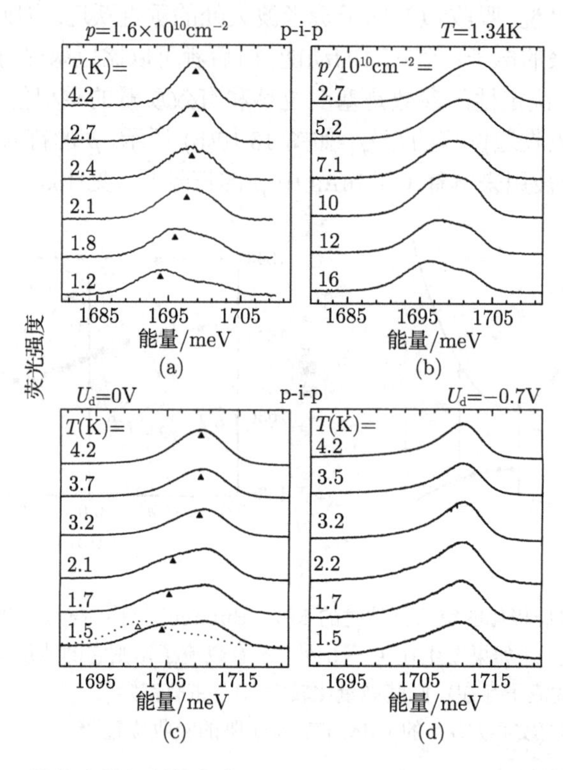

图 13.11 位于 p-i-p 结构中的调制掺杂的 p 型 $Cd_{0.96}Mn_{0.04}Te$ 量子阱和位于 p-i-n 结构中的调制掺杂的 p 型 $Cd_{0.95}Mn_{0.05}Te$ 量子阱的光致荧光谱. (a) 不同温度下的 p-i-p 结构, 其空穴浓度保持不变; (b) 同一个 p-i-p 结构, 用高于势垒的光照来控制空穴的浓度, 保持此时的温度不变; (c) 不同温度下的未加偏压的 p-i-n 结构, 空穴浓度保持不变 (实线) 或者用氩离子激光照射来增大浓度 (点状线); (d) 不同温度下的偏压为 −0.7V 的 p-i-n 结构 (量子阱中没有载流子). 劈裂和线的移动标出了铁磁相的相变[64]

低密度的另一个后果是费米波矢量很小, 可以用抛物线近似来描述价带. 在一般的样品中, 是在晶格参数比较小的 (Cd, Zn)Te 衬底上生长的, 量子阱中的应力是挤压型应力, 它对于价带的影响效果迭加于量子受限效应之上. 因此, 二维空穴气体只包含布里渊区中心附近的重空穴 (费米能量只有几个 meV). 如第 1 章所述, 这些重空穴形成了一个双重态 $|3/2\rangle = |p^+ \uparrow\rangle$ 和 $|-3/2\rangle = |p^- \downarrow\rangle$, 量子化轴 z 垂直于量子阱, $|\uparrow\downarrow\rangle$ $(= |\pm 1/2\rangle)$ 标记自旋态而 $|p^{\pm}\rangle$ $(= |\pm 1\rangle)$ 标记轨道动量. 因此, 这个双

重态是高度各向异性的, 沿着 z 轴的自旋取值为 $|\pm 1/2\rangle$, 而在 $x\ y$ 平面内的自旋分量为零, 这就导致一个通常的泡利自旋响应率 χ_{zz}, 而 χ_{xx} 和 χ_{yy} 为零. 空穴气体的自旋响应率直接进入了自旋–轨道耦合, 而后者决定了载流子诱导的铁磁性 (见 13.4.2 节). 这样一来, 只有等磁场垂直于量子阱时测得的耦合系统的响应率才表现出正的居里–外斯温度①. 如图 13.12 所示[65].

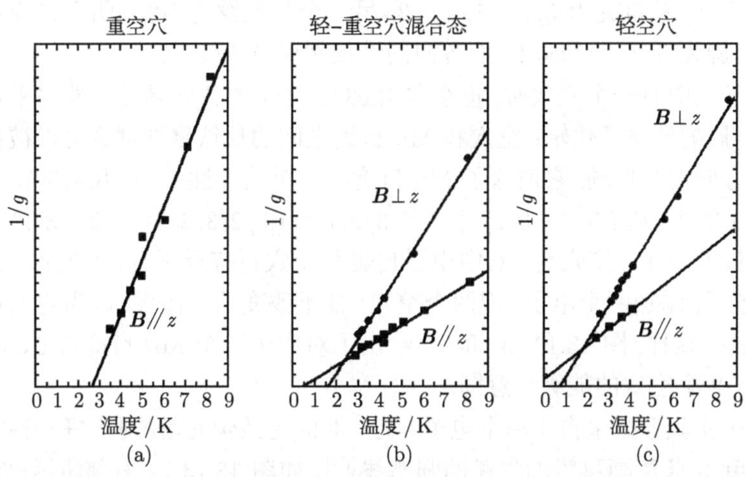

图 13.12 p 型掺杂的 (Cd,Mn)Te 量子阱顺磁性相的荧光光谱给出的居里–外斯行为, 磁场平行 ($\boldsymbol{B}//z$) 或垂直 ($\boldsymbol{B}\perp z$) 于量子阱的法线方向. 朗德因子正比于 Mn 的响应率. 样品 (a) 包含重空穴, 样品 (c) 包含轻空穴, 而样品 (b) 介于二者之间[65]

此外, 在 CdTe 衬底上生长的宽度较大的量子阱中, 量子束缚能比较小, 而应力的效果使得形成了一个轻空穴的二维电子气, 它具有相反的各向异性. 此时, 用面内的磁场可以观察到正的居里–外斯温度.

这样, 就可以利用能带工程的技术来控制磁各向异性, 而 (Cd,Mn)Te 量子阱的性质已经了解得很清楚了. 在费米能量大 (从而牵涉到价带的高能部分[43]) 的 (Ga, Mn)As 中, 同样的机制可以引起复杂的行为.

13.5.3 量子点

带有磁离子的量子点表现出一些与自旋–载流子相互作用动力学以及形成磁极化子有关的特殊性质, 比如说谱线的展宽和渐进性红移 (progressive redshift)[66,67]. 自旋–载流子耦合的一个极端例子就是 CdTe 量子点中实现的、用光谱方法观测到的单个自旋与可控的几个载流子之间的耦合[68]. 单个 Mn 杂质是在 CdTe 量子点的生长过程中植入的. 通过调节偏压可以在量子点中引入电子和空穴, 采用势垒中的光激发或者 (更好) 通过量子点中的选择性激发产生电子–空穴对. 这样就有 3

① 在式 (13.15) 给出的自由能的表达式中引入 3 个不等价的方向就可以看出这一点.

种不同的物体相互作用：自旋为 5/2 的 Mn、自旋为 1/2 的电子和空穴, 前二者都具有各向同性的 g 因子. 因为这些量子点比较平, 空穴主要是重空穴, 其 g 因子有着很强的各向异性, 与以前描述的量子阱一样.

当量子点中没有载流子的时候, Mn 自旋给出了六重简并. 当量子点中带有一个电子时, 它与 Mn 杂质的铁磁性交换相互作用导致了两个能级：基态能级, 两个自旋彼此平行, 总自旋为 $5/2 + 1/2 = 3$, 另一个是激发态能级, 两个自旋是反平行的, 其总自旋为 $5/2 - 1/2 = 2$. 而各向同性依然保持不变.

当量子点中有一个空穴时, 重空穴 ($|\pm 3/2\rangle$ 态) 的各向异性沿着扁平量子点的法线方向, 影响着量子化轴：空穴和 Mn 自旋之间的反铁磁性耦合可以被视为一个沿着生长方向的交换场, 它消除了 Mn 自旋的六重简并性. 因此我们期待有六个双重简并的子能级, 从 $(|5/2, -3/2\rangle, |-5/2, 3/2\rangle)$ 到 $(|5/2, 3/2\rangle, |-5/2, -3/2\rangle)$. 当存在具有光活性的电子–空穴对 (其中电子自旋与空穴自旋反平行) 的时候, 也有类似的情况. 最后, 添加两个电子 (或两个空穴) 并不改变这一图像, 因为它们自动形成了自旋单态. 这样, 图 13.13(a) 和 (c) 给出了对应于一个 Mn 自旋与 0、1、2 个电子或 0、1、2 个空穴的能级示意图.

第 1 个实验证据来自于单个电子–空穴对的光致荧光谱. 对于每一种圆偏振光可以观测到 6 条清晰可辨的尖锐的强谱线[68], 如图 13.13(b) 右部所示. 它们替代了非磁性 CdTe 量子点中观测到的单个的尖锐谱线, 对应于初始态的 6 个子能级和终态的完全简并. 当 Mn 自旋位于体积为 V 的量子点的中心时, 粗略地估计 Mn 自旋的劈裂为 $|\alpha - \beta|/2V$, 对于 $V = (3 \times 10 \times 10)\text{nm}^3$ 可以得到大小为 $\sim 100\mu\text{eV}$, 具有正确的量级.

当存在额外的载流子时可以观察到其他特征. 例如, X^- 的光致荧光谱 (图 13.13(d)) 可以被理解为由两套谱线组成 (图 13.13(e))), 一套是包含着一个未配对空穴和两个组成了自旋单态的电子的初态中的 6 个子能级, 另一套是包含有一个未配对电子的终态的两个子能级 (图 13.13(c))[69]. 每一条谱线的强度简单地由 Mn 自旋态在初态和末态之间的交叠所决定.

这个过于简化的模型揭示了最简单的光谱. 更为复杂的光谱可以归因于非对称结构、暗激子与亮激子的交叉、载流子波函数的空间扩展随载流子数目的依赖关系等.

13.5.4　自旋光发射二极管

自旋光发射二极管的概念给半导体中的自旋注入研究带来了新的推动, 因为它为测量 GaAs 基结构中的自旋注入提供了一种简便的方法. 最近在 GaAs 中注入自旋获得的成功在很大程度上是由于使用了这种简单的测试方法. 最直接构型是在自旋极化垂直于量子阱的电子源与没有自旋极化的空穴源之间插入量子阱, 然后再

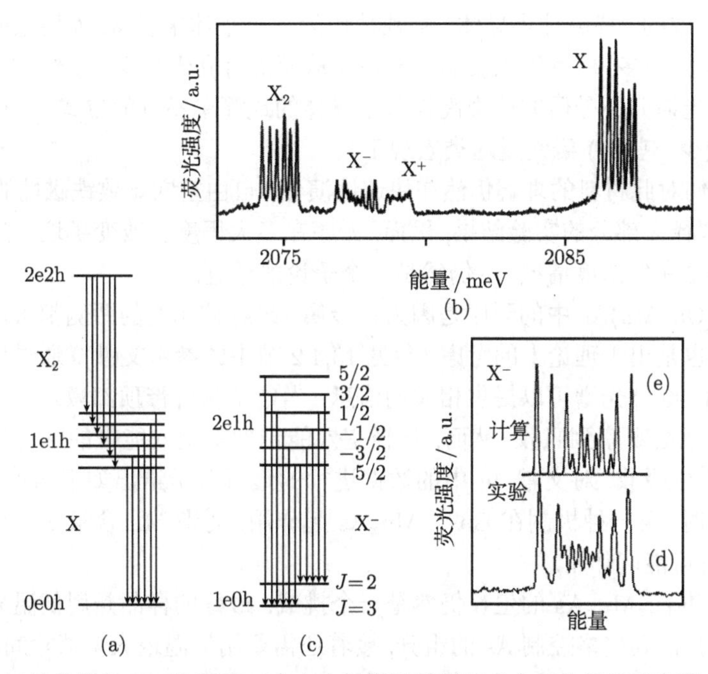

图 13.13 (a) 具有单个 Mn 杂质和一个电中性激子的量子点中部分能级示意图; (b) 光致荧光谱给出了来源于所谓的双激子、荷正电激子和荷负电激子的多重谱线. 荷电激子 X^- 的 (c) 能级示意图, (d) 实验示意图和 (e) 理论谱线[68,69]

垂直于量子阱的方向上观测电致荧光的圆偏振度. 如果只涉及重空穴的话, σ^+ 偏振的光子来自于 $|3/2\rangle$ 空穴和 $|-1/2\rangle$ 电子的复合, 而 σ^- 偏振的光子来自于 $|-3/2\rangle$ 空穴和 $|1/2\rangle$ 电子的复合. 如果空穴源没有极化, 它提供等量的 $|3/2\rangle$ 空穴和 $|-3/2\rangle$ 空穴, 而光的圆偏振度直接给出了到达量子阱的电子的自旋极化度. 如果还涉及轻空穴, 那么考虑到光学选择定则, 还需要加上一个修正因子 2. 文献 [70] 采用了这样的构型, 而文献 [71] 对此进行了更加定量的分析, 两者都采用Ⅱ - Ⅵ族稀磁性半导体来提供自旋极化的电子. 在这一开创性的工作之后, 也出现了其他的注入方式, 包括铁磁性稀磁半导体和铁磁金属. 注意, 因为空穴的各向异性, 利用量子阱的自旋光二极管的正确构型要求注入的电子的极化方向垂直于量子阱.

13.5.5 Ⅲ- Ⅴ族稀磁性半导体

到目前为止, $Ga_{1-x}Mn_xAs$ 当然是研究得最多的稀磁性半导体. 这是因为存在载流子诱导的铁磁性、吸引人的磁输运性质以及制作异质结甚至基于这些磁输运性质的基本器件的可能性. 然而, 对此领域我们将只做一个简单的综述, 原因有两点.

(1) 因为 Mn 在 GaAs 中表现出受主的行为, 只有 p 型掺杂 (可能有补偿性掺杂). 因此导致的 “稀磁性半导体” 必须被作为一个整体来看待, 而用来确定基本物理机制的机会不多, 后者可以被解析地描述从而更有利于教学, 与本书的目标相符. 特别的是, 光谱并不是研究此类高掺杂半导体的最简单易行的方式. 一般使用磁输运以及 (较少一些的) 磁测量这类宏观工具.

(2) 我们对此材料的理解仍然在快速地演化：自由空穴导致铁磁性的模型[43,72]现在可以解释大部分的实验结果, 然而, 无序在多大程度上改变了这一过于简单的描述, 特别是在低浓度情况下, 仍然是一个争论的话题.

考虑 (Ga, Mn)As 中的无序是因为在金属–绝缘体相变的两侧都可以观察到铁磁性, 另外也是出于理论上的考虑 (参见 13.4.2 节中的参考文献). 通过检测到杂质能带的存在, 红外光谱可以提供相关的信息：当电子从价带顶部激发到部分空的杂质能带时, 就会观察到吸收. 然而, 从轻空穴能带到重空穴能带的跃迁也会在相同的光谱区产生吸收. 对文献 [9] 中的数据进行的最近分析给出如下结论, 当 Mn 含量 $x < 1\%$时, 第一种机制在 $Ga_{1-x}Mn_xAs$ 起作用, 而当 Mn 含量 $x > 2\%$时, 第 2 种机制更有可能起作用.

此外, $Ga_{1-x}Mn_xAs$ 的生长仍然是一个挑战：最好的样品是用低温分子束外延技术得到的, 需要严格控制 As 的组分, 接着还需要用低温退火来消除间隙中的 Mn 原子. 目前的纪录是 $T_C = 173K$[73], 几个研究小组在薄层样品中得到类似的值. 但是替代 Mn 组分仍低于可以产生室温铁磁性的数值 —— 即使是根据最乐观的估计[74].

特别值得指出的是非常强的奇异霍尔效应, 可以在 p 型掺杂的稀磁性半导体如 p 型掺杂的 $Zn_{1-x}Mn_xTe$[8], $Ga_{1-x}Mn_xAs$[75] 或 $Ge_{1-x}Mn_x$[76,77] 中观察到. 在磁性金属中, 奇异霍尔效应是广为人知的, 它是一种测量磁化的简单方法. 这一方法也被广泛地用于 $Ga_{1-x}Mn_xAs$, 尽管早就知道它实际上跟载流子的自旋极化有关：正是载流子的自旋–轨道耦合本身导致了一种非对称的、与自旋有关的非磁性杂质上的散射行为. 因此, 在 InSb 半导体材料中测量到了这种 “依赖于自旋的霍尔效应”, InSb 半导体的 g 因子很大, 即使不存在磁性杂质的时候电子也有很大的极化[78]. 在载流子浓度大的稀磁性半导体中, 载流子的自旋极化 (以及随之而来的奇异霍尔效应导致的横向电压) 就正比于 Mn 的磁化强度：最近的一个理论[79] 与 GaMnAs 中的实验数据进行了比较, 结果很好[80].

如前所述 (那时是Ⅱ–Ⅵ族稀磁性半导体), 磁光测量是另一种方法, 可以提供关于自旋–轨道耦合以及载流子的自旋极化的信息. 在光子能量接近或低于带隙的时候, 在 (Ga,Mn)As 中观测到了磁圆偏振光二色性[81]. 通过引入 Moss-Burstein 位移 (它改变了二色性的符号) 和无序可以给以解释[61]. 然而, 更近一些的、在更大的组分范围内的研究工作表明, 可能还有更多的东西需要理解[82]. 法拉第旋转和磁光克尔效应是密切相关的方法：磁光克尔效应通常被用于测量具有垂直各向异性的薄层样品的磁化信息 (二者成正比, 至少对于高质量的薄层样品来说是这样, 见图 13.14). 磁光克尔微区测量可用来为均匀薄膜中的磁畴[83] 和氢钝化产生的微米尺度的点[84] 进行成像.

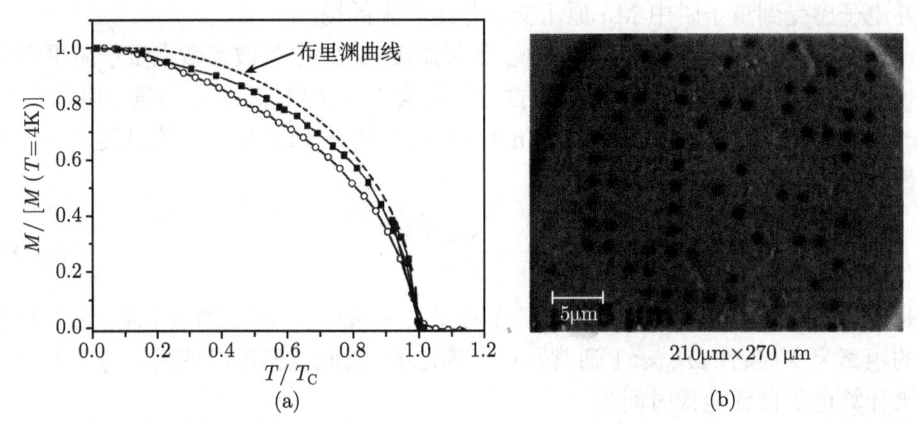

图 13.14 (a) 具有垂直磁化的、一个退火后的 GaMnAs 样品的磁化强度随温度的依赖关系 (空心圆圈), 由超导量子干涉仪测量得到, 磁场 $H = 250\text{Oe}$ 沿着生长方向; 与剩余磁化的 PMOKE 信号 (实心方块) 进行比较. 为便于比较, 也画出了平均场 $S = 5/2$ 的布里渊函数 (虚线)[83]; (b) 氢钝化导致的磁化翻转, 由克尔微区光谱测量的结果[84]

13.6 自旋动力学

顺磁性材料中的自旋动力学可以归结为单粒子 (载流子或者磁性原子) 的自旋弛豫, 而铁磁性材料需要考虑耦合在一起的大量载流子和 Mn 自旋的集体激发的自旋动力学, 如磁化的进动和自旋波. 只要载流子与 Mn 自旋得耦合足够强, 在顺磁性材料中也可以出现有趣的集体效应. 在铁磁相变附近进动的软模 (soft mode of precession), n 型 CdMnTe 量子阱中电子 −Mn 原子的联合自旋激发以及磁极化子的形成, 都是这种集体激发的自旋动力学的例子.

13.6.1 s-d 交换相互作用引起的电子自旋弛豫

半导体中载流子的自旋弛豫过程已经被研究了许多年了, 对许多弛豫机制都有了深入的理解, 知道如何才能减弱它们, 特别是在低维结构中. 第 1 章、第 2 章和第 6 章讨论了这个问题. 一般来说, 自旋弛豫是因为在相关时间 τ_c 内作用在载流子自旋上的有效场 (用频率 ω 来描述) 存在涨落. 如果 $\omega\tau_c \ll 1$, 电子的自旋看起来就像是在做无规行走[85,86], 可以用动力学平均公式来计算电子自旋弛豫时间 $1/\tau \sim \omega^2\tau_c$.

即使在掺杂非常少的稀磁性半导体中, Mn 含量低于 1%, s,p-d 交换相互作用产生非常强的涨落场, 它们使得这些材料中的自旋弛豫过程非常快. 这种自旋弛豫机制比通常存在于非磁性半导体材料中的弛豫机制 (如 Dyakonov-Perel 机制) 更为有效. 为了说明它的工作原理, 我们推导一下这种弛豫机制的近似表达式, 此时, 非简并电子感受到量子阱中 Mn 原子交换作用产生的场.

当不存在任何局域化效应的时候, 如果温度为 T, 电子波函数在量子阱平面内的扩展长度为 $\lambda \approx h/(mk_{\mathrm{B}}T)^{1/2}$, 占据的体积为 $V \sim L\lambda^2$, 其中 L 为量子阱的宽度. 这一体积中包含了 $N = N_0xV$ 个 Mn 自旋, 在零场下大约 $N^{1/2}S$ 的自旋产生一个交换作用场, 以频率为单位, 则有

$$\omega \sim \frac{\alpha}{\hbar}\frac{\sqrt{N}S}{V} \tag{13.22}$$

它是由静态的 Mn 自旋产生的. 电子在时间 $\tau_{\mathrm{c}} \sim \hbar/k_{\mathrm{B}}T$ 感受到这个场, 它需要走过的距离为 λ. 条件 $\omega\tau_{\mathrm{c}} \ll 1$ 通常是可以满足的, 因此我们可以使用动力学平均公式来计算电子自旋弛豫时间为

$$\frac{1}{\tau_{\mathrm{e\text{-}Mn}}} \sim \omega^2\tau_{\mathrm{c}} = \frac{\alpha^2 mN_0x}{\hbar^3 L}S^2 \tag{13.23}$$

除了相差一个数值因子之外, 它就是电子自旋弛豫时间在零场下的表达式. CdMnTe 量子阱的数值估计为几个皮秒的量级, 比非磁性半导体中的时间要短得多, 接近于实验结果[87]. Semenov[88] 推导出了电子弛豫时间的一般表达式, 包括纵向和横向自旋弛豫时间对磁场的依赖关系.

13.6.2 Mn 的自旋弛豫

在考虑 Mn 自旋的弛豫时, 应该区分非绝热弛豫过程 (它涉及能量的转移) 和绝热过程 (通常它要快得多)[89]. 当存在外磁场时, 纵向自旋弛豫是一个非绝热过程, 因为在自旋失去其纵向分量的时候需要消耗塞曼能量. 因此, 通常它们会比横向弛豫时间长得多. 能量耗散可以部分地来自于自旋 - 自旋相互作用的内能, 其余的部分涉及与晶格的更长时间的耦合 (所以这种弛豫过程通常不是指数型的[89]). 更快的弛豫时间可以在零场下测得[90].

1. 孤立 Mn 自旋的自旋–晶格弛豫过程

晶格中孤立的 Mn 原子的自旋弛豫通过发射或吸收声子来进行. Heitler 和 Teller 首先提出了这一机制. 根据这一机制, 自旋和声子可以通过轨道–晶格相互作用来交换能量. 声子调制了磁性原子周围的晶格电场, 这个电场同离子的轨道动量相互作用, 而轨道动量又通过自旋–轨道耦合与自旋发生相互作用.

在过渡族金属中, Mn 原子是特殊的一类, 因为在它的基态构型中没有角动量 (这就是所谓的 s 态原子). 然而, 这只是对自由 Mn 原子才是如此. 当 Mn 原子

位于晶格电场中的时候, 自旋 – 轨道耦合引入了一些激发态的混合, 带入了非零角动量. 这就使得孤立的 Mn 离子的自旋 – 晶格弛豫成为可能[91]. 在低温下, 直接吸收或发射一个声子的过程占据主导地位, 而在高温区, Raman 双声子过程效率更高[92]. 在液氦温度下, 这种自旋 – 晶格弛豫时间 τ_{SL} 非常长 (几分之一秒), 因为此时没有声子可以用来诱导不同自旋能级之间的跃迁.

2. 通过 Mn 自旋团簇的自旋 – 晶格弛豫过程

Mn 离子并不能被认为是完全孤立的: 当 Mn 浓度增加的时候, 外加磁场下的 Mn 的自旋显著地加速[89](图 13.15). 这是由于 "孤立"Mn 自旋通过快速地自旋扩散到 "自旋毁灭" 中心 (如 Mn 团簇) 导致的自旋弛豫[93]. 由于在阳离子子晶格中的 Mn 原子分布的随机性, 存在一定的机率使得最近邻或者次最近邻的 Mn 离子形成对子或者更大的团簇 (见 13.4.1 节). 这些团簇很有可能扮演了快速弛豫中心的角色. 由于晶格振动导致的 Mn 自旋之间各向异性的超交换相互作用的调制使得团簇的不同自旋态之间的跃迁成为可能, 而双声子 Orbach 过程 (一种共振 Raman 过程) 占据了主导地位. 这主要是因为团簇中的能级间隔落入声子态密度高的地区. 当温度低于 10 K 时, 仍然可以观察到对 x 的强烈依赖关系, 然而, 团簇的自旋弛豫不再那么有效, 仍然不能详细理解在此温度区域内的 Mn 自旋弛豫机制.

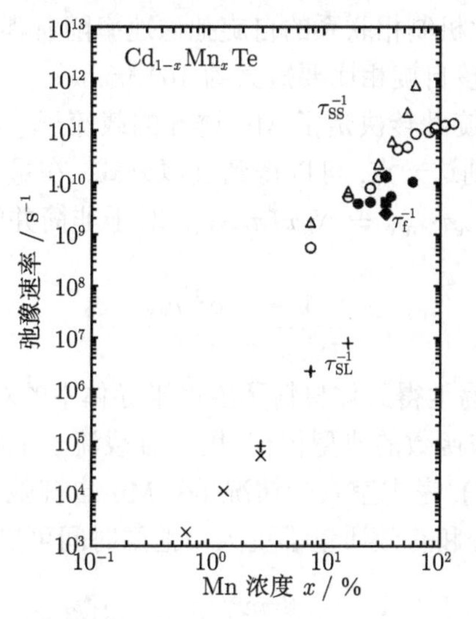

图 13.15 温度为 5K 时的 Mn 自旋 – 晶格弛豫速率 (叉状点, 脉冲点), 自旋 – 自旋弛豫速率 (空心圈, 三角点) 与极化子形成速率 (实心点) 的比较[94]

3. 自旋 – 自旋弛豫

并非只有晶格耦合才可以导致 Mn 自旋弛豫. 各向异性的自旋 – 自旋相互作用 (它是 Mn 团簇的自旋 – 晶格弛豫的起源) 也提供了一种直接有效的自旋弛豫通

道①. 其物理图像类似于原子核自旋弛豫, 虽然它们的数量级差别非常大.

原子核自旋通过偶极 – 偶极相互作用耦合在一起. 这就产生了所谓的局域场 (量级为 1G), 在不同的晶格位置处具有不同的数值, 因此会导致进动频率的弥散和原子核磁共振线的展宽[95]. 这就解释了有限的横向自旋弛豫时间 τ_{2s} 的量级.

更准确地说, 只有自旋 – 自旋相互作用的各向异性部分对谱线展宽有贡献[18]. 在稀磁性半导体材料中, 各向异性的相互作用要远大于偶极 – 偶极之间的耦合, 这就产生了阴离子媒介的 (通过自旋 – 轨道耦合) 超交换相互作用. 这就是所谓的 Dzialoshinski-Moriya[96,97] 相互作用. Mn 的 EPR 谱线的展宽可以非常大, 相应地, τ_{2s} 非常小, 达到了 10^{-10}s 的量级 (图 13.15). 此外, 必须考虑由于各向同性交换相互作用导致的运动变窄, 即所谓的交换作用导致的变窄, 来解释谱线宽度和 τ_{2s} 随温度的依赖关系.

4. 载流子辅助的自旋弛豫

如果样品中带有载流子, 无论是局域化的还是非局域化的, 它们都会产生一个交换场作用到 Mn 自旋之上. 这个场的涨落导致了 Mn 自旋的弛豫. 这与电子的超精细相互作用[95,99] 导致的原子核自旋弛豫类似, 只是数量级差别很大. 例如, Ⅲ-Ⅴ族化合物中的超精细耦合常数通常比稀磁性半导体中的交换积分的大小要小上 3~4 个数量级. 因为与此机制相联系的自旋弛豫速率随着耦合常数的平方变化, Mn 的自旋弛豫时间与原子核自旋相比要短大约 10^8 倍.

相同数目的相互自旋翻转决定了 Mn 诱导的载流子 – 自旋弛豫和载流子诱导的 Mn 自旋弛豫, 考虑到这一点, 可以得到近似公式. 在量子阱中二维电子气的情况下, 可以给出关系式 $n_{\mathrm{e}}\tau_{\mathrm{Mn\text{-}e}} = N_0 x L \tau_{\mathrm{e\text{-}Mn}}$. 对于非简并的电子我们可以利用式 (13.23) 来得到

$$\frac{1}{\tau_{\mathrm{Mn\text{-}e}}} \sim \frac{\alpha^2 m n}{\hbar^3 L^2} \tag{13.24}$$

沿着相同的路线可以容易地得到体材料稀磁性半导体中的对应表达式, 只需要简单地用 $V \sim \lambda^3$ 作为电子波函数的典型体积, 用三维载流子浓度 n 而不是量子阱中的 n/L(其中 n 为二维密度). 考虑空穴的情况 (在 Mn 自旋弛豫过程中空穴比电子更有效, 因为它的交换积分和有效质量都更大), 弛豫时间可以估计为

$$\frac{1}{\tau_{\mathrm{Mn\text{-}h}}} \sim \frac{\beta^2 m^{3/2} p}{\hbar^4} (k_{\mathrm{B}}T)^{1/2} \tag{13.25}$$

对于 CdMnTe 来说, 如果其空穴密度为 $p = 10^{14}\mathrm{cm}^{-3}$, 载流子温度为 $T = 2\mathrm{K}$, 重空穴有效质量 $m = 0.4m_0$, 可以得到 $\tau_{\mathrm{Mn\text{-}h}} \sim 10\mu\mathrm{s}$[100], 这通常不会对 Mn 自旋弛豫起主要作用.

① 各向异性的自旋 – 自旋相互作用并不能保持 Mn 原子的总自旋不变.

文献 [101] 讨论了二维电子 (可以远离热平衡状态) 的交换相互作用引起的 Mn 自旋弛豫的一般问题. 当电子被光激发[101] 或热脉冲[102] 加热的时候就有可能出现这种情况. 在零场并接近于热平衡态的时候, Mn 弛豫时间的一般表达式简化为①

$$\frac{1}{\tau_{\text{Mn-e}}}=\frac{S(S+1)}{8\pi}\frac{\alpha^2m^2}{\hbar^5L^2}\left[1-\exp\left(-\frac{\pi\hbar^2n}{mk_{\text{B}}T}\right)\right]k_{\text{B}}T \tag{13.26}$$

在非简并气体的情况下恢复为式 (13.24). 图 13.16 给出, $\tau_{\text{Mn-e}}$ 随着电子浓度的增大而减小, 然后再高电子浓度时达到饱和, 此时, 由于二维态密度是常数, 电子变为简并的了. 同时可以看出, 在低 Mn 含量和高电子浓度情况下, $\tau_{\text{Mn-e}}$ 会变得比 τ_{SL} 更短, 因此通过二维电子气沟道会加速 Mn 的自旋–晶格弛豫[102].

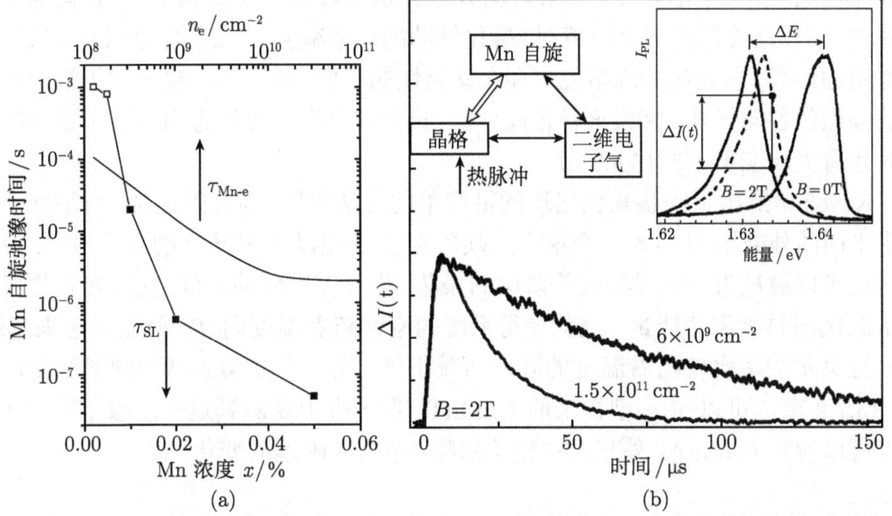

图 13.16 (a) 计算得到的电子 -Mn 弛豫时间 $\tau_{\text{Mn-e}}$ 随二维电子气浓度的变化关系 (上坐标轴) 和测量得到的自旋–晶格弛豫时间 τ_{SL} 随 Mn 浓度的变化关系 (下坐标轴)(根据文献 [101]); (b) 通过测量一个热脉冲之后光致荧光的强度变化得到的二维电子气导致的 Mn 自旋弛豫加速的实验证据[102]

根据与原子核自旋的类比, 你可能会认为在 Mn 自旋弛豫过程中局域化的载流子要比自由载流子更加有效. 然而, 在局域化载流子的情况中, 你必须处理束缚磁极化子的问题, 其中电子和 Mn 自旋是强烈关联的 (见综述文章 [103]), 必须引入额外的特征时间即极化子形成时间 τ_{F} 来描述束缚载流子之后局域磁化的演化. 文献 [94] 证明 τ_{F} 与自旋–自旋弛豫时间紧密相关 (见图 13.15).

13.6.3 CdMnTe 量子阱中的集体自旋激发

在掺杂量子阱中, Mn 自旋的集体运动可以被它们与载流子的交换相互作用强烈地影响. 显然, 自旋极化的载流子产生的交换场 B_{C} 会使得 Mn 自旋进动频率发

① 假设电子气被限制在一个无限高势垒的量子阱中.

生移动. 这一效应与金属的核磁共振中的 Knight 位移 (它是超精细相互作用的结果) 非常相似, Story 等[104] 在 PbMnTe 中第 1 次证明了这一点. 因此, 它被称为 EPR-Knight 位移, 以便与通常的 NMR-Knight 位移区分开来. 你可能会说 Mn 自旋在静态的总磁场 $B+B_{\rm C}$ 中进动. 这种简单的图像不能描述载流子与 Mn 之间的自旋耦合强得足以使载流子和 Mn 自旋集体地行动时的情况. 下面给出这种集体运动模式的两个例子, 并给出基于与自由能表达式 (13.15) 相同的简化假设的描述①.

1. p 型掺杂量子阱中的进动软模

例如, 在 p 型掺杂的量子阱从顺磁到铁磁转变的附近就会发生这种现象, 文献 [106] 预言了磁化的进动软模并被时间分辨克尔旋转实验观测到[107]. 软模的存在意味着, 当逐渐降低到居里温度时, 磁化进动的频率减慢了. 这里, 是自旋–轨道相互作用的结果, 它是在二维系统中存在铁磁性的必要条件, 同时也导致了重空穴自旋的强烈的各向异性. 因为这种各向异性, 重空穴只有当磁场方向垂直于量子阱平面时才有大响应率 (见 13.4.2 节).

Kavokin 给出了观察软模出现的最简单的方法[106]. 因为磁化 M 与平行于量子阱平面的外磁场 B 有着一个很小的倾角 θ, 塞曼能以 $MB\theta^2/2$ 的方式增加: 拉莫尔进动可以被视为一维抛物线势阱中的振荡. 当存在空穴的时候, 交换相互作用减小了磁化倾斜所需的能量. 这就使得系统的刚性随着温度向 $T_{\rm C}$ 降低而越来越弱, 从而拉莫尔频率也就随着温度的降低而减小②. 用一个光学短脉冲倾斜磁化以后 (见 13.7.2 节), 可以在 p 型掺杂的 CdMnTe 量子阱中观测到这一现象 (图 13.17). 这也可以解释 GaMnAs 外延层中拉莫尔频率在 $T_{\rm C}$ 附近的变化[108].

---

① 在描述集体模式的时候只考虑相对于磁场倾斜角度很小的磁化, 因此可以定义共轭算符 $\hat{X}=M_x/(g\mu_{\rm B}M)^{1/2}$ 和 $\hat{P}=M_y/(g\mu_{\rm B}M)^{1/2}$, 它们满足对易关系 $\left[\hat{X},\hat{P}\right]={\rm i}$[105]. 类似地对电子定义共轭算符 $\hat{x}$ 和 $\hat{p}$

② 这是一个经典效应, 可以用耦合的空穴和 Mn 自旋的 Bloch 方程来描述. 也可以从描述与重空穴耦合的 Mn 的自由能的表达式 (13.15) 出发

$$F(\boldsymbol{M},\boldsymbol{m})=\frac{M^2}{2\chi_{\rm Mn}}-\boldsymbol{M}\cdot\boldsymbol{B}+\frac{m_x^2}{2\chi_{\rm h}}-\frac{IM_xm_x}{(g\mu_{\rm B})(g_{\rm e}\mu_{\rm B})} \tag{13.27}$$

计算 m_x 以使得自由能达到最小 (也就是说假设一个 Mn 载流子的集体行为). 对于小倾角 θ, 利用量子力学的产生算符和消灭算符

$$\hat{A}^+=\left[(1-\zeta)^{1/2}\hat{X}+{\rm i}(1-\zeta)^{-1/2}\hat{P}\right]/\sqrt{2}$$
$$\hat{A}=\left[(1-\zeta)^{1/2}\hat{X}-{\rm i}(1-\zeta)^{-1/2}\hat{P}\right]/\sqrt{2}$$

其中, $\zeta=I^2\chi_{\rm Mn}\chi_{\rm h}/(g\mu_{\rm B})^2(g_{\rm h}\mu_{\rm B})^2$ 这个关键参数在铁磁相变处变为 1, Mn 系统的能量可以表达为熟悉的量子谐振子的形式

$$H=g\mu_{\rm B}B(1-\zeta)^{1/2}\left(\hat{A}^+\hat{A}+1/2\right)$$

其中频率用因子 $(1-\zeta)^{1/2}$ 加以重正化.

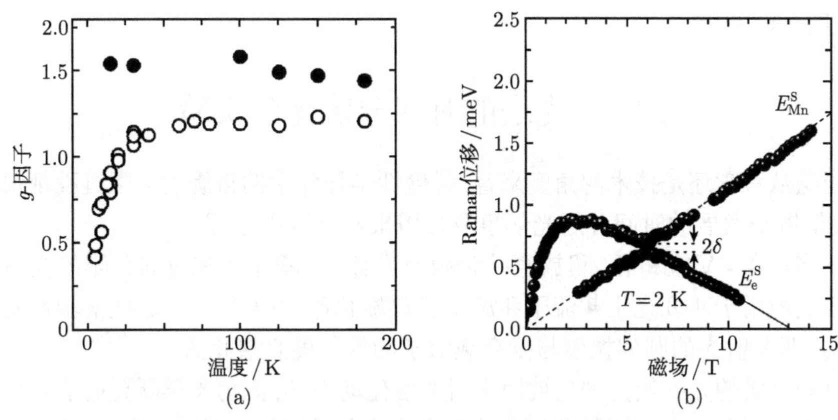

图 13.17 (a) 低温下一个 p 型掺杂的 CdMnTe 量子阱在临界温度 $T_C \approx 1.5K$ 处 g 因子的强烈减小, 这被归因于软模 (空心圆圈)(来自于文献 [107]). (b) 一个 n 型 CdMnTe 量子阱中 Mn 和导带电子的自旋激发的反交叉 (来自于文献 [110])

2. n 型掺杂量子阱中的混合模

在 n 型掺杂的量子阱中, 当电子和 Mn 自旋反转的能量可比时, 会发生另一种有趣的情况. 例如, 在掺杂非常弱的 CdMnTe 量子阱中[109,110] 就会发生：Mn 自旋激发对应于 $g=2$ 的正常塞曼效应, 而电子的自旋激发在开始的时候对应于巨塞曼效应, 随后减小, 这是因为它的正常塞曼效应倾向于使得自旋沿着相反方向对齐 (g_e 为负数)①. 因为这种 s-d 交换相互作用, 电子和 Mn 可以相互翻转自旋而保持总能量不变. 在这种情况下, 自旋翻转激发既不是电子的也不是 Mn 原子的, 而是一种同时涉及电子和 Mn 原子的集体激发②. Mn 的 EPR 谱线以及 Raman 散射实验中观测到的电子和 Mn 自旋翻转激发的反交叉都证实了这种集体自旋激发的存

① 这就直接表明了交换积分 α 的正号导致了 CdMnTe 中 s 和 d 磁矩的反平行构型. 当磁场更大时, 导带电子的拉莫尔频率消失了：这不是软模, 但是它为研究斯格籽提供了一个好的构型.

② 自由能为

$$F(\boldsymbol{M},\boldsymbol{m}) = -(\boldsymbol{M}+\boldsymbol{m})\cdot\boldsymbol{B} - \frac{I\boldsymbol{M}\cdot\boldsymbol{m}}{(g\mu_B)(g_e\mu_B)} \tag{13.28}$$

当 M 和 m 的倾角小的时候, 可以用以前引入的共轭算符将能量展开为二次项

$$H = \frac{1}{2}(g_e\mu_B B+\varDelta)(\hat{x}^2+\hat{p}^2) + \frac{1}{2}(g_e\mu_B B+K)\left(\hat{X}^2+\widehat{P}^2\right) - (K\varDelta)^{1/2}\left(\hat{X}\hat{x}+\hat{P}\hat{p}\right)$$

其中, $\varDelta = IM/g\mu_B$ 和 $K = mI/g_e\mu_B$ 分别为 Overhauser 位移和 (EPR) Knight 位移, 以消灭算符和生成算符来表示, 则 $H = \hbar\omega_e(\hat{a}\hat{a}^+ + 1/2) + \hbar\omega_{Mn}\left(\hat{A}\hat{A}^+ + 1/2\right) - \sqrt{K\varDelta}\left(\hat{A}\hat{a}^+ + \hat{a}\hat{A}^+\right) + \cdots$ 其中, $\hbar\omega_e = g_e\mu_B B+\varDelta$, $\hbar\omega_{Mn} = g\mu_B B+K$. 两个耦合谐振子的表达式表明电子和 Mn 的自旋翻转激发是耦合在一起的, 而 $2\sqrt{K\varDelta}$ 给出了反交叉的能量[109]. 注意, 对于软模来说, 采用 Bloch 方程的经典描述给出了相同的结果.

在, 见图 13.17[110].

13.7 先进的时间分辨光学实验

无论从科学还是技术的角度来看, 稀磁性半导体中的自旋动力学过程都很有意思. 多年以来发展的时间分辨光学事业被用来研究这些过程.

在诸如Ⅲ - Ⅴ族和Ⅱ - Ⅵ族直接带隙半导体中, 稳态的和时间分辨的光致荧光谱被广泛地用于研究光生载流子和激子的自旋弛豫过程[99,111]. 这些实验都基于如下事实, 即发射光的圆偏振度与复合载流子的极化度直接相关.

时间分辨的光致荧光谱也被用来研究磁化动力学, 因为光学跃迁的能量依赖于磁化 (见 13.5 节). 关于磁极化子形成的研究多依赖于这一技术. 然而, 导带和价带的自旋劈裂, 虽然正比于磁化, 但是通常不能用光致荧光谱的方法测量, 因为载流子在最低自旋能级上的热化. 只能测量到这些最低自旋能级上的能量位移, 但是这些位移并不是仅仅依赖于磁化强度的变化, 它们还依赖于势场涨落导致的谱线的弥散. 需要更为细致的研究, 包括低于迁移率边的共振光学泵浦, 来得到正确的磁极化子的能量和形成时间[112,113]. 时间分辨荧光光谱的另一个缺点是不容易得到时间尺度长于光生载流子寿命的磁化动力学的信息.

为了避免这些不足, 可以采用著名的磁光效应. 例如, 法拉第旋转或对于非透明介质的磁光克尔旋转, 它们都对磁化非常敏感 (见 13.5.1 节). 如果磁化在被扰动之后发生演化, 可以用时间分辨法拉第或克尔旋转来测量这种演化. 通常采用泵浦 – 探测构型来进行测量：一束超快激光脉冲可以用多种方式来改变样品的磁化 (对此将在下文中讨论). 一束线偏振光测量磁化的完整动力学, 包括激光脉冲的激发和热平衡的恢复, 它检测不同时间延迟上的法拉第旋转或者克尔旋转. 这就是所谓的时间分辨克尔旋转或者时间分辨法拉第旋转的原理.

样品的总磁化包括来自于磁原子和载流子的不同贡献, 它们的自旋动力学都可以用时间分辨法拉第或克尔旋转来研究, 如下所示①.

13.7.1 载流子自旋动力学

可以用时间分辨克尔或法拉第旋转来研究非磁性半导体和稀磁性半导体中外磁场对载流子自旋动力学的影响. 虽然法拉第构型和 Voigt 构型都可以用, 但是通常采用 Voigt 构型. 在此构型中, 激光传播的方向垂直于磁场方向, 激发的载流子的初始自旋方向也垂直于磁场. 电子自旋在稀磁性半导体中以太赫兹的频率进动,

① 因为双色漂白效应, 在解释磁性材料中的克尔信号或者法拉第信号时必须小心. 例如, 在考虑法拉第旋转时可以将法拉第角写为 $\theta_{\mathrm{F}} \propto QM$, 其中 Q 为磁光系数. 在用激光脉冲激发之后, 法拉第旋转角的变化包括两项 $\delta\theta_{\mathrm{F}} \propto M\delta Q + Q\delta M$, 其中第 1 项代表双色漂白效应, 也就是由于光生载流子引起的磁光性质的变化, 而第 2 项包括磁化动力学的有关信息[114~116].

克尔或法拉第信号产生产生明显的振荡, 而重空穴不进动, 它为整个信号贡献了一个指数性衰减 (图 13.18).

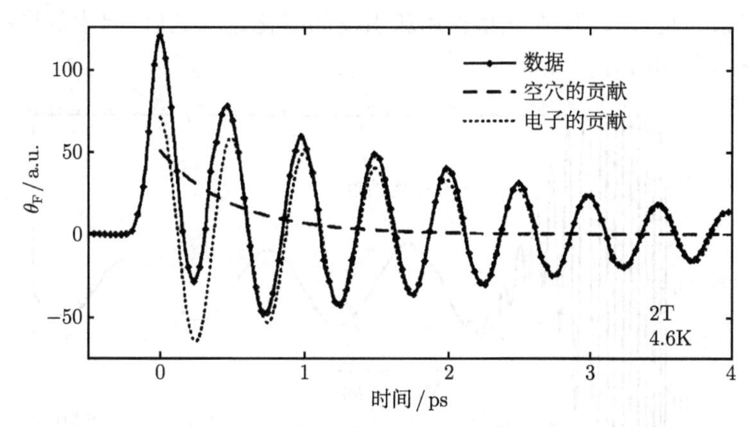

图 13.18 在 ZnCdMnSe/ZnSe 量子阱中诱导的法拉第旋转 (实线) 给出了叠加在电子自旋进动之上的空穴自旋的快速衰减 (来自于文献 [119])

根据这些测量可以得到电子和空穴的 (横向) 自旋弛豫时间. 在非磁性半导体中, 电子自旋弛豫可以归结为围绕随机的内部磁场的自旋进动 (如 Dyakonov-Perel 机制). 然而, 除了自旋弛豫之外, g 因子的分布还会引起自旋的退相位[117], 它也对横向电子自旋极化有贡献. 在Ⅱ-Ⅵ族稀磁性半导体中, 电子自旋弛豫要比相应的非磁性宿主材料中快得多, 这是因为磁原子产生了强的随机交换场 (见 13.6 节)[87,118]. 注意, 在 Voigt 构型中, 只要知道其有效 g 因子, 测量得到的进动频率就会给出被观测自旋的特征.

13.7.2 磁化动力学

1. 交换场诱导的磁化进动

在半导体中, 圆偏振的超快激光脉冲可以产生出瞬态的有效磁场作用在载流子、原子核或磁原子的自旋上[119~124].

在磁性材料中, 与初始磁化方向不同的快速瞬态有效场可以诱导出磁化进动. 如果有效场与拉莫尔频率相比变化缓慢的话, 磁化就会绝热地跟随总磁场的方向而不会产生进动. 但是, 如果瞬态场的上升时间远小于拉莫尔周期的话, 磁化就会感受到一个力矩, 它会引起磁矩的相干转动.

Ⅱ-Ⅵ族稀磁性半导体量子阱中的这一效应已经被仔细地研究过了. Crooker 等[119] 利用时间分辨法拉第旋转研究了 ZnSe 为势垒的 ZnCeMnSe 量子阱, 实验验证了磁离子自旋的相干旋转. ZnCdMnSe 是没有自发磁有序的稀磁性半导体材料. Mn 原子的初始磁化在外磁场的作用下位于量子阱平面内, 一束超快圆偏振激光脉冲通过光生的自旋极化载流子在垂直于量子阱平面的方向上诱导出一个交换作用场. 这个场的上升时间仅仅受限于光脉冲的宽度, 而其衰减依赖于空穴的自旋弛豫时间, 其量级为皮秒尺度. 在交换作用场引发的磁化进动之后, 自由的进动可以持续几百皮秒 (图 13.19).

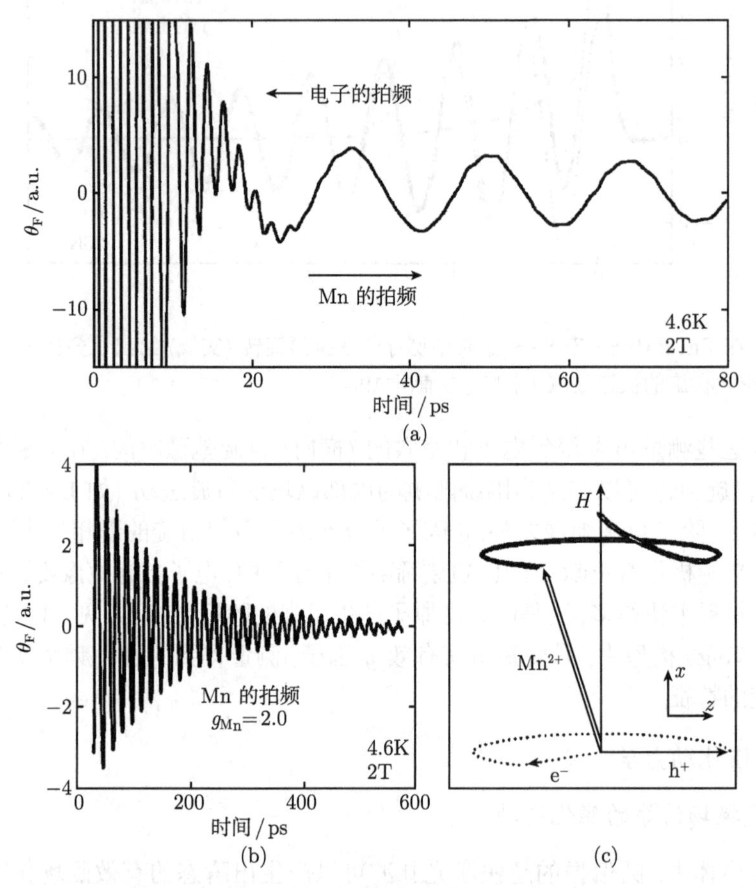

图 13.19 (a), (b) 通过时间分辨法拉第旋转观测电子和 Mn 的自旋进动. (c) 空穴的交换场引起的相关磁化进动的物理机制 (根据文献 [119])

需要着重指出的是, 在磁量子阱中, 相干转动主要是由光生空穴引起的. 由于限制效应和应力的关系, 空穴的自旋通常锁定在生长轴的方向, 而电子自旋则快速地进动. 因此, 有可能利用另一束泵浦脉冲 (相对于第 1 个脉冲延迟半个电子拉莫尔进动周期) 来抵消电子的自旋极化. 倾斜的磁化的幅度对于两束泵浦脉冲之间的相关延迟来说并不敏感, 这说明相干转动主要是由空穴的自旋极化引起的[125].

此外, 仔细地研究时间分辨法拉第旋转的数据揭示出与 Mn 自旋进动有关的振荡的退相位过程[126]. 这种退相位暗示着空穴产生的瞬态场的非自发式的衰减[127],

并可以间接地给出空穴自旋弛豫时间[87].

铁磁性 GaMnAs 中实验验证光学诱导的磁化进动要难得多, 因为这种进动的衰减很快, 而且这种材料的光学性质很差. 在铁磁性 GaMnAs 中, 也像Ⅱ-Ⅵ族稀磁性半导体一样, 观测到了光生空穴诱导的磁化旋转[108,128], 但是这种光生磁化旋转的机制仍然不很清楚[129,130]. 热也可以引起磁化旋转, 这首先在铁磁性金属中得到验证[131]. 这一效应来源于各向异性轴的温度依赖关系[132,133]. 吸收超短激光脉冲局域地升高了样品的温度, 从而突然改变了各向异性轴. 接着磁化就绕着新的各向异性轴相干地进动[134].

2. 热载流子引起的退磁化

磁化的动力学包括如上所述的磁化进动这种相干的过程, 也包括诸如自旋子系统加热引起的退磁化这种非相干过程. 强激光脉冲引起的超快退磁化可以应用于磁光存储, 其研究工作主要集中在金属上[136]. 退磁化过程的标准描述设计 3 种热库, 即如图 13.16 所示的载流子、自旋和晶格热库①. 激光脉冲主要激发载流子, 后者通过载流子–自旋耦合直接地或者通过晶格间接地将额外的能量传递给自旋. 在稀磁性半导体中, 依赖于激发载流子密度的不同, 可以观察到这两种退磁化过程. 在高激发浓度下, 直接的载流子–自旋耦合占据主导地位, 而在低激发浓度下, 晶格间接地加热自旋. 后一种过程要慢得多, 因为它受限于自旋–晶格弛豫过程 (见 13.6 节).

在铁磁性的 p 型掺杂的 InMnAs 和 GaMnAs 材料中, 用 TKKR 技术在几百个飞秒的时间尺度上观测到了超快的退磁化过程 (图 13.20). 它可以解释为通过自旋翻转将 Mn 自旋的极化转移给了空穴的结果. 以牺牲局域自旋为代价, 空穴变为动力学极化了的, 磁化的耗散通过空穴自旋弛豫来发生[130,135].

类似地, 在顺磁性的非掺杂 CdMnTe 量子阱中, 在纳秒时间尺度上观测到了通过与高浓度光生载流子的自旋翻转导致的 Mn 自旋的加热[137~139], 而在低激发浓度下通过晶格实现的间接耦合总是占据主导地位[100]. Mn 载流子自旋弛豫机制和 Mn 晶格自旋弛豫机制之间的竞争可以很好地解释这些结果. 有趣的是, 激发的载流子引起的 Mn 自旋的加热不是均匀的, 这就产生了热的和冷的 Mn 自旋区域[139,140]. Voigt 构型的时间分辨克尔旋转实验很适于验证这种效应, 因为电子的自旋拉莫尔进动频率依赖于磁化. 出现两种 (甚至 3 种) 不同的自旋拉莫尔频率是形成 Mn 自旋区域的直接证据 (图 13.21). 在顺磁性的稀磁性半导体材料中, 在磁场下注入非平衡电子自旋可以诱导出自发的磁化结构. 随着磁场的增加, 观测到均匀磁化到非均匀磁化的分叉, 这一点被理论很好地重建了[141].

---

① 在巡游型铁磁体重载流子和自旋的区别是非常任意的, 因为巡游的电子对输运和磁性都有贡献 (见文献 [130]).

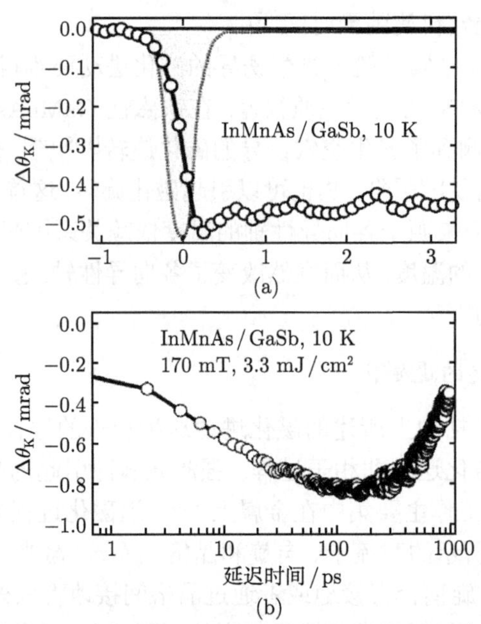

图 13.20　(a) 在 InMnAs/GaSb 中最初 3ps 的退磁化动力学. 同时给出了泵浦和探测脉冲之间的交叉关联. (b) 在整个实验时间范围内 (约 1ns) 的退磁化动力学. 在图 (a) 所示的快速变化之后还有一个缓慢的退磁化过程, 它在约 100ps 后才消失 (来自于文献 [135])

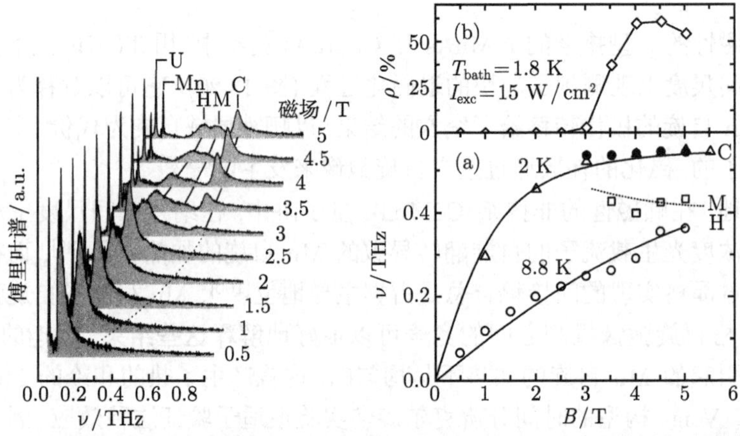

图 13.21　左图：在 1.8K 温度下在 CdMnTe 量子阱中测量的 TRKR 信号 $\theta_K(t)$ 的傅里叶变换谱. 低场下对应于电子自旋进动的单线在 2.5 T 以上分裂为 H 线、M 线和 C 线. 这些线对应于量子阱中具有不同的 Mn 自旋温度的空间区域中的电子自旋进动. Mn 线和 U 线分别对应于空穴以及非磁性薄层中的电子的磁化进动. 右图：(a) H 线、M 线和 C 线的频率随磁场的变化关系. 空三角代表低激发强度下不出现自旋不稳定性时的电子自旋进动频率. 用布里渊函数来拟合拉莫尔频率可以得出热区和冷区的温度. (b) 根据 C 线的归一化的谱权重可以估计出量子阱中冷区的份额 (文献 [140])

参考文献

[1] R.R. Galazka, Inst. Phys. Conf. Ser. **43**, 133 (1979)

[2] E.L. Nagaev, Phys. Rep. **346**, 387 (2001)

[3] J. Furdyna, J. Appl. Phys. **64**, R29 (1988)

[4] J.K. Furdyna, J. Kossut (eds.), *Diluted Magnetic Semiconductors*. Semiconductors and Semimetals, vol. 25 (Academic, New York, 1988)

[5] T. Dietl, in *Handbook on Semiconductors*, vol. 3b, ed. by T.S. Moss (North-Holland, Amsterdam, 1994), p. 1251

[6] J. Blinowski, P. Kacman, T. Dietl, in *Mat. Res. Soc. Symp. Proc.*, vol. 690, F6.9, ed. by T.J. Klemmer, J.Z. Sun, A. Fert (MRS, 2002); cond-mat/0201012

[7] T. Dietl, Semicond. Sci. Technol. **17**, 377 (2002)

[8] D. Ferrand, J. Cibert, A. Wasiela, C. Bourgognon, S. Tatarenko, G. Fishman, T. Andrearczyk, J. Jaroszynski, S. Kolesnik, T. Dietl, B. Barbara, D. Dufeu, Phys. Rev. B **63**, 85201 (2001)

[9] T. Jungwirth, J. Sinova, A.H. MacDonald, B.L. Gallagher, V. Novak, K.W. Edmonds, A.W. Rushforth, R.P. Campion, C.T. Foxon, L. Eaves, K. Olejnik, J. Masek, S.-R. Eric Yang, J. Wunderlich, C. Gould, L.W. Molenkamp, T. Dietl, H. Ohno, arXiv:0707.0665

[10] S.-H. Wei, A. Zunger, Phys. Rev. B **35**, 2340 (1987)

[11] J.P. Lascaray, J. Diouri, M. El Amrani et al., Sol. Stat. Commun. **47**, 709 (1983)

[12] Y.R. Lee, A.K. Ramdas, Sol. Stat. Commun. **51**, 861 (1984)

[13] Y.R. Lee, A.K. Ramdas, R.L. Aggarwal, Phys. Rev. B **33**, 7383 (1986)

[14] A.K. Bhattacharjee, Phys. Rev. B **58**, 15660 (1998)

[15] A.K. Bhattacharjee, G. Fishman, B. Coqblin, Physica B **117–118**, 449 (1983)

[16] J.R. Schrieffer, P.A. Wolff, Phys. Rev. **149**, 491 (1966)

[17] I.A. Merkulov, D.R. Yakovlev, A. Keller et al., Phys. Rev. Lett. **83**, 1431 (1999)

[18] B.E. Larson, H. Ehrenreich, J. Appl. Phys. **67**, 5084 (1990)

[19] P.W. Anderson, in *Solid States Physics*, vol. 14, ed. by F. Seitz, D. Turnbull (Academic, New York, 1963)

[20] P.W. Anderson, H. Hasegawa, Phys. Rev. **100**, 675 (1955)

[21] M.A. Rudermann, C. Kittel, Phys. Rev. **96**, 99 (1954)

[22] T. Dietl, A. Haury, Y. Merle d'Aubigné, Phys. Rev. B **55**, R3347 (1997)

[23] M.A. Novak, O.G. Symok, D.J. Zheng et al., J. Appl. Phys. **57**, 3418 (1985)

[24] M.A. Novak, O.G. Symko, D.J. Zheng et al., Phys. Rev. B **33**, 6391 (1986)

[25] B. Leclercq, C. Rigaux, Phys. Rev. B **48**, 13573 (1993)

[26] S.B. Oseroff, Phys. Rev. B **25**, 6584 (1982)

[27] J. Spalek, A. Lewicki, Z. Tarnawski et al., Phys. Rev. B **33**, 3407 (1986)

[28] J.A. Gaj, R. Planel, G. Fishman, Sol. Stat. Commun. **29**, 435 (1979)

[29] J.A. Gaj, W. Grieshaber, C. Bodin, J. Cibert, G. Feuillet, Y. Merle d'Aubigné, A. Wasiela, Phys. Rev. B **50**, 5512 (1994)

[30] Y. Shapira, S. Foner, D.H. Ridgley, K. Dwight, A. Wold, Phys. Rev. B **30**, 4021 (1984)

[31] W. Grieshaber, A. Haury, J. Cibert, Y. Merle d'Aubigné, A. Wasiela, J.A. Gaj, Phys. Rev. B **53**, 4891 (1996)

[32] J.M. Fatah, T. Piorek, P. Harrison, T. Stirner, W.E. Hagston, Phys. Rev. B **49**, 10341 (1994)

[33] R.L. Aggarwal, S.N. Jasperson, P. Becla et al., Phys. Rev. B **32**, 5132 (1985)

[34] R.R. Galazka, W. Dobrowolski, J.P. Lascaray et al., J. Mag. Mag. Mat. **72**, 174 (1988)

[35] J.P. Lascaray, A. Bruno, M. Nawrocki et al., Phys. Rev. B **35**, 6860 (1987)

[36] J.P. Lascaray, M. Nawrocki, J.M. Broto et al., Sol. State Commun. **61**, 401 (1987)

[37] Y. Shapira, S. Foner, P. Becla et al., Phys. Rev. **B 33**, 356 (1986)

[38] C. Zener, Phys. Rev. **81**, 440 (1951)

[39] C. Zener, Phys. Rev. **83**, 299 (1951)

[40] T. Dietl, *Semimagnetic Semiconductors and Diluted Magnetic Semiconductors*, ed. by M. Averous, M. Balkanski. Ettore Majorana International Science Series (1990)

[41] P. Kossacki, D. Ferrand, A. Arnoult, J. Cibert, S. Tatarenko, A. Wasiela, Y. Merle d'Aubigné, J.-L. Staehli, J.-D. Ganière, W. Bardyszewski, K. Swi¸atek, M. Sawicki, J. Wróbel, T. Dietl, Physica E **6**, 709 (2000)

[42] J.A. Gaj, J. Ginter, R.R. Galazka, Phys. Stat. Sol. B **89**, 655 (1978)

[43] T. Dietl, H. Ohno, F. Matsukura, Phys. Rev. B **63**, 195205 (2001)

[44] C. Timm, J. Phys. Condens. Matter **15**, R1865 (2003)

[45] A. Kaminski, S. Das Sarma, Phys. Rev. Lett. **88**, 247202 (2002)

[46] G. Bouzerar, T. Ziman, J. Kudrnovský, Europhys. Lett. **69**, 812 (2005)

[47] A.K. Bhattacharjee, Phys. Rev. B **46**, 5266 (1992)

[48] J. Blinowski, P. Kacman, Phys. Rev. B **46**, 12298 (1992)

[49] S. Marcet, D. Ferrand, D. Halley, S. Kuroda, H. Mariette, E. Gheeraert, F.J. Teran, M.L. Sadowski, R.M. Galera, J. Cibert, Phys. Rev. B **74**, 125201 (2006)

[50] T. Mizokawa, A. Fujimori, Phys. Rev. B **56**, 6669 (1997)

[51] T. Mizokawa, T. Nambu, A. Fujimori, T. Fukumura, M. Kawasaki, Phys. Rev. B **65**, 085209 (2002)

[52] A. Twardowski, M. von Ortenberg, M. Demianiuk, R. Pauthenet, Sol. Stat. Commun. **51**, 849 (1984)

[53] W. Pacuski et al., APS March Meeting 2007

[54] W. Pacuski, D. Ferrand, J. Cibert, C. Deparis, J.A. Gaj, P. Kossacki, C. Morhain, Phys. Rev. B **73**, 035214 (2006)

[55] W. Pacuski, D. Ferrand, P. Kossacki, S. Marcet, J. Cibert, J.A. Gaj, A. Golnik, Acta Phys. Pol. A **110**, 303 (2006)

[56] C. Benoît à la Guillaume, D. Scalbert, T. Dietl, Phys. Rev. B **46**, 9853 (1992)

[57] J. Tworzydlo, Phys. Rev. B **50**, 14591 (1994)

[58] T. Dietl, cond-mat/0703278

[59] W. Pacuski, P. Kossacki, D. Ferrand, A. Golnik, J. Cibert, M. Wegscheider, A. Navarro-Quezada, A. Bonanni, M. Kiecana, M. Sawicki, T. Dietl, Phys. Rev. Lett. (2007)

[60] K. Ando, Appl. Phys. Lett. **82**, 100 (2003)

[61] J. Szczytko, W. Bardyszewski, A. Twardowski, Phys. Rev. B **64**, 075306 (2001)

[62] P. Kossacki, J. Cibert, D. Ferrand, Y. Merle d'Aubigné, A. Arnoult, A. Wasiela, S. Tatarenko, J. Gaj, Phys. Rev. B **60**, 16018 (1999)

[63] A. Haury, A.Wasiela, A. Arnoult, J. Cibert, T. Dietl, Y. Merle d'Aubigné, S. Tatarenko, Phys. Rev. Lett. **79**, 511 (1997)

[64] H. Boukari, P. Kossacki, M. Bertolini, D. Ferrand, J. Cibert, S. Tatarenko, A. Wasiela, J.A. Gaj, T. Dietl, Phys. Rev. Lett. **88**, 207204 (2002)

[65] P. Kossacki, W. Pacuski, W. Maslana, J.A. Gaj, M. Bertolini, D. Ferrand, J. Bleuse, S. Tatarenko, J. Cibert, Physica E **21**, 943 (2004)

[66] A.A. Maksimov, G. Bacher, A. McDonald, V.D. Kulakovskii, A. Forchel, C.R. Becker, G. Landwehr, L.W. Molenkamp, Phys. Rev. B **62**, 7767 (2000)

[67] J. Seufert, G. Bacher, M. Scheibner, A. Forchel, S. Lee, M. Dobrowolska, J.K. Furdyna, Phys. Rev. Lett. **88**, 027402 (2002)

[68] L. Besombes, Y. Leger, L.Maingault, D. Ferrand, H. Mariette, J. Cibert, Phys. Rev. Lett. **93**, 207403 (2004)

[69] Y. Léger, L. Besombes, J. Fernández-Rossier, L. Maingault, H. Mariette, Phys. Rev. Lett. **97**, 107401 (2006)

[70] R. Fiederling, M. Keim, G. Reuscher, W. Ossau, G. Schmidt, A. Waag, L.W. Molenkamp, Nature **402**, 787 (1999)

[71] B.T. Jonker, Y.D. Park, B.R. Bennett, H.D. Cheong, G. Kioseoglou, A. Petrou, Phys. Rev. B **62**, 8180 (2000)

[72] T. Jungwirth, J. Sinova, J. Masek, J. Kucera, A.H.MacDonald, Rev.Mod. Phys. **78**, 809 (2006)

[73] K.Y. Wang, R.P. Campion, K.W. Edmonds, M. Sawicki, T. Dietl, C.T. Foxon, B.L. Gallagher, in *27th International Conference on the Physics of Semiconductors*, Flagstaff, July 2004, ed. by J. Mendez, C. Van de Walle (2005), p. 333

[74] T. Jungwirth, K.Y.Wang, J. Masek, K.W. Edmonds, J. König, J. Sinova,M. Polini, N.A. Goncharuk, A.H. MacDonald, M. Sawicki, R.P. Campion, L.X. Zhao, C.T. Foxon, B.L. Gallagher, Phys. Rev. B **72**, 165204 (2005)

[75] H. Ohno, Science **281**, 951 (1998)
[76] M. Jamet, A. Barski, T. Devillers, V. Poydenot, R. Dujardin, P. Bayle-Guillemaud, J. Rothman, E. Bellet-Amalric, A. Marty, J. Cibert, R. Mattana, S. Tatarenko, Nat. Mater. **5**, 653 (2006)
[77] Y.D. Park, A.T. Hanbicki, S.C. Erwin, C.S. Hellberg, J.M. Sullivan, J.E. Mattson, T.F. Ambrose, A. Wilson, G. Spanos, B.T. Jonker, Science **295**, 651 (2002)
[78] J.N. Chazalviel, Phys. Rev. B **11**, 3918 (1975)
[79] T. Jungwirth, Q. Niu, A.H. MacDonald, Phys. Rev. Lett. **88**, 207208 (2002)
[80] T. Jungwirth, J. Sinovaa, K.Y. Wang, K.W. Edmonds, R.P. Campion, B.L. Gallagher, C.T. Foxon, Q. Niu, A.H. MacDonald, Appl. Phys. Lett. **83**, 320 (2004)
[81] B. Beschoten, P.A. Crowell1, I. Malajovich, D.D. Awschalom, F. Matsukura, A. Shen, H. Ohno, Phys. Rev. Lett. **83**, 3073 (1999)
[82] R. Chakarvorty, K.J. Yee, X. Liu, P. Redlinski, M. Kutrowski, L.V. Titova, T.Wojtowicz, J.K. Furdyna, B. Janko, M. Dobrowolska, in *27th Internat. Conf. on the Physics of Semiconductors, AIP Conference Proceedings*, June 30, 2005, vol. 772, pp. 1337–1338
[83] L. Thevenard, L. Largeau, O. Mauguin, G. Patriarche, A. Lemaître, N. Vernier, J. Ferré, Phys. Rev. B **73**, 195331 (2006)
[84] L. Thevenard, A. Miard, L. Vila, G. Faini, A. Lemaître, N. Vernier, J. Ferré, S. Fusil, Appl. Phys. Lett. **91**, 142511 (2007)
[85] G. Fishman, G. Lampel, Phys. Rev. B **16**, 820 (1977)
[86] D. Pines, C.P. Slichter, Phys. Rev. **100**, 1014 (1955)
[87] C. Camilleri, F. Teppe, D. Scalbert et al., Phys. Rev. B **64**, 085331 (2001)
[88] Y.G. Semenov, Phys. Rev. B **67**, 115319 (2003)
[89] D. Scalbert, J. Cernogora, C.B. à La Guillaume, Sol. Stat. Commun. **66**, 571 (1988)
[90] M. Goryca, D. Ferrand, P. Kossacki, M. Nawrocki, W. Pacuski, W. Maslana, S. Tatarenko, J. Cibert, Phys. Stat. Sol. (b) **243**, 882 (2006)
[91] M. Blume, R. Orbach, Phys. Rev. **127**, 1587 (1962)
[92] V.Y. Bratus, I.M. Zaritskii, A.A. Konchits, G.S. Pekar, B.D. Shanina, Sov. Phys. Solid State **18**, 1348 (1976)
[93] D. Scalbert, Phys. Stat. Sol. (b) **189**, 193 (1996)
[94] T. Dietl, P. Peyla, W. Grieshaber et al., Phys. Rev. Lett. **74**, 474 (1995)
[95] A. Abragam, *The Principles of Nuclear Magnetism* (Oxford, 1961)
[96] I. Dzialoshinski, J. Phys. Chem. Solids **4**, 241 (1958)
[97] T. Moriya, Phys. Rev. Lett. **4**, 228 (1960)
[98] B.E. Larson, H. Ehrenreich, Phys. Rev. B **39**, 1747 (1989)
[99] M.I. Dyakonov, V.I. Perel, in *Optical Orientation*, ed. by F. Meier, B.P. Zakharchenya (North-Holland, Amsterdam, 1984)
[100] W. Farah, D. Scalbert, M. Nawrocki, Phys. Rev. B **53**, R10461 (1996)

[101] B. König, I.A. Merkulov, D.R. Yakovlev et al., Phys. Rev. B **61**, 16870 (2000)
[102] A.V. Scherbakov, D.R. Yakovlev, A.V. Akimov et al., Phys. Rev. B **64**, 155205 (2001)
[103] S. Takeyama, in *Magneto-optics*, ed. by S. Sugano, N. Kojima. Springer Series in Solid State Science (Springer, Berlin, 2000)
[104] T. Story, C.H.W. Swüste, P.J.T. Eggenkamp et al., Phys. Rev. Lett. **77**, 2802 (1996)
[105] K. Kavokin, I.A. Merkulov, Phys. Rev. B **55**, 7371 (1997)
[106] K. Kavokin, Phys. Rev. B **59**, 9822 (1999)
[107] D. Scalbert, F. Teppe, M. Vladimirova et al., Phys. Rev. B **70**, 245304 (2004)
[108] B. Sun, D. Jiang, Z. Sun et al., J. Appl. Phys. **100**, 083104 (2006)
[109] J. König, A.H. MacDonald, Phys. Rev. Lett. **91**, 077202 (2003)
[110] F.J. Teran, M. Potemski, D.K. Maude et al., Phys. Rev. Lett. **91**, 077201 (2003)
[111] L. Viña, J. Phys. Condens. Matter **11**, 5929 (1999)
[112] G. Mackh, W. Ossau, D.R. Yakovlev et al., Phys. Rev. B **49**, 10248 (1994)
[113] D.R. Yakovlev, K.V. Kavokin, I.A. Merkulov et al., Phys. Rev. B **56**, 9782 (1997)
[114] J.-Y. Bigot, L. Guidoni, E. Beaurepaire et al., Phys. Rev. Lett. **93**, 077401 (2004)
[115] E. Kojima, R. Shimano, Y. Hashimoto et al., Phys. Rev. B **68**, 193203 (2003)
[116] B. Koopmans, M. van Kampen, J.T. Kohlhepp et al., Phys. Rev. Lett. **85**, 844 (2000)
[117] J.M. Kikkawa, D.D. Awschalom, Phys. Rev. Lett. **80**, 4313 (1998)
[118] R. Akimoto, K. Ando, F. Sasaki et al., Phys. Rev. B **56**, 9726 (1997)
[119] S.A. Crooker, J.J. Baumberg, F. Flack et al., Phys. Rev. Lett. **77**, 2814 (1996)
[120] J.A. Gupta, R. Knobel, N. Samarth, D.D. Awschalom, Science **292**, 2458 (2001)
[121] J.M. Kikkawa, D.D. Awschalom, Science **287**, 473 (2000)
[122] A. Malinowski, R.T. Harley, Sol. Stat. Commun. **114**, 419 (2000)
[123] A. Malinowski, M.A. Brand, R.T. Harley, Physica E **10**, 13 (2001)
[124] G. Salis, D.T. Fuchs, J.M. Kikkawa et al., Phys. Rev. Lett. **86**, 2677 (2001)
[125] R. Akimoto, K. Ando, F. Sasaki et al., J. Appl. Phys. **84**, 6318 (1998)
[126] S.A. Crooker, D.D. Awschalom, J.J. Baumberg et al., Phys. Rev. B **56**, 7574 (1997)
[127] R. Akimoto, K. Ando, F. Sasaki et al., Phys. Rev. B **57**, 7208 (1998)
[128] Y. Mitsumori, A. Oiwa, T. Slupinski et al., Phys. Rev. B **69**, 033203 (2004)
[129] A.V. Kimel, G.V. Astakhov, G.M. Schott et al., Phys. Rev. Lett. **92**, 237203 (2004)
[130] J. Wang, C. Sun, Y. Hashimoto et al., J. Phys. Condens. Matter **18**, R501 (2006)
[131] M. van Kampen, C. Jozsa, J.T. Kohlhepp et al., Phys. Rev. Lett. **88**, 227201 (2002)
[132] K.-Y. Wang, M. Sawicki, K.W. Edmonds et al., Phys. Rev. Lett. **95**, 217204 (2005)
[133] U. Welp, V.K. Vlasko-Vlasov, X. Liu et al., Phys. Rev. Lett. **90**, 167206 (2003)
[134] D.M. Wang, Y.H. Ren, X. Liu et al., Phys. Rev. B **75**, 233308 (2007)
[135] J. Wang, C. Sun, J. Kono et al., Phys. Rev. Lett. **95**, 167401 (2005)
[136] M. Kaneko, in *Magnetooptics*, ed. by S. Suganom, N. Kojim (Springer, Berlin, 2000), pp. 271–315

[137] M.K. Kneip, D.R. Yakovlev, M. Bayer et al., Phys. Rev. B **73**, 035306 (2006)
[138] V.D. Kulakovskii, M.G. Tyazhlov, A.I. Filin et al., Phys. Rev. B **54**, R8333 (1996)
[139] M.G. Tyazhlov, V.D. Kulakovskii, A.I. Filin et al., Phys. Rev. B **59**, 2050 (1999)
[140] F. Teppe, M. Vladimirova, D. Scalbert et al., Phys. Rev. B **67**, 033304 (2003)
[141] M. Vladimirova, D. Scalbert, C. Misbah, Phys. Rev. B **71**, 233203 (2005)

译 后 记

半导体中自旋物理学的研究已经有很多年的历史了. 自 20 世纪 50 年代起, 前苏联和欧洲的一些科学家就开始研究半导体体材料中与自旋有关的物理现象. 当时, 这一领域是个冷门, 研究人员很少, 但是他们的研究非常耐心、仔细, 并做出了非常出色的工作, 其主要成果汇集于*Optical Orientation*(F. Meier, B.P. Zakharchenya, 1984) 一书中. 近十几年来, 为满足信息技术的发展要求, 越来越多的人开始关注半导体材料中自旋物理现象, 还发展起来了一门新兴前沿科学, 即半导体自旋电子学, 它是近年来国际上物理学和材料科学领域研究的一个热点. 研究半导体中的自旋物理学有可能对未来的信息技术产生深刻的影响; 即使撇开其应用前景不谈, 研究本身也会发现新颖的物理现象, 揭示出深刻的物理规律, 具有非常重要的科学意义.

正如编者 Dyakonov 教授所说, 本书可以视为*Optical Orientation*一书的更新版. 本书描述了当前半导体自旋物理学研究工作的全貌, 尤其是在实验技术和实验测量方面的描述更加详细, 每一章的作者都是多年从事该方向研究, 长期处于研究前沿的专家. 本书在实验技术和实验测量方面有独到之处, 在硅材料中的自旋现象, 电子与原子核的相互作用的实验研究方面的描述非常详尽. 目前, 关于半导体中的自旋物理学的英文著作已经很多, 而中文专著目前只有夏建白、葛惟昆和常凯编著的《半导体自旋电子学》, 另外还有叶良修编著的《半导体物理学》第二版中的最后一章. 虽然已经有了《半导体自旋电子学》这本好书, 但是再出版一本由国外专家撰写的专著也将是非常有益的.

为什么要翻译科学书籍? 从事科学研究的人直接阅读原文不是更恰当吗? 在这个 “全民学英语” 的时代, 在这个英文作为科学工作语言的时代, 有必要将英文原著翻译成中文吗? 庄子说: “言者所以在意, 得意而忘言”, 那么又何必在意是用中文还是英文来表达这个 “意” 呢? 翻译的工作量是巨大的, 每一页大约需要两个小时, 整本书下来大约要六七百个小时, 这还不包括别人帮助校对的时间. 这样做值得吗? 翻译并出版这本书已经表明了我本人的态度; 而且, 即使不值得, 也没有太大的关系: “不做无益之事, 何以遣有涯之生”. 翻译本书的初衷是让自己更为深入地了解本领域的研究进展; 在完成初稿之后, 我认识到, 如果能够让更多对此领域感兴趣的人接触到这本书, 是有好处的, 即使从价格的角度来考虑也是如此, 所以才与科学出版社联系出版事宜, 并且又再仔细修订了两遍. 当然, 这些都不完全是翻译的理由.

我从事半导体中自旋物理学的研究已经有八年了. 2001 年的时候, 我面临着重新选择研究方向的问题, 是郑厚植老师建议并引导我进入这一激动人心的研究领域. 多年以来, 我还得到了中国科学院半导体研究所和半导体超晶格国家重点实验室的支持, 以及国家自然科学基金委员会、中国科学院和国家科学技术部的支持. 正是他们的支持, 我才能够坚持从事半导体自旋物理学方面的研究, 才会有这本译著的出现, 我非常感谢他们.

在翻译过程中, 我得到了许多朋友和同事的大力帮助, 在此表示衷心的感谢. 感谢中国科学院物理研究所的李永庆仔细阅读并精心修改了第 12 章的翻译稿, 作为该章的作者之一, 他的修改使得译文更加确切. 感谢几位朋友在百忙之中仔细阅读了部分译稿并提出了详细的修改意见, 他们是: 中国科学院物理研究所的刘宝利 (第 3 章), 中国科学院半导体研究所的张新惠 (第 5 章)、王开友 (第 10 章) 和赵建华 (第 13 章). 感谢丛偘偘同学在校对方面的辛勤工作. 感谢 Dyakonov 教授、Harley 教授和 Cibert 教授修改了原著中的几处拼写错误. 感谢 Dyakonov 教授为中文版写了序言. 感谢科学出版社王飞龙和张静在图书出版过程中的帮助.

虽然我已经尽力做好翻译工作, 但限于能力和精力, 仍然难免有所疏漏, 翻译不当之处, 敬请读者不吝指正, 来信请寄 jiyang@semi.ac.cn.

姬　扬

2010 年 3 月 24 日

《半导体科学与技术丛书》已出版书目

(按出版时间排序)

1. 窄禁带半导体物理学	褚君浩	2005 年 4 月
2. 微系统封装技术概论	金玉丰 等	2006 年 3 月
3. 半导体异质结物理(第二版)	虞丽生	2006 年 5 月
4. 高速 CMOS 数据转换器	杨银唐 等	2006 年 9 月
5. 光电子器件微波封装和测试	祝宁华	2007 年 7 月
6. 半导体异质结物理	何杰，夏建白	2007 年 9 月
7. 半导体的检测与分析（第二版）	许振嘉	2007 年 8 月
8. 微纳米 MOS 器件可靠性与失效机理	郝跃，刘红侠	2008 年 4 月
9. 半导体自旋电子学	夏建白，葛惟昆，常 凯	2008 年 10 月
10. 金属有机化合物气相外延基础及应用	陆大成，段树坤	2009 年 5 月
11. 共振隧穿器件及其应用	郭维廉	2009 年 6 月
12. 太阳能电池基础与应用	朱美芳，熊绍珍 等	2009 年 10 月
13. 半导体材料测试与分析	杨德仁 等	2010 年 4 月
14. 半导体中的自旋物理学(翻译书)	**M. I. 迪阿科诺夫 主编 姬扬 译**	**2010 年 7 月**